Wissenschaftsforschung in Deutschland
Die 1970er und 1980er Jahre

Wolfgang Girnus, Klaus Meier (Hg.)

Wissenschaftsforschung in Deutschland

Die 1970er und 1980er Jahre

LEIPZIGER UNIVERSITÄTSVERLAG GMBH 2018

Bibliografische Information der Deutschen Nationalbibliothek
Die Deutsche Nationalbibliothek verzeichnet diese Publikation in der deutschen Nationalbibliografie; detaillierte bibliografische Daten sind im Internet über http://dnb.d-nb.de abrufbar.

Das Werk einschließlich aller seiner Teile ist urheberrechtlich geschützt. Jede Verwertung außerhalb der engen Grenzen des Urheberrechtsgesetzes ist ohne Zustimmung des Verlages unzulässig und strafbar. Das gilt insbesondere für Vervielfältigungen, Übersetzungen, Mikroverfilmungen und die Einspeicherung und Verarbeitung in elektronischen Systemen.

Die Drucklegung dieses Bandes wurde freundlich gefördert durch die Rosa Luxemburg Stiftung

© Leipziger Universitätsverlag GmbH 2018
Satz und Gestaltung: Sabine Ufer, Leipzig
Gesamtherstellung: UFER Verlagsherstellung, Leipzig

ISBN 978-3-96023-204-9

Inhalt

Vorwort 7

Hubert Laitko
Der lange Weg zum Kröber-Institut 13

Jürgen Mittelstraß
Wissenschaftsforschung hüben und drüben: nach dem Spiel 155

Wolfgang Krohn
Wissenschaftsforschung im Spannungsfeld der Gesellschaftstheorie –
das Beispiel des Finalisierungsmodells 167

Rainer Hohlfeld
Risikogesellschaft oder „Nachholende Modernisierung"? 191

Gereon Wolters
Topik der Forschung zwischen Aufklärung und Romantik 195

Reinhard Mocek
Wissenschaftstheorie als Philosophie-Ersatz 205

Karl-Heinz Strech
Günter Kröbers wissenschaftliches Werden – Mathematik, Philosophie,
Wissenschaftsforschung – und zurück 219

Klaus Meier
Wissenschaftsforschung in Ostberlin – Reminiszenzen an eine
vitale Experimentalwerkstatt empirischer Sozialforschung 227

Karl-Friedrich Wessel
Anstelle eines Schlusswortes: Bilanz und Ausblick 277

Günter Kröber
Wie alles kam 293

Autorenverzeichnis 411

Vorwort

Spätestens mit dem Sputnik-Schock Ende der 1950er Jahre wurde offenbar, dass Wissenschaft und Technik nicht nur wichtige Faktoren der wirtschaftlichen Entwicklung und Konkurrenz innerhalb des kapitalistischen Wirtschaftsraumes sind, sondern auch als strategische Ressource der Systemauseinandersetzung zwischen Kapitalismus und Sozialismus von fundamentaler Bedeutung. In der Folge wurden auf beiden Seiten die Prioritäten zugunsten der Bildungs- und Wissenschaftspolitik neu gesetzt. Dabei rückte die Wissenschaft selbst in den Fokus wissenschaftlichen Interesses, einerseits um Grundlagen für die Prognose und Steuerung der Wissenschaftsentwicklung zu erhalten, andererseits um Orientierungswissen für die gesellschaftliche Entwicklung zu gewinnen, denn seit der Atombombe war klar, dass Wissenschaft in ihrer gesellschaftlichen Wirksamkeit ambivalent ist und ihre humanen Möglichkeiten nicht automatisch freisetzt.

In den 1970er und 1980er Jahren bildeten sich in Deutschland-West wie Deutschland-Ost lokale institutionelle Komplexe heraus, etwa in Bielefeld, Erlangen, Halle/Leipzig, Konstanz und Ostberlin, in denen Themen der Wissenschaftsanalyse und Wissenschaftsreflexion artikuliert und bearbeitet wurden. Clemens Burrichter, Direktor des Instituts für Gesellschaft und Wissenschaft (IGW) an der Universität Erlangen-Nürnberg, und Günter Kröber, Direktor des Instituts für Theorie, Geschichte und Organisation der Wissenschaft (ITW) an der Akademie der Wissenschaften der DDR haben im Institutionennetz der Wissenschaftsforschung (science research) in Deutschland eine beachtliche Rolle gespielt, und ihr Verhältnis zueinander war symptomatisch dafür, wie stark und wie vielschichtig die Entwicklung dieses Fachgebietes mit der Evolution des deutsch-deutschen Verhältnisses überhaupt verflochten gewesen ist. Der zufällige Umstand, dass ihr Leben 2012 in ein und demselben Jahr endet und die Tatsache, dass Wissenschaftsforschung als wichtiger Teil der Systemauseinandersetzung West-Ost auf dem gesellschaftspolitischen Gebiet von Wissenschaft und Technik von den zeitgeschichtlichen Arbeiten der Rosa-Luxemburg-Stiftung noch nicht ausreichend behandelt wurde, war Anlass, über das persönliche Gedenken hinaus der Geschichte des von ihnen vertretenen Fachgebietes in den 70er und 80er Jahren des 20. Jahrhunderts mit seinen Ost-West-Bezügen nachzugehen. Dazu trafen sich im Rahmen der Veranstaltungsreihe des Kollegiums Wissenschaft der Rosa-Luxemburg-Stiftung zu einem zweitägigen Kolloquium mit dem Thema „Wissenschaft und Gesellschaft. Wissenschaftsforschung in Deutschland – die 1970er und 1980er Jahre" am 20. und 21. März 2015 über 20 Wissenschaftsforscher in der

Rosa-Luxemburg Stiftung Brandenburg in Potsdam, darunter Prof. Wolfgang Krohn (Bielefeld), Prof. Hubert Laitko (Berlin), Prof. Jürgen Mittelstraß (Konstanz), Prof. Reinhard Mocek (Halle) und Prof. Walther Ch. Zimmerli (Berlin). In seinen Schlussbemerkungen würdigte Prof. Karl-Friedrich Wessel (Berlin) die Einzigartigkeit dieses Kreises, in dem er die Souveränität des Umgangs auf Augenhöhe konstatierte.

Eine ausführliche inhaltliche Konzeption war von Prof. Dr. Hubert Laitko unter Mitarbeit von Prof. Dr. Reinhard Mocek erarbeitet worden. In ihr heißt es unter anderem:

„Die historische Periode, auf die sich der Workshop konzentrieren sollte, ist die Zeit der Existenz und des Wettstreits eigenständiger Institutionen der Wissenschaftsforschung in BRD und DDR ... Der für die eigenständige Institutionalisierung kritische Zeitraum lässt sich – in beiden deutschen Staaten bemerkenswert simultan – auf die Jahre von 1967 bis 1973 eingrenzen. Am Anfang dieses Abschnitts steht die erste Denkschrift für die Gründung des Max-Planck-Instituts zur Erforschung der Lebensbedingungen der wissenschaftlich-technischen Welt in Starnberg (1967), seinen Abschluss bildete die Vorlage der im Auftrag des Stifterverbandes von einer Arbeitsgruppe an der Universität Ulm erarbeiteten Denkschrift zur Institutionalisierung der Wissenschaftsforschung in der Bundesrepublik (1973). Bemerkenswert an der letztgenannten Denkschrift sind nicht allein die der Wissenschaftspolitik unterbreiteten Empfehlungen, sondern mehr noch die Tatsache, dass diese Empfehlungen auf einer umfassenden, nach Ländern differenzierten Analyse des bisherigen Institutionalisierungsverlaufs im Weltmaßstab basierten. In dieser Phase erfolgten in Deutschland nicht nur konzeptionelle Aktivitäten, sondern auch definitive Institutionalisierungen: 1968/69 Sektion Wissenschaftstheorie und -organisation (WTO) an der Humboldt-Universität zu Berlin; 1969/70 Institut für Wissenschaftstheorie und -organisation (IWTO) an der Deutschen Akademie der Wissenschaften zu Berlin (DAW, 1972 umbenannt in Akademie der Wissenschaften (AdW) der DDR) – später (1975) nach Umstrukturierung unter der veränderten Bezeichnung: Institut für Theorie, Geschichte und Organisation der Wissenschaft (ITW); 1970 MPI Starnberg; 1971 Universitätsschwerpunkt Wissenschaftsforschung an der Universität Bielefeld; 1972 erstes Erlanger Werkstattgespräch.

Während der 1970er und 1980er Jahre war innerhalb der institutionellen Netze, in denen Themen der Wissenschaftsanalyse und Wissenschaftsreflexion artikuliert und bearbeitet wurden, eine lebhafte Dynamik von Umstrukturierungs- und Ausdifferenzierungsprozessen zu verzeichnen, die auch schmerzhafte Einschnitte wie die Schließung des Weizsäcker-Instituts in Starnberg einschlossen, aber insgesamt in Richtung auf zunehmende Vielfalt, Komplexität und Reife verliefen. Dabei bildeten sich lokale multiinstitutionelle Komplexe heraus, etwa in Bielefeld, Erlangen, Halle/Leipzig, Konstanz und Ostberlin. Wenn schon die Geschichte der einzelnen Institutionen bislang kaum erforscht ist, so sind es die Arbeitsweise und Evolution dieser Komplexe noch weniger. In Bielefeld etwa integrierte der Universitäts-

schwerpunkt (oder: Forschungsschwerpunkt) Wissenschaftsforschung die Arbeiten der Wissenschaftlichen Einheit (später: Institut) „Wissenschaft und Technik" in der Fakultät für Soziologie und des Fachgebietes Technikgeschichte in der Fakultät für Geschichtswissenschaft und Philosophie, doch zum lokalen Komplex zählte beispielsweise auch das Institut für Didaktik der Mathematik, dessen beträchtliche Produktivität auf dem Feld der Wissenschaftsforschung man allein nach dem Institutsnamen schwerlich vermuten konnte. In Ostberlin bildete sich ein ganzes Ensemble von universitären und außeruniversitären Einrichtungen, die ganz oder teilweise mit einschlägigen Arbeiten befasst waren. Neben den zentral auf Wissenschaftsforschung orientierten Institutionen – der Sektion WTO an der HUB und dem ITW an der AdW der DDR – waren das der Bereich Philosophische Probleme der Naturwissenschaften an der Sektion Philosophie der HUB, der Bereich Philosophische Fragen der Wissenschaftsentwicklung im Zentralinstitut für Philosophie an der AdW der DDR, das Institut für Hochschulforschung beim Ministerium für Hoch- und Fachschulwesen (MHF) sowie mehrere kleinere Einrichtungen und Arbeitsgruppen. Ähnlich multiinstitutionell aufgefächert waren die der Wissenschaft als Untersuchungsgegenstand zugewandten Arbeiten an weiteren Wissenschaftsstandorten der BRD und der DDR.

Insgesamt ergibt sich der Eindruck, dass sich in den 1970er und 1980er Jahren bis zum Ende der deutschen Zweistaatlichkeit
1. *die Wissenschaftsforschung in polyinstitutionellen Netzen entwickelte, deren interne Verknüpfungen so stark waren, dass die Geschichte jeder einzelnen Einrichtung nicht ohne Berücksichtigung ihres institutionellen Kontextes verstanden werden kann;*
2. *sowohl die einzelnen Institutionen als auch die institutionellen Netze insgesamt in übergreifenden soziokulturellen und politischen (insbesondere wissenschaftspolitischen) Kontexten agierten, von denen bei ihrer Betrachtung nicht abgesehen werden kann, ohne dass deshalb ihre relative wissenschaftliche Autonomie grundsätzlich in Frage gestellt werden müsste;*
3. *die Institutionennetze der Wissenschaftsforschung in der DDR und in der BRD nicht so radikal voneinander geschieden waren, dass ihre wechselseitige Bezugnahme aufeinander nicht ins Gewicht gefallen wäre; diese gegenseitige Bezugnahme über die kritische Rezeption der Veröffentlichungen der jeweils anderen Seite hinaus auch – zögernd, doch tendenziell fortschreitend – zu interinstitutionellen und damit zu persönlichen Kontakten zwischen Wissenschaftlern beider Seiten geführt hat (dabei könnte es von Nutzen sein, die etwaigen Auswirkungen politischer Zäsuren zu verfolgen: Berlinabkommen 1971, Grundlagenvertrag 1972, Schlussakte von Helsinki 1975, Wissenschaftsforum der KSZE-Staaten 1980, WTZ-Abkommen 1987)."*

Die erfolgreiche Durchführung des zweitägigen Kolloquiums im März 2015 zur Wissenschaftsforschung im geteilten Deutschland war Anlass und Grundlage für die nun vorliegende Veröffentlichung. Wir haben uns entschieden, auch jene eingereichten schriftlichen Beiträge aufzunehmen, die über den Rahmen des seinerzeit Vorgetragenen hinausgehen. Insofern gab es hierfür Spielraum, da leider nicht alle Referenten ihre Vorträge für die Publikation bearbeitet und zur Veröffentlichung zur Verfügung gestellt haben.

Als letzten Beitrag haben wir aus den bislang unveröffentlichten, nachgelassenen Erinnerungen von Günter Kröber „Wie alles kam..." diejenigen Abschnitte zur Publikation aufgenommen, die die Geschichte der Wissenschaftsforschung betreffen oder unmittelbar dafür relevant sind. Günter Kröber hatte noch zu Lebzeiten um eine Veröffentlichung gebeten.

Unabhängig von unserem Projekt hat Herbert Hörz im Juni 2017 in Leibniz-Online einen Beitrag unter dem Titel „Wissenschaftsforschung: Konfrontation oder Kooperation? – Deutschlandsberger Symposien von 1979 bis 1991" veröffentlicht, auf den wir hier hinweisen, weil er unsere Publikation gewissermaßen ergänzt.

Die Geschichte vom Aufstieg der Wissenschaftsforschung in Deutschland West und Ost am Beispiel des IGW und ITW in den 70er und 80er Jahren und dem gemeinsamen Aus im vereinten Deutschland ist ein aufschlussreiches Lehrstück einer bis heute nachwirkenden asymmetrischen Beziehung zwischen Politik und Wissenschaft. Mit dem Ende der Systemauseinandersetzung ihrer diesbezüglichen politischen Orientierungs- und Argumentationsfunktion verlustig, war es dem neoliberalen politischen Mainstream in Deutschland nur recht, sich mit dem Ende der DDR auch gleich einer institutionalisierten Wissenschaftsforschung zu entledigen, zumal viele ihrer Vertreter, wie in diesem Band nachzulesen, zu einem besonnenen Umgang mit den wirtschaftlichen und intellektuellen Ressourcen Ostdeutschlands mahnten.[1]

„Schließlich ist die Geschichte der Wissenschaftsforschung nicht nur konfliktreich, sondern auch eine Geschichte der Erfolglosigkeit" – so Karl-Friedrich Wessel in seinen Schlussbemerkungen zu unserem zweitägigen Kolloquium. „Die Erfolglosigkeit wird ja selten als ein bedeutender Teil der Wissenschaft beschrieben. Wissenschaft ist schließlich das Bleibende, das, was in den Wissenschaftsfundus Eingang findet. Ein nicht unwesentlicher Teil unseres Workshops hat zum Glück die Erfolglosigkeit nicht ausgeklammert.... Auch wenn es das Wohlgefühl einschränkt, die weniger angenehmen Seiten der Vergangenheit sollten nicht ausgespart bleiben. Sie bilden ja auch einen Teil der Beziehungen zwischen Wissenschaft und Gesellschaft ab, der

---

[1] Wenn nach 27 Jahren deutscher Einheit die Wirtschaftskraft des Ostens (ohne Berlin) nach wie vor 32 Prozentpunkte Abstand gegenüber dem Westen aufweist, wie im Jahresbericht der Bundesregierung zum Stand der deutschen Einheit 2017 zu lesen ist, hängt dies ursächlich und nachhaltig mit der Erosion der Forschungs- und Innovationspotentiale Anfang der 90er Jahre zusammen. Vgl.: http://www.bmwi.de/Redaktion/DE/Publikationen/Neue-Laender/jahresbericht-zum-stand-der-deutschen-einheit-2017; Zugriff am 16.09.2017.

in der Wissenschaftsforschung Gegenstand sein sollte. Es geht mir nicht um die Frage, wie weit sich Politik aus der Wissenschaft heraushalten sollte und umgekehrt die Wissenschaft aus der Politik, sondern um die wirklich stattgefundenen Beeinflussungen."

Heute, nach dem Wegfall der Systemauseinandersetzung, ist der Druck auf Wissenschaft und Technik als Mittel im wirtschaftlichen Wettbewerb größer denn je, und er wirkt global. Zugleich war und ist ein radikaler Rückgang des öffentlichen politischen Interesses an der Wissenschaftsforschung zu beobachten. Ein Institutionennetz der Wissenschaftsforschung – wie oben beschrieben – gibt es zumindest in Deutschland nicht mehr. Im Gegenteil: Die Einrichtungen aus der DDR wurden abgewickelt, und auch das Erlanger Institut für Gesellschaft und Wissenschaft wurde geschlossen. Da stellt sich die Frage nach den Gründen: Überlässt der Staat die Entwicklung von Wissenschaft und Technik im Sinne des ultraliberalen Prinzips der Deregulierung voll und ganz dem privatwirtschaftlichen Engagement? Oder handelt es sich bei diesem Phänomen „nur" um ein zeitweilig gestörtes Verhältnis von Wissenschaftspolitik und Wissenschaftsforschung?

Denn die Verlautbarungen aus der Politik, insbesondere wenn sie in Wahlzeiten danach befragt wird, klingen ganz anders: „Angenommen, Sie sind nach der Bundestagswahl an der Regierung beteiligt..., wie lassen sich wissenschaftliche Fakten bei politischen Entscheidungsfindungen berücksichtigen?"[2] Auf diese Frage antwortete keine der befragten Parteien abweisend, sonders verwies auf Expertenanhörungen, Förderung entsprechend profilierter Institutionen und die Notwendigkeit der Verbesserung der Kooperation von Wissenschaft und Zivilgesellschaft. Stellvertretend sei hier Bündnis 90/Die Grünen zitiert: „Demokratische, wissensbasierte Gesellschaften sind auf den Kontakt zur Wissenschaft angewiesen, aber genauso ist die Wissenschaft auf den Kontakt zur Gesellschaft angewiesen. Es bedarf deshalb mehr Räume für Kommunikation und Begegnung zwischen Wissenschaft, Gesellschaft und Politik."[3] Ähnlich lautende Positionen lassen sich vor fast jeder Wahl in entsprechenden Wahlprüfsteinen politischer Parteien der Bundesrepublik finden. Wenn das so ist und die Realität aber ganz anders aussieht, hat dann vielleicht die Wissenschaft ein gestörtes Verhältnis zur Politik? Das Phänomen und die sich daraus stellenden Fragen allein sind schon weiterführende Forschungen und einen öffentlichen Diskurs wert.

---

2   Die „Nachrichten aus der Chemie" (Zeitschrift der Gesellschaft Deutscher Chemiker – GDCh) fragte im Namen von fünf deutschen naturwissenschaftlich-mathematischen Fachgesellschaften vor der Bundestagswahl 2017 zur Wahl stehende Parteien nach ihren Positionen. Vgl.: Nachrichten aus der Chemie (2017) 9, Jg. 65, S. 911–920.
3   Ebd., S. 911.

Wir danken der Rosa-Luxemburg-Stiftung für die Unterstützung der Arbeit des Kollegiums Wissenschaft in den letzten zwei Jahrzehnten und der von ihm initiierten wissenschaftspolitischen und zeitgeschichtlichen Projekte, wie der hier vorliegenden Publikation. Dank gilt im Besonderen auch dem Grafiker Professor Bernd Frank für die Gestaltung des Buchcovers sowie dem Leipziger Universitätsverlag und seinem Verlagsleiter Dr. Gerald Diesener für die Veröffentlichung des Buches.

Wolfgang Girnus, Hubert Laitko, Klaus Meier und Reinhard Mocek

Hubert Laitko

Der lange Weg zum Kröber-Institut

Eine Zeitreise in zehn Stationen

Die Wissenschaftsforschung im neueren Verständnis dieses Gebietes – als multidisziplinäre, multiperspektivische, auf Erfassung von Komplexität abzielende Untersuchung der Wissenschaft als eines Teilbereiches der Gesellschaft und ihrer Integration in das Gesellschaftsganze unter den Bedingungen eines hochgradig ausdifferenzierten und zugleich vergesellschafteten Wissenschaftsbetriebes – ist ein Phänomen der Zeit nach dem Zweiten Weltkrieg. Das bedeutet nicht, dass sie etwa plötzlich und voraussetzungslos auf der Bildfläche erschienen wäre. Wissenschaft ist per se selbstreflexiv, ihre Selbstreflexion ist so alt wie die Wissenschaft selbst, und es ist weit mehr als eine bloß ornamentale Reverenz an eine große Vergangenheit, wenn die moderne Wissenschaftsforschung bis auf Platon und Aristoteles zurückgreift.

Der Terminus Wissenschaftsforschung (*science of science, science research*) steht aber nicht für die Selbstreflexion der Wissenschaft schlechthin, sondern für eine bestimmte, historisch näher zu bestimmende Richtung, die diese im Zusammenhang mit wesentlichen Veränderungen des Wissenschaftsbetriebes selbst herausgebildet hat. Wenn man die beiden ersten Nachkriegsjahrzehnte als ihre Inkubationsphase betrachten kann, so waren die Jahre um 1970 ihre große Gründerzeit. Vielerorts entstanden Institute, Abteilungen oder Arbeitsgruppen, die entweder ausschließlich dieses Gebiet bearbeiteten oder ihm einen Teil ihrer Kapazität widmeten. Einen eindrucksvollen zeitgenössischen Überblick über die Vielfalt, Dynamik und Internationalität dieser Bewegung bietet das *Memorandum zur Förderung der Wissenschaftsforschung in der Bundesrepublik Deutschland* vom Dezember 1973, das von einer aus Helmut Baitsch, Theodor M. Fliedner, Joachim B. Kreutzkam und Ina S. Spiegel-Rösing bestehenden Arbeitsgruppe auf der Basis gründlicher Recherchen verfasst worden war. Der Stifterverband für die Deutsche Wissenschaft hatte diese temporär tätige Gruppe im Juli 1971 mit der Aufgabe berufen, „den konzeptionellen und institutionellen Stand der Wissenschaftsforschung in der Bundesrepublik und im Ausland zu erheben und auf dieser Grundlage einige Überlegungen zur Förderung der Wissenschaftsforschung auszuarbeiten".[1]

Besondere Aufmerksamkeit fanden dabei die einschlägigen Entwicklungen im anderen deutschen Staat. Der voluminöse Dokumentationsteil, der dem eigentlichen Memorandum beigefügt war, enthielt eine umfangreiche Studie von Spiegel-Rösing über die Etablierung der Wissenschaftsforschung in der DDR.[2] Im Mittelpunkt dieser Studie stand das 1970 an der Deutschen Akademie der Wissenschaften zu Berlin (DAW) gegründete *Institut für Wissenschaftstheorie und -organisation (IWTO)*. Das Institut, das im Zusammenhang mit einer wesentlichen Erweiterung seines Profils und einer entsprechenden Umstrukturierung 1975 in *Institut für Theorie, Geschichte und Organisation der Wissenschaft (ITW)* umbenannt worden war,[3] bestand bis zum 31. Dezember 1991; in der Konsequenz des Einigungsvertrages, der den Beitritt der DDR zur BRD regelte, wurde es im Zusammenhang mit der Auflösung der AdW der DDR ersatzlos und fast ohne jede Berücksichtigung der in ihm entstandenen und gepflegten Forschungstraditionen abgewickelt.[4]

Von der Gründung bis 1990 – also praktisch während seiner gesamten Existenzdauer bis auf die unmittelbare Abwicklungsphase – war Günter Kröber, seiner fachlichen Herkunft nach ein mathematisch orientierter Philosoph, sein Direktor. Insgesamt vier Berufungsperioden zu je fünf Jahren stand er an seiner Spitze. Zehn und auch fünfzehn Jahre nach der Gründung, als jeweils eine Neuberufung anstand, äußerte er den Wunsch, sich von diesem Amt zurückzuziehen, um sich stärker der eigenen wissenschaftlichen Arbeit widmen zu können. Es muss dahingestellt bleiben, wie ernst dieser Wunsch gemeint war. Tatsache ist jedoch, dass eine mögliche Ablösung auch gar nicht in Angriff genommen wurde, denn es erwies sich als unmöglich, für ein Institut dieser Art einen geeigneten Nachfolger zu finden. Der Grund für seine Unersetzlichkeit lag vielleicht weniger in der bloßen Größe dieser Einrichtung und in ihrer strukturellen Komplexität als vielmehr in ihrer außerordentlichen Multidisziplinarität, die von ihm bewusst herbeigeführt wurde und der auch gute Fachleute auf dem Gebiet der Wissenschaftsforschung nicht ohne Weiteres gewachsen waren.

---

1 Helmut Baitsch, Theodor M. Fliedner, Joachim B. Kreutzkam und Ina S. Spiegel-Rösing: Memorandum zur Förderung der Wissenschaftsforschung in der Bundesrepublik Deutschland. Stifterverband für die Deutsche Wissenschaft. Essen, Dezember 1973, S. 3.
2 Ina S. Spiegel-Rösing: Wissenschaftsforschung in der DDR. In: Helmut Baitsch, Theodor M. Fliedner, Joachim B. Kreutzkam und Ina S. Spiegel-Rösing: Memorandum zur Förderung der Wissenschaftsforschung in der Bundesrepublik Deutschland, a. a. O., Anhang 2, Nr. 2, S. 95–131.
3 Zwischen seiner Gründung und seiner Umbenennung wechselte auch seine Trägerorganisation ihren Namen: Aus der *DAW* wurde 1972 die *Akademie der Wissenschaften (AdW) der DDR*.
4 Hubert Laitko: Abwicklungsreminiszenzen. Nach-Denken über das Ende einer Akademie. In: hochschule ost 6 (1997) 1, S. 55–81, hier S. 68–75.

Ohne ihn hätte es dieses Institut so, wie es war, nicht gegeben, und er verlieh ihm in so hohem Grad seine persönliche Prägung, dass weithin, statt die umständliche Bezeichnung ITW zu verwenden, einfach vom Kröber-Institut gesprochen wurde. Das war eine *façon de parler*, die das Wesen der Sache traf. Die Direktoren von Akademieinstituten hatten in der DDR in wissenschaftlicher Hinsicht und auch bei Personalentscheidungen größere Freiheitsgrade, als man in einem generell zentralistisch geordneten System vermuten würde. Insofern war ihre Position nicht so weit von jener entfernt, die den Leitern von Kaiser-Wilhelm-Instituten zugebilligt wurde und den Direktoren von Max-Planck-Instituten noch heute zugebilligt wird und für die nach wie vor das nach dem Gründungspräsidenten der *Kaiser-Wilhelm-Gesellschaft (KWG)* benannte Harnack-Prinzip gilt.[5] So wie das KWI für Zellphysiologie mit der Persönlichkeit Otto Warburgs oder das MPI zur Erforschung der Lebensbedingungen der wissenschaftlich-technischen Welt mit jener Carl Friedrich von Weizsäckers verwachsen war, so verkörperte das IWTO/ITW Kröbers Institutsidee. Die drei hier genannten Persönlichkeiten unterschieden sich in ihren Leitungsstilen radikal voneinander, aber in dem Maß der Prägung, das die von ihnen geschaffenen und geleiteten Institute von ihnen erfuhren, waren sie vollkommen vergleichbar. Von Weizsäckers Institut hatte die Emeritierung seines Gründers – aus Motiven, die hier außer Betracht bleiben müssen – nicht überlebt; die Auflösung wurde unter anderem damit motiviert, dass sich für ihn kein kongenialer Nachfolger finden ließ. Wäre es dennoch weitergeführt worden, wofür es durchaus namhafte Protagonisten gab, dann hätte es eben wegen dieser personalen Prägung sein Profil wesentlich ändern müssen. Ein ähnlich gravierender Wandel wäre auch dem ITW nicht erspart geblieben, wenn es über Kröbers vierte Berufungsperiode hinaus bestanden hätte. Nach seinem zwanzigjährigen Direktorat war Günter Kröber physisch am Limit, es wäre in jedem Fall unumgänglich gewesen, das Institut in andere Hände zu geben, und darüber, welchen Zuschnitt es dann angenommen hätte, kann nur spekuliert werden. Aber die Geschichte löste das Nachfolgeproblem auf wissenschaftsfremde Manier. Das dreiköpfige Direktorium, das 1990 an Kröbers Stelle trat, konnte nur noch die verordnete Abwicklung verwalten.

So ist das IWTO/ITW in der ganzen Zeit seiner Existenz wirklich *das* Kröber-Institut gewesen, und es ist nicht möglich, seine institutionelle Charakteristik vollständig von dieser persönlichen Prägung abzutrennen. Aber worin bestand sie? Im Institut

---

5   Hubert Laitko: Persönlichkeitszentrierte Forschungsorganisation als Leitgedanke der Kaiser-Wilhelm-Gesellschaft: Reichweite und Grenzen, Ideal und Wirklichkeit. In: Bernhard vom Brocke und Hubert Laitko (Hrsg.): Die Kaiser-Wilhelm-/Max-Planck-Gesellschaft und ihre Institute. Studien zu ihrer Geschichte: Das Harnack-Prinzip. Walter de Gruyter, Berlin/New York 1996, S. 583–632; ders.: Das Harnack-Prinzip als institutionelles Markenzeichen: Faktisches und Symbolisches. In: Dieter Hoffmann, Birgit Kolboske und Jürgen Renn (Hrsg.): „Dem Anwenden muss das Erkennen vorausgehen". Auf dem Weg zu einer Geschichte der Kaiser-Wilhelm-/Max-Planck-Gesellschaft. Edition Open Access, Berlin 2014, S. 133–191.

etablierte er kein theoretisches Paradigma, für dessen Realisierung er womöglich seine Mitarbeiter eingespannt hätte. Das war in der Gründungsphase noch nicht deutlich zu erkennen, denn damals gebrauchte er ebenso wie seine Mitarbeiter den Terminus „marxistisch-leninistische Wissenschaftstheorie", der die Existenz eines solchen Paradigmas suggerierte. Es ist auch nicht daran zu zweifeln, dass dies bona fide geschah; man gewinnt nicht an Größe, wenn man nachträglich behauptet, diese Sprache damals aus bloßer Taktik gepflegt zu haben.

Nachdem mit seiner nachgelassenen Autobiographie[6] Kröbers Selbstreflexion besser zugänglich ist, zeigt sich, dass er in gewissem Sinne ein Kantianer war, der überall nur so viel Wissenschaft zu erkennen vermochte, als darin Mathematik war. Seine in den entscheidenden Jahren seines Lebens unerfüllt gebliebene Liebe zur Mathematik durchdrang – sei es bewusst, sei es unbewusst – sein ganzes Wissenschaftsbild. Was ihm in der Wissenschaftsforschung wirklich zum persönlichen Anliegen wurde, das waren ihre quantitativen Methoden. Neben der reinen Mathematik, der er sich wohl am liebsten ganz gewidmet hätte, war ihm an ihrer Anwendung in der Wissenschaftsforschung, der Szientometrie, sehr gelegen. Auch hier sollte nach seiner Überzeugung messbar gemacht werden, was immer sich messen ließ, und auf dieser Basis Struktur, Funktion und Evolution der Wissenschaft in mathematischen Modellen ausgedrückt werden.

Am ITW gab es junge ambitionierte Wissenschaftlerinnen und Wissenschaftler wie Hildrun Kretzschmar, Eberhardt Bruckner und Andrea Scharnhorst, die sich dieser Richtung verschrieben hatten und jederzeit auf Kröbers behutsame Förderung rechnen konnten. Sein großer Vorzug als Direktor aber war, dass er seine persönlichen Präferenzen nicht seinen Mitarbeitern oktroyierte und auch Denk- und Arbeitsweisen förderte, mit denen er selbst wenig anfangen konnte. Dafür werden ihm – wie auch ich selbst – wohl alle ihre Dankbarkeit bewahren, die unter ihm und mit ihm arbeiten konnten. Das soll hier mit Nachdruck hervorgehoben werden – zum ersten, weil methodologische Toleranz für den Direktor eines Forschungsinstituts generell nicht selbstverständlich ist, und zum zweiten, weil es angesichts des extrem schematisierten DDR-Bildes, das heute gern gepflegt wird, eher nahe läge, sich den Direktor eines Instituts (einen staatlich eingesetzten „Einzelleiter") als eine Art kleinen Diktator vorzustellen. Der betont offenen Arbeitsweise kam allerdings auch entgegen, dass es sich bei der Wissenschaftsforschung um eine interdisziplinäre Arbeitsrichtung in statu nascendi und nicht um eine fest gefügte Disziplin mit starken eigenen Theorien handelte.

Die Zeit um 1970 markiert ungefähr den Scheitelpunkt der welthistorischen Bipolarität, die mit dem Zerfall der Anti-Hitler-Koalition nach Ende des Zweiten Welt-

---

6   Günter Kröber: Wie alles kam... Siehe dazu im vorliegenden Band S. 293–410.

kriegs einsetzte und mit dem Sieg des Westens in der Systemauseinandersetzung 1989/90 ihr Ende fand. In dieser Phase ging das bipolare Weltsystem aus einem dominant konfrontativen, von einer permanent hohen Gefahr einer nuklearen Eskalation bedrohten Verhältnis zwischen den beiden Lagern zu einer sukzessiven Einhegung des Konflikts über; es genügt an dieser Stelle, dafür Stichworte wie Entspannungspolitik, Vierseitiges Berlin-Abkommen (1971), Grundlagenvertrag BRD – DDR (1972) und Europäische Sicherheitskonferenz mit Schlussakte von Helsinki (1975) zu nennen. Damit gewann das kompetitive, mit Austausch und Kooperation verbundene Moment im Verhältnis zwischen den Lagern gegenüber dem konfrontativen an Gewicht, ohne freilich das letztere völlig zu verdrängen.

Unter diesen Umständen wurde die Wissenschaft – schon vorher als Quelle rüstungstechnischer Innovationen von strategischer Bedeutung – in ihrer ganzen Breite in die Dynamik des Systemwettstreits einbezogen. Jede Seite versuchte, die der Wissenschaft eigenen Potentiale für ihre systemischen Ziele vollständiger zu erschließen und wirksam zu machen. Für eine Politik, die darauf ausgeht, ist Wissenschaft jedoch ein eigenwilliges, sperriges Objekt, das sich einer direkten und direktiven Einflussnahme weitgehend verschließt und über eine ausgeprägte Autonomie (anfangs oft unter dem Stichwort „Eigengesetzlichkeit", später auch unter dem Etikett „Selbstorganisation" diskutiert) verfügt, ohne deren Beachtung Wissenschaftspolitik ineffektiv wird. Personen, die aktiv Wissenschaft betreiben, prägen sich diese Eigenheiten während ihrer fachlichen Sozialisation und Laufbahn spontan ein, und sie sind ihnen intuitiv gegenwärtig, unabhängig davon, ob sie sie zu explizieren vermögen oder nicht. Doch es ist sehr schwierig, sie auf den Begriff zu bringen und verbal so auszudrücken, dass sie auch außerhalb des Forschungskontextes für politische Entscheidungen über wissenschaftliche Belange handhabbar werden. Die Wissenschaftsforschung erschien als eine Instanz, die fähig war, eben dies zu leisten. Mit dieser Einsicht, die 1971 zum oben erwähnten Untersuchungsauftrag des Stifterverbandes geführt hatte, entstand ein Klima, das für ihre Förderung und ihre Institutionalisierung in eigenständigen Einrichtungen günstig war.

Die Konstellation des Systemwettstreits stimulierte diese Förderbereitschaft zusätzlich; man beobachtete sorgfältig, was auf der jeweils anderen Seite geschah, und zog daraus seine Schlüsse für die eigene Strategie. So bildeten sich in der BRD und in der DDR konkurrierende Ansätze der Wissenschaftsforschung heraus. Es war nahe liegend, dass in jedem der beiden Staaten Netzwerke aus an der Wissenschaftsforschung interessierten Einrichtungen und Personen wuchsen, die sich wiederum mit ähnlichen Bestrebungen in anderen Ländern des eigenen Lagers verbanden. So war das Kröber-Institut ein Knotenpunkt der einschlägigen Arbeiten innerhalb der DDR und zugleich ein Element der innersystemaren Kooperation zwischen den Ländern des Rates für Gegenseitige Wirtschaftshilfe (RGW). Ein spätes Dokument der fortgesetzten Bemühungen um Abstimmung war die handbuchartige Monographie *Grundlagen der Wissenschaftsforschung*, die von einem Kollektiv von Autoren aus Bulgarien, der DDR, Polen, Ungarn, der Tschechoslowakei und der Sowjetunion unter Leitung von Radovan Richta (ČSSR) geschaffen und 1985 in Moskau ediert wurde.[7] Die deutsche Version, für die Günter Kröber die Übersetzung aus dem Russischen und die wissenschaftliche Bearbeitung besorgte, erschien 1988 in der Monographienreihe des ITW.[8]

Die Integration innerhalb des eigenen Lagers war das zu Erwartende. Überraschender war die enge Ost-West-Kopplung, in der sich diese Entwicklung vollzog. Die bereits genannte Studie von Spiegel-Rösing belegt, wie genau schon die Gründung des Kröber-Instituts und seine ersten Aktivitäten in der Bundesrepublik verfolgt wurden. An der Universität Erlangen-Nürnberg entstand das in Erlangen beheimatete *Institut für Gesellschaft und Wissenschaft (IGW)* – seinem Status nach ein An-Institut, dessen Mitarbeiter nicht als Hochschullehrer, sondern als Forscher angestellt waren. Es wurde vom *Bundesministerium für Forschung und Technologie (BMFT)* finanziert und hatte die Aufgabe, für dieses Ministerium deutsch-deutsche Expertise zu beschaffen.[9] Das Amt des Direktors übte zuerst Hans Lades aus; ihm folgte Clemens Burrichter, der es bis zu seiner Auflösung 1992 innehatte. Für das IWTO/ITW wurde das IGW zur unmittelbaren westdeutschen Bezugsinstanz.

Seit 1972 veranstaltete es alljährlich stattfindende *Erlanger Werkstattgespräche*,[10] in eben diesem Jahr wurde das BMFT gebildet. Bereits bei der zweiten Veranstaltung dieser Reihe – im Februar 1973 im „Fränkischen Hof" in Erlangen – befand sich unter den Referenten als Gast aus der DDR auch Günter Kröber. Das Gespräch war programmatisch angelegt. Burrichter sprach über Präliminarien zu einer Theorie des Vergleichs der Wissenschaftssysteme in beiden Staaten, Hermann Lübbe (Zürich)

---

7 Radovan Richta mit Autorenkollektiv: Osnovy naukovedenija. Nauka, Moskva 1985.
8 Radovan Richta mit Autorenkollektiv: Grundlagen der Wissenschaftsforschung (= Wissenschaft und Gesellschaft Bd. 26). Akademie-Verlag, Berlin 1988.
9 Das BMFT bestand seit 1972, als der Arbeitsbereich des Bundesministeriums für Bildung und Wissenschaft (BMBW), das seinerseits Ergebnis mehrfacher Umstrukturierungen und Umbenennungen war, auf zwei Ministerien aufgeteilt wurde – verbunden mit weiteren Kompetenzverlagerungen innerhalb der Bundesregierung. Während sich das BMBW vor allem auf den Hochschulbereich und die dort betriebene Forschung konzentrierte, richteten sich die Aktivitäten des BMFT auf die außeruniversitäre Forschung und deren Verbindungen zur Wirtschaft. 1994 wurden die beiden Ministerien zum Bundesministerium für Bildung und Forschung (BMBF) vereinigt, wobei der Bereich Technologiepolitik an das Bundeswirtschaftsministerium überging. – G. Hartmut Altenmüller: BMBW und BMFT – Fusionen und Teilungen. In: Spektrum der Wissenschaft 1994, H. 12, S. 127 ff.; Peter Weingart und Niels C. Taubert (Hrsg.): Das Wissensministerium. Ein halbes Jahrhundert Forschungs- und Bildungspolitik in Deutschland. Velbrück, Weilerswist 2006.
10 Die Erlanger Werkstattgespräche des IGW. Eine Dokumentation zu zwei Jahrzehnten Wissenschaftsforschung in Deutschland. Zusammengestellt von Günter Kröber. In: UTOPIE kreativ, H. 89 (März) 1998, S. 39–47.

über Wissenschaftspolitik und Wissenschaftsentwicklung in der BRD und Günter Kröber über Wissenschaftspolitik und Wissenschaftsentwicklung in der DDR.[11] An vielen der folgenden Werkstattgespräche war Kröber ebenfalls beteiligt, später traten auch weitere Mitarbeiter des ITW dort als Vortragende auf. Das Verhältnis zwischen beiden Seiten entwickelte sich von vorsichtiger Zurückhaltung hin zu Respekt und lebhaftem Gedankenaustausch – im Fall von Clemens Burrichter und Günter Kröber sogar bis zu einer persönlichen Freundschaft. Nach der Auflösung des IGW 1992 übersiedelte Clemens Burrichter nach Berlin (einige Jahre später folgte auch seine Ehefrau Barbara); das erleichterte beiden, ihre freundschaftliche Beziehung, die die Familien einbezog, bis an ihr Lebensende zu pflegen. Die zufällige Nähe ihrer Sterbedaten im Jahre 2012 ist nicht ohne symbolische Bedeutung: Ihr Abschied steht für das Ende einer Epoche der Wissenschaftsforschung in Deutschland.

Der Umstand, dass das Bedürfnis nach Institutionalisierung der Wissenschaftsforschung auch jenen Instanzen im Apparat der SED und des Staates nahe gebracht werden konnte, die über die erforderliche Entscheidungsmacht verfügten, ist aus der gegen Ende der 1960er Jahre gegebenen Situation zeitnah zu erklären, wobei – wie meist bei der Gründung wissenschaftlicher Institutionen – auch Zufälle eine erhebliche Rolle spielten. Aber das Aufkommen und die Artikulation eines solchen Bedürfnisses musste nicht zugleich bedeuten, dass die Wissenschaft auch in der Lage und darauf vorbereitet gewesen wäre, ihm erfolgreich nachzukommen. Über ihre generelle Fähigkeit zur Selbstreflexion hinaus musste sie ihr Vermögen, sich selbst in ihrer Rolle als Moment der Existenz und Evolution der Gesellschaft abzubilden, zu einem Repertoire von auf diese Aufgabe bezogenen konkreten konzeptionellen Voraussetzungen und methodischen Instrumentarien entfalten. Das geschah in den Nachkriegsjahrzehnten weltweit. Die für die Herausbildung der Wissenschaftsforschung wichtigsten Erfahrungen, die in dieser Zeit gesammelt wurden, lassen sich in vier Gruppen gliedern:

Erstens war es die Erfahrung, dass die Wissenschaft zum Massenbetrieb geworden war, der bewusster Organisation und Planung bedurfte, weil die zu gestaltenden Zusammenhänge weit über die Größenordnung kleiner Gruppen und Institute hinausgingen, die sich im Modus impliziten, persönlichen Erfahrungswissens beherrschen ließen. Dafür stand der Terminus *Big Science*, der auf den prominenten US-amerikanischen Nuklearphysiker, Wissenschaftsorganisator und Wissenschaftspolitiker Alvin M. Weinberg zurückgeführt wird; erstmalig soll er ihn in dieser Bedeutung in einem im Sommer 1961 in *Science* publizierten Aufsatz[12] verwendet haben, der auf eine

---

11 Ebd., S. 39.
12 Alvin M. Weinberg: Impact of Large-scale Science on the United States. In: Science 134 (1961), No. 3473, S. 161–164.

Warnung des scheidenden amerikanischen Präsidenten Dwight D. Eisenhower vor den Gefahren des „militärisch-industriellen Komplexes" reagierte.[13] Zu einem Schlüsselbegriff der Wissenschaftsforschung wurde er durch Derek J. de Solla Price, der kurz darauf der Publikation einer von ihm gehaltenen Vorlesungsreihe den Titel *Little Science, Big Science* gab.[14] In beiden deutschen Staaten wurde „Big Science" als „Großforschung" (in der DDR mit dem obligaten Attribut „sozialistisch") übersetzt und euphorisch aufgenommen.[15] Um aber Wissenschaft in großem Maßstab rational organisieren und planen zu können, musste man ungefähr die Eigenschaften und Verhaltensweisen des Systems kennen, das der Organisation und Planung unterworfen werden sollte.

Zweitens war es die Erfahrung, dass wir in einer durch Wissenschaft gegenüber aller Tradition grundlegend veränderten Welt leben und dass dieser Prozess einer wissenschaftsinduzierten und wissenschaftsfundierten Veränderung unaufhaltsam fortschreitet. Charakteristische Begriffe, die diesen Zusammenhang einzufangen suchten, waren „wissenschaftlich-technischer Fortschritt (WTF)" und „wissenschaftlich-technische Revolution (WTR)".[16] Während der WTR-Begriff als ein spezifisch östliches Konzept galt und in der Bundesrepublik fast ausschließlich in Schriften verwendet wurde, die sich mit Entwicklungen im sowjetischen Einflussbereich kritisch auseinandersetzten[17], wurde das WTF-Konzept, wenngleich eher marginal, auch im Westen als positiver Begriff zur Bezeichnung von Wechselwirkungen zwischen Wissenschaft und Technik verwendet,[18] und zwar bis mindestens gegen Ende der

---

13 https://en.wikipedia.org/wiki/Big_Science [Zugriff 31.1.2016].
14 Derek J. de Solla Price: Little Science, Big Science. Columbia University Press. New York 1963. – Erst mehr als ein Jahrzehnt später erschien in der Bundesrepublik eine deutsche Ausgabe dieser sehr einflussreichen Schrift: Derek J. de Solla Price: Little Science, Big Science. Von der Studierstube zur Großforschung. Suhrkamp, Frankfurt a. M. 1974.
15 Wolfgang Cartellieri: Die Großforschung und der Staat. Gersbach & Sohn, München 1963; Agnes Tandler: Visionen einer sozialistischen Großforschung in der DDR 1968–1971. In: Gerhard Ritter, Margit Szöllösi-Janze und Helmuth Trischler (Hrsg.): Antworten auf die amerikanische Herausforderung. Forschung in der Bundesrepublik und in der DDR in den „langen" siebziger Jahren. Frankfurt a. M. 1999, S. 361–375.
16 Hubert Laitko: Wissenschaftlich-technische Revolution: Akzente des Konzepts in Wissenschaft und Ideologie der DDR. In: UTOPIE kreativ, H. 73/74 (Nov./Dez.) 1996, S. 33–50.
17 Arnold Buchholz: Die Rolle der wissenschaftlich-technischen Revolution (WTR) im Marxismus-Leninismus. In: Nico Stehr und René König (Hrsg.): Wissenschaftssoziologie: Studien und Materialien (= Kölner Zeitschrift für Sozialpsychologie und Soziologie, Sonderheft 18). Westdeutscher Verlag, Opladen 1975, S. 457–478; Hartmut Zimmermann: Wissenschaftlich-technische Revolution in der DDR. Studien zur Entwicklungs- und Problemgeschichte des gesellschaftlichen Konzepts der SED seit Mitte der fünfziger Jahre. Dissertation. Freie Universität Berlin; Berlin 1981.
18 Joachim Hirsch: Wissenschaftlich-technischer Fortschritt und politisches System: Organisation und Grundlagen administrativer Wissenschaftsförderung in der BRD. Suhrkamp, Frankfurt a. M. 1970.

1980er Jahre.[19] Besonders treffend war der in der Bundesrepublik gebräuchliche Begriff der „wissenschaftlich-technischen Welt", der sogar in den Namen des von Carl Friedrich von Weizsäcker initiierten und unter seiner Leitung 1970 gegründeten Max-Planck-Instituts zur Erforschung der Lebensbedingungen der wissenschaftlich-technischen Welt Eingang fand.[20]

Drittens war es die Erfahrung, dass die Wirkungen, die Wissenschaft durch Einbeziehung ihrer Ergebnisse in die praktischen Lebenszusammenhänge der Gesellschaft hervorbringt, ebenso wie diese Ergebnisse selbst nur partiell voraussehbar sind. Jede Steuerung von Wissenschaft ist damit eine Steuerung auf unbekannte Folgezustände hin. Für Gesellschaften, die in ihren vitalen Funktionen wissenschaftsabhängig geworden waren, musste ein Modus vivendi gefunden werden, um mit diesem unentrinnbaren Defizit leben zu können. Das mit dem zunehmenden Gewicht der Forschung immer massivere Auftreten von Neuem im gesellschaftlichen Leben potenziert gegenüber den traditionsbezogenen Gesellschaften der Vergangenheit die objektive wie die gefühlte Zukunftsunbestimmtheit; um diese Situation zu beherrschen, entstanden verschiedene Formen von Zukunftsforschung (Futurologie).[21] Für spezifische Wirkungsrichtungen der Wissenschaft bildeten sich gesonderte – mit der Wissenschaftsforschung verwandte, aber nicht direkt in sie einbezogene – Forschungsrichtungen mit prognostischer Orientierung wie die Technologiefolgenabschätzung (*technology assessment*) heraus.[22]

Viertens schließlich war es die Erfahrung, dass die Wirkungen der Wissenschaft auf das gesellschaftliche Leben nicht nur essentiell, sondern auch ambivalent sind. Neben den angestrebten Folgen ergeben sich unvermeidlich auch unbeabsichtigte, die oft negativ sind und bisweilen die ursprünglichen Absichten sogar direkt konterkarieren können.[23]

---

19 Jürgen Mittelstraß und Josef Bielmeyer (Hrsg.): Wissenschaftlich-technischer Fortschritt als Aufgabe in der freiheitlichen Kultur: Referate und Diskussionsbeiträge (Symposium der Hanns-Martin-Schleyer-Stiftung München 1986). Bachem, Köln 1987.
20 Hubert Laitko: Das Max-Planck-Institut zur Erforschung der Lebensbedingungen der wissenschaftlich-technischen Welt: Gründungsintention und Gründungsprozess. In: Klaus Fischer, Hubert Laitko und Heinrich Parthey (Hrsg.): Interdisziplinarität und Institutionalisierung der Wissenschaft. Wissenschaftsforschung Jahrbuch 2010. Wissenschaftlicher Verlag Berlin, Berlin 2011, S. 199–237.
21 Elke Seefried: Zukünfte: Aufstieg und Krise der Zukunftsforschung 1945 bis 1980. Walter de Gruyter, Berlin/Boston 2015.
22 François Hetman: Society and the Assessment of Technology: Premises, Concepts, Methodology, Experiments, Areas of Application. OECD: Paris 1973; Armin Grunwald: Technikfolgenabschätzung. Eine Einführung. Edition Sigma, Berlin 2010; Georg Simonis: Konzepte und Verfahren der Technikfolgenabschätzung. Springer VS, Wiesbaden 2013.
23 Hubert Laitko: Der Ambivalenzbegriff in Carl Friedrich von Weizsäckers Starnberger Institutskonzept. Max-Planck-Institut für Wissenschaftsgeschichte. Preprint 445, Berlin 2013.

Mit diesen vier Erfahrungskomplexen trat eine Problematik in das Bewusstsein von Wissenschaft und Öffentlichkeit, deren vitale Bedeutung niemand leugnen konnte, denen aber das bis dahin erprobte wissenschaftliche Instrumentarium kaum gewachsen war. Es war zudem eine globale Problematik, die die gesamte Menschheit und damit auch die beiden im Kalten Krieg konfrontierten Lager betraf. Daher verwundert nicht, dass das Aufkommen der Wissenschaftsforschung als unmittelbare Konsequenz des Bewusstwerdens dieser Problematik ein Prozess war, der die Grenzen zwischen den Blöcken überschritten und daher auch Potenzial für intersystemare Kooperationen bot. In diesen Zusammenhang war die DDR einbezogen. Die Voraussetzungen für das Aufkommen der Wissenschaftsforschung auf ihrem Territorium konnten nicht autark im kleinstaatlichen Rahmen des eigenen Landes entstehen. Entscheidend war vielmehr, inwieweit hier internationale Entwicklungen rezipiert wurden, sei es durch direkte Übernahmen, sei es indirekt durch eigene Reaktionen auf äußere Herausforderungen.

Schon die oben angedeutete Bezugnahme auf das einschlägige Geschehen in der Bundesrepublik legt das nahe. Aber das deutsch-deutsche Verhältnis war nur ein Ausschnitt aus einer vielgestaltigen Bewegung, die zahlreiche Quellpunkte in Ost und West hatte und mit der Blockkonfrontation interagierte. Das *Memorandum* von 1973 dokumentiert Initiativen aus zahlreichen Ländern von Kanada bis zur Sowjetunion. Noch weit umfassender – auch in geographischer Hinsicht – ist das Bild, das der 1977 von Ina Spiegel-Rösing und Derek J. de Solla Price edierte Band *Science, Technology and Society. A Cross-Disciplinary Perspective* vermittelt.[24] Dieser Band wurde im Auftrag des *International Council for Science Policy Studies (ICSPS)* herausgegeben, der im Rahmen der *International Union for the History and Philosophy of Science (IUHPS)* arbeitete und (zunächst als „Commission", dann in „Council" umbenannt) auf dem von dieser veranstalteten XIII. Internationalen Kongress für Wissenschaftsgeschichte in Moskau 1971 gegründet worden war. Kröber gehörte dem Council als Vertreter der DDR an.

Innerhalb dieser globalen Strömung bewegten sich die einschlägigen Bestrebungen in der DDR. Um die Entstehung des IWTO/ITW historisch zu verstehen, ist es erforderlich, ein Stück weit hinter seine unmittelbare Gründungskonstellation zurückzugehen. Wie weit dieser Rückgriff reichen sollte, ist nicht eindeutig zu sagen. Je weiter der geschichtliche Horizont gespannt wird, umso vollständiger wird das Bild. Hier mag es genügen, mit den 1950er Jahren einzusetzen. Eine durchgehende Darstellung ist nicht beabsichtigt; die Forschungslage gäbe sie auch noch gar nicht her.

---

24 Ina Spiegel-Rösing & Derek J. de Solla Price (Hrsg.): Science, Technology and Society. A Cross-Disciplinary Perspective. SAGE Publications, London/Beverly Hills 1977.

An ihre Stelle tritt eine mosaikartige Panoramaskizze mit mehreren Stationen, die bis zur formellen Gründung des IWTO reicht.

1954

Beginnen mag diese Skizze mit dem Jahr 1954 und mit einer Persönlichkeit, die man mit vollem Recht als einen der Klassiker der Wissenschaftsforschung bezeichnen kann. Zudem schlägt sie auf diesem Gebiet die Brücke zwischen den Bestrebungen der Vorkriegszeit und dem Neubeginn nach dem Sieg der Anti-Hitler-Koalition über Nazideutschland.

1954 erschien im Londoner Verlag C. A. Watts and Co. Ltd. das monumentale Werk *Science in History* aus der Feder des englischen Kristallographen John D. Bernal, ein in zweifacher Hinsicht ungewöhnliches Buch. Zum einen trat hier ein Gelehrter, der nie aufgehört hatte, fachwissenschaftlich tätig zu sein, nicht mit einer Geschichte seiner eigenen Disziplin hervor, sondern mit einem Versuch, die großen Entwicklungslinien der Wissenschaft insgesamt von ihren Ursprüngen über die Jahrtausende ihrer bisherigen Entwicklung hinweg bis in die absehbare nahe Zukunft anzudeuten. So verwegen konnte nur ein Naturwissenschaftler sein, den die methodischen Skrupel des Fachhistorikers nicht belasteten. Zum zweiten war das, was Bernal hier unternahm, keine – und sei es auch unter weitreichender Berücksichtigung des soziokulturellen Kontextes – nach innen gewandte Wissenschaftsgeschichte, sondern eine historische Skizze der Wissenschaft als einer in jüngster Zeit immer mehr an Bedeutung gewinnenden prägenden Kraft der Weltgeschichte. Es war innovativ, Wissenschaft so zu sehen.

In seinem im April 1954 verfassten Vorwort schrieb Bernal, er sei 1948 gebeten worden, am Ruskin College in Oxford die Charles Beard Memorial Lecture[25] zu halten, und hätte dafür das Thema „Die Wissenschaft in der Geschichte der Gesellschaft" gewählt: „Das war etwas, wofür ich mich seit vielen Jahren interessiert hatte, und vor einer aufgeschlossenen, wenn auch nicht speziell vorgebildeten Zuhörerschaft darüber vorzutragen, schien keine Schwierigkeiten zu bereiten. Als ich dann die Vorlesung hielt, noch mehr aber, als ich es unternahm, sie in Buchform zu veröffentlichen, begann mir klarzuwerden, daß ich mich auf etwas eingelassen hatte, was viel gründlichere Studien und ernsthafteres Nachdenken erforderte, als ich bis dahin darauf

---

25 Mit dieser regelmäßig stattfindenden Vorlesungsreihe wurde an den amerikanischen Historiker Charles A. Beard erinnert, der während seines mehrjährigen Aufenthalts in England zu den Gründern von Ruskin Hall (später Ruskin College) gehörte, einer mit der Universität Oxford verbundenen Einrichtung, die ursprünglich der Arbeiter- und Erwachsenenbildung dienen sollte. – Burleigh T. Wilkins: Charles A. Beard on the Founding of Ruskin Hall. In: Indiana Magazine of History 52 (1956) 3, S. 277–284.

verwendet hatte. Die Arbeit war jedoch viel zu faszinierend, als daß ich sie hätte aufgeben mögen, und so beschloß ich, sie fortzusetzen. Das erste Ergebnis dieser Bemühungen ist das vorliegende Buch, das ich in drei Wochen fertigzustellen gehofft hatte, das mich aber bereits doppelt soviel Jahre gekostet hat. Und erst jetzt beginne ich zu begreifen, worin die mit der Stellung der Wissenschaft in der Gesellschaft zusammenhängende Problematik wirklich besteht."[26]

Den Leitgedanken, dass man die Wissenschaft, um ihre Stellung in der *gegenwärtigen* Gesellschaft zu erkennen, in ihrer *historischen* Dimension betrachten müsse, fasste Bernal aber nicht erst bei der Vorbereitung auf die Beard Lecture. Zu ihm war er bereits vor dem Krieg gelangt, als er an seiner im September 1938 abgeschlossenen und 1939 erschienenen Monographie *The Social Function of Science* arbeitete.[27] Die Wissenschaftsforschung hatte viele Wurzeln, aber wenn man aus dieser Vielfalt ein Werk hervorheben will, das nicht nur wie etwa der 1935 verfasste Aufsatz von Maria Ossowska und Stanisław Ossowski[28] als eine Programmschrift, sondern bereits als eine theoretische Geburtsurkunde des neuen Gebietes zu betrachten ist, dann kann *The Social Function of Science* auf diesen Rang am ehesten Anspruch erheben. Hier verwendete Bernal den Begriff der Funktion, um damit die Gesamtheit aller Wirkungen – der intendierten wie der nicht intendierten – zu bezeichnen, die Wissenschaft auf andere Sphären der Gesellschaft und damit letztlich auf die Gesellschaft im Ganzen ausübt. Schon hier hatte er gesehen, dass man mit einer bloßen Momentaufnahme, die die historische Dimension ausblendet, die soziale Funktion der Wissenschaft nur unzulänglich erfassen kann. Sie muss als etwas verstanden werden, das sich – so Bernal in seinem Vorwort von 1938 – „im Zuge des Wachstums der Wissenschaft unmerklich entwickelt hat".[29] Deshalb nahm er in dieses insgesamt soziologisch angelegte Buch gleich nach der Einführung ein zwanzigseitiges Kapitel „Geschichtliches"[30], das als eine konzeptionelle Skizze für *Science in History* angesehen

---

26 John D. Bernal: Die Wissenschaft in der Geschichte. VEB Deutscher Verlag der Wissenschaften, Berlin 1961, S. 1.
27 John D. Bernal: The Social Function of Science. George Routledge & Sons Ltd., London 1939. – Eine deutsche Übersetzung dieses Werkes wurde – erst im Jahre 1986 – in der DDR herausgegeben: John D. Bernal: Die soziale Funktion der Wissenschaft. Hrsg. von Helmut Steiner. Akademie-Verlag, Berlin 1986.
28 Maria Ossowska & Stanisław Ossowski: The Science of Science [1935]. – Nachdruck in: Bohdan Walentynowicz (Hrsg.): Polish Contributions to the Science of Science. D. Reidel, Dordrecht 1982, S. 62–95. – 1939 war diese ursprünglich in einer polnischen Zeitschrift erschienene Arbeit des Ehepaares Ossowski Bernal offenbar nicht bekannt, erst in den 1960er Jahren verwies er auf sie. Es ist bemerkenswert, dass die Idee einer Wissenschaft von der Wissenschaft auch in Polen soziologisch inspiriert war; S. Ossowski arbeitete hauptsächlich soziologisch und war 1949 Gründungsmitglied der *International Sociological Association*. – https://en.wikipedia.org/wiki/Stanislaw_Ossowski [Zugriff 31.1.2016].
29 Helmut Steiner (Hrsg.): 1939. J. D. Bernal's The Social Function of Science. Akademie-Verlag Berlin, Berlin 1989, S. 20.
30 Ebd., S. 36–55.

werden kann, und zudem an verschiedenen Stellen kürzere historische Exkurse auf. Wissenschaftsgeschichte erschien hier nicht als narrativer Selbstzweck, sondern als notwendige Voraussetzung, um die aktuelle Wissenschaft in ihrer gesellschaftlichen Funktionalität einschließlich ihrer zukunftsgestaltenden Möglichkeiten zu verstehen.[31]

Der Zweite Weltkrieg, der bald nach dem Erscheinen von *The Social Function of Science* ausbrach, nahm diesem Buch viel von seiner verdienten Wirkung. Seine zentrale Botschaft wurde jedoch, historisch vertieft und modifiziert, mit *Science in History* erneut in den wissenschaftlichen Diskurs eingebracht. Bereits 1956 kam eine zweite, mit zahlreichen neuen Nuancen versehene Auflage des Werkes heraus. Um den Unterschied zwischen den beiden Auflagen ermessen zu können, sollen hier zwei Ereignisse erwähnt werden, die sich in der Zwischenzeit zutrugen.

1955

Eines dieser Ereignisse war die unter der Ägide der Vereinten Nationen veranstaltete „International Conference on the Peaceful Uses of Atomic Energy", die vom 8. bis 20. August 1955 in Genf stattfand[32] und in der Folge zu der 1957 erfolgten Gründung der *Internationalen Atomenergieorganisation (IAEO)* führte. Sie war in erster Linie eine Konsequenz des von USA-Präsident Eisenhower Ende 1953 verkündeten Programms *Atoms for Peace*, das „als propagandistisches Gegenmittel (antidot) zur Kritik am nuklearen Rüstungswettlauf" gedacht war.[33] De facto gestaltete sich die Konferenz aber so, dass sie keineswegs allein den amerikanischen Intentionen folgte: „Die Proliferation der Kerntechnologie wurde von den Supermächten hier zu einer Frage des Prestiges und zu einem Instrument der konkreten politischen Einflußnahme gemacht. Die Sowjetunion versuchte dabei, die amerikanische Initiative durch noch größere Offenheit und beeindruckendere Geräte zu konterkarieren".[34]

---

31 Hubert Laitko: "The Social Function of Science", "Science in History" und die Folgen. John Desmond Bernals Beitrag zum Brückenschlag zwischen Wissenschaftsgeschichte und Geschichtswissenschaft. In: Stefan Jordan und Peter Th. Walther (Hrsg.): Wissenschaftsgeschichte und Geschichtswissenschaft. Aspekte einer problematischen Beziehung. Wolfgang Küttler zum 65. Geburtstag. hartmut spenner, Waltrop 2002, S. 117–138.
32 Josef Hausen: Atome für den Frieden. Die Genfer Atomkonferenz und ihre kulturelle Bedeutung. In: Humanismus und Technik 3 (1955) 2, S. 72–90.
33 Burghard Weiss: Kernforschung und Kerntechnik in der DDR. In: Dieter Hoffmann und Kristie Macrakis (Hrsg.): Naturwissenschaft und Technik in der DDR. Akademie Verlag, Berlin 1997, S. 297–315, hier S. 300; Michael Eckert: US-Dokumente enthüllen: „Atoms for Peace" – eine Waffe im Kalten Krieg. In: Bild der Wissenschaft 1987, H. 5, S. 64–74.
34 Burghard Weiss: Kernforschung und Kerntechnik in der DDR, S. 300; M. Eckert: US Dokumente enthüllen: „Atoms for Peace" – eine Waffe im Kalten Krieg. In: Bild der Wissenschaft. 1987, H. 5, S. 300.

Die Konferenz, deren komplexe politische Zusammenhänge hier nicht aufgeschlüsselt werden können, wurde zu einem Schlüsselereignis für die Ausbreitung der zivilen Kernenergetik, mit der euphorische Hoffnungen verbunden waren. Das wiederum hatte gravierende Folgen für Forschungsorganisation und Forschungspolitik. Das historisch neuartige Phänomen der *Big Science* mit ihren riesigen Forschungs- und Entwicklungseinrichtungen und dem in ihnen herrschenden straffen Zeitregime war auf eindrucksvolle Weise durch das in den letzten Kriegsjahren laufende amerikanische Atombombenprojekt (Manhattan Project) exemplifiziert worden,[35] doch es erschien zunächst eher als eine Ausnahme, die einer einmaligen Situation geschuldet war, und kaum als Muster für die künftige Gestalt der Forschung auf den verschiedensten Gebieten. Die damit verbundenen Planungs- und Organisationsprobleme, die zu den Triebkräften der Wissenschaftsforschung gehörten, konnten im ersten Nachkriegsjahrzehnt noch als ein sektorales Sonderproblem der militärischen und militärisch relevanten Forschung (Kernwaffen und ihre Trägersysteme usw.) aufgefasst werden, das mit dem zivilen Normalbetrieb der Wissenschaft nicht viel zu tun hatte. Aber mit der Errichtung von Forschungszentren für die Entwicklung der Kernenergetik trat auch zivile Großforschung auf den Plan, und da in modernen Gesellschaften die Stromversorgung eine unentbehrliche infrastrukturelle Grundlage der Gesamtwirtschaft ist, konnte die Problematik der rationellen Steuerung großer Forschungseinrichtungen (und mehr und mehr auch ganzer polyinstitutioneller Forschungslandschaften) nicht länger als eine nur sektorale Angelegenheit betrachtet werden.[36] Die Ausbreitung der „Großforschung" gab sowohl der Ausdifferenzierung der Forschungs- und Technologiepolitik innerhalb der politischen Systeme als auch der aufkommenden Wissenschaftsforschung international einen starken Impuls. Für die beiden deutschen Staaten bedeutete die Genfer Konferenz obendrein eine besondere Zäsur. In der Nachkriegszeit war die natur- und technikwissenschaftliche Forschung in Deutschland durch die Festlegungen des Alliierten Kontrollratsgesetzes Nr. 25 stark restringiert.[37] Kernforschung war, von rein theoretischen Arbeiten abgesehen, absolut ausgeschlossen. Hier war 1955 ein Wendejahr, in beiden Staaten endete

---

35 Bruce C. Reed: The History and Science of the Manhattan Project. Springer, Berlin u. a. 2014.
36 Burghard Weiss: „Großforschung". Genese und Funktion eines neuen Forschungstyps. In: Hans Poser und Clemens Burrichter: Die geschichtliche Perspektive in den Disziplinen der Wissenschaftsforschung. Kolloquium an der TU Berlin, Oktober 1988. TU Berlin, Berlin 1988, S. 149–175; Margit Szöllösi-Janze und Helmuth Trischler (Hrsg.): Großforschung in Deutschland. Campus Verlag, Frankfurt a. M./New York 1990; Gerhard A. Ritter: Großforschung und Staat in Deutschland. Ein historischer Überblick. Beck, München 1992; Peter Galison: Big Science: The Growth of Large-Scale Research. Stanford University Press, Redwood City, CA, 1994.
37 Kontrollratsgesetz Nr. 25: Regelung und Überwachung der naturwissenschaftlichen Forschung vom 29. April 1946. – www.verfassungen.de/de/de45–49/kr-gesetz25.htm [Zugriff 1.2.2016].

die Besatzungszeit und damit auch die Verpflichtung, sich weiter an die Kontrollratsgesetze zu halten.

Die Genfer Konferenz gab hier den Auftakt für den Einstieg in die Kerntechnologie. In der BRD und in der DDR erfolgte der Einstieg zeitgleich; dieser Prozess induzierte, wie Weiss ausführt, auch Neuerungen „im Bereich politischer Institutionen, wobei sich in beiden deutschen Staaten anfangs weitgehend ähnliche Strukturen herausbildeten"[38]. Die institutionellen Konsequenzen erfolgten in Ost und West unverzüglich. Am 20. Oktober 1955 wurde das Bundesministerium für Atomfragen gegründet, am 10. November folgte die DDR mit der Bildung eines Amtes für Kernforschung und Kerntechnik beim Ministerrat.[39] In der Bundesrepublik war das Atomministerium die institutionelle Keimzelle der gesamtstaatlichen Forschungspolitik; aus ihm ging über mehrere Zwischenschritte das BMBW hervor. Demgegenüber war in der DDR das Amt für Kernforschung und Kerntechnik in die Ausdifferenzierung einer generalisierten Forschungspolitik eher peripher einbezogen. 1963 wurde es wieder aufgelöst; dabei wurden seine Kompetenzen teilweise an das schon seit 1961 bestehende Staatssekretariat für Forschung und Technik, aus dem 1967 das Ministerium für Wissenschaft und Technik (MWT) hervorging, und teilweise an die Staatliche Zentrale für Strahlenschutz übertragen.

Mit der Herausbildung gesamtstaatlicher Lenkungsorgane ging die Gründung kernphysikalischer und kerntechnischer Forschungszentren einher, die de facto – auch wenn der Terminus selbst in der DDR erst in den 1960er Jahren übernommen wurde – dem Design der Großforschung entsprachen. Auch diese Gründungen erfolgten 1956 in beiden Staaten praktisch simultan. In der Bundesrepublik entstanden zunächst die Kernforschungszentren Karlsruhe (anfangs als „Reaktorbau- und -betriebsgesellschaft") und Jülich[40], und in der DDR wurde in Rossendorf bei Dresden das Zentralinstitut für Kernphysik (später: Kernforschung) gegründet.[41] Während allerdings die Kernforschungszentren der Bundesrepublik zum wissenschaftlichen Fundament einer stark entwickelten Kernenergetik wurden, zwang in der DDR die wirtschaftliche Schwäche des Landes schon in den 1960er Jahren zu einer drastischen

---

38 Burghard Weiss: Kernforschung und Kerntechnik in der DDR, a.a.O., S. 301.
39 Bertram Winde und Lotar Ziert: Organisation der Kernforschung und Kerntechnik in der Deutschen Demokratischen Republik. VEB Deutscher Verlag für Grundstoffindustrie, Leipzig 1961; https://de.wikipedia.org/wiki/Amt_für_Kernforschung_und_Kerntechnik [Zugriff 2.2.2016].
40 Wolfgang D. Müller: Geschichte der Kernenergie in der Bundesrepublik Deutschland. Anfänge und Weichenstellungen. Schäffer-Poeschel, Stuttgart 1990.
41 Johannes Abele: Großforschung in der DDR. Das Zentralinstitut für Kernforschung Rossendorf in den siebziger Jahren. In: Margit Szöllösi-Janze und Helmuth Trischler (Hrsg.): Großforschung in Deutschland, a.a.O., S. 316–336.

Einschränkung der ursprünglich sehr ambitionierten Pläne.[42] So kann man sich durchaus die Frage stellen, ob die Arbeiten in Rossendorf tatsächlich die Dimension von Großforschung erreicht haben.[43]

In der 1956er Auflage von *Science in History* ging Bernal auf diese Entwicklung ein und widmete der Genfer Konferenz, die er als „ein deutliches Anzeichen für das Nachlassen der internationalen Spannung" deutete, einen eigenen kleinen Abschnitt. Darin hieß es: „Vor dieser Konferenz beherrschte die Geheimhaltung, nur an den unwesentlichen Stellen ein wenig gelockert, das ganze Gebiet der Atomforschung. In Genf tauschten Atomwissenschaftler aus den Vereinigten Staaten, Großbritannien und der Sowjetunion offen Informationen aus, soweit sie sich nicht auf Atom- und Wasserstoffbomben bezogen, und stellten fest, daß sie zum größten Teil den gleichen Weg eingeschlagen hatten".[44] Bernal teilte die enthusiastische Einschätzung der Kernenergie mit dem Gros der damaligen Naturwissenschaftler. Er meinte, dass die kontrollierte Freisetzung der Atomenergie „in technischer Beziehung einen weiteren großen Sprung vorwärts in der Herrschaft des Menschen über die Naturkräfte darstellt, der von gleicher Größenordnung, in letzter Konsequenz vielleicht von größerer Bedeutung ist als die Entdeckung des Feuers, die Erfindung des Ackerbaues und die Ausnutzung der Dampfkraft".[45] Wenn es gelänge, den Ausbruch eines Krieges zu vermeiden, dann würde „die Ära der Kernenergie sehr bald anbrechen, und gegen Ende des Jahrhunderts wird sie die Hauptquelle elektrischer Energie darstellen"[46].

Wie man heute sieht, hat sich Bernals Prognose für die Zukunft der Kernenergetik auf lange Sicht als unzutreffend erwiesen, auch wenn sie über mehrere Jahrzehnte realistisch zu sein schien. Tragfähig war jedoch der dahinter stehende Gedanke, dass die technischen Wandlungen im 20. Jh. im Wesentlichen wissenschaftsbasiert sind und dass dieser Zusammenhang fortan die Entwicklung der Wirtschaft und, über sie vermittelt, in hohem Maße auch die Entwicklung der Gesellschaft insgesamt bestimmt. Damit konkretisierte Bernal sein vor dem Krieg entwickeltes Konzept von der sozialen Funktion der Wissenschaft. Auf der Suche nach einer dafür passenden Terminologie schuf er auch den Ausdruck „wissenschaftlich-technische Revolution", eine

---

42 Eckhard Hampe: Zur Geschichte der Kerntechnik in der DDR von 1955 bis 1962: die Politik der Staatspartei zur Nutzung der Kernenergie. Hannah-Arendt-Institut für Totalitarismusforschung, Dresden 1996; Peter Liewers und Johannes Abele (Hrsg.): Zur Geschichte der Kernenergie in der DDR. Lang, Frankfurt a. M. u. a. 2000; Wolfgang D. Müller: Geschichte der Kernenergie in der DDR: Kernforschung und Kerntechnik im Schatten des Sozialismus. Schäffer-Poeschel, Stuttgart 2001.
43 Sander Münster: Kernforschung in der DDR als Großforschung? Das Zentralinstitut für Kernforschung in Rossendorf um 1960. Magisterarbeit TU Dresden; Dresden 2009. www.academia.edu/4962243/Kernforschung_in_der_DDR_als_Großforschung [Zugriff 2.2.2016].
44 John D. Bernal: Die Wissenschaft in der Geschichte, a. a. O., S. 531.
45 Ebd., S. 530.
46 Ebd., S. 531.

der für die Wissenschaftsreflexion in der zweiten Jahrhunderthälfte wichtigsten Begriffsprägungen. In der ersten Auflage von *Science in History* war dieser Ausdruck noch nicht zu finden, in der zweiten hingegen kommt er vor, wenn auch an ganz unscheinbarer Stelle in einer Liste von Anmerkungen, die Bernal am Ende des Buches den aus der ersten Auflage übernommenen Textpassagen beifügte. Bezugnehmend auf die weithin gebräuchliche Charakteristik des Entstehungsprozesses der experimentellen Naturwissenschaft im 17./18. Jh. als wissenschaftliche Revolution, hatte er in seinem Buch geschrieben: „Man kann mit einigem Recht von einer zweiten *Revolution in der Wissenschaft* im 20. Jahrhundert sprechen"[47]. Diese These stieß auf Kritik, und in einer Anmerkung zur zweiten Auflage ging Bernal darauf ein und bemerkte: „Der neue revolutionäre Charakter des 20. Jahrhunderts kann nicht auf die Wissenschaft beschränkt bleiben; er kommt noch stärker in der Tatsache zum Ausdruck, daß erst in unserer Zeit die Wissenschaft Industrie und Landwirtschaft zu beherrschen beginnt. Die Revolution sollte vielleicht richtiger die erste wissenschaftlich-technische Revolution genannt werden."[48]

Diese Wortprägung war folgenreich. Im Osten wurde sie zum Inbegriff der umwälzenden gesellschaftlichen Konsequenzen, die die moderne Naturwissenschaft offenkundig hervorbrachte oder die ihr zugesprochen bzw. von ihr erwartet wurden. Damit wurde sie hier auch zu einer der wichtigsten Vokabeln der Wissenschaftsforschung. Im Westen blieb man gegenüber der WTR skeptisch, während im Anschluss an Thomas S. Kuhn von „wissenschaftlichen Revolutionen" allenthalben die Rede war.[49] Das Adjektiv „wissenschaftlich-technisch" aber wurde universell gebraucht und überall als Aufforderung angesehen, die Naturwissenschaft nicht isoliert, sondern unter Einbeziehung ihrer technisch-technologischen Wirkungen zu betrachten.

Noch ein zweites Ereignis des Jahres 1955 verdient im Kontext der Wissenschaftsforschung Aufmerksamkeit, auch wenn es – ganz anders als die Genfer Atomkonferenz – zunächst nur in einem engen Kreis von Fachleuten beachtet wurde. Eugene Garfield veröffentlichte die Idee des *Science Citation Index (SCI)*[50], die in den Folgejahren mit der Gründung des von ihm geschaffenen und geleiteten *Institute for Scientific Information (ISI)* technisch und wirtschaftlich realisiert wurde.[51] Auch an dieser Stelle zeigt sich ein ausdrücklicher Bezug auf Bernal. Unter den Gedanken, die ihn zu dieser

---

47 Ebd., S. 487.
48 Ebd., S. 903.
49 Paul Hoyningen-Huene: Reconstructing Scientific Revolutions: Thomas Kuhn's Philosophy of Science. University of Chicago Press, Chicago 1993.
50 Eugene Garfield: Citation Indexes for Science: A New Dimension in Documentation Through Association of Ideas. In: Science 122 (1955), S. 108–111.
51 Eugene Garfield: Citation Indexing – Its Theory and Application in Science, Technology, and Humanities. Foreword by Robert K. Merton. ISI Press, New York 1979.

revolutionären bibliometrischen Neuerung angeregt hatten, räumte Garfield dessen Überlegungen über den kritischen Zustand des wissenschaftlichen Kommunikationssystems einen hohen Rang ein: „Bernal was for me, as for many others, a great and inspiring man. He anticipated the modern revolution in science communication...".[52] Umgekehrt entstand mit dem *SCI*, der Prozesse und Strukturen der schriftlichen Kommunikation in der Wissenschaft detailliert zu untersuchen und zu modellieren vermochte, ein Hochleistungswerkzeug zur empirischen Analyse der Wissenschaft, wie es dies in vergleichbarer Form nie zuvor gegeben hatte. Es war zudem wie geschaffen für den Einsatz von Computern zur Verarbeitung der bei dieser Analyse massenhaft anfallenden Daten. Der *SCI* wurde zum Ausgangspunkt für die Entwicklung der quantitativen Wissenschaftsforschung (Szientometrie), die dem Gesamtgebäude der Wissenschaftsforschung ein exaktes Datenfundament bot.[53]

Damit war ein Muster dafür verfügbar, wie die *Science of Science* nach der Überzeugung ihrer Initiatoren methodisch vorgehen sollte. An dieser Stelle wird aber auch eine subtile Problematik deutlich, die nie bewältigt wurde und bis heute nachwirkt. Die Pioniere dieser Forschungsrichtung waren zunächst hauptsächlich Naturwissenschaftler, und ihnen ging es darum, die Erkenntnisweise der Naturwissenschaft (*science*) – einschließlich aller jener Gebiete, die ihrem Gegenstand nach keine Naturwissenschaften waren, aber deren Erkenntnishaltung mehr oder minder adaptiert hatten (*technology, medical science, social science* usw.) – auf das eigene Metier anzuwenden. Der *SCI* ist ein analytisches Werkzeug, das so verfährt: Er liefert objektive Daten, die von den subjektiven Reflexionen der Wissenschaftler unabhängig sind, und stellt sie zudem in quantifizierter Form bereit.

In der angelsächsischen Wissenschaftstradition aber bestimmt sich *science* durch den Gegensatz zu den *humanities*, zu denen der deutsche Terminus *Geisteswissenschaften* eine ungefähre (aber nicht genaue) Entsprechung darstellt. Dieser Gegensatz wurde durch die einfache Übersetzung von *science* mit *Wissenschaft* (also *Science of Science* = *Wissenschaft von der Wissenschaft* bzw. *Wissenschaftswissenschaft*) überspielt, ohne dass die epistemologischen und methodologischen Konsequenzen dieser Bedeutungsverschiebung ausgeleuchtet wurden. Der deutsche Begriff *Wissenschaft* schließt nun einmal jenen Teil der *humanities* ein, der nicht zu den Künsten gehört. Die Geisteswissenschaften können auf die hermeneutische Reflexion als Erkenntnisquelle nicht verzichten, auch wenn sie deren Einsatz mit einem Schutzwall objektivierender Verfahren umgeben, mit denen sie ihre Gleichrangigkeit mit den Naturwis-

---

52 Eugene Garfield: J. D. Bernal – The Sage of Cambridge. 4 S Award Memorializes His Contributions to the Social Studies of Science. In: Ders.: Essays of an Information Scientist 5 (1981–82). ISI Press, Philadelphia 1982, S. 511–523, hier S. 519.
53 Loet Leydesdorff: The Challenge of Scientometrics: The Development, Measurement, and Self-Organization of Scientific Communications. DSWO Press, Leyden 1995.

senschaften demonstrieren können. In praktischer Hinsicht galt es als hinnehmbar, diesen *bias* zu ignorieren, weil die für die Wissenschaftsforschung herausfordernden Steuerungs- und Organisationsprobleme im Wesentlichen den *Science*-Bereich betrafen und dies immer noch tun, da die Geisteswissenschaften nach wie vor in kleinen, überschaubaren Einheiten organisiert sind, in denen sich der Forschungsbetrieb eher auf Zuruf regelt.

1957

Das Jahr 1957 wies mehrere Ereignisse von hoher Relevanz für die Wissenschaftsforschung auf. Der in diesem Jahr verabschiedete und von der überwiegenden Mehrheit der führenden westdeutschen Atomphysiker unterzeichnete Göttinger Appell gegen die in Erwägung gezogene nukleare Bewaffnung der Bundeswehr[54] bestätigte und bekräftigte eine Position, für die schon die Genfer Konferenz 1955 gestanden hatte. Danach sind die Auswirkungen der Kernforschung ambivalent, sie können zerstörerischer (Nuklearwaffen), aber auch segenspendender Natur (Kernenergetik, Einsatz von Radionukliden für Zwecke der Medizin oder der Materialprüfung usw.) sein. Entscheidend war dabei jedoch die Idee, dass sich positive und negative Wirkungen klar voneinander trennen ließen und es daher in der Macht und somit auch in der Verantwortung der Naturwissenschaftler läge, die einen zu fördern und die anderen auszuschließen. Generalisiert ausgedrückt, ergab sich daraus die eindeutige moralische Unterscheidbarkeit zwischen Gut und Böse, zwischen humanem Gebrauch und antihumanem Missbrauch wissenschaftlicher Erkenntnisse. Wenn man es so ausdrücken darf, war das ein deterministisch reduziertes Verständnis von Ambivalenz. Dem Aufbruch der Wissenschaftsforschung war so ein – von Fall zu Fall unterschiedlich stark ausgeprägter – szientistischer Touch eigen; in diesem Sinne war ihre optimistische, zukunftsgewisse Färbung in gewissem Maße durch Problemreduktion erkauft.

Das aufsehenerregendste Ereignis des Jahres 1957 aber war der erfolgreiche Start des ersten künstlichen Erdsatelliten der Welt (Sputnik 1) am 4. Oktober. Die Sowjetunion kam damit den USA zuvor, deren geplanter Satellitenstart mit einer Vanguard-Rakete misslang. Dieser sowjetische Erfolg löste in der westlichen Welt den sogenannten Sputnik-Schock aus[55], der im Grunde ein wissenschaftspolitischer Schock war.

---

54 Elisabeth Kraus: Von der Uranspaltung zur Göttinger Erklärung: Otto Hahn, Werner Heisenberg, Carl Friedrich von Weizsäcker und die Verantwortung des Wissenschaftlers. Königshausen & Neumann, Würzburg 2001; Robert Lorenz: Protest der Physiker: die „Göttinger Erklärung" von 1957. Transcript, Bielefeld 2011.
55 James R. Killian jr.: Sputnik, Scientists and Eisenhower: a Memoir of the First Special Assistant to the President for Science and Technology. MIT Press, Cambridge, MA u. A. 1977; Robert A. Divine: The

Der Nachrichtentechniker Karl Steinbuch schrieb später dazu: „Der ‚Sputnik-Schock‘ der späten fünfziger Jahre hat die Situation in den USA sehr tiefgreifend verändert. [...] Der stärkste Imperativ lautete plötzlich: Wir müssen lernen und forschen, um zu überleben".[56] Man hätte schon aus dem sowjetischen Auftritt auf der Genfer Konferenz 1955 ersehen können, dass von der Sowjetunion auch überraschende wissenschaftlich-technische Leistungen zu erwarten waren, doch die westliche Selbstsicherheit war dafür zu groß. Schließlich war im Krieg die – ohnehin nicht gerade avancierte – sowjetische Wirtschaft schwer in Mitleidenschaft gezogen worden, während die Wirtschaft der USA gestärkt aus dem Krieg hervorgegangen war, wovon via Marshallplan auch die amerikanischen Bündnispartner einschließlich der Bundesrepublik profitierten. Nicht der geglückte Sputnik-Start an sich löste den Schock aus, sondern der Umstand, dass diese Leistung von einem Staat vollbracht worden war, dem man sie nicht zugetraut hatte. Zudem zeigte ein weiterer Start (Sputnik 2) noch im selben Jahr, dass es sich hier um ein stabiles, reproduzierbares Resultat und nicht um einen Zufallstreffer gehandelt hatte.

Warum hatte die Sowjetunion trotz ihres wirtschaftlichen Rückstandes gegenüber den USA ein solches Ergebnis erzielen können? Noch dazu nicht in irgendeinem Nischenbereich, sondern auf einem prestigeträchtigen Gebiet, das im Brennpunkt der Rivalität zwischen den Blöcken stand? Da von einer Überlegenheit der sowjetischen Ressourcen keine Rede sein konnte, waren die Ursachen am ehesten in „weichen" Faktoren zu suchen, in der Art des Umgangs mit der bescheidenen Wirtschaftskraft, die auf sowjetischer Seite zur Verfügung stand. Die Aufmerksamkeit richtete sich vor allem auf die Bereiche Bildung, Grundlagenforschung, Wissenschaftsorganisation und Wissenschaftsplanung. Das alles betrifft oder tangiert die Sphäre der Wissenschaftsforschung. Die westliche Öffentlichkeit wurde durch den Sputnik-Schock wie nie zuvor sensibilisiert, und nachdem die wesentlichen Lehren aus der Schockerfahrung gezogen worden waren, wurde ein ähnlicher Grad an Aufmerksamkeit auch nicht wieder erreicht.

Kurzum: Die intersystemare Rivalität hatte um 1957 eine Brisanz erreicht, bei der sich das westliche Lager (vorübergehend, wie später klar wurde) nicht mehr auf einen beruhigenden eigenen wissenschaftlich-technischen Vorsprung verlassen konnte. Unter dem Druck der Frage, wie sich Wissenschaftssysteme zu maximaler Leistung

---

Sputnik Challenge: Eisenhower's Answer to the Soviet Satellite. Oxford University Press, New York 1993; Walter A. McDougall: ...The Heavens and the Earth: A Political History of the Space Age. Johns Hopkins University Press, Baltimore 1997; Paul Dickson: Sputnik – the Shock of the Century. Walker, New York 2001.

56 Karl Steinbuch: „Zwei Kulturen": Ein engagierter Beitrag. In: Helmut Kreuzer (Hrsg.): Literarische und naturwissenschaftliche Intelligenz. C. P. Snows These in der Diskussion. dtv, München 1987, S. 217–228, hier S. 218.

bringen lassen, entstand so ein gesellschaftliches Klima, das für Initiativen auf dem Gebiet der Wissenschaftsforschung exzeptionell günstig war. In der Tat waren diese Initiativen vielfältig, hatten heterogene Ursprünge und kamen dabei zum großen Teil von „unten", aus unterschiedlichen institutionellen Kontexten des Wissenschaftsbetriebes.

Dazu gehörten die Entwicklung einer geeigneten Begriffswelt und die Herausbildung einer passenden Terminologie. Teils entstanden begriffliche Neubildungen ad hoc, teils wurden ältere Begriffe für die neuen Kontexte adaptiert. Von erheblicher Bedeutung war hier das Erscheinen des Buches *Produktivkraft Wissenschaft* von Gerhard Kosel.[57] Darin wurde der aus der marxistischen Gesellschaftstheorie stammende Begriff „Produktivkraft" herangezogen, um das Verhältnis von Wissenschaft und Wirtschaft zu konzeptualisieren. Anfangs begegnete die Ausdehnung dieses in der marxistischen Politischen Ökonomie geläufigen Begriffes auf die Wissenschaft erheblichen Widerständen, aber Kosel blieb beharrlich und trug sein Konzept in verschiedenen Variationen immer wieder vor. Im Laufe eines Jahrfünfts wurde der anfangs beargwöhnte Ausdruck „Produktivkraft Wissenschaft" zur Scheidemünze in der politischen Kommunikation; bald war allerorten davon die Rede, und die Schwierigkeiten seiner Durchsetzung gerieten ebenso in Vergessenheit wie der große persönliche Anteil Kosels an den Bemühungen, ihn zu explizieren und ihm Geltung zu verschaffen. Nur wenigen von denen, die ihn wie eine gestanzte Politphrase benutzten, war die theoretisch elaborierte Gestalt bewusst, die ihm Kosel verliehen hatte. Die Allgegenwärtigkeit des Terminus veranlasste westdeutsche Analytiker wie Clemens Burrichter gegen Ende der sechziger Jahre dazu, ihn als Etikett für die Gesamtheit der Sozialwissenschaften in der DDR zu verstehen.[58] Als die Wissenschaftsforschung in der DDR institutionalisiert und dabei auch die Formel von der Produktivkraft Wissenschaft einer systematischen Analyse unterzogen wurde[59], musste Kosels Pionierarbeit aus dem Jahr 1957 gleichsam „wiederentdeckt" werden. Deshalb widmete das ITW 1981 Buch und Autor ein Kolloquium mit einem bezeichnenden Titel.[60]

Bei Kosels theoretischer Leistung handelte es sich, genauer gesagt, nicht um eine Wiederentdeckung im archivalischen Sinn. Die betreffenden Marx-Passagen waren teilweise publiziert und der Marx-Engels-Forschung durchaus bekannt, aber niemand hatte sie vorher mit der aktuellen Problematik einer wissenschaftsbasierten Wirt-

---

57 Gerhard Kosel: Produktivkraft Wissenschaft. Verlag Die Wirtschaft, Berlin 1957.
58 Hans Lades und Clemens Burrichter (Hrsg.): Produktivkraft Wissenschaft. Sozialistische Sozialwissenschaften in der DDR. Drei Mohren Verlag, Hamburg 1970.
59 Heinz Seickert: Produktivkraft Wissenschaft im Sozialismus. Akademie-Verlag, Berlin 1973.
60 Hubert Laitko: Technische Bedürfnisse als Triebkraft des Erkenntnisfortschritts und die Konsequenz dieses Zusammenhangs für das Verständnis der Wissenschaft. Ein zu Unrecht vergessener Ansatz. In: ITW-Kolloquien H. 25/1981, S. 67–79.

schaftsentwicklung in Verbindung gebracht. Kosel hatte von 1932 bis 1954 in der UdSSR gelebt und war dort im Bauwesen und in der Bauforschung tätig gewesen. Im Zusammenhang mit den Aufgaben der Rationalisierung und Industrialisierung des Bauwesens, mit denen er betraut war, hatte er nach Kriegsende nach einer gesellschaftswissenschaftlichen Grundlegung für diese Bestrebungen gesucht und war dabei auf eine Reihe aufschlussreicher Marx-Texte gestoßen. Die Überlegungen, die er an diese Texte knüpfte, fasste er 1951 in einem russischsprachigen Manuskript zusammen, das er zu Lebzeiten Stalins in der UdSSR nicht veröffentlichen konnte. Es bildete aber die Grundlage, von der ausgehend er nach seiner Übersiedlung in die DDR sein Buch *Produktivkraft Wissenschaft* schrieb. 1987 publizierte das ITW zum dreißigsten Jahrestag der Buchveröffentlichung Kosels ursprüngliches Manuskript aus dem Jahre 1951 in einer deutschen Übersetzung.[61]

Die Schwierigkeiten, mit denen Kosel mit diesem Rückgriff auf Marx in der UdSSR zu kämpfen hatte[62], waren um 1970 nur noch schwer nachzuvollziehen. Dennoch waren sie gravierend, und hätte er sich nicht mit der Unbefangenheit des Baufachmanns, sondern mit den Skrupeln des Gesellschaftswissenschaftlers der Problematik genähert, dann hätte er vielleicht sogar resigniert. Das alles ist nur verständlich, wenn man die Schicksale des marxistischen Denkens unter den stalinistischen Machtverhältnissen in Betracht zieht. Der Begriff der Produktivkraft hat bei Marx primär attributive oder relationale Bedeutung. Um das einzusehen, muss man nicht auf entlegene Stellen seines Opus rekurrieren – es genügt vollkommen, die in seinem bekanntesten Hauptwerk enthaltene Begriffsbestimmung ernst zu nehmen. Danach ist die Produktivkraft der Arbeit deren Vermögen, Naturgegenstände für den Menschen anzueignen und zweckmäßig umzugestalten: „Die Produktivkraft der Arbeit ist durch mannigfache Umstände bestimmt, unter anderem durch den Durchschnittsgrad des Geschickes der Arbeiter, die Entwicklungsstufe der Wissenschaft und ihrer technologischen Anwendbarkeit, die gesellschaftliche Kombination des Produktionsprozesses, den Umfang und die Wirkungsfähigkeit der Produktionsmittel, und durch Naturverhältnisse."[63] Der Produktivkraftbegriff charakterisiert hier die konkrete (gebrauchswertschaffende) Arbeit *sowohl* unter ihrem qualitativen *als auch* unter ihrem quantitativen Aspekt, ist also mit der quantitativen Bestimmung ihres Wirkungsgrades (Arbeitsproduktivität) nicht identisch, wenngleich sie diesen notwendig einschließt. Unter den „Umständen", die die Produktivkraft der Arbeit bestimmen, nannte Marx – vor rund anderthalb Jahrhunderten! – ausdrücklich „die Entwicklungs-

---

61 Gerhard Kosel: Die Naturwissenschaft als Potenz der gesellschaftlichen Produktion. AdW der DDR – ITW. Studien und Forschungsberichte H. 25. Berlin 1987.
62 Gerhard Kosel: Unternehmen Wissenschaft. Die Wiederentdeckung einer Idee. Erinnerungen. Henschelverlag Kunst und Gesellschaft, Berlin 1989, S. 130–156.
63 Karl Marx: Das Kapital, Bd. 1. MEW Bd. 23. Dietz-Verlag, Berlin 1986, S. 54.

stufe der Wissenschaft und ihrer technologischen Anwendbarkeit". Diese Stelle konnte man jederzeit im *Kapital* nachlesen; dennoch wurde ihre Bedeutung, selbst wenn man Marx' Produktivkraftdefinition zitierte, jahrzehntelang übersehen. In der weiteren Geschichte des marxistischen Denkens nach Marx, besonders in seinen vulgarisierten Versionen, wurde der Produktivkraftbegriff zunehmend verdinglicht. Statt attributiv von der Produktivkraft der Arbeit war nun substantivisch und im Plural von Produktivkräften die Rede. Hinzu kam in der Stalinschen Schematisierung ein weiterer Aspekt: Materielles und Ideelles wurden als disjunkte Klassen von Dingen angesehen – die Produktivkräfte (Werkzeuge, Maschinen, arbeitende Menschen mit ihrer Muskelkraft) galten als materiell, während die Wissenschaft als ein ideelles (geistiges) Phänomen, als eine „Form des gesellschaftlichen Bewusstseins" eingestuft wurde. Somit konnte in diesem Schema die Wissenschaft keine Produktivkraft sein, und wer das dennoch behauptete, beging das philosophische Sakrileg der Vermengung von Ideellem und Materiellem. Erst vor diesem Hintergrund wird Kosels Kühnheit verständlich. In den 1950er Jahren war die Redeweise von der „Produktivkraft Wissenschaft" in der Sowjetunion und im sowjetischen Einflussbereich keineswegs eine unverbindliche Formel, sondern ein Moment der Emanzipation des marxistischen Denkens aus den stalinistischen Fesseln. Sie eröffnete einen verschütteten Denkweg neu und ermöglichte in der Folgezeit eine konstruktive Theorieentwicklung, die sich in dieser Form hauptsächlich im Osten abspielte, partiell aber auch im Westen aufgegriffen wurde.[64]

Die Stationen, über die Kosels Konzept in der DDR an Boden gewann, sind aufschlussreich, können aber hier nicht im Einzelnen erörtert werden.[65] Es fällt auf, dass dieses Konzept einerseits ideologischer Skepsis begegnete, andererseits aber auf die demonstrative Billigung Walter Ulbrichts bauen konnte. Kurz nach dem Erscheinen von *Produktivkraft Wissenschaft* empfahl Ulbricht auf dem 33. Plenum des ZK der SED im Oktober 1957 die Lektüre dieses Buches. Direkte Unterstützung erfuhr Kosel auch seitens des DDR-Ministerpräsidenten Otto Grotewohl.[66] Dieser politische Rückhalt durfte entscheidend dafür gewesen sein, dass sich der Gedanke der Produktivkraft Wissenschaft ungeachtet aller Widerstände und Vorbehalte relativ schnell und umfassend durchsetzte. 1958 stieg Kosels Einfluss im politischen System der DDR

---

64 Erhard Stölting: Wissenschaft als Produktivkraft: die Wissenschaft als Moment des gesellschaftlichen Arbeitsprozesses. List, München 1974.
65 Hubert Laitko: Produktivkraft Wissenschaft, wissenschaftlich-technische Revolution und wissenschaftliches Erkennen. Diskurse im Vorfeld der Wissenschaftswissenschaft. In: Hans-Christoph Rauh und Peter Ruben (Hrsg.): Denkversuche. DDR-Philosophie in den 60er Jahren. Ch. Links Verlag, Berlin 2005, S. 459–540, hier S. 484–492.
66 Gerhard Kosel: Unternehmen Wissenschaft. Die Wiederentdeckung einer Idee. Erinnerungen, a.a.O., S. 258.

signifikant. Auf dem V. Parteitag der SED wurde er zum Mitglied ihres Zentralkomitees gewählt; zudem wurde er in die Wirtschaftskommission des Politbüros berufen, des für die Wirtschaftsstrategie der Parteiführung maßgebenden Beratungsgremiums. Auf dem VII. Parteitag 1967 wurde er nicht wieder in das ZK gewählt; die Konflikte, die dem vorausgingen, hatten aber nichts mehr mit dem Konzept der Produktivkraft Wissenschaft zu tun – dieser Gedanke war inzwischen schon zum Gemeinplatz geworden.

Im Märzheft 1958 der theoretischen Parteizeitschrift *Einheit* wurde Kosels Buch von Manfred Börner ausführlich und insgesamt wohlwollend besprochen.[67] Im Spätsommer des gleichen Jahres erläuterte Kosel seine Überlegungen in einer Rede *Wissenschaft und Gemeinschaftsarbeit*, die er am 4. September bei der 400-Jahrfeier der Friedrich-Schiller-Universität Jena hielt.[68] 1959 konnte er seine Überlegungen vor einem internationalen Forum vortragen. Im September fand in Prag unter der Ägide der Weltföderation der Wissenschaftler (WFW) ein Symposium über Planung in der Wissenschaft statt. Dazu wurde Kosel von den Veranstaltern unter ausdrücklicher Bezugnahme auf sein Buch als Vortragender eingeladen und sprach als zweiter Redner des wissenschaftlichen Programms – gleich nach John D. Bernal – über *Die Entwicklung der Wissenschaft zur Produktivkraft*.[69]

Mit dem politischen Rückenwind kontrastierten indes ideologische Bedenken, die in der DDR auch nach Stalins Tod weiter virulent waren. Schon in der insgesamt positiven Besprechung von Börner wurde dem Buch „Verwischung des erkenntnistheoretischen Gegensatzes von Materie und Bewußtsein" zum Vorwurf gemacht.[70] Für den 25. Februar 1960 berief Hans Schaul, Chefredakteur der *Einheit*, auf Anregung Ulbrichts eine Diskussionsrunde über das Buch ein. Kosels einleitender Vortrag baute auf seinem bis dahin in der DDR unbekannt gebliebenem Prager Text vom Vorjahr auf. Darin waren Stellen enthalten, die nicht überall gern gehört wurden, etwa die Frage: „Ist es besser, große Industriewerke gemäß den Prinzipien der Tonnenideologie, der einfachen Ausweitung der Produktion aufzubauen oder ist es richtiger, einen im Vergleich zu heute größeren Teil unserer Mittel in die Wissenschaft zu lenken, um neue Technologien, umwälzende Erfindungen ausarbeiten zu lassen?"[71] In der Diskussion wurde die Zukunftsbedeutung der Überlegungen von Kosel kaum begriffen. Eher machten sich kleinliche Bedenken wegen der möglichen Unverträglichkeit

---

67 Manfred Börner: Ist die Wissenschaft Produktivkraft? In: Einheit 1958, H. 3, S. 442–448.
68 Gerhard Kosel: Unternehmen Wissenschaft. Die Wiederentdeckung einer Idee. Erinnerungen, a. a. O., S. 258.
69 Die wichtigsten Teile dieses Vortrags sind abgedruckt in: Ebd., S. 261–267.
70 Manfred Börner: Ist die Wissenschaft Produktivkraft? a. a. O., S. 447.
71 Gerhard Kosel: Unternehmen Wissenschaft. Die Wiederentdeckung einer Idee. Erinnerungen, a. a. O., S. 270.

dieser Ideen mit der dogmatischen Struktur des Marxismus-Leninismus geltend, die ihm schon aus seiner Zeit in der Sowjetunion zur Genüge bekannt waren. Natürlich setzte er sich in der Berliner Runde zur Wehr: „Einige Genossen haben Sorgen, weil sie befürchten, durch die Anerkennung des Begriffs Produktivkraft Wissenschaft mit den Aussagen der Lehrbücher der Politischen Ökonomie und der Philosophie in Konflikt zu geraten. Diese Genossen sollten sich Gedanken über einen viel ernsteren Konflikt machen: darüber, daß ihre Ansichten den eindeutigen Formulierungen von Marx über die Produktionspotenz der Wissenschaft zuwiderlaufen."[72] Nach der Diskussion hielt es Schaul nicht für angezeigt, das Referat von Kosel – wie es ursprünglich vorgesehen war – als Grundsatzbeitrag zum Thema in der *Einheit* zu drucken. Stattdessen erschien Anfang 1962 mit einem solchen Anspruch ein Aufsatz aus der Feder von Hans Klotz und Klaus Rum[73] – zweier junger Philosophen, die bis dahin nicht mit Arbeiten wissenschaftstheoretischen Zuschnitts hervorgetreten waren und auch später nicht zu den Protagonisten der Wissenschaftsforschung gehörten. Es mag durchaus sein, dass dies die Weichenstellung war, durch die im wissenschaftlichen common sense der DDR die Verknüpfung des Konzepts der Produktivkraft Wissenschaft mit dem Namen Kosels getrennt wurde.

Im Oktober 1961 geschah etwas Unerwartetes. Der XXII. Parteitag der KPdSU verabschiedete ein neues Parteiprogramm, in dem die Entwicklung der Wissenschaft zur unmittelbaren Produktivkraft postuliert wurde. Die vorhergehende politische und philosophische Publizistik in der UdSSR hatte darauf keinen Hinweis gegeben. Man kann darüber spekulieren, ob die vielfältigen Bemühungen, die Kosel während seines Aufenthaltes in der UdSSR unternommen hatte, um die Aufmerksamkeit von staatlichen und Parteiinstanzen auf die einschlägigen Marx-Passagen zu lenken, hier vielleicht auf verschlungenen Wegen späte Frucht getragen haben; Belege gibt es dafür nicht. Jedenfalls war die Formel von der Produktivkraft Wissenschaft ab sofort offiziell akzeptiert. Die ideologischen Bedenkenträger verstummten, in der sowjetischen wie in der DDR-Literatur grassierte diese Wendung in den folgenden Jahren. Auf einem anderen Blatt stand freilich, wo sie bloße Phrase war und wo sie mit einer ernstzunehmenden Begrifflichkeit unterlegt war. Die SED proklamierte die These, dem sowjetischen Muster folgend, auf ihrem VI. Parteitag 1963 ebenfalls offiziell.

Damit war ein akzeptierter und in der Tradition der marxistischen Theorie verwurzelter Terminus verfügbar, mit dem der schon früher durch die internationale Entwicklung nahe gelegte, 1957 aber unabweisbar gewordener und auch de facto eingeleiteter Übergang zu einer wissenschaftsbasierten Wirtschaftsstrategie begründet

---

72 Ebd., S. 274.
73 Hans Klotz und Klaus Rum: Über die Produktivkraft Wissenschaft. Teil I und II. In: Einheit 1962, H. 2, S. 25–31; H. 3, S. 40–49.

werden konnte. Mit dem Sputnik-Start war schlagartig deutlich geworden, dass die wissenschaftlich-technische Entwicklung in das Zentrum der globalen Systemkonkurrenz gerückt war. Um diese Entwicklung institutionell zu fördern, entstanden in den späten 1950er Jahren in beiden deutschen Staaten erste wissenschaftspolitische Steuerungs- und Beratungsgremien. In der Bundesrepublik beschlossen Bund und Länder im Sommer 1957 die Gründung des bis heute bestehenden *Wissenschaftsrates*[74], während in der DDR der *Forschungsrat* geschaffen wurde.[75] In beiden Fällen handelte es sich um mit hochrangigen Fachleuten besetzte Beratungsgremien der jeweiligen Regierung. Eine nähere Betrachtung dieser Gremien, auf deren Struktur und Arbeitsweise hier nicht eingegangen werden kann, führt natürlich auf wesentliche Unterschiede zwischen ihnen, entsprechend den Unterschieden der politischen Systeme, in die sie integriert waren. Aber schon die Tatsache, dass sie nahezu simultan gegründet wurden, spricht Bände und zeigt, wie stark die beiden Gesellschaften – bei aller zwischen ihnen bestehenden Konfrontation – aufeinander bezogen und miteinander gekoppelt waren. In der BRD wie in der DDR entstanden damit Gremien, in deren kollektiver Expertise sich die Situation ganzer Wissenschaftslandschaften abbildete, so dass die anstehenden wissenschaftspolitischen Entscheidungen informierter getroffen werden konnten.

Die Bildung des Forschungsrates war eingebettet in das übergreifende Bemühen, die Wirtschaft der DDR vom Modus des Nachkriegs-Wiederaufbaus auf einen innovativen wissenschaftsbasierten Entwicklungspfad umzusteuern und das gesamte System der natur- und technikwissenschaftlichen Forschung dafür zu konditionieren. Dieser Übergang musste in beiden deutschen Staaten vollzogen werden, doch in der – verglichen mit der Bundesrepublik – kleinen und wirtschaftsschwachen DDR hatte er eine viel höhere existentielle Bedeutung. Auf diesen Zusammenhang sei hier beiläufig verwiesen; er gehört zwar nicht unmittelbar in die Vorgeschichte der Wissenschaftsforschung im ostdeutschen Staat, aber er ist für deren Verständnis nicht irrelevant, denn er erklärt, warum dieses Feld hier politisch unterstützt und relativ großzügig institutionalisiert wurde. In Deutschland wirkte sich die bipolare Spaltung der Welt im Kalten Krieg besonders gravierend aus. Die Bundesrepublik konnte innerhalb des westlichen Lagers schnell prosperieren und Investitionskraft aufbauen, wie sie für den Übergang zu einer wissenschaftsbasierten Wirtschaft unerlässlich war; für die USA als westliche Führungsmacht, deren Territorium vom Weltkrieg praktisch unberührt geblieben war und deren ökonomisches Potenzial während des Krieges

---

74 Olaf Bartz: Der Wissenschaftsrat. Entwicklungslinien der Wissenschaftspolitik in der Bundesrepublik Deutschland 1957–2007. Franz Steiner Verlag, Stuttgart 2007.
75 Matthias Wagner: Der Forschungsrat der DDR. Im Spannungsfeld von Sachkompetenz und Ideologieanspruch, 1954 – April 1962. Dissertation. Humboldt-Universität zu Berlin. Berlin 1992.

erheblich zugenommen hatte, war es kein Problem, die wirtschaftliche Erholung ihrer vom Krieg in Mitleidenschaft gezogenen europäischen Partner anzukurbeln.[76] Die vollständig ausgeblutete Sowjetunion konnte dem in ihrem Machtbereich nichts entgegensetzen; im Gegenteil, sie sah sich auf hohe Reparationen angewiesen und zu diesen legitimiert. Das so entstandene Wohlstandsgefälle zwischen den beiden deutschen Staaten setzte einen nicht beherrschbaren Migrationsstrom von Ost nach West in Gang. Nach Angaben von Siegfried Kupper wird der Wert der Zuwanderung für die Volkswirtschaft der Bundesrepublik bis 1961 auf 30 Mrd. DM geschätzt und übertraf damit noch die Zuwendungen aus der Marshallplan-Hilfe: „Die massenhafte Westwanderung schwächte die DDR auf Dauer und stärkte die Bundesrepublik."[77]

Auf der einen Seite wuchs in dieser Situation dramatischer und weiter zunehmender Arbeitskräfteknappheit bei den Protagonisten der DDR die Überzeugung, dass es keinen anderen Weg der Selbstbehauptung gab, als die Produktivkraftwirkung der Wissenschaft umfassend zu erschließen. Andererseits war offenkundig, dass die dafür erforderlichen Investitionen eigentlich nicht zur Verfügung standen und auch die Mittel, die man unter Aufbietung aller Kräfte bestenfalls dafür bereitstellen konnte, auf Kosten des Lebensstandards der Bevölkerung gehen, damit den Migrationsstrom nach Westen tendenziell weiter anschwellen lassen und so die krisenhafte Situation, der es zu entkommen galt, noch weiter verschärfen würden. Deshalb genoss die einzige Variable, mit der relativ aufwandarm operiert werden konnte – die Umstrukturierung des Innovationssystems[78] und seiner verschiedenen Bestandteile –, so hohe Präferenz, und daraus wird auch der teilweise hektische

---

76 Charles S. Maier (Hrsg.): The Marshall Plan and Germany: West German Development Within the Framework of the European Recovery Program. Berg, New York u. a. 1991; Francesca Fauri & Paolo Tedeschi (Hrsg.): Novel Outlook on the Marshall Plan: American Aid and European Re-Industrialization. Lang, Bruxelles u. a. 2011.

77 Siegfried Kupper: Wirtschaftspolitik und Wirtschaftsentwicklung. In: Clemens Burrichter, Detlef Nakath und Gerd-Rüdiger Stephan: Deutsche Zeitgeschichte von 1945 bis 2000. Gesellschaft – Staat – Politik. Ein Handbuch. Karl Dietz Verlag, Berlin 2006, S. 683–729, hier S. 687. – Siehe auch: Jörg Roesler: Deutsch-deutsche Wanderungen 1949 bis 1990. In: Ebd., S. 1253–1264.

78 Der Terminus „Innovationssystem" wird hier in üblicher Weise als Bezeichnung für das institutionelle Netzwerk verwendet, das der Innovationsaktivität der Wirtschaft in einem bestimmten Territorium (etwa dem eines Staates) zugrunde liegt. – Bengt-Åke Lundvall: National Systems of Innovation: Towards a Theory of Innovation and Interactive Learning. – Pinter: London u. a. 1992; Heike Belitz und Dorothea Schäfer (Hrsg.): Nationale Innovationssysteme im Vergleich (= Vierteljahreshefte zur Wirtschaftsforschung 77,2). Duncker & Humblot, Berlin 2008. In der Literatur der DDR wurde der Innovationsbegriff in den 1970er Jahren – also auch zur Zeit der Institutionalisierung der Wissenschaftsforschung – noch nicht verwendet; „Neuerung", „Erneuerung", „Überleitung" oder „Überführung" waren eher dürftige Substitute. Nichtsdestoweniger existierte natürlich ein mit der Wirtschaft der DDR verbundenes spezifisches Innovationssystem, auch wenn es nicht adäquat bezeichnet wurde. Erst in den frühen 1980er Jahren wurde der Begriff der Innovation weithin rezipiert, wobei das ITW auf Initiative des Ökonomen Harry Maier eine besonders aktive Rolle spielte. – Günter Kröber und Harry Maier (Hrsg.): Innovation und Wissenschaft. Ein Beitrag zur Theorie und Praxis der intensiv erweiterten Reproduktion. Akademie-

Charakter des Experimentierens auf diesem Feld verständlich. Aus einer weiten Perspektive gesehen, war die Etablierung der Wissenschaftsforschung um 1970 ein Versuch, diesem Strukturwandel ein rationales wissenschaftliches Fundament zu geben – mögen auch diejenigen, die sich als Pioniere dieses Gebietes in der DDR hervortaten, persönlich von ganz anderen und oft primär theoretischen Motiven geleitet gewesen sein.

Eine erste Umstrukturierungswelle im Innovationssystem der DDR wurde 1957 in die Wege geleitet. Die bedeutendste Kapazität physikalischer und chemischer Grundlagenforschung von aktueller oder potenzieller wirtschaftlicher Relevanz, über die die DDR verfügte, war seit der Eröffnung der DAW im Jahre 1946 in deren Rahmen aufgebaut worden. In der zweiten Hälfte des Jahres 1956 ging von dort die Initiative aus, eine aus dem Verbund der DAW ganz herausgelöste oder damit nur noch locker verknüpfte, dafür aber besser auf die Bedürfnisse der Industrie ausgerichtete leistungsstarke Organisation der naturwissenschaftlichen und naturwissenschaftlich-technischen Grundlagenforschung zu schaffen. Diese Intention fand Unterstützer sowohl in Kreisen des Parteiapparates der SED und in Regierungsinstanzen der DDR als auch, was hier besonders wichtig war, unter den 1955/56 aus der Sowjetunion zurückgekehrten „Spezialisten", die dort meist etwa ein Jahrzehnt und dabei in überwiegend militärisch relevanten Forschungsprojekten tätig gewesen waren.[79] Unter diesen „Spezialisten" waren erstklassige Fachleute wie die Physikochemiker Peter Adolf Thiessen[80] und Max Volmer[81] oder die Physiker Max Steenbeck[82] und Gustav Hertz[83], die nach ihrer Rückkehr sowohl innerhalb der DAW als auch im Gesamtgefüge der Forschungslenkung in der DDR eine prominente Rolle spielen. Dieser ganze vielschichtige Prozess, auf den hier nicht eingegangen werden kann, ist von Peter Nötzoldt im Detail untersucht worden.[84]

    Verlag, Berlin 1985. – Übrigens war Heike Belitz, heute eine anerkannte deutsche Innovationsforscherin, zu Beginn ihrer Laufbahn mehrere Jahre am ITW tätig.

79 Ulrich Albrecht, Andreas Heinemann-Grüder und Arend Wellmann: Die Spezialisten. Deutsche Naturwissenschaftler und Techniker in der Sowjetunion nach 1945. Dietz Verlag, Berlin 1992.

80 Christina Eibl: Der Physikochemiker Peter Adolf Thiessen als Wissenschaftsorganisator (1899–1990). Eine biographische Skizze. Dissertation. Stuttgart 1999; Hubert Laitko: Strategen, Organisatoren, Kritiker, Dissidenten – Verhaltensmuster prominenter Naturwissenschaftler der DDR in den 50er und 60er Jahren des 20. Jahrhunderts. MPI für Wissenschaftsgeschichte. Preprint 367, Berlin 2009, S. 70–79.

81 Oskar Blumtritt: Max Volmer (1885–1965). Eine Biographie. TU Berlin, Berlin 1985.

82 Max Steenbeck: Impulse und Wirkungen. Schritte auf meinem Lebensweg. Verlag der Nation, Berlin 1977.

83 Gustav Hertz in der Entwicklung der modernen Physik. Festschrift zum 80. Geburtstag. Akademie-Verlag, Berlin 1967.

84 Peter Nötzoldt: Der Weg zur „sozialistischen Forschungsakademie". Der Wandel des Akademiegedankens zwischen 1945 und 1968. In: Dieter Hoffmann und Kristie Macrakis (Hrsg.): Naturwissenschaft und Technik in der DDR, a.a.O, S. 125–146; ders.: Wolfgang Steinitz und die Deutsche Akademie der Wissenschaften zu Berlin. Zur politischen Geschichte der Institution (1945–1968). Dissertation.

Wichtig ist hier das Resultat, das einen Kompromiss zwischen unterschiedlichen Interessen darstellte. Im Mai 1957 beschloss das Plenum der DAW, ihre einschlägigen Einrichtungen zu einer *Forschungsgemeinschaft der naturwissenschaftlichen und medizinischen Institute der Deutschen Akademie der Wissenschaften zu Berlin* zusammenzufassen. Dieses Gebilde blieb Bestandteil der Akademie, wurde aber nicht mehr von ihren Klassen gelenkt, sondern verfügte über einen eigenen Vorstand, der einem zweimal jährlich tagenden Kuratorium rechenschaftspflichtig war. Die Forschungsgemeinschaft startete mit rund 40 Einrichtungen von ganz unterschiedlicher Größe – Instituten mit ihren Außenstellen, Arbeitsstellen, Forschungsstellen –, die nach Fachgebieten in neun Sektoren gegliedert waren. Insgesamt hatten sie etwa 4500 Mitarbeiter, darunter knapp 700 Wissenschaftler. In den Folgejahren wuchsen die Anzahl der Institute (teils durch Übernahmen aus der Industrie, teils durch Neugründungen), der Personalbestand, die Haushaltsmittel und die verfügbaren Investitionsmittel überdurchschnittlich schnell.[85] Worauf es in diesem Zusammenhang ankam, ist die Tatsache, dass die Forschungsgemeinschaft nicht als eine Art Holding unabhängiger Institute gedacht war, sondern als ein integrierter und strategisch handelnder Komplex. Die Gesamtgröße lag noch am unteren Rand dessen, was damals Großforschung genannt wurde, doch sie reichte aus, um nicht mehr intuitiv auf der Basis von Face-to-Face-Kontakten funktionieren zu können.

Aus ihrer Betriebsweise entsprang das Bedürfnis nach geregeltem Monitoring und fundierten Analysen der Forschungsabläufe ebenso wie nach konzeptionellen Grundlagen für ihre strategische Steuerung. Deshalb war es folgerichtig, dass beim Vorstand der Forschungsgemeinschaft eine Arbeitsgruppe für Wissenschaftsorganisation unter Leitung von Heinz Müller gegründet wurde – eine Initiative, die nicht von der Gesellschaftswissenschaft herkam, sondern von den leitenden Naturwissenschaftlern des Forschungskomplexes selbst ausging. Die Mitarbeiter dieser Gruppe unternahmen den Versuch, die seit den 1950er Jahren über die Stellung der Wissenschaft in der modernen Gesellschaft international geführte Diskussion so vollständig wie möglich zu erfassen und zugänglich zu machen; dadurch unterschied sich ihr Ansatz signifikant von der rein praktisch orientierten Arbeitsweise der meisten der

---

Humboldt-Universität zu Berlin. Berlin 1998; ders.: Ein tolles Gaunerstück der Physiker: Die Gründung der Forschungsgemeinschaft der naturwissenschaftlichen, technischen und medizinischen Institute der Deutschen Akademie der Wissenschaften zu Berlin im Jahre 1957. In: Dieter Hoffmann (Hrsg.): Physik im Nachkriegsdeutschland. Verlag Harri Deutsch, Frankfurt a. M. 2003, S. 111–126; ders.: Zwischen Tradition und Anpassung – Die Deutsche Akademie der Wissenschaften zu Berlin (1946–1972). In: Wolfgang Girnus und Klaus Meier (Hrsg.): Forschungsakademien in der DDR – Modelle und Wirklichkeit. Leipziger Universitätsverlag, Leipzig 2014, S. 37–64.

85 Werner Scheler: Von der Deutschen Akademie der Wissenschaften zu Berlin zur Akademie der Wissenschaften der DDR. Abriss der Genese und Transformation der Akademie. Karl Dietz Verlag, Berlin 2000, S. 104–115.

vielen „Wissenschaftsorganisatoren", die damals in Wissenschaft und Industrie tätig waren. Diese Gruppe war die erste an der DAW und vermutlich auch die erste in der DDR, die sich explizit diesem Themenkreis widmete; eine gründliche historische Untersuchung ihrer Tätigkeit steht noch aus. Auch wenn man wohl sagen muss, dass sie in den wenigen Jahren ihres Bestehens eher Erschließungsarbeit als eigentliche Forschung geleistet hat, ist es gerechtfertigt, sie als Vorläuferin und Wegbereiterin des unter Günter Kröbers Leitung gegründeten IWTO zu betrachten; ihre Angehörigen gingen zum größten Teil an das IWTO über und gehörten zu dessen Gründungsbestand. So ist zu vermuten, dass es einen historischen Bogen von der 1957 erfolgten Umstrukturierung des Akademiepotentials bis zur Institutionalisierung der Wissenschaftsforschung in der akademischen Gestalt eines eigenen Forschungsinstituts gegeben haben könnte; es erscheint vielversprechend, dieser Vermutung weiter nachzugehen.

Die Vorgänge des Jahres 1957 gestatten es, die Richtung des Impulses, der die zur Wissenschaftsforschung führenden Bestrebungen auslöste oder zumindest beförderte, noch etwas näher zu bestimmen. Die Überzeugung, dass die Engpässe der wirtschaftlichen Situation durch konzentrierten Einsatz der Wissenschaft überwunden werden müssten, war in der DDR zu jener Zeit mehr oder minder Gemeingut. In der Frage aber, wie das geschehen sollte, schieden sich die Geister. Zahlreiche Partei- und Staatsfunktionäre zogen aus der krisenhaften Situation den Schluss, den überwiegenden Teil aller vorhandenen wissenschaftlichen Kräfte – auch in der DAW und an den Universitäten – für unmittelbare, schnell wirksame Verbesserungen in der Produktion einzusetzen. Die Wissenschaftler, die die Neustrukturierung des naturwissenschaftlichen Potentials vorantrieben, hielten das für einen gefährlichen Irrweg; eine nachhaltige Erschließung der Produktivkraftfunktion der Wissenschaft war nach ihrer Überzeugung nur auf dem Fundament einer starken erkenntnisorientierten Grundlagenforschung möglich. So sollte die Forschungsgemeinschaft funktionieren, und so sollte das Gesamtsystem der naturwissenschaftlichen und technischen Forschung in der DDR orientiert sein. Letzterem Zweck sollte der Forschungsrat dienen. Er war nicht nur ein Expertengremium, um die Regierung zu beraten, sondern zugleich ein Mechanismus mit einer tiefgegliederten Struktur, um die außeruniversitäre und universitäre Forschung landesweit abzustimmen. So gesehen, war die Installierung des Forschungsrates die Konsequenz, die sich aus der innerhalb der DAW vollzogenen Bildung der Forschungsgemeinschaft für die Organisation der Forschung im Maßstab des ganzen Landes ergab. Diese Vermutung lässt sich auch personell erhärten.

An dieser Stelle ist es nicht möglich, das ganze personelle Netzwerk zu rekonstruieren, das hier in Aktion trat, doch es ist schon hinreichend aussagekräftig, auf die exponierte Rolle von Peter A. Thiessen in diesem Prozess zu verweisen. Bereits 1955, als sich Thiessen noch in der UdSSR befand, nahm die DAW Kontakt zu ihm auf und sicherte ihm nach seiner Rückkehr die Errichtung eines Akademieinstituts für physikalische Chemie zu. Diese Zusage wurde umgehend realisiert, nachdem er Ende 1956 in der DDR eingetroffen war. Sobald er sein eigenes Institut gesichert hatte, schaltete er sich in die bereits laufenden Bemühungen zur Neustrukturierung des naturwissenschaftlichen Potentials der DAW ein. Fritz Selbmann, der in der DDR-Regierung für die DAW zuständige stellvertretende Ministerpräsident, ernannte ihn zum Vorsitzenden der von ihm eingesetzten Kommission „Forschungsorganisation der naturwissenschaftlich-technischen Institute". Unter Thiessens straffer Leitung erarbeitete diese hochrangig besetzte Kommission bis März 1957 ein Konzept, das zur Blaupause der Forschungsgemeinschaft wurde. Bald nach dem auf dieser Grundlage gefassten Gründungsbeschluss für die Forschungsgemeinschaft gab Selbmann auf einer für Ende August anberaumten Tagung von Wissenschafts- und Wirtschaftsvertretern bereits die Berufung des Forschungsrates bekannt. Mit dessen Vorsitz wurde wiederum Thiessen betraut, der dieses Amt bis 1965 ausübte und es dann dem ebenfalls aus dem Kreis der „Spezialisten" stammenden Physiker Max Steenbeck übergab. Dieser ganze Prozess verlief zügig und effizient und macht den Eindruck eines strategisch geplanten Vorgehens.

Der Forschungsrat leistete nicht nur differenzierte Planungs- und Koordinierungsarbeit im Detail, sondern artikulierte zugleich ein Wissenschaftsideal, das bei betonter Hinwendung zur Industrie zugleich deutlich die Grundlagenforschung in das Zentrum des Innovationssystems rückte. In seiner Rede während der Tagung am 23. August 1957, auf der die Bildung des Forschungsrates bekanntgegeben wurde, erläuterte Thiessen den Wirtschaftsfunktionären diese Position unter Bezugnahme auf Max von Laues nobelpreisgekrönte Entdeckung der Röntgenstrahlinterferenz an Kristallen: „Seine Entdeckung, mit der er wechselseitig die räumlich geordnete Struktur der Kristalle und die Wellennatur der Röntgenstrahlen bewies, hatte zu einer klassischen Arbeit geführt, die er zusammen mit dem verehrten Vizepräsidenten unserer Deutschen Akademie der Wissenschaften, W. Friedrich, und einem jüngeren Mitarbeiter, P. Knipping, durchgeführt hatte. Meine eigene wissenschaftliche Entwicklung hat wesentlich im Zeichen dieser Entdeckung gestanden, die mir seit meinen Studienjahren als Vorbild einer großen synthetischen Idee erschienen ist. Wenn Herr von Laue sich heute etwa an das Steuer seines Kraftwagens setzt oder wenn er die U-Bahn benutzt, wenn er etwa am Radio ein Konzert genießt oder Fernsehbilder betrachtet, dann dürfte er mit Recht eine tiefe Genugtuung darüber empfinden, dass die hohe technische Vollendung dieser Zivilisationsgüter ohne praktische Anwendung seiner Idee bisher nicht erreicht worden wäre."[86] Die Idee, dass

---

[86] Peter A. Thiessen: Alle Wissenschaft muss dem Leben dienen. In: Mitteilungsblatt der Deutschen Akademie der Wissenschaften zu Berlin 3 (1957) 9/10, S. 201–208, hier S. 206.

erkenntnisorientierte Forschung in der Konsequenz zu großem praktischem Nutzen führen kann, der ursprünglich in keiner Weise antizipiert worden war, hätte Thiessen auch an vielen anderen Beispielen erläutern können. Dass er sich anlässlich der Etablierung des höchsten forschungspolitischen Konsultativorgans der DDR auf einen weltbekannten Gelehrten berief, der in der Bundesrepublik lebte, ist nicht ohne Belang. Dieses Detail illustriert den Horizont, in dem der Forschungsrat seine Arbeit verortete, und die Vorurteilsfreiheit, mit der er dabei zu Werke ging.

Noch ein weiteres Beispiel mag veranschaulichen, dass Thiessen als Vorsitzender des Forschungsrates für die politische Führung der DDR keineswegs ein pflegeleichter Partner war. Im November 1958 fand in Leuna die erste Chemiekonferenz des Zentralkomitees der SED und der Staatlichen Plankommission der DDR statt. Sie war als Auftakt für das Chemieprogramm der DDR gedacht, mit dem nach dem Verlassen des einseitig schwerindustriellen Entwicklungspfades eine neue industriepolitische Orientierung in die Wege geleitet werden sollte.[87] Dem lag die Überlegung zugrunde, die chemische Industrie als einer der traditionsreichen wissenschaftsbasierten Industriezweige, der auf dem Territorium der DDR mit mehreren Großbetrieben vertreten war, zum Motor des wirtschaftlichen Aufschwungs auszugestalten.[88] Für ein solches Programm bestand nunmehr Planungssicherheit, nachdem die Besatzungsmacht zum 1. Januar 1954 die letzten 33 der von ihr bis dahin als Sowjetische Aktiengesellschaft (SAG) geführten Großbetriebe, darunter auch die Leuna-Werke, an die DDR übergeben hatte. Im Entschließungsentwurf, den die Veranstalter der Chemiekonferenz unterbreitet hatten, wurde auch auf die Aufgaben der Wissenschaft eingegangen; darin wurde verlangt, dass die entscheidenden Impulse für die Richtung der gesamten chemischen Forschungsarbeit, auch an den Universitäts- und Akademieinstituten, künftig von den Betrieben ausgehen sollten. Die Antwort, die Thiessen in seinem Referat auf diese Forderung gab, ließ an Deutlichkeit nichts zu wünschen übrig: „Hier wird ein einseitiger Totalitätsanspruch ausgesprochen, wie er schärfer nicht vertreten werden kann – außerhalb des Vatikans. Ich brauchte Sie als chemisch Gebildete nicht auf die Gefahren aufmerksam zu machen, die sich daraus ergeben. Sie kommen nämlich in erschreckender Weise der menschlichen Bequemlichkeit entgegen und führen notwendig zu einer beträchtlichen Inzucht bei dieser Art von Aufgabenstellung."[89]

---

[87] Gerd Neumann: Das Chemieprogramm der DDR. In: Jahrbuch für Wirtschaftsgeschichte 13 (1972) 2, S. 241–272.
[88] Raymond G. Stokes: Chemie und chemische Industrie im Sozialismus. In: Dieter Hoffmann und Kristie Macrakis (Hrsg.): Naturwissenschaft und Technik in der DDR, a. a. O., S. 283–296.
[89] Peter A. Thiessen: Das erste deutsche Chemieprogramm. In: Mitteilungsblatt der Deutschen Akademie der Wissenschaften zu Berlin 5 (1959) 1, S. 9–14, hier S. 11.

An dieser Episode erkennt man den Widerstreit zweier konträrer Auffassungen über das Verhältnis von Wissenschaft und Industrie (oder, umfassender: Wirtschaft), der sich damals bemerkbar machte und sich, mit wechselnden Gewichten, durch die ganze Geschichte der DDR zog. Für den einen Pol standen die Protagonisten der Forschungsgemeinschaft und des Forschungsrates. Nach ihrer Überzeugung war allein eine starke, nicht von den Tagesbedürfnissen der Industrie absorbierte Grundlagenforschung in der Lage, eine nachhaltig innovative Wirtschaft zu garantieren. Dazu müssten bedeutende Mittel aufgewandt werden, ohne mit diesem Aufwand näher spezifizierbare Nutzenserwartungen verbinden zu können. Es war überaus schwierig, für diese Position außerhalb der Wissenschaft Verständnis zu erwirken. Dem common sense entsprach viel eher der andere Pol – die Ansicht, dass man die Wissenschaft so komplett wie möglich auf kurz- und mittelfristigen wirtschaftlichen Nutzen ausrichten sollte und damit sicher sein könnte, dass sie für die Gesellschaft reiche Frucht tragen würde, ohne die Investitionskraft zu überfordern. Für Partei- und Staatsfunktionäre, die der Wissenschaft fernstanden, musste dieser Standpunkt geradezu zwingend erscheinen; er verkörperte genau jene Bequemlichkeit des Denkens, vor der Thiessen in der zitierten Stelle dringlich warnte, und war zudem angesichts der Ressourcenknappheit der DDR überaus verführerisch.

Die akademische Wissenschaftsreflexion in der DDR, aus der in den 1960er Jahren die ersten Ansätze zur Wissenschaftsforschung hervorgingen, gehorchte im Großen und Ganzen dem erstgenannten, grundlagenbetonten Konzept. Wenn man dem mit wachsender Praxiswirksamkeit der Wissenschaft ausdifferenzierten Stufenkonzept der Forschung (Grundlagenforschung → Angewandte Forschung → Entwicklung oder verwandte, aber tiefer gegliederte Versionen) folgt, dann ist die Grundlagenforschung jene Sphäre, in der die Wissenschaft ihre qualitative Eigenart am stärksten ausprägt und am wenigsten von anderen Sphären der Gesellschaft her bestimmt ist. Hier muss sich auch ihre Organisation am deutlichsten von der anderer menschlicher Tätigkeitsbereiche unterscheiden. Will nun die Wissenschaftsforschung die Betriebsweisen der Wissenschaft untersuchen und Konsequenzen für deren Optimierung ziehen, dann sollte sie von der Erwägung dessen ausgehen, was wissenschaftliches Erkennen zum Unterschied von anderen Arten menschlichen Tuns eigentlich ist. Das ist eine klassische philosophische Frage, die in die Domäne der Erkenntnistheorie fällt. Zur Wissenschaftsforschung haben verschiedene Wege geführt; unter den Bedingungen der DDR spielte der Zugang von der Philosophie eine exponierte Rolle.

1959

Für 1959 weisen die Annalen zwei Ereignisse von internationaler Bedeutung für die Geschichte der Wissenschaftsreflexion aus. Das eine, der 250. Geburtstag von Charles Darwin, war überall in der Welt lange und sorgfältig vorbereitet worden. Auch in der DDR fanden zwei Darwin-Tagungen statt. Das andere, die von dem englischen Physiker, Literaten und Wissenschaftspolitiker Charles P. Snow – einem Mann, der dem Bernal-Kreis entstammte – am 7. Mai in Cambridge gehaltene Rede Lecture, kam hingegen vollkommen überraschend und löste, weit über Großbritannien hinaus, eine heftige, jahrelang andauernde Debatte aus. Das Lebenswerk Darwins war ein Markstein im Übergang von der klassischen zur modernen Naturwissenschaft. Es war entscheidend für die Herausbildung eines modernen Evolutionsbegriffs, der in seiner Bedeutung nicht auf die Biologie beschränkt blieb, sondern ein evolutionistisches Verständnis von Natur und Gesellschaft insgesamt förderte und insofern maßgeblich zur Einheit der Wissenschaft beitrug. Snows Rede hingegen war ein Alarmruf, der diese Einheit akut gefährdet, wenn nicht sogar schon verloren sah – mit dramatischen Folgen für die Zukunft der Menschheit. Die geistige Kultur der modernen Gesellschaft war nach seinem Urteil in „zwei Kulturen" – eine naturwissenschaftlich-technische und eine geisteswissenschaftlich-literarische – zerfallen, die einander kaum noch etwas zu sagen hätten. Während die Naturwissenschaften mit den Ergebnissen ihrer Forschung die Lebenswelt aller Menschen fundamental umgestalteten, entzogen sie sich mit ihrer fortschreitenden Spezialisierung und ihrer mathematischen, technischen und terminologischen Verfeinerung immer mehr dem Verständnis der Nichtspezialisten und damit der überwiegenden Mehrheit der Bevölkerung.

Drei Tage vor Snows Rede, am 4. Mai 1959, erging eine Dienstanweisung des Staatssekretärs für das Hochschulwesen der DDR, Wilhelm Girnus, an den Rektor der Humboldt-Universität zu Berlin, den Altphilologen Werner Hartke. Als hätte Girnus eine substantielle Antwort auf Snows Mahnung (von der er doch gewiss nichts ahnen konnte) vorwegnehmen wollen, verpflichtete er den Rektor, am philosophischen Institut dieser Universität eine *„Sonderaspirantur zur Ausbildung von Spezialisten für die philosophischen Probleme der modernen Naturwissenschaft"* einzurichten. Dazu war ein Lehrstuhl für philosophische Probleme der Naturwissenschaften zu etablieren. Hartke wurde gebeten, das Institut dabei zu unterstützen.[90] Einen Lehrstuhl dieses Zuschnitts hatte es im Hochschulwesen der DDR bis dahin nicht gegeben. Es war

---

90 Anschreiben und Auszug aus der Dienstanweisung zit. in: Hans-Christoph Rauh: Weit mehr als nur ein Institut im Institute. Promotions- und Habilitationsgeschehen des Ley-Wessel-Lehrstuhls für philosophische Probleme der Naturwissenschaften am Institut für Philosophie der HU Berlin 1960–2000. In: Karl-Friedrich Wessel, Hubert Laitko und Thomas Diesner (Hrsg.): Hermann Ley. Denker einer offenen Welt. Kleine Verlag, Grünwald 2012, S. 167–212, hier S. 183.

auch von symbolischer Bedeutung, ihn gerade im Darwin-Jahr zu errichten, denn die Aufnahme der leitenden Ideen Darwins durch Karl Marx und Friedrich Engels hatte wesentlich dazu beigetragen, ihrer Philosophie eine auf die moderne Naturwissenschaft bezogene Prägung zu verleihen. Marx hatte seine Hochachtung gegenüber dem großen Naturforscher persönlich bekundet, als er ihm nach dem Erscheinen der zweiten deutschen Auflage des *Kapital* ein Exemplar mit der Widmung übersandte: „Mr. Charles Darwin. On the part of his sincere admirer (Signed) *Karl Marx* – London, 16 June 1873". Im Oktober dankte Darwin ihm mit den Worten: „I believe that we both earnestly desire the extension of knowledge".[91] Übrigens brachte der neue Lehrstuhl mit Rolf Löther (Promotion 1962, Habilitation 1971) einen der im letzten Drittel des 20. Jhs. wichtigsten Fachleute für philosophische Fragen der Biologie hervor.[92]

Aus Gründen, die bisher nicht aufgeklärt sind, schuf das Staatssekretariat im Frühjahr 1959 ungewöhnlich schnell Fakten – um den Preis der Improvisation, denn der Lehrstuhl wurde errichtet, ohne dass der vorgesehene Inhaber, der Philosoph Hermann Ley, dafür hauptamtlich zur Verfügung stand. Er war vielmehr Vorsitzender des Staatlichen Rundfunkkomitees der DDR, eine enorm zeitfordernde Funktion, und übernahm die neue Aufgabe zusätzlich im Nebenamt. Dazu wurde zwischen ihm und Rektor Hartke eine „Arbeitsvereinbarung" abgeschlossen, wonach er „als Gastprofessor (Professor mit Lehrstuhl) für das Fachgebiet ,Philosophische Probleme der modernen Naturwissenschaften'" tätig werden sollte: „1. Herr Professor Dr. Ley führt mit Wirkung vom 1. September 1959 wöchentlich 4 Stunden Vorlesungen und Seminare durch. Ihm obliegt weiterhin am Institut für Philosophie die Betreuung von 10 Aspiranten des Lehrstuhls ,Philosophische Probleme der modernen Naturwissenschaften'. 2. Herr Professor Dr. Ley erhält vom genannten Tage ab eine Pauschalsumme in Höhe von DM 1.000.- monatlich/Eintausend Deutsche Mark"[93] [Die Währung der DDR trug damals die Bezeichnung „Deutsche Mark" – H. L.]. Das Verfahren, einen Lehrstuhl zu errichten, um ihn mit einem Gastprofessor zu besetzen, war ausgesprochen unorthodox.

Nichtsdestoweniger – die Improvisation gelang und wurde zu einer Erfolgsgeschichte. Mocek nennt die Lehrstuhlgründung „die eigentliche Zäsur in der Entwicklung der Naturphilosophie der DDR".[94] Zudem war sie von größter Bedeutung für die

---

91 https://en.wikipedia.org/wiki/Influences_on_Karl_Marx – Der Beitrag enthält detaillierte Quellenangaben [Zugriff 20.2.2016].
92 Ilse Jahn und Andreas Wessel (Hrsg.): Für eine Philosophie der Biologie – For a Philosophy of Biology. Festschrift to the 75th Birthday of Rolf Löther. Kleine Verlag, München 2010.
93 Zit. in: Hubert Laitko: Denk- und Lebenswege: von Leipzig über Dresden nach Berlin. In: Karl-Friedrich Wessel, Hubert Laitko und Thomas Diesner (Hrsg.): Hermann Ley. Denker einer offenen Welt, a.a.O., S. 41–108, hier S. 101.
94 Reinhard Mocek: Marxistische Naturphilosophie in der Diskussion. In: Volker Gerhardt und Hans-Christoph Rauh (Hrsg.): Anfänge der DDR-Philosophie. Ansprüche, Ohnmacht, Scheitern. Ch. Links Verlag,

spätere Entwicklung der Wissenschaftsforschung in der DDR. Von keiner anderen Einrichtung bezog das Kröber-Institut mehr Absolventen. Folgende Mitarbeiter traten mit einer Promotion vom Ley-Lehrstuhl in das IWTO/ITW ein bzw. promovierten dort, als sie schon am Akademieinstitut tätig waren (das Jahr der Promotion ist in Klammern angegeben):
– Heinrich Parthey (1963)
– Hubert Laitko (1964)
– Lothar Läsker (1964)
– Wolfram Heitsch (1965)
– Wolfgang Wächter (1967)
– Dietrich Ehlers (1974)
– Eberhardt Bruckner (1975)
– Karl-Heinz Strech (1975)
– Regine Zott (1976)
– Dieter Hoffmann (1977)
– Andreas Kahlow (1981)
– Petra Kahlow-Vorwerk (1983)
– Andrea Scharnhorst (1988)

Strech (1978) und Hoffmann (1989) vollzogen dort auch ihre Promotion B (Habilitation). Für die Gesamtgeschichte des Lehrstuhls unter Leitung von Hermann Ley und seinem Nachfolger Karl-Friedrich Wessel – unter Einschluss der unmittelbaren Vorgeschichte seit 1958 und einiger bis 2005 an Nachfolgeeinrichtungen erfolgter Verteidigungen – wies Hans-Christoph Rauh insgesamt 325 A- und B-Promotionen nach.[95] Die Anzahl derer, die am IWTO/ITW tätig wurden, bildet nur eine kleine, aber nicht vernachlässigbare Kohorte dieser Absolventenschar. Umgekehrt hatten rund 15 % aller Wissenschaftler des Kröber-Instituts am Lehrstuhl promoviert. Schon die bloße Größenordnung zeigt, dass eine Geschichte dieses Instituts nicht geschrieben werden kann, ohne auf den Lehrstuhl für philosophische Probleme der Naturwissenschaften zurückzugreifen. Von dort her wurden – über die rekrutierten Wissenschaftler – auch die am Kröber-Institut gepflegten Denkweisen mitgeprägt.

Im Sommer 1959 begannen die ersten zehn Aspiranten ihre dreijährige Doktorandenzeit. Ich gehörte zur zweiten Gruppe, die 1960 eintrat, und erfuhr dort die Aufbruchsstimmung, die von einem Fachgebiet in statu nascendi ausgeht, zugleich mit der suggestiven Präsenz, die Hermann Ley eigen war, als wäre er rund um die

---

Berlin 2001, S. 180–193, hier S. 183.
95 Hans-Christoph Rauh: Gesamtverzeichnis der Absolventen. In: Karl-Friedrich Wessel, Hubert Laitko und Thomas Diesner (Hrsg.): Hermann Ley. Denker einer offenen Welt, a.a.O., S. 479–520.

Uhr auf die Angelegenheiten des Lehrstuhls konzentriert gewesen, obwohl er doch nach wie vor den größten Teil seiner Kraft und Zeit dem Rundfunk widmen musste. Erst 1962 konnte er sein Amt im Rundfunkkomitee aufgeben und den Lehrstuhl regulär übernehmen; gleichzeitig wurde er Institutsdirektor. Der Brillanz seiner Persönlichkeit konnte sich kaum jemand entziehen, unabhängig vom Lebensalter und vom Fachgebiet.[96] Ein ferner Abglanz dieser Faszination wurde auch noch auf einer Gedenkveranstaltung spürbar, zu der sich am 30. November 2011, seinem einhundertsten Geburtstag, im Senatssaal der Humboldt-Universität Schüler und Weggefährten versammelten. Aus dieser Veranstaltung ging der Band *Hermann Ley. Denker einer offenen Welt* hervor.

Der Lehrstuhl konnte vor allem deshalb zu einer Quelle der Wissenschaftsforschung in der DDR werden, weil er eine Schule gelebter Interdisziplinarität war; die meisten der Aspiranten durchliefen diese Schule in der empfänglichsten Phase eines Wissenschaftlerlebens, kurz nach dem Abschluss des Studiums auf dem jeweils eigenen Fachgebiet. Die Disposition dazu schuf schon der strukturelle Ansatz. In der bereits erwähnten Dienstanweisung des Staatssekretariats hieß es zu den Aufgaben des Lehrstuhls: „Dort sollen sich Philosophen in den Naturwissenschaften und Naturwissenschaftler in der Philosophie qualifizieren. [...] Voraussetzung für die Aufnahme in die Aspirantur ist das Diplom in Philosophie oder einer naturwissenschaftlichen Fachrichtung".[97] So wurde es auch gehandhabt. Auf ein Viertel bis ein Drittel Philosophen kamen drei Viertel bis zwei Drittel Fachwissenschaftler. Dabei wurde das Etikett „Naturwissenschaft" sehr weit gefasst, es kamen auch Mathematiker, Mediziner, Agrarwissenschaftler und Diplomingenieure, mit jedem Jahr, wenn eine neue Kohorte von Aspiranten eintrat, änderte sich der Fächer der vertretenen Fachgebiete etwas. Das Einzigartige an dieser Interdisziplinaritäts-Erfahrung war, dass sie weitgehend frei vom Druck strikt eingegrenzter und terminierter Projekte in einem beinahe spielerischen Miteinander junger Wissenschaftler der unterschiedlichsten Gebiete gewonnen werden konnte – in einer Atmosphäre, die im Berufsleben so nie wiederkehrte und von der jene, die ihre Doktorandenzeit dort verbracht hatten, ein Leben lang zehrten.

Ley war der souveräne Moderator dieses Miteinanders, und er konnte es sein, weil er ein flexibler und assoziativer Denker war, das ganze Gegenteil eines theoretischen Systembildners. Sein Schüler und Nachfolger Karl-Friedrich Wessel beschreibt Leys Stil mit folgenden Worten: „Aus der Retrospektive betrachtet konnte es keine bessere Wahl

---

96 Hubert Laitko: In memoriam Hermann Ley [Gedächtnisrede auf einer Veranstaltung zum 40. Jahrestag der Gründung des Lehrstuhls am 9. Oktober 1999]. In: Hans-Christoph Rauh und Peter Ruben (Hrsg.): Denkversuche. DDR-Philosophie in den 60er Jahren, a.a.O., S.367–378.
97 Zit. in: Hans-Christoph Rauh: Weit mehr als nur ein Institut im Institute. Promotions- und Habilitationsgeschehen des Ley-Wessel-Lehrstuhls für philosophische Probleme der Naturwissenschaften am Institut für Philosophie der HU Berlin 1960–2000, a.a.O., S.183.

für die Leitung eines Bereiches geben, der junge Wissenschaftler verschiedenster (vorwiegend naturwissenschaftlicher) Disziplinen mit den philosophischen Problemen ihrer Disziplin und übergreifenden Zusammenhängen vertraut machen und zur Promotion führen sollte. [...] In der Person von Hermann Ley verbanden sich verschiedene Voraussetzungen zu einer wirkungsvollen Einheit. Er hatte Medizin studiert und auch in diesem Fach promoviert. Dadurch war er in den verschiedenen naturwissenschaftlichen Fächern gebildet und den unterschiedlichsten Phänomenen gegenüber aufgeschlossen. Er favorisierte keine bestimmte Disziplin, sein Interesse konnte sich auf ganz unterschiedlichen Gebieten momentan festsetzen, interdisziplinäre Zusammenhänge gehörten zu seinem erlernten Fach. Daher grenzte er auch kein Fach aus seinem Interessenspektrum aus, wie er auch seine eigenen Voraussetzungen nie in den Vordergrund schob."[98]

Das zwanglose Miteinander von Philosophen und Naturwissenschaftlern auf der Ebene der Aspiranten fand seine Entsprechung auf der Ebene der Lehrkräfte. Viele der am Lehrstuhl geschriebenen Dissertationen wurden von Fachwissenschaftlern aus den verschiedensten Instituten mitbetreut und mitbegutachtet (die von Rauh zusammengestellte Absolventenliste nennt auch die Titel der Dissertationen und die Namen der Betreuer), und je mehr der Lehrstuhl mit Workshops, Symposien und Konferenzen an die wissenschaftliche Öffentlichkeit trat, umso mehr wurde er zum Mekka philosophisch interessierter Naturwissenschaftler aus den verschiedensten Orten der DDR. Auch sie waren von Leys Argumentationskunst beeindruckt, und manche von ihnen haben das rückblickend bezeugt, so beispielsweise der Physiker Werner Ebeling, ein weltweit geachteter Vertreter der Physik der Selbstorganisation und der Evolution, der über viele Jahre mit dem Lehrstuhl verbunden war: „Als damals noch junger Wissenschaftler war ich von der Brillanz der Argumentation von Hermann Ley [...] fasziniert. [...] Hermanns Vorlesungen waren wie ein Ideenfeuerwerk, er sprach immer Hunderte von Ideen an und scheute auch vor ‚Systemkritik' nicht zurück, die er allerdings so verschlüsselte, dass einzelne Aussagen kaum zitierbar waren. Im Kontext der Ausführungen verstand jedoch jeder im Auditorium, was gemeint war; so schaffte er sich einen großen Freiraum. Hermann Ley war ein Attraktor für den wissenschaftlichen Nachwuchs und wurde zum Kern eines offenen und vielseitigen philosophischen Zentrums."[99]

---

98 Karl-Friedrich Wessel: Hermann Ley und die offene Welt. In: Karl-Friedrich Wessel, Hubert Laitko und Thomas Diesner (Hrsg.): Hermann Ley. Denker einer offenen Welt, a.a.O., S.13–40, hier S.24.
99 Werner Ebeling: Über den Zwang zur Philosophie in den Naturwissenschaften und die Schwierigkeiten des Einzelwissenschaftlers mit dem Wertbegriff – Fragen an Hermann Ley. In: Karl-Friedrich Wessel, Hubert Laitko und Thomas Diesner (Hrsg.): Hermann Ley. Denker einer offenen Welt, a.a.O., S.145–152, hier S.145–146.

Aus dieser Skizze des äußeren Bildes, das der 1959 errichtete Ley-Lehrstuhl bot, ist schon ersichtlich, dass im Klima dieser Einrichtung die Grenzen zwischen den Disziplinen durchlässiger waren als andernorts und dass deshalb komplexe, grenzüberschreitende Ansätze in der Wissenschaft hier besondere Anregung und Ermutigung erfahren konnten. Das war ein günstiger Ausgangspunkt für die Wissenschaftsforschung, aber keineswegs allein für diese. Der Lehrstuhl förderte generell unkonventionelle Aufbrüche. Manche davon waren Eintagsfliegen, andere erwiesen sich als wissenschaftliche Goldadern – erinnert sei hier pars pro toto an das von Klaus Fuchs-Kittowski (Promotion 1964) entwickelte Konzept der Informationsgenese und Informationssystemgestaltung[100] oder an die von Karl-Friedrich Wessel (Promotion 1968) monographisch ausgearbeiteten Grundlagen der Humanontogenetik.[101] Es ist ein bemerkenswertes Detail, dass Heinrich Parthey,[102] der zum ersten Aspirantenjahrgang am Ley-Lehrstuhl gehört hatte, Anfang 1991 in Berlin die *Gesellschaft für Wissenschaftsforschung e. V.* gründete, die seit 1994/95 alljährlich ein *Jahrbuch Wissenschaftsforschung* herausgibt und damit dafür gesorgt hat, dass dieses Gebiet, das im Vollzug der deutschen Vereinigung mit der Abwicklung des ITW sowie der Sektion Wissenschaftstheorie und -organisation an der Humboldt-Universität seine institutionelle Heimstatt in Berlin verlor, in dieser Stadt wenigstens auf der Basis ehrenamtlicher Tätigkeit weiter präsent blieb.

Die interdisziplinäre Anlage des Lehrstuhls war, wenn man es so ausdrücken darf, ein unspezifischer Katalysator, der in vielen Richtungen wirksam war und heuristische Ideen unterschiedlicher Art begünstigte, wenn sie nur auf disziplinäre Grenzüberschreitung und Komplexität zielten. Um seine spezifische Mitgift für die Wissenschaftsforschung zu erfassen, muss man etwas weiter ausholen. Das Vorhandensein einer multidisziplinär zusammengesetzten, sich durch den Wechsel der Aspirantenjahrgänge ständig erneuernden Gemeinschaft junger Wissenschaftler und eines Moderators von der Qualität Hermann Leys war dafür nur eine notwendige, aber noch keine hinreichende Bedingung. Eine solche Konstellation hätte ja im Prinzip zu jeder beliebigen Zeit hergestellt werden können. Einzigartig und unwiederholbar wurde sie durch ihre Einbettung in einen übergeordneten historischen Kontext, wie er gerade um 1960 bestand. Damals vollzog sich lagerübergreifend eine zweifache Schwerpunktverschiebung in der Wissenschaftsreflexion: von der zeitunabhängigen

---

[100] Frank Fuchs-Kittowski und Werner Kriesel (Hrsg.): Informatik und Gesellschaft. Festschrift zum 80. Geburtstag von Klaus Fuchs-Kittowski. Peter Lang GmbH, Frankfurt a. M. 2016.
[101] Karl-Friedrich Wessel: Der ganze Mensch. Eine Einführung in die Humanontogenetik oder Die biopsychosoziale Einheit Mensch. Logos Verlag, Berlin 2015.
[102] Walther Umstätter und Karl-Friedrich Wessel (Hrsg.): Interdisziplinarität – Herausforderung an die Wissenschaftlerinnen und Wissenschaftler. Festschrift zum 60. Geburtstag von Heinrich Parthey. Kleine Verlag, Bielefeld 1999.

Analyse von Wissensstrukturen zur Betrachtung ihrer Evolution und von der akteursunabhängigen (unpersönlichen) Behandlung des Wissens und seiner Veränderung zur Untersuchung der wissenschaftlichen Tätigkeit, ihrer Subjekte und der Verhältnisse, unter denen sie tätig waren.

Im Westen wurde diese Verlagerung des Blickwinkels – unter Bezugnahme auf die dort in der philosophischen Wissenschaftstheorie bis in die 1950er Jahre hinein vorherrschende neopositivistische („analytische") Richtung – als anti- oder postpositivistische Wende bezeichnet.[103] Herold dieser Wende war der amerikanische Wissenschaftshistoriker Thomas S. Kuhn mit seinem 1962 erschienenen Weltbestseller *The Structure of Scientific Revolutions*.[104] Daher werden die Termini „Kuhn'sche Wende" und „postpositivistische Wende" bisweilen synonym gebraucht.[105] Kuhns Buch war indes weniger Auslöser dieser Wende als vielmehr deren konzentrierter Ausdruck und fand bei seinem Erscheinen gerade deshalb ein so überwältigendes Echo, weil sie schon vielerorts im Gange war. In der DDR, wie auch in der Sowjetunion, vollzog sie sich insbesondere in der sich im Denkrahmen der marxistischen Philosophie ausdifferenzierenden Forschungsrichtung „Philosophische Fragen (Probleme) der Naturwissenschaft(en)", die zwar ab 1959 im Ley-Lehrstuhl prominent institutionalisiert war, insgesamt aber ein Netzwerk bildete, das an vielen Universitäten, Hochschulen und Forschungsinstituten seine Vertreter hatte. Das Gebiet entwickelte sich bereits in den Sechzigern polyzentrisch und plural. Der Berliner Lehrstuhl verhielt sich dabei als Katalysator, nicht als Monopolist. Reinhard Mocek, selbst einer der wichtigsten Forscher auf diesem Feld, formuliert sehr zurückhaltend, wenn er meint, allenfalls das Philosophische Institut der Universität Leipzig hätte hier „ein wenig flankierende Konkurrenz anmelden" können.[106] An diesem Institut hatte Rudolf Rochhausen 1957 einen Arbeitskreis „Philosophische Probleme der modernen Biologie" ins Leben gerufen, an dem Mocek bereits als Student beteiligt war.[107]

Die Geschichte des Gebietes „Philosophische Probleme der Naturwissenschaft" in der DDR ist in seiner Frühzeit eine Geschichte der Emanzipation vom Stalinismus, für den auf diesem Feld als radikales Symbol der Name Lyssenko steht. Die wissen-

---

103 Kurt Bayertz: Wissenschaft als historischer Prozeß: Die antipositivistische Wende in der Wissenschaftstheorie. Wilhelm Fink Verlag, München 1980.
104 Thomas S. Kuhn: The Structure of Scientific Revolution. Chicago University Press, Chicago 1962.
105 Paul Hoyningen-Huene und Simon Lohse: Die Kuhn'sche Wende. In: Sabine Maasen, Mario Kaiser, Martin Reinhart und Barbara Sutter (Hrsg.): Handbuch Wissenschaftssoziologie. Springer VS, Wiesbaden 2012, S. 73–84, hier S. 75.
106 Reinhard Mocek: Naturwissenschaft und Philosophie in der DDR – ein Balanceakt zwischen Ideologie und Kognition. In: Karin Weisemann, Peter Kröner und Richard Toellner (Hrsg.): Wissenschaft und Politik – Genetik und Humangenetik in der DDR (1949–1989). Dokumentation zum Arbeitssymposium in Münster, 15.–18.03.1995. LIT Verlag, Münster 1997, S. 97–115, hier S. 104.
107 Ebd., S. 97.

schaftstheoretische Attitüde, Wissenschaft auf Wissen und dieses auf sein zeitunabhängiges Gegebensein zu reduzieren, war hier ideologisch massiv verstärkt durch die Praxis, den Marxismus – oder, richtiger, das kanonisierte Schema, das für diesen stand – als eine ein für allemal festgestellte Wahrheit zu behandeln, deren „Reinheit" es durch unnachsichtige Bekämpfung aller „Abweichungen" (Revisionismus) zu bewahren galt und dessen „Weiterentwicklung" allein in einer konkretisierenden Anwendung ein und derselben unveränderlichen Prinzipien auf immer neue Einzelfälle bestehen konnte. Es liegt auf der Hand, dass eine solche politische Strategie zur Immunisierung der philosophischen Grundlagen ein produktives Wechselverhältnis von Philosophie und Naturwissenschaften ausschloss. Sie machte ein Phänomen wie das des – parteilosen – Züchters Trofim D. Lyssenko möglich, der die Übereinstimmung mit dem Dialektischen Materialismus zum Gütekriterium seines eigenen agrobiologischen Konzepts erklärte und den vorgeblichen Widerspruch der Ansichten seiner wissenschaftlichen Konkurrenten mit diesem als Instrument benutzte, um sie aus dem Weg zu räumen und seinen eigenen Aufstieg zu wissenschaftlichen und wissenschaftspolitischen Spitzenpositionen zu sichern.[108] Auch in der frühen DDR blieb der Lyssenkoismus nicht ohne Einfluss – das ergab sich schon aus der Abhängigkeit von der Besatzungsmacht und aus der politischen und ideologischen Orientierung auf die Sowjetunion als Führungszentrum des östlichen Lagers – und wurde auch von verschiedenen Biologen zustimmend rezipiert.[109] Er beherrschte den Biologieunterricht an den allgemeinbildenden Schulen und die populäre Agitation. Aber die akademischen Positionen der modernen Genetik und die genetische Forschung vermochte er, anders als in der Sowjetunion, nicht zu untergraben. Die erfolgreiche Verteidigung der Genetik war in erster Linie das Verdienst von Hans Stubbe, einem der weltweit führenden Pflanzengenetiker und Züchtungsforscher seiner Generation, und seinen Mitarbeitern.[110] Stubbes wissenschaftliche Beharrlichkeit und Kompromisslosigkeit war erfolgreich und führte dazu, dass der Lyssenkoismus in der DDR schon früh als obsolet galt, doch er hätte diesen Erfolg schwerlich erzielen können, hätte er – der parteilose, loyale, niemals vordergründig politisch agierende Naturwissenschaftler –

---

[108] Shores A. Medwedjew: Der Fall Lyssenko. Eine Wissenschaft kapituliert. dtv. München 1974; Johann-Peter Regelmann: Die Geschichte des Lyssenkoismus. R. G. Fischer, Frankfurt a. M. 1980.
[109] Ekkehard Höxtermann: „Klassenbiologen" und „Formalgenetiker". Zur Rezeption Lyssenkos unter den Biologen der DDR. In: Acta Historica Leopoldina 36 (2000), S. 273–300.
[110] Edda Käding: Engagement und Verantwortung. Hans Stubbe, Genetiker und Züchtungsforscher. Eine Biographie. (= ZALF-Bericht Nr. 36). Hrsg. vom Zentrum für Agrarlandschafts- und Landnutzungsforschung (ZALF) e. V., Müncheberg 1999; Michael Stubbe (Hrsg.): Im Gedenken an die Wiederkehr des 100. Geburtstages von Prof. Dr. Drs. h. c. Hans Stubbe (1902–1989). Beiträge zur Jagd- und Wildtierforschung Bd. 27. Gesellschaft für Wildtier- und Jagdforschung e. V., Leipzig 2002; Hubert Laitko: Hans Stubbe und das politische System der DDR. In: Ilse Jahn und Andreas Wessel (Hrsg.): Für eine Philosophie der Biologie – For a Philosophy of Biology. Festschrift to the 75th Birthday of Rolf Löther. Kleine Verlag, München 2010, S. 127–169.

nicht über ausreichend Rückhalt in der SED bis hin zu Walter Ulbricht verfügt.[111] Dabei waren die Anhänger Lyssenkos im Parteiapparat reichlich vertreten. Die Geschichte der theoretischen Wissenschaftsreflexion wie die der praktischen Wissenschaftspolitik in der DDR kann nicht begriffen werden, wenn „die SED" zu einem monolithisch handelnden Monosubjekt stilisiert wird, und die Auseinandersetzung mit dem Lyssenkoismus ist dafür geradezu ein Lehrstück. Mocek sieht im Umgang mit dieser Thematik einen Beleg dafür, „daß man in die Wissenschaft betreffenden ideologischen Grundfragen durchaus flexibel reagieren konnte"[112].

Im Januar 1951 unternahm eine Delegation von Agrarwissenschaftlern eine Studienreise in die UdSSR – eine der ersten Delegationsreisen von DDR-Bürgern überhaupt – und wurde dabei auch von Lyssenko empfangen, der als Präsident der sowjetischen Akademie der Landwirtschaftswissenschaften auf dem Gipfel seiner Macht stand. Dieser Delegation gehörte Stubbe als Direktor des 1948 von der Deutschen Akademie der Wissenschaften zu Berlin übernommenen Instituts für Kulturpflanzenforschung in Gatersleben an, und auch er sprach mit Lyssenko. Zur Auswertung dieser Reise veranstaltete das Zentralkomitee der SED im Mai 1951 eine Konferenz, auf der auch Stubbe vortrug. Sein Referat mied jedes polemische Vokabular, doch es war nicht weniger als eine offene und eindeutige Distanzierung von den Lehren Lyssenkos; es wurde 1952 im Wortlaut veröffentlicht – in einem Protokollband, der nicht etwa als unauffälliger Manuskriptdruck einer wissenschaftlichen Institution, sondern von der SED-Führung selbst herausgegeben wurde.[113] Die sowjetische Einladung zu der erwähnten Studienreise erfolgte mit Sicherheit, um Lyssenkos Vorstellungen mit Hilfe prominenter Multiplikatoren in der DDR wirksamer zu verbreiten, und wahrscheinlich auch, um die in Vorbereitung befindliche Gründung der Deutschen Akademie der Landwirtschaftswissenschaften (DAL) – des institutionellen Pendants zu jener Akademie, der Lyssenko präsidierte – konzeptionell und personell zu beeinflussen. Es ist kaum zu ermessen, wie groß – noch zu Lebzeiten Stalins – der letztlich von Ulbricht verantwortete Affront gegenüber Moskau gewesen sein musste, als Stubbe zum Präsidenten der im Oktober 1951 gegründeten DAL berufen wurde.[114] Im Gaters-

---

[111] Harald Wessel: Hans Stubbe im Kampf gegen stalinistische Doktrinen. In: Michael Stubbe (Hrsg.): Im Gedenken an die Wiederkehr des 100. Geburtstages von Prof. Dr. Drs. h.c. Hans Stubbe (1902–1989), a.a.O., S.125–129.
[112] Reinhard Mocek: Naturwissenschaft und Philosophie in der DDR – ein Balanceakt zwischen Ideologie und Kognition, a.a.O., S.100.
[113] Hans Stubbe: Über einige Fragen der Genetik. In: Abt. Landwirtschaft des ZK der SED (Hrsg.): Die sowjetische Agrarwissenschaft und unsere Landwirtschaft. Protokoll der Tagung des Zentralkomitees der Sozialistischen Einheitspartei Deutschlands mit führenden Agrarwissenschaftlern der DDR am 25. und 26. Mai 1951 in Berlin. Dietz-Verlag, Berlin 1952, S.96–112.
[114] Siegfried Kuntsche: Die Akademie der Landwirtschaftswissenschaften als Zweigakademie. In: Wolfgang Girnus und Klaus Meier (Hrsg.): Forschungsakademien in der DDR – Modelle und Wirklichkeit. Leipziger Universitätsverlag, Leipzig 2014, S.335–379, hier S.335–344.

lebener Institut, in dem man sich auch schon vor 1951 mit den Lehren Lyssenkos auseinandergesetzt hatte, ließ Stubbe zwischen 1949 und 1955 dessen naturwissenschaftliche Behauptungen in aufwändigen Experimentalserien prüfen und eindeutig widerlegen.[115] Ein besonderes Verdienst erwarb sich dabei Stubbes damaliger Aspirant und Assistent und späterer Nachfolger Helmut Böhme.[116] Stubbe schrieb zu diesen Versuchsserien später in der von ihm verfassten Geschichte seines Instituts: „Die durch den Einfluß der Persönlichkeit und der Arbeit Lyssenkos bedingte 30jährige Krise in der Biologie der Sowjetunion und anderer Länder machte es erforderlich, die Vorstellungen Lyssenkos zu einigen Fragen der Genetik an großem Material zu überprüfen, obwohl nach den äußerst exakten Untersuchungen der klassischen Genetik sehr wahrscheinlich war, dass seine Behauptungen einer ernsthaften Nachprüfung nicht standhalten würden. Mängel in der angewandten Methodik, unsachgemäße Interpretation der Befunde und ein unbegreiflicher Wunderglaube haben die Vorstellungen Lyssenkos und seiner Anhänger von einer Erneuerung der Biologie schließlich ad absurdum geführt. Wir haben unsere Versuche zu einigen der genannten Probleme stets als einen Beitrag zur Überwindung der Krise aufgefaßt, die über viele Jahre das wissenschaftliche Leben in der Sowjetunion entscheidend gestört und deren Volkswirtschaft schwer geschädigt hat. Diese Krise griff auch auf andere Länder über und erfaßte Menschen, die entweder nur sehr geringe Kenntnisse und Erfahrungen auf dem Gebiet der Genetik hatten oder die glaubten, sich als Propagandisten einer neuen Lehre beliebt zu machen."[117]

Die genannten Vorgänge waren für die Entwicklung des Wissenschaftsverständnisses in der frühen DDR, auf dem die Wechselbeziehungen von Philosophie und Naturwissenschaft und letztendlich auch die Ansätze der Wissenschaftsforschung aufbauten, von einer kaum zu überschätzenden Bedeutung. Sie zeigten, dass sich sowohl Befürworter als auch Gegner des Lyssenkoismus auf die marxistische Philosophie berufen konnten und damit diese Philosophie in einem Feld konkurrierender

---

115 Hans Stubbe: Geschichte des Instituts für Kulturpflanzenforschung Gatersleben der Deutschen Akademie der Wissenschaften zu Berlin (1943–1968). Akademie-Verlag, Berlin 1982, S. 106–108; Gerald Diesener: Kulturpflanzenforschung und Pflanzengenetik in Gatersleben von der Mitte der vierziger bis zum Ende der sechziger Jahre. Entwicklungen, Konstellationen, Probleme. In: Clemens Burrichter und Gerald Diesener (Hrsg.): Auf dem Weg zur „Produktivkraft Wissenschaft". Akademische Verlagsanstalt GmbH, Leipzig 2002, S. 165–211; Klaus Müntz und Ulrich Wobus: Das Institut Gatersleben und seine Geschichte. Genetik und Kulturpflanzenforschung in drei politischen Systemen. Springer Verlag, Berlin/Heidelberg 2013, S. 21–23.
116 Helmut Böhme: Einige Bemerkungen zu wissenschaftspolitischen Aspekten genetischer Forschungen der fünfziger Jahre in der DDR im Zusammenhang mit der Lyssenko-Problematik. In: Sitzungsberichte der Leibniz-Sozietät 29 (1999) 2, S. 55–79; ders.: Genetik in der Klammer von Politik und Ideologie – Persönliche Erinnerungen. In: Acta Historica Leopoldina 36 (2000), S. 111–132.
117 Hans Stubbe: Geschichte des Instituts für Kulturpflanzenforschung Gatersleben der Deutschen Akademie der Wissenschaften zu Berlin (1943–1968), a. a. O., S. 106–107.

fachwissenschaftlicher Hypothesen nicht zu entscheiden imstande war, welche davon akzeptiert und welche verworfen werden sollten; selbst beim Aussprechen von Präferenzen in einem solchen Feld hatte sie sich größte Zurückhaltung aufzuerlegen. Das war das Gegenteil einer dogmatischen Position. In einem auf einer Münsteraner Tagung 1995 unternommenen Versuch, die Geschichte des Verhältnisses von Philosophie und Naturwissenschaft in der DDR zu periodisieren, bezeichnete Mocek die Periode von 1951 bis 1959 als „Zeit der Dogmen".[118] Dies tat er nicht ohne Grund – und dennoch wurden jene Dogmen, wie die erwähnten Vorgänge des Jahres 1951 zeigen, schon im Augenblick ihrer Verkündung unterminiert; eine ungeteilte Herrschaft der Dogmen hat es, jedenfalls auf dem hier interessierenden Gebiet, nie gegeben.

Was konnten nun Wissenschaftler, die mit einer philosophischen Vorbildung, aber ohne ein naturwissenschaftliches Fachstudium den Naturwissenschaften gegenübertraten, aus dieser Geschichte lernen? Die Lehren lagen auf der Hand und waren zugleich grundlegend: Erstens konnte die Berufung eines Fachwissenschaftlers auf den dialektischen Materialismus weder als entscheidendes noch auch nur als verstärkendes Argument zugunsten einer von diesem vertretenen fachlichen Hypothese aufgefasst werden; zweitens verpflichtete die Akzeptanz des dialektischen Materialismus nicht zur Annahme bestimmter fachwissenschaftlicher Hypothesen und zur Ablehnung anderer; drittens musste der dialektische Materialismus so verstanden und dargestellt werden, dass er nicht als Argument für die Durchsetzung bestimmter fachwissenschaftlicher Hypothesen und den Ausschluss anderer verwendet werden konnte – von seinem Einsatz im Kampf um Ressourcen und Stellungen ganz zu schweigen. Der Übergang zu diesen miteinander verbundenen Einsichten war die ideologische Häutung, die den Naturwissenschaften zugewandte Philosophen zu vollziehen hatten, wenn sie zunächst – bona fide und aus unzureichender Fachkompetenz – die Partei des Lyssenkoismus genommen hatten. Zu ihnen gehörte auch Hermann Ley, der sich 1948, in einer seiner allerersten wissenschaftsphilosophischen Publikationen, noch auf die Seite Lyssenkos gestellt hatte.[119]

Um zu verstehen, dass die Abkehr vom Lyssenkoismus damals keine triviale Entscheidung war, muss zweierlei berücksichtigt werden. Einmal war die Gentheorie der Vererbung zwar insgesamt gut belegt, aber die zentrale Frage – nach der biochemischen Natur der Gene – war noch unbeantwortet. Das auf Basenkomplementarität beruhende Doppelhelix-Modell der DNA von James Watson und Francis Crick wurde erst im April 1953 veröffentlicht, und dann waren noch mehrere Jahre erforderlich,

---

[118] Reinhard Mocek: Naturwissenschaft und Philosophie in der DDR – ein Balanceakt zwischen Ideologie und Kognition, a.a.O., S. 101.
[119] Hermann Ley: Zur philosophischen Bedeutung der Lyssenko-Debatte. In: Einheit 3 (1948) 10, S. 1067–1076.

um den Erklärungswert dieses Modells für das Vererbungsgeschehen stringent auszuarbeiten. Zum andern verwendeten die Anhänger Lyssenkos auch eine ganz und gar untheoretische, aber in den Nachkriegs-Hungerjahren emotional hochwirksame Argumentation: Die Anhänger der „Agrobiologie" Lyssenkos arbeiteten danach mit äußerster Kraft daran, die landwirtschaftlichen Erträge schnellstmöglich zu steigern, während die Vertreter der „formalen Genetik", gleichgültig gegenüber den Nöten des Volkes, ihren lebensfremden Drosophila-Experimenten nachgingen...

Es ist nicht genau bekannt, wann Ley seine lyssenkoistischen Vorurteile überwunden hat. In seinem Hauptreferat auf der Leipziger Friedrich-Engels-Konferenz 1955 bekannte er sich jedenfalls eindeutig zur Mutationstheorie[120]: „Das war eine der ersten Attacken der DDR-Philosophie – wenn nicht überhaupt die erste – gegen den Lyssenkoismus!"[121] Mocek ist davon überzeugt, dass Ley diese Position in Kenntnis der Gaterslebener Versuche bezogen hat.[122] Obwohl er diese Äußerung Leys als das einzige inhaltlich bemerkenswerte Moment der Engels-Konferenz und deren kognitiven Ertrag als insgesamt kümmerlich bewertet, war diese Veranstaltung nach seiner Ansicht dennoch „in gewisser Weise der Startplatz für einen konzeptionellen Neubeginn"; von ihr nahmen die Bestrebungen, „systematisch an die Heranbildung einer neuen Generation marxistischer Naturphilosophen zu denken", ihren Ausgang.[123] Die Berliner Gründung bildete ihren Kulminationspunkt.

Als Hermann Ley 1959 den Berliner Lehrstuhl übernahm, da tat er es jedenfalls als ein entschiedener Gegner des Lyssenkoismus – und das hieß: als Gegner der Praxis, im Namen einer Philosophie über fachwissenschaftliche Positionen zu richten, einerlei, auf welchem Gebiet sie vertreten wurden. Von dieser Entschiedenheit ging eine große Überzeugungskraft aus, die ich als Aspirant an seinem Lehrstuhl selbst erfahren habe; sie wäre vermutlich wesentlich geringer gewesen, hätte er sich die Ablehnung des Lyssenkoismus nur irgendwo angelesen und nicht durch eigene Katharsis selbstkritisch erworben. Der einzige Modus des Verhältnisses von marxistischer Philosophie und Naturwissenschaften, der am Ley-Lehrstuhl toleriert und praktiziert wurde, war der des respektvollen Dialogs. Bei den ersten Aspirantenjahrgängen, denen der stalinistische Holzhammer noch frisch im Gedächtnis war, erzeugte die Einübung in diese dialogische Praxis eine begeisterte Aufbruchstimmung,

---

[120] Friedrich Engels' philosophische Leistung und ihre Bedeutung für die Auseinandersetzung mit der bürgerlichen Naturphilosophie. Referat und Schlußwort von Hermann Ley. 5 Diskussionsbeiträge. Engels-Konferenz am 30. November 1955 in Leipzig aus Anlaß des 135. Geburtstages von Friedrich Engels. Dietz-Verlag, Berlin 1957, S. 37.
[121] Reinhard Mocek: Naturwissenschaft und Philosophie in der DDR – ein Balanceakt zwischen Ideologie und Kognition, a. a. O., S. 188.
[122] Ebd., S. 191.
[123] Ebd., S. 183.

das Gefühl, etwas in der Geschichte der DDR ganz Neuartiges zu wagen. Dieser dialogische Gestus ging später auch auf die Wissenschaftsforschung über. Respekt, Vertrauen und Dialog waren die Grundlage, auf der sich große naturwissenschaftliche Akademieinstitute den vom ITW unternommenen ausgedehnten empirischen wissenschaftssoziologischen Untersuchungen öffneten und sich an ihnen als Mitakteure und Koautoren beteiligten.[124]

Elementare und unerlässliche Voraussetzung für einen sinnvollen Dialog war eine zumindest minimale gegenseitige Kenntnisnahme der jeweiligen Denk- und Arbeitsweisen. Jene Aspiranten, die mit einem Philosophiediplom an den Lehrstuhl kamen, hatten in naturwissenschaftlichen Studiengängen Vorlesungen zu hören sowie Übungen und Praktika zu absolvieren. Hier bestanden am Berliner Philosophischen Institut auch schon vor Ley gute Voraussetzungen. Der 1951 in Kraft getretene erste Studienplan Philosophie in der DDR, den eine von Georg Klaus geleitete Kommission erarbeitet hatte, sah vom zweiten bis zum vierten Studienjahr obligatorische, von Spezialisten gehaltene Vorlesungen über Grundlagen der modernen Mathematik, Physik, Astronomie, Chemie und Biologie vor.[125] Klaus Zweiling – ein Physiker, der 1922 bei Max Born promoviert hatte – hielt ab 1955 seine große, stark naturwissenschaftsbezogene Vorlesung über dialektischen Materialismus, den er als Lehrstuhlinhaber am Institut vertrat.[126] Anfang 1956 trat der Mathematiker Gerhard Schulz, zunächst als Wahrnehmungsdozent, in das Institut ein, um dort Vorlesungen und Übungen über Mathematik und mathematische Grundlagen naturwissenschaftlicher Theorien für Philosophen zu halten.[127] 1958 kam der bulgarische Physiker Asari Polikarow für zwei Jahre als Gastprofessor an das Institut.[128] Die Errichtung des Lehrstuhls für Ley erfolgte 1959 also auf einem sehr soliden Fundament. Das Institut war auf diese Neuerung vorbereitet.

---

124 Als ein Beispiel sei hier eine Sammlung von Fallstudien genannt, die Heinrich Parthey vom ITW 1983 gemeinsam mit Klaus Schreiber, damals Direktor des Akademieinstituts für Biochemie der Pflanzen in Halle (Saale), herausgab. Autoren oder Mitautoren dieser Studien waren neben Mitarbeitern des ITW prominente Wissenschaftler aus verschiedenen Fachinstituten, die Physik, physikalische Chemie, chemische Technologie, Biochemie, Molekularbiologie, Krebsforschung, Psychologie, Sprachwissenschaft, Wirtschaftswissenschaft, Soziologie und Kybernetik vertraten. – Heinrich Parthey und Klaus Schreiber (Hrsg.): Interdisziplinarität in der Forschung. Analysen und Fallstudien. Akademie-Verlag, Berlin 1983.
125 Erster Studienplan Philosophie 1951. In: Volker Gerhardt und Hans-Christoph Rauh (Hrsg.): Anfänge der DDR-Philosophie. Ansprüche, Ohnmacht, Scheitern. Ch. Links Verlag, Berlin 2001, S. 518–521.
126 Peter Ruben: Klaus Zweiling, der Lehrer. In: Volker Gerhardt und Hans-Christoph Rauh (Hrsg.): Anfänge der DDR-Philosophie. Ansprüche, Ohnmacht, Scheitern, a. a. O., S. 360–387.
127 Hubert Laitko: Denk- und Lebenswege: von Leipzig über Dresden nach Berlin. In: Karl-Friedrich Wessel, Hubert Laitko und Thomas Diesner (Hrsg.): Hermann Ley. Denker einer offenen Welt, a. a. O., S. 92–94.
128 Ebd., S. 94–95; Dimitri Ginev & Robert S. Cohen (Hrsg.): Issues and Images in the Philosophy of Science: Scientific and Philosophical Essays in Honour of Azarya Polikarow (= Boston Studies in the Philosophy of Science Bd. 192). Kluwer, Dordrecht/Boston/London 1997.

Dennoch war es nicht leicht, eine produktive Orientierung zu finden. Das Gebiet „Philosophische Probleme der Naturwissenschaft" startete zwischen Scylla und Charybdis. Das eine Extrem, die rechthaberische Intervention in den naturwissenschaftlichen Theoriegebrauch, war mit der Überwindung des Lyssenkoismus endgültig diskreditiert. Der heilsame Schock, den diese Auseinandersetzung hinterlassen hatte, konnte aber nur zu leicht zum entgegengesetzten Extrem verführen – zu einer Haltung, die die naturwissenschaftliche Theoriendynamik nur noch interpretierend zur Kenntnis nahm, sich aber aus lauter Respekt jeglicher aktiven Stellungnahme enthielt. Eine solche Haltung tat zwar niemand weh und konnte auch nicht als ideologische Bevormundung der Naturwissenschaftler angeprangert werden, aber sie brachte auch niemand Nutzen. Was konnte die Philosophie für die Naturwissenschaft leisten, ohne in das überwundene Extrem zurückzufallen? Die Antwort war die (Wieder)entdeckung der Funktion der Philosophie als heuristische Ressource des fachwissenschaftlichen Erkennens. Der in der Philosophie akkumulierte Ideenvorrat konnte als konzentrierte Mitgift der Geistesgeschichte, aber ohne jeden Anspruch auf absolute Geltung, in den Ideenpool eingebracht werden, aus dem die Bildung, Ausformung und Durchsetzung fachwissenschaftlicher Konzepte schöpft, und das möglichst von vornherein im kooperativen Diskurs zwischen Philosophen und Fachwissenschaftlern. Das Miteinander dieser beiden Gruppen in den diversen Instituten, Abteilungen und Netzwerken, die die institutionelle Basis des Gebietes „Philosophische Probleme der Naturwissenschaft" in der DDR ausmachten, gewährleistete dialogische Arbeitsweisen; der oben erwähnte Umstand, dass der überwiegende Teil der Aspiranten am Ley-Lehrstuhl aus den Fachwissenschaften kam, trug in besonderer Weise zur Überwindung von Berührungs- und Schwellenängsten bei. In den 1960er Jahren wurde diese Haltung konzeptionell ausgeformt. Herbert Hörz, der als junger, aber bereits promovierter (1960) und habilitierter (1962) Wissenschaftler den Ley-Lehrstuhl in seinen frühen Jahren wesentlich mitgestaltete, entwickelte die Idee „philosophischer Hypothesen" als heuristischer Beiträge zur Bearbeitung theoretischer Grundlagenprobleme der Naturwissenschaften.[129] Frank Fiedler und Reinhard Mocek regten an, die marxistische Philosophie zu einer wissenschaftlichen „ars inveniendi" auszubauen.[130]

Diesem Haltungswandel lag eine bewusst vorgenommene erkenntnistheoretische Differenzierung zugrunde. Der Lyssenkoismus wie die ihm verwandten Phänomene implizierten stillschweigend die Annahme, die Philosophie verfüge über einen

---

[129] Herbert Hörz: Philosophische Hypothesen und moderne Physik. In: Deutsche Zeitschrift für Philosophie 13 (1965), Sonderheft, S. 313–320.
[130] Frank Fiedler und Reinhard Mocek: Zur marxistischen Philosophie als *ars inveniendi* im System der Wissenschaften. In: Deutsche Zeitschrift für Philosophie (1964) 5, S. 612–625.

eigenen, von den Naturwissenschaften unabhängigen (und ihnen gegenüber sogar privilegierten) kognitiven Zugang zur Naturwirklichkeit, der ihr ein Wissen verschaffen würde, in dessen Besitz sie als Richterin über naturwissenschaftliche Hypothesen und Theorien auftreten könnte. Tatsächlich war die Philosophie über viele Jahrhunderte ein Ort, an dem positives Wissen über die Beschaffenheit der Natur im Ganzen oder bestimmter ihrer Bereiche artikuliert wurde. Das war so lange legitim und unausweichlich, wie die betreffenden Gebiete der Naturerkenntnis nicht in Gestalt selbständiger Disziplinen oder zumindest Protodisziplinen ausdifferenziert waren. War aber diese Ausdifferenzierung einmal erfolgt, so verlor dieser zuvor berechtigte Anspruch der Philosophie unumkehrbar seine Legitimität und wurde zu einem prämodernen Relikt. Das wurde denen, die in der DDR wissenschaftsbezogen philosophierten, im Laufe der 1950er Jahre klar bewusst; die Überzeugung, dass die Naturphilosophie alten Stils obsolet ist und nicht wiederbelebt werden darf, gehörte zu den Essentials des Ley-Lehrstuhls; das mag zu der Abneigung beigetragen haben, den Terminus „Naturphilosophie" anders als in historischen Bezügen zu gebrauchen. Wissenschaftliches Wissen über die Natur ist, davon war man überzeugt, in unserer Zeit nicht anders als durch die Naturwissenschaften zu gewinnen, die über die dafür notwendige Ausstattung verfügen.

Nur wenige Wochen nach der Verpflichtung Leys auf den Berliner Lehrstuhl fand vom 8. bis 11. Oktober 1959 in Leipzig anlässlich der 550-Jahr-Feier der dortigen Karl-Marx-Universität ein internationales Symposium zum Thema *Naturwissenschaft und Philosophie* statt. Der Physiker und Wissenschaftshistoriker Gerhard Harig, Direktor des zu dieser Universität gehörenden Karl-Sudhoff-Instituts für Geschichte der Naturwissenschaften und der Medizin, hatte es organisiert und zusammen mit dem Philosophen Josef Schleifstein geleitet. Es war die überhaupt erste Veranstaltung dieser Art in der DDR, und sie führte vor Augen, dass die Thematik, der der Berliner Lehrstuhl galt, auch andernorts verfolgt wurde. Leipzig wäre nach Tradition und Umfeld ein nicht weniger geeigneter Standort für den Lehrstuhl und die mit ihm verbundene Doktorandenausbildung gewesen als Berlin. Vom Berliner Lehrstuhl nahmen in Leipzig als Vortragende Hermann Ley selbst, Herbert Hörz und Gerd Pawelzig teil; auch den bulgarischen Physiker-Philosophen Azari Polikarow, der zu dieser Zeit am Philosophischen Institut der Humboldt-Universität eine Gastprofessur innehatte, kann man dazu rechnen.

Vor allem aber war bemerkenswert, dass sich unter den Referenten so viele Naturwissenschaftler aus der DDR befanden; besonders die Physiker waren mit Gerhard Heber, Wilhelm Macke, Johannes Picht, Ernst Schmutzer, Martin Strauss und Armin Uhlmann massiv vertreten. Hier war das Anliegen, für das der Ley-Lehrstuhl stand, schon prototypisch realisiert: der qualifizierte Dialog von Naturwissenschaftlern und Philosophen auf Augenhöhe. Schleifstein bezeichnete es in seinem Schlusswort als besonders wichtig, „daß hier ältere und jüngere Naturwissenschaftler, ältere und jüngere Philosophen aufgetreten sind, die mit Verständnis der anderen Seite [...], also mit Verständnis für die Philosophie des dialektischen Materialismus, beziehungsweise mit ernstzunehmenden Sachkenntnissen auf den entsprechenden Gebieten der Naturwissenschaften diskutiert haben und damit auch gezeigt haben, daß die Voraussetzungen bei uns heranwachsen, die eine Zusammenarbeit zwischen beiden erst wirklich fruchtbar gestalten können"[131]. Die in Berlin eingerichtete Aspirantur wurde als wichtiger Schritt auf dem Weg zur Verwirklichung dieses Anliegens gekennzeichnet.[132]

Nach Einschätzung Moceks bezeugte dieses Symposium die gewonnene Einsicht, dass der kognitive Einsatz bei der gemeinsamen Bearbeitung philosophischer Probleme des naturwissenschaftlichen Erkennens „höher wiegt als die bislang favorisierte weltanschaulich-ideologische Erziehungsarbeit, die man an den Naturwissenschaftlern vornehmen zu müssen glaubte".[133] Einen besonderen Akzent gewann das Symposium dadurch, dass es sich der Nobelpreisträger Max von Laue nicht nehmen ließ, aus Westberlin einen Beitrag beizusteuern[134], den Friedrich Herneck verlas, da der Autor zu dieser Zeit seinen 80. Geburtstag beging – wozu ihm die Anwesenden ihre Glückwünsche übermittelten – und deshalb nicht persönlich teilnehmen konnte. So war sein Beitrag ein weit in die Zukunft weisendes Zeichen dafür, dass das Feld der Wissenschaftsreflexion, zu dem die Philosophie der Naturwissenschaft gehört, für einen sachlichen lagerübergreifenden Dialog disponiert ist.

Während die Gegenstände der Naturwissenschaften nicht zugleich auch solche der Philosophie sein können, bilden die Natur*wissenschaften* selbst – in ihrem Verhältnis zu der von ihnen erforschten Natur *und* im Verhältnis zum Ganzen der Gesellschaft, deren Teil sie sind – einen Gegenstand sui generis, dessen Behandlung auf einer reflexiven Ebene angesiedelt ist. Traditionell ist hier primär die Philosophie zuständig, sofern man das Verhältnis von Mensch und Welt als den eigentlichen Gegenstand der Philosophie und die unterschiedlichen Aspekte oder Dimensionen des Mensch-Welt-Verhältnisses als Domänen der philosophischen Spezialgebiete oder

---

[131] Josef Schleifstein: Schlusswort auf dem internationalen Symposium. In: Gerhard Harig und Josef Schleifstein (Hrsg.): Naturwissenschaft und Philosophie. Beiträge zum internationalen Symposium über Naturwissenschaft und Philosophie anlässlich der 550-Jahr-Feier der Karl-Marx-Universität Leipzig. Akademie-Verlag, Berlin 1960, S. 431–437, hier S. 432.
[132] Ebd., S. 436.
[133] Reinhard Mocek: Naturwissenschaft und Philosophie in der DDR – ein Balanceakt zwischen Ideologie und Kognition, a.a.O., S. 107.
[134] Max von Laue: Erkenntnistheorie und Relativitätstheorie. In: Gerhard Harig und Josef Schleifstein (Hrsg.): Naturwissenschaft und Philosophie. Beiträge zum internationalen Symposium über Naturwissenschaft und Philosophie anlässlich der 550-Jahr-Feier der Karl-Marx-Universität Leipzig, a.a.O., S. 61–69; s.a.: Physikalische Blätter (1961) 4, S. 153–159.

Subdisziplinen ansieht – denn das Ensemble der Verhältnisse, in denen sich die Naturwissenschaften bewegen, ist auch ein Aspekt dieses umfassenden Gegenstandes. Mocek hat die Termini „Naturphilosophie" und „Philosophische Probleme der Naturwissenschaft" wiederholt synonym gebraucht und dabei für den ersteren – weil er „griffiger" ist – eine gewisse Präferenz bekundet.[135] Demgegenüber würde ich vorschlagen, die beiden Termini auseinander zu halten, weil sich damit eine wichtige begriffliche Differenzierung ausdrücken lässt. Das Verhältnis des Menschen zur Natur ist stets nur partiell wissenschaftsvermittelt. Nur mit diesem Teilverhältnis haben es die Philosophischen Probleme der Naturwissenschaft zu tun und machen damit lediglich ein Moment des umfassenderen Komplexes aus, der in der Naturphilosophie behandelt werden müsste. Eine so aufgefasste Naturphilosophie aber war in der DDR nur rudimentär entwickelt, aus Gründen, die in der dort dominierenden Lesart der marxistischen Philosophie und ihrer inneren Systematik zu suchen sind. Mocek diskutiert die dafür maßgebenden philosophie- und ideologiegeschichtlichen Zusammenhänge näher; die für diese Systematik kennzeichnende „faktische Abwertung des Naturbegriffs" gegenüber der Kategorie Materie hat nach seiner Einschätzung eine „eigenständige marxistische Philosophie der Natur" verhindert.[136] Damit blieb auch die kontextuelle Einbettung des Gebietes „Philosophische Probleme der Naturwissenschaft" fragmentarisch, obwohl sich das Gebiet selbst mit hoher Intensität entwickelte. Seine Ausformung zu einem Spezialgebiet mit deutlichen Konturen war ein wichtiges Ergebnis der 1960er Jahre.[137]

Der Übergang vom Philosophieren über die Natur zum Philosophieren über die Naturwissenschaft und das in ihr und durch sie realisierte Naturverhältnis bildete eine entscheidende kognitive Voraussetzung für die Wissenschaftsforschung – jedenfalls für jenen Weg ihrer Herausbildung, der in der DDR beschritten wurde. Solange das ITW bestand und seinen laufenden Arbeiten nachging, war dieser Zusammenhang indes kaum bewusst. Erst die Retrospektive lässt ihn hervortreten. Von Anfang an offenkundig war hingegen, dass die Leitungs-, Planungs- und Organisationsprobleme, die das unmittelbare Bedürfnis nach Wissenschaftsforschung erzeugten, in erster Linie in den Naturwissenschaften ausgemacht wurden. Es war allerdings ein Bedürfnis nach praktikablen Lösungen, die nur als Ergebnis anwendungsorientierter Arbeiten zu erwarten waren. Um jenes Wissen, das auf seine Anwendbarkeit befragt

---

135 Reinhard Mocek: Naturwissenschaft und Philosophie in der DDR – ein Balanceakt zwischen Ideologie und Kognition, a. a. O., S. 181.
136 Reinhard Mocek: Zum marxistischen Naturverständnis in den 60er Jahren. In: Hans-Christoph Rauh und Peter Ruben (Hrsg.): Denkversuche. DDR-Philosophie in den 60er Jahren, a. a. O., S. 133–156, hier S. 135.
137 Hubert Laitko: Zum Standort der Disziplin Philosophische Probleme der Naturwissenschaft in der marxistischen Philosophie. In: Deutsche Zeitschrift für Philosophie (1965) 3, S. 343–356.

werden konnte, systematisch zu erzeugen, waren die Mühen der Etablierung einer neuen Forschungsrichtung und damit einer dem Profil dieser Richtung angemessenen Gegenstandskonstitution nicht zu umgehen. Der Rahmen dafür war in erster Näherung in dem Gebiet „Philosophische Probleme der Naturwissenschaft" präformiert. Der Übergang von hier in die eigentliche Domäne der Wissenschaftsforschung erfolgte dann, wenn das Subjekt des naturwissenschaftlichen Erkennens, das in erkenntnistheoretischen Betrachtungen und methodologischen Untersuchungen gewöhnlich als idealisiertes Monosubjekt auftrat, konzeptionell in empirisch beobachtbare interagierende Individuen, Gruppen und Institutionen aufgelöst wurde.

1961

Für das Jahr 1961 rückt das historische Gedächtnis, eingestellt auf die heute gültigen Präferenzen der Geschichtsbetrachtung, mit weitem Abstand das Ereignis des Mauerbaus in den Vordergrund – als in Abstimmung mit der sowjetischen Vormacht vollzogenen und von den Westmächten (unter Protest) hingenommenen Verzweiflungsschritt der DDR-Führung, um den Bevölkerungsverlust an den im Konsumglanz des „Wirtschaftswunders" lockenden westdeutschen Staat zu stoppen. Dabei wird leicht übersehen, dass zugleich dennoch das alltägliche, unspektakuläre wissenschaftliche Leben weiterging. Zu dieser wissenschaftlichen Normalität gehörte das Erscheinen einer deutschen Ausgabe von Bernals *Science in History* im VEB Deutscher Verlag der Wissenschaften.[138] Diese Übersetzung war von außergewöhnlicher wissenschaftlicher und sprachlicher Qualität; besorgt hatte sie der Mathematiker Ludwig Boll, Cheflektor für Mathematik und Naturwissenschaften in diesem Verlag. Das Gewicht, das diese Edition für die folgende Entwicklung der Wissenschaftsforschung hatte, kann man kaum hoch genug veranschlagen. In dieser Zeit war die Nutzung englischsprachiger Originalliteratur im Wissenschaftsbetrieb noch nicht sehr ausgeprägt, auch nicht in der Bundesrepublik; um größeren Einfluss in der wissenschaftlichen Öffentlichkeit auszuüben, durfte ein Buch nicht auf Englisch oder Russisch, sondern musste auf Deutsch vorliegen.

Bolls meisterhafte Übersetzung öffnete Bernals Werk den Weg zur Rezeption in Deutschland – nicht nur in der DDR, sondern auch in der Bundesrepublik, denn eine parallele Ausgabe erschien gleichzeitig in Darmstadt.[139] In der DDR war Bernal als Autor kein Unbekannter. Der Dietz-Verlag hatte in den frühen Fünfzigern zwei Broschüren aus seiner Feder veröffentlicht, die eine gemeinsam mit Maurice Cornforth

---

138 John D. Bernal: Die Wissenschaft in der Geschichte, a. a. O.
139 John D. Bernal: Die Wissenschaft in der Geschichte. Progress-Verlag, Darmstadt 1961.

verfasst[140], die andere als Beitrag zum Karl-Marx-Jahr 1953.[141] Besonders zu erwähnen ist die deutsche Ausgabe seines Buches *World Without War*[142], einer Streitschrift monographischen Charakters, die vor dem Hintergrund der akuten Gefahr eines nuklearen Krieges zwischen den beiden Lagern die Vision einer Welt skizzierte, in der die Kriegsgefahr zuverlässig gebannt war. Die deutsche Übersetzung dieses Buches erschien 1960[143] und damit ein Jahr vor der deutschen Ausgabe von *Science in History*. Die letztere wurde aber nach der zweiten englischen Auflage angefertigt, und die war abgeschlossen, bevor Bernal mit der Arbeit an *World Without War* begonnen hatte. Daraus ergab sich eine gewisse Komplikation, auf die Bernal in seinem Vorwort zu *Die Wissenschaft in der Geschichte* Bezug nahm: „Aus verschiedenen Gründen kann diese deutsche Übersetzung von *Science in History* erst einige Zeit nach der zweiten englischen Auflage erscheinen. Diese Verzögerung hätte eigentlich bei einem Thema, das die zeitgenössische Wissenschaft in ihrer Beziehung zur Gesellschaft behandelt, einige Änderungen nach sich ziehen müssen. Glücklicherweise konnte dieser Mangel zu einem großen Teil in meinem neuen Buch *World Without War*, das schon unter dem Titel *Welt ohne Krieg* in deutscher Übersetzung erschienen ist, behoben werden. Das Hauptthema beider Bücher ist dies: Es ist notwendig, das atomare Wettrüsten zu beenden, wenn die Zivilisation überleben soll; das sollte zu vollständiger Abrüstung führen."[144]

Bernal wünschte also ausdrücklich, dass beide Bücher im Zusammenhang betrachtet werden sollten. Allerdings wurde *Welt ohne Krieg* kaum als ein Plädoyer für die Wissenschaftsforschung aufgefasst, und dieses Buch war es auch nicht im eigentlichen Sinne, obwohl in den beiden Kapiteln „Die Förderung der Wissenschaft"[145] und „Ausbildung und Forschung für eine neue Welt"[146] näher auf die Stellung der Wissenschaft in der modernen Gesellschaft eingegangen wurde. Sein Verdienst in dieser Hinsicht bestand eher in seinem Beitrag, ein breites Publikum für die Idee der Unentbehrlichkeit der Wissenschaft in der gegenwärtigen und erst recht in der künftigen Gesellschaft zu sensibilisieren. Hier sah er den *point of no return* erreicht und überschritten: „Unser Leben und unser Lebensunterhalt hängen bereits in einem solchen Grade von Wissenschaft und Technik ab, daß es für Hunderte Millionen Menschen den Tod und für viele weitere eine Senkung des Lebensstandards bedeuten würde,

---

140 John D. Bernal und Maurice Cornforth: Die Wissenschaft im Kampf um Frieden und Sozialismus. Dietz-Verlag, Berlin 1950.
141 John D. Bernal: Marx und die Wissenschaft. Dietz-Verlag, Berlin 1953.
142 John D. Bernal: World Without War. Routledge & Kegan Paul, London 1958.
143 John D. Bernal: Welt ohne Krieg. VEB Deutscher Verlag der Wissenschaften, Berlin 1960.
144 John D. Bernal: Die Wissenschaft in der Geschichte, a.a.O., S. XV.
145 John D. Bernal: Welt ohne Krieg, a.a.O., S. 142–177.
146 Ebd., S. 298–341.

wenn etwas geschähe, was den Fluß der wissenschaftlichen Ausbildung und Forschung unterbräche."[147] In diesem Zusammenhang plädierte er eindringlich für die Wertschätzung der Grundlagenforschung; diese sei, mit einer biologischen Metapher ausgedrückt, „für die *Vegetationspunkte* des sozialen Organismus verantwortlich".[148] Nur damit bewahren die Wissenschaft und die menschliche Gesellschaft insgesamt ihre Fähigkeit zur permanenten Selbsterneuerung. Wer die Wissenschaft zur bloßen Magd der Industrie machen wollte, konnte sich nicht auf Bernal berufen.

Der in einer Fußnote in der zweiten Auflage von *Science in History* verwendete Terminus „wissenschaftlich-technische Revolution"[149] tauchte hier nicht wieder auf. Vielmehr verwendete Bernal die Bezeichnung „zweite industrielle Revolution", um den integralen Effekt der Wissenschaft auf die moderne Gesellschaft auszudrücken, und bemerkte, „daß wir am Vorabend der zweiten industriellen Revolution stehen, die viel bewußter, viel wissenschaftlicher und viel hoffnungsvoller für die Menschen sein wird als die erste industrielle Revolution des 18. Jahrhunderts"[150]. Er hatte also 1957 den Terminus „wissenschaftlich-technische Revolution" probeweise, ad hoc verwendet, ohne ihm schon kategoriale Bedeutung beizumessen. In den folgenden Jahren änderte sich das aber. Bernal setzte die Arbeit an *Science in History* weiter fort und brachte 1965 eine stark revidierte und vor allem wesentlich erweiterte Neuauflage heraus.[151] Für eine Neuedition 1969 wurde das Werk schließlich in vier Bände gegliedert.[152] Während die erste englische Ausgabe 867 Seiten hatte, war die vierbändige Edition auf 1328 Seiten angewachsen[153] Boll übertrug alle Änderungen ins Deutsche; die dritte Auflage erschien 1967 in seinem Verlag in Ostberlin[154], die vierbändige Ausgabe wurde auf Deutsch 1970 in der Reihe der Rowohlt-Taschenbücher ediert.[155] Die vierbändige Rowohlt-Ausgabe erhielt – aus nicht nachvollziehbaren Gründen – den Titel *Sozialgeschichte der Wissenschaften*, der die Intentionen des Autors nicht genau trifft; Bernal wollte nicht nur die Entwicklung der Wissenschaft in sozialen Zusammenhängen, sondern zugleich auch die gesamtgesellschaftliche Rolle der Wissenschaft als eine immer wichtigere Triebkraft der Weltgeschichte hervorheben.

---

147 Ebd., S. 299.
148 Ebd., S. 146.
149 John D. Bernal: Die Wissenschaft in der Geschichte, a.a.O., S. 903.
150 John D. Bernal: Welt ohne Krieg, a.a.O., S. 474.
151 John D. Bernal: Science in History. C. A. Watts & Co. Ltd, London 1965.
152 John D. Bernal: Science in History. 4 vols. [new edition], Penguin, Harmondsworth 1969.
153 Andrew Brown: J. D. Bernal. The Sage of Science. Oxford University Press, Oxford 2007, S. 366.
154 John D. Bernal: Die Wissenschaft in der Geschichte. VEB Deutscher Verlag der Wissenschaften, Berlin 1967.
155 John D. Bernal: Sozialgeschichte der Wissenschaften. 4 Bde., Rowohlt, Reinbek b. Hamburg 1970.

Spätestens Mitte der 1960er Jahre begann er, seine zunächst nur beiläufige Prägung „wissenschaftlich-technische Revolution" systematisch und in kategorialer Bedeutung zu gebrauchen. Nachdem er festgestellt hatte, dass die jüngsten Entwicklungen weitaus größere Änderungen am Text von *Science in History* notwendig gemacht hätten, als zwischen der ersten und der zweiten Auflage erforderlich gewesen seien, schrieb er im Vorwort zur dritten Auflage: „Die wissenschaftlich-technische Revolution, die sich bereits in den dreißiger Jahren abzuzeichnen begann, wird nun auch außerhalb der Welt der Wissenschaft, besonders in der Politik, als beherrschender Wesenszug unserer Zeit erkannt. Die Wissenschaft ist jetzt, was sie in früheren Jahrhunderten bestimmt nicht war, eine Notwendigkeit für das bloße Überleben der Menschheit und zugleich der größte Schritt vorwärts, den sie je zu gehen hatte."[156]

Von hier aus drang der Begriff auch in den Sprachgebrauch des östlichen Lagers ein. Alice Teichová und Mikuláš Teich bemerken mit aller Selbstverständlichkeit, dass Radovan Richta diesen Begriff von Bernal rezipiert hätte, und geben einem Abschnitt ihrer rückblickenden Betrachtung zum „Prager Frühling" die Überschrift *John Desmond Bernal: Die wissenschaftlich-technische Revolution und die Richta-Studie*.[157] Richtas Buch *Zivilisation am Scheideweg* (1966), in dem der Begriff der wissenschaftlich-technischen Revolution systematisch expliziert wurde, gehörte zu den wichtigsten theoretischen Texten im Vorfeld des „Prager Frühlings"[158], und er erläuterte seine Überlegungen 1967 auch in der DDR.[159] Die Anregungen, die von Bernal auf die Arbeiten Richtas ausgingen, datieren jedoch schon mehrere Jahre früher. Der Prager Wissenschaftsforscher Karel Müller diskutiert die Rezeption der Ideen Bernals in der Tschechoslowakei[160] und verweist dabei auf das internationale Symposium über Planung in der Wissenschaft, das 1959 in Prag stattfand[161] und an dem auch Bernal

---

156 Ebd., Bd. 1, S. 16–17.
157 Alice Teichová und Mikuláš Teich: Gedanken über den „Prager Frühling" 1968. In: Oliver Ratkolb und Friedrich Stadler (Hrsg.): Das Jahr 1968 – Ereignis, Symbol, Chiffre. V&R unipress, Göttingen 2010, S. 75–84, hier S. 79 ff.
158 Radovan Richta: Civilizace na rozcestí. Společenské a lidské souvislosti vědecko-technické revoluce. Svoboda, Praha 1966.
159 Radovan Richta: Sozialismus und wissenschaftlich-technische Revolution. In: Kurt Teßmann und Heinrich Vogel (Hrsg.): Die Struktur der Technik und ihre Stellung im sozialen Prozeß. Protokoll einer Konferenz der Abteilung „Philosophische Probleme der Naturwissenschaften und der Technikwissenschaften" des Instituts für Marxismus-Leninismus am 4. und 5. Juli 1967. Universität Rostock (= Rostocker Philosophische Manuskripte H. 5): Rostock 1967, S. 135–150.
160 Karel Müller: The Social Function of Science and Social Goals for Science – Bernal's Ideas after Fifty Years. In: Helmut Steiner (Hrsg.): 1939. J. D. Bernal's The Social Function of Science, a. a. O., S. 375–391, hier S. 380–383.
161 O plánování ve vědě. Práce: Praha 1960; Doubravka Olšaková: Československá věda a centrální model plánování v letech 1946–1960. In: Dějiny věd a techniky 45 (2012) 3, S. 167–181; Doubravka Olšaková & Tomáš Herrmann: Plánování socialistické vědy: dokumenty z roku 1960 ke stavu a rozvoji přírodních a technických věd v Československu. Mervart: Černý Kostelec 2013.

teilnahm. Dieses Symposium führte dazu, dass an der Tschechoslowakischen Akademie der Wissenschaften ein Institut für Wissenschaftsplanung und ein von Richta geleitetes interdisziplinäres Team gegründet wurde, das sich mit den sozialen Zusammenhängen der wissenschaftlich-technischen Revolution beschäftigen sollte.

Auch von der Wissenschaft von der Wissenschaft als aktuellem Desiderat war in der dritten Auflage von *The Social Function of Science* direkt die Rede. Ein kurzer Abschnitt gegen Ende des Werkes trug nun die Überschrift *Einer Wissenschaft von der Wissenschaft entgegen*[162], und im Vorwort hieß es: „Unser heutiges Wissen ist jedoch in keinem Sinne absolut, ganz im Gegenteil. Wir wissen jetzt besser, was wir nicht wissen. Das ist jedoch kein Ausdruck von Skeptizismus, sondern ein Aktionsprogramm. Die provisorische Natur der Wissenschaft trat nie klarer zutage. Wir haben zur selben Zeit zu lernen, wie wir vernünftig handeln, obwohl wir uns unseres Nichtwissens bewusst sind. Das erfordert die Schaffung eines ganz neuen umfassenden Zweiges der Wissenschaft, einer echten Wissenschaft von der Wissenschaft..."[163] Diese Argumentation ist bemerkenswert: Bernal begründet hier die Forderung nach einer Wissenschaft von der Wissenschaft nicht einfach mit der Größenordnung des modernen Wissenschaftsbetriebes („big science"), sondern mit der Notwendigkeit, sich auf den ununterbrochenen Wandel der Wissenschaft, ihren „provisorischen Charakter" einzustellen.

Über die Frage, wie die so folgenreiche deutsche Übersetzung von *Science in History* eigentlich zustande gekommen ist, kann man einstweilen nur plausible Vermutungen anstellen; eine historische Recherche dazu ist meines Wissens bisher nicht unternommen worden. Der Mathematiker Ludwig Boll, der exzellente Übersetzer dieses Werkes, hatte 1952 die Kristallphysikerin Katharina (Käthe) Boll-Dornberger geheiratet, die 1946 aus der englischen Emigration nach Deutschland zurückgekehrt war. 1937 hatte die junge Physikerin aus dem präfaschistischen Österreich, in dem sie als Jüdin und Kommunistin doppelt gefährdet war, nach England fliehen müssen. Dort wurde sie von mehreren namhaften Gelehrten unterstützt. Für ihren weiteren wissenschaftlichen Weg entscheidend wurde ihre Begegnung mit Bernal, in dessen Labor sie längere Zeit arbeiten und sich die Methoden der Röntgenkristallstrukturanalyse aneignen konnte, die zu ihrem Spezialgebiet wurde. Auf diesem Gebiet wurde sie ab 1948 in Berlin tätig, als Forscherin an der DAW und als Hochschullehrerin an der Humboldt-Universität. Zunächst baute sie am Akademieinstitut für Medizin und Biologie eine Gruppe für Kristallstrukturanalyse hochmolekularer Verbindungen auf, strebte aber schon bald nach der Errichtung eines eigenen Instituts. 1951 unterbreitete sie der Leitung der DAW einen Vorschlag für die Errichtung

---

162 John D. Bernal: Sozialgeschichte der Wissenschaften, a. a. O., Bd. 4, S. 1190–1192.
163 Ebd., Bd. 1, S. 19.

eines Instituts für Kristallstrukturforschung, wobei sie sich ausdrücklich auf Bernal berief.[164] Dieser Vorschlag wurde aufgegriffen, aber verzögert realisiert. 1955 wurde ihr zunächst die Leitung einer Arbeitsstelle für Kristallstrukturanalyse übertragen, und 1958 wurde daraus das Akademieinstitut für Strukturforschung. Sie war die erste Frau an der Spitze eines Instituts der DAW.[165] Bernal blieb mit ihr in Verbindung. Er erhielt 1959 das Ehrendoktorat der Humboldt-Universität, sprach 1962 auf einem anlässlich der Einweihung eines neuen Gebäudes für das Institut für Strukturforschung veranstalteten Symposium und wurde im selben Jahr zum Korrespondierenden Mitglied der DAW gewählt.[166] Über diese Verbindung könnte das Übersetzungsprojekt in die Wege geleitet worden sein.

Die Bernal-Rezeption wurde vom Mauerbau überschattet, aber keineswegs entwertet. Im Gegenteil: Durch die unregelmäßig verlaufende, nicht voraussehbare Westmigration von für jedes ökonomische Kalkül ins Gewicht fallenden Anteilen der arbeitsfähigen Bevölkerung war Arbeitskraft sowohl quantitativ als auch qualitativ (hinsichtlich des Fächers der verfügbaren Qualifikationen und ihrer territorialen Verteilung) in der DDR zu einem so knappen Gut geworden, dass es ausgeschlossen war, irgendwelche perspektivischen Entwürfe der Wirtschaftsentwicklung noch auf vermehrten Einsatz von Arbeitskräften zu gründen. Die Wirtschaftsplanung sah sich gebieterisch auf den Weg technischer Innovationen und damit auf die Wissenschaft verwiesen. „Wissenschaftsorganisation", ein schon vorher zirkulierender Begriff, avancierte zur Zauberformel, und damit war Wissen gefragt, auf das sich erfolgreiche Wissenschaftsorganisation stützen konnte. Andererseits schien es überhaupt erstmals möglich, mit dem vorhandenen und an der Abwanderung gehinderten Arbeitskräftepotenzial realistisch zu planen. Im weiteren Verlauf der 1960er Jahre wurde die Wissenschaftsforschung vom interessanten Gedankenspiel, das sie für ihre Protagonisten natürlich immer auch blieb, mehr und mehr zu einer (wirklichen oder vorgestellten) Überlebensnotwendigkeit des Gesellschaftssystems.

Um den mit großen Erwartungen befrachteten, teils geradezu euphorischen Tenor der Wissenschaftsdebatten jener Zeit in der DDR richtig einzuschätzen, muss man die Widersprüchlichkeit der Situation im Auge behalten. Die Abriegelung der Staatsgrenze war – darüber konnte sich niemand ernsthaft täuschen – natürlich ein

---

164 Vorschlag für die Entwicklung eines Instituts für Kristallstrukturforschung der Deutschen Akademie der Wissenschaften zu Berlin vom 4. November 1951. In: WITEGA (Hrsg.): Wissenschaftshistorische Adlershofer Splitter 1. Berlin 1996, S. 42–47.
165 Wolfgang Schirmer: Gedenkrede für Frau Katharina Boll-Dornberger. In: WITEGA (Hrsg.), Wissenschaftshistorische Adlershofer Splitter 1, a. a. O., S. 59–67.
166 Helmut Steiner: Wissenschaft für die Gesellschaft. Leben und Werk/Wirken des Enzyklopädisten John Desmond Bernal in der ersten Hälfte des 21. Jahrhunderts. In: Hubert Laitko und Andreas Trunschke (Hrsg.): Mit der Wissenschaft in die Zukunft. Nachlese zu John Desmond Bernal. Rosa-Luxemburg-Stiftung Brandenburg, Potsdam 2003, S. 9–62, hier S. 36, 57.

Krisen- und Schwächesymptom. Zugleich aber demonstrierte die Sowjetunion unerwartete Stärke. Gerade im Jahr des Mauerbaus gelang es ihr, mit dem ersten bemannten Weltraumflug den Sputnik-Schock noch einmal zu verstärken. Jurij A. Gagarins Erdumrundung mit Wostok 1 am 12. April 1961 erschütterte die westliche Selbstsicherheit bis ins Mark. US-Präsident John F. Kennedy sah sich jetzt veranlasst, in einer Rede am 25. Mai 1961 zu einer technologischen Aufholjagd unter Aufbietung aller Kräfte aufzurufen und zu versprechen, dass die USA noch vor Ablauf des Jahrzehnts einen Menschen auf dem Mond landen und sicher zur Erde zurückbringen würden.[167] Tatsächlich behielt Kennedy recht: Das Apollo-Programm wurde ein Erfolg, und als am 20. Juli 1969 Neil Armstrong mit Apollo 11 auf dem Mond landete, hatten die USA im Duell der Weltraummächte wieder sichtbar die Führung übernommen. Aber bis dahin wirkte der Sputnik- und Gagarin-Schock unvermindert. Asif A. Siddiqi, NASA-Fachmann für Geschichte der Weltraumforschung, beschreibt das mit drastischen Worten: „After the launch of Sputnik in October 4, 1957, in the public image, the Soviet Union moved from being a nation of obsolete agricultural machines to a great technological superpower. Gagarin's flight less than four years later eliminated any remaining doubts about Soviet prowess in space exploration. In both cases, the Americans had legged behind badly. These two pivotal achievements led eventually to the race to the Moon – a race of epic proportions that culminated in the Apollo landing in 1969".[168] Wer in der DDR in den Sechzigern über die Chancen der wissenschaftlich-technischen Revolution im Systemwettstreit reflektierte, hatte das Gagarin-Exempel im Hinterkopf.

1965

Von den wissenschaftlichen Ereignissen des Jahres 1965 in der DDR, die in Richtung Wissenschaftsforschung wiesen, sollen hier zwei herausgegriffen werden, die zufällig kurz nacheinander stattfanden: die Rostocker Tagung *Struktur und Funktion der experimentellen Methode* am 3. und 4. März[169] und der Kongress *Die marxistisch-leninistische Philosophie und die technische Revolution* vom 22. bis 24. April in Berlin.[170] Die erstge-

---

167 https://en.wikipedia.org/wiki/We_choose_to_go_to_the_moon [Zugriff 28.2.2016].
168 Asif A. Siddiqi: Challenge to Apollo: The Soviet Union and the space race, 1945–1974. https://history.nasa.gov/SP-4408pt1.pdf [Zugriff 28.2.2016].
169 Heinrich Parthey, Heinrich Vogel, Wolfgang Wächter und Dietrich Wahl (Hrsg.): Struktur und Funktion der experimentellen Methode. Rostocker Philosophische Manuskripte. Zweites Heft. Universität Rostock 1965.
170 Die marxistisch-leninistische Philosophie und die technische Revolution. Materialien des philosophischen Kongresses vom 22.–24.4.1965 in Berlin. Deutsche Zeitschrift für Philosophie 13 (1965), Sonderheft.

nannte Tagung war an einer kleinen Universität zu einem relativ speziellen Thema einberufen worden, die zweite Veranstaltung war der hochoffizielle Philosophiekongress der DDR mit einem entsprechend weit gefächerten Allround-Programm. Beide markierten gedankliche Aufbrüche, und zusammengenommen zeigten sie die Konvergenz zweier Linien an, die der Etablierung der Wissenschaftsforschung vorausgingen: der Konzeptualisierung der Forschungstätigkeit in methodologischer (methodentheoretischer) Sicht und der sukzessiven Erfassung der gesellschaftlichen Konsequenzen, die die zunehmend erschlossene Produktivkraftfunktion der Wissenschaft auslöste.

Wer heute – mit den stillschweigend akzeptierten Normen der geltenden „political correctness" im Hinterkopf – auf die DDR-Geschichte zurückschaut, wird mit dem Jahr 1965 wahrscheinlich weder das eine noch das andere der beiden genannten Ereignisse assoziieren, sondern weit eher das 11. Plenum des ZK der SED im Dezember. Diese Veranstaltung hatte freilich nichts mit geistigen Aufbrüchen zu tun, sondern, im Gegenteil, mit Einengung und Repression und ging als „Kahlschlagplenum" in die Geschichte ein. Vor allen kritische Schriftsteller, Musiker und Filmschaffende sollten damit diszipliniert werden, diverse Filme, Bücher und Theaterstücke wurden in der Konsequenz dieser Plenartagung verboten.[171]

Der unübersehbare Kontrast zwischen wissenschaftlichem Aufbruch und anti-intellektuellem Exzess macht es außerordentlich schwierig, die geistige Situation in der DDR des Jahres 1965 angemessen zu beurteilen. Die Versuchung, ein einseitiges Bild zu zeichnen, ist hier besonders groß. Statt zu glätten, was nicht miteinander harmoniert, sollte mit der realen Widersprüchlichkeit der Verhältnisse gerechnet werden. Werner Mittenzwei stellte in seinem Buch *Die Intellektuellen* den Abschnitt, der das 11. Plenum behandelt, unter die Überschrift „Das Verwirrspiel zwischen Ökonomie und Kunst". Dahinter stand eine, wie er es ausdrückte, „Frontenbildung in der SED-Führung", ausgelöst durch die strikte Ablehnung, die das unter dem Stichwort „Neues ökonomisches System" (NÖS) 1962 eingeleitete Projekt einer komplexen Wirtschaftsreform in der DDR[172] seit dem im Oktober 1964 erfolgten Übergang von Nikita S. Chruschtschow zu Leonid I. Breshnew an der Spitze der KPdSU nunmehr von

---

[171] Günter Agde (Hrsg.): Kahlschlag. Das 11. Plenum des ZK der SED. Studien und Dokumente. Aufbau Taschenbuch-Verlag, Berlin 1991; Gunnar Decker: 1965. Der kurze Sommer der DDR. Carl Hanser Verlag, München 2015; Andreas Kötzing und Ralf Schenk: Verbotene Utopie. Die SED, die DEFA und das 11. Plenum. Bertz + Fischer, Berlin 2015.

[172] Claus Krömke: Das „neue ökonomische System der Planung und Leitung der Volkswirtschaft" und die Wandlungen des Günter Mittag. hefte zur ddr-geschichte 37. Helle Panke, Berlin 1996; Norbert Podewin: Walter Ulbrichts späte Reformen und ihre Gegner. hefte zur ddr-geschichte 59. Helle Panke, Berlin 1999; Ekkehard Lieberam (Hrsg.): Ulbrichts Reformen: das Neue Ökonomische System – eine verpasste Chance der DDR? edition ost, Berlin 2013; André Steiner: Die DDR-Wirtschaftsreform der sechziger Jahre: Konflikt zwischen Effizienz und Machtkalkül. Akademie Verlag, Berlin 1999.

sowjetischer Seite erfuhr.[173] Latent war diese Polarisierung zwischen risikobewussten Befürwortern und orthodoxen Gegnern der Wirtschaftsreform von Anfang an vorhanden, aber in der veränderten außenpolitischen Situation kristallisierte sie aus und gewann klare personelle Konturen. In holzschnittartiger Zuspitzung ausgedrückt: Walter Ulbricht als politischer Schirmherr der Reformer geriet in die Defensive, Erich Honecker als Haupt der orthodoxen Reformgegner kam in Vorhand. So musste es Ulbricht hinnehmen, dass Honecker das 11. Plenum, das ursprünglich als Auftakt zum Übergang des NÖS in seine zweite Etappe gedacht war, zu einem kulturpolitischen Scherbengericht umfunktionierte.

Man kann davon ausgehen, dass sich beide Seiten in dem Ziel einig waren, die nichtkapitalistischen Verhältnisse in der DDR zu stabilisieren und eine etwaige Renaissance des Kapitalismus zu verhindern – daraus erklärt sich, dass die Grenze zwischen Reformern und Orthodoxen nicht eindeutig personell festgeschrieben war und dass sich viele, um in Mittenzweis Bild zu bleiben, zwischen den Fronten bewegten. Für die Reformer aber war dauerhafte politische Stabilität der DDR nur durch ihre wirtschaftliche Dynamisierung zu haben, während die Orthodoxen die unmittelbare Zementierung der politischen Ordnung als entscheidenden Weg ansahen. Gegen ein forciertes Wirtschaftswachstum selbst hatte die marxistisch-leninistische Orthodoxie natürlich nichts einzuwenden, doch es sollte auf traditionelle Weise durch ideologische Kampagnen angekurbelt oder auch erzwungen werden. Die Protagonisten des NÖS gingen hingegen von der Einsicht in die Ineffizienz des Kampagnenstils aus und schlugen vor, in die geplante Wirtschaft marktförmige Regulationen zu implantieren und so einen permanenten Innovationssog zu erzeugen, zu dessen Bedienung wiederum ein hocheffektives und perfekt organisiertes Wissenschaftspotential bereitstehen sollte. Über diesen Zusammenhang war das aufkommende Interesse an der Wissenschaftsforschung in der DDR eng mit dem NÖS korreliert. Es wäre zwar übermäßig vereinfacht, dieses Interesse allein mit dem Reformbedarf der Wirtschaft zu verknüpfen – die Wissenschaft ist auf vielfache Art mit dem Gesamtorganismus moderner Gesellschaften verflochten –, doch man darf vermuten, dass es in erster Linie die tatsächlichen oder angenommenen kognitiven Bedürfnisse der Wirtschaftsreform waren, die den Protagonisten der Wissenschaftsforschung zu politischer Förderung verhalfen.

Die Orthodoxie indes sah im NÖS eine zweifache Gefahr, und das nicht ohne Grund. Einmal sind für ein Regime administrativer Wirtschaftslenkung Ware-Geld-Beziehungen ein subversives Element, und es war ungewiss, ob es auf Dauer gelingen könnte, dieses Element einzuhegen und unter Kontrolle zu halten. Zum andern war

---

173 Werner Mittenzwei: Die Intellektuellen. Literatur und Politik in Ostdeutschland 1945–2000. Verlag Faber & Faber, Leipzig 2001, S. 230.

es wenig wahrscheinlich, dass sich auf naturwissenschaftlich-technischem Gebiet Kreativität entfesseln und zugleich strikt auf dieses Gebiet beschränken lassen könnte, ohne dass dabei die gesamte geistige Kultur in Bewegung geriet und die gesellschaftliche Ordnung an vielen Stellen hinterfragt wurde. 1965 erschien der Konflikt schon gefährlich zugespitzt, aber noch nicht entschieden. So kann man das opportunistische Verhalten Ulbrichts auf dem 11. Plenum hypothetisch in dem Sinne deuten, dass er den Orthodoxen in allen nichtökonomischen Fragen entgegenkam, um wenigstens das NÖS als Kernstück der Reformstrategie zu bewahren – vermutlich mit dem Kalkül, dass ein deutlicher Erfolg der Wirtschaftsreform seine eigene Position wieder festigen würde. Die orthodoxen Dogmatiker wiederum waren zwar schon imstande, Ulbricht und den Reformern ernste Schwierigkeiten zu bereiten, aber noch nicht stark genug, um seine Ablösung zu erzwingen und die Reform zu stoppen.

In dieser ambivalenten Konstellation nahmen die Anstrengungen der Reformer, die schon vorher forciert waren, hektischen Charakter an, um unter Aufbietung aller Kräfte doch noch einen Durchbruch zu erzielen. Die Instrumente, die diesen Durchbruch bewirken sollten – Großforschung, „sozialistische Wissenschaftsorganisation", „marxistisch-leninistische Organisationswissenschaft", alles mit viel Kybernetik angereichert[174] –, lieferten auch den Nährboden, auf dem die Etablierung der Wissenschaftsforschung gedieh. Insofern hing ihre Konjunktur ursächlich mit der widersprüchlichen, überhitzten Atmosphäre zusammen, deren Symptom das 11. Plenum war, auch wenn sie selbst auf diesem Plenum gar nicht behandelt wurde. Bekanntlich scheiterten die verzweifelten Versuche, die Wirtschaftsreform doch noch zum Erfolg zu führen. Sie überlasteten die bescheidenen Möglichkeiten der Volkswirtschaft und brachten allerorten Ausfälle, Verknappungen und Engpässe hervor, so dass die Orthodoxen nunmehr leichtes Spiel hatten, der ganzen Reform ein Ende zu setzen. Die Institutionen der Wissenschaftsforschung aber, die aus der Reformbewegung hervorgegangen waren, überlebten ihre Ausgangskonstellation.

Alles, was 1965 und in den folgenden Jahren in der DDR auf dem Feld der Wissenschaftsreflexion geschah, sollte nicht isoliert, sondern müsste innerhalb des angedeuteten politischen Kontextes erörtert werden. Dieser Zusammenhang ist jedoch noch weitgehend unerforscht; einstweilen kann nur auf ihn aufmerksam gemacht und an zeitgeschichtliches Allgemeinwissen appelliert werden. Die oben erwähnte Rostocker Tagung *Struktur und Funktion der experimentellen Methode* war eine Veranstaltung des Arbeitskreises „Philosophische Probleme der Naturwissenschaften und technischen Wissenschaften", der bei der Fachrichtung Philosophie des für das gesellschaftswissenschaftliche Grundstudium verantwortlichen Instituts für Marxismus-

---

174 Frank Dittmann und Rudolf Seising (Hrsg.): Kybernetik steckt den Osten an: Aufstieg und Schwierigkeiten einer interdisziplinären Wissenschaft in der DDR. Trafo Verlag, Berlin 2007.

Leninismus der Universität Rostock angesiedelt war. Der Rostocker Philosoph Heinrich Vogel, der mit Studien zu Max Planck[175] und zu Max Born[176] bekannt geworden war, hatte ihn zusammen mit einer Reihe von philosophisch interessierten Naturwissenschaftlern ins Leben gerufen. Ähnlich angelegte Kreise gab es an mehreren Hochschulen der DDR, doch der Rostocker Zusammenschluss war einer der aktivsten. Als Heinrich Parthey nach seiner 1963 an Berliner Ley-Lehrstuhl abgeschlossenen Promotion nach Rostock ging, trat er in diesen Arbeitskreis ein und verlieh ihm eine dominant methodentheoretische Orientierung.[177] Die 1965 veranstaltete Tagung war die Visitenkarte seines neuen Profils.

Die Voraussetzungen dafür hatte sich Parthey in Berlin erarbeitet. Seine Dissertation trug den Titel *Das Experiment und seine Funktion im Erkenntnisprozeß der Physik*. Experimente – besonders solche, die über das Schicksal ganzer Theorien entschieden oder vollkommen unerwartete Phänomene an den Tag brachten – waren seit langem ein Standardthema wissenschaftshistorischer Untersuchungen.[178] Auch generalisierende Arbeiten zur Theorie des Experiments liegen vor.[179] Die am Ley-Lehrstuhl kultivierte philosophische Perspektive forderte nun dazu auf, nicht nur die Experimente selbst zu analysieren, sondern ihre Funktion in übergreifenden Erkenntnisprozessen in Betracht zu ziehen. Zur Bezeichnung dieses Zusammenhangs bedurfte es auch eines passenden sprachlichen Ausdrucks. Parthey prägte dafür den Terminus „experimentelle Methode" und bestimmte ihn in seinen ersten auf die Berliner Dissertation folgenden Veröffentlichungen explizit. In seiner Arbeit *Allgemeine Merkmale des Experiments in der Entwicklung der Physik* (1964) war ein Abschnitt mit der Überschrift *Prinzipien der experimentellen Methode* enthalten.[180] Darin formulierte er unter Bezug-

---

175 Heinrich Vogel: Zum philosophischen Wirken Max Plancks. Seine Kritik am Positivismus. Akademie-Verlag, Berlin 1961.
176 Heinrich Vogel: Physik und Philosophie bei Max Born. VEB Deutscher Verlag der Wissenschaften: Berlin 1969.
177 Heinrich Parthey: Problemtheorie und Methodentheorie in den „Rostocker philosophischen Manuskripten" 1964 bis 1990. In: Martin Guntau, Michael Herms und Werner Pade (Hrsg.): Zur Geschichte wissenschaftlicher Arbeit im Norden der DDR 1945 bis 1990. 100. Rostocker Wissenschaftshistorisches Kolloquium 23. und 24. Februar 2007, Rostock-Warnemünde. Rosa-Luxemburg-Stiftung, Rostock 2007, S. 150–161.
178 Einen umfassenden Überblick dazu bietet ein in den USA erschienenes mehrbändiges Standardwerk – Robert E. Krebs: Groundbreaking scientific experiments, inventions, and discoveries of the Middle Ages and the Renaissance. Greenwood Press, Westpoint, Conn. u. a. 2004; Michael Windelspecht: Groundbreaking scientific experiments, inventions, and discoveries of the 17th century. Greenwood Press, Westpoint, Conn. u. a. 2002; Jonathan Shectman: Groundbreaking scientific experiments, inventions, and discoveries of the 18th century. Greenwood Press, Westpoint, Conn. u. a. 2003; Michael Windelspecht: Groundbreaking scientific experiments, inventions, and discoveries of the 19th century. Greenwood Press, Westpoint, Conn. u. a. 2003.
179 Vasilij V. Nalimov: Theorie des Experiments. Deutscher Landwirtschaftsverlag, Berlin 1975.
180 Heinrich Parthey: Allgemeine Merkmale des Experiments in der Entwicklung der Physik. In: Herbert Hörz und Rolf Löther (Hrsg.): Natur und Erkenntnis. Philosophisch-methodologische Fragen der modernen Naturwissenschaft. VEB Deutscher Verlag der Wissenschaften, Berlin 1964, S. 37–57, hier S. 42–45.

nahme auf Galileo Galilei drei Prinzipien und bemerkte dazu: „Diese drei Prinzipien der experimentellen Methode fordern also die Anwendung des Experiments im richtigen Zusammenhang mit der theoretischen Erkenntnis". Sie haben „grundlegende Bedeutung und sind nicht mit den Merkmalen des Experiments zu verwechseln..."[181]. Während in dieser Darstellung die Erörterung der Methode noch der Diskussion des Experiments untergeordnet war, vollzog sich mit der thematischen Anlage der Rostocker Tagung eine Dominanzumkehr – die Methode trat ausdrücklich in den Vordergrund, das Experiment selbst erschien als ihr Moment. Für die Wissenschaftsforschung, die auf die begriffliche Rekonstruktion der Forschung als eine Tätigkeit sui generis abzielte, hatte diese Dominanzumkehr perspektivische Bedeutung.

Den Ausgangspunkt dieser Entwicklung bildeten die weiter oben erwähnten Diskussionen der 1950er Jahre über das Verhältnis von Naturwissenschaften und Philosophie. Mit der Überwindung des Lyssenkoismus war der Übergang von der sterilen Suche nach immer neuen „Bestätigungen" der Philosophie des dialektischen Materialismus durch akzeptierte naturwissenschaftliche Theorien zu der produktiven Fragestellung verbunden, ob und inwieweit philosophische Überlegungen zur naturwissenschaftlichen Erkenntnissuche beitragen könnten. Hier kam der Begriff der Erkenntnismethode ins Spiel, der in einem ganz allgemeinen Sinn den Einsatz vorhandenen Wissens zur Gewinnung von neuem bedeutet und der die gesamte Geschichte der Philosophie durchzieht. Die marxistische Philosophie führte die von der Antike bis zu Hegel reichende Tradition der Dialektik als Denkweise oder Denkmethode fort und brachte das in den mehr oder weniger äquivalent gebrauchten Bezeichnungen „dialektischer Materialismus" oder „materialistische Dialektik" zum Ausdruck.[182] Wenn nun erörtert wurde, wie die Dialektik in der naturwissenschaftlichen Forschung methodisch wirksam werden kann, dann führte das auf direktem Wege zu der weitergehenden Frage, was Methoden überhaupt sind – unabhängig davon, ob das in ihnen zum Gewinnen neuer Erkenntnis eingesetzte frühere Wissen dem philosophischen oder dem fachwissenschaftlichen Arsenal entstammt. Auf dieser Stufe der Betrachtung stellte sich die Methode konkreter dar – als ein System von Regeln, dessen Struktur auch logisch modelliert werden konnte. Entsprechend wurde auf der Rostocker Tagung die Darstellung der experimentellen Methode in ein generelles Verständnis des Methodenbegriffs eingebettet. Heinrich Parthey und Wolfgang Wächter eröffneten ihr gemeinsames Grundsatzreferat mit den Sätzen: „Wissenschaftliche Erkenntnis ist stets an methodisches Vorgehen geknüpft. Um Tatsachen und Zusammenhänge eines bestimmten gegenständlichen Bereiches aufzudecken, werden wohl-

---

[181] Ebd., S. 43.
[182] Hans Heinz Holz: Dialektik. Problemgeschichte von der Antike bis zur Gegenwart. 5 Bde. Wissenschaftliche Buchgesellschaft, Darmstadt 2011.

erprobte oder auch neue Methoden angewandt."[183] Die programmatische Tragweite dieser Passage wird erst durch eine leichte Umformulierung deutlich: Wenn wissenschaftliche Erkenntnis *stets* an methodisches Vorgehen geknüpft ist, dann kann es keine wissenschaftliche Erkenntnis geben, die nicht auf methodische Weise gewonnen worden ist. Diese Aussage hat weitreichende Konsequenzen. Die nächstliegende ist, dass der Begriff der Methode vorausgesetzt werden muss, um dem Begriff der wissenschaftlichen Erkenntnis – oder: der Forschung – zu bestimmen. Wie man dabei „Methode" aufzufassen hat, ist in den Thesen, die der Rostocker Veranstaltung vorangestellt wurden, eindeutig festgelegt (These 1): „Jede Methode der wissenschaftlichen Forschung ist ein System von Regeln über den Weg zur Gewinnung neuer Erkenntnisse. Dieses System von Regeln enthält: a) Regeln, die Operationen angeben, b) Regeln, die die Anwendung von Mitteln und Verfahren angeben, c) Regeln, die die Abfolge und Ordnung der Operationen angeben."[184]

In der Geistesgeschichte der DDR wuchs diese Arbeitsrichtung aus der Beschäftigung mit dem Verhältnis von Philosophie und Naturwissenschaft heraus, und unter den Absolventen des Ley-Lehrstuhls war Parthey derjenige, der diesen Weg am konsequentesten ging. Die systematische Untersuchung der wissenschaftlichen Methoden hat jedoch eine bedeutende philosophisch-wissenschaftstheoretische Tradition im 20. Jahrhundert, die im Wesentlichen außerhalb der marxistischen Denkströmung verlief und ihr Zentrum zunächst im Positivismus, dann im Neopositivismus und schließlich in der in diesem wurzelnden und vor allem in England und den USA vertretenen analytischen Philosophie hatte. Ohne diese Tradition kritisch aufzunehmen, konnte es keine marxistisch fundierte Theorie der Forschungsmethoden (und damit auch keine Wissenschaftsforschung) geben, die auf der Höhe der Zeit war. Dass es hier in einer Situation des Neubeginns beträchtliche Defizite gab, lag auf der Hand. Das Problem bestand aber darin, dass diese Lücke nicht einfach durch eifriges Literaturstudium zu schließen war. Vielmehr stand hier eine ideologische Barriere im Wege. Nichtmarxistische philosophische Lehren wurden als „bürgerliche" aufgefasst – also als nicht nur philosophisch andersartig, sondern zugleich auch als ideologisch und politisch feindlich – und waren daher frontal abzulehnen; ohne ein Abtragen, Aufweichen oder Relativieren dieser Barriere war an Rezeption nicht zu denken.

Für den mühsamen und langwierigen Übergang von der ideologischen Konfrontation zum sachlichen Diskurs war die Beschäftigung mit der Philosophie der Natur-

---

183 Heinrich Parthey und Wolfgang Wächter: Bemerkungen zur Theorie der experimentellen Methode. In: Heinrich Parthey, Heinrich Vogel, Wolfgang Wächter und Dietrich Wahl (Hrsg.): Struktur und Funktion der experimentellen Methode, a. a. O., S. 23–46, hier S. 23.
184 Karel Berka, Heinrich Parthey, Kurt Teßmann, Heinrich Vogel, Wolfgang Wächter und Dietrich Wahl: Thesen. In: Heinrich Parthey, Heinrich Vogel, Wolfgang Wächter und Dietrich Wahl (Hrsg.): Struktur und Funktion der experimentellen Methode, a. a. O., S. 5–20, hier S. 6.

wissenschaft der bestmögliche Ausgangspunkt. Hier lagen die Hürden von vornherein niedriger. Aktive Naturwissenschaftler galten auch dann, wenn sie philosophierten, in der Regel nicht als Philosophen; selbst wenn sie die gleichen Ansichten vertraten wie professionelle Philosophen, wurden sie nicht wie diese als bürgerliche Ideologen betrachtet, sondern als Forscher, die infolge immanenter Schwierigkeiten des naturwissenschaftlichen Erkenntnisprozesses auf philosophische Irrwege geraten konnten („erkenntnistheoretische Wurzeln des Idealismus"), und deshalb eher sachlich und kollegial kritisiert. Die methodentheoretischen Vertreter des Neopositivismus oder logischen Empirismus hatten hingegen meist philosophische Lehrpositionen inne und wurden damit als Philosophen eingeordnet. Andererseits aber kamen sie oft von den Naturwissenschaften oder der Mathematik her. Diese fachliche Herkunft machte es leichter, auch ihnen gegenüber die konfrontative Tonlage zu verlassen. Nichtsdestoweniger war es in den Sechzigern nicht einfach, diesen Weg auch tatsächlich zu gehen.

Hier leistete die Rostocker Tagung Schrittmacherdienste. Das Referat von Parthey und Wächter würdigte die Errungenschaften des Wiener Kreises und der Berliner Gesellschaft für empirische Philosophie und erwähnte die erzwungene Emigration vieler ihrer Vertreter nach der Machtübernahme durch das Naziregime. Diese haben, so heißt es dort, „einen bedeutenden Beitrag zum beachtlichen Stand, den die methodologische Forschung heute in England und den USA erreicht hat, geleistet".[185] Die Referenten nannten zahlreiche wichtige Werke der westlichen Literatur aus der Zeit zwischen 1950 und 1963 (Ayer, Braithwaite, Carnap, Frank, Goodman, Hempel, Juhos, Kraft, Nagel, Pap, Popper, Stegmüller usw.) – Schriften, die in Universitätsbibliotheken der DDR durchaus verfügbar waren – und konstatierten demgegenüber: „In den sozialistischen Ländern wurde die methodologische Forschung durch die Auswirkungen des Personenkults und des Dogmatismus der Zeit Stalins außerordentlich gehemmt. Erst in der Mitte der fünfziger Jahre unseres Jahrhunderts begann ein bedeutender Aufschwung auf diesem Gebiet."[186] Im Anschluss folgte ein Überblick über die aktuellen sowjetischen Konferenzen, Strömungen und Schulen auf dem Feld der Methodologie.

Bei aller Wertschätzung wurden die Ansichten des Wiener Kreises und des logischen Empirismus keineswegs unkritisch übernommen. Kritik galt vor allem dem neopositivistischen Sinnkriterium und dem damit verbundenen Ausschluss der „metaphysischen" Sätze aus der Wissenschaft, aus dem sich eine dezidiert weltanschauungsfreie Präsentation der Methodologie ergab. Nach Ansicht von Parthey und

---

185 Heinrich Parthey und Wolfgang Wächter: Bemerkungen zur Theorie der experimentellen Methode, a.a.O., S. 26–27.
186 Ebd., S. 29.

Wächter liegen demgegenüber „jeder methodologischen Forschung weltanschauliche Voraussetzungen zugrunde". Die wichtigsten Bestimmungsstücke einer „materialistischen Grundlegung der Methodologie", wie sie sie vertraten, gaben sie folgendermaßen an: „... die Anerkennung der Existenz einer realen Außenwelt, die Erkennbarkeit der objektiven Realität sowie die Ablehnung spekulativer Idealismen bei ihrer Erklärung".[187] Der zugespitzte Empirismus, demzufolge alle wissenschaftlichen Begriffe aufgrund von Erlebnissen konstituierbar und definierbar sein sollten, wirke sich hemmend auf das theoretische Denken in den Einzelwissenschaften aus. Parthey und Wächter nahmen dabei auch Differenzierungen und Wandlungen in den Ansichten der von ihnen kritisierten Autoren zur Kenntnis: „Viele Anhänger des Wiener Kreises erkannten später, dass sie mit ihren empiristischen Forderungen zu weit gegangen waren. Die Revision und Zurücknahme der extremsten Standpunkte war die Folge."[188]

Es ist an dieser Stelle nicht erforderlich, die philosophische Argumentation weiter zu verfolgen oder ihre theoretische Qualität zu diskutieren. Worauf es hier allein ankommt, ist die exemplarische Demonstration dessen, dass der Übergang vom konfrontativen Schlagabtausch zum sachlichen Diskurs auf den avanciertesten Gebieten der Wissenschaftsreflexion in der DDR Mitte der 1960er Jahre bereits vollzogen war. Sachlicher Diskurs bedeutete ja kein Verschweigen oder Ausblenden der Positionsunterschiede, sondern nur, dass die Differenzen respektvoll und mit theoretischen Argumenten statt mit bloßen Distanzierungen, Beschimpfungen und Verurteilungen ausgetragen wurden. Das Erreichte schützte nicht hundertprozentig vor späteren Rückfällen, doch im Großen und Ganzen wurde in der Wissenschaftsforschung seriös argumentiert. Dieser Stil, der 1965 – zudem unter der Ägide eines Instituts für Marxismus-Leninismus – noch etwas Besonderes war, bedurfte in den Siebzigern und erst recht in den Achtzigern keiner Erwähnung mehr. Allerdings hat die Wissenschaftsforschung hier schon früh Maßstäbe gesetzt; auf anderen Feldern der marxistischen Gesellschaftswissenschaften blieb die „parteiliche" Polemik noch erheblich länger Normalität.

Wissenschaftlicher Anspruch und weltoffener Gestus zeigten sich auch in der äußeren Gestaltung der Rostocker Tagung 1965 und wurden zum Markenzeichen der nachfolgenden Tagungen des Arbeitskreises. Zur Vorbereitung wurden an die Teilnehmer präzise formulierte Thesen versandt, an denen neben Wissenschaftlern aus der DDR auch der namhafte Prager Logiker Karel Berka mitgewirkt hatte. So hielt man es auch bei späteren Veranstaltungen. Das Protokoll wurde in drucktechnisch bescheidenster Gestalt publiziert – aber den Vorträgen waren Resümees in russischer, englischer und französischer Sprache beigefügt. Auch das sachlich-kritische Verhältnis zu

---

187 Ebd., S. 33.
188 Ebd., S. 34.

den Leistungen nichtmarxistischer Denker blieb keine Eintagsfliege, sondern wurde in Rostock zur wissenschaftlichen Normalität. Ein bemerkenswerter Beleg dafür war die Tagung *Joachim Jungius und Moritz Schlick. Zur Funktion der Philosophie bei der Grundlegung und Entwicklung naturwissenschaftlicher Forschung*, die der Arbeitskreis am 3. und 4. Juli 1969 anlässlich des 550jährigen Jubiläums der Universität durchführte.[189] Schlick, der spätere Begründer des Wiener Kreises, war von 1910 bis 1921 an der Rostocker Universität tätig gewesen. An der Tagung, auf der Schlicks Arbeiten und deren Wirkungen vielseitig erörtert und diverse Originaldokumente aus seiner Rostocker Zeit vorgelegt wurden, nahmen als Ehrengäste aus den Niederlanden auch die Tochter des Philosophen, Frau Barbara van de Velde-Schlick, und deren Gatte teil.

Die Jungius-Schlick-Tagung fand kurz vor Partheys Übergang nach Berlin in die Gründungsmannschaft des Kröber-Instituts statt. Die Erfahrungen, die er aus Rostock mitbrachte und die ihrerseits an die intellektuelle Mitgift des Ley-Lehrstuhls angeknüpft hatten, flossen in dreifacher Hinsicht in die Frühphase des neuen Instituts ein – erstens über die Konzeptualisierung der Forschung als methodengeleitetes Erkennen; zweitens über die Auffassung der Wissenschaft als Menschheitsphänomen, das in seinen grundlegenden Eigenschaften und damit auch im Modus seiner Selbstreflexion system- und lagerübergreifend existiert; drittens in der Überzeugung, dass sich tragfähige Einsichten über die Wissenschaft am besten im Zusammenwirken von Wissenschaftsforschern und Fachwissenschaftlern gewinnen und weiterentwickeln lassen. Der Rostocker Beitrag war natürlich nicht die einzige Quelle für diese Position, aber er bestärkte unverkennbar das in diese Richtung wirkende Selbstverständnis des IWTO/ITW.

Die Rostocker Tagung wies noch eine weitere erwähnenswerte Besonderheit auf, die ursächlich mit dem Bemühen um eine grundlegende Wirtschaftsreform in der DDR zusammenhing. So groß die Bedeutung der Naturwissenschaft – über ihre philosophische Selbstreflexion ebenso wie über ihre Organisations- und Planungsprobleme – als Geburtshelferin der Wissenschaftsforschung auch immer war: Von einer emanzipierten, relativ eigenständigen Wissenschaftsforschung konnte man erst sprechen, wenn sie sich nicht nur auf die Naturwissenschaft, sondern auf den ganzen Kosmos der Wissenschaften bezog und insbesondere die von Snow indizierte Kluft zwischen den „zwei Kulturen" überbrückte. In einer Tagung zur experimentellen Methode würde man Beiträge über die Wirksamkeit dieser Methode in den Naturwissenschaften erwarten, gegebenenfalls auch solche über ihren Einsatz auf Gebieten

---

189 Heinrich Parthey und Heinrich Vogel (Hrsg.): Joachim Jungius und Moritz Schlick (Zur Funktion der Philosophie bei der Grundlegung und Entwicklung naturwissenschaftlicher Forschung). Beiträge von der Tagung des Arbeitskreises „Philosophie und Naturwissenschaft" der Universität am 3. und 4. Juli 1969 (anläßlich des 550jährigen Jubiläums der Universität). Rostocker Philosophische Manuskripte H. 8, Teil I und II., Universität Rostock 1970.

wie den technischen Wissenschaften, der Agrarwissenschaft oder der Medizin, die traditionell als angewandte Naturwissenschaften angesehen wurden. Den Wissenschaften von der Gesellschaft – oder, wie man sie heute zu bezeichnen vorzieht, den Geistes- und Sozialwissenschaften – schien diese Methode hingegen vollkommen fremd zu sein. In Rostock jedoch referierte der Philosoph Dietrich Wahl, später ebenfalls ein Mitarbeiter des Kröber-Instituts, über *Probleme der Anwendung der experimentellen Methode in den Gesellschaftswissenschaften*.[190] Gleich zu Beginn verwies er auf eines der in der DDR gebräuchlichen Lehrbücher der Politischen Ökonomie, in dessen Einleitung die Abwesenheit von Experimenten geradezu zum Kriterium für die Unterscheidung der Ökonomie von den Naturwissenschaften erklärt worden war. Bei der Analyse der sozialistischen Gesellschaft sei „bis vor kurzem nicht *bewusst* experimentiert worden", heute aber habe „sich die Einstellung marxistischer Gesellschaftswissenschaftler zur experimentellen Methode grundlegend gewandelt..."[191].

Dieser Einstellungswandel hing unmittelbar mit dem 1962 vorbereiteten und 1963 gestarteten NÖS zusammen. Das NÖS bedeutete in den Augen seiner Schöpfer nicht einfach, das bislang bestehende System durch ein anderes zu ersetzen – in diesem Fall die administrative Top-Down-Steuerung durch eine Kombination von Planwirtschaft und marktförmigen Regulationen innerhalb der von der Wirtschaftsplanung bewusst belassenen Freiräume. Ein solcher Systemwechsel wäre zwar wirtschaftlich und politisch bedeutsam gewesen, hätte aber kein besonderes wissenschaftstheoretisches Interesse beanspruchen können. Mit dem NÖS war jedoch nicht weniger beabsichtigt als eine grundsätzliche Veränderung des Verhältnisses von ökonomischer Theorie und Wirtschaftspraxis, und das nicht vorübergehend für eine kurze Phase des Systemumbaus, sondern auf Dauer. Der Wirtschaftshistoriker Jörg Roesler, der das NÖS und seine Geschichte umfassend untersucht hat[192], spricht hier zu Recht von einem „paradigmatischen Wechsel" in der Wirtschaftsführung.[193]

Das alte, stillschweigend akzeptierte Paradigma bestand, erkenntnistheoretisch ausgedrückt, in der Vorstellung, dass in der marxistischen Politischen Ökonomie hinreichendes Wissen über Beschaffenheit und Funktionsweise einer sozialistischen

---

190 Dietrich Wahl: Probleme der Anwendung der experimentellen Methode in den Gesellschaftswissenschaften. In: Heinrich Parthey, Heinrich Vogel, Wolfgang Wächter und Dietrich Wahl (Hrsg.): Struktur und Funktion der experimentellen Methode, a.a.O., S.103–128.
191 Ebd., S.104.
192 Jörg Roesler: Zwischen Plan und Markt: die Wirtschaftsreform in der DDR zwischen 1963 und 1970. Haufe, Berlin 1990; Jörg Roesler: Das Neue Ökonomische System (NÖS): Dekorations- oder Paradigmenwechsel? hefte zur ddr-geschichte 3. Helle Panke, Berlin 1993; Jörg Roesler: Aufeinander zu reformiert? Zur Charakteristik der Wirtschaftsreformen in der DDR und der BRD und die Entscheidungen des Jahres 1966. hefte zur ddr-geschichte 102. Helle Panke, Berlin 2006.
193 Jörg Roesler: Neues Denken und Handeln im Neuen Ökonomischen System (NÖS). In: Hans-Christoph Rauh und Peter Ruben (Hrsg.): Denkversuche. DDR-Philosophie in den 60er Jahren, a.a.O., S.51–76, hier S.54.

Wirtschaft enthalten sei und dass es zur Lösung praktischer Aufgaben der Wirtschaftsführung lediglich darauf ankäme, aus diesem Wissensmassiv die nötigen Konsequenzen „abzuleiten". Praktische Misserfolge wurden nicht auf eine etwaige Unvollständigkeit oder Fehlerhaftigkeit dieses Wissensbestandes zurückgeführt, sondern als Folge von Fehlern bei der „Ableitung" oder Anwendung gedeutet. Was allerdings unter einer solchen „Ableitung" zu verstehen war, blieb unklar – sie war wohl als eine theoretische Operation gedacht, keineswegs jedoch als logisch strenges und kontrollierbares Schließen. Die Reformer stellten das alte Paradigma grundsätzlich in Frage. Wie Roesler schreibt, hatten sie erkannt, „daß die SED nicht a priori über den für das Funktionieren der Wirtschaft nötigen, wissenschaftlich fundierten Erfahrungsschatz verfügte, der es ihr erlaubte, jede in der Wirtschaftsleitung ergriffene Maßnahme wissenschaftlich zu begründen und deren Ergebnis im voraus zu bestimmen"[194]. Demgegenüber sollten sich die theoretischen Ansichten in der Ökonomie so, wie es überall in der Wissenschaft üblich ist, permanent der empirischen Prüfung durch das tatsächliche wirtschaftliche Geschehen stellen, und zwar nicht allein durch laufendes Monitoring des wirtschaftlichen Geschehens (Wirtschaftsstatistik), sondern auch – und das ist bemerkenswert – durch theoretisch vorbereitete und systematisch durchgeführte und ausgewertete Experimente.

Mit solchen Experimenten war das NÖS von vornherein verbunden. Nachdem sich Ulbricht gegen Ende 1962 entschlossen hatte, die Vorschläge der Reformer zu akzeptieren, und das Politbüro des ZK der SED am 20. Dezember 1962 *Grundsätze eines ökonomischen Systems der Leitung und Planung der Industrie* angenommen hatte, begannen im Januar 1963 in vier Vereinigungen Volkseigener Betriebe (VVB) Experimente, mit denen die Anfangsannahmen des NÖS überprüft werden sollten. Damit das, was dort geschah, über ein bloßes Probieren hinausging und sich dem Standard wissenschaftlichen Experimentierens näherte, mussten die Reformer sowohl bei den politischen Funktionären als auch bei den Wirtschaftsfachleuten ein Minimum an Akzeptanz für die Reformen und damit die Bereitschaft zum Bruch mit überkommenen Verhaltensweisen zu erreichen suchen.

Die politischen Funktionäre, die zu jener Zeit noch überwiegend ohne eigene wissenschaftliche Vorbildung waren, neigten dazu, die postulierte Wissenschaftlichkeit der marxistischen Theorie als Absolutheitsanspruch misszuverstehen.[195] Entsprechend vorsichtig mussten die Reformer ihnen gegenüber argumentieren: „Begreiflich zu machen, daß die gesuchten Lösungen aus der traditionellen Doktrin weder ent-

---

194 Ebd., S. 55.
195 Hubert Laitko: Wissenschaftspolitik. In: Andreas Herbst, Gerd-Rüdiger Stephan und Jürgen Winkler (Hrsg.): Die SED. Geschichte – Organisation – Politik. Ein Handbuch. Dietz Verlag, Berlin 1997, S. 405–420, hier S. 405–409.

nommen noch ‚abgeleitet' werden konnten, ohne dies allzu deutlich auszusprechen, erwies sich als kompliziert".[196] Die Wirtschaftsfachleute wiederum widersetzten sich der Einsicht, dass wissenschaftliche Experimente eine unmittelbar kognitive Zielstellung haben und nicht *direkt* auf praktische Verbesserungen gerichtet sein können. Die für die Experimente ausgewählten Betriebe waren keine Experimentaleinrichtungen, sondern normale produzierende Unternehmen, die in der DDR Branchen- und Querschnittsministerien unterstanden und ihre Planauflagen zu erfüllen hatten. Wie Roesler ausführt, hatten es die Reformer schwer, diese Instanzen davon zu überzeugen, „daß in die Tätigkeit der VVB und Betriebe nicht mehr wie früher administrativ eingegriffen werden dürfe, wenn dort die erwarteten Ergebnisse nicht eintreten. Am Experiment herumzubasteln betrachteten die zentralen wirtschaftsleitenden Organe zunächst als ihr ‚angestammtes' Recht."[197] Wahl unterscheidet das eigentliche soziale Experiment durch seine umfassende theoretische Vorbereitung und die primäre Orientierung auf die Lösung von Erkenntnisproblemen von den bei ihm als „Test" und „Ausprobieren" bezeichneten Operationen, bei denen der praktische Erfolg im Vordergrund steht.[198]

Die Einbindung von Experimenten in den Wirtschaftsprozess – und damit das Eindringen der experimentellen Methode in die Politische Ökonomie – war ohne Zweifel eine Zumutung für das dogmatische Denken der Orthodoxie, doch sie hätte sich vielleicht pragmatisch damit abgefunden, wenn das Experimentieren auf einen zeitlich begrenzten Umstrukturierungsprozess der Wirtschaft beschränkt geblieben wäre. Die ursprüngliche Intention der Reformer ging jedoch noch wesentlich weiter. Nach Einschätzung von Roesler war das NÖS als „offene Reform" konzipiert, ohne einen definierten Endzustand und ohne einen festen Zeitplan für den Abschluss der Umgestaltungen.[199] Es ging also um nicht weniger als um den Übergang von einem direktiven zu einem evolutionären Entwicklungsmodus der Volkswirtschaft. Ein solcher Übergang wäre in einer Wirtschaft, die dominant auf gesellschaftlichem Eigentum beruht, prinzipiell möglich gewesen, wenn auch mit allen Risiken, die ein kreativer Aufbruch in vollkommen Unbekanntes mit sich bringt. Diese einzigartige historische Chance wurde durch das Übergewicht der Dogmatiker in der SED zunichte gemacht, die 1965 wieder in Vorhand kamen, die Wirtschaftsreformer zunächst in die Enge trieben und um 1970 schließlich der ganzen Reform den Garaus machten: „Mit dem Neuen Ökonomischen System verschwand darüber hinaus das Experiment aus der Wirtschaftsführung ebenso wie die dem Experimentieren zugrundeliegende

---

196 Jörg Roesler: Denken und Handeln im Neuen Ökonomischen System (NÖS), a.a.O., S.55.
197 Ebd., S.56.
198 Dietrich Wahl: Probleme der Anwendung der experimentellen Methode in den Gesellschaftswissenschaften, a.a.O., S.105–106.
199 Jörg Roesler: Neues Denken und Handeln im Neuen Ökonomischen System (NÖS), a.a.O., S.56.

Erkenntnis, daß die ökonomischen Zielstellungen sich nicht allein aus der marxistischen Lehre, deren Gralshüter die Partei war, ablesen ließen."[200]

Dietrich Wahl indes schloss seine Rostocker Ausführungen mit der optimistischen Vorausschau, der Aufschwung der sozialistischen und kommunistischen Gesellschaft würde immer mehr soziale Experimente ermöglichen und zugleich zur Voraussetzung haben. Das Experimentieren schien ihm in einem solchen Grad zur gesellschaftlichen Normalität zu werden, dass künftig auch die allgemeinbildende Schule „Grundkenntnisse über die Durchführung sozialer Experimente vermitteln" müsse.[201] 2018 ist es leicht, über die Hoffnungen von 1965 zu spotten – aber eine jede Zeit schaut sich, wenn sie in die Vergangenheit entrückt ist, anders an als damals, als sie noch in der Zukunft lag, und das gilt nicht minder für die Einschätzungen, die selbstbewusst hier und heute getroffen werden. Nichtsdestoweniger zeigt das Exempel, dass der Aufschwung der Wissenschaftsforschung in der DDR mit einem gesellschaftlichen Reformimpuls zu tun hatte. Vielleicht wird das nirgends deutlicher als in der Episode, die das soziale Experimentieren für kurze Zeit auf die Agenda der Wissenschaftsreflexion gesetzt hatte. Parthey und Wahl zogen die Konsequenz aus der Tagung von 1965 in einem gemeinsamen Buch, das einen methodentheoretischen Brückenschlag zwischen Natur- und Gesellschaftswissenschaften versuchte und damit in das unmittelbare Vorfeld der Wissenschaftsforschung gehörte.[202] Als das Buch erschien, war Wahl bereits von der Universität Rostock an die DAW zu Berlin übergegangen, wo er für die 1964 konstituierte *Arbeitsgemeinschaft der gesellschaftswissenschaftlichen Institute und Einrichtungen* wissenschaftsorganisatorische Aufgaben wahrnahm. Wenige Jahre später begegneten sich beide Autoren am Kröber-Institut wieder.

Bald nach der Rostocker Tagung fand in Berlin ein Philosophiekongress der DDR statt, der den wissenschaftsinduzierten Wandel im Produktivkräftesystem der Gesellschaft und dessen gesamtgesellschaftliche Konsequenzen zum Thema hatte und einen im ganzen – von der zu solchen Anlässen immer üppig wuchernden politischen Phraseologie einmal abgesehen – konstruktiven Akzent für die Diskurse eines Jahres setzte, das mit dem schmählichen 11. Plenum so destruktiv zu Ende ging. Überall in der Welt spürte man diesen Wandel und versuchte, ihn begrifflich zu erfassen. Die dabei verbreitete terminologische Unsicherheit war nur zu verstehen. Diverse Bezeichnungen waren in Umlauf, die schon aufgrund ihrer unterschiedlichen sprachlichen Bezüge auch Bedeutungsdifferenzen nahelegten. Die Veranstalter des Berliner

---

200 Ebd., S. 76.
201 Dietrich Wahl: Probleme der Anwendung der experimentellen Methode in den Gesellschaftswissenschaften, a. a. O., S. 124.
202 Heinrich Parthey und Dietrich Wahl: Die experimentelle Methode in Natur- und Gesellschaftswissenschaften. VEB Deutscher Verlag der Wissenschaften: Berlin 1966.

Kongresses bevorzugten zunächst die Bezeichnung „technische Revolution"[203], ehe sich wenig später der Terminus „wissenschaftlich-technische Revolution" (WTR) endgültig durchsetzte. Der Kongress fand auf dem Höhepunkt der Wirtschaftsreform statt und war von ihrem Geist beeinflusst, noch ehe die Reformer im Gefolge des 11. Plenums nach und nach in die Defensive gerieten. So griff die wirtschaftswissenschaftliche Literatur unverzüglich die Bezeichnung „technische Revolution" auf[204]; wenig später wurde aber auch hier der Terminus „WTR" präferiert.[205]

Ebenso wie in den Sozialwissenschaften verbreitete sich dieser Terminus auch in der Sprache der Politik. Auf dem VII. Parteitag der SED im April 1967 bezeichnete Walter Ulbricht die Meisterung der wissenschaftlich-technischen Revolution als grundlegende Aufgabe der DDR.[206] Während mit der Ablösung Ulbrichts die Anleihen aus Kybernetik und Systemtheorie aus den Texten der SED verschwanden, behauptete sich der WTR-Begriff in der politischen Terminologie auch über den Wechsel zu Honecker hinweg. Die Entschließung des VIII. Parteitags der SED im Jahre 1971 betonte die Notwendigkeit, „die Errungenschaften der wissenschaftlich-technischen Revolution organisch mit den Vorzügen des sozialistischen Wirtschaftssystems zu vereinigen..."[207]. Diese Formel gewann kanonische Geltung und wurde bis zum Ende der DDR verwendet. Die westdeutschen Analytiker in Erlangen beobachteten und kommentierten diese Entwicklung aufmerksam: „Auch die SED hat die wissenschaftlich-technische Revolution entdeckt und steht vor der Notwendigkeit, diese Herausforderung anzunehmen und in ihr politisches Kalkül einzubeziehen".[208] Dabei sahen sie die SED keineswegs in der Offensive; das Eingehen auf diese Thematik sei „aus einem wohl richtig erkannten sachbedingten Zugzwang" geschehen.[209]

Der theoretische Vorlauf, über den die DDR-Philosophie verfügte, um das auf dem Berliner Kongress als technische Revolution bezeichnete Phänomen begrifflich zu fassen, war relativ gering. Der Schwerpunkt der diesbezüglichen Bemühungen lag,

---

203 Die marxistisch-leninistische Philosophie und die technische Revolution. Materialien des philosophischen Kongresses vom 22.–24.4.1965 in Berlin. Deutsche Zeitschrift für Philosophie 13 (1965), Sonderheft.
204 Ekkehard Sachse: Technische Revolution und Qualifikation der Werktätigen. Dietz, Berlin 1965; Gerhard Schulz: Technische Revolution und Strukturwandel in der Industrie: Entwicklungstendenzen der Industriezweigstruktur in hochindustrialisierten Ländern. Dietz, Berlin 1966.
205 Hans Arnold, Hans Borchert, Alfred Lange und Johannes Schmidt: Die wissenschaftlich-technische Revolution in der Industrie der DDR. Verlag Die Wirtschaft, Berlin 1967.
206 Walter Ulbricht: Die gesellschaftliche Entwicklung in der DDR bis zur Vollendung des Sozialismus. Dietz, Berlin 1967, S. 99.
207 Protokoll der Verhandlungen des VIII. Parteitages der SED, Bd. 2., Berlin 1971, S. 302.
208 Hans Lades und Clemens Burrichter: Einleitung. In: Hans Lades und Clemens Burrichter (Hrsg.): Produktivkraft Wissenschaft. Sozialistische Sozialwissenschaften in der DDR, a. a. O., S. IX-XVI, hier S. XIII.
209 Clemens Burrichter, Eckart Förtsch und Manfred Zuber: Theoretische Aspekte zum Verhältnis von Wissenschaft und Gesellschaft. In: Hans Lades und Clemes Burrichter (Hrsg.): Produktivkraft Wissenschaft. Sozialistische Sozialwissenschaften in der DDR, a. a. O., S. 1–91, hier S. 1.

ähnlich wie im Fall der Methodentheorie, wiederum in Rostock und war im Wesentlichen das persönliche Verdienst des an der dortigen Universität tätigen Philosophen Kurt Teßmann. Unter seiner Regie war im September 1964, rund ein halbes Jahr vor dem Philosophiekongress, eine Arbeitstagung über *Probleme der wissenschaftlich-technischen Revolution* durchgeführt worden[210], mit der die Serie der Rostocker Tagungen über Philosophie und Wissenschaften ihren Anfang nahm. Das Hauptreferat des Kongresses hielt allerdings nicht Teßmann, sondern Günter Heyden[211], aber dieser tat das offenbar allein von Amts wegen als Vertreter des Instituts für Gesellschaftswissenschaften beim ZK der SED, denn er war vorher nicht mit irgendwelchen Arbeiten zur Sache hervorgetreten und tat es auch nach dem Kongress nicht. Überhaupt meldeten sich in den Folgejahren, als das Thema Konjunktur hatte, zahlreiche Autoren mit darauf bezüglichen Aufsätzen zu Wort, doch es waren meist Gelegenheitsarbeiten, die keine längerfristige Beschäftigung mit diesem Gegenstand signalisierten. Nach meinem Überblick war unter den Philosophen der DDR Teßmann der einzige, der die WTR zum Lebensthema machte.

Von ihm stammt das erste kleine Buch zum Thema, das 1962 in der DDR erschien und unverzüglich ins Russische übersetzt wurde. In diesem Buch verwendete er den Terminus „technisch-wissenschaftliche Revolution", der unter den einschlägigen Wortprägungen meines Wissens ein Unikat war[212]; die Moskauer Ausgabe 1963 benutzte hingegen die Bezeichnung „wissenschaftlich-technische Revolution" (naučno-techničeskaja revoljucija). Auch in seinen weiteren Veröffentlichungen in der DDR ging Teßmann zum Terminus „WTR" über, wie die Rostocker Tagung 1964 belegt. Ein überarbeiteter und erweiterter Abschnitt seines dortigen Hauptreferats wurde – mit der Bezeichnung „WTR" im Titel – 1965 im Märzheft der DDR-Philosophiezeitschrift im unmittelbaren Vorfeld des Berliner Kongresses gedruckt[213], der seinerseits, wie oben vermerkt, die Bezeichnung „technische Revolution" bevorzugte. Die Tatsache, dass zwischen den Termini „technisch-wissenschaftliche Revolution", „wissenschaftlich-technische Revolution" und „technische Revolution" umstandslos gewechselt wurde, ohne die Übergänge zu problematisieren, spricht dagegen, für diese Such-

---

210 Heinrich Parthey, Kurt Teßmann und Heinrich Vogel (Hrsg.): Theoretische Probleme der wissenschaftlich-technischen Revolution. Protokoll einer Arbeitstagung der Fachrichtung Philosophie des Instituts für Marxismus-Leninismus am 3. und 4. September 1964. Universität Rostock, Rostock 1964.
211 Günter Heyden: Die marxistisch-leninistische Philosophie und die technische Revolution. In: Die marxistisch-leninistische Philosophie und die technische Revolution. Materialien des philosophischen Kongresses vom 22.–24.4.1965 in Berlin. Deutsche Zeitschrift für Philosophie 13 (1965), Sonderheft, S. 29–44.
212 Kurt Teßmann: Probleme der technisch-wissenschaftlichen Revolution. VEB Deutscher Verlag der Wissenschaften, Berlin 1962.
213 Kurt Teßmann: Mensch, Produktion und Technik in der wissenschaftlich-technischen Revolution. In: Deutsche Zeitschrift für Philosophie (1965) 3, S. 262–277.

und Orientierungsphase hinter den variierenden Termini irgendwelche signifikanten Bedeutungsunterschiede zu vermuten.

In seinem Buch hatte Teßmann eine technokommunistische Vision entwickelt – in groben Konturen, aber in ihrer schlichten Geradlinigkeit auch irgendwie faszinierend. Seine Sprache hatte noch den Duktus erkundenden Suchens auf einem weithin unbekannten Terrain, während es bei späteren Publikationen mühsam wurde, hinter den politisch normierten sprachlichen Versatzstücken die dort eventuell vorhandenen weiterführenden Gedanken aufzuspüren. Unbefangen warf Teßmann Fragen von epochaler Dimension auf: „Wie weit gehen die Möglichkeiten der Technik und worin besteht das Wesen der spezifisch menschlichen schöpferischen lenkenden und leitenden Tätigkeit? [...] In welcher Richtung muß der technische Fortschritt entwickelt werden, um die schöpferische Aktivität des Menschen nicht einzuschränken?" Bei der Beantwortung dieser Fragen sah er die marxistische Gesellschaftswissenschaft ganz am Anfang: „Für ihre wissenschaftliche Analyse – frei vom ,allgemein-marxistischen über-den-Nagel-peilen' – fehlen einfach noch die Voraussetzungen bei der Präzisierung der gesellschaftswissenschaftlichen Termini, dem Handwerkszeug unserer Forschung."[214]

Hier sei ausdrücklich hervorgehoben, dass Teßmann an seine selbstgestellte Aufgabe mit theoretischem Anspruch heranging. Er kritisierte die verbreitete Neigung, den epochalen Wandel der Produktionssphäre mit der bloßen Aufzählung wissenschaftlich-technischer Tendenzen zu kennzeichnen. Vielmehr müsse die WTR durch ihren entscheidenden Wesenszug markiert werden, und den bilde „die sich verändernde Stellung des Menschen im Produktionsprozeß"[215]. Die bisher vom Menschen ausgeübte Funktion der Steuerung der technischen Systeme werde von der – ihrerseits auf Ergebnissen wissenschaftlicher Forschung beruhenden – Steuer- und Regeltechnik übernommen, so dass der Mensch *neben* den technologischen Prozess tritt und sich darauf konzentrieren kann, diesen als ganzen zu beherrschen. Dies entspricht einer bereits von Karl Marx in seinen *Grundrissen der Kritik der Politischen Ökonomie* notierten historischen Tendenz der großen Industrie: „Es ist nicht mehr der Arbeiter, der modifizierten Naturgegenstand als Mittelglied zwischen das Objekt und sich einschiebt; sondern den Naturprozeß, den er in einen industriellen umwandelt, schiebt er als Mittel zwischen sich und die unorganische Natur, deren er sich bemeistert. Er tritt neben den Produktionsprozeß, statt sein Hauptagent zu sein"[216]. Diese weitsichtige Prognose ist in der marxistischen Literatur immer wieder zitiert worden;

---

214 Kurt Teßmann: Probleme der technisch-wissenschaftlichen Revolution, a.a.O., S. 10.
215 Kurt Teßmann: Mensch, Produktion und Technik in der wissenschaftlich-technischen Revolution, a.a.O., S. 269.
216 Karl Marx: Grundrisse der Kritik der Politischen Ökonomie (Rohentwurf) 1857–1858. Dietz Verlag, Berlin 1953, S. 592–593.

sie war ein explizites Bindeglied, über das der neu konstituierte Begriff der WTR mit der marxistischen Tradition verknüpft werden konnte.

Bei Teßmann – und auch in anderen DDR-Veröffentlichungen – wurde jedoch eine zusätzliche Differenzierung eingeführt, die sich in der zitierten Marx-Stelle so nicht findet. Es wurde unterschieden zwischen dem „Fertigungsprozess", der den technologischen Vorgang der Umwandlung des Arbeitsgegenstandes in das fertige Produkt beinhaltet, und dem „Produktionsprozess", der auch die Zielsetzung und Sinngebung dieses Geschehens einschließt. Danach tritt der Mensch infolge der Automatisierung zwar aus dem Fertigungsprozess heraus, bleibt aber – und zwar als notwendige und zudem beherrschende Komponente – in den Produktionsprozess integriert: „Mit der Automatisierung löst sich der Mensch wohl aus dem Bereich der unmittelbaren Fertigung und Technologie, nicht aber aus dem technologischen Gesamtprozeß der gesellschaftlichen Produktion."[217] Den aus dem aktuellen Kybernetik-Diskurs stammenden und von Georg Klaus vertretenen Begriff der Mensch-Maschine-Symbiose[218] lehnte Teßmann ab, mit dem Argument, dass durch diese Prägung eine gleichberechtigte Partnerschaft von Mensch und Maschine suggeriert würde.[219] Die von Teßmann vorgenommene Verfügung über die Begriffe, deren sachliche Begründung diskutabel ist, immunisiert die Interpretation der WTR gegen die Konsequenz, die Automatisierung der Produktion könnte einen gesellschaftlichen Bedeutungsverlust der Arbeiterklasse zur Folge haben.

Die hier anknüpfenden Überlegungen Teßmanns verzweigten sich in verschiedene Richtungen. Einerseits plädierte er dafür, die Bedeutung des Begriffes „Fertigungsprozess", der der mechanischen Technologie entstammt und spontan mit dieser assoziiert wird, auch auf die Umsetzung nichtmechanischer technologischer Wirkprinzipien (chemische Technologie, Biotechnologie usw.) auszuweiten.[220] Diese Erweiterung schloss den Ausblick auf eine künftige maschinenlose Technik ein, in der es immer schwieriger würde, noch eine Grenze zwischen natürlichen und technischen Prozessen zu ziehen.[221] Andererseits deutete Teßmann auch an, dass die Automatisierung, die damals noch fast ausschließlich im Zusammenhang mit der Erzeugung von Industrieprodukten diskutiert wurde, künftig den Bereich der materiellen

---

217 Kurt Teßmann: Mensch, Produktion und Technik in der wissenschaftlich-technischen Revolution, a.a.O., S. 269.
218 Michael Eckardt: Mensch-Maschine-Symbiose. Ausgewählte Schriften von Georg Klaus zur Konstruktionswissenschaft und Medientheorie. VDG, Weimar 2002.
219 Kurt Teßmann: Mensch, Produktion und Technik in der wissenschaftlich-technischen Revolution, a.a.O., S. 276–277.
220 Ebd., S. 269.
221 Kurt Teßmann: Probleme der technisch-wissenschaftlichen Revolution, a.a.O., S. 53.

Produktion überschreiten könnte. Es wäre „einseitig [...], die Ersetzung schematischer produktiver Tätigkeiten auf die Sphäre der Fertigung zu beschränken."²²²

Die Überlegung, dass das Hinaustreten aus dem Fertigungsprozess den Menschen nicht aus dem Produktionsprozess eliminiere, sondern nicht weniger, aber auch nicht mehr als einen Funktionswandel innerhalb des letzteren bedeute, führte zu der Frage, ob die WTR imstande ist, für den Menschen neue Bindungen, Lebensinhalte und Perspektiven zu eröffnen. Teßmann bejahte diese Frage im Prinzip, wurde dabei aber nur wenig konkret; letztlich ging er davon aus, dass sozialistische Gesellschaftsverhältnisse die notwendige und hinreichende Bedingung für eine positive Antwort darstellen würden. Zwei Momente einer solchen Antwort nannte er explizit: die Verlagerung der unmittelbar schöpferisch-produktiven Tätigkeit in die fertigungsvorbereitenden Bereiche der Produktion und den Übergang zu lebenslanger Bildung.²²³

Bis hierher handelte es sich um Beschreibungen und Interpretationen beobachtbarer Tendenzen, die insgesamt nur wenig kontrovers waren. Anders verhielt es sich mit der prognostischen Vision, die Teßmann daran knüpfte. Nach seiner 1962 dargelegten Auffassung schreitet die Automatisierung der Produktion in zwei Dimensionen voran. Erstens nimmt der Automatisierungsgrad der davon erfassten Prozesse sukzessiv zu (Teilautomatisierung → Vollautomatisierung → Komplexautomatisierung). Zweitens werden die Bereiche, die in ganzheitlich gesteuerte automatische Systeme umgewandelt werden, immer umfangreicher (einzelne Produktionsprozesse → Betriebe → Wirtschaftszweige → Volkswirtschaft insgesamt). Danach sind die höchsten Stufen der Automatisierung in beiden Dimensionen nur auf der Basis des Gemeineigentums an Produktionsmitteln und der damit ermöglichten einheitlichen Planung großer Systeme erreichbar. Aus diesem Grund betrachtete Teßmann die Herstellung sozialistisch-kommunistischer Gesellschaftsverhältnisse als unabdingbare Voraussetzung für die Vollendung der WTR; ähnlich argumentierten in den folgenden Jahren auch andere Autoren. Teßmann schätzte, dass um das Jahr 2000 die Sowjetunion das Stadium der Komplexautomatisierung ihrer Volkswirtschaft erreicht haben könnte. Das wäre dann aber keineswegs das Ende der Entwicklung; die komplexautomatisierte Produktion sei „die – soweit jetzt absehbar – höchste und in sich selbst zur beständigen unendlichen Vervollkommnung fähige Stufe der gesellschaftlichen Arbeit."²²⁴

---

222 Kurt Teßmann: Die wissenschaftlich-technische Revolution und das System des Sozialismus. In: Deutsche Zeitschrift für Philosophie (1967) 3, S. 291–309, hier S. 299.
223 Ebd., S. 295.
224 Kurt Teßmann: Probleme der technisch-wissenschaftlichen Revolution, a. a. O., S. 50.

Die Geschichte hat längst demonstriert, dass dieser visionäre Entwurf verfehlt war. Wo genau aber lag der Fehler in der Argumentationskette? Die Tendenz, technologische Steuer- und Regelfunktionen zunehmend vom Menschen auf Geräte zu übertragen, war zutreffend erfasst. Der Trend zur Voll- und Komplexautomatisierung mit der Perspektive menschenleerer Fabriken wurde zwar überschätzt, doch das beeinträchtigte nicht grundsätzlich die Qualität der Vorausschau. Die kritische Stelle war die Annahme, dass die Automatisierung ökonomisch umso effizienter würde, je größer die automatisch gesteuerten Einheiten wären, so dass sich die Industrie weiter auf einem fordistischen Pfad bewegen müsste. Wäre es so, dann wären großräumig geplante Wirtschaften in der Tat überlegen. In frühen Entwicklungsstadien der informationsverarbeitenden Technik konnte man das durchaus annehmen. Nicht nur Teßmann, aber eben auch ihm blieb damals verborgen, dass die Hauptentwicklungsrichtung dieser Technik auf dezentrale, flexibel vernetzte Systeme hinauslaufen würde. Gerade so verlief sie aber, und damit wurden alle Gesellschaftsprognosen hinfällig, die von fordistischen Prämissen ausgingen. Die quasifordistische Deutung ist jedoch nur eine von mehreren möglichen Interpretationen für die wissenschaftsbasierte Umverteilung der Funktionen zwischen Mensch und Technik im Produktionssystem, und wenn sich eine dieser Interpretationen als nicht tragfähig erweist, dann entwertet das nicht zugleich auch deren Alternativen und schon gar nicht das Basiskonzept der WTR.

Die Darstellung von Teßmann war ein Entwurf ad hoc mit nur schwach ausgebautem wissenschaftlichem Hinterland. Mit einem weiteren gedanklichen Horizont als in der DDR erfolgte die Entfaltung des WTR-Konzepts in den 1960er Jahren in der Sowjetunion und in der Tschechoslowakei. In Prag leisteten, anknüpfend an Bernal, Radovan Richta und sein Team eine tiefgreifende gesellschaftstheoretische Problematisierung des Konzepts, während sowjetische Wissenschaftler vor allem um seine wissenschafts- und technikhistorische Untermauerung bemüht waren. 1964 – im Jahr der Rostocker WTR-Tagung – fand in Moskau eine Konferenz zu Problemen der modernen WTR statt; auf ihrer Basis entstand eine historisch orientierte Kollektivmonographie, die 1967 vorlag.[225] Sie wurde zwar auch ins Deutsche übersetzt, aber erst fünf Jahre später.[226] Das Verdienst dieses Buches besteht vorzugsweise darin, dass es sich von der vordergründigen Politisierung des WTR-Konzepts absetzte und einen Versuch unternahm, das ganze Feld der einschlägigen Begriffsbildungen korrelativ zu präzisieren: wissenschaftliche Revolution, technische Revolution, wissenschaftlich-technische Revolution, Revolution der Produktivkräfte, Revolution der Produk-

---

225 Autorenkollektiv: Naučno-techničeskaja revoljucija. Istoričeskoje issledovanie. Nauka, Moskva 1967.
226 Autorenkollektiv: Die gegenwärtige wissenschaftlich-technische Revolution. Akademie-Verlag, Berlin 1972.

tionsweise, Produktionsrevolution, industrielle Revolution usw. Dabei wurde der Revolutionsbegriff mit der Idee eines fundamentalen, irreversiblen und dabei zeitlich ausgedehnten Wandels assoziiert, nicht mit der Vorstellung momentaner, kataklysmenartiger oder gar gewaltsamer Brüche. Diese Bemühungen trugen erheblich zur Akademisierung des WTR-Konzepts bei.

Das Zentrum der Arbeiten an diesem Konzept im sowjetischen Machtbereich lag damals in Moskau und Prag. Die Zusammenarbeit setzte bereits in der tschechoslowakischen Reformphase ein, wurde über bilaterale sowjetisch-tschechoslowakische Symposien zu Problemen der WTR realisiert und überdauerte auch die Zerschlagung des „Prager Frühlings". Richta, der zu den Reformern gehört und die im Januar 1968 gewählte neue Führung der KPČ unter Alexander Dubček unterstützt hatte, entging nach dem Einmarsch der Truppen des Warschauer Vertrages den Maßregelungen, die zahlreiche Reformer betrafen, und wurde bei der Reorganisation der tschechoslowakischen Akademie der Wissenschaften sogar mit der Leitung des neu gebildeten Akademieinstituts für Philosophie und Soziologie betraut. Das wird auf den persönlichen Einsatz von Bonifaz M. Kedrov zurückgeführt, dem sehr einflussreichen damaligen Direktor des Moskauer Akademieinstituts für Geschichte der Naturwissenschaft und der Technik, mit dem das Richta-Team bei der Untersuchung der WTR zusammenwirkte. Weiterer sowjetischer Partner war das Akademieinstitut für Philosophie. Diese drei Institute setzten 1970 die Reihe der bilateralen Veranstaltungen mit dem dritten sowjetisch-tschechoslowakischen WTR-Symposium in Smolenice (ČSSR) fort. Dort wurde vereinbart, den bis dahin erreichten konzeptionellen, begrifflichen und terminologischen Konsens in einer gemeinsamen Publikation monographisch darzustellen. Dieses Buch erschien 1973 als Edition der drei Institute ohne Nennung von Autorennamen. Es wurde in englischer Sprache vorgelegt[227] – ein offenkundiger Ausdruck des Wunsches seiner Schöpfer, im Westen wahrgenommen zu werden.

Die DDR blieb am Rande dieser Entwicklung – sicher vor allem deshalb, weil ihre Beiträge zur Sache in den Sechzigern nicht gewichtig genug waren, doch es kann nicht völlig ausgeschlossen werden, dass auch Teßmann selbst einen Anteil an dieser Distanz hatte. Zunächst sah es keineswegs nach Distanz, sondern eher nach Integration aus. 1966/67 trat er mit Richta und dessen Team in Verbindung, hob öffentlich die Vorzüge der interdisziplinären Zusammensetzung und Arbeitsweise dieser Gruppe hervor und empfahl, auch in der DDR eine zentrale WTR-Forschungsgruppe einzurichten.[228] Für Juli 1967 organisierte er in Rostock eine Tagung über die Struktur

---

227 Man – Science – Technology. A Marxist Analysis of the Scientific-Technological Revolution. Academia, Moscow/Prague 1973.
228 Kurt Teßmann: Die wissenschaftlich-technische Revolution und das System des Sozialismus, a. a. O., S. 309.

der Technik und deren Stellung im sozialen Prozess, auf der auch mehrere Referenten aus der ČSSR vortrugen. Richta übersandte für das Protokoll einen Beitrag zum Thema *Sozialismus und wissenschaftlich-technische Revolution*. Im September beteiligte sich Teßmann an Beratungen der Arbeitsgruppe von Richta, die für das Frühjahr 1968 eine internationale Konferenz über die WTR vorbereitete. Diese Konferenz fand, ebenfalls unter Teilnahme Teßmanns, Anfang April in Mariánské Lázně mit dem Titel *Mensch und Gesellschaft in der WTR* statt. Spätestens hier rückte er von den Auffassungen Richtas ab. In das 1968 gedruckte Protokoll der Rostocker Konferenz vom Vorjahr wurde Richtas Beitrag zwar aufgenommen[229], aber Teßmann sicherte sich zweifach ab. Dem Beitrag ließ er ein kurzes kritisches Nachwort folgen[230], und an den Anfang stellte er in einer Fußnote eine Anmerkung der Herausgeber: „Weit nach Redaktionsschluß erreichten uns Informationen, die zeigen, daß Radovan Richta und sein Kollektiv sich durch Theorien bürgerlicher Provenienz immer stärker von einer marxistisch-leninistischen Analyse aktueller Prozesse abdrängen lassen. Die Herausgeber distanzieren sich prinzipiell von den eine Jahresfrist nach dieser Konferenz publizierten philosophischen und politischen Äußerungen Richtas und anderer Mitarbeiter seines Kollektivs".[231] Es ist nicht ausgeschlossen, dass diese Zufügungen ein bloßes taktisches Manöver waren, um Richtas Text 1968 in der DDR überhaupt drucken zu können. Teßmann ging aber noch weit über das – vielleicht – taktisch Unvermeidliche hinaus, als er im Oktober 1969, also mehr als ein Jahr nach der Intervention, einen nicht nur ungewöhnlich langen, sondern auch ungewöhnlich scharf gehaltenen Bericht über die Konferenz von Mariánské Lázně veröffentlichte.[232] Nach diesem Affront dürfte Richta kaum mehr daran interessiert gewesen sein, Teßmann in den Kreis seiner Arbeiten einzubeziehen. 1970 begannen Richta und seine Mitarbeiter wieder, gelegentlich in der DDR zu publizieren.[233]

In den 1970er Jahren war es in der DDR – außerhalb der Wissenschaftsforschung – vor allem Anliegen der Wirtschaftshistoriker, das WTR-Konzept zu erwägen und ihm durch geschichtliche Einordnung historische Tiefe zu verleihen. Insbeson-

---

229 Radovan Richta: Sozialismus und wissenschaftlich-technische Revolution. In: Kurt Teßmann und Heinrich Vogel (Hrsg.): Die Struktur der Technik und ihre Stellung im sozialen Prozeß. Protokoll einer Konferenz der Abteilung „Philosophische Probleme der Naturwissenschaften und der Technikwissenschaften des Instituts für Marxismus-Leninismus am 4. und 5. Juli 1967 (= Rostocker Philosophische Manuskripte 5). Universität Rostock, Rostock 1968, S. 135–150.
230 Kurt Teßmann: Drei Einwände zum vorstehenden Beitrag. In: Kurt Teßmann und Heinrich Vogel (Hrsg.): Die Struktur der Technik und ihre Stellung im sozialen Prozeß, a.a.O., S. 151.
231 Anmerkung der Herausgeber. In: Kurt Teßmann und Heinrich Vogel (Hrsg.): Die Struktur der Technik und ihre Stellung im sozialen Prozeß, a.a.O., S. 135 Fußn.
232 Kurt Teßmann: Wissenschaftlich-technische Revolution und philosophischer Revisionismus. In: Deutsche Zeitschrift für Philosophie 17 (1969) 10, S. 1240–1257.
233 Jindřich Filipec, Přemysl Maydl und Radovan Richta: Zur theoretischen Analyse der wissenschaftlich-technischen Revolution. In: Deutsche Zeitschrift für Philosophie 18 (1970) 8, S. 947–959.

dere Jürgen Kuczynski bemühte sich in seiner Monographie *Vier Revolutionen der Produktivkräfte* darum[234]; durch die Aufnahme eines umfangreichen Kommentars seines Schülers Wolfgang Jonas[235] erhielt dieser Band einen diskursiven Akzent. Im Anhang wurde auch das von dem Technikhistoriker Rolf Sonnemann verfasste Verlagsgutachten abgedruckt, in dem es hieß, dass „der von J. D. Bernal geprägte Begriff sich inzwischen überall eingebürgert hat und – von wenigen Ausnahmen abgesehen – auch überall im gleichen Sinne interpretiert wird"[236]. Der sehr interessante Disput zwischen Kuczynski, Jonas und Sonnemann liegt schon außerhalb des in dieser Skizze betrachteten Zeitabschnitts und kann hier nicht näher erörtert werden. Aus der zitierten beiläufigen Bemerkung von Sonnemann geht aber hervor, dass zumindest unter den Technik- und Wirtschaftshistorikern die Autorschaft Bernals für den Begriff der WTR in den 1970er Jahren als selbstverständlich galt.

Die Bezugnahme auf Bernal machte deutlich, dass das WTR-Konzept differenzierter betrachtet werden musste.[237] Im Vordergrund stand – im Anschluss an eine entsprechende begriffliche Differenzierung bei Marx – das Verständnis der Automatisierung der Produktion als qualitativer Wandel der technologischen Produktionsweise. Hier liegt eine klare Parallele zu dem von Marx eingeführten Begriff der industriellen Revolution vor, die den Übergang vom Manufaktur- zum Industriekapitalismus bildete und in deren Mittelpunkt die Einführung von Werkzeugmaschinen stand. Der Arbeiter, der zuvor mit größtenteils manuell gehandhabten Werkzeugen den Arbeitsgegenstand bearbeitete, bediente fortan die Maschine, die die unmittelbare Einwirkung auf den Arbeitsgegenstand übernahm. Entsprechend wurde der zentrale Schritt des aktuellen Wandels in der Ablösung des Menschen durch Steuer- und Regeltechnik bei der Steuerung der Werkzeugmaschinen gesehen.[238] Augenfällig wurde die Parallelität der beiden Begriffsbildungen, wenn nicht die Bezeichnung „WTR", sondern der bereits in den 1950er Jahren aufgekommene und in Deutschland vorzugsweise in der politischen Sprache der Sozialdemokratie und von den mit ihr verbundenen Theoretikern gebrauchte Terminus „zweite industrielle Revolution" verwendet wurde.[239]

---

234 Jürgen Kuczynski: Vier Revolutionen der Produktivkräfte. Theorie und Vergleiche. Akademie-Verlag. Berlin 1975.
235 Wolfgang Jonas: Kritische Bemerkungen und Ergänzungen. In: Jürgen Kuczynski: Vier Revolutionen der Produktivkräfte. Theorie und Vergleiche, a. a. O., S. 137–183.
236 Rolf Sonnemann: Gutachten. In: Jürgen Kuczynski: Vier Revolutionen der Produktivkräfte. Theorie und Vergleiche, a. a. O., S. 185–190. hier S. 186.
237 Hubert Laitko: Wissenschaftlich-technische Revolution: Akzente des Konzepts in Wissenschaft und Ideologie der DDR. In: UTOPIE kreativ 73/74 (November/Dezember 1996), S. 33–50, hier S. 37–41.
238 Genrich N. Wolkow: Soziologie der Wissenschaft. Studien zur Erforschung von Wissenschaft und Technik. Dietz Verlag, Berlin 1970, S. 76–103.
239 Leo Brandt: Die 2. industrielle Revolution. Deutz, Bonn 1956.

Bernal benutzte 1962 versuchsweise den Ausdruck „zweite wissenschaftlich-industrielle Revolution": „... was sich jetzt ereignet, wird voll und ganz als eine der größten Umwälzungen im menschlichen Leben angesehen. Wir nennen sie die zweite wissenschaftlich-industrielle Revolution, welche die materielle und in hohem Grade die soziale und geistige Situation der Menschheit in einem nie gekannten Tempo verändert."[240] Die Redeweise von einer zweiten *industriellen* Revolution bürgerte sich in der DDR jedoch nicht ein – aus dem ideologischen Motiv, sich vom Sprachgebrauch der bundesdeutschen SPD abzusetzen, ebenso wie aus der sachlichen Erwägung, dass zwar der von Marx beschriebene Wandel zu Recht *industrielle* Revolution genannt werden konnte, weil er den Eintritt in das Industriezeitalter kennzeichnete, während die Übertragung der gleichen Wortverbindung auf die aktuellen Veränderungen verdeckte, dass diese aus der Industriegesellschaft hinaus führten.

Wenn von Automatisierung die Rede war, galt die Aufmerksamkeit dem technologischen Funktionswandel: der Substitution des Menschen durch technische Vorrichtungen bei der Steuerung von Werkzeugmaschinen oder, allgemeiner formuliert, von technologischen Abläufen jeglicher Art. Demgegenüber blieb die Frage, welches Wissen die Substitution ermöglichte, in dieser Perspektive im Hintergrund. Es ist jedoch evident, dass der Übergang zur Teil- und Vollautomatisierung nicht mit praktischem Erfindergeist allein zu bewältigen ist. Auf diesem Feld musste und muss Wissenschaft massiv wirksam werden. In traditioneller marxistischer Terminologie ausgedrückt, war es eine Richtung, in der die Wissenschaft zu einer unentbehrlichen Produktivkraft wurde. Bei der Konstituierung des WTR-Begriffs erfolgte also ein zweifacher Anschluss an die marxistische Tradition. Einmal wurde das Denkschema, das bei Marx zum Begriff der industriellen Revolution geführt hatte, für die Deutung der aktuellen Entwicklungen abermals eingesetzt; diese erschienen damit als ein weiterer qualitativer Wandel der technologischen Produktionsweise. Zum andern wurde die Idee der „Produktivkraft Wissenschaft" herangezogen, und die Prozesse der Automatisierung wurden als Umsetzung dieser Idee identifiziert. Diese beiden Richtungen in der Rezeption des Marxschen Erbes liefen eine gewisse Zeit nebeneinander her, bis sie im WTR-Konzept konvergierten.

Diese begriffliche Konvergenz war aber nicht unproblematisch. Wissenschaft als Produktivkraft manifestiert sich nicht nur in den Steuerungsfunktionen, sondern wirkt auf alle Komponenten des Produktionsprozesses. Deshalb ist das Werden der Wissenschaft zur Produktivkraft ein weit umfassenderer Vorgang als die Automatisierung technologischer Abläufe. Es hatte, vor allem in den jungen wissenschaftsbasier-

---

240 John D. Bernal: Wissenschaft und Technik in der Welt der Zukunft. In: Internationales Symposium über Hochschulbildung. Moskau im September 1962. Hrsg. vom FDGB – Zentralvorstand der Gewerkschaft Wissenschaft, Berlin 1963, S. 53–76, hier S. 53.

ten Branchen, auch schon zu einer Zeit eingesetzt, als an ein Heraustreten des Menschen aus den technologischen Abläufen noch lange nicht zu denken war, und auch nach dem Abschluss der Automatisierung ist in einer unbegrenzten Perspektive mit immer neuen Produktivkrafteffekten der Wissenschaft zu rechnen. So hat das WTR-Konzept im Sinne von Bernal ersichtlich zwei Schichten, die miteinander verflochten, aber einander nicht eineindeutig zugeordnet sind.

Um 1970 hatten „Produktivkraft Wissenschaft" und „wissenschaftlich-technische Revolution" den Status eines Begriffspaares angenommen, deren beide Komponenten einander durchdrangen, ineinander übergingen und gemeinsam evolutionierten. Diese begriffliche Formation kennzeichnete einen historischen Wandel im Produktivkräftesystem moderner Gesellschaften, der mit dem irreversiblen Einschluss der Wissenschaft in dieses System verbunden ist, aus zwei komplementären Perspektiven – „Produktivkraft Wissenschaft" aus der Sicht des inkludierten Teils, „wissenschaftlich-technische Revolution" aus der übergreifenden Sicht des einschließenden und dabei sich selbst verändernden Systems.[241] Dabei wurde nicht übersehen, dass der Terminus „WTR" keine ideal geeignete Prägung ist, um das mit ihm Gemeinte treffend auszudrücken. Die Wortgestalt erweckte unwillkürlich den Eindruck, als würde die Einbeziehung der Wissenschaft in das Produktivkräftesystem nur dessen technische Seite betreffen; deshalb musste immer eigens betont werden, dass sich dabei auch die Stellung des Menschen in der Produktion grundlegend verändert. Trotzdem wurden keine weiteren verbalen Experimente vorgenommen, und der Terminus „WTR" gehörte fortan zum Standardvokabular der Wissenschaftsreflexion in der DDR.

Mit der Ausdifferenzierung der Wissenschaftsforschung wurde allerdings allmählich erkennbar, dass weder „Produktivkraft Wissenschaft" noch „WTR" in den spezifischen Begriffsbestand dieses Gebietes eingingen. Sie zählten eher zum allgemeinen Begriffsarsenal der marxistischen Gesellschaftsauffassung, das einen heuristischen und interpretierenden Unterbau für die theoretische Ausgestaltung der Wissenschaftsforschung in der DDR bildete. Diese Unterscheidung hatte einen wissenschaftsstrategischen Doppeleffekt. Einerseits wurde damit gewährleistet, dass sich die in der DDR betriebene Wissenschaftsforschung in den globalen Strom dieses Gebietes integrieren konnte, andererseits blieb – über begrifflich ausgewiesene Übergänge – ihr Anschluss an das Gebäude der marxistischen Gesellschaftswissenschaften gewahrt.

---

241 Hubert Laitko: Produktivkraftentwicklung und Wissenschaft in der DDR. In: Clemens Burrichter, Detlef Nakath und Gerd-Rüdiger Stephan (Hrsg.): Deutsche Zeitgeschichte von 1945 bis 2000. Gesellschaft – Staat – Politik. Ein Handbuch. Karl Dietz Verlag, Berlin 2006, S. 475–540, hier S. 499.

Natürlich nahm der Ausdifferenzierungsprozess, in dem sich diese Unterscheidung ausprägte, eine gewisse Zeit in Anspruch. Die in den 1980er Jahren von einer internationalen Autorengruppe unter Leitung von Radovan Richta verfasste Monographie *Grundlagen der Wissenschaftsforschung*[242] dokumentiert den relativen Abschluss dieses Prozesses. Die „Produktivkraft Wissenschaft" erhielt hier kein eigenes Kapitel, sondern wurde lediglich in dem zum Kapitel „Die Wissenschaft im System der Reproduktion des gesellschaftlichen Lebens" gehörenden Unterabschnitt „Die sozialen Funktionen der Wissenschaft und ihre Veränderung im Sozialismus"[243] als eine von mehreren dieser Funktionen besprochen. Über die WTR gab es – in einem von Richta geleiteten Projekt! – gar keinen zusammenhängenden Abschnitt. Da der Terminus „WTR" aber bis zum Ende der DDR ein wesentlicher Bestandteil der politischen Rhetorik blieb, war es immer vorteilhaft, ihn zu verwenden, wenn es um die Durchsetzung und Finanzierung größerer, institutionenübergreifender Vorhaben und um die Gewinnung von Partnern für solche Projekte ging. Auch Großinstitutionen wie die Akademie der Wissenschaften der DDR benutzten ihn gern, um damit zu demonstrieren, dass sie die auf Parteitagen der SED erhobenen Forderungen unverzüglich aufgriffen und umsetzten. So beschloss das Akademiepräsidium 1982 ein interdisziplinäres Forschungsprogramm unter dem Titel *Wissenschaftlich-technische Revolution, sozialer Fortschritt und geistige Auseinandersetzung*, das bis zum Ende der DDR weitergeführt wurde und zahlreiche Akademieinstitute, Hochschulsektionen und Industrieforschungseinrichtungen einbezog. Dem ITW wurde die Leitung und Organisation dieses Programms übertragen.[244] Das Programm ermöglichte ausgedehnte Kooperationen, auch im Ost-West-Maßstab. Es wäre eine lohnende, bisher noch nicht in Angriff genommene Aufgabe, zu untersuchen, ob und inwieweit das WTR-Konzept dabei weiterhin eine heuristische Rolle gespielt hat oder ob es nur noch zu legitimatorischen Zwecken verwendet worden ist.

---

242 Autorenkollektiv: Grundlagen der Wissenschaftsforschung. Akademie-Verlag, Berlin 1988.
243 Ebd., S. 81–90.
244 Wissenschaftlich-technische Revolution, sozialer Fortschritt und geistige Auseinandersetzung. ITW-Kolloquien H. 43/1–43/5. Berlin 1985; Hubert Laitko: Wissenschaftlich-technische Revolution: Akzente des Konzepts in Wissenschaft und Ideologie der DDR, a.a.O., S. 46–47.

1966

In diesem Jahr erschien im Moskauer Progress-Verlag, besorgt von Vselovod N. Stoletov, der Sammelband *Nauka o nauke* (Die Wissenschaft von der Wissenschaft).[245] Es handelte sich um eine Übersetzung aus dem Englischen. Den Hauptteil bildete die russische Version eines Bandes, der 1964 zum 25jährigen Jubiläum von Bernals Pionierwerk *The Social Function of Science* gemeinsam von dem Soziologen und Ökonomen Maurice Goldsmith und dem Kristallographen Alan Mackay herausgegeben worden war.[246] Zusätzlich wurde eine russische Übersetzung des Vorlesungszyklus *Little Science, Big Science* von Derek J. de Solla Price[247] aufgenommen.[248] Das kleine Buch von Price hatte im Westen enormes Aufsehen erregt. Es wurde zu einem der Schlüsseltexte für die Entwicklung und Anwendung quantitativer Methoden der Wissenschaftsforschung und damit für die Wissenschaftsforschung insgesamt. Price hatte sich ausdrücklich zum Projekt der neuen Forschungsrichtung bekannt und für den Jubiläumsband einen Aufsatz beigesteuert, der das Terrain des Gebietes systematisch skizzierte[249] und der nun ebenfalls in russischer Sprache vorlag.[250] In unserem Zusammenhang verdient die russische Ausgabe – und damit das Jahr 1966 – hervorgehoben zu werden, weil insbesondere dadurch (viel mehr als über die englischsprachigen Originalfassungen) die in England und den USA geführten Diskussionen über die „science of science" in die einschlägigen Diskurse des Ostblocks Eingang fanden und damit die Chancen größer wurden, die Wissenschaftsforschung als eine lagerübergreifende Strömung zu etablieren.

Die beiden britischen Herausgeber waren mit Bernal und seinem Anliegen eng verbunden, wenn auch im Fall von Goldsmith auf eine nicht ganz unproblematische Weise. Bernal kannte Goldsmith seit Anfang der 1950er Jahre, als dieser bei der UNESCO in Paris tätig war. Die Idee der „science of science" wurde von ihm offensichtlich unterstützt. In den 1960er Jahren begründete er in London eine *Science of Science Foundation*, eine Non-Profit-Organisation, die einschlägige Tagungen veranstaltete.[251] Aus ihr ging die *Science Policy Foundation (SPF)* hervor, deren Symposien und Publikationen zur Herausbildung einer integrierten westeuropäischen Wissen-

---

245 Nauka o nauke (Sbornik statej). Izdatel'stvo Progress, Moskva 1966.
246 Maurice Goldsmith & Alan Mackay (Hrsg.): The science of science: Society in the technological age. Souvenir Press, London 1964.
247 Derek J. de Solla Price: Little science, big science. Columbia University, New York 1963.
248 D. Price: Malaja nauka, bol'šaja nauka. In: Nauka o nauke (Sbornik statej), a. a. O., S. 281–384.
249 Derek J. de Solla Price: The science of science. In: Maurice Goldsmith & Alan Mackay (Hrsg.): The science of science: Society in the technological age, a. a. O., S. 195–208.
250 Nauka o nauke (Sbornik statej), a. a. O., S. 236–254.
251 Anthony V. S. de Reuck, Maurice Goldsmith & Julie Knight (Hrsg.): Ciba Foundation and Science of Science Foundation Symposium on decision making in national science policy. Churchill, London 1968.

schaftspolitik beitrugen.²⁵² Seit 1978 gab sie die Zeitschrift *Science and Public Policy* heraus, heute eines der angesehenen sozialwissenschaftlichen Oxford-Journale. In einer (mir nicht zugänglichen) Arbeit aus dem Jahre 1976 erörterte Goldsmith rückblickend seine Diskussionen mit Bernal über die „science of science".²⁵³ Eine von Karel Müller zitierte Passage aus dieser Arbeit lautet: „Now that science is a major human activity it needs to be studied, as are the other human activities, by such sciences as sociology and economics. But it differs radically from the other human activities in that it is always changing, in fact, change is its very essence. The science of science will have to study the mechanisms of this change".²⁵⁴ Das ist eine beachtenswerte Aussage – Bernal sah, wie es auch der Botschaft von *Science in History* entspricht, die temporale, historische Dimension der Wissenschaft als ihre entscheidende und gegenüber ihrer synchronen Struktur bestimmende Charakteristik an und wollte die Wissenschaftsforschung so angelegt wissen, dass sie dies zum Ausdruck bringt. Nach Bernals Tod war Goldsmith sein erster Biograph.²⁵⁵ Aus nicht ganz deutlichen Gründen hatte Bernal, als Goldsmith ihn in seinen späten Jahren von seiner Absicht unterrichtete, seine Zustimmung verweigert und seine Unterlagen sperren lassen.²⁵⁶ So musste diese Biographie ohne Kenntnis vieler Quellen geschrieben werden, zu denen Bernals späterer Biograph Andrew Brown Zugang hatte. Auf den Jubiläumsband hatte diese Irritation aber keine erkennbaren Auswirkungen.

Alan Mackay war ein Schüler und Fachkollege Bernals. 1951 hatte er mit einem Thema aus dem Gebiet der Röntgenkristallstrukturanalyse bei diesem promoviert, und genau ein halbes Jahrhundert später, am 10. Mai 2001, hielt er zum Gedächtnis seines Lehrers die Bernal Lecture der Royal Society über das Thema *J. D. Bernal: His Legacy to Science and Society*.²⁵⁷ Auch nach der Promotion blieb er als Mitarbeiter Bernals am Birkbeck College und wurde zu einem der bedeutendsten Fachleute dieser Institution. Als Kristallograph und Kristallphysiker teilte er zugleich das Interesse seines Lehrers an der Wissenschaft von der Wissenschaft. So war er Mitautor des programmatischen Beitrags *Towards a Science of Science* auf dem XI. Internationalen

---

252 Maurice Goldsmith (Hrsg.): Strategies for Europe. Proposals for science and technology policies. A Symposium organized by The Science Policy Foundation in collaboration with The Commission of the European Communities. Pergamon Press, Oxford u. a. 1978.
253 Maurice Goldsmith: Three scientists face social responsibility. CSIR, New Delhi 1976.
254 Zit. in: Karel Müller: The social function of science and social goals for science. In: Helmut Steiner (Hrsg.): 1939. J. D. Bernal's The Social Function of Science, a. a. O., S. 375–391, hier S. 390.
255 Maurice Goldsmith: Sage. A life of J. D. Bernal. Hutchinson, London 1980.
256 Andrew Brown: J. D. Bernal. The Sage of Science, a.a:O., S. 479; Hilary Rose: Rezension zu: Maurice Goldsmith: Sage. A life of J. D. Bernal. In: Isis 72 (1981) 3, S. 522–523.
257 <met.iisc.ernet.in/~lord/webfiles/Alan/CVU09.pdf> [Zugriff 2.4.2016].

Kongress für Wissenschaftsgeschichte in Warschau 1965[258], den Steiner später auch in einer deutschen Übersetzung zugänglich machte.[259]

In einem kurzen Geleitwort des Verlages zu *Nauka o nauke* heißt es: „Der Sammelband schließt gleichsam die Vorbereitungsperiode im Werden eines neuen Wissenschaftszweiges ab, der die Bezeichnung ‚Wissenschaft von der Wissenschaft' oder Wissenschaftskunde erhalten hat".[260] Etwa so sah es auch Bernal, der für den Jubiläumsband eine eigene Betrachtung beigesteuert hatte[261], deren Übersetzung Steiner der deutschen Ausgabe von *The Social Function of Science* voranstellte.[262] Darin erörterte Bernal die Entwicklung der in seinem Werk von 1939 behandelten Problematik während des seither vergangenen Vierteljahrhunderts. Eine Passage daraus ist von den Protagonisten der Wissenschaftsforschung in der Folgezeit besonders gern zitiert worden. Relativ zum Umfang der für sie verfügbaren Ressourcen, so bemerkte Bernal hier, sei die Effektivität der Forschung nach wie vor sehr gering. Um sie auch nur in bescheidenem Maße zu erhöhen, brauchten wir „etwas radikal Neues. Wir brauchen eine Strategie der Forschung, die auf einer *Wissenschaft von der Wissenschaft* beruhen muß. Diese kann aber nicht formuliert werden, indem man, wie das früher geschah, einfach a priori festlegt, wie die wissenschaftliche Methode auszusehen habe, sondern indem man sie aus dem, was sie leistet, und der Art und Weise, wie sie wirkt, herauspräpariert. [...] Die Wissenschaft von der Wissenschaft bzw. die Tatsache, daß die Wissenschaft sich ihrer selbst bewußt wurde [...], ist der wahrhaft sensationelle Fortschritt der zweiten Hälfte unseres Jahrhunderts. Diese Wissenschaft von der Wissenschaft muß sehr umfassend sein: Sie muß sowohl die gesellschaftlichen und ökonomischen als auch die materiellen und technischen Bedingungen für den wissenschaftlichen Fortschritt und für den richtigen Einsatz seines Instrumentariums zum Inhalt haben."[263] Diese Stelle kann man nicht als bloßes Desiderat oder reine Zukunftsvision deuten; Bernal war ersichtlich der Auffassung, dass die Wissenschaftsforschung um die Mitte der 1960er Jahre bereits im Werden war.

So ist auch der Beitrag zu verstehen, den Bernal – damals gesundheitlich bereits schwer angeschlagen – ein Jahr später gemeinsam mit Mackay dem XI. Weltkongress für Wissenschaftsgeschichte in Warschau vorlegte. Die Autoren begrüßten die in

---

258 John D. Bernal & Alan Mackay: Towards a science of science. In: Actes du XIe Congrès international d'histoire des sciences, 24–31 Août 1965, I (Organon 3/1966). Wrocław/Varsovie/Cracovie 1966, S. 20–28.
259 John D. Bernal und Alan L. Mackay: Auf dem Wege zu einer Wissenschaft von der Wissenschaft. In: John D. Bernal: Die soziale Funktion der Wissenschaft. Hrsg. von Helmut Steiner, a.a.O., S. 459–467.
260 Nauka o nauke (Sbornik statej), a.a.O., S. 5.
261 John D. Bernal: After 25 years. In: Maurice Goldsmith & Alan Mackay (Hrsg.): The science of science: Society in the technological age, a.a.O., S. 209–228.
262 John D. Bernal: Fünfundzwanzig Jahre später. In: John D. Bernal: Die soziale Funktion der Wissenschaft. Hrsg. von Helmut Steiner, a.a.O., S. 1–17.
263 Ebd., S. 8.

Gang gekommene Etablierung der Wissenschaftsforschung, doch sie verbanden ihre grundsätzliche Zustimmung mit der Aufforderung, die neue Forschungsrichtung nicht zu einem strikt definierten System erstarren zu lassen. Das war zugleich eine Konsequenz aus Bernals schon zuvor wiederholt geäußerter Überzeugung, dass die Wissenschaft aufgrund ihres unaufhörlichen Wandels ebenso wie aufgrund ihrer immensen Komplexität und Vielseitigkeit nicht in einen streng definierten Begriff gefasst werden könne. In *Science in History* hatte er – übrigens unter Bezugnahme auf Einstein – bereits konstatiert: „Eine menschliche Tätigkeit, die selbst nur ein untrennbarer Aspekt des einmaligen und sich nicht wiederholenden Prozesses der gesellschaftlichen Evolution ist, läßt sich durch eine Definition des Begriffes nicht streng fassen. Die Wissenschaft ist ihrer ganzen Natur nach mehr als jede andere menschliche Tätigkeit Veränderungen unterworfen".[264] Was an dieser Stelle als Prämisse für den Überblick über eine jahrtausendelange Entwicklung formuliert worden war, wurde gegen Ende des Buches noch einmal als Fazit ausgesprochen: „Das Studium ihrer Geschichte lässt erkennen, daß die Wissenschaft nicht etwas ist, das ein für allemal durch Definition fest umrissen werden könnte. Sie ist vielmehr ein Prozeß, der untersucht und beschrieben werden muß, eine menschliche Betätigung, die mit allen anderen Tätigkeiten der Menschen verknüpft ist und in ständiger Wechselwirkung mit diesen steht."[265]

Damit war auch schon skizziert, wie nach Ansicht Bernals die Wissenschaft von der Wissenschaft verfahren sollte. Für das Vorgehen in *Science in History* zog er den Schluss: „Da somit aus inneren Gründen eine Definition nicht gegeben werden kann, bleibt also zur Vermittlung dessen, was in diesem Buch als Wissenschaft diskutiert werden soll, nichts anderes übrig, als den Begriff beschreibend zu entwickeln."[266] Aus einer solchen evolutionistischen Perspektive ist es nicht irritierend, dass so viele unterschiedliche Versionen des Wissenschaftsbegriffs in Umlauf sind: Eine jede hebt gewisse Momente einer unerschöpflichen Wirklichkeit hervor und blendet andere aus. Wenn sich aber die Wissenschaft als Gegenstand der Erkenntnis einer strengen und eindeutigen Begriffsbestimmung entzieht, dann wird man das auch für ihre Selbstreflexion und deren mögliche Formen sagen müssen. In diesem Sinne stellten Bernal und Mackay in ihrem Warschauer Vortrag fest: „Wir sollten deshalb weder die Wissenschaft im allgemeinen noch die Wissenschaft von der Wissenschaft streng definieren…".[267] Die Formulierung von Price in seinem Beitrag zum Jubiläumsband[268]

---

264 John D. Bernal: Die Wissenschaft in der Geschichte, a. a. O., S. 19.
265 Ebd., S. 832.
266 Ebd., S. 19.
267 John D. Bernal und Alan L. Mackay: Auf dem Wege zu einer Wissenschaft von der Wissenschaft, a. a. O., S. 459.
268 Derek J. de Solla Price: The science of science, a. a. O., S. 200–201.

erachteten sie für brauchbar – nur eben nicht als strenge Definition, sondern als „allgemeine Umschreibung des Gebietes". Dabei sahen sie es als einen Vorzug dieser Formulierung an, dass in sie das schon 1936 von den Ossowskis aufgestellte Arbeitsprogramm eingeschlossen ist.[269] Sie setzten also auf einen deutlichen Traditionsbezug: Fortschritte der Wissenschaftsforschung sollten deutlich an frühere Bestrebungen anknüpfen, statt durch Setzungen ad hoc absolute Neuanfänge vorzuspiegeln. Allerdings bedeutet das nicht, dass Bernal und Mackay womöglich für eine theorielose Wissenschaftsforschung plädiert hätten – sie wollten lediglich ihre Skepsis gegenüber apriorischen Konstruktionen ohne eine gesunde empirische Basis zum Ausdruck bringen: „Wir sind der Ansicht, dass es in dieser Disziplin ebenso wie in den meisten anderen Wissenschaften nicht möglich ist, a priori vorauszusagen, wie ihr theoretischer Rahmen aussehen wird, in welchen dann Experimente und Beobachtung lediglich die Einzelheiten einzufügen hätten...".[270] Weil ihnen eine systematische Empirie für die Wissenschaftsforschung unverzichtbar erschien, müsste diese nach ihrer Ansicht auch den dafür notwendigen personellen Aufwand treiben können und deshalb die Dimension einer regulär institutionalisierten Disziplin annehmen. Die Voraussetzungen, auf diese Weise untersucht werden zu können, und die Notwendigkeit, sich einer solchen Selbstbeobachtung zu unterziehen, habe die Wissenschaft erst in neuerer Zeit herausgebildet. Erst jetzt erlaubten ihr Umfang und ihre Diversität aussagekräftige statistische Untersuchungen: „Zu Zeiten Keplers und Galileis wären sie weitgehend sinnlos gewesen." Der Umstand, dass sie heute „auf sehr unterschiedlichem kulturellem Hintergrund" betrieben wird, ermögliche zudem ergiebige Vergleiche. Es sei nunmehr sogar möglich, „bewußte Experimente in bezug auf Organisation und Umfeld der Wissenschaft durchzuführen".[271]

Die genauen Motive, die zur russischen Ausgabe des Bernal-Jubiläumsbandes geführt haben, sind nicht bekannt. Es liegt aber nahe zu vermuten, dass dieser Vorgang im Kontext der enormen Wissenschaftseuphorie zu sehen ist, den der spektakuläre Doppelerfolg in der Kosmosforschung (1957 und 1961) während der 1960er Jahre in der sowjetischen Öffentlichkeit ausgelöst hatte und die auch den Bestrebungen, die Wissenschaft selbst zu erforschen, einen starken Impuls verlieh. 1966 – das Jahr, das auf den Warschauer Kongress folgte – war in der Sowjetunion ein Schlüsseljahr für die Etablierung des neuen Gebietes. Die beiden Wissenschaftshistoriker Semjon M. Mikulinskij und Naum I. Rodnyj, führende Fachleute am renommierten Moskauer Akademieinstitut für Geschichte der Naturwissenschaft und Technik, veröffentlichen

---

269 John D. Bernal und Alan L. Mackay: Auf dem Wege zu einer Wissenschaft von der Wissenschaft, a. a. O., S. 459.
270 Ebd., S. 463.
271 Ebd., S. 562.

im Maiheft der Zeitschrift „Voprossy filosofii" den programmatischen Aufsatz *Die Wissenschaft als spezieller Untersuchungsgegenstand (zur Herausbildung der „Wissenschaft von der Wissenschaft" – Wissenschaftskunde)*.[272] Mikulinskij wurde später Institutsdirektor und einer der wichtigsten ausländischen Kooperationspartner des Kröber-Instituts. Dieser Aufsatz bildete die Diskussionsgrundlage für das im Juni in Lwow und Užgorod durchgeführte polnisch-sowjetische Symposium zu Problemen der komplexen Erforschung der Wissenschaftsentwicklung. Mikulinskij hatte es gemeinsam mit dem polnischen Physiker und Wissenschaftsforscher Ignacy Malecki angeregt, der die beim Präsidium der Polnischen Akademie der Wissenschaften bereits 1963 gegründete Kommission für Wissenschaftswissenschaft leitete. Schließlich erschien 1966 die erste sowjetische Monographie zur Wissenschaftsforschung.[273] Ihr Autor war Genadij M. Dobrov, ein ukrainischer Technikwissenschaftler und Ökonom mit technikhistorischer Expertise und ausgeprägter Neigung zu kybernetischen Gedankengängen. Seit Mitte der 1960er Jahre baute er, dessen persönliches Netzwerk auch in die DDR reichte, ein Kollektiv von Enthusiasten der Wissenschaftsforschung auf. Dieses Kollektiv arbeitete an der Ukrainischen Akademie der Wissenschaften in mannigfach wechselnden institutionellen Zusammenhängen, bewahrte bei allen diesen organisatorischen Peripetien stets seine innere Kohärenz, errang im Laufe der Zeit den Status eines selbständigen Instituts, erhielt 1989 nach dem Tod seines Gründers dessen Namen und existiert heute als *Zentrum für Erforschung des wissenschaftlich-technischen Potentials und der Wissenschaftsgeschichte*, oft kurz *Dobrov-Zentrum* genannt. Mehr als 60 Wissenschaftler sind dort tätig. Das Selbstverständnis der Mitarbeiter dieses Zentrums ist das einer wissenschaftlichen Schule, der Kiewer Schule der Wissenschaftsforschung.[274]

Die Aktivitäten des Jahres 1966 blieben in der Sowjetunion nicht singulär. In den nächsten Jahren fanden dort in dichter Folge Veranstaltungen zu verschiedenen thematischen Aspekten der Wissenschaftsforschung statt, darunter diverse große Allunionskonferenzen. Die Übersetzung des von Goldsmith und Mackay edierten Jubiläumsbandes und Dobrovs Arbeiten an seiner Monographie müssen parallel verlaufen sein. Mir ist nicht bekannt, ob Dobrov in das Übersetzungsprojekt involviert war. Jedenfalls nahm er ausdrücklich auf diesen Band Bezug und rezipierte dabei vor allem Price. In ihrem Warschauer Kongressbeitrag hatten Bernal und Mackay die Bedeutung von Price für die werdende Wissenschaftsforschung in zweifacher Hinsicht

---

272 Semjon M. Mikulinskij und Naum I. Rodnyj: Nauka kak predmet special'nogo issledovanija (k formirovaniju „nauki o nauke" – naukovedenija). In: Voprossy filosofii 1966, H. 5, S. 25–38.
273 Genadij M. Dobrov: Nauka o nauke. Vvedenie v obščeje naukoznanie. – Naukowa Dumka, Kiew 1966.
274 Boris A. Malickij, Lidija F. Kavunenko, Ol'ga V. Krasovskaja und Aleksandr P. Pilipenko: Istorija institucializacii naukovedenija. In: Sociologija nauki i technologii – Sociology of Science and Technology 3 (2012) 2, S. 8–19.

hervorgehoben. Einmal hatten sie, wie oben erwähnt, die von diesem im Jubiläumsband vorgeschlagene Kontur der „Wissenschaft von der Wissenschaft" als brauchbare Einstiegsorientierung akzeptiert. Zum andern hatten sie Price als Pionier der Entwicklung und Anwendung quantitativer Methoden – Messung, Statistik, mathematische Modelle – in der Wissenschaftsforschung gewürdigt: „Die Arbeiten von De Solla Price zum Netzwerk der wissenschaftlichen Kommunikation sind als Versuch einer quantitativen Analyse eine Pionierleistung. Sie bedeuten den Beginn der Aufdeckung der Bewegungsgesetze der Wissenschaft."[275] Wenn man die Intention der „science of science" wörtlich nimmt, Wissenschaft ausdrücklich als „science" versteht und zudem in Betracht zieht, dass ihre Bahnbrecher zum erheblichen Teil aus den physikalischen Wissenschaften und aus deren Umfeld kamen, dann ist unmittelbar einsichtig, dass für diese Gelehrten die quantitativen Methoden im Mittelpunkt der Wissenschaftsforschung stehen mussten. Es galt, auch auf dem Feld der Wissenschaft alles zu messen, was immer sich messen ließ, und mit den so gewonnenen Daten zu arbeiten. Dobrov rezipierte Price – in der genannten Monographie wie in späteren Arbeiten –, und er tat es auf kollegiale, aber keineswegs epigonale Art; die Sowjetunion war eine Hochburg mathematischen Denkens, auch in Anwendung auf die Wissenschaft selbst.[276] Die Kiewer Schule war (und ist) selbst ein Zentrum dieser Arbeitsweise. Obwohl Dobrov andere methodische Zugänge keineswegs ausschloss, bevorzugte er es selbst, die Wissenschaft als ein System von Informationsströmen zu modellieren. Dieses Vorgehen, das unmittelbar an die damals sehr populäre kybernetische Denkweise anknüpfte, kam der Nutzung quantitativer Methoden und mathematischer Modelle entgegen und fand in der mathematisch gestimmten *scientific community* der Sowjetunion großen Anklang. Seine Achillesferse war, dass es sich nur schwer mit dem subjektiven Aspekt der Wissenschaftsentwicklung, mit psychologischen und soziologischen Betrachtungsweisen verbinden ließ und daher die Integration in den Korpus der Gesellschaftswissenschaften in erster Linie über die Ökonomie und das ökonomische Rechnen vornehmen musste. Aber das spricht keineswegs gegen Dobrovs Arbeitsweise und bezeugt lediglich, dass in der werdenden Wissenschaftsforschung auch andere, komplementäre Ansätze Platz hatten und zugleich erforderlich waren.

Unabhängig von allen theoretischen und methodologischen Spezifikationen bleibt festzuhalten, dass das Jahr 1966 ein Markstein im Prozess der Ost-West-Verflechtung auf dem Gebiet der Wissenschaftsforschung war. Dieser Markstein war auf

---

275 John D. Bernal und Alan L. Mackay: Auf dem Wege zu einer Wissenschaft von der Wissenschaft, a.a.O., S. 462.
276 Vasilij V. Nalimov und Zinaida M. Mul'čenko: Naukometrija: Izučenie razvitija nauki kak informacionnogo processa. Nauka, Moskva 1969.

internationaler Ebene schon gesetzt, als im DDR-Maßstab die Institutionalisierung der Wissenschaftsforschung in Gang kam, und markiert den globalen Rahmen, in dem sich diese Institutionalisierung vollzog. Die konzeptionellen und theoretischen, unvermeidlich auch ideologisch konnotierten Ost-West-Kontroversen in der Wissenschaftsforschung – etwa die legendäre Debatte zwischen Mikulinskij und Price über die von letzterem formulierten exponentiellen Wachstumsmodelle der Wissenschaft auf dem XIII. Internationalen Kongress für Wissenschaftsgeschichte in Moskau 1971 – wurden nicht (mehr) als äußere Konfrontation zweier Lager, sondern als interne Auseinandersetzung innerhalb einer lagerübergreifenden Fachgemeinschaft verstanden. Dies fand seinen Ausdruck auch in institutionellen Entwicklungen der 1970er Jahre, die nicht mehr Gegenstand dieser Skizze sind und von denen hier nur eine erwähnt werden soll. Auf dem Moskauer Kongress wurde die Gründung des *International Council (später: Commission) for Science Policy Studies (ICSPS)* beschlossen. Dieses Gremium fungierte in der Folgezeit als internationales Koordinierungsgremium für die Wissenschaftsforschung. Es war lager- und kontinenteübergreifend besetzt. Das Präsidentenamt hatte Jean-Jacques Salomon (Frankreich) inne, der zugleich die Verbindung zur OECD herstellte. Vizepräsidenten waren Semjon R. Mikulinskij (UdSSR), Derek J. de Solla Price (USA) und Abdur Rahman (Indien), als Sekretärin und Schatzmeisterin fungierte Ina Spiegel-Rösing (BRD). Auch Genadij M. Dobrov (UdSSR), Ignacy Malecki (Polen) und Radovan Richta (ČSSR) gehörten der Kommission an. Sie war zugleich ein Ort des Kontaktes zwischen Wissenschaftsforschern aus beiden deutschen Staaten: Aus der BRD war neben Spiegel-Rösing auch der Wissenschaftsphilosoph Alwin Diemer beteiligt, die DDR wurde durch Günter Kröber vertreten.[277]

Der Impuls des Jahres 1966 war im gesamten sowjetischen Einflussbereich spürbar, soweit es dort Protagonisten der Wissenschaftsforschung gab. Auch ich selbst habe ihn wahrgenommen und verdanke ihm eine grundlegende Weichenstellung in meiner wissenschaftlichen Laufbahn. Irgendwann im Winter 1966/67 bemerkte ich in der Bibliothek der Berliner Humboldt-Universität unter den Neuerwerbungen zufällig die gerade erschienene Monographie von Dobrov. Auf ihre Thematik war ich durch meine am Ley-Lehrstuhl absolvierte Aspirantur eingestimmt. Unverzüglich las ich das Buch im russischen Original (eine deutsche Ausgabe war erst 1969 verfügbar), war von der Systematik seiner Argumentation beeindruckt und beschloss, am Institut für Philosophie der Humboldt-Universität, an dem ich damals als junger Mitarbeiter tätig war, eine Vorlesung über dieses neue Gebiet zu versuchen. Für eine solche Vor-

---

277 Roy MacLeod: The historical context of the International Commission for Science Policy Studies. In: Jean-Jacques Salomon & Ina Spiegel-Rösing (Hrsg.): Science policy studies contributions. ICSPS, International Union for the History and Philosophy of Science, Tokyo 1974, S. 202–210.

lesung gab es weder am Institut noch an der ganzen Universität irgendwelche Präzedenzfälle. Ich hielt sie – unter der nicht wirklich adäquaten Bezeichnung „Wissenschaftstheorie" – zweisemestrig im Studienjahr 1967/68. Eine Kalendernotiz weist aus, dass ich am 14. Oktober 1967 für die Vorbereitung der Vorlesung den Beitrag von Bernal und Mackay auf dem Warschauer Kongress (in russischer Übersetzung in „Voprossy filosofii" 7/1966) ausgewertet habe. Diese Vorlesung wurde zum Motiv dafür, mich 1969 in die Gründungsmannschaft des Kröber-Instituts aufzunehmen.

1968

Eines der Jahre in der Nachkriegsepoche, bei denen die bloße Nennung der Jahreszahl Assoziationen historischer Erschütterungen und Umwälzungen auslöst, ist ohne Zweifel 1968. Von der Studentenbewegung in den Universitätsstädten westlicher Länder bis zur Intervention von Truppen des Warschauer Vertrages in der Tschechoslowakei zeugten zahlreiche Aufsehen erregende Ereignisse davon, dass die durch die Konfrontationen des Kalten Krieges stabilisierte Welt in Unruhe geraten war. Die vordergründig spektakulären Geschehnisse absorbierten die öffentliche Aufmerksamkeit fast vollständig. Dennoch waren sie nur Symptome längerfristiger und tiefer gehender tektonischer Verschiebungen im gesellschaftlichen Gefüge, die weniger Beachtung fanden, jedoch auf lange Sicht gravierender waren und zudem in engem Zusammenhang mit den gesellschaftlichen Wirkungen der Wissenschaft standen. Hier ist in erster Linie die 1968 in der Accademia dei Lincei zu Rom erfolgte Gründung des *Club of Rome* zu nennen[278], der mit der in seinem Auftrag am renommierten Massachusetts Institute of Technology (M.I.T.) erarbeiteten und von der Stiftung Volkswagenwerk (!) finanzierten Studie *The Limits to Growth* vier Jahre später für eine Weltsensation sorgte.[279]

Die vom Club of Rome angeregten, in Auftrag gegebenen oder auch direkt organisierten Studien haben – anknüpfend an die alarmistische Umweltliteratur der vorhergehenden Jahre – nicht nur die akut drohende Gefahr einer globalökologischen Existenzkrise der Menschheit eindrucksvoll vor Augen geführt, sondern vor allem die Ursache dieser Gefährdung im Wachstumsmodell der modernen Industriegesellschaft ausgemacht und diese Orientierung von Gesellschaft und Wirtschaft grundsätzlich in Frage gestellt. Das ökologisch riskante Wirtschaftswachstum aber war in

---

[278] Jürgen Streich: 30 Jahre Club of Rome: Anspruch – Kritik – Zukunft. Birkhäuser, Basel/Boston/Berlin 1997.
[279] Dennis L. Meadows, Donella Meadows, Erich Zahn & Peter Milling: The Limits to Growth. Universe Books, New York 1972. – Deutsche Ausgabe unter dem Titel: Die Grenzen des Wachstums. Deutsche Verlags-Anstalt: Stuttgart 1972.

erster Linie – und von Jahrzehnt zu Jahrzehnt mehr – ein Resultat angewandter Wissenschaft. Das Aufkommen eines globalökologischen Krisenbewusstseins, als deren Markstein die Gründung des Club of Rome aufzufassen ist, war deshalb von gravierender Relevanz für die kritische Selbstreflexion der Wissenschaft. Von nun an konnte man die „Produktivkraft Wissenschaft" nicht mehr unhinterfragt als reines Fortschrittsversprechen ansehen.

Das konsequenteste Eingeständnis dieses Sachverhalts aus jener Zeit, das mir bekannt ist und das noch vor der Gründung des Club of Rome formuliert worden war, findet sich in den einleitenden Sätzen des am 1. November 1967 eingereichten *Vorschlags zur Gründung eines Max-Planck-Instituts zur Erforschung der Lebensbedingungen der wissenschaftlichen Welt*. Dort heißt es, dass die Menschheit durch die Wissenschaft eine radikale Veränderung ihrer Lebensbedingungen erfahren habe: „Alle diese Entwicklungen sind ambivalent; sie bringen ebenso große Chancen wie Gefahren mit sich. Sie nötigen uns damit, die Verantwortung für das Leben der Menschheit auch in solchen Bereichen bewusst zu übernehmen, die bisher dem natürlichen Gang der Dinge überlassen waren".[280] Dieser Vorschlag trug die Unterschriften von Wolfgang Bargmann, Klaus von Bismarck, Walther Gerlach, Werner Heisenberg, Hermann Heimpel und Carl Friedrich von Weizsäcker; es ist zu vermuten, dass von Weizsäcker, der Initiator und Gründungsdirektor des Instituts, der Autor des Textes war. Die Ambivalenz-Diagnose, die in zahlreichen Weizsäcker-Texten aufgegriffen und im Detail entwickelt wird[281], lotete um vieles tiefer als das duale Schema von Gut oder Böse, Segen oder Fluch, Gebrauch oder Missbrauch, das in Hinblick auf den militärischen Einsatz der Wissenschaft und vor allem in Bezug auf die Alternative von Kernwaffen und Kernenergetik präferiert worden war.

Dort war stillschweigend unterstellt worden, dass die wissenschaftliche Erkenntnis selbst ethisch neutral sei und nur der Gebrauch, der von ihr gemacht wird, gut oder böse sein könnte; entsprechend galt das Problem als gelöst, wenn es gelänge, jeglichen Missbrauch des Wissens auszuschließen. Nun aber musste man zur Kenntnis nehmen, dass auch in bester Absicht erfolgte Anwendungen schlimme Neben- oder Folgewirkungen zeitigen konnten, die weder beabsichtigt noch vorausgesehen worden waren. Die Kernenergetik, eingeführt als positives Gegenbild zu den Kern-

---

280 Vorschlag zur Gründung eines Max-Planck-Instituts zur Erforschung der Lebensbedingungen der wissenschaftlich-technischen Welt, 1.11.1967, S. 1. Archiv der Max-Planck-Gesellschaft II. Abt. Rep. 9 Nr. 13.
281 Hubert Laitko: Das Ambivalenzkonzept bei Carl Friedrich von Weizsäcker – Versuch einer Exegese. In: Klaus Hentschel und Dieter Hoffmann (Hrsg.): Carl Friedrich von Weizsäcker: Physik – Philosophie – Friedensforschung. Leopoldina-Symposium vom 20. bis 22. Juni 2012 in Halle (Saale). Acta Historica Leopoldina Nr. 63/2014. Wissenschaftliche Verlagsanstalt: Stuttgart 2015, S. 297–322; Hubert Laitko: Der Ambivalenzbegriff in Carl Friedrich von Weizsäckers Institutskonzept. Max-Planck-Institut für Wissenschaftsgeschichte. Preprint 449. Berlin 2013. – In beiden Texten gibt es teilweise identische Passagen, andere Passagen unterscheiden sich ganz wesentlich.

waffen, bot dafür das eindrucksvollste Exempel. So war von Weizsäcker mit seinem Starnberger Institut gedanklich auf die Botschaft der ersten Studie des Club of Rome bestens vorbereitet.[282] Nach eigenen Angaben war er auch gebeten worden, selbst Mitglied dieses Gremiums zu werden[283]; ungeachtet großer Sympathie für das Anliegen lehnte er dieses Angebot jedoch ab, weil ihn der Aufbau seines eigenen Instituts stark in Anspruch nahm.

Dieses Format erreichte die konzeptionelle Grundlegung der Wissenschaftsforschung in der DDR nicht, und es blieb auch in der Bundesrepublik ein – weitgehend an die Persönlichkeit von Weizsäckers gebundenes – Unikat. Es bildet aber einen unverzichtbaren Maßstab, um das Erreichte ebenso wie das Unterlassene angemessen zu werten. Im Großen und Ganzen war die Wissenschaftsforschung kein Ort, an dem die Orientierung der Wirtschaft auf unaufhörliches Wachstum problematisiert worden wäre. In der DDR, von einer wirtschaftlich unterlegenen Position aus, hätte man das auch schwerlich erwarten können. In der intersystemaren Wettbewerbssituation, in die sie gestellt war, hingen ihre Überlebensperspektiven vielmehr entscheidend davon ab, dass ihr wirtschaftlicher Rückstand gegenüber der Bundesrepublik nicht noch größer wurde. Die Wirtschaftsreformen der 1960er Jahre (Neues Ökonomisches System) hatten zwar den Abstand im Niveau der Arbeitsproduktivität zwischen den beiden Staaten stabilisiert, aber es war bislang nicht gelungen, ihn zu verkürzen. Die Protagonisten der Wirtschaftsreform setzten auf die Wissenschaft und forcierten die Kampagnen zur Entwicklung der industriellen bzw. industrienahen Großforschung mit Hilfe der „sozialistischen Wissenschaftsorganisation". Für diese wiederum wurden wissenschaftliche Grundlagen benötigt, und hier sollte die Wissenschaftsforschung voranhelfen. In diesem Kontext reiften die Voraussetzungen für ihre zügige und kompakte Institutionalisierung.

Dafür war 1968 das entscheidende Jahr. Die Orientierungen von „oben", aus dem Partei- und Staatsapparat, und die Initiativen von „unten", aus der Wissenschaft selbst, trafen sich in der Überzeugung, dass es nunmehr an der Zeit war, der Wissenschaftsforschung einen regulären Platz in der Wissenschaftslandschaft zu geben. Der wirtschaftspolitische Kontext lenkte die Aktivitäten in die Richtung einer eher instrumentellen als reflexiven Ausrichtung des Gebietes. Aber es wäre eine grobe Vereinfachung, sich das Institutionalisierungsgeschehen als eine bloße Top-Down-Aktion vorzustellen. Es war gerade ein Faszinosum der 1960er Jahre, dass sich in verschiedenen Hochschuleinrichtungen und Forschungsinstituten Personen fanden, die sich

---

282 Carl Friedrich von Weizsäcker: Grenzen des Wachstums. In: Die Naturwissenschaften 60 (1973) 6, S. 267–273.
283 Carl Friedrich von Weizsäcker: Erforschung der Lebensbedingungen. In: Ders.: Der bedrohte Friede. Politische Aufsätze 1945–1981. Carl Hanser Verlag, München 1981, S. 449–485, hier S. 468.

aus eigenem Antrieb mit Themen der Wissenschaftsforschung beschäftigten – meist als „Einzelkämpfer", manchmal auch zusammengeschlossen zu kleinen Gruppen. Von „unten" wuchs das Feld plural, mit entsprechend nuancierten Ansichten seiner Vertreter, auch wenn sich die meisten von ihnen als Marxisten verstanden. Diese Pluralität der Ursprünge relativierte die eher von „oben" gewollte instrumentelle Ausrichtung und stärkte die reflexive Komponente; allerdings rangen sich die hier verfassten Arbeiten auch später nicht bis zur Einsicht in die grundsätzliche Ambivalenz der Wissenschaft auf Weizsäckerschem Niveau durch. Dem Kröber-Institut kam diese Graswurzel-Pluralität zugute; es konnte, zumindest in seinen Anfängen, Enthusiasten der Wissenschaftsforschung mit ganz unterschiedlicher disziplinärer und institutioneller Herkunft zusammenführen und war nicht darauf angewiesen, bei der Rekrutierung von Personal erst einmal Interesse für seinen Gegenstand wecken zu müssen.

Zwei Ereignisse, die unmittelbar in die Frühgeschichte der Wissenschaftsforschung in der DDR gehörten, kennzeichneten das Jahr 1968: das Erscheinen des Gemeinschaftswerkes *Die Wissenschaft von der Wissenschaft*, der ersten Monographie, die die Konturen des angestrebten Gebietes in seiner Gesamtheit skizzierte[284], und das zweitägige Kolloquium unter dem steifleinenen Titel *Aktuelle Probleme der weiteren Verbesserung der Prognose, Planung und ökonomischen Durchdringung der Forschungsarbeiten mit dem Ziel der Erhöhung ihrer Effektivität*, das am 28. und 29. November an der Hochschule für Ökonomie in Berlin-Karlshorst stattfand.[285] Die Monographie, deren Manuskript im Juli 1967 abgeschlossen worden war, lag vor dem Kolloquium vor; mehrere Redner nahmen auf sie Bezug, und einer ihrer Autoren, der Leipziger Philosoph Frank Fiedler, gehörte selbst zu den Referenten.[286]

Die erste Sektion des Karlshorster Kolloquiums, die den Perspektiven der Wissenschaftsforschung gewidmet war, könnte man fast als ein Rekrutierungsforum für das Kröber-Institut ansehen, denn acht seiner künftigen Mitarbeiter traten dort mit eigenen Beiträgen auf:
– Peter Hanke
– Ilse Hauke
– Ursula Krüger

---

284 Alfred Kosing mit Autorenkollektiv: Die Wissenschaft von der Wissenschaft. Philosophische Probleme der Wissenschaftstheorie. Gemeinschaftsarbeit eines Kollektivs am Institut für Philosophie der Karl-Marx-Universität Leipzig. Dietz Verlag, Berlin 1968.
285 Alfred Lange (Hrsg.): Forschungsökonomie. Protokoll des wissenschaftlichen Kolloquiums „Aktuelle Probleme der weiteren Verbesserung der Prognose, Planung und ökonomischen Durchdringung der Forschungsarbeiten mit dem Ziel der Erhöhung ihrer Effektivität" am 28. und 29. November 1968 an der Hochschule für Ökonomie Berlin". Verlag Die Wirtschaft, Berlin 1969.
286 Frank Fiedler: Bemerkungen zur Struktur und zu den Aufgaben der marxistischen Wissenschaft von der Wissenschaft. In: Alfred Lange (Hrsg.): Forschungsökonomie, a. a. O., S. 88–93.

– Vadim Nikolajew
– Heinrich Parthey
– Heinz Seickert
– Wolfgang Wächter
– Dietrich Wahl

Indes war zu jener Zeit noch gar nicht über die Bildung des Instituts entschieden worden, und Kröber dachte – nach eigenen Angaben – damals noch nicht im Geringsten daran, dass sich sein Leben schon bald irreversibel mit dem werdenden Gebiet verbinden würde.

Die erwähnte Monographie war eine mitteldeutsche Produktion, bis auf die Mitwirkung des Prager Logikers Karel Berka allein von Autoren aus dem Leipziger Raum verfasst, und das Institut für Philosophie der Karl-Marx-Universität, als dessen Gemeinschaftswerk sie firmierte, war eine für ein solches Vorhaben durchaus geeignete institutionelle Plattform. Im Sommer 1967 war das Manuskript abgeschlossen, und es ist keineswegs sicher, ob – die damaligen institutionellen Verhältnisse vorausgesetzt – zu jener Zeit in Ostberlin schon etwas Äquivalentes hätte geschaffen werden können. Nach dem mit der Gründung des Kröber-Instituts und der Sektion WTO erfolgten massiven zweifachen Institutionalisierungsschub sah es natürlich anders aus. 1967/68 aber wäre es nicht abwegig erschienen, Leipzig zum Zentrum der Wissenschaftsforschung in der DDR zu machen, und es wäre vielleicht eine Untersuchung wert, warum die Würfel bald darauf für Berlin gefallen sind. Das monographisch durchgegliederte Buch nannte zwar alle beteiligten Autoren, gab aber keine Auskunft darüber, wer welchen Abschnitt verfasst hatte. So hoch, wie diese Praxis suggerierte, war das Konsensniveau der Beteiligten nicht, die einzelnen Teile des Bandes unterschieden sich nicht nur nach Stil und Argumentationsweise, sondern auch nach ihrer Qualität beträchtlich, aber immerhin waren die verschiedenen Abschnitte durch ein hinreichendes Maß an gedanklichem Zusammenhalt und Kompatibilität miteinander verbunden; bisweilen war sogar von einer „Leipziger Schule" der marxistischen Philosophie die Rede. Die Konzeptionsbildung für die Wissenschaftsforschung erfolgte hier von der Philosophie her. Das war auch in den Frühstadien des Kröber-Instituts der Fall und gab der Wissenschaftsforschung in der DDR eine spezifische Färbung, denn angesichts der Multidisziplinarität dieser Arbeitsrichtung waren auch andere Zugänge möglich und sind andernorts realisiert worden. Der Leipziger Band bietet hier die Gelegenheit zu einer kurzen Erörterung, was diese Eigenart perspektivisch bedeutete.

Der Leiter des Autorenkollektivs, der Philosoph Alfred Kosing, war von 1964 bis 1969 und damit auch in der Zeit der Arbeit an diesem Band Direktor des Leipziger Philosophischen Instituts. Er hatte 1960 mit einer Arbeit zum Thema *Über das Wesen der marxistisch-leninistischen Erkenntnistheorie. Eine historisch-systematische Studie* promoviert und hatte mit der Übernahme des Leipziger Direktorats damit begonnen, das Leipziger Institut zu einer Schwerpunkteinrichtung für Erkenntnistheorie in der DDR auszubauen. Wenig später wurde diese Aufgabe federführend von Dieter Wittich übernommen, der 1966 vom Philosophischen Institut der Berliner Humboldt-Universität nach Leipzig kam und dort 1968 eine Professur für Erkenntnistheorie erhielt.[287] Eine spezielle, wenn auch nur selten in Publikationen dokumentierte Neigung innerhalb seines erkenntnistheoretischen Interessenfeldes hatte Kosing zur philosophischen Wissenschaftstheorie. Dieses Interesse ging wohl auf die Zeit von 1950 bis 1953 zurück, als er – zunächst am Philosophischen Seminar, dann, nach der Institutsgründung, am Philosophischen Institut der Humboldt-Universität – Assistent des österreichischen Marxisten Walter Hollitscher war. Auf seinen Rat studierte Kosing eingehend die Arbeiten des Wiener Kreises: „Ich verstand das Anliegen dieser einflußreichen philosophischen Strömung, ohne alle ihre Schlußfolgerungen und Positionen zu teilen, lernte aber zumindest, daß stringente logische Gedankenführung, klare Sprache und begründete Argumentation in der Philosophie wie in jeder Wissenschaft unentbehrliche Werkzeuge sind."[288] So griff er in den 1960er Jahren auch in die Diskussionen um die theoretische Grundlegung der Wissenschaftsforschung ein, insbesondere mit einem am 24. Februar 1966 an der DAW gehaltenen Klassenvortrag. Hier bemerkte er, dass der Neopositivismus ungeachtet der falschen weltanschaulichen Grundlage zu positiven Resultaten gelangt sei; die *philosophy of science* habe eine Reihe wertvoller Erkenntnisse gewonnen und wichtige Fragestellungen entwickelt.[289] Mocek weist darauf hin, dass Kosing dies gerade drei Monate nach dem „Kahlschlagplenum" unbeanstandet erklären konnte[290] – ein kleines, aber deutliches Indiz für die Widersprüchlichkeit der ideologischen Situation, in der die Voraussetzungen für die Wissenschaftsforschung in der DDR heranreiften.

---

287 Alfred Kosing und Dieter Wittich: Über den Gegenstand der marxistischen Erkenntnistheorie. In: Deutsche Zeitschrift für Philosophie (1967) 12, S.1397–1417; Martina Thom: Nachdenken über das „Denken des Denkens" – historische und methodologische Aspekte. – www.praxisphilosophie.de.thom_denken.pdf; Dieter Wittich: Die vom Leipziger Lehrstuhl für Erkenntnistheorie von 1967 bis 1989 veranstalteten jährlichen Arbeitstagungen. In: Hans-Christoph Rauh und Hans-Martin Gerlach (Hrsg.): Ausgänge. Zur DDR-Philosophie in den 70er und 80er Jahren. Ch. Links Verlag: Berlin 2009, S.363–399.
288 Alfred Kosing: Habent sua fata libelli. Über das merkwürdige Schicksal des Buches *Marxistische Philosophie*. In: Hans-Christoph Rauh und Peter Ruben (Hrsg.): Denkversuche. DDR-Philosophie in den 60er Jahren, a.a.O., S.77–113, hier S.87.
289 Alfred Kosing: Wissenschaftstheorie als Aufgabe der marxistischen Philosophie (= Sitzungsberichte der Deutschen Akademie der Wissenschaften zu Berlin/Philosophisch-historische Klassen 1967, 1). Akademie-Verlag, Berlin 1967, S.12.
290 Reinhard Mocek: Versuch zur Bilanz der Wissenschaftstheorie in der DDR. Entstehung – Inhalte – Defizite – Ausblicke. In: Dresdener Beiträge zur Geschichte der Technikwissenschaften 22 (1994), S.1–30, hier S.5.

Vielleicht noch wichtiger als dieses spezielle Interesse war im gegebenen Zusammenhang Kosings Engagement bei der Bearbeitung philosophischer Grundsatzfragen und seine hier gesammelte Erfahrung bei der Leitung und Organisation großer Kollektivvorhaben. Das bedeutendste dieser Bücher erschien 1967, als die Arbeit an *Die Wissenschaft von der Wissenschaft* abgeschlossen war, und Kosing hat die Entstehungsgeschichte dieses Werkes und die politischen Querelen, denen es ausgesetzt war, ausführlich geschildert.[291] Es handelte sich um das Kollektivwerk *Marxistische Philosophie*[292], eine als Lehrbuch gedachte Monographie, zu deren Autorenkreis übrigens auch Günter Kröber gehörte und die für unser Thema insofern von Bedeutung war, als darin das philosophische Fundament für das Wissenschaftsbild dargelegt wurde, das in *Die Wissenschaft von der Wissenschaft* eine entfaltete Darstellung fand und aus dem sich das am Kröber-Institut und auch über dieses hinaus in der DDR dominierende sogenannte Tätigkeitskonzept der Wissenschaft entwickelte.[293]

Mit der Durchsetzung des Tätigkeitskonzepts wurde eine Entscheidung vollzogen, deren Gewicht erst im Rückblick deutlich wird. In den 1960er Jahren bildeten die konzeptionellen Ansätze der Wissenschaftsforschung ein amorphes Konglomerat, aus dem sich in der DDR dieses Konzept herauskristallisierte. Die Frage nach der Kompatibilität der verschiedenen Ansätze wurde damals kaum gestellt; begriffliche und terminologische Unbekümmertheit war weit verbreitet. Wäre der ursprüngliche Entwurf von Bernal, Price und anderen, wie er im Terminus „science of science" zum Ausdruck kam, als theoretisches Gebot aufgefasst und als solches strikt beachtet worden, dann hätte das neue Gebiet methodisch wie eine Naturwissenschaft behandelt werden müssen, ungeachtet dessen, dass die Naturwissenschaft selbst ein gesellschaftliches Phänomen ist. Das hätte bedeutet, von der Subjektivität der Wissenschaft zu abstrahieren und ausschließlich deren objektive Manifestationen festzustellen, zu messen und zu analysieren. Mit anderen Worten: „Erkennen" (als Tun) und „Erkenntnis" (als Resultat dieses Tuns) wären strenggenommen keine Untersuchungsgegenstände einer so verstandenen Wissenschaftsforschung, denn sie sind ein Modus oder eine Form der *subjektiven* Aneignung der Welt durch den Menschen; nur deren objektiv konstatier-, zähl- und messbare Manifestationen – also zum Beispiel Publikationsmassive oder Zitationsnetze – wären von ihr zu erforschen. Andererseits gab es in der Entstehungskonstellation der Wissenschaftsforschung verschiedene Einflüsse, die

---

291 Alfred Kosing: Habent sua fata libelli. Über das merkwürdige Schicksal des Buches *Marxistische Philosophie*, a.a.O.; Alfred Kosing: Innenansichten als Zeitzeugnisse: Philosophie und Politik in der DDR. Erinnerungen und Reflexionen. Verlag am Park in der Edition Ost, Berlin 2008.
292 Autorenkollektiv (Leitung Alfred Kosing): Marxistische Philosophie. Lehrbuch. Dietz Verlag, Berlin 1967.
293 Reinhard Mocek: Zum marxistischen Naturverständnis in den 60er Jahren, a.a.O., S.12–13; Hubert Laitko: Das Tätigkeitskonzept der Wissenschaft – seine heuristischen Möglichkeiten und seine Grenzen. In: Deutsche Zeitschrift für Philosophie 29 (1981) 2, S.199–212.

darauf drängten, die subjektive Seite der Wissenschaft – das bewusste Handeln der Wissenschaftler – explizit in den Blick zu nehmen; in dieser Darstellung wurden weiter oben pars pro toto als Muster solcher Faktoren die Impulse aus der Bearbeitung philosophischer Fragen der Naturwissenschaft und die Erfordernisse der Wissenschaftsorganisation genannt. Der Weg, den die Wissenschaftsforschung in der DDR nahm, wurde dominant von solchen Faktoren geprägt. Ein Wissenschaftsbegriff, der Erkennen bzw. Erkenntnis thematisiert, kann jedoch nicht ohne Rekurs auf Erkenntnistheorie und damit auf Philosophie gebildet werden.

Deshalb konnte es für die werdende Wissenschaftsforschung in Ostdeutschland nicht gleichgültig sein, *wie* die marxistische Philosophie von deren professionellen Vertretern verstanden wurde. Dieses Verständnis war weder einheitlich noch eindeutig. Je mehr die Vertreter der jüngeren Generation marxistischer Philosophen in ihrer wissenschaftlichen Laufbahn vorankamen und von der passiven Übernahme normierter Propagandatexte zur aktiven Auseinandersetzung mit den Schriften der „Klassiker" übergingen, um so variantenreicher wurde naturgemäß das Philosophieverständnis; dazu trugen die deutlichen Fortschritte der Marx-Engels-Werkedition während der 1950er Jahre wesentlich bei. So stand dem normierenden Anspruch der herrschenden Politik (Monopol des Marxismus in der Philosophie) die Tatsache gegenüber, dass eben jene vermeintliche Einheitsphilosophie höchst kontrovers aufgefasst wurde. Die mehr oder weniger deutlich ausgeprägten Varianten polarisierten sich dabei in zwei Gruppen; wie Mocek bemerkt, „schien es zwei ziemlich unterschiedliche Marxismen zu geben"[294]. In dieser Polarisierung kam die Widersprüchlichkeit des Prozesses zum Ausdruck, in dem das Stalinsche Erbe einerseits überwunden wurde und sich andererseits in gewandelter Gestalt reproduzierte.

Die orthodoxe Version war prototypisch im zweiten Abschnitt von Kap. IV des *Kurzen Lehrgangs der Geschichte der KPdSU(B)* (1938) vorgegeben, der offiziell Stalin zugeschrieben und auch in vielen Sprachen und Auflagen separat verbreitet wurde[295]; tatsächlich war dieser Text von einer Arbeitsgruppe unter Mark B. Mitin verfasst worden.[296] Unter der Herrschaft Stalins wurde er machtpolitisch kanonisiert. Nach dem Zweiten Weltkrieg wurde diese Version in Ostdeutschland in unterschiedlicher Form verbreitet – in Übersetzungen des Originaltextes und verschiedener darauf aufbauender sowjetischer Schriften, aber auch in epigonalen Arbeiten deutscher Autoren wie Viktor Stern[297] oder Rugard O. Gropp[298]. Die reformerische Version, die auch von

---

[294] Reinhard Mocek: Zum marxistischen Naturverständnis in den 60er Jahren, a.a.O., S.136.
[295] Josif V. Stalin: Über dialektischen und historischen Materialismus. Neuer Weg, Berlin 1945.
[296] Alfred Kosing: Habent sua fata libelli. Über das merkwürdige Schicksal des Buches *Marxistische Philosophie*, a.a.O., S.85.
[297] Viktor Stern: Grundzüge des dialektischen und historischen Materialismus. Dietz, Berlin 1947.
[298] Rugard O. Gropp: Der dialektische Materialismus. Verlag Enzyklopädie, Leipzig 1957.

Kosing vertreten wurde, entwickelte sich nach dem XX. Parteitag der KPdSU und nahm ihren Ausgang vor allem von der intensiven Rezeption der Frühschriften (vor dem Kommunistischen Manifest) von Karl Marx und Friedrich Engels.

Die orthodoxe Version war – neben anderen Nachteilen, die bei Kosing ausführlich diskutiert werden – auch ungeeignet, eine mit der jeweils aktuellen Gesellschafts- und Wissenschaftsentwicklung reflexiv verbundene Erkenntnistheorie zu begründen. Einer solchen erkenntnistheoretischen Grundlegung bedurfte es aber, um ein für die Wissenschaftsforschung leistungsfähiges Konzept der wissenschaftlichen Tätigkeit aufzubauen. In dieser Version ging die Darstellung von der „Grundfrage der Philosophie" und ihrer Beantwortung mit der Behauptung des Primats der „Materie" gegenüber dem „Bewusstsein" aus. Auf dieser Ebene wurden die beiden Kategorien extrem abstrakt und damit de facto ahistorisch verwendet. Das Fundament der marxistischen Philosophie war danach in zwei Teile gegliedert: einen allgemeinen („dialektischer Materialismus"), der Aussagen über die Welt im ganzen und die Stellung des Menschen in ihr enthält, und einen speziellen („historischer Materialismus"), der als „Anwendung" oder Spezifikation des dialektischen Materialismus bezüglich der menschlichen Gesellschaft als eines besonderen Seinsbereichs verstanden wurde. In diesem Schema war die Erkenntnistheorie dem dialektischen Materialismus zugeordnet und damit von allen für die Gesellschaft spezifischen Bestimmungen losgelöst. Bezug zur geschichtlichen Wirklichkeit gewann diese Konstruktion nur durch „Anwendung" des abstrakten Kategoriengebäudes auf konkretes Geschehen; die Kategorien selbst aber wurden durch eine solche „Anwendung" nicht historisiert.

Wie Kosing mitteilt, hatte er bereits unter dem Eindruck des XX. Parteitages die Absicht, eine zu dieser Schematik alternative Einführung in die marxistische Philosophie zu entwerfen, „gewissermaßen als einen ersten Schritt, um das Studium der Philosophie in der DDR stärker auf eigenständige Grundlagen zu stellen und es allmählich von der Abhängigkeit von Übersetzungen sowjetischer Arbeiten zu befreien."[299] Diese Absicht ließ sich damals aber nicht realisieren, Kosing konnte erst in den Sechzigern darauf zurückkommen. Inzwischen sah sich Dieter Wittich als gerade promovierter Assistent von Georg Klaus vor die Herausforderung gestellt, 1960/61 am Institut für Philosophie der Humboldt-Universität eine ganzjährige Vorlesung über marxistische Erkenntnistheorie zu halten – eine Aufgabe, für deren Lösung es in der damaligen DDR noch keinen Präzedenzfall gab. Über die Voraussetzungen, die Rahmenbedingungen und die Bewältigung dieser Aufgabe, die Wittichs Profilierung

---

299 Alfred Kosing: Habent sua fata libelli. Über das merkwürdige Schicksal des Buches *Marxistische Philosophie*, a.a.O., S. 83.

zum namhaften Erkenntnistheoretiker einleitete, hat er in einem längeren Aufsatz rückblickend reflektiert.[300]

Darin erläuterte er die Problemlage, vor der er beim Konzipieren der Vorlesung stand, anhand eines Lenin-Zitats, auf das sich marxistische Texte zur Erkenntnistheorie oft bezogen: „Der Gesichtspunkt des Lebens, der Praxis muß der erste und grundlegende Gesichtspunkt der Erkenntnistheorie sein."[301] Diese Formulierung ist keineswegs eindeutig. Man kann sie als pragmatische Aufforderung lesen, die Erkenntnis mit Blick auf ihre mögliche Anwendung zu betrachten, aber auch als Desiderat für die Begründung des Erkenntnisbegriffs selbst. Tut man letzteres, so muss man die orthodoxe Version verwerfen: „Nicht eine politisch eher harmlose oder außermenschliche Wirklichkeit mußte dann Ausgangspunkt eines marxistischen erkenntniskritischen Denkens sein, sondern der soziale Lebensprozeß der Menschen mit allen seinen Widersprüchen in Geschichte und Gegenwart."[302]

In diesem vordergründig erkenntnistheoretischen Kontext wurden die Konsequenzen des Ausgehens vom Praxisbegriff (statt von der „Grundfrage") für die Gesamtgestalt der marxistischen Philosophie noch nicht voll ausgeschritten. Die Aufmerksamkeit Wittichs und seines Lehrers Klaus konzentrierte sich auf das Verhältnis von Praxis und Erkenntnis und die Bestimmungen, die „Praxis" in dieser Relation erfährt. Zu jener Zeit wurde diese Frage im Kontext der 1959 erfolgten Einführung des polytechnischen Unterrichts in der allgemeinbildenden Schule der DDR diskutiert.[303] In den begründenden Überlegungen, die diese Maßnahme begleiteten, war auch erwogen worden, ob und inwieweit sich der philosophische Leitgedanke von der Praxis als Grundlage der Erkenntnis direkt auf das Individuum beziehen lässt. Auf eine diesem Thema gewidmete Veröffentlichung in der Zeitschrift *Pädagogik* reagierten Klaus und Wittich mit einem im November 1961 publizierten Aufsatz[304], der in der philosophischen Öffentlichkeit der DDR die erste Praxis-Diskussion auslöste.[305]

In der politischen Rhetorik jener Zeit wurde solchen Forschungen, die nicht explizit mit Erfordernissen der materiellen Produktion verbunden waren, nicht selten

---

300 Dieter Wittich: Die erste Jahresvorlesung zur marxistisch-leninistischen Erkenntnistheorie in der DDR. In: Hans-Christoph Rauh und Peter Ruben (Hrsg.): Denkversuche. DDR-Philosophie in den 60er Jahren, a.a.O., S.177–202.
301 Wladimir I. Lenin: Materialismus und Empiriokritizismus. Werke Bd. 14. Dietz, Berlin 1962, S.137.
302 Dieter Wittich: Die erste Jahresvorlesung zur marxistisch-leninistischen Erkenntnistheorie in der DDR, a.a.O., S.196.
303 Andreas Tietze: Die theoretische Aneignung der Produktionsmittel. Gegenstand, Struktur und gesellschaftstheoretische Begründung der polytechnischen Bildung in der DDR. Peter Lang, Frankfurt a.M. 2012.
304 Georg Klaus und Dieter Wittich: Zu einigen Fragen des Verhältnisses von Praxis und Erkenntnis. In: Deutsche Zeitschrift für Philosophie (1961) 11, S.1377–1397.
305 Hubert Laitko: Produktivkraft Wissenschaft, wissenschaftlich-technische Revolution und wissenschaftliches Erkennen, a.a.O., S.521–525.

der Vorwurf gemacht, „lebensfremd" und „scholastisch" zu sein; dieses vulgären, aber in wissenschaftsfernen Kreisen nicht unwirksamen Vorwurfs hatten sich schon die Anhänger Lyssenkos gegenüber den Vertretern der „formalen Genetik" bedient. Klaus und Wittich bezogen sich in ihrem Aufsatz exemplarisch auf die mathematische Logik, die mit Karl Schröter einen international renommierten Vertreter an der Humboldt-Universität hatte: „Schröter fand die Ideen für seine Arbeit weder durch eine persönliche Betätigung von Produktionsinstrumenten oder irgendeine andere persönlich vollzogene direkte und unmittelbare Veränderung der objektiven Realität noch aus entsprechenden Darstellungen solcher direkten und unmittelbaren Veränderungen der objektiven Wirklichkeit." Nichtsdestoweniger erwies sich inzwischen „die von der Produktionspraxis zweifellos lange Zeit relativ isolierte Disziplin der mathematischen Logik als eine wesentliche theoretische Grundlage für technisch wie ökonomisch so revolutionäre Vorhaben wie die der Automatisierung. Es dürfte also heute schwerfallen, das Anliegen der mathematischen Logik für irgendeinen Zeitpunkt ihrer Entwicklung als lebensfremd und scholastisch zu verurteilen."[306]

Diese Gedankenführung war in der ideologischen Situation jener Zeit, in der die Idee der technischen bzw. wissenschaftlich-technischen Revolution in der Luft lag, sehr geschickt; das Anliegen, die Eigenständigkeit der Wissenschaft gegenüber der Wirtschaft zu verteidigen, war ein zentrales Anliegen der Wissenschaftsforschung während ihrer gesamten nachfolgenden Geschichte. Zugleich wurde damit die Problematik des Praxisbegriffs in der marxistischen Erkenntnistheorie sehr deutlich. Bei ihrer Begriffsanalyse stießen die beiden Autoren darauf, dass zwei geläufige, in der marxistischen Literatur neben- und miteinander gebrauchte Bestimmungen von „Praxis" – als materiell-umgestaltende Tätigkeit (Prototyp: materielle Produktion) und als Grundlage und Ziel der Erkenntnis – nicht deckungsgleich sind. Um diese Unschärfe systematisch zu beheben, gab es zwei Möglichkeiten. Einerseits konnte man darauf beharren, dass es obligatorische Bestimmung jeglicher Praxis ist, materiell-umgestaltende Tätigkeit zu sein; in diesem Fall war die Behauptung von der Praxis als Grundlage (jeglicher) Erkenntnis nur zu halten, wenn man sie auf die Gesellschaft insgesamt und somit letztlich auf die Menschheit bezog, die arbeitsteilige Ausdifferenzierung der menschlichen Tätigkeiten in Rechnung stellte und für viele Wissensgebiete wie etwa die Geisteswissenschaften nur indirekt (vermittelt) gelten ließ. Andererseits konnte man „Grundlage und Ziel der Erkenntnis" als notwendige und hinreichende Bestimmung von „Praxis" ansehen. Wenn man so vorging, wie es auch Klaus und Wittich vorschlugen, musste man jeder Disziplin ihre eigene Praxis zuerkennen: „Die Praxis der mathematischen Logik ist, grob gesprochen, die theoretische

---

306 Georg Klaus und Dieter Wittich: Zu einigen Fragen des Verhältnisses von Praxis und Erkenntnis, a.a.O., S.1381.

Bearbeitung gegebener mathematischer Theorien auf die ihnen gemeinsamen mathematisch-logischen Grundlagen hin [...]; die philosophisch-theoretische Bearbeitung der modernen Ergebnisse von Natur- und Gesellschaftswissenschaften ist eine völlig legitime Praxis der marxistischen Philosophen."[307] Verallgemeinernd hieß es: „Es gilt demnach nicht nur die politische, kulturelle, pädagogische usw. Tätigkeit mit ihren spezifischen Besonderheiten als echte Praxisformen anzuerkennen, sondern auch – und das wird vermutlich vielfachen Widerstand hervorrufen – die aktive theoretische Tätigkeit."[308] Mit der materialistischen Verortung der marxistischen Theorie wurde das in Einklang gebracht durch die These, dass sich auf der Basis der materiellen Tätigkeit, die Marx als die grundlegende Praxisform entdeckt habe, eine ganze Hierarchie von „Praxisformen" erhebe.[309]

Wie von Klaus und Wittich selbst vorausgesehen, folgten ihnen die meisten Teilnehmer dieser Diskussion nicht. Die abschließende Stellungnahme des Redaktionskollegiums gab der mehrheitlich vertretenen Ansicht Ausdruck: „Die Bestimmung der theoretischen Tätigkeiten als Praxis [...] ist nicht nur terminologisch, sondern auch inhaltlich falsch."[310] Es gab aber auch einzelne Beiträge, die sich auf den Denkweg von Klaus und Wittich einließen. Am weitesten gingen dabei Marlene Fuchs-Kittowski und Rolf Löther: „Auch der Unterschied zwischen theoretischer und praktischer Tätigkeit ist relativ, theoretische Tätigkeit schließt Praxis als Moment der Erkenntnis ein, praktische Tätigkeit schließt Erkenntnis als ihr Moment ein..."[311] Experimentell arbeitende Naturwissenschaftler werden dieser Aussage unmittelbar zustimmen: Experimentieren ist in theoretische Tätigkeit eingeschlossene Praxis, dadurch unterscheidet es sich prinzipiell von gedankenlosem Probieren; weiter oben war am Beispiel des Rostocker Arbeitskreises darauf hingewiesen worden, dass der Begriff der experimentellen Methode eigens eingeführt wurde, um dieser kontextuellen Einbettung Ausdruck zu geben.

Aus der zitierten Überlegung ist auch ersichtlich, weshalb viele Autoren der Position von Klaus und Wittich mit so großen Bedenken gegenüberstanden. Wenn das Philosophieren vom tätigen Menschen ausgeht, dann sind die Begriffe „Materie" und „Bewusstsein", die die „Grundfrage der Philosophie" konstituieren, nicht a priori gesetzt, sondern erschließen sich durch Extrapolation aus dem unmittelbar gegebenen Verhältnis von praktischer und theoretischer (oder allgemeiner: geistiger) Tätigkeit.

---

307 Ebd., S. 1386–1387.
308 Ebd., S. 1383.
309 Ebd.
310 Redaktionskollegium: Stellungnahme zur Theorie-Praxis-Diskussion. In: Deutsche Zeitschrift für Philosophie (1964) 1, S. 76–79, hier S. 78.
311 Marlene Fuchs-Kittowski und Rolf Löther: Zum Verhältnis von geistiger, wissenschaftlich-theoretischer und praktischer Tätigkeit. In: Deutsche Zeitschrift für Philosophie (1962) 9, S. 1176–1185, hier S. 1177.

Wird nun aber der Unterschied von praktischer und theoretischer Tätigkeit als relativ erkannt, dann relativiert sich auch der Unterschied von Materie und Bewusstsein; diese fundamentalen Begriffe erscheinen ihrerseits als relationale Bestimmungen und nicht mehr als ontologische Kategorisierungen ein für allemal gegebener Seinsbereiche. Eine solche fixe Einteilung des Seins aber hatte die orthodoxe Darstellung des dialektischen und historischen Materialismus mit ihren „Grundzügen" der Dialektik und des Materialismus suggeriert, an sie erschien die materialistische Position unverrückbar gebunden, und deshalb konnte man argwöhnen, dass mit der Relativierung der Bestimmungen der Materialismus selbst zur Disposition gestellt würde.

Diese gravierenden weltanschaulichen Implikationen aber blieben in der ersten Praxis-Debatte weitgehend im Hintergrund; deshalb verlief sie insgesamt sachlich und frei von politisch-ideologischen Verdächtigungen. Hingegen unterstützte sie deutlich den säkularen Trend, den Schwerpunkt der erkenntnistheoretischen bzw. wissenschaftsphilosophischen Aufmerksamkeit von den Strukturen des Wissens zu den kognitiven Tätigkeiten zu verschieben. Man kann darin einen Resonanzeffekt der Debatten um die „Produktivkraft Wissenschaft" erblicken. Wenn die Wissenschaft, wie in diesen Debatten gerade auch von naturwissenschaftlicher Seite immer wieder gern formuliert wurde, fortan als „Mutter" und nicht mehr nur als „Magd" der Produktion fungieren sollte, dann musste sie gegenüber dieser einen „Vorlauf" realisieren, und die Möglichkeit eines solchen Vorlaufs ließ sich aus marxistischer Sicht nur dann konsistent fassen, wenn man der Wissenschaft eine eigene („relativ selbständige") Praxissphäre zuerkannte.[312] Das war auch für die Etablierung der Wissenschaftsforschung von größter Bedeutung: Ihre Praxis konnte ja nicht die materielle Produktion sein, sondern nichts anderes als die wissenschaftliche Tätigkeit selbst, die sie empirisch zu untersuchen und an der sie ihre Hypothesen zu prüfen hatte.

Die grundlegenden Konsequenzen des Praxisbegriffs für das Verständnis der marxistischen Philosophie, die sich in der Diskussion um den 1961 publizierten Aufsatz von Klaus und Wittich andeuteten, traten in der ab 1966 – ebenfalls in der *Deutschen Zeitschrift für Philosophie* – geführten zweiten Praxis-Debatte mit aller Deutlichkeit zutage, nicht zuletzt deshalb, weil sie vor dem Hintergrund einer erheblichen philosophiehistorischen Investition geführt wurde. Helmut Seidel, Philosophiehistoriker am Universitätsinstitut für Philosophie in Leipzig, hatte sich 1965 mit einer Arbeit über die Herausbildung und Begründung der marxistischen Philosophie habilitiert.[313] In diesem Zusammenhang machte er die von Friedrich Engels autorisierte

---

312 Hubert Laitko: Produktivkraft Wissenschaft, wissenschaftlich-technische Revolution und wissenschaftliches Erkennen, a. a. O., S. 526.
313 Helmut Seidel: Philosophie und Wirklichkeit. Zur Herausbildung und Begründung der marxistischen Philosophie. Hrsg. von Volker Caysa. GNN-Verlag, Schkeuditz 2011.

Fassung des ersten Kapitels der *Deutschen Ideologie*, die schon in den 1920er Jahren in der Sowjetunion publiziert worden war, dem DDR-Publikum in einer Neuveröffentlichung zugänglich.[314] Diesem Quellentext stellte Seidel einen einführenden Aufsatz voran, in dem er mit aller Konsequenz den Aufbau der marxistischen Philosophie von der „Zentralkategorie" Praxis her vertrat[315] und der weithin als spektakulär empfunden wurde.[316]

Zwei alternative Gestalten der marxistischen Philosophie – eine, die sich auf die vorausgesetzte Polarität von Materie und Bewusstsein gründete, und eine, die von der Praxis als zentraler Wesensbestimmung der menschlichen Existenz ausging – standen einander nun in aller Deutlichkeit gegenüber. Wie Mocek bemerkt, lagen zwischen diesen beiden Alternativen „kategoriale Welten".[317] Entsprechend harsch fielen die Reaktionen auf Seidel aus, und sie beschränkten sich nicht auf theoretische Einwände, sondern schlossen auch ideologische Attacken ein.[318] Auf den ersten Blick ist es schwer verständlich, weshalb „diese stille Tat Seidels", wie Mocek den Übergang von einer Strukturvariante der marxistischen Philosophie zu einer anderen nennt, mehr als innerphilosophisches Interesse beanspruchen und sogar politischen Argwohn auslösen konnte. Das ist nur zu erklären, wenn man berücksichtigt, dass die orthodoxe Version der Philosophie von den Führungen der kommunistischen Parteien traditionell als eine Art wissenschaftliche Garantie für die Zukunftsgewissheit des Sozialismus betrachtet wurde. Verließ man sie, so „fürchtete man, daß durch diese kategoriale Ablösung das ehern deterministische Fundament für die Begründung der sozialistisch-kommunistischen Gesellschaft entgleitet". Der Begriff der Praxis enthält – in Moceks Worten – nicht Naturnotwendigkeit, „sondern ist prinzipiell geöffnet für die kreative geschichtliche Tat des Menschen. Praxis weist auf eine offene Zukunft, Materie auf eine vorherbestimmte".[319]

Auf die Auseinandersetzungen um Seidel kann hier nicht näher eingegangen werden. Für ihn endeten sie einigermaßen glimpflich; als aus dem Philosophischen

---

314 Karl Marx und Friedrich Engels: Neuveröffentlichung des Kapitels I des 1. Bandes der *Deutschen Ideologie*. In: Deutsche Zeitschrift für Philosophie 14 (1966) 10, S. 192–1251.
315 Helmut Seidel: Vom praktischen und theoretischen Verhältnis des Menschen zur Wirklichkeit. In: Deutsche Zeitschrift für Philosophie 14 (1966) 10, S. 1177–1191; Nachdruck in: UTOPIE kreativ (Oktober 2007) H. 204, S. 908–922.
316 Volker Caysa und Klaus-Dieter Eichler (Hrsg.): Praxis – Vernunft – Gemeinschaft. Auf der Suche nach einer anderen Vernunft. Helmut Seidel zum 65. Geburtstag. Athenaeum, Weinheim 1994; Klaus Kinner (Hrsg.): Aktualität von Philosophiegeschichte. Festschrift zum 75. Geburtstag von Helmut Seidel. Rosa-Luxemburg-Stiftung Sachsen, Leipzig 2005; Gisela Neuhaus und Manfred Neuhaus (Hrsg.): In memoriam Helmut Seidel. Rosa-Luxemburg-Stiftung Sachsen, Leipzig 2008.
317 Reinhard Mocek: Zum marxistischen Naturverständnis in den 60er Jahren, a. a. O., S. 140.
318 Erhard Stölting: Eine besondere Form des Revisionismus. Zum Praxisbegriff Helmut Seidels. In: Deutschland Archiv 1969, H. 1, S. 10–23.
319 Reinhard Mocek: Versuch zur Bilanz der Wissenschaftstheorie in der DDR, a. a. O., S. 7.

Institut der Leipziger Universität im Rahmen der III. Hochschulreform die Sektion Marxistisch-leninistische Philosophie wurde, da wurde Seidel für einige Jahre mit dem Amt des Sektionsdirektors betraut. Wesentlich ist hier, dass die Konzeptionen von Kosing und von Seidel nahe verwandt waren. Seidel gehörte zwar nicht zum Autorenkollektiv des Lehrbuchs *Marxistische Philosophie* – dieser Kreis wurde in Berlin rekrutiert –, aber Kosing erörterte, nachdem er im Herbst 1964 zum Direktor des Leipziger Philosophischen Instituts ernannt worden war, die Konzeption des Bandes mit verschiedenen seiner neuen Kollegen: „Insbesondere in der Diskussion mit Helmut Seidel, der seine Habilitationsschrift über die philosophische Entwicklung des jungen Marx schrieb, wurde der Aspekt der Praxis, vor allem das Problem der praktisch-gegenständlichen Tätigkeit des Menschen und der Subjekt-Objekt-Dialektik vertieft und differenzierter gefaßt."[320] Unter Kosings Regie wurde eine auf den Praxisbegriff gegründete Darstellung realisiert, die die konventionelle Trennung von dialektischem und historischem Materialismus aufhob. Damit war für speziellere Zwecke – etwa für die philosophische Grundlegung des Wissenschaftsbegriffs – ein Referenzwerk vorhanden, auf das man sich berufen konnte. Auch wenn gegen 1970 mit dem Vordringen der orthodoxen Strömung in der Führung der SED der Einfluss dieses Buches zurückgedrängt wurde – es wurde zwar nicht aus dem Verkehr gezogen, aber nicht wieder aufgelegt, und es wurden „Gegenpublikationen" geschaffen, die die herkömmliche Struktur der marxistischen Philosophie reproduzierten –, war der konzeptionelle Fortschritt der 1960er Jahre nicht wieder aus der Welt zu schaffen. Was um 1970 dezidiert abgelehnt wurde, das setzte sich später unterschwellig durch. Wie Kosing konstatiert, zeigte sich im Verlauf der Siebziger, „daß viele früher vehement abgelehnte Auffassungen allmählich auch in der DDR Eingang in das philosophische Denken fanden, und schließlich wurden Subjekt-Objekt-Dialektik, praktisch-gegenständliche und geistig-theoretische Aneignung der materiellen Wirklichkeit im historischen Maßstab der Menschheitsentwicklung und andere ehemals rote Tücher zu Selbstverständlichkeiten..."[321]. Das war ein verbreiteter, wenn nicht sogar typischer Zug der Entwicklung philosophischer und gesellschaftstheoretischer Gedanken in der DDR.

Unmittelbare Auswirkungen hatte die erneuerte Auffassung der marxistischen Philosophie auf die Leipziger Kollektivarbeit *Die Wissenschaft von der Wissenschaft*. Drei herausragende Vertreter dieser Position gehörten zum Autorenkreis – neben Alfred Kosing und Helmut Seidel auch Reinhard Mocek, in den beiden folgenden Jahrzehnten einer der wichtigsten Vertreter der Wissenschaftsforschung in der DDR.

---

320 Alfred Kosing: Habent sua fata libelli. Über das merkwürdige Schicksal des Buches *Marxistische Philosophie*, a.a.O., S. 95.
321 Ebd., S. 110.

Der Haupttitel ist etwas irreführend und wird durch den Untertitel *Philosophische Probleme der Wissenschaftstheorie* korrigiert. Alles in allem handelt es sich um einen philosophischen Text – von empirischen Untersuchungen, wie sie für die entwickelte Gestalt der Wissenschaftsforschung charakteristisch sind, konnte keine Rede sein. Das war in jener Zeit, als noch keine Kapazitäten für diesbezügliche empirische Untersuchungen aufgebaut waren, nicht anders möglich, und es hatte zugleich große Zukunftsbedeutung, denn in der unmittelbar bevorstehenden Institutionalisierungsphase kam es entscheidend darauf an, auf welchem paradigmatischen Fundament die neuen Potentiale geschaffen wurden und mit welchen theoretischen Vorgaben sie an die Arbeit gingen. In dieser Konstellation war es ein Glücksfall, dass die philosophische Handreichung für die Institutionalisierung der Wissenschaftsforschung gerade aus Leipzig kam, wo die vom Praxiskonzept ausgehende Version der marxistischen Philosophie mit den Arbeiten von Seidel ihre konsequenteste philosophiehistorische Begründung gefunden hatte. Das von der Parteiorthodoxie in die Wege geleitete ideologische Rollback, das mit der Ablösung von Ulbricht durch Honecker voll in Gang kam, wirkte sich so auf die philosophische Fundierung der Wissenschaftsforschung kaum aus.

Die Explikation der Konsequenzen, die sich aus der marxistischen Praxisauffassung für die Konstituierung des Wissenschaftsbegriffs ergeben, bildet die gedankliche Magistrale des Leipziger Buches und bestimmt seinen bleibenden Wert. Vieles andere in diesem Band ist zeitgebunden und kann hier beiseite gelassen werden. Gleich zu Beginn steht die übliche Begründung für die gesellschaftliche Notwendigkeit der Wissenschaftsforschung: „Theoretische Untersuchungen über das Wesen, die Struktur, die Funktionen und die Wirkungsweise der Wissenschaft, über ihre Entwicklungsgesetze sowie ihre Verflechtung und Wechselwirkung mit anderen Elementen des sozialen Lebensprozesses sind notwendig, um Voraussetzungen für die Planung und Leitung der Wissenschaft selbst zu schaffen…".[322] Die Rede ist hier – wie in anderen zeitgenössischen Texten – von *theoretischen* Untersuchungen, nicht von theoriegeleiteten, also von Aufgaben, die sich mit den Mitteln theoretischer Reflexion bewältigen lassen. Es gehe, so heißt es weiter, um eine „Wissenschaft von der Wissenschaft". Da es sich um „das Allgemeine aller Wissenschaften" handele, liege es nahe, dass die marxistische Philosophie diese Aufgabe zu erfüllen hat.[323] Die Kompetenz der Philosophie beschränke sich indes auf die philosophischen Aspekte des Problems, und ihr Einsatz könne deshalb „nur ein Beitrag zu der umfassenden Aufgabe sein, die Wissenschaft allseitig zu untersuchen…". Die Frage, welche Wissenschaft diese „allseitige Untersuchung" dann aber zu leisten vermöge, sei bereits durch die Geschichte beant-

---
322 Alfred Kosing mit Autorenkollektiv: Die Wissenschaft von der Wissenschaft, a.a.O., S. 11–12.
323 Ebd., S. 12.

wortet. In den letzten Jahrzehnten habe sich die „Wissenschaft von der Wissenschaft" als eine „neue, komplexe wissenschaftliche Disziplin" herausgebildet. Als deren Begründer sahen auch die Leipziger Autoren Bernal mit seinem Buch *The Social Function of Science* und verwiesen auf den von Goldsmith und Mackay edierten Jubiläumsband zum 25. Jahrestag seines Erscheinens; Bernals Werk, das zu den „großen schöpferischen Leistungen des marxistischen Denkens" gehöre, sei hierzulande noch weitgehend unbekannt.[324] Zum Verhältnis von Wissenschaftstheorie und „Wissenschaft von der Wissenschaft" hieß es: „Die Wissenschaftstheorie, soweit sie im Rahmen der marxistischen Philosophie entwickelt wird, muß sich auf die Resultate der Wissenschaft von der Wissenschaft stützen, und zugleich leistet sie einen Beitrag zur philosophischen Begründung dieser neuen komplexen Wissenschaft."[325] Sie enthalte unterschiedliche Aspekte, „die sie aus der Analyse und Verallgemeinerung der Wissenschaft von der Wissenschaft gewinnt und unter dem Blickpunkt ihres Gegenstandes zu einer Synthese verarbeitet".[326]

Diese Erörterung war kennzeichnend für die Diskussionen jener Jahre, als alles in Fluss war und die Claims der Wissenschaftsforschung gerade erst konzeptionell abgesteckt wurden. Einerseits wurde zwischen Wissenschaftsphilosophie und „Wissenschaft von der Wissenschaft" durchaus unterschieden; die Eigenart der letzteren wurde oft mit dem Schlüsselwort „Komplexität" charakterisiert. Andererseits aber wurde es als ureigenste Aufgabe der Philosophie angesehen, eine Wissenschaftstheorie zu schaffen, die die Wissenschaft als soziales Phänomen in ihrer ganzen Komplexität abbildet. Wenn es nun hieß, dass die philosophische Wissenschaftstheorie nicht spekulativ vorgehen, sondern sie auf die Resultate der Wissenschaft von der Wissenschaft stützen sollte, dann legt das ein Strukturmodell der Wissenschaftsforschung nahe, in dem die Philosophie als Theorieproduzent und die Wissenschaft von der Wissenschaft als Zulieferer für empirische Befunde auftritt. Der Leipziger Band verhielt sich in dieser Frage ambivalent. Seine Autoren waren gut beraten, solche Demarkationsüberlegungen zwar anzudeuten, sie im Übrigen aber der Zukunft zu überlassen und sich einstweilen auf den positiven Beitrag zu konzentrieren, den philosophische Reflexion zur Konzeptualisierung der Wissenschaft in der Ära der wissenschaftlich-technischen Revolution leisten könnte.

Das Zentrum der Wissenschaftstheorie, die nach Ansicht der Autoren von der Philosophie zu erarbeiten wäre, ist die Konstituierung eines zulänglichen Wissenschaftsbegriffs, der nur durch ernsthafte theoretische Arbeit zustande kommen und kein Resultat definitorischer Wortspiele sein kann. Hier wurde das bisher von der

---

324 Ebd., S. 13.
325 Ebd., S. 14.
326 Ebd., S. 49.

marxistischen Philosophie Geleistete als defizitär eingeschätzt: „Eine befriedigende Begriffsbestimmung der Wissenschaft vom marxistischen Standpunkt steht noch aus."[327] Die in der Literatur bisher vorliegenden Bestimmungen würden darunter leiden, „daß sie den komplexen Charakter der Wissenschaft ungenügend berücksichtigen und meist nur einen Aspekt dieser Erscheinung erfassen".[328] Um diesen Mangel zu beheben, müssten die vorhandenen geistigen Ressourcen auf ihre Verwertbarkeit hin durchmustert werden. Autoren, die sich einem marxistischen Standpunkt verpflichtet fühlen, dürften dabei auch die nichtmarxistische Philosophie nicht außer acht lassen. Der bereits weiter oben notierte Trend, die nichtmarxistische Philosophie nicht mehr nur und nicht einmal mehr vorrangig unter dem Aspekt der polemischen Abwehr zu behandeln, setzte sich in dem Leipziger Buch fort. Das betraf in erster Linie den Neopositivismus, dem bescheinigt wurde, zum ersten Mal das Bedürfnis nach einer Wissenschaftstheorie artikuliert zu haben. Von marxistischer Seite sei inzwischen mehrfach betont worden, „daß diese Bestrebungen von uns lange Zeit einseitig beurteilt und überwiegend unter dem Blickpunkt der kritischen Analyse der unhaltbaren weltanschaulichen und erkenntnistheoretischen Positionen des Neopositivismus gesehen wurden". In dieser Haltung liege einer der Gründe, „weshalb die marxistische Philosophie den dort behandelten echten Problemen der Wissenschaftstheorie lange Zeit nicht genügend Beachtung geschenkt habe".[329] Etwas zugespitzt formuliert, war *Die Wissenschaft von der Wissenschaft* ein frühes Dokument jener Wendung von der Konfrontation zum Dialog, die sich in den Gesellschaftswissenschaften der DDR allmählich Bahn brach und die in den 1980er Jahren nicht mehr zu übersehen war.

Aber bei aller Aufmerksamkeit für das Bewahrenswerte am Neopositivismus und seinen Nachfolgeschulen war gleichzeitig klar, dass von dort keine Impulse für die gedankliche Erfassung der sozialen Komplexität der Wissenschaft erwartet werden konnten. In einem kurzen Überblick über die Entwicklung seit dem Wiener Kreis verweisen die Autoren auf Äußerungen von Rudolf Carnap aus den Jahren 1934 und 1935; darin hatte dieser von einer Wissenschaftslehre oder Wissenschaftstheorie gesprochen, die sich auf das Gesamtgebiet aller – psychologischen, soziologischen, historischen und logischen – Forschungen erstrecken sollte, die die Wissenschaft zum Gegenstand haben. Allmählich aber habe sich ein Bedeutungswandel von „Wissenschaftstheorie" vollzogen – eine Beschränkung auf Erkenntnistheorie und Methodologie und schließlich auf Wissenschaftslogik[330]. In gewissem Sinn verdankte der

---

327 Ebd., S. 51.
328 Ebd., S. 55.
329 Ebd., S. 14.
330 Ebd., S. 29–30.

Neopositivismus seine Erfolge dieser radikalen Reduktion und der damit verbundenen Möglichkeit, sehr abstrakte Begriffe zu bilden. Unter dem Eindruck dieser Erfolge hatten auch die frühen, an der Rezeption der englischen und amerikanischen „philosophy of science" orientierten wissenschaftstheoretischen Arbeiten in der Sowjetunion der Nachkriegszeit ein vorwiegend erkenntnistheoretisch-methodologisches Profil. Mocek konstatiert dies gleichermaßen für die DDR; nach seinem Urteil war die erste Phase der Wissenschaftstheorie hier „durch eine verbreitete forschungslogische, erkenntnistheoretische und systemtheoretische Rezeptionsliteratur noch ohne den von der Philosophie erhofften und von den Philosophen ja auch versprochenen Gewinn für die soziale Praxis gekennzeichnet".[331] Aber „im Sinne der Marxschen Tradition hätte sich die sozialgeschichtliche und ökonomische Seite des Problems in den Vordergrund schieben müssen".[332]

Deshalb erachteten es die Leipziger Autoren für unabdingbar, sich nicht auf die damals aktuelle Diskussionsliteratur zu beschränken, sondern auf die Quellen dieser Tradition zurückzugehen, um einen Wissenschaftsbegriff von für die Bedürfnisse der modernen Wissenschaftsforschung ausreichender Komplexität zu gewinnen; die diesbezüglichen Passagen des Buches tragen unverkennbar die Handschrift Helmut Seidels. Die geistesgeschichtlichen Wurzeln des Marxschen Ansatzes für die Erklärung des menschlichen Erkenntnisvermögens werden in einem kurzen philosophiehistorischen Exkurs von Kant über Fichte und Schelling bis zu Hegel und Feuerbach verfolgt.[333] Für Marx ist die Produktion von Vorstellungen und Ideen ursprünglich eingeflochten in die Produktion des materiellen Lebens der Menschen.[334] Wenn der Mensch die Gegenstände seiner Lebenswelt seinen Zwecken gemäß gestaltet, sich ihnen gegenüber praktisch verhält, so macht er die Erfahrung, dass die praktische Einwirkung auf diese Gegenstände nur auf eine durch deren Beschaffenheit („Eigengesetzlichkeit") bedingte Weise möglich ist: „Genau diese Berücksichtigung der materiellen Existenz und der objektiven Beschaffenheit der Gegenstände macht den Kern des theoretischen Verhältnisses des Menschen zu seiner Umwelt aus. So entspringt also aus dem praktischen Verhältnis mit Notwendigkeit sein Gegenteil, das theoretische Verhältnis des Menschen zu seiner Umwelt. [...] Wenn in der materiellen *Produktion* die Gegenstände meinen Zwecken entsprechend geformt werden, so ist die theoretische *Tätigkeit* primär auf eine möglichst adäquate *Reproduktion* des Gegenstandes im Bewußtsein gerichtet."[335] Nachdem dieser elementare Ausgangspunkt erreicht ist, kehrt sich die Erkenntnisrichtung um und zeichnet, von dort ausgehend,

---
331 Reinhard Mocek: Versuch zur Bilanz der Wissenschaftstheorie in der DDR, a. a. O., S. 5.
332 Ebd., S. 4.
333 Alfred Kosing mit Autorenkollektiv: Die Wissenschaft von der Wissenschaft, a. a. O., S. 17–25.
334 Ebd., S. 33.
335 Ebd., S. 35.

die sukzessive Ausdifferenzierung der geistigen Produktion konkretisierend nach. So wird der Wissenschaftsbegriff stufenweise aufgebaut. Dabei ist zu beachten, dass das Adjektiv „theoretisch" innerhalb der Termini „theoretisches Verhalten" oder „theoretische Tätigkeit" schwächer bestimmt ist als der Begriff „Theorie", wie er in der modernen Wissenschaft verwendet wird. Als „theoretische Tätigkeit" gilt hier die geistige Aneignung der Welt schlechthin, und die Wissenschaft figuriert als eine ihrer Formen oder auch als ihre „höchste Form".[336]

Ein wesentliches Moment dieser Gedankenführung ist das Bestehen auf der relativen Eigenständigkeit der Wissenschaft gegenüber der Praxis, die letztlich auf der Eigengesetzlichkeit des Erkenntnisgegenstandes gegenüber den praktischen Zwecken des handelnden Menschen beruht. Diese Eigenständigkeit wird durch die sprachliche Existenzweise und die systematische Organisation des Wissens vermittelt und befestigt. Mocek bemerkt dazu: „Der Vorzug dieses Konzeptes bestand darin, daß es die geschichtliche Bedingtheit, jedoch zugleich auch die relative Eigenständigkeit der Wissenschaft betonte und sich den ökonomisch-deterministischen Interpretationen entzog."[337] Das war nicht nur theoretisch bedeutsam. Die Verfügung über eine solche Argumentationsfigur *innerhalb* des Marxismus war zugleich das wirksamste Mittel für die Selbstbehauptung der Wissenschaft gegenüber allen möglichen Zumutungen ihrer politischen und wirtschaftlichen Indienstnahme.

Das Schema, von dem ausgehend in der Leipziger Monographie Formulierungen des Wissenschaftsbegriffs mit definitorischem Anspruch erprobt wurden, hat die Gestalt eines dreigliedrigen Zyklus: „Welche Stufe der Abstraktion die Wissenschaft als System von Kenntnissen über Gesetzmäßigkeiten der objektiven Realität auch erreichen mag, sie geht immer aus dem gesellschaftlichen Lebensprozeß der Menschen hervor und kehrt letzten Endes durch ihre soziale Funktion wieder in ihn zurück."[338] Varianten einer solchen Bestimmung sind auch an anderen Stellen des Bandes zu finden.[339] Die Dreigliedrigkeit der Komposition wird gelegentlich als Entstehungs-, Begründungs- und Wirkungszusammenhang der Wissenschaft bezeichnet[340], und sie scheint auch als Hintergrund für die Gesamtgliederung des Buches auf. Dieser theoretische Entwurf ist nicht frei von Schwächen – so changiert er über die ganze Ausdehnung des Textes zwischen der Auffassung der Wissenschaft als Wissen und ihrer Charakteristik als kognitive Tätigkeit –, doch es wird auch deutlich, dass mit ihm ein Punkt erreicht war, über den definitorische Bemühungen nicht mehr wesentlich hinausführen konnten, solange sie nicht von einem

---

336 Ebd., S. 67–68.
337 Reinhard Mocek: Versuch zur Bilanz der Wissenschaftstheorie in der DDR, a. a. O., S. 13.
338 Die Alfred Kosing mit Autorenkollektiv: Die Wissenschaft von der Wissenschaft, a. a. O., S. 37.
339 Ebd., S. 68–69.
340 Ebd., S. 50.

neuen empirischen Zugriff auf die Wirklichkeit des Wissenschaftsbetriebes gestützt, angeregt und herausgefordert wurden.

Schließlich sollte nicht übersehen werden, dass die Leipziger Autoren auch in ihren Vorstellungen von der inneren Gliederung der marxistischen Philosophie den Stalinschen Dogmatismus weit hinter sich gelassen hatten. Sie stellten sich diese Philosophie als ein Kompositum von Arbeitsgebieten oder „Disziplinen" vor, das sich historisch verändert und dabei in seiner Wechselwirkung mit seinem wissenschaftlichen und gesellschaftlichen Umfeld immer wieder neue Segmente ausdifferenziert. Die Entstehung solcher neuen Gebiete verändert ihrerseits rückwirkend das Gesamtgebäude, in dem sie sich befinden: „Ein Mangel aller Diskussionen um die Struktur der marxistischen Philosophie besteht darin, daß diese Struktur stillschweigend als etwas Gegebenes und Unveränderliches vorausgesetzt wird. Es muß aber, gerade im Hinblick auf die rasche Veränderung des Inhalts der marxistischen Philosophie in der Gegenwart, gefragt werden, ob die Struktur sich nicht selbst verändert und entwickelt, ebenso wie sich die Struktur der Einzelwissenschaften verändert."[341] In wesentlichen Fragen war *Die Wissenschaft von der Wissenschaft* ein Dokument des Aufbruchs, ein theoretisches Vorspiel zur Institutionalisierung der Wissenschaftsforschung. Diese Institutionalisierung musste nun rasch und konsequent erfolgen, wenn der gedankliche Aufbruch nicht wieder im Sande verlaufen sollte.

Die unmittelbaren institutionellen Konsequenzen, die sich aus dem Leipziger Buch ergaben, beschränkten sich allerdings auf die Herausbildung eines neuen Spezialgebiets *innerhalb* der marxistischen Philosophie. Um der Wissenschaftsforschung insgesamt einen gesicherten Platz zu geben, waren weiterreichende Initiativen vonnöten. In diese Richtung zielte eine Wortmeldung aus der Arbeitsgruppe für Wissenschaftsorganisation an der DAW. In ihrer Reihe „Beiträge zur Wissenschaftsorganisation" legte sie im September 1968 unter dem Titel *Untersuchungsgegenstand Wissenschaft* eine von ihrer Mitarbeiterin Marga Langendorf verfasste Publikation vor[342], die als eine zum Leipziger Band komplementäre Initiative verstanden werden kann. Sie war ein Appell und ein Programm, die Wissenschaftsforschung als ein Gebiet zu etablieren, an dem zwar Philosophen mitwirken sollten, das aber insgesamt *außerhalb der Philosophie* anzusiedeln war. Diese Manuskriptdruck-Veröffentlichung war nur eine schmale Broschüre, aber so knapp der Text war, so bemerkenswert waren seine Diktion und sein Inhalt. Umso unverständlicher ist, dass Langendorfs Arbeit im weiteren Verlauf vollkommen in Vergessenheit geriet. Schon durch ihre eigenwillige, frische Sprache hob sich die Broschüre von den schwerfälligen Formulierungen der üblichen marxistisch-

---

341 Ebd., S. 45.
342 Marga Langendorf: Untersuchungsgegenstand Wissenschaft. DAW zu Berlin. Arbeitsgruppe für Wissenschaftsorganisation, Berlin-Adlershof 1968.

leninistischen Schriften vorteilhaft ab. Die Arbeitsgruppe hatte in den vorhergehenden Jahren einen weltweiten Überblick über die konzeptionellen und institutionellen Ansätze der Wissenschaftsforschung aufgebaut. So gab Langendorf ihrer Broschüre als Anhang eine nach den Gründungsjahren geordnete Auswahlliste von Institutionen bei, die sich ganz oder teilweise mit Wissenschaftsanalyse, Wissenschaftsstatistik und Wissenschaftsforschung befassten, und charakterisierte einige von ihnen etwas näher – etwa die RAND Corporation in den USA, die National Science Foundation (Washington) oder die Studiengruppe für Systemforschung (Heidelberg). Vor dem Hintergrund dieser Übersicht dürfe man „die Augen nicht davor verschließen, welch einen außerordentlich großen Vorsprung infolge schon jahrzehntelang betriebener umfangreicher Untersuchungen andere Länder bei der Erforschung der Wissenschaft gewonnen haben, einen Vorsprung, der nicht zuletzt als eine der wichtigsten Ursachen für die Leistungsfähigkeit ihrer gesamten Forschung sowie ihrer industriellen Entfaltung zu bewerten ist. Die unübersehbaren Erfolge müssen auch für uns Anlaß sein, sich endlich um die Einrichtung einer solchen Wissenschaftsdisziplin zu kümmern."[343]

Nach Langendorfs Einschätzung befand sich die DDR, was die Etablierung der Wissenschaftsforschung betraf, eher im Nachtrab als an der Spitze, und sie hielt entschlossenes Handeln für dringend geboten, um den Rückstand nicht noch größer werden zu lassen. Diese Lagebeurteilung war vermutlich nicht nur eine persönliche Schlussfolgerung der Autorin, sondern dürfte ungefähr mit dem Bild übereinstimmen, das sich in der Arbeitsgruppe insgesamt herausgebildet hatte. In der Frage, wie vorzugehen sei, um den gravierenden Rückstand aufzuholen, neigte sie zu der ursprünglichen Idee der *science of science*, also zum Einsatz eines an der Naturwissenschaft orientierten Forschungsdesigns: „Die elementaren Prinzipien der exakten Forschung dürfen nicht gerade dort ausgeklammert werden, wo die einzelnen Disziplinen dieses Systems, d.h. vorwiegend im naturwissenschaftlich-technischen Bereich, sich weitestgehend um die klare Erkenntnis ihres eigenen Forschungsgegenstandes bemühen. *Aber die Wissenschaft erforscht sich selbst mit recht unzulänglichen Mitteln.* Das mit dem Begriff Wissenschaft verbundene Systematisieren, Analysieren, Methodisieren und Experimentieren gehört bei uns noch keineswegs zur Arbeitsgrundlage des Wissenschaftskundlers bzw. Wissenschaftsorganisators. Dabei erfordert gerade eine neu entstehende Wissenschaftsdisziplin ein besonders gründliches Vorgehen, um erst einmal die Grundzüge des Systems, seine Elemente und Kernprobleme herauszukristallisieren."[344] Bisher hätten sich hauptsächlich die Philosophen und die Historiker dieses Stoffes angenommen. Langendorf würdigte deren Engagement, sah dabei aber eine deutliche Grenze: „... philosophische Arbeiten, die sich

---

343 Ebd., S. 16.
344 Ebd., S. 4.

vorwiegend mit Zitieren und Meditieren begnügen, müssen sich letzten Endes im Allgemeinen erschöpfen".[345] Die Wissenschaftsorganisation wiederum habe zwar unmittelbar mit der konkreten wissenschaftlichen Tätigkeit zu tun, doch nach Langendorfs Eindruck „erschöpft sich dieses Aufgabengebiet bisher im Praktischen, um nicht zu sagen im Praktizistischen".[346]

Die Erforschung der Forschung, die nach Ansicht Langendorfs das Zentrum der Wissenschaftsforschung bilden sollte, steht dabei vor außerordentlichen methodischen Schwierigkeiten: „Im Produktionsprozeß läßt sich die Beteiligung des Menschen beobachten und nach seinen äußeren Bedingungen festlegen. Aber die Suche nach der Lösung eines Problems vollzieht sich hinter der Stirn und bleibt so einem Außenstehenden verborgen, sowohl in seinen Abläufen als auch in bezug auf die Einflußfaktoren und -größen. Hinzu kommt die Tatsache, daß sogar der Denkende als aktiv Beteiligter erstaunlicherweise nur sehr selten seinen eigenen Denkvorgang analysiert, geschweige denn genau beherrscht." Zudem bestehe „eine außerordentliche und große Aversion der Wissenschaftler gegen seine Durchleuchtung und systematische Analysierung. Mag dies darauf zurückzuführen sein, daß es sich bei der Forschung um eine Arbeit handelt, die man als eine der letzten Inseln verhältnismäßig ungebundener Tätigkeit erhalten sehen möchte, oder daß man eine Untersuchung des Denkprozesses unter Einbeziehung der Einflußfaktoren als einen Einbruch in die Intimsphäre betrachtet – die größten Widerstände erwachsen eigentlich beim Primärfaktor Mensch selbst."[347] In diesem Urteil spiegeln sich zweifellos Erfahrungen, die die Arbeitsgruppe im Forschungsbetrieb vor Ort gesammelt hatte. Langendorf äußerte die Überzeugung, dass wesentliche Fortschritte in der Wissenschaftsforschung nicht erzielt werden könnten, wenn das Gebiet wie bisher allein dem ehren- und nebenamtlichen Engagement verstreuter Enthusiasten überlassen bliebe. Um den Forschungsprozess systematisch zu untersuchen, müssten auch Kapazitäten geschaffen werden, die einer solchen Aufgabe gewachsen sind, und dafür gab es nach Ansicht der Autorin keinen geeigneteren Ort als die DAW: „Welche Institution könnte günstigere Möglichkeiten für die Untersuchung der Wissenschaft bieten als eine Akademie, die sämtliche Wissenschaftsdisziplinen unter ihrem Dach vereinigt? Die hier vorhandene Skala von der reinen Erkundungsforschung bis zur angewandten Grundlagenforschung, von allen naturwissenschaftlich-technischen bis zu den gesellschaftswissenschaftlichen Disziplinen, von großen Zentralinstituten bis zu kleinen Forschungseinheiten zwingt förmlich den Blick auf sich und fordert zu einer Analyse all dieser Gegebenheiten auf. Dabei ist die Institution der Akademie zugleich

---

345 Ebd., S. 5.
346 Ebd., S. 7.
347 Ebd., S. 9.

Untersuchungsobjekt und Nutznießer der aus diesen Untersuchungen resultierenden Ergebnisse, denn die Leitung eines solchen umfangreichen Komplexes bedarf einer außerordentlich guten Orientierung und Entscheidungsvorbereitung."[348]

Nun bedurfte es nur noch politischen Rückenwindes, und der kam schneller als erwartet, gerade einen Monat nach dem Langendorf-Papier, wenn auch schwerlich in irgendeinem direkten Zusammenhang mit diesem. Am 22. Oktober 1968 verabschiedete das Politbüro des ZK der SED den Beschluss *Die weitere Entwicklung der marxistisch-leninistischen Gesellschaftswissenschaften in der DDR*, in dem es hieß: „Angesichts der wachsenden Bedeutung der Wissenschaften als unmittelbare Produktivkraft muß das System der Wissenschaften selbst zum Gegenstand wissenschaftlicher Forschungsarbeit werden, um Grundlagen für die Prognose, Planung und Leitung der Wissenschaftsentwicklung zu erhalten. Das erfordert die Entwicklung einer Wissenschaftstheorie (Wissenschaftskunde). Insbesondere gilt es, die Stellung der Wissenschaft in der Gesellschaft zu bestimmen, die sozialen Voraussetzungen und Auswirkungen wissenschaftlicher Erkenntnisse zu erforschen, die inneren Entwicklungsgesetze und -tendenzen des Systems der Wissenschaften, besonders die Wachstumsprobleme aufzudecken, den Prozeß der schöpferischen wissenschaftlichen Arbeit zu analysieren und den Einfluß von Wissenschaft und Technik auf die Herausbildung und Entwicklung der sozialistischen Persönlichkeit zu erforschen."[349] Diese Aussage bedeutete eine demonstrative Legitimierung der Wissenschaftsforschung. Erstmalig tauchte dieses Gebiet damit in einem Dokument der SED-Führung auf, und es war zudem einer der seltenen Fälle, in denen ein Beschluss des Politbüros unmittelbar veröffentlicht wurde.

Unter den Verhältnissen der DDR war es nicht unwichtig, sich bei wichtigen Vorhaben auf derartige Dokumente stützen zu können. Für ihre Vorbereitung forderte der Parteiapparat bei wissenschaftlichen Institutionen häufig umfangreiche „Zuarbeiten" an. Auf diese Weise konnten Überlegungen und Zielstellungen, die in wissenschaftlichen Institutionen für sinnvoll erachtet wurden, in Dokumente der SED lanciert werden. Zwar gab es keine Garantie, ob und wie derartige „Zuarbeiten" tatsächlich in die Dokumente gelangten, aber der Erfolgsfaktor war nicht gering. Es liegt auf der Hand, dass solche Aussagen, wenn sie erst einmal in ein zentrales SED-Dokument gelangt waren, als Freibrief für großzügige Institutionalisierungsbestrebungen verwendet werden konnten. Im Fall des hier in Rede stehenden Politbürobeschlusses ist die Herkunft der die Wissenschaftsforschung betreffenden Passage nicht sicher bekannt, obwohl man angesichts des überschaubaren Kreises derjenigen, die sich in der

---

348 Ebd., S.18.
349 Die weitere Entwicklung der marxistisch-leninistischen Gesellschaftswissenschaften in der DDR. In: Einheit 1968, H. 12, S.1459.

DDR für die neue und vielversprechende Forschungsrichtung einsetzten, natürlich Vermutungen anstellen kann. Eine Weichenstellung war damit jedenfalls absehbar. Das sahen auch die DDR-Analytiker in der Bundesrepublik so. Hans Lades und Clemens Burrichter fühlten sich bei der Analyse des Dokuments zu der Vorhersage veranlasst, „daß in Anbetracht der Wichtigkeit einer derartigen Disziplin früher oder später ein Institut für ‚Wissenschaftstheorie' in der DDR eingerichtet werden wird".[350]

Ihre Prognose bewahrheitete sich sogar zweifach, einmal mit dem Kröber-Institut, zum andern mit der Sektion WTO der Humboldt-Universität. Bevor es aber dazu kam, gab es im November 1968 mit der oben erwähnten Tagung an der Berliner Hochschule für Ökonomie (HfÖ) noch eine Art Heerschau der Pioniere und Enthusiasten, die an verschiedenen Orten – eher von der eigenen Begeisterung für den Neubeginn geleitet als nach Auftrag und Plan – Keime der Wissenschaftsforschung geschaffen hatten. Es war die letzte größere Veranstaltung dieser Art in der DDR vor Kröbers Eintritt in dieses Gebiet. Die Tagung fand etwa einen Monat nach dem Politbürobeschluss statt, der die Weichen für die Entwicklung der Wissenschaftsforschung auf höchster Ebene gestellt hatte. Es ist schwer zu sagen, inwieweit sie durch diese parteioffizielle Äußerung beeinflusst worden ist; in den gedruckten Texten finden sich keine direkten Bezugnahmen, und nach eventuell vorhandenen Akten zur Tagungsvorbereitung ist noch nicht recherchiert worden. Der eigentliche Gegenstand der Tagung – das geht aus ihrem Titel hervor und wird durch das umfangreiche Einleitungsreferat von Alfred Lange bestätigt – war die Ökonomie und Organisation der wirtschaftsbezogenen Forschung und Entwicklung, sowohl jener, die innerhalb der Wirtschaft selbst stattfand, als auch jener, die auf der Basis von Aufträgen aus der Wirtschaft bzw. von Verträgen mit ihr erfolgte. Erörterungen über Situation und Perspektiven der Wissenschaftsforschung standen damit allenfalls in einer lockeren Verbindung. Dennoch gab es innerhalb der Tagung eine umfangreiche Sektion, die eigens diesem Thema gewidmet war. Verschiedene Protagonisten der Wissenschaftsforschung aus Akademie und Hochschulwesen kamen hier mit ihren Vorstellungen zu Wort, und zugleich äußerten Staatsfunktionäre oder auch Naturwissenschaftler ihre Ansichten darüber, was die Wissenschaftsforschung leisten sollte und worauf die orientiert werden müsste.

Ilse Hauke (HfÖ), die das Einführungsreferat der Sektion hielt, schätzte die Zahl der damals in der DDR mit Problemen der Wissenschaft von der Wissenschaft befassten Personen auf 80 bis 100.[351] Die meisten Redner beklagten unisono die extreme

---

350 Hans Lades und Clemens Burrichter: Produktivkraft Wissenschaft. Sozialistische Sozialwissenschaften in der DDR. Hamburg 1970, S. 83.
351 Ilse Hauke: Probleme der Entwicklung der Wissenschaftskunde in der DDR. In: Alfred Lange (Hrsg.): Forschungsökonomie, a. a. O., S. 41–55, hier S. 54.

Zersplitterung dieses Potentials und äußerten den Wunsch nach Vernetzung, Koordinierung und Kooperation. Besonders aus der DAW-Arbeitsgruppe für Wissenschaftsorganisation wurde der Aufbau eines Informations- und Dokumentationssystems für Wissenschaftsforschung angemahnt. Verschiedene Redner erhoben die Forderung nach einer eigenen Zeitschrift, die in der DDR niemals eingelöst wurde. Auch an ein internationales Informationsbulletin im Rahmen des Ostblocks dachte man, und Ursula Krüger von der Arbeitsgruppe für Wissenschaftsorganisation bemerkte dazu enttäuscht, „daß es tatsächlich Vorbehalte gibt...". Bei einer Dienstreise nach Budapest hatte sie vorgeschlagen, das schon bestehende ungarische Informationsbulletin für Wissenschaftsorganisation unter Mitwirkung von Spezialisten aus Polen, der Tschechoslowakei und der DDR zu einem internationalen mehrsprachigen Organ auszubauen – aber: „Vorläufig war eine Vereinbarung hierüber nicht möglich."[352] Im kapitalistischen Lager, so sagte sie weiter, pflege die OECD schon seit Jahren eine solche Zusammenarbeit, und sie erklärte, „daß ich nicht einsehe, warum gerade wir die Vorteile der internationalen Arbeitsteilung nicht nutzen, wo wir doch von der Weltanschauung her viel bessere Vorbedingungen haben, um im sozialistischen Lager zusammenzuarbeiten".[353]

Wie zersplittert die verschiedenen Initiativen noch waren, ließ sich schon am ungeregelten Nebeneinander zahlreicher Bezeichnungen für das neue Gebiet ablesen. Neben den auf Bernal zurückgehenden traditionellen Termini *Wissenschaft von der Wissenschaft* oder *Wissenschaftswissenschaft* waren viele weitere in Gebrauch. Kurzzeitig schien das Wort *Wissenschaftskunde* das Rennen zu machen; Hauke hatte ihr Referat *Probleme der Entwicklung der Wissenschaftskunde in der DDR* genannt. Der Terminus „Wissenschaftskunde" war die wörtliche Übersetzung von *naukovedenie* (russ.) bzw. *naukoznawstwo* (poln.); diese Prägung war in Osteuropa offenbar eingeführt worden, weil die direkte Übersetzung von *science of science* zu umständlich erschien. Im Deutschen aber hatte das Wort „Kunde" einen negativen Beigeschmack. Dietrich Wahl meinte, es klinge nach etwas Unvollkommenem, noch nicht ganz Ausgereiftem – wir aber sollten uns von vornherein hohe Ziele stellen. Dem Argument, „Kunde" würde Praxisnähe signalisieren, hielt er entgegen: „Doch wir nennen deswegen die Biologie noch lange nicht ‚Lebenskunde', weil wir mit ihrer Hilfe bessere Kartoffeln züchten wollen."[354] Demgegenüber hatte er eine klare Präferenz: „Wir sollten das Kind schlicht und prägnant ‚Wissenschaftstheorie' nennen; denn ‚Wissenschaft von der Wissenschaft' oder ‚Wissenschaftswissenschaft' ist mir sprachlich zu

---

352 Ursula Krüger: Ergänzende Information über spezielle Fragen der Wissenschaftsorganisation. In: Lange (Hrsg.), Forschungsökonomie, S. 141–143, hier S. 141–142.
353 Ebd., S. 143.
354 Dietrich Wahl: Einige Fragen der Entwicklung der Wissenschaftstheorie in der DDR. In: Alfred Lange (Hrsg.): Forschungsökonomie, a. a. O., S. 57–65, hier S. 63.

lang und unhandlich".³⁵⁵ Andere Autoren neigten gleichfalls zu dieser Lösung, und auch am Kröber-Institut wurde *Wissenschaftstheorie* noch jahrelang so verwendet. Damit war jedoch für neue Verwirrung gesorgt, denn unter „Theorie" wurde hier nicht, wie üblich, ein System geprüfter Aussagen oder Sätze verstanden, sondern ein ganzes Forschungsgebiet oder gar eine Disziplin mit den Akteuren und ihren Tätigkeiten, ihren sozialen Interaktionen und ihren institutionellen Fundamenten. Auch der Terminus *Wissenschaftsforschung* wurde auf der Tagung gelegentlich verwendet, aber eher beiläufig. Nur Marga Langendorf favorisierte in ihrem Beitrag diese Bezeichnung und bewies damit ihr Gespür für das am besten geeignete Wort, das sich am Ende durchsetzen würde.³⁵⁶

Auch wenn niemand wirklich vorwegnehmen konnte, was institutionalisierte Wissenschaftsforschung zu leisten imstande wäre und wo ihre Grenzen liegen, so stimmten die Vortragenden doch weitgehend darin überein, dass organisatorisches Zusammenführen der Protagonisten allein wenig bewirken könnte, wenn es ganz ohne konzeptionelle Leitgedanken erfolgen würde. Verschiedene Redner waren bemüht, solche Gedanken beizusteuern, und einige beriefen sich auch auf die damals bereits vorliegende Leipziger Monographie *Die Wissenschaft von der Wissenschaft*. Der Grad an Übereinstimmung, der dabei erkennbar wurde, war eher bescheiden, aber es war schon wichtig, die relevanten Fragen zu benennen, zu denen man unterschiedlicher Meinung war. Umstritten war bereits das Maß an konzeptioneller und methodischer Homogenität, das es anzusteuern galt. Dietrich Wahl meinte, die Wissenschaftstheorie sei „eine eigenständige Disziplin mit einem eigenständigen Gegenstand".³⁵⁷ Frank Fiedler vom Philosophischen Institut der Universität Leipzig, der bereits mit einer Reihe wissenschaftsphilosophischer Arbeiten hervorgetreten war³⁵⁸, sich 1966 mit einer Arbeit zum Thema *Differenzierung, Integration und Einheit der Wissenschaft* habilitiert und an der Leipziger Monographie mitgewirkt hatte, widersprach dem entschieden und erklärte, dass die Wissenschaft von der Wissenschaft keine konzeptionell und methodisch homogene einheitliche Wissenschaft sein könne.³⁵⁹ Sie sei vielmehr – ähnlich wie die medizinischen Wissenschaften oder die Landwirtschaftswissenschaften – ein „interdisziplinärer Verbund", denn ihr Gegenstand sei „ein Komplex, der unter verschiedenen Aspekten erforscht werden muß, von verschiedenen Wissen-

---

355 Ebd., S. 62.
356 Marga Langendorf: Zu einigen Problemen der Wissenschaftsforschung (Erforschung der Wissenschaft). In: Alfred Lange (Hrsg.): Forschungsökonomie, a.a.O., S. 116–120.
357 Dietrich Wahl: Einige Fragen der Entwicklung der Wissenschaftstheorie in der DDR, a.a.O., S. 58.
358 Frank Fiedler: Von der Einheit der Wissenschaft. VEB Deutscher Verlag der Wissenschaften. Berlin 1964.
359 Frank Fiedler: Bemerkungen zur Struktur und zu den Aufgaben der marxistischen Wissenschaft von der Wissenschaft. In: Alfred Lange (Hrsg.): Forschungsökonomie, a.a.O., S. 88–93, hier S. 88.

schaften her mit verschiedenen Methoden, so daß es m. E. nicht so etwas geben kann wie eine einheitliche Disziplin".[360]

Verwandt mit den Überlegungen über das anzustrebende Maß disziplinärer Homogenität ist das vieldiskutierte Thema, von welchen Fragestellungen die Wissenschaftsforschung ausgehen sollte. Einerseits konnte man sich den Realitäten des Wissenschaftsbetriebes mit dem Repertoire mehr oder minder ausgereifter Disziplinen nähern, also deren theoretischen und methodischen Rahmen zum Maßstab dessen machen, welche Fragen jeweils sinnvoll zu bearbeiten wären. Dieses Vorgehen (Stichwort: „gegenstandsorientiert") wurde überwiegend als gestrig betrachtet und abgelehnt. Andererseits konnten Gestaltungsdesiderate des Wissenschaftsbetriebes, wie sie etwa bei Aufgabenstellungen der Forschungsorganisation auftraten, an den Anfang gestellt werden – ohne Rücksicht darauf, ob sie in schon bewährtes disziplinäres Untersuchungsschema passten oder nicht. Diese Alternative (Stichwort: „problemorientiert") erschien zukunftsträchtig und wurde präferiert. Charakteristisch für diese Präferenz war die auf der HfÖ-Tagung vorgetragene Überlegung von Wolfgang Wächter, der aus dem Rostocker Arbeitskreis kam und später zum Kröber-Institut überging. Wichtig sei, dass die Wissenschaftstheorie „in erster Linie problemorientiert betrieben wird, und weniger gegenstandsorientiert". Im Grunde ginge es hier „um die Optimierung der Erkenntnistätigkeit im allgemeinsten Sinne und nicht nur im ökonomischen Sinne". Entsprechend dem Rostocker Konzept, demzufolge die Forschung als problemlösende Tätigkeit modelliert wurde, erläuterte Wächter, dass es dabei in erster Linie um Optimierungs-, Entscheidungs- und Zielsetzungsprobleme ginge.[361] Disziplinen wie Ökonomie, Psychologie usw. hätten in diesem Zusammenhang „nur soweit Sinn, wie sie diesem Grundproblem der Optimierung der Erkenntnistätigkeit dienen. Man muß davor warnen, das Pferd anders herum aufzuzäumen und zunächst eine sehr breite Forschung zu entwickeln für alles, was irgendwie mit Wissenschaft zusammenhängt, und die Orientierung auf diese Hauptprobleme der Erkenntnistätigkeit zu vergessen."[362]

Die Befürworter eines „problemorientierten" Vorgehens gliederten sich wiederum recht deutlich in zwei Kategorien. Die einen, die auf diese oder jene Weise den Standpunkt von Wissenschaftstheoretikern einnahmen, definierten die „Probleme", von denen auszugehen wäre, in einem wissenschaftsinternen Horizont; exemplarisch dafür steht das oben angeführte Desiderat einer „Optimierung der Erkenntnistätigkeit". Die anderen, die sich als potentielle Anwender zu erwartender Ergebnisse der Wissenschaftsforschung sahen, forderten von dieser, dass sie sich unmittelbar von

---

360 Ebd., S. 89.
361 Wolfgang Wächter: Zur Funktion der Wissenschaftstheorie. In: Alfred Lange (Hrsg.): Forschungsökonomie, a. a. O., S. 93–97, hier S. 94.
362 Ebd., S. 96–97.

applikativen Zielstellungen leiten lassen sollte. Der einflussreiche Physiker Robert Rompe – damals Direktor des II. Physikalischen Instituts der Humboldt-Universität, Chef des Physikalisch-Technischen Instituts der DAW und Mitglied ihres Präsidiums, Mitglied des Forschungsrates der DDR und Mitglied des ZK der SED – unterbreitete der Tagung eine ganze Liste von Problemen, mit denen sich nach seiner Ansicht die Wissenschaftsforschung befassen sollte.[363] Diese Problemliste zeigt die Handschrift des erfahrenen Wissenschaftsorganisators und Wissenschaftsstrategen, und von keiner der darin aufgeführten Positionen kann man behaupten, dass sie nicht aktuell und wichtig gewesen wäre. Nach Rompes Meinung sollte sich die Wissenschaftsforschung diesen Problemen nicht nur widmen, sondern grundsätzlich von ihnen ausgehen: „Die mehr kontemplative theoretische Bearbeitung von Gebieten sollte vielleicht nur im Zusammenhang mit den Bedürfnissen solcher Untersuchungen betrieben werden."[364] Die praktisch drängenden Fragen aber, die Rompe artikulierte, waren in kognitiver Hinsicht überwiegend hochkomplex, so etwa das Problem des optimalen Spektrums der Mitarbeiterkategorien in Forschungsinstituten[365] oder die Frage, welche Gruppen von Forschungszielen mit welchem Mitteleinsatz bearbeitet werden sollten – von solchen, für die die „Befriedigung des Wissenschaftsbedarfs aus dem in der Literatur zugänglichen Weltfundus wissenschaftlicher Erkenntnis" genügt, bis hin zu ganz wenigen, aber sorgfältig ausgewählten Gebieten, in denen wir uns mit maximalem Einsatz „an die Spitze kämpfen wollen...".[366]

Da aber ein Wissenschaftsgebiet von elementaren, mit großen Vereinfachungen bearbeitbaren Problemstellungen bis hin zu hochkomplexen organisch wachsen muss und dieses Wachstum nicht beliebig forciert werden kann, bedeutete einen von Anfang an extrem hohen Applikationsdruck, dass die Entwicklung der Wissenschaftsforschung Gefahr lief, praktizistisch deformiert zu werden. Schlimmstenfalls musste sie für Anwendungsprobleme, deren Komplexität sie kognitiv und methodisch (noch) nicht gewachsen war, rhetorisch Lösungen vorspiegeln, die sie nicht wirklich besaß.

Was von Persönlichkeiten wie Rompe vor dem Hintergrund eigener langjähriger Forschungserfahrung zwar mit Nachdruck, aber zugleich auch differenziert und mit realistischem Sinn für das Mögliche vorgetragen wurde, das geriet bei Partei- und Staatsfunktionären oftmals rigoros und bevormundend. Als die Tagung an der HfÖ stattfand, ging es – in einem verzweifelten Aufbäumen gegen die allerorten auftretenden Engpässe und Realisierungsschwierigkeiten und den wachsenden innerparteilichen Widerstand – noch darum, die Wirtschaftsreform ungeachtet aller Hindernisse

---

363 Robert Rompe: Probleme und Aufgaben der Wissenschaftswissenschaft. In: Alfred Lange (Hrsg.): Forschungsökonomie, a. a. O., S. 80–88.
364 Ebd., S. 81.
365 Ebd., S. 85–86.
366 Ebd., S. 87.

zum Erfolg zu führen. Dazu mussten wissenschaftlich-technische „Spitzenleistungen" her, möglichst schnell und möglichst überall; der inflationäre Gebrauch von Worten wie „Spitzenleistung" entwertete die dahinter stehende Idee und machte sie zur austauschbaren Phrase. Nicht wenige Funktionäre agierten dabei so, als sei alles erreichbar, wenn nur eiserner Wille, straffe Organisation und motivationaler Druck („ideologische Arbeit") zueinander kämen. Von dieser Art war beispielsweise die Philippika, die der Ökonom Johannes Rekus vom Ministerium für Wissenschaft und Technik auf der Tagung den dort versammelten Enthusiasten der Wissenschaftsforschung hielt: „Eine Wissenschaft um der Wissenschaft willen nützt uns nichts...". Die Wissenschaft von der Wissenschaft habe zu zeigen, „wie sich im Verlauf der Entwicklung von Wissenschaft und Technik bestimmte Schwerpunktgebiete herauskristallisieren, welche Verflechtungen beachtet werden müssen, wie die Gesetzmäßigkeiten dieser historischen Entwicklung in prognostische Einschätzungen umzumünzen sind, um den Knotenpunkt zu erkennen, von dem zurückgerechnet die ganze Kette der Entscheidungsvorbereitung für strukturbestimmende Gebiete und Aufgaben [...] abgeleitet werden muß...". Dies sei der Grund, „warum wir staatlicherseits wissenschaftskundliche Forschung brauchen...".[367] Um keine Illusionen über eine etwaige Autonomie der Wissenschaftsforschung aufkommen zu lassen, fügte er hinzu: „Es ist eine zentrale staatliche Aufgabe, solche Regelungen zu treffen, die die Entwicklung von Wissenschaft und Technik in der DDR planmäßig zu höchster Effektivität und zu Spitzenleistungen führt. In diese Richtung wird auch künftig die Forschung auf dem Gebiet der Wissenschaftskunde orientiert. Wir gehen nicht davon aus, daß es hochinteressant und deshalb notwendig sei, alle Probleme, die hier zur Sprache kamen, zu erforschen."[368]

Dieser Auftritt eines Ministeriumsfunktionärs ließ ahnen, wie schwierig es in der DDR sein würde, ein Institut für Wissenschaftsforschung verantwortungsbewusst zu führen, so dass es ungeachtet des starken, administrativ und ideologisch noch verstärkten Applikationsdrucks wissenschaftlich reifen konnte. Dazu waren nicht nur wissenschaftliche Qualitäten gefragt; diplomatisches Geschick und taktische Finesse waren nicht minder wichtig, denn die erforderlichen Forschungsfreiräume würden nur zu verteidigen sein, wenn die zuständigen Staats- und Parteifunktionäre den Eindruck hatten, dass die betreffende Institution ihr Möglichstes tut, um im Sinne der jeweils aktuellen Wissenschaftspolitik zu wirken. Ich kann nicht beurteilen, ob Günter Kröber diese rare Kombination von Fähigkeiten schon von vornherein mitbrachte, doch ich kann bestätigen, dass er sie als Institutsdirektor zu bemerkenswerter Perfektion

---

367 Johannes Rekus: Zu Fragen der Zielstellung der wissenschaftskundlichen Forschung. In: Alfred Lange (Hrsg.): Forschungsökonomie, a.a.O., S.120–124, hier S.121.
368 Ebd., S.122.

entwickelte; unter ihrem elastischen Schirm konnten nicht wenige junge Wissenschaftlerinnen und Wissenschaftler relativ ungestört ihr eigenes Profil ausprägen.

Auf der Tagung an der HfÖ wurden verschiedene weitere Themen von konzeptioneller Relevanz für die Wissenschaftsforschung angesprochen, die an dieser Stelle nicht erörtert werden können. Nur ein Aspekt sei hier noch erwähnt. Wächter unterschied in seinem Beitrag mehrere Ebenen ihres Gegenstandes, an denen die Wissenschaftsforschung mit ihren Untersuchungen ansetzen und auf die sie mit ihren Ergebnissen einwirken könnte: die einzelnen Wissenschaftler; die Forschungskollektive und Institute; das gesellschaftliche Reproduktionssystem der Wissenschaft; ihre internationalen Beziehungen.[369] Diese Gliederung, deren Konsistenz hier nicht zur Debatte stehen soll, deutete an, dass es verschiedene Pfade gab, auf denen sich die Wissenschaftsforschung entwickeln könnte – in Abhängigkeit davon, welche Ebene oder Schicht der Wissenschaft im Zentrum ihrer Aufmerksamkeit stehen würde. De facto lag der Schwerpunkt der Wissenschaftsforschung in der DDR bei Fragen der Planung, Leitung und Organisation kollektiver Forschung. Es wäre aber auch möglich gewesen, das Hauptaugenmerk auf die Forschungsprozesse selbst zu richten. Das erhebliche Gewicht, das die Methodologie bei ihrer Etablierung hatte, hätte diesen Weg begünstigt. Dann wären nicht nur Leitungsinstanzen, sondern Forscher überhaupt Partner der Wissenschaftsforschung gewesen. Dieser Hoffnung gab Marga Langendorf Ausdruck: „Es muß einmal soweit kommen, daß der Wissenschaftsforscher von den Naturwissenschaftlern und Technikern gebraucht wird, weil er ihnen für ihre Probleme an ihrem Arbeitsplatz echte Hilfeleistungen bietet."[370]

Mit der Systematischen Heuristik stellte sich in einem Vortrag ihres Schöpfers Johannes Müller von der TH Karl-Marx-Stadt (Chemnitz) ein Ansatz vor, der – für den Bereich der technischen Forschung und Entwicklung – ungefähr in diese Richtung zielte und der zudem keine bloße Zukunftsvision war, sondern bereits eine praktikable Gestalt angenommen hatte[371]. Seine 1964 an der Universität Leipzig verteidigte Dissertation *Über die Dialektik im Ingenieursdenken* hatte Müller angeregt, von 1964 bis 1966 das methodische Vorgehen von Naturwissenschaftlern und Ingenieuren an der TH Karl-Marx-Stadt empirisch zu untersuchen; daraus ging seine 1966 – wiederum in Leipzig – verteidigte Habilitationsschrift *Operationen und Verfahren des problemlösenden Denkens in der konstruktiven technischen Entwicklungsarbeit – eine methodologische Studie* hervor, auf deren Basis er 1967 die Grundzüge der Systematischen Heuristik

---

369 Wolfgang Wächter: Zur Funktion der Wissenschaftstheorie, a. a. O., S. 94–95.
370 Marga Langendorf: Zu einigen Problemen der Wissenschaftsforschung (Erforschung der Wissenschaft). In: Alfred Lange (Hrsg.): Forschungsökonomie, a. a. O., S. 118.
371 Johannes Müller: Grundlagen der systematischen Heuristik. Dietz, Berlin 1970; Johannes Müller: Arbeitsmethoden der Technikwissenschaften – Systematik, Heuristik, Kreativität. Springer, Berlin/Heidelberg/New York 1990.

als eines praktisch anwendbaren Handlungssystems entwarf, dessen Erprobung und Umsetzung er unverzüglich in Angriff nahm. Im gleichen Jahr organisierte er in Bärenstein im Erzgebirge Lehrgänge zur Systematischen Heuristik für Forscher und Entwickler aus Industriebetrieben der DDR. 1968 erhielt er an seiner TH eine Dozentur für Allgemeine Wissenschaftskunde und richtete eine Lehr- und Forschungsgruppe „Methodologie der Technischen Wissenschaften" als institutionelle Basis für die Systematische Heuristik ein.[372] In seinem Vortrag auf der HfÖ-Tagung berichtete er über erste Erfahrungen und stellte ein ambitioniertes Programm vor.[373]

Das Grundkonzept der Systematischen Heuristik ist einfach und überzeugend: Prozesse der geistigen Arbeit lassen sich in Phasen aufgliedern, von denen manche Routinestrecken, andere wiederum Phasen schöpferischer Arbeit sind. Für die Routinestrecken können trivialerweise Programme angegeben werden, die mit Sicherheit zum Ziel führen. Aber auch – und das war Müllers erster zentraler Gedanke – die schöpferischen Phasen sind einer Programmierung zugänglich, nur eben keiner deterministischen, sondern einer heuristischen, die die Erfolgswahrscheinlichkeit steigert, ohne damit schon den Erfolg zu garantieren. Die zweite zentrale Idee war, dass solche heuristischen Programme nicht a priori entworfen werden können, sondern aus den Erfahrungen wirklicher Problemlösungsprozesse gewonnen werden müssen. Deshalb war die Systematische Heuristik viel stärker empirisch orientiert als die meisten methodologischen Ansätze, die von philosophischen und logischen Überlegungen ausgingen. Wie Müller ausführte, haben Problemlösungsprozesse prinzipiell einen zweifachen Ertrag: einerseits die Problemlösung selbst, andererseits den methodologischen Erfahrungsgewinn über das dabei realisierte Vorgehen. Bisher sei fast nur die Problemlösung beachtet worden: „Sollten wir einen Baumeister beobachten, der das Gerüst, mit dem der Bau errichtet wurde, anschließend verbrennt oder einfach liegen läßt, um sich das nächste Mal wieder ‚schöpferisch' einfallen zu lassen, wie man denn einen Bau hochziehen könnte, würden wir ihn für verrückt erklären. In Forschung und Entwicklung galt das bisher als normal." Künftig könnten wir uns das jedoch nicht mehr leisten: „Der Kybernetiker sagt dazu: wir organisieren den Bearbeiter als lernendes und selbstorganisierendes System."[374] So sollten die heuristischen Programme in Auswertung immer neuer Anwendungserfahrungen sukzessiv weiter verbessert werden: „Hat jemand eine neue Aufgabe zu finden, können wir ihm in Auswertung vorliegender Erfahrungen zeigen, wie er *prinzipiell* weiter vorgehen sollte, um ein neues Problem aufzuspüren. Wir geben ihm damit weder einen

---

372 Johannes Müller (Heuristiker). – WIKIPEDIA [Zugriff 15.5.2016]; Systematische Heuristik. – WIKIPEDIA [Zugriff 15.5.2016].
373 Johannes Müller: Zur Stellung der systematischen Heuristik im Komplex der Rationalisierung der geistig-schöpferischen Tätigkeit. In: Alfred Lange (Hrsg.): Forschungsökonomie, a. a. O., S. 68–75.
374 Ebd., S. 72.

Garantieschein, daß er sein Ziel erreicht, noch erlassen wir ihm die Anstrengung des Denkens. Wir versprechen nur, er werde bei Anwendung eines solchen heuristischen Programms mit größerer Wahrscheinlichkeit in kürzerer Zeit zum Ziel gelangen."[375] Der dritte wesentliche Leitgedanke Müllers war schließlich, dass die heuristischen Programme nicht vereinzelt, sondern in wohlgeordneten und tief gegliederten Programmbibliotheken bereitgestellt werden müssten[376]; dieses Vorgehen entsprach der Arbeitsweise von Naturwissenschaftlern und Technikern. Die Programme lagen damals nicht in digitaler Gestalt vor. Müller bemerkte, dass sie zwar grundsätzlich auch für die elektronische Datenverarbeitung vorbereitet werden könnten; da aber die Rechnerprogrammierung sehr teuer sei, würde sich das für ein Programm nur dann lohnen, wenn sein Geltungsbereich sehr groß ist und es entsprechend sehr häufig verwendet wird.[377]

Dieses Verfahren fand in Industrieinstituten und in den Forschungs- und Entwicklungsabteilungen von Industriebetrieben großen Anklang. Das Zentralinstitut für Schweißtechnik in Halle und das Zentralinstitut für Fertigungstechnik in Karl-Marx-Stadt wurden in gewissem Sinn zu Referenzeinrichtungen für die Systematische Heuristik. Müller berichtete über erste Erfahrungen des Personalaustausches zwischen seiner Gruppe und diesen Instituten. In den mit der Durchsetzung von „Großforschung" und „Großentwicklung" entstehenden umfangreichen Instituten müssten neben Wissenschaftsorganisatoren auch eigens ausgebildete und auf die jeweiligen Wissenschaftsbereiche spezialisierte hauptamtliche Methodologen eingesetzt werden: „Sie gehen von Bearbeiter zu Bearbeiter, von Kollektiv zu Kollektiv, von Themenverantwortlichem zu Themenverantwortlichem und setzen in systematischer Arbeit die Anwendung des heuristischen Programms durch, heben mit den Bearbeitern gemeinsam den methodologischen Informationsgewinn ab, verdichten ihn zu heuristischen Programmen, die sie dann an andere Gruppen weitervermitteln und diese Anwendung eventuell präzisieren, ergänzen oder verallgemeinern".[378] Den perspektivischen Bedarf der DDR an solchen Methodologen schätzte Müller auf etwa 500; als Einsatzoptimum betrachtete er je einen Methodologen pro 200 wissenschaftliche Mitarbeiter in Industrieinstituten und pro 60 wissenschaftliche Mitarbeiter in der Erkundungsforschung.[379]

---

375 Ebd., S. 71.
376 Johannes Müller: Programmbibliothek zur systematischen Heuristik für Naturwissenschaftler und Ingenieure (= Technisch-wissenschaftliche Abhandlungen des ZIS Nr. 59). Zentralinstitut für Schweißtechnik, Halle 1970.
377 Johannes Müller: Zur Stellung der systematischen Heuristik im Komplex der Rationalisierung der geistig-schöpferischen Tätigkeit, a. a. O., S. 71.
378 Ebd., S. 70.
379 Ebd., S. 73.

Die Systematische Heuristik zeigte exemplarisch, welches Maß an Praktikabilität ein Ansatz erreichen konnte, der die allgemeine Grundidee der Wissenschaftsforschung in geeigneter Weise konkretisiert und spezifiziert. Im Verhältnis zum Mainstream der Wissenschaftsforschung in der DDR blieb sie jedoch eine Sonderentwicklung, nicht zuletzt deshalb, weil sie ein in sich geschlossenes, durchkomponiertes Handlungssystem mit einer eigenen Terminologie darstellte und über eine ganz andere kognitive Ausstattung verfügte, als sie sonst in der Wissenschaftsforschung üblich war. Als Müller 1968 die Desiderate aufzählte, die ein zu schaffendes Zentrum für theoretische Vorlaufforschung für die Weiterentwicklung der Systematischen Heuristik erfüllen sollte, nannte er „Arbeiten zur Prozeßlogik, zur Systemwissenschaft, zur Theorie der Speicher, zur pragmatisch-semantischen Informationstheorie, aber auch zur Theorie der heuristischen Automaten und zur Algorithmentheorie"[380] – also sämtlich Gebiete, die von einer Konzeptualisierung der Wissenschaft als gesellschaftliches Phänomen weit entfernt waren. Die Systematische Heuristik harmonierte mit der Idee der Großforschung. Auf Anweisung Walter Ulbrichts wurde Müller 1969 an der kurzlebigen Akademie für Marxistisch-Leninistische Organisationswissenschaft (AMLO) die Leitung einer Abteilung für Systematische Heuristik übertragen, in die seine Arbeitsgruppe eingegliedert wurde. Nach dem Übergang von Ulbricht zu Honecker wurde Anfang 1972 mit der AMLO auch diese Abteilung wieder aufgelöst. Müller ging mit einem Teil der Mitarbeiter an das Zentralinstitut für Kybernetik und Informationsprozesse (ZKI) in Berlin über, das zur Akademie der Wissenschaften der DDR gehörte, aber die große Zeit der Systematischen Heuristik war nach hoffnungsvollem Start schon wieder vorüber; die dort geschaffene Programmbibliothek wurde nicht auf Computer portiert.[381]

Dem verbreiteten Bedürfnis nach Vernetzung der verstreuten Initiativen auf dem Gebiet der Wissenschaftsforschung kam am ehesten eine befristete, ohne größeren zusätzlichen Forschungsaufwand zu bewältigende Gemeinschaftsaufgabe entgegen. Eine solche nahm man auf der Tagung an der HfÖ auch in Aussicht. Damals wurden vielerorts Fachwissenschaftler mit Aufgaben der Wissenschaftsorganisation an ihren Einrichtungen betraut, ohne dass sie darauf eigens vorbereitet worden wären. Daher erschien es vernünftig, ein entsprechendes Qualifizierungsangebot für diesen Personenkreis auszuarbeiten und den zuständigen Ministerien – dem MHF und dem MWT – zu unterbreiten. Diesen Gedanken trug Lange in seinem Grundsatzreferat vor: „Da gegenwärtig an verschiedenen Stellen der wirtschafts- und wissenschaftsleitenden Organe, als auch der Universitäten und Hochschulen, Gedanken und Vorstel-

---

380 Ebd., S. 74.
381 Jürgen Albrecht: Was ist Systematische Heuristik [19. Juni 2004]. – www.storyal.de/story2004/heuristik.htm.

lungen zur Qualifizierung von Kadern der wissenschaftlich-technischen Arbeit in den Fragen der Planung, Leitung und Organisation vorbereitet werden, soll von dieser Seite aus der Vorschlag unterbreitet werden, die zu lösenden Aufgaben abzustimmen und ein koordiniertes Angebot über die durchzuführenden Aufgaben und Maßnahmen den staatlichen Organen zu unterbreiten."[382] Wahl meinte, wir sollten „nach den Sternen greifen und möglichst rasch gemeinsam ein systematisches Lehrmaterial zu Problemen der Wissenschaftstheorie und speziell der Wissenschaftsorganisation ausarbeiten". Darin wären „die vielfach verstreuten nationalen und internationalen, vor allem sowjetischen Erfahrungen zu verdichten und zu systematisieren, ohne zunächst die eigene Forschung zu sehr in den Vordergrund zu stellen". Das würde jene, die an Problemen der Wissenschaftstheorie arbeiten, relativ rasch zusammenführen.[383] In seinem Schlusswort verkündete Lange die Vereinbarung, eine Arbeitsgruppe aus Vertretern von Akademie- und Hochschuleinrichtungen zu bilden, die ein Programm für die Qualifizierung leitender wissenschaftlicher Kader an Forschungsinstituten ausarbeiten sollte. Sie sollte unter der Federführung von Dietrich Wahl stehen und noch im Dezember 1968 zu ihrer ersten Beratung zusammenkommen.[384]

Wie Lange ausführte, sollte es mit dieser einmaligen Aufgabe nicht getan sein. Er sagte vielmehr, „daß wir die Tätigkeit dieser Gruppe als Auftakt zu einer Koordinierung auf wissenschaftskundlichem Gebiet verstehen, um deren Realisierung sich entsprechend den gefaßten Beschlüssen die DAW sorgen wird".[385] Bisher ist nicht klar, von welcher Art diese Beschlüsse waren, von welcher Instanz sie unmittelbar kamen und wann – vor allem: ob vor oder nach dem Politbürobeschluss vom Oktober 1968 – sie verabschiedet worden sind. Auch Kröbers Autobiographie, die sich in diesem Punkt offenbar allein auf persönliche Erinnerungen verlässt, gibt hier keine Auskunft. Unter dem Vorbehalt noch ausstehender Quellenrecherchen scheint es aber ziemlich sicher, dass zur Zeit der HfÖ-Tagung über die bloße Koordinierung hinaus bereits ein verbindlicher Auftrag an die DAW und vielleicht auch ein entsprechender Beschluss ihres Präsidiums vorlag, wonach in ihrer Zuständigkeit ein Zentrum für Wissenschaftsforschung gebildet werden sollte. Dietrich Wahl erklärte ausdrücklich, die DAW hätte den Auftrag erhalten, „ein Zentrum zur Erforschung der Wissenschaftsentwicklung, der Erfahrungen und Methoden der wissenschaftlichen Arbeit aufzubauen. Gegenwärtig gibt es in der Akademie Überlegungen konzeptioneller Art, wie diese Aufgabe anzupacken ist."[386] Andere Redner äußerten sich ähnlich. Dabei dürfte zumindest Wahl

---

382 Alfred Lange: Einige Konsequenzen. In: Alfred Lange (Hrsg.): Forschungsökonomie, a.a.O., S. 39.
383 Dietrich Wahl: Einige Fragen der Entwicklung der Wissenschaftstheorie in der DDR, a.a.O., S. 64.
384 Alfred Lange: Schlußwort. In: Alfred Lange (Hrsg.): Forschungsökonomie, a.a.O., S. 293–306, hier S. 305.
385 Ebd.
386 Dietrich Wahl: Einige Fragen der Entwicklung der Wissenschaftstheorie in der DDR, a.a.O., S. 62.

über Informationen aus erster Hand verfügt haben, denn er kam aus der Arbeitsgemeinschaft der gesellschaftswissenschaftlichen Institute und Einrichtungen der DAW zu Berlin, in deren Leitungsapparat er von der Universität Rostock als Experte für Wissenschaftsorganisation geholt worden war. Darüber, welche Gestalt das in Aussicht genommene Zentrum haben sollte, schien es im November 1968 jedoch noch keine genaueren Vorstellungen gegeben zu haben. Wahl erwähnte einige an der DAW bereits vorhandene Kapazitäten, „die man nun in einer sinnvollen Weise verzahnen und zusammenführen muß": die Arbeitsgruppe für Wissenschaftsorganisation unter Heinz Müller, eine Gruppe um Heinz Seickert am Institut für Wirtschaftswissenschaften sowie einige Wissenschaftler, die sich am Institut für Philosophie mit Fragen der Kybernetik und der Prognose beschäftigten.[387] Der Prozess der weiteren Meinungsbildung und Standpunktklärung in den folgenden Monaten harrt noch der Untersuchung. Ferner war davon die Rede, dass an der DAW beabsichtigt sei, aus interessierten Akademiemitgliedern eine problemgebundene Klasse „Wissenschaftstheorie" oder „Wissenschaftskunde" zu bilden[388]; diese Überlegungen dürften frühzeitig versiegt sein, jedenfalls war von einer solchen Klasse später nicht mehr die Rede.

1969

Im Jahre 1969 war an der DAW die Akademiereform, die die Struktur dieser Institution grundlegend veränderte, in vollem Gang, nachdem das Design dieser umfassenden Restrukturierung im Sommer 1968 verbindliche Gestalt angenommen hatte.[389] Wandlungen dieser Größenordnung im Leben einer Institution steigern das selbstreflexive Moment ihrer Tätigkeit gewöhnlich sprunghaft. Für eine gewisse Zeit gewinnt die Frage, wie die eigene Arbeit zu orientieren und zu strukturieren ist, Priorität gegenüber dieser Arbeit selbst. Es hätte deshalb schwerlich einen geeigneteren Zeitpunkt gegeben, ein respektables Potential für Wissenschaftsforschung an der

---

387 Ebd., S. 63.
388 Ebd.
389 Hubert Laitko: Das Reformpaket der sechziger Jahre – wissenschaftspolitisches Finale der Ulbricht-Ära. In: Dieter Hoffmann und Kristie Macrakis (Hrsg.): Naturwissenschaft und Technik in der DDR, a. a. O., S. 35–57, hier S. 53–55; Peter Nötzoldt: Die Deutsche Akademie der Wissenschaften zu Berlin in Gesellschaft und Politik. Gelehrtengesellschaft und Großorganisation außeruniversitärer Forschung 1946–1972. In: Jürgen Kocka unter Mitwirkung von Peter Nötzoldt und Peter Th. Walther (Hrsg.): Die Berliner Akademien im geteilten Deutschland 1945–1990. Akademie Verlag, Berlin 2002, S. 39–80, hier S. 74–78; Peter Nötzoldt: Zwischen Tradition und Anpassung – Die Deutsche Akademie der Wissenschaften zu Berlin (1946–1972). In: Wolfgang Girnus und Klaus Meier (Hrsg.): Forschungsakademien in der DDR – Modelle und Wirklichkeit. Leipziger Universitätsverlag, Leipzig 2014, S. 37–64, hier S. 60–62; Werner Scheler: Von der Deutschen Akademie der Wissenschaften zu Berlin zur Akademie der Wissenschaften der DDR, a. a. O., S. 122–129.

Akademie zu institutionalisieren, als jene zwei bis drei Jahre, in denen sie sich selbst im Prozess einer radikalen Umgestaltung befand. Allerdings dürfte nicht der akademische Eigenbedarf der entscheidende Auslöser gewesen sein, um die Gründung in die Wege zu leiten; vielmehr war der oben erwähnte und bisher nicht näher untersuchte Gründungsauftrag offenbar von der Intention geleitet, unter dem Dach der Akademie eine Einrichtung zu schaffen, die dem angenommenen Gesamtbedarf der DDR an Wissenschaftsforschung nachkommen konnte. Jedenfalls war die DAW für eine solche Neugründung eine passende Option, obwohl von den dort geschaffenen Voraussetzungen her vielleicht auch Leipzig dafür in Frage gekommen wäre.

Der erste Kontakt Günter Kröbers mit den Gründungsvorbereitungen fand nach seinen eigenen Angaben 1969 statt, und zwar keineswegs auf eigene Initiative. Bis dahin war seine Lebensplanung eine ganz andere gewesen. In seiner Autobiographie heißt es dazu: „Eines Tages drückte mir Manfred Buhr ein Schreiben der Abteilung Wissenschaft [gemeint ist die Abteilung Wissenschaften des ZK der SED – H.L.] in die Hand, in dem diese bat, einen Mitarbeiter des Instituts zu einer Beratung zu entsenden, in der über Wissenschaftsorganisation diskutiert werden sollte. Mein Einwand, dass ich von Wissenschaftsorganisation nichts verstünde, war in den Wind geredet. In dieser Beratung ging es aber in Wirklichkeit um die Frage, ob an der Akademie ein Institut für Wissenschaftsorganisation gegründet werden solle."[390] Für diese Beratung nennt Kröber kein genaues Datum, sondern gibt lediglich die Jahreszahl 1969 an.[391]

Es war nicht so abwegig, dass der Philosophiehistoriker Buhr, Direktor des Akademieinstituts für Philosophie, unter seinen Mitarbeitern gerade Kröber für einen solchen Auftrag auswählte. Kröbers Spezialität war zwar nicht gerade Wissenschaftsorganisation, aber er hatte der an diesem Institut 1962 gegründeten und seitdem von ihm geleiteten Abteilung Dialektischer Materialismus ein ausgesprochen wissenschaftsphilosophisches Profil gegeben, das zudem durch seine Neigung zur Mathematik einen besonderen Akzent erhielt. Für ihn war die Mathematik weit mehr als ein ergänzendes Interesse, wie man es manchmal bei Philosophen antrifft. Vielmehr war sie seine eigentliche Berufung. Die Philosophie war ihm eher ein Nebengleis, auf das ihn äußere Umstände gelenkt hatten. Seine Studienzeit wie seine Aspirantur hatte er in Leningrad zum erheblichen Teil mit dem Besuch mathematischer Vorlesungen und Übungen verbracht, und später versuchte er, soviel Mathematik wie möglich in die Philosophie zu bringen, weniger auf äußerliche Weise durch Gebrauch von Symbolen und Formalismen, obwohl es auch dafür Belege gibt, als vielmehr durch die Denkweise, in der er die verbalen Konstruktionen der Philosophie behandelte. Das leidenschaftliche Verhältnis Kröbers zur Mathematik blitzte während der zwei Jahr-

---

390 Günter Kröber: Wie alles kam…, a.a.O., S. 321.
391 Ebd., S. 322.

zehnte seines Direktorenamtes nur hin und wieder auf und war doch im Hintergrund stets gegenwärtig, es wurde nach dem Ende des ITW in seinen fachwissenschaftlichen wie seinen literarisch-belletristischen Texten zur Palindromik sehr viel deutlicher[392], aber vollends erschließt es sich erst in seiner Autobiographie, in der er Einblicke in Bezirke seines Inneren gewährt, die früher auch seinen engen Mitarbeitern nicht zugänglich waren.

Wenn man Günter Kröber einen Philosophen nennen möchte, dann war er jedenfalls einer, der den Wissenschaften und unter diesen wiederum vor allem den mathematikaffinen Gebieten besonders nahe stand. So war auch schon seine Dissertation *Die Begriffe Bedingung und Ursache und die Rolle der Bedingungen für das Wirken objektiver Gesetze* angelegt, die er am 22. Juni 1961 an der Leningrader Universität verteidigte – am 20. Jahrestag des Überfalls Hitlerdeutschlands auf die Sowjetunion und als erster deutscher Doktorand in dieser Stadt nach dem Zweiten Weltkrieg.[393] Auch die beiden wichtigsten Projekte, die er in Berlin mit der Abteilung Dialektischer Materialismus realisierte, trugen wissenschaftsphilosophischen Charakter; sie führten zu den Bänden *Wissenschaft und Weltanschauung in der Antike*[394] und *Der Gesetzesbegriff in der Philosophie und den Einzelwissenschaften*[395]. Gleichzeitig edierte er zwei Auswahlbände mit Übersetzungen erkenntnistheoretisch-methodologischer Studien sowjetischer Autoren.[396]

Mit diesem wissenschaftlichen Profil begab sich Kröber in die erwähnte Beratung, über deren Ergebnis er Folgendes schreibt: „Im Ergebnis der Beratung wurde [...] eine Arbeitsgruppe benannt, die eine Konzeption für ein an der Akademie zu gründendes Institut ausarbeiten sollte. Ich verstand es so einzurichten, dass der Kelch, Leiter dieser Gruppe zu sein, an mir vorüber ging, und diese Aufgabe Dietrich Wahl, einem Rostocker Philosophen, übertragen wurde".[397] Es ist nicht sicher zu sagen, wie präzis hier Kröbers Erinnerungen sind. Wahl war jedenfalls, wie aus seinem Beitrag auf der

---

392 Karl Günter Kröber: Palindrome, Perioden und Chaoten. Verlag Harri Deutsch: Thun/Frankfurt a. M. 1997; Karl Günter Kröber: Das Märchen vom Apfelmännchen. Bd. 1: Wege in die Unendlichkeit. Bd. 2: Reise durch das malumitische Universum. Rowohlt Taschenbuch Verlag, Reinbek b. Hamburg 2000; Karl Günter Kröber: Ein Esel lese nie: Mathematik der Palindrome. Rowohlt Taschenbuch Verlag, Reinbek b. Hamburg 2003; Günter Kröber: Einführung in die Palindromik. Trafo Wissenschafts-Verlag: Berlin 2012.
393 Günter Kröber: Wie alles kam..., (unveröffentlichtes Manuskript), S. 102–103.
394 Günter Kröber (Hrsg.): Wissenschaft und Weltanschauung in der Antike. Von den Anfängen bis Aristoteles. VEB Deutscher Verlag der Wissenschaften: Berlin 1966.
395 Günter Kröber (Hrsg.): Der Gesetzesbegriff in der Philosophie und den Einzelwissenschaften. Akademie-Verlag, Berlin 1968.
396 Günter Kröber (Hrsg.): Erkenntnistheoretische und methodologische Probleme der Wissenschaft. Akademie-Verlag, Berlin 1966; Günter Kröber (Hrsg.): Studien zur Logik der wissenschaftlichen Erkenntnis. Akademie-Verlag, Berlin 1967.
397 Günter Kröber: Wie alles kam..., a. a. O., S. 322.

HfÖ-Konferenz hervorgeht, spätestens seit November 1968 mit Vorbereitungen für das an der Akademie zu schaffende „Zentrum" für Wissenschaftsforschung betraut. Er sagte dort, eine kleine Gruppe aus Vertretern der wichtigsten Institutionen, die an der DAW Wissenschaftstheorie betreiben bzw. Planung und Leitung der Wissenschaft praktisch durchführen, würde sich in den nächsten drei bis sechs Monaten zusammensetzen und die angekündigte gemeinsame Konzeption diskutieren.[398] War die Beratung, zu der Kröber entsandt wurde, die Konstituierung der von Wahl erwähnten Gruppe? Und wie verhielt sich diese zu jener Gruppe, die im Ergebnis der HfÖ-Tagung gebildet werden und unter der Leitung von Wahl stehen sollte?

Die Beratung in der Abteilung Wissenschaften muss relativ früh im Jahr stattgefunden haben, auf jeden Fall noch vor dem Mai, denn im Maiheft der DAW-Hauszeitschrift *Spektrum* schrieb Wolfgang Eichhorn bei der Vorstellung des im Rahmen der Akademiereform geschaffenen und von ihm geleiteten Forschungsbereiches Gesellschaftswissenschaften: „Eine weitere profilbestimmende Aufgabe des Forschungsbereichs Gesellschaftswissenschaften als Ganzes besteht darin, langfristig wissenschaftstheoretische und methodologische Forschungen einzuleiten. [...] Im Vordergrund steht der Aufbau der marxistisch-leninistischen Wissenschaftstheorie. [...] Im besonderen werden die Anforderungen an die wissenschaftstheoretische Forschung durch die Notwendigkeit bestimmt, eine moderne Wissenschaftsorganisation zu entwickeln. [...] Für die komplexe Forschung zur Wissenschaftstheorie bestehen an der DAW gute Bedingungen. Hier bieten sich entscheidende Ansatzpunkte für die Zusammenarbeit von Natur- und Gesellschaftswissenschaften."[399] Diese Aussage muss man wohl so interpretieren, dass die Institutsgründung selbst zu diesem Zeitpunkt bereits beschlossene Sache war, auch wenn viele Details noch offen gewesen sein mögen.

Wie es in Kröbers Memoiren weiter heißt, habe er bei der Arbeit an der Gründungskonzeption im Ergebnis der Beratung in der Abteilung Wissenschaften Dietrich Wahl ohne größere Mühe davon überzeugen können, „dass ein Institut an der Akademie der Wissenschaften kein Anhängsel der Abteilung Wissenschaft[en] sein darf, und dass es mit Wissenschaftsorganisation nur insofern etwas zu tun haben dürfe, als diese selbst theoretisch – und zwar wissenschaftstheoretisch – zu begründen sei. Also wenn es schon ein Institut an der Akademie sein sollte, dann eines für Wissenschafts**theorie**, aus dem unter Umständen auch Empfehlungen für die Leitung, Planung und Organisation der Wissenschaft hervorgehen könnten."[400] Auch der dieser Überlegung

---

398 Dietrich Wahl: Einige Fragen der Entwicklung der Wissenschaftstheorie in der DDR, a.a.O., S.63.
399 Wolfgang Eichhorn: Gesellschaftswissenschaftliche Forschung vor neuen Aufgaben. Zur Gründung des Forschungsbereichs Gesellschaftswissenschaften der DAW. In: Spektrum. Mitteilungsblatt für die Mitarbeiter der DAW zu Berlin 15 (1969) 5, S.166–168, hier S.167.
400 Günter Kröber: Wie alles kam..., a.a.O., S.322.

gemäße Name, unter dem das Institut dann tatsächlich startete, ist – Kröbers Erinnerung zufolge – schon auf jener Beratung vorgeschlagen worden: „Ich weiß nicht mehr, wer den Vorschlag gemacht hatte, dies sollte ein Institut für Wissenschaftstheorie und -organisation werden, doch entsprach dieser Vorschlag durchaus auch meinem Interesse."[401] Die Beratung der Konzeption bereitete offenbar keine größeren Schwierigkeiten, denn sie wurde bereits auf der folgenden Sitzung verabschiedet; dabei hatte Kröber schon die Federführung.

Dennoch – so heißt es in der Autobiographie – sei er in der Hoffnung, dass mit der Fertigstellung der Konzeption dieser Auftrag für ihn erledigt wäre, zur Arbeit an seiner Habilitationsschrift zurückgekehrt, in der er auf der Grundlage umfangreicher Studien über die damals vorliegenden Varianten der Systemtheorie deren Verhältnis zur Dialektik untersuchen wollte. Allerdings sei es anders gekommen: „Es vergingen kaum zwei Wochen, als mich Präsident Klare einbestellte und mich damit beauftragte, die Gründung eines Instituts für Wissenschaftstheorie und -organisation an der Akademie gemäß der Konzeption, die ich selbst mit ausgearbeitet hatte, vorzubereiten."[402] Kröber folgte der Anweisung des Akademiepräsidenten Hermann Klare und zog dabei die ihm gebotenen Konsequenzen aus der vorab vereinbarten Bezeichnung des Instituts. Auf den ersten Blick schien es eine bloße Formalität zu sein, die geplante Einrichtung *Institut für Wissenschaftstheorie und -organisation* und nicht einfach, in Anlehnung an den Namen der schon länger bestehenden Arbeitsgruppe, *Institut für Wissenschaftsorganisation* zu nennen. Tatsächlich aber verbarg sich dahinter eine wissenschaftsstrategische Weichenstellung und ein Stück akademischer Selbstbehauptung in der DDR. Es ging um die Alternative zwischen einer bloßen Hilfseinrichtung für das Akademiepräsidium – ein bei diesem angesiedeltes „Stabsorgan" – und einem regulären, mit den anderen Akademieinstituten vergleichbaren Forschungsinstitut mit einem eigenen theoretischen Anspruch, das sein Selbstverständnis nicht primär aus erwarteten praktischen Anwendungen seiner Ergebnisse bezog.

Kröber war ein entschiedener Vertreter der letztgenannten Option, und er stellte die Startmannschaft des neuen Instituts so zusammen, dass diese Option real und nicht nur nominell durchgesetzt werden konnte. Im personellen Nukleus dominierten Personen, die ein Diplom in Philosophie hatten und schon deshalb primär theorieorientiert waren. Das ist auch leicht aus der Liste ihrer Publikationen vor ihrem Eintritt in das Institut zu ersehen. Neben Kröber waren das Georg Domin[403], Hubert

---

401 Günter Kröber: Abschied oder Abstand von der Wissenschaftsforschung? – Reminiszenzen. In: UTOPIE kreativ. H. 89 (März 1998), S. 27–38, hier S. 32.
402 Günter Kröber: Wie alles kam..., a. a. O., S. 323.
403 Georg Domin und Reinhard Mocek (Hrsg.): Ideologie und Naturwissenschaft: Politik und Vernunft im Zeitalter des Sozialismus und der wissenschaftlich-technischen Revolution. VEB Deutscher Verlag der Wissenschaften, Berlin 1969.

Laitko[404], Heinrich Parthey[405], Dietrich Wahl[406] und Klaus-Dieter Wüstneck[407]. In der weiteren Entwicklung des Instituts wurde sein Personalbestand polydisziplinär ausgebaut und damit die Dominanz der Philosophen immer weiter zurückgefahren. Sie aber waren es, die das Selbstverständnis des Instituts in der Startphase prägten. Entsprechend überwogen in den ersten Jahren im wissenschaftlichen Leben des Instituts die begrifflichen Diskussionen, ehe die empirischen Untersuchungen in Gang kamen und deren Methodik einigermaßen stabilisiert war.

Im Frühsommer 1969 stellte die Leitung der DAW die Weichen für den unmittelbaren Gründungsprozess, soweit sie in ihrer Kompetenz lagen.[408] Am 10. Juli wies Präsident Klare an, dass die Arbeitsgruppe Wissenschaftsorganisation zum Monatsende aufzulösen sei. Ihre Ausstattung sollte dem neu zu gründenden Institut übertragen werden, die Mitarbeiter erhielten die Möglichkeit des Übergangs. Einige machten davon Gebrauch, der Arbeitsgruppenleiter Heinz Müller verzichtete darauf. Kröber wurde von Präsident Klare gebeten, den Aufbau des Instituts auf der Basis der von der ad-hoc-Gruppe verabschiedeten Konzeption in die Wege zu leiten. Obwohl noch kein formeller Gründungsbeschluss vorlag, konnte er bereits großzügig unbefristete Planstellen vergeben. Das Personal rekrutierte er nicht nur aus der DAW, sondern auch aus dem Bereich des Hochschulwesens, in dem es während der 1960er Jahre mannigfache Initiativen gegeben hatte, das Fach Wissenschaftsforschung (unter den verschiedensten Bezeichnungen) einzuführen. Schließlich wurde an der DAW eine Professur

---

404 Hubert Laitko und Reinart Bellmann (Hrsg.): Wege des Erkennens. Philosophische Beiträge zur Methodologie der naturwissenschaftlichen Erkenntnis. VEB Deutscher Verlag der Wissenschaften, Berlin 1969.

405 Heinrich Parthey, Kurt Teßmann und Heinrich Vogel (Hrsg.): Theoretische Probleme der wissenschaftlich-technischen Revolution, a.a.O.; Heinrich Parthey, Heinrich Vogel, Wolfgang Wächter und Dietrich Wahl (Hrsg.): Struktur und Funktion der experimentellen Methode, a.a.O.; Heinrich Parthey, Heinrich Vogel und Wolfgang Wächter (Hrsg): Problemstruktur und Problemverhalten in der wissenschaftlichen Forschung. Rostocker Philosophische Manuskripte, Heft 3, Universität Rostock, Rostock 1966; Heinrich Parthey und Heinrich Vogel (Hrsg.): Joachim Jungius und Moritz Schlick, a.a.O.; Heinrich Parthey und Dieter Wittich (Hrsg.): Begriff und Funktion der Tatsache in der wissenschaftlichen Forschung. Beiträge von einer Tagung der Forschungsgruppe „Methodentheorie" der Sektion Marxistisch-Leninistische Philosophie der Universität Rostock am 18. Oktober 1968 (= Rostocker Philosophische Manuskripte 6). Universität Rostock, Rostock 1969.

406 Heinrich Parthey und Dietrich Wahl: Die experimentelle Methode in Natur- und Gesellschaftswissenschaften, a.a.O.

407 Klaus-Dieter Wüstneck: Methodologische und philosophische Probleme der Modellmethode und ihrer Anwendung in den Gesellschaftswissenschaften. Zwei Teile. Phil. Dissertation. Humboldt-Universität zu Berlin. Berlin 1966.

408 Die Darstellung, soweit sie auf archivalischen Quellen beruht, stützt sich auf eine frühere Publikation des Verfassers; darin sind die Nachweise der im Archiv der Berlin-Brandenburgischen Akademie der Wissenschaften befindlichen Quellen angegeben. – Hubert Laitko: Zur Institutionalisierung der Wissenschaftsforschung in der DDR um 1970. Die Gründung des IWTO. In: Nikolai Genov und Reinhard Kreckel (Hrsg.): Soziologische Zeitgeschichte. Helmut Steiner zum 70. Geburtstag. edition sigma, Berlin 2007, S. 111–146.

für Wissenschaftstheorie eingerichtet und mit Wirkung vom 1. September 1969 an Kröber übertragen[409]; aus der Sicht des Präsidiums war die Schaffung dieser Professur wohl eine Art Kompensation dafür, dass Kröber mit der ihm übertragenen neuen und extrem arbeitsintensiven Aufgabe die Möglichkeit genommen war, seine schon weit fortgeschrittene philosophische Habilitationsschrift zu vollenden.

1970

Während innerhalb der DAW und auch unter den zuständigen Mitarbeitern der Abteilung Wissenschaften des ZK der SED die Verständigung auf ein theorieorientiertes Forschungsinstitut relativ schnell und unkompliziert vor sich ging und auch die praktischen Arbeiten zum Institutsaufbau angelaufen waren, ließ der juristische Gründungsakt Monat für Monat auf sich warten. Hier waren nicht nur bürokratische Hindernisse im Spiel. Auch der Gründungsverlauf des IWTO zeigte, dass der Partei- und Staatsapparat keineswegs als ein Monolith agierte. In diesen Gremien gab es nicht nur Protagonisten der beabsichtigten Gründung, sondern ebenso auch einflussreiche Skeptiker und Gegner. Mehr als ein halbes Jahr nach der Vergabe der Professur an Kröber fand am 12. März 1970 die 22. Sitzung des Staatsrats der DDR statt, auf der ein *Bericht über die Durchführung der Akademiereform unter besonderer Berücksichtigung der sozialistischen Wissenschaftsorganisation* zur Debatte stand. Kröber und Eichhorn nahmen als Gäste teil. In seinem Diskussionsbeitrag erwähnte Eichhorn auch das Institutsvorhaben und wurde an dieser Stelle von Walter Ulbricht unterbrochen. In Kröbers Erinnerung stellte sich diese – im offiziellen Protokoll der Sitzung[410] nicht erwähnte – Episode folgendermaßen dar. Ulbricht hätte die Frage gestellt, „wozu die Akademie ein solches Institut eigentlich brauche, in der Wuhlheide[411] hätten wir doch alles, was wir für die Durchsetzung der sozialistischen Wissenschaftsorganisation brauchen, und zwar auf höchstem und modernstem Niveau, wie es die Akademie keineswegs garantieren könne. [...] Dass dieser allerhöchste Einspruch die Gründung des Instituts aber nicht verhindert hat, ist allein der Besonnenheit einiger junger und qualifizierter Mitarbeiter der Abteilung Wissenschaft[en] zu danken, die im März 1970

---

409 Günter Kröber: Wie alles kam..., a.a.O., S. 323.
410 Die Deutsche Akademie der Wissenschaften auf dem Wege zur Forschungsakademie der sozialistischen Gesellschaft. Materialien der 22. Sitzung des Staatsrates der DDR. Staatsverlag der DDR, Berlin 1970.
411 Ulbricht meinte damit die *Akademie der marxistisch-leninistischen Organisationswissenschaft (AMLO)*, die in Berlin-Wuhlheide als Neubaukomplex in kürzester Frist errichtet, 1969 zum 20. Jahrestag der DDR eröffnet und im Oktober 1971 unmittelbar nach dem VIII. Parteitag der SED und dem Übergang der Parteiführung an Erich Honecker wieder geschlossen worden war. Die kurze Geschichte der *AMLO* ist bisher unerforscht und heute weitestgehend vergessen. Eine Erkundigung bei Google nennt für das Kürzel *AMLO* den Namen des mexikanischen Politikers Andrés Manuel López Obrador.

die Ära Ulbricht schon zu Ende gehen sahen und uns an der Akademie weiterhin Mut zusprachen, unsere Konzeption für die Institutsgründung weiter zu verfolgen und zu präzisieren".[412]

Nach Überwindung dieser Irritation sollte das IWTO schließlich am 1. Juni 1970 gegründet werden. Die Gründung neuer Akademieinstitute erforderte die Zustimmung des stellvertretenden Vorsitzenden des Ministerrates der DDR, der in der Regierung für die Angelegenheiten der Akademie zuständig war. Dieses Amt übte damals Herbert Weiz aus, der gleichzeitig dem industrienahen Ministerium für Wissenschaft und Technik (MWT) vorstand und persönlich eine *Arbeitsgruppe Wissenschaftsorganisation* im Ministerrat leitete. Weiz war von Beruf Ingenieurökonom und früherer Betriebsleiter, seinem Habitus nach ein ausgesprochener Wirtschaftspragmatiker. Aus dieser Sicht betrachtete er auch die Angelegenheiten der Wissenschaft. Theoretisieren über das Wesen der wissenschaftlichen Erkenntnis erschien ihm als bloße Zeitvergeudung, von einem Institut für Wissenschaftsorganisation erwartete er die Ausarbeitung straffer Managementmethoden, deren Anwendung geeignet wäre, die Industrie der DDR zu Innovationen zu zwingen. Nach dem Wortwechsel zwischen Ulbricht und Eichhorn war er gegenüber dem IWTO-Projekt erst recht voreingenommen.

Der Physiker Ernst-August Lauter, damals Generalsekretär der DAW, übersandte am 23. Juni – der vorgesehene Gründungstermin war bereits verstrichen – den Entwurf der Gründungsanweisung für das IWTO pflichtgemäß an Weiz mit der Bitte um Zustimmung. Nach diesem Entwurf sollte das Institut „theoretischen Vorlauf für wissenschaftsorganisatorische Lösungen" schaffen. Zudem sollte der Präsident – aber nur er – auch berechtigt sein, dem Institut direkte wissenschaftsorganisatorische Aufgaben für die DAW zu übertragen. In seinem Anschreiben radikalisierte Lauter verbal die Intention des Entwurfs. Das Institut sei „so angelegt, daß es in wesentlichem Maße für die Entwicklung wissenschaftsorganisatorischer Aufgaben eingesetzt wird, die bei der weiteren Durchführung der Akademiereform und der Durchführung des gesellschaftlichen Auftrages der DAW erforderlich werden". Diese Passage ist ein typisches Beispiel für die Verbalkosmetik, deren man sich bediente, um ein akademisches Anliegen bei akademiefremden, aber weisungsbefugten Instanzen durchzusetzen.

Weiz gab sein Placet keineswegs sofort, sondern forderte Kröber auf, „ihm die Institutskonzeption in einer persönlichen Audienz vorzustellen. Natürlich lehnte er sie ab: Sie sei zu abstrakt und akademisch, theorielastig, kaum praktikabel usw. Wenn schon ein Institut an der Akademie, dann nur eines für Wissenschafts**organisation** als eine Art Dienstleistungseinrichtung für die Leitung der Akademie und den Ministerrat, nicht aber eines für Wissenschafts**theorie**, an dem eh nur realitätsfern

---

412 Günter Kröber: Wie alles kam…, a.a.O., S. 325.

theoretisiert würde." Weiter heißt es in Kröbers Erinnerungen: „Es muss mir wohl gelungen sein, ihn zu überzeugen, dass ein Akademieinstitut der Theorie ebenso verpflichtet sein sollte wie der praktischen Umsetzung seiner Ergebnisse."[413] Das schrieb er offenbar unter dem Eindruck der Tatsache, dass die neue Institution ja tatsächlich als Institut für Wissenschafts*theorie* und -organisation gegründet worden war. Im Akademiearchiv wird aber auch die Antwort aufbewahrt, mit der Weiz am 22. September 1970 gegenüber Lauter sein Einverständnis mit der beabsichtigten Gründung bekundete: „Mit der Bildung des IWTO bin ich einverstanden. Ich bitte Sie jedoch, in der Gründungsanweisung klar zum Ausdruck zu bringen, daß dieses Institut vor allem wissenschaftsorganisatorische Aufgaben der DAW zu bearbeiten hat, die sich aus der Weiterführung der Akademiereform ergeben und deren Lösung schnell zu praxiswirksamen Ergebnissen führt. Ausgehend von dieser Aufgabenstellung und im Interesse einer hohen Wirksamkeit des IWTO bitte ich zu prüfen, ob es nicht zweckmäßiger ist, dieses Institut dem Präsidenten der DAW direkt zu unterstellen."[414] Dieser Text macht nicht den Eindruck, als wäre Weiz durch Kröber von irgendetwas überzeugt worden; allenfalls mit dem vorgeschlagenen Namen hatte er sich abgefunden, nicht aber mit dem konzeptionellen Anliegen, das Kröber mit dieser Bezeichnung verbunden hatte.

Nachdem die Antwort von Weiz eingetroffen war, setzte die Akademieleitung die Verbalkosmetik fort und nahm am Text der Gründungsanweisung einige Veränderungen vor. Es blieb dabei, dass das IWTO als ein normales Institut innerhalb des Forschungsbereiches Gesellschaftswissenschaften gegründet wurde, das sich hinsichtlich seines Status als Forschungsinstitut nicht von den anderen Akademieinstituten unterschied. Von einem dem Präsidenten unmittelbar zugeordneten Stabsorgan war keine Rede mehr. Die Vorgänge im Hintergrund, die es dem Akademiepräsidium erlaubt haben, die Vorgaben von Weiz zu ignorieren, sind bisher nicht aufgehellt. Am 21. Oktober 1970 erließ Präsident Klare die Anweisung zur Gründung des IWTO. Um den ursprünglich festgelegten Eröffnungstermin formal einzuhalten, sollte sie rückwirkend ab 1. Juni gelten. Am selben Tag wurde Kröber, ebenfalls rückwirkend ab 1. Juni, zum Direktor berufen.

In seinen Erinnerungen liefert Kröber eine Beschreibung dieses Geschehens, deren Nachvollzug viel historische Phantasie verlangt. Nach Abschluss der konzeptionellen Arbeiten und der Rekrutierung der Gründungsmannschaft „glaubte ich, meine Aufgabe, die Institutsgründung vorzubereiten, sei damit getan, als Präsident Klare mich erneut einbestellte und mir mitteilte, dass er die Absicht habe, mich mit

---

413 Günter Kröber: Wie alles kam..., a.a.O., S.325.
414 Herbert Weiz an Ernst-August Lauter, 22.09.1970. In: Archiv der Berlin-Brandenburgischen Akademie der Wissenschaften, VA 15198.

der Leitung des Instituts zu beauftragen. – ‚Aber Herr Präsident, ich arbeite an meiner Habilschrift zu einem philosophischen Thema. Ich möchte sie nicht aufgeben'. – ‚Mein lieber Kröber, eine Habilarbeit können Sie immer noch schreiben, das hat keine Eile. Jetzt brauche ich Sie als Direktor des neuen Instituts'."[415] Damit stellt Kröber seine Einbeziehung in die vorbereitenden Aktivitäten für das Institut als eine Art befristeten Beratungsauftrag dar, nach dessen Erledigung der weitere Aufbau des Instituts einer anderen Person zu übertragen wäre, er selbst aber seine bisherige Arbeit als Leiter des Bereiches Dialektischer Materialismus am Akademieinstitut für Philosophie fortsetzen könnte.

Ein solcher temporärer Einsatz für die Vorbereitung eines künftigen Instituts ist nicht unplausibel. Es entsprach der deutschen Wissenschaftstradition und galt in der DDR als selbstverständlich, dass in beliebigen Angelegenheiten, die die Wissenschaft disziplinenübergreifend betrafen, die Philosophie als Vermittlerin die erste Adresse war. So ist es leicht vorstellbar, dass von einem philosophischen Institut eine Stellungnahme zur Idee der Gründung eines Instituts für Wissenschaftsforschung erbeten wird, und gegebenenfalls kann dort sogar ein konzeptioneller Entwurf für eine derartige Einrichtung in Auftrag gegeben werden. Aber kann Günter Kröber tatsächlich ein ganzes Jahr nach seiner im Hinblick auf ein künftiges Institut erfolgten Ernennung zum Akademieprofessor für Wissenschaftstheorie davon überzeugt gewesen sein, dass er nur eine Interimsfunktion erfüllte? So hat er es jedenfalls in seiner Autobiographie geschrieben, und wir können bei ihm nicht mehr nachfragen. Darüber, warum, wann und wo die Entscheidung gefallen ist, ihn mit der Funktion des Gründungsdirektors zu betrauen, kann einstweilen nur spekuliert werden. Zumindest zum Warum ließe sich eine plausible Vermutung wagen: Vielleicht geschah es ausdrücklich deshalb, weil er kein simpler Konformist, sondern im Rahmen der Parteidisziplin durchaus auch bereit war, kalkulierte Risiken einzugehen.

In seinen Memoiren findet sich noch eine weitere Episode, die für die hier besprochene Konstellation aufschlussreich ist. Nach der Staatsratssitzung vom März 1970 wurde Kröber von Harald Wessel, Wissenschaftsredakteur der Zeitung *Neues Deutschland*, um einen Artikel zur Problematik der Akademiereform gebeten. Er kam der Bitte nach und warnte in seinem Text vor einem unsensiblen, schematischen Vorgehen bei der Umstrukturierung der Akademie. Diese Warnung untermauerte er mit einer Äußerung, die Wladimir I. Lenin zugeschrieben wird: „Man darf einigen kommunistischen Fanatikern nicht gestatten, die Akademie zu schlucken." Das soll Lenin 1919 mit Bezug auf die Russische Akademie der Wissenschaften gegenüber dem sowjetrussischen Volkskommissar A. V. Lunatscharskij gesagt haben; Lunatscharskij selbst hatte das 1925 so berichtet. Diese Kühnheit Kröbers rief in Berlin unverzüglich

---

415 Günter Kröber: Wie alles kam..., a. a. O., S. 325.

ängstliche Parteifunktionäre auf den Plan Kröber erinnert sich daran, dass er am Tag darauf in die Kreisleitung der SED zitiert worden sei. Der Kreissekretär hätte ihm mit Bezug auf die fragliche Lenin-Stelle erklärt: „Jeder muss das heute, wo bei uns die Akademiereform läuft, als einen Angriff auf unsere Politik verstehen". Dazu bemerkt Kröber weiter: „Ein Parteiverfahren schien unabwendbar. Ich konnte es schließlich nur dadurch umgehen, dass ich erklärte, es sei das erste Mal, dass ich in Schwierigkeiten mit der Partei gerate, weil ich es mit Lenin halte."[416]

Später, als das Institut in Gang gekommen war, besorgte Kröber zusammen mit seinem Mitarbeiter Bernhard Lange eine Dokumentenedition, die das Verhältnis Lenins zur Russischen (später: Sowjetischen) Akademie der Wissenschaften zum Gegenstand hatte und 1975 in der Reihe „Wissenschaft und Gesellschaft" – einer der Publikationsreihen des Instituts – unter dem Titel *Sowjetmacht und Wissenschaft* erschien. Darin nahm er als Dokument Nr. 30 die Lunatscharskij-Stelle im Wortlaut auf: „‚Man darf einigen kommunistischen Fanatikern nicht gestatten, die Akademie zu verspeisen'. Ja, W. I. Lenin unterschied sich in dieser Frage nicht nur in keiner Weise vom Volkskommissariat für Bildungswesen, sondern ging oft noch weiter…".[417]

Die lange Zeit zwischen der Einleitung des Gründungsprozesses durch die DAW und dem rechtsverbindlichen Gründungsakt des IWTO deutet auf ein heftiges Tauziehen hinter den Kulissen hin, denn an der von Kröber vertretenen Grundorientierung hatte sich innerhalb dieses Jahres nichts geändert. Die Änderungen in den konzeptionellen Papieren beschränkten sich auf pragmatisches Jonglieren mit Formulierungen.

Über das Tauziehen im Hintergrund des Gründungsgeschehens kann man bislang nur Vermutungen anstellen. Im politischen System der DDR konkurrierten zwei Substrukturen des Parteiapparates der SED um den Einfluss auf die DAW. Die eine war der Zuständigkeitsbereich von Kurt Hager, ZK-Sekretär für Ideologie, zu dem die von Johannes (Hannes) Hörnig geleitete Abteilung Wissenschaften gehörte. Die andere war das Imperium von Günter Mittag, ZK-Sekretär für Wirtschaft. Ihm unterstand die von Hermann Pöschel geleitete Abteilung Forschung und Wissenschaftsorganisation, deren Pendant in der staatlichen Leitungspyramide das MWT unter Herbert Weiz war. Da Weiz, wie oben erwähnt, seitens der Regierung der DDR für die DAW zuständig war (formell nicht in seiner Eigenschaft als Minister für Wissenschaft und Technik, sondern als Stellvertreter des Vorsitzenden des Ministerrates), hatte der Bereich des Wirtschaftssekretärs im ZK gegenüber der DAW im Prinzip die stärkere

---

416 Ebd., S. 326.
417 Günter Kröber und Bernhard Lange (Hrsg.): Sowjetmacht und Wissenschaft. Dokumente zur Rolle Lenins bei der Entwicklung der Akademie der Wissenschaften (= Wissenschaft und Gesellschaft Bd. 5). Akademie-Verlag, Berlin 1975, S. 126. – Dokument Nr. 30: Aus den Erinnerungen von A. V. Lunačarskij an die Haltung W. I. Lenins in der Frage einer Reform der Akademie der Wissenschaften im Jahre 1919.

Position, was aber wiederum keineswegs bedeutete, dass er einfach „durchregieren" konnte.

Grob vereinfacht, zählte für Mittag nur der wirtschaftliche Erfolg. Er war ein Wirtschaftspragmatiker durch und durch und umgab sich mit Leuten, die diesen Habitus teilten. Wissenschaft hatte für ihn nur insoweit Daseinsberechtigung, als sie direkt darauf abzielte. Theorieorientierte Forschung und Lehre hatte hier keinen Rückhalt. Hager war hingegen durchaus daran interessiert, die fortdauernde theoretische Produktivität des Marxismus zur Geltung zu bringen. Gestützt auf diesen Sektor des Parteiapparates konnte man mitunter den Wirtschaftspragmatismus konterkarieren und theorieorientierte Projekte und Institutionen durchsetzen – auch wenn die Erfolgsaussichten angesichts des Machtgefälles zwischen den beiden Sektoren des Zentralkomitees eher bescheiden waren.[418] Wenn der Gedanke eines theoretisch akzentuierten Instituts für Wissenschaftsforschung im politischen System der DDR irgendwo Unterstützung finden konnte, dann unter den Fittichen von Kurt Hager. Kröber spricht von jungen Mitarbeitern der Abteilung Wissenschaften, die das Institutsvorhaben gefördert haben sollen, nennt aber nicht ihre Namen. Man könnte vermuten, dass es sich um Werner Möhwald und Werner Schubert gehandelt hat; beide waren jedenfalls ständige Kontaktpersonen des IWTO/ITW in der Abteilung Wissenschaften. Da die Politiksektoren Hagers und Mittags keine getrennten Imperien, sondern Substrukturen ein und desselben politischen Apparates waren, konnten Meinungsverschiedenheiten zwischen ihnen nicht beliebig weit ausgekämpft werden; Kompromisse waren unumgänglich. Die Tatsache, dass Weiz in der Institutsfrage im Sommer 1970 einlenkte, könnte Ergebnis eines solchen Kompromisses gewesen sein. Das ist zumindest plausibler als die von Kröber geäußerte Vermutung, er könnte Mittag irgendwie von seinem Anliegen überzeugt haben.

Aus diesem Verlauf kann man – mit gebotener Vorsicht – zwei Konsequenzen ziehen. Einmal zeigt sich auch hier, dass es bei einer historischen Betrachtung der Verhältnisse in der DDR vielfach eine zu grobe Vereinfachung ist, die SED und ihren Apparat als ein monolithisches Gebilde zu behandeln; in solchen Fällen ist es unumgänglich, mögliche Konkurrenzen und Differenzen innerhalb des Apparates in Erwägung zu ziehen. Zum andern sieht man, dass diese internen Unterschiede dem Individuum weitaus mehr Spielräume eigenverantwortlichen Handelns eröffneten als nur die Wahl zwischen Konformität und Dissidenz. Bedenkt man dies, dann war die oben erwähnte Redeweise vom „Kröber-Institut" kein bloßes Etikett ohne tiefere Bedeutung. Günter Kröber hatte einen historisch spezifizierbaren Anteil daran, unter

---

418 Hubert Laitko: Produktivkraftentwicklung und Wissenschaft in der DDR. In: Clemens Burrichter, Detlef Nakath und Gerd-Rüdiger Stephan (Hrsg.): Deutsche Zeitgeschichte von 1945 bis 2000. Gesellschaft – Staat – Politik. Ein Handbuch. Karl Dietz Verlag, Berlin 2006, S. 475–540, hier S. 514–517.

mehreren möglichen Institutionalisierungsvarianten für die Wissenschaftsforschung in der DDR eine bestimmte durchgesetzt und diese mit seinen persönlichen wissenschaftlichen Präferenzen geprägt zu haben. Unter den gegebenen politischen Umständen war diejenige Variante, die dank Kröbers persönlichem Engagement ins Leben trat, nicht die wahrscheinlichste. Aber gerade sie war disponiert, für das Erlanger Institut für Gesellschaft und Wissenschaft zur geeigneten Referenzinstanz in der DDR und später zum potenziellen Kooperationspartner zu werden. Ein bloßes Institut für Wissenschaftsorganisation hätte diesem Anspruch kaum genügt.

Die Akten liefern weitere Tatsachen, die in Kröbers Erinnerungen nicht erwähnt werden. Im Sommer 1970, als die Antwort von Weiz an Lauter noch nicht vorlag, berief DAW-Präsident Klare eine Kommission aus Vertretern verschiedener Akademieeinrichtungen, die unter Leitung von Kröber eine ausführliche Studie über Notwendigkeit, Probleme und Zielstellungen der Wissenschaft von der Wissenschaft ausarbeiten sollte. Diese Studie sollte am 15. November der von Weiz geleiteten Arbeitsgruppe Wissenschaftsorganisation des Ministerrats vorliegen, davor aber noch von verschiedenen Akademiemitgliedern und weiteren Personen begutachtet werden. Da die erste Zusammenkunft der Kommission erst am 12. August stattfand, musste mit höchster Eile gearbeitet werden. In der Tat wurde die Studie in kurzer Zeit fertig; am 21. Oktober übersandte Kröber sie an Klare. Ferner wurde ein erstes Arbeitsergebnis der schon eingestellten Mitarbeiter des juristisch noch gar nicht bestehenden IWTO verlangt. Es handelte sich um eine empirisch-soziologische Studie, die auf einer Befragung von 17 Kollektiven der Industrieforschung und der DAW sowie auf Expertengesprächen basierte. Auch diese Studie lag im Oktober vor.

Wie weiter oben erwähnt, unterzeichnete Klare die Gründungsanweisung für das Institut und die Ernennungsurkunde für Kröber als Direktor, beide rückwirkend ab 1. Juni, am 21. Oktober, also gerade an dem Tag, an dem ihm Kröber die geforderte Studie einreichte. Es macht den Eindruck, als wären die beiden Studien eine Art Prüfungsaufgabe für das Institutsprojekt gewesen, ehe man ihm das endgültige Placet gab. Klare genügte die bloße Abgabe der konzeptionellen Studie, um gegenüber Weiz vollendete Tatsachen zu schaffen. Er unterzeichnete die Urkunden, ohne die Stellungnahmen der Akademiemitglieder zur konzeptionellen Studie abzuwarten, von der für den 15. November vorgesehenen Diskussion in der Arbeitsgruppe des Ministerrats gar nicht zu reden. Auch damit war die Existenz des IWTO noch nicht endgültig gesichert. Der Sektor Mittag hätte immer noch intervenieren können, aber beim Rückgängigmachen einer bereits erfolgten Gründung lagen die Hürden bedeutend höher als bei Eingreifen in einen unabgeschlossenen Entscheidungsprozess.

Wie heikel die Situation war, mag eine der an Klare übermittelten Stellungnahmen zu der unter Kröbers Leitung ausgearbeiteten Studie veranschaulichen. Paul

Liehmann, stellvertretender Direktor des Zentralinstituts für sozialistische Wirtschaftsführung beim ZK der SED, urteilte folgendermaßen: „Die meisten der in der Studie angeführten, durch die Wissenschaft von der Wissenschaft zu lösenden Aufgaben sind auch Gegenstand der Sozialistischen Wissenschaftsorganisation. Die Kreation einer ‚Wissenschaft von der Wissenschaft', mit weitgehend ähnlichen Zielen und Aufgaben, wäre der gesellschaftlichen Absicht der Sozialistischen Wissenschaftsorganisation kaum förderlich. Sie würde vielmehr Verwirrung hervorrufen." Deshalb sollte man die Disziplin Sozialistische Wissenschaftsorganisation um die wenigen neuen Aspekte anreichern, die bei der Gegenstandsbestimmung der sogenannten Wissenschaft von der Wissenschaft genannt werden. Liehmann hat sich keine Lorbeeren in der Wissenschaftsforschung erworben, auch nicht in der Wissenschaftsorganisation. Er war ein Fachmann für Textil- und Bekleidungsindustrie, Professor für Sozialistische Betriebswirtschaftslehre, zeitweise stellvertretender Minister für Leichtindustrie und schließlich am Ende der DDR Direktor an der unter der Regierung Modrow eingesetzten Treuhandanstalt. So könnte man sein zitiertes Votum als skurrile Wortmeldung eines Außenseiters übergehen.

Aber sein Argument war typisch für eine im hauptamtlichen Parteiapparat der SED verbreitete Denkweise. Damals war beabsichtigt, an der AMLO ein großzügig ausgestattetes *Institut für Sozialistische Wissenschaftsorganisation* zu errichten. Wäre dieses Institut entstanden und wäre der AMLO überhaupt eine längere Existenz beschieden gewesen, dann hätte der Lebensweg des IWTO durchaus schon in den frühen 1970er Jahren wieder enden können. So aber überstand das gerade gegründete IWTO den 1971 erfolgten Machtwechsel von Ulbricht zu Honecker ohne spürbare Erschütterung, während die AMLO nahezu spurlos verschwand.

Man könnte nun nach der bisherigen Darstellung annehmen, dass die unter der Leitung von Kröber angefertigte Studie nicht mehr gewesen sei als eine Auftragsarbeit zu legitimatorischen Zwecken; dann brauchte man ihr hier keine weitere Aufmerksamkeit zu schenken. Nach meiner Ansicht aber sollte sie – ohne ihr den legitimatorischen Touch völlig abzusprechen – vor allem als ein Dokument betrachtet werden, das das Selbstverständnis des Instituts in seiner Startphase bündig zum Ausdruck brachte. In der Einleitung der Studie hieß es: „Die sozialistische Gesellschaft steht [...] in einem grundsätzlich anderen Verhältnis zur Wissenschaft als alle ihr vorausgegangenen ökonomischen Gesellschaftsformationen. Für sie ist Wissenschaft Grundlage der bewussten Gestaltung nicht nur der Produktion, sondern der Totalität der gesellschaftlichen Beziehungen, der Macht des Menschen über seine eigenen gesellschaftlichen Verhältnisse. Die Wissenschaft ist integrierter *Bestandteil* und wichtiger *Entwicklungsfaktor* des sozialistischen Gesellschaftssystems. Sie ist komplex mit allen Teilsystemen des sozialistischen Gesellschaftssystems verflochten und insbesondere organischer Bestandteil des gesellschaftlichen Reproduktionsprozesses."[419]

In diesem Text, der in Terminologie und Diktion typisch für die Zeit um 1970 war, lassen sich mindestens drei Bedeutungsebenen unterscheiden.

An der Oberfläche liegt eine triviale, rein ideologische Ebene. Darin stellt sich die marxistisch-leninistische Partei als Exekutorin einer wissenschaftlich erkannten welthistorischen Entwicklungsgesetzmäßigkeit dar und legitimiert damit ihre diktatorisch ausgeübte politische Macht.

Unter dieser Oberfläche zeichnet sich auf einer zweiten Ebene ein szientistisches Programm der Gesellschaftsgestaltung und Gesellschaftsentwicklung ab. Diese Tendenz findet man beispielsweise auch in den Schriften von John D. Bernal („Bernalism"). Wenn man so dachte, dann musste man sich nicht automatisch mit einer konkreten Politik und dem gerade agierenden politischen Personal identifizieren. Man konnte auf die allmähliche Ablösung wissenschaftlich inkompetenten Personals im Zentrum der Macht durch qualifizierte Kräfte rechnen und konnte sich das als einen evolutionären Prozess vorstellen, der durch den natürlichen Generationswechsel unterstützt wird.

Auf der dritten Ebene schließlich war ein systemisches Modell von Gesellschaft unterstellt. Wenn man Wissenschaft als ein System von Tätigkeiten modellierte – und eben dies war das Ausgangsparadigma des IWTO –, dann schloss das stillschweigend oder auch explizit ein, sich die gesamte Gesellschaft als ein Kompositum von Tätigkeits-, Handlungs- oder Aktionssystemen vorzustellen.

In der Nachkriegsära liefen die im Osten unternommenen Versuche, das Gesellschaftsbild des Marxismus zu systematisieren, meines Erachtens im Wesentlichen auf drei verschiedene Varianten hinaus: Gesellschaft als widersprüchliche Einheit von Basis und Überbau; Gesellschaft als Gefüge von Klassen und Schichten; Gesellschaft als komplexes System, dessen Subsysteme sich nach ihren Funktionen für das Ganze unterscheiden. Diese drei Explikationen von „Gesellschaft" – ihr Unterschied ist deutlich, doch ihr Verhältnis zueinander war damals (und ist heute noch) weitgehend ungeklärt – vermischten sich miteinander und wurden durchaus auch eklektisch gebraucht. In ihren Konsequenzen unterschieden sie sich bedeutend. Die dritte, die *systemische* Sicht, hatte in den 1960er Jahren unter dem Einfluss der Kybernetik stark an Boden gewonnen und war besser als die beiden anderen als Instrumentarium des Systemvergleichs, der Entspannung und der intersystemaren Kooperation geeignet.

Die Modellierung der Wissenschaft als System gesellschaftlicher Erkenntnistätigkeiten war in der Wissenschaftsforschung der DDR nicht das einzige, aber das domi-

---

419 Gesellschaftliche Notwendigkeit, Probleme und Zielstellungen der Wissenschaft von der Wissenschaft. Studie [Oktober 1970]. – Archiv der Berlin-Brandenburgischen Akademie der Wissenschaften, A 2642.

nante paradigmatische Verfahren. Sie bildete den Minimalkonsens, der die Geschichte des Kröber-Instituts durchzog und auf dessen Grundlage anspruchsvollere Fassungen des Wissenschaftsbegriffs versucht werden konnten. Die wichtigsten Elemente dieses Konsenses waren bereits in der Studie von 1970 skizziert worden. Die *Wissenschaft* als Gegenstand der Wissenschaftsforschung wurde hier bestimmt als „ein System gesellschaftlicher Tätigkeiten, die im Rahmen einer gegebenen ökonomischen Gesellschaftsformation auf die Gewinnung, Verarbeitung, Vermittlung und Anwendung von Erkenntnissen über Zusammenhänge und Gesetzmäßigkeiten der objektiven Realität gerichtet sind".[420] Die *Wissenschaft von der Wissenschaft*, die sich der Erkundung dieses Gegenstandes widmet, „muß selbst komplexen Charakter tragen, d. h. ein organisiertes und abgestimmtes System von Forschungen über die Wissenschaft in Gestalt einer durch integrierende theoretische Prinzipien geleiteten interdisziplinären Arbeit darstellen und über einen entwickelten spezifischen Begriffs- und Methodenapparat verfügen".[421] Die Hoffnungen gingen zu jener Zeit dahin, dass es gelingen könnte, die Vielfalt der zusammenwirkenden Disziplinen durch eine einheitliche, übergreifende Wissenschaftstheorie zu verknüpfen. Wie es in der Studie hieß, sei die zu schaffende *Wissenschaftstheorie* „als integrierendes theoretisches Zentrum und Katalysator des Übergangs von einem Konglomerat monodisziplinärer Wissenschaftsforschungen zu einer komplexen, interdisziplinär arbeitenden Wissenschaftswissenschaft unentbehrlich".[422]

Die konzeptionelle Erstausstattung des Instituts stimulierte seine interne Entwicklung, war aber auch nicht ohne Bedeutung für sein Auftreten nach außen. Ein systemisches Wissenschafts- und Gesellschaftsbild, wie es am IWTO/ITW gepflegt wurde, war in gewissem Maße kompatibel mit westlichen Theoriebildungen, insbesondere solchen soziologischer Provenienz, die auf Talcott Parsons, Robert K. Merton, Bernard Barber und andere zurückgingen und in denen Gesellschaften als systemisch ausdifferenzierte Ganzheiten angesehen wurden, in die die Wissenschaft integriert ist. So bestanden implizit kognitive Voraussetzungen für einen Diskurs, der die Abgrenzung der Gesellschaftssysteme überbrückte und der in den 1970er Jahren zunächst mit dem Erlanger IGW einsetzte.

Die reguläre Geschichte des IWTO nach seiner formell vollzogenen Gründung begann mit einer Phase der Selbstvergewisserung, in der die multidisziplinär zusammengesetzte Mitarbeiterschaft das möglicherweise relevante Repertoire an Begriffen, Methoden und Problemen durchmusterte und sich dabei selbst näherkam. Höhepunkte dieses Prozesses waren Institutskolloquien, zu denen alle Wissenschaftler des

---

420 Ebd.
421 Ebd.
422 Ebd.

IWTO zusammenkamen und deren Beiträge zunächst in Form von Manuskriptdrucken („graue Literatur") veröffentlicht wurden. Die ersten drei dieser Kolloquien behandelten die Themen „Marxistisch-leninistische Wissenschaftstheorie – Grundlegung und Gegenstand" (22. Dezember 1970), „Problemorientierung und Problemlösung in der Forschung" (24. Februar 1971) und „Vergesellschaftung der Wissenschaft" (20. April 1971).[423]

Als diese Kolloquien stattfanden, hatten wir, die wir sie gestalteten, das Empfinden, etwas präzedenzlos Neues zu beginnen. Das IWTO war, als es seinen Weg antrat, ein junges Institut – die „senior scientists" waren um die 35 Jahre alt, viele wissenschaftliche Mitarbeiter, die im folgenden Jahrzehnt hinzukamen, waren noch in den Zwanzigern, und Günter Kröber selbst zählte 1970 gerade 37 Jahre. Aufbrüche werden oft von einem Stunde-Null-Gefühl ihrer Akteure begleitet. Was alles der Institutsgründung – auch nur im engen Sinn einer unmittelbaren Vorgeschichte der Wissenschaftsforschung – vorangegangen war, das war uns damals höchstens bruchstückhaft gegenwärtig. Auch die vorliegende Darstellung konnte auf diese Entwicklung nur einige Streiflichter werfen. Aber sie reichen vielleicht aus, um deutlich werden zu lassen, dass das IWTO/ITW verzweigte historische Wurzeln hat und dass es keine leichte Aufgabe ist, seinen geschichtlichen Platz zu bestimmen. Vieles in dieser Vorgeschichte ist, wie jeder historische Ablauf, kontingent. Aber einiges davon war unverzichtbar, damit das Kröber-Institut werden konnte, was es war.

---

423 Marxistisch-Leninistische Wissenschaftstheorie – Grundlegung und Gegenstand. DAW zu Berlin. IWTO – Kolloquienreihe, Heft 1, Berlin 1971; Problemorientierung und Problemlösung in der Forschung. DAW zu Berlin. IWTO – Kolloquienreihe, Heft 2, Berlin 1971; Vergesellschaftung der Wissenschaft. DAW zu Berlin. IWTO – Kolloquienreihe, Heft 3, Berlin 1971.

Jürgen Mittelstrass

Wissenschaftsforschung hüben und drüben: nach dem Spiel*

Vorbemerkung

Die 1970er und 1980er Jahre, das deutsch-deutsche Verhältnis, Wissenschaftsforschung in Bielefeld, Erlangen, Halle, Konstanz und Ostberlin, Clemens Burrichter und Günter Kröber – das Bewusstsein lehnt sich zurück und wird sentimentalisch. So geht es jedenfalls mir, der ich damals am Rande, eher auf einer individuellen als auf einer institutionellen Ebene, mitgespielt hatte. Es ging um die Wissenschaft, die sich selbst erforschen wollte, um die Gesellschaft, die es sich im Schwarz-Weiß-Denken einfach gemacht hatte, um die Philosophie, die sich zwischen Wissenschaft und Gesellschaft wieder einmal schwer tat.

In der Philosophie, so dachten damals viele, würden wir die Welt bewegen, zumindest in Gedanken – das war dann die harmlose Variante. Das Spiel mit der Politik haben andere gewagt und natürlich am Ende verloren. Weil auch die Politik verloren hat, nämlich den differenzierten Blick, die Fähigkeit, in der Veränderung sich selbst zu verändern, die Chance zu nutzen, Neues zu erproben. Die Wissenschaftspolitik im Vereinigungsprozess ist ein Beispiel dafür. Das Neue im Osten kam als das Alte im Westen. Das gilt auch für das Unternehmen Wissenschaftsforschung.[1]

In den 70er und 80er Jahren war die Wissenschaftsforschung in Deutschland ein Spiel, das auf beiden Seiten, im Westen wie im Osten, gespielt wurde, ein, wenn auch unter engen politischen Bedingungen stehendes, Dialogspiel, in dem sich das Wissenschaftliche mit dem Gesellschaftlichen maß. Dabei lag der besondere Reiz eben

---

* Erstabdruck in: Wolfgang Krohn, Uta Eichler, Ruth Penckert (Hg.): formendes LEBEN – FORMEN des Lebens, Philosophie – Wissenschaft – Gesellschaft, Halle 2016, S. 117–129. Der Hallesche Verlag erteilte freundlich die Genehmigung zum Abdruck.
1 Vgl. Jürgen Mittelstraß: Turning the Tables. Über den beispiellosen Umbau eines Wissenschaftssystems, Berliner Monatshefte 2 (1993), Heft 11, 18–30, ferner in: Jürgen Mittelstraß: Die unzeitgemäße Universität, Frankfurt/Main 1994, S. 111–126.

darin, dass dieser Dialog, der nicht nur in Ostberlin (am Institut für Wissenschaftstheorie und -organisation der Ostberliner Akademie) und Erlangen (am Institut für Gesellschaft und Wissenschaft)[2], sondern auch an anderen Orten wie in Deutschlandsberg in der Steiermark, organisiert vom Grazer Institut für Wissenschaftsforschung, und in Dubrovnik, am dortigen Inter-University Centre, stattfand, eigentlich nicht vorgesehen war. Er lebte aus diesem Reiz, einer Mischung von *Academia* und Politik mit bewusst unscharf gehaltenen Grenzlinien. Mit dem Fall der Mauer, dem Obsoletwerden politischer, weltanschaulicher – oder sagen wir ruhig: ideologischer – Rahmenbedingungen, löste sich dieser Reiz auf. Auf einmal war normal, akademischer Alltag, was vorher das wissenschaftspolitisch Ungewöhnliche, soziologischer oder philosophischer Sonntag war – immer aus der Sicht der Beteiligten, vor allem derer aus dem Westen, gesehen. Wissenschaftstheorie und Wissenschaftssoziologie, die das intellektuelle Spiel zweier unterschiedlicher Systeme in Gang hielten, verloren das Interesse an einer gesellschaftstheoretisch unterlegten Wissenschaftsforschung. Wie sah diese ein wenig genauer aus?

1. Positionen

Die Geschichte der Wissenschaftsforschung in den 70er und 80er Jahren, festgemacht an den Umständen einer deutsch-deutschen Gesellschaftsdebatte, ist die Geschichte eines Hüben und Drüben, die nicht nur den politischen Alltag bestimmte, sondern auch die Wissenschaft in ihren Bann zog bzw., eben in Form der Wissenschaftsforschung und ihrer Institutionen, diese zu ihrem Vasallen, dem freiwilligen oder eben auch nicht ganz freiwilligen Dienst am politischen Spiel machte. Ein Nachdenken über die Wissenschaft gewann ein gesellschaftstheoretisches und gesellschaftspolitisches Profil und wurde damit gleichzeitig selbst zu einem Element gesellschaftlicher und politischer Auseinandersetzungen. Das bedeutete Glanz und Elend in einem. Glanz insofern, als Wissenschaft sich selbst nicht nur in ihren theoretischen, sondern auch in ihren gesellschaftlichen Bedingungen erkannte, Elend, insofern Wissenschaft damit in Auseinandersetzungen gezogen wurde, die sie selbst anfällig gegenüber gesellschaftlichen bzw. ideologischen Zumutungen machte. Das lässt sich auch in einer besonderen Begrifflichkeit, der Unterscheidung zwischen Konzeptionen und Positionen, zum Ausdruck bringen.

Konzeptionen sind Argumente oder Vorschläge in einer sachlich geführten Debatte – sie können widerlegt, als unzureichend erkannt, zurückgezogen, durch andere

---

2   Zur Geschichte beider Institute vgl. Günter Kröber: Abschied oder Abstand von der Wissenschaftsforschung? – Reminiszenzen –, UTOPIE kreativ, Heft 89 (1998), S. 27–38.

Konzeptionen ersetzt werden. Sie gelten stets bis auf weiteres, haben sich in einem

trial and error-Verfahren zu bewähren. Ihre Ansprüche sind von vornherein relativ, nicht absolut. Anders im Falle von *Positionen*. Diese gelten als absolut in dem Sinne, dass sie Konzeptionen tragen, aber selbst keine Konzeptionen (im erläuterten Sinne) sind. Ihre Vertretung gilt als unumstößlich, unwiderlegbar, insofern ihre Prämissen als unwiderlegbar bzw. jeder Diskussion entzogen gelten. Sie stehen nicht zur Disposition. In den Debatten der Wissenschaftsforschung hüben und drüben ging beides durcheinander. Man sprach von Konzeptionen und meinte doch Positionen. Die wiederum waren nicht wissenschaftlich (obwohl so bezeichnet), sondern gesellschaftspolitisch bestimmt. Das galt in einem expliziten Sinne von der „östlichen" Position, die sich in Form einer „marxistisch-leninistischen" Wissenschaftsforschung als Element eines gesellschaftstheoretisch definierten sozialistischen Übergangs vom Kapitalismus zum Kommunismus zum Ausdruck brachte. Über Konzeptionen auf diesem Wege ließ sich vielleicht reden, über die Position selbst nicht. Die Beschwörung marxistisch-leninistischer Wahrheiten in den Vorworten philosophischer und soziologischer Werke macht das deutlich, auch wenn es sich dabei häufig um reine (wenn auch immer noch bezeichnende) rhetorische Pflichtfiguren gehandelt haben dürfte. Da hatte es die „westliche" Seite leichter. Mit ihr ließ sich auch über derartige Voraussetzungen, etwa in Form des Postulats der Freiheit der Wissenschaft oder des beliebten Pluralismusarguments, reden, was ihr wiederum von der anderen, der „östlichen" Seite als philosophische Naivität ausgelegt wurde. Nichtsdestoweniger: es war gerade das unklare Verhältnis zwischen Konzeptionen und Positionen, das den Dialog in Gang hielt. Wäre hier wirklich Klarheit eingezogen, wäre es mit diesem Dialog schnell zu Ende gewesen.

Für die neuere Wissenschaftsforschung, die heute so genannten *Science and Technology Studies*, ist das alles irrelevant und war es in einem gewisse Sinne wohl auch schon damals, als sich hinter der wissenschaftlichen Arbeit, gemeint ist wieder die Wissenschaftsforschung, die genannte Unklarheit und ideologische Prämissen nur mühsam verbargen, und sei es auch nur in der Nichtwahrnehmung und Nichtberücksichtigung wesentlicher theoretischer Diskussionskontexte der jeweils anderen Seite – was sich zugleich wieder als großzügige Nichtunterscheidung von Konzeptionen und Positionen lesen lässt. Gleichzeitig verbauten vorschnelle klassifizierende Charakterisierungen eine gegenseitige Verstehensbemühung, so wenn der Westen den Osten auf Ideologie im schlecht sitzenden Kleid der Wissenschaftsforschung festlegte, und der Osten im Westen unter Wissenschaftsforschung nur abgehobene Geistes- und Theoriegeschichte sah.

Dabei argumentierte auch der Osten durchaus mit „geistesgeschichtlichen" bzw. philosophischen, strenggenommen in der Tradition des Deutschen Idealismus stehenden Kategorien, so wenn in der Wissenschaftsgeschichte die Vorstellung eines „sich gesetzmäßig entwickelnden Ganzen"[3] zum Ausdruck kommen sollte, oder gegen den Kuhnschen Historismus wissenschaftstheoretische, an die Diskussionslage im Westen anschließende Gründe geltend gemacht wurden.[4] Der gesellschaftstheoretische Kontext wurde dabei nicht verlassen, aber in einer wissenschaftstheoretischen Begrifflichkeit relativiert. Reinhard Mocek, der hier mit der Vorstellung einer gesetzmäßigen Entwicklung zitiert wurde, ging es um eine Theorie der Wissenschaftsgeschichte, die sich nicht in der Beschreibung der Tätigkeit des Wissenschaftshistorikers oder in der Einordnung wissenschaftlicher Entwicklungen in eine weltanschauliche Ideologie erschöpft und gleichzeitig geeignet ist, der Wissenschaftstheorie zu historischer Plausibilität bzw. zur historischen Bestätigung ihrer Geltungsansprüche zu verhelfen. Im Unterschied zu Thomas S. Kuhn, der die Beantwortung von Geltungsfragen auf der Basis faktischer wissenschaftlicher Entwicklungen glaubte leisten zu können, sah Mocek gerade in der wissenschaftstheoretischen Rekonstruktion der Wissenschaftsgeschichte deren Bedeutung für die Wissenschaft selbst. Mit der Rede von „Gesetzesforschung" lässt er gleichwohl erkennen, dass er das Leninsche Postulat – ein selbst seiner Voraussetzung nach höchst problematisches Postulat – im Auge hat, in der Geschichte einen gesetzmäßigen Gang nachzuweisen. Nachdrücklich mahnt er – zum Graus aller Idealisten, aber auch Historisten – die Realisierung bzw. Bestätigung der „Idee einer Gesetzmäßigkeit der Wissenschaftsentwicklung" an und sieht diese im Begriff der Universalität, d.h. in einem universellen Anspruch der Wissenschaftsgeschichte, richtig verstanden, zum Ausdruck gebracht. Das geht nicht ohne Philosophie ab und auch nicht ohne den zur damaligen Zeit, auf marxistischen Wegen, ziemlich frechen Hinweis auf ein „einschlägiges Theoriedefizit der marxistischen Wissenschaftsgeschichte"[5].

Zutreffend ist in diesem Zusammenhang auch seine Kritik an einer allzu einfach daherkommenden idealistischen Alternative, historisch legitimiert: „Der geistige Kosmos brach auseinander, weil sich die moderne Naturwissenschaft mit der Einbindung in einen als abgeschlossen geltenden philosophischen Horizont nicht abfinden konnte. Das Buch der Natur war für diese Wissenschaft ausschlaggebend, nicht das Zu-sich-selber-Kommen des objektiven Geistes." Oder, wie er es auch formuliert: dieser Kosmos brach auseinander, „weil der philosophische Idealismus auf die Dauer die praktisch orientierte Naturwissenschaft nicht in sich bewahren konnte".[6] Ob das mit einer marxistischen Philosophie besser zu bewerkstelligen gewesen wäre, ist sehr die

---

3 Reinhard Mocek: Von der Universalität der Wissenschaftsgeschichte. NTM Schriftenreihe für Geschichte der Naturwissenschaften, Technik und Medizin 18 (1981), Heft 2, S. 113.
4 Reinhard Mocek: Neugier und Nutzen. Blicke in die Wissenschaftsgeschichte, Berlin (Ost) 1988, S. 91 ff.
5 Reinhard Mocek: Von der Universalität der Wissenschaftsgeschichte, a.a.O., S. 116.
6 Ebd.

Frage. Es ist aber zugleich, allgemein formuliert, eine Frage, die auch heute noch einer Antwort harrt.

Hier, wie auch sonst in der aus „östlicher" Sicht geführten Debatte, werden Wissenschaftsforschung und Wissenschaftstheorie als Ausdruck ein und derselben gesellschaftlichen Kraft, als „allgemeine Arbeit" (Marx)[7], angesehen, was wiederum auf die Problemlage Konzeption oder Position zurückführt, allerdings, systematisch gesehen, nicht zurückführen muss. Man kann, gegen den Herrschaftsanspruch einer universalen Gesellschaftstheorie, beide, die Wissenschaftsforschung, d.h. den *empirischen* Blick auf die Institution Wissenschaft, und die Wissenschaftstheorie, d.h. den *theoretischen* Blick auf die Forschungs- und Theorieform der Wissenschaft, auch je für sich, nämlich in disziplinären Grenzen, geschieden sehen. Das scheint mir nach wie vor, auch und gerade zum Verständnis der hier behandelten Debatte, ein Desiderat – in erster Linie an die Adresse der Wissenschaftsforschung gerichtet – zu sein. Auch dazu einige kurze Bemerkungen.

2. Wissenschaftsforschung zwischen den Stühlen

In der Wissenschaftsforschung, alt wie neu, verschwimmen die Grenzen zwischen einer Betrachtung der theoretischen und methodischen Formen der Wissenschaft einerseits (Wissenschaftstheorie) und der institutionellen und gesellschaftlichen Formen der Wissenschaft andererseits (Wissenschaftssoziologie). Das geht selten zugunsten der Klarheit, hier dessen, was als Wissenschaftsforschung bezeichnet wird, aus, auch wenn man dabei auf inter- oder transdisziplinäre Ideale in der Wissenschaft pocht, und selten zugunsten der Klarheit im Theoretischen und Methodischen. Dabei sollte eigentlich Folgendes, bezogen auf den Wissenschaftsbegriff selbst bzw. bezogen auf das, was hier als der theoretische und der empirische Blick auf die Wissenschaft bezeichnet wurde, klar sein.

Wissenschaft ist nicht gleich Wissenschaft. Die Bedeutung des Begriffs der Wissenschaft ist – jedenfalls auf den ersten und für viele Wissenschaftsforscher auch noch auf den zweiten Blick – nicht eindeutig. So ist Wissenschaft erstens eine besondere *Form der Wissensbildung*, eben der wissenschaftlichen Wissensbildung. Wenn wir dies meinen, sprechen wir von Theorien, von Methoden und von speziellen Rationalitätskriterien oder Rationalitätsstandards, denen Theorien und Methoden folgen.

---

[7] Karl Marx: Das Kapital. Kritik der politischen Ökonomie III, Berlin 2004 (Marx/Engels Gesamtausgabe [MEGA] II/15), S. 104. Vgl. Hubert Laitko, Wissenschaft als allgemeine Arbeit. Zur begrifflichen Grundlegung der Wissenschaftswissenschaft, Berlin (Ost) 1979; Reinhard Mocek: Versuch zur Bilanz der Wissenschaftstheorie in der DDR. Entstehung – Inhalte – Defizite – Ausblicke, Dresdener Beiträge zur Geschichte der Technikwissenschaften 22 (1994), S.1–30, hier S.15–16.

Zu diesen Kriterien, auf deren Erfüllung sich auch alle Wahrheits- und Objektivitätsansprüche stützen, gehören z. B. die Reproduzierbarkeit und die Kontrollierbarkeit bzw. die Nachprüfbarkeit wissenschaftlicher Ergebnisse und Verfahren, ferner sprachliche bzw. begriffliche Klarheit wissenschaftlicher Darstellungen („Theorien"), Intersubjektivität (wissenschaftliches Wissen muß prinzipiell für jedermann, entsprechende Kompetenzen vorausgesetzt, nachvollziehbar sein) und Begründung (was nicht theoretisch und methodisch begründet werden kann, hat wissenschaftlich nichts zu sagen). Reproduzierbarkeit bedeutet, ein Experiment erfolgreich wiederholen zu können, insofern auch, wissenschaftliche Vorgänge kontrollieren und nachprüfen zu können. Begriffliche Klarheit dient dem gleichen Zweck auf der theoretischen Ebene und damit auch der Geltungssicherung wissenschaftlicher Aussagen bzw. dem Begründungsnachweis allgemein. Werden diese Kriterien verletzt, verliert Wissenschaft ihren Anspruch auf Objektivität und Allgemeingültigkeit oder Wahrheit.

Wissenschaft ist aber nicht nur eine besondere Form der Wissensbildung, geleitet durch besondere Rationalitätskriterien oder Rationalitätsstandards, sondern zweitens jene gesellschaftliche Form, in der sich die wissenschaftliche Wissensbildung verwirklicht. Wenn wir dies meinen, sprechen wir von Wissenschaft als *Institution*. Beispiele für Wissenschaft im institutionellen Sinne sind die Universitäten und die außeruniversitären Forschungseinrichtungen, in Deutschland heute etwa die Helmholtz-Zentren und die Max-Planck-Institute. Hier steht die Wissensbildung unter besonderen, gesellschaftlich definierten Bedingungen, zu denen z. B. auch der Lehrauftrag der Universitäten in Verbindung mit ihrem Forschungsauftrag gehört. Als Institution wird Wissenschaft sinnlich wahrnehmbar, etwa mit ihren Laboren und Bibliotheken, auch symbolisch, wenn man an die Anrufung der Wahrheit und des Geistes denkt, die früher einmal die Portale unserer Universitäten schmückte.

Beide Bedeutungen – und von einer dritten, nämlich Wissenschaft als *Lebensform*, die nicht im Theoretischen und Institutionellen aufgeht, will ich hier nicht sprechen, obgleich sie ebenfalls zum Wesen der Wissenschaft gehört bzw. gehören sollte[8] – betreffen denselben Gegenstand, nämlich die Wissenschaft, aber mit der einen ist nicht die andere schon (in geklärter Form) gegeben und umgekehrt. Beide wollen auf ihre Weise verstanden sein, beide beanspruchen eine eigene Wirklichkeit, und das heißt auch: die wissenschaftliche Befassung mit beiden Bedeutungen muss eine je eigene, wenn auch in bestimmten Kontexten, z. B. in dem hier mit Hüben und Drüben beschriebenen Dialogkontext, aufeinander bezogene sein. Dasselbe gilt für die Unter-

---

8   Vgl. dazu Jürgen Mittelstraß: Wissenschaft als Lebensform. Reden über philosophische Orientierungen in Wissenschaft und Universität, Frankfurt/Main 1982.

scheidung zwischen einer epistemischen und einer institutionellen Bedeutung von Wissenschaft selbst.[9]

Im Falle des Dialogs zwischen Hüben und Drüben verliefen die Grenzen eher seltsam, man könnte auch sagen: kurios. Auf der einen, von ihren Gegnern als „bürgerlich" bezeichneten Seite konzentrierte man sich auf theoretische und methodische Fragen – die Analytische Philosophie, der Logische Empirismus, der Kritische Rationalismus, der Strukturalismus zählen als schulische Beispiele – und lieferte gleichzeitig, unter dem Stichwort „Theoriendynamik", mit Kuhns historistischem Konzept[10] die Grundlage für soziologische Erklärungsansätze. Auf der anderen, der sich selbst als „marxistisch-leninistisch" bezeichnenden Seite galt das wissenschaftliche Interesse den sozialen und gesellschaftlichen Formen der Wissenschaft bzw. ihrem Status als Ausdruck gesellschaftlicher Strukturen selbst. Zugleich versuchten beide Seiten sich wechselseitig zu erklären: für die eine, die theorie- und methodenorientierte Seite, war die andere ein theoretisches Missverständnis – gesellschaftliche Umstände beantworten keine Geltungsfragen, um eben die aber geht es in der Wissenschaft in erster Linie –, für die andere, die gesellschaftlich und institutionell orientierte Seite, war die theorie- und methodenorientierte Seite ein praktisches Missverständnis – Theorieanalysen und Methodenreflexionen erreichen die Wissenschaft als ein gesellschaftliches Faktum nicht. Kompliziert wird diese gegenseitige Abgrenzung bzw. wechselseitige Interpretation wiederum dadurch, daß, wie gesagt, jede der beiden Seiten beanspruchte, gleich auch noch die andere in ihrer Problemstellung zu begreifen bzw. ihre Fragen beantworten zu können.

Dem entspricht auch die Diskussion auf der disziplinären Ebene. Die Wissenschaftsforschung beansprucht, auch die theoretischen Fragen (Wissenschaft im Theorie- und Methodenkontext) zu beantworten, die Wissenschaftstheorie sieht in der Wissenschaftsforschung nur ihre eigene empirische Seite, deren Praxis den von ihr vorgegebenen Standards zu folgen hat. Kein Wunder, dass Kuhns Konzept auf beiden Seiten verfängt: die wissenschaftstheoretische Seite sieht in ihm die theoretische Herrschaft über faktische Entwicklungen, die wissenschaftsempirische Seite (Wissenschaftsforschung) die gesellschaftliche (oder, in Kuhns Begriff der *scientific community*, soziale) Herrschaft über Theorieentwicklungen. Nebenbei: Übersehen wird in diesem wissenschafts- und gesellschaftstheoretischen Hin und Her die im Methodischen

---

9   Zur Kritik des Konzepts der Wissenschaftsforschung vgl. Jürgen Mittelstraß: Theorie und Empirie der Wissenschaftsforschung. In: Clemens Burrichter (Hrsg.): Grundlegung der historischen Wissenschaftsforschung, Basel/Stuttgart 1979, S. 71–106, ferner in: Jürgen Mittelstraß: Wissenschaft als Lebensform, a. a. O., S. 185–225.
10 Vgl. Jürgen Mittelstraß: Historismus in der neueren Wissenschaftstheorie. In: Die Bedeutung der Wissenschaftsgeschichte für die Wissenschaftstheorie (Symposion der Leibniz-Gesellschaft Hannover, 29. und 30. November 1974), Studia Leibnitiana, Sonderheft 6, Wiesbaden 1977, S. 43–56.

Konstruktivismus Erlanger Provenienz liegende systematische Verbindung beider Aspekte, insofern in dieser Konzeption Gegenstände der Wissenschaft als Konstruktionen sowohl in einem theoretischen, die Theorie- und Methodenform der Wissenschaft betreffenden, als auch in einem praktischen, die Praxis- und Gesellschaftsform der Wissenschaften betreffenden Sinne aufgefasst werden.[11] Nicht ganz. Es war wiederum Mocek, der in seinem schönen Buch über „Neugier und Nutzen" der Konstruktiven Wissenschaftstheorie einen Abschnitt gewidmet hat[12] zugleich allerdings darauf verweisend, daß es sich hier in mancher Hinsicht noch um „Prolegomena", also um Vorarbeiten, nicht um die Erledigung der Arbeit selbst, handelt, womit er nicht ganz Unrecht hat, jedenfalls auf meine eigenen Bemühungen bezogen, Philosophie in die Wissenschaftstheorie zu bringen.[13]

3. Was kommt?

Heute geht es in der Wissenschaftsforschung gänzlich anders zu. Die *Science (and Technology) Studies*, die jenseits einer strengen Grenzziehung zwischen Wissenschaftstheorie und Wissenschaftsforschung, aber auch zwischen Wissenschaftsgeschichte und Wissenschaftspolitik, längst ihren akademischen Platz gefunden haben, machen das deutlich. Die großen Kämpfe – freundlicher ausgedrückt: die großen Dialoge – um das Sagen über die Wissenschaft sind vorbei, Fundamentalismus und Ideologie, ein Denken in Positionen, nicht in Konzeptionen, ziehen sich zurück. Man darf wieder naiv, naiv im einfachen Sinne neugiergetriebener Forschung, sein – mit viel Sinn für Subtilitäten, zu denen vor allem das weite Feld der Erkenntnistheorie, wissenschaftsbezogen oder nicht, gehört. Gestritten wird nicht mehr zwischen Fallibilismus, Empirismus, Historismus, Strukturalismus, Konstruktivismus und Marxismus-Leninismus, sondern darüber, wie es mit der Wahrheit angesichts miteinander unverträglicher Überzeugungssysteme beliebiger, also auch alltäglicher Art steht, wie weit die „Theoriebeladenheit" in unseren Wahrnehmungen reicht und ob die Teil-Ganzes-Beziehung holistisch zu deuten ist oder nicht. Der philosophische Verstand ist mit sich selbst und seinen Kreationen beschäftigt. Die heiligen Bücher von Wissenschaftstheorie und Gesellschaftstheorie sind geschlossen und werden auf dem Welt-

---

11 Vgl. Carl Friedrich Gethmann: Wissenschaftstheorie, konstruktive, in: Jürgen Mittelstraß (Hrsg.), Enzyklopädie Philosophie und Wissenschaftstheorie IV, Stuttgart/Weimar 1996, S. 746–758.
12 Reinhard Mocek: Neugier und Nutzen, wie Anm. 4, S. 104–108.
13 Jürgen Mittelstraß: Das praktische Fundament der Wissenschaft und die Aufgabe der Philosophie, Konstanz 1972 (Konstanzer Universitätsreden 50); ders.: Die Möglichkeit von Wissenschaft, Frankfurt/Main 1974, S. 106–144, S. 234–244 (5 Prolegomena zu einer konstruktiven Theorie der Wissenschaftsgeschichte).

markt der Beliebigkeiten verramscht. In der Philosophie, wenn sie nicht mit den genannten Themen beschäftigt ist, geht mit einem postmodernen Denken das Modische um, in den Sozialwissenschaften, eben noch mit den großen gesellschaftstheoretischen Problemen beschäftigt, das Empirische, und mit der Nachwendezeit – nicht nur in deutschen, sondern auch in europäischen Dimensionen – hat sich alles Ideologische, im Guten wie im Schlechten als Herrschaft von Ideen, in die Geschichtsbücher zurückgezogen.

Wer heute gleichwohl nach Problemlinien zwischen Wissenschaft und Gesellschaft sucht, wird diese jedenfalls nicht dort finden, wo sie in der zweiten Hälfte des 20. Jahrhunderts lagen. Wissenschaft, so darf vermutet werden, lässt sich nicht mehr so ohne weiteres für Gesellschaftsprogramme einspannen, und wo doch, ist Vergänglichkeit der Wirkungs- wie der Geltungsansprüche programmiert. Grund dafür ist nicht nur Müdigkeit, die sich nach Zeiten großer Auseinandersetzungen einstellt, sondern auch eine neue intellektuelle Nüchternheit und auf Seiten der Wissenschaft nicht zuletzt ein ungeheures Wachstum ihres Sektors. Der lässt sich nicht mehr, wie in den gesellschaftlichen Debatten der 60er und 70er Jahre angenommen, durch den gesellschaftlichen Willen einfach steuern, weder intern, d. h. aus sich selbst heraus – Wissenschaft als selbstbestimmtes Subjekt –, noch extern, d. h. durch einen dominanten politischen Willen. Das mag zwar noch immer die Vorstellung sein, die sich in gesellschaftspolitischen Analysen gelegentlich Ausdruck verschafft, aber deren Wirkungsgrad ist äußerst beschränkt, erreicht weder die wissenschaftliche noch die gesellschaftliche Wirklichkeit.

Diese Entwicklung erfasst auch die Wissenschaftsforschung bzw. spiegelt sich in dieser. Unter der Bezeichnung „Wissenschaftsforschung" verbergen sich heute Themen wie Wissenschaft und Innovation, Selbstorganisation in Wissenschaft und Technik, Wissensmanagement, bibliometrische Verfahren der Wissenschaftsbewertung, wissenschaftliche Integrität und Wissensgesellschaft. Nach wissenschafts- und (damit verbunden) gesellschaftskritischen Aspekten sucht man in der Regel vergeblich, zumindest sind diese keine zentralen Themen mehr. Was sich an der Wissenschaft vermessen läßt, wird vermessen, mehr nicht. Die Kapitel in Peter Weingarts 2003 erschienener Wissenschaftssoziologie lauten „Strukturen wissenschaftlicher Kommunikation", „Wissenschaft als Kommunikationssystem", „Wissen und Politik", „Wissen als Ware", „Wissen und Öffentlichkeit". Immerhin zeugt ein Kapitel über den „Zusammenhang zwischen epistemischen und institutionellen Strukturen" noch von den alten, meist an Kuhns Thesen festgemachten Auseinandersetzungen. Auch die Jahrbücher der 1991 unter anderen von Günter Kröber und Hubert Laitko gegründeten Gesellschaft für Wissenschaftsforschung weisen Themen wie Wissenschaft und Innovation (2009 und 2014), Forschung und Publikation in der Wissenschaft (2013), Selbstorganisation in Wissenschaft und Technik (2008) und Wissensmanagement in der Wissenschaft (2004) aus. „Gesellschaft" kommt hier nur in Diminutivform als gesellschaftliche Integrität der Forschung (2005) vor. Mit anderen Worten: Die dramatischen Linien in der Wissenschaft und ihren gesellschaftsrelevanten Aspekten werden heute in der Wissenschaftsforschung nicht mehr zwischen unterschiedlichen Gesellschaftsentwürfen gezogen, sondern – so darf man jedenfalls die derzeitigen Konfliktlinien verstehen – zwischen unterschiedlichen systemrelevanten Teilen des Wissenschaftssystems selbst, so zwischen Universitäten und außeruniversitären Forschungseinrichtungen, zwischen Grundlagen- und Anwendungsaspekten und, nun auf einer ganz anderen Ebene, zwischen anthropologischen Entwürfen.

Die Wissenschaft, von ihren eigenen Möglichkeiten getrieben, bewegt sich heute auf Grenzen zu, an denen nicht die Gesellschaft, sondern der Mensch selbst auf dem Spiele steht. Unter der Vorstellung einer wissenschafts- und technikorientierten Optimierung des Menschen arbeiten Gen- und Informationstechnologie, Hirnforschung und Robotik an der Idee eines Menschen, der nach dem Menschen kommt.[14] Es geht um eine technisch bewerkstelligte Veränderung des Menschen bis hin zu einem Punkt, an dem der Mensch seine eigene Spezies verlässt, um als Nicht-Mensch, vermeintlich perfekt, in eine neue Existenz zu treten. Was, als Programm eines sich selbst so bezeichnenden Post- und Transhumanismus, wie *science fiction* klingt, und in dieser Form wohl auch ist, hat seinen Einzug in die wissenschaftlichen Programme genommen. Schon ist Gehirndoping eine Möglichkeit, die physischen und psychischen Grenzen des Menschen zu erweitern. Ob das auch für die gesellschaftlichen, durch die Gesellschaft gesetzten Grenzen gilt, ist sehr die Frage. Was hier wissenschaftsgetrieben entsteht, ist ein anthropologisches Modell neuer Art, mit Sicherheit kein neues Gesellschaftsmodell. Für die Wissenschaftsforschung, für ihre zukünftigen Themen, ist gleichwohl auch hier reichlich gesorgt – und für die Philosophie gewiss auch.

Schlußbemerkung

Theoretisches – gemeint ist Wissenschaft in ihren theoretischen und methodischen Formen – hier, Gesellschaftliches – gemeint ist Wissenschaft in ihren gesellschaftlichen und institutionellen Formen – dort. Das entsprach einmal der weltanschaulichen Großwetterlage: Wissenschaft um ihrer selbst willen, Wissenschaft um der Gesellschaft, des gesellschaftlichen Fortschritts willen. Damals blieb der Begriff der Wissenschaftsforschung systematisch und historisch diffus, heute hat er zur Klarheit

---

14 Dazu Jürgen Mittelstraß: Schöne neue Leonardo-Welt. Philosophische Betrachtungen, Berlin 2013, S. 24–30 (1.3 Der perfekte Mensch?).

gefunden, allerdings zu einer Klarheit, die eher von wissenschaftlicher und philosophischer Armut zeugt als von einem neuen Reichtum. Schließlich ging es, mit Hegel gesprochen, um das „Anundfürsichsein" von Wissenschaft und Gesellschaft, d. h., etwas einfacher gesagt, um das epistemische Wesen der Gesellschaft und das gesellschaftliche Wesen der Wissenschaft; heute geht es nur noch um die Beschreibung einer wissenschaftlichen wie gesellschaftlichen Oberfläche. Aufrufe zu permanenter Innovation, zu Technologietransfer und Effizienzsteigerung, auf die Wissenschaft bezogen, und Bezeichnungen wie „postmoderne Gesellschaft", „Risiko-", „Dienstleistungs-", „Freizeit-", „Informations-" und selbst „Wissensgesellschaft", in denen heute in gesellschaftlichen Dingen der soziologische Verstand schwelgt, legen dafür ein beredtes Zeugnis, ein Zeugnis ökonomistischer Engführungen und wachsender modischer Beliebigkeit, ab. Die Stelle, an der sich Wissenschaftstheorie, Gesellschaftstheorie und Philosophie einmal trafen, um über die Zukunft von Wissenschaft und Gesellschaft nachzudenken, bleibt leer. Oder sollte es wie im Fußball sein: Nach dem Spiel ist vor dem Spiel? Man wird sehen.

Wolfgang Krohn

Wissenschaftsforschung im Spannungsfeld der Gesellschaftstheorie – das Beispiel des Finalisierungsmodells

Einleitung

Dieser Beitrag skizziert die Koordinaten, in denen in den 1970er Jahren (mit geringem Vorlauf im vorhergehenden Jahrzehnt) die Bahnkurve der Wissenschaftsforschung in Deutschland institutionell Fuß fasste. Es ist dabei wohl legitim trotz der Zweistaatlichkeit den gemeinsamen Raum zu benennen, denn es erschien den beteiligten Wissenschaftlern und Institutionen von vornherein als selbstverständlich – erst im Rückblick als erstaunlich –, dass die Schnittmenge gemeinsamer Fragestellungen groß, die unterschiedlichen theoretischen Rahmungen diskursiv ergiebig seien und gegenüber den politischen Erwartungen an umstandslos anwendbare Ergebnisse die Distanz der offenen Forschung gewahrt werden müsse. Ich werde dann speziell auf den philosophischen Kontext der Wissenschaftsforschung im Starnberger „Max-Planck-Institut zur Erforschung der wissenschaftlich-technischen Welt" eingehen. Das Institut bezog sich ja offensichtlich schon durch seine Namensgebung auf die (kurze Zeit später so genannte) ‚Wissenschaftsforschung', wenn auch nicht nur darauf. Zudem war die gesellschaftstheoretische Frage nach dem Wechselverhältnis zwischen wissenschaftlicher und gesellschaftlicher Entwicklung in den Arbeitsgebieten der beiden Direktoren Carl-Friedrich von Weizsäcker und Jürgen Habermas zentral, auch wenn sie unterschiedlich gerahmt waren. Bei beiden spielte eine wichtige Rolle die philosophische und historische Erklärung der kulturellen Dominanz von Wissenschaft und Technik in der modernen Gesellschaft; für von Weizsäcker mit dem sich daraus ergebenden ungelösten Zentralproblem der Verantwortung für die Erkenntnisfolgen, bei Habermas mit der Abwehr der ideologischen Übergriffe von Wissenschaft und Technik auf das Selbstverständnis und die Gestaltung der „Lebenswelt". Beide Konzepte waren einflussreich auf das im Starnberger Institut entwickelte „Finalisierungsmodell", um dessen Darstellung es dann gehen wird.

Die Wissenschaftsforschung (science studies) ist ein frühes Beispiel der Entwicklung eines interdisziplinären Spezialgebietes, zu dem Wissenschaftsphilosophie, Wissenschaftsgeschichte, Wissenschaftssoziologie und weitere Forschungsfelder beitrugen, die jeweils aus den Heimathäfen starker Disziplinen ihre paradigmatischen Selbstverständnisse bezogen. Ob sich daraus jemals ein eigenständiges Paradigma der Wissenschaftsforschung ergeben hat, mögen einige immer noch bezweifeln, auch wenn die institutionelle Bedeutung der Wissenschaftsforschung national und international ständig zugenommen hat und die führenden Zeitschriften (wie „Social Studies of Science"; „Science, Technology and Human Values"; „Science and Technology Studies") und Reihen (wie „Sociology oft he Sciences Yearbook"; Jahrbuch „Wissenschaftsforschung") beständig existieren. Dennoch sollten die Erwartungen an epistemologische, ontologische und methodologische Kohärenz nicht zu hoch gesteckt werden. Vielleicht liegt die Fruchtbarkeit des Gebietes eher darin, dass die durch die heterogenen Wurzeln genährten Spannungen ausgehalten und in überraschenden Modellen umgesetzt werden. Auch dafür wäre Finalisierungskonzept ein Beispiel.

Wissenschaft im Kontext der Gesellschaftstheorie: Wissenssoziologie versus Modernisierungstheorie

Wenn die Wissenschaftsforschung – wie der Titel dieses Beitrags verspricht – im Kontext der gesellschaftlichen Entwicklung betrachtet wird, wird man schnell auf eine basale Frage geführt, die bereits durch die Gesellschaftstheorie des 19. Jahrhunderts und die Theorieansätze des frühen 20. Jahrhunderts vorbereitet wurde. Es ist die nach den kausalen Beziehungen zwischen Wissenschaft und Gesellschaft, oder sorgfältiger formuliert, zwischen wissenschaftlicher Erkenntnisproduktion und Gesellschaftsentwicklung. Die historische Vorgabe aus dem 19. Jahrhundert stammte von Karl Marx, aber entgegen den späteren Dogmatisierungen war dies eben erst der Anfang, nicht das Ende vom Lied. Bekanntlich hatte Marx einerseits der Wissenschaft ihren Ort unter den vom gesellschaftlichen Sein bestimmten Überbauphänomenen angewiesen, andererseits jedoch durch ihre Nähe zu oder Verkoppelung mit Technik sie halbwegs auch zu den Produktivkräften des gesellschaftlichen Wandels gerechnet. Beide Gesichtspunkte waren ideengeschichtlich revolutionär und einflussreich für die Gesellschaftstheorie – aber ihre gleichzeitige Gültigkeit nicht unmittelbar einleuchtend. Die internen Versuche des Marxismus, den konzeptuellen Konflikt glattzubügeln, will ich hier nicht behandeln, sondern auf die einflussreichen Positionen zu sprechen kommen, die sich in der nicht-marxistischen Gesellschaftstheorie daraus ergaben. In schematisierender Vereinfachung sind dies einerseits die rationalitätsorientierte Modernisierungstheorie, die historisch vor allem mit dem Namen Max Weber verbunden ist, und andererseits die ideologieorientierte Wissenssoziologe, die an Karl Mannheim anknüpft. In dieser Schematisierung sollen sie hier nicht als Alternativen zum marxistischen Ausgangspunkt genommen werden, sondern als Ansätze, die dort angelegten Implikationen zu entfalten.

Die *Wissenssoziologie*, die sich nach den Vorgaben von Marx und Engels zunächst mit der Kausalanalyse von ideologischen Überzeugungssystemen in Recht, Politik, Religion und Metaphysik befasste, konnte Wissenschaft nicht ausklammern. Diesen Schritt tat Mannheim in seinem wegweisenden Aufsatz „Das Problem einer Soziologie des Wissens" von 1925. (Mannheim 1964) Trotz des offensichtlichen Selbstanwendungsproblems, das die Erklärung der Erkenntnis aus sozialen Bedingungen für den Geltungsanspruch eben dieser Erklärung aufwirft, war es schwerlich durchzuhalten, die Klasse der wissenschaftlichen Erkenntnisse als Überzeugungssysteme sui generis auszugrenzen. Auch lieferte die Wissenschaft durch das ganze 19. Jahrhundert hindurch quer durch alle Disziplinen laufend Belege für die wissenschaftliche Bereitschaft zur Integration von Wertvorstellungen und Anwendungsprojektionen in den Erkenntnisprozess – teils in der Form leichtfertig generalisierter Theorien, teils durch weltanschauliche Allianzen. Der Marxismus war in dieser Hinsicht keine Ausnahme, sondern ein exponiertes Beispiel für die Bedingtheit des theoretischen Wissens durch gesellschaftliche Machtverhältnisse mit der bekannten Folge, dass Objektivität und Parteilichkeit des Wissens in eine begrifflich fragile und demokratiepolitisch anfällige Allianz gebracht werden mussten. (Krohn, Bayertz 1986) Wissenschaftstheoretikern und Philosophen blieb allerdings die Gleichstellung wissenschaftlicher Theorien mit anderen Überzeugungssystemen ein Dorn im Auge der wissenschaftlichen Rationalität, für deren Unbedingtheit – nicht im historischen, aber im begründungstheoretischen Sinn – im Zweifel Mathematik und Logik herhalten mussten. Das grundlegende Argument war: Durch welche sozialen Bedingungen auch immer diese Rationalität kausal entstanden sein mag und durch mitlaufende Umstände ausgenutzt wird oder gefährdet ist, sie ist durch ihre epistemischen Werte, Institutionen und Erfolge von anderen Mustern kultureller Erfahrung abgegrenzt. Die Rechtfertigung ihrer Geltungsansprüche kann und soll allein in ihrer Domäne der wissenschaftlichen Rationalität, also letztlich in ihrer Selbstbegründung liegen. Wissenschaftstheoretische Versuche jedoch, diese Abgrenzung genau zu erfassen (etwa im logischen Empirismus des Wiener Kreises durch die Demarkationslinie zwischen sinnvollen und unsinnigen Sätzen, oder durch das Falsifikationsprinzip im Rationalismus von Popper und Lakatos) haben ihr Ziel nicht erreicht. In systematischer und historischer Hinsicht waren die Kriterien zu rigide und würden, hätten sie Geltung, zu viel an produktiver Wissenschaft abschneiden. Soziologisch war ohnehin offensichtlich, dass die ideologischen und institutionellen Abhängigkeiten des

Wissenschaftsbetriebs Wissenschaft in Gang hielten, und dies umso mehr, je stärker die Verzahnungen zwischen wissenschaftlicher, technischer und industrieller Entwicklung wurden. Das wissenssoziologische Axiom, dem gemäß wissenschaftliches Wissen nicht nur hinsichtlich seiner Entstehung, sondern auch seiner Geltung von derselben Art ist wie andere Glaubensgüter der Kultur, konnte immer seinen argumentativen Vorsprung wahren. Und selbst wenn die hehren Güter rein formalen Wissens als gesellschaftlich invariant ausgenommen wurden, blieben zumindest alle die Fälle im umstrittenen Kampfgebiet zwischen Wissenschaft und Ideologie (oder Pseudo-Wissenschaft), bei denen es im Sinne des Rationalismus auf eine Grenzziehung gerade angekommen wäre.

Die *wissenschaftssoziologische Modernisierungstheorie* setzte mit einer entgegengesetzten kausalanalytischen Sichtweise an. Für sie ist die Institutionalisierung der spezifischen Form wissenschaftlicher Erkenntnisrationalität ein konstitutiver Bestandteil der umfassenderen Rationalisierung der modernen Gesellschaft, der bestimmenden Einfluss auf Richtung und Dynamik der gesellschaftlichen Entwicklung hat. Wissenschaftliche Rationalität zählt neben den Rationalisierungsformen, die sich in Wirtschaft, Politik und Recht durchgesetzt haben, zu den Wirkgrößen gesellschaftlichen Wandels. Diese Modernisierungstheorie kann historisch mit dem Namen Max Weber verbunden werden. Es war sein Verdienst, herausgearbeitet zu haben, dass Modernisierung immer und in erster Linie durch die Ausarbeitung und Durchsetzung funktionsspezifischer Rationalisierungsprogramme bestimmt war – in Wirtschaft, Religion, Recht und Politik. Diese waren dominant gegenüber den vormodernen Normen und Machtverhältnissen, auch wenn deren Bestände ungleichmäßig abgebaut wurden. Bereits bei Weber angelegt, dann aber durch die systemtheoretische Fortführung bei Talcott Parsons und Luhmann explizit gemacht, setzte sich die Sicht durch, dass die Sphären als Funktionssysteme weitgehend ihre eigenen Rationalitätsmuster – bestehend aus Codes, Programmen und Institutionen – entwickeln, und umso leistungsfähiger für die anderen sind, je unabhängiger sie voneinander operieren. Die historische Entdeckung, institutionelle Verfestigung, reflexionslogische Begründung und legitimatorische Absicherung dieser Autonomie sind die Kernstücke der Axiomatik dieser Modernisierungstheorie, von der Wissenschaftsphilosophie und -soziologie ein Teil sind. Die unbestreitbaren wechselseitigen Einflüsse zwischen Politik, Militär, Industrie und Wissenschaft müssen in diesem Ansatz dieser Axiomatik eingeordnet werden. Sie betreffen – im Fall der Wissenschaft – den zum Teil erheblichen Einfluss auf die Selektion von Themen durch Ressourcensteuerung, aber nur im pathologischen Fall die Inhalte der Erkenntnis und die Geltungsansprüche des Wissens.

Die Spannung zwischen diesen an Marx anschließenden, aber mit ihm im Streit liegenden Zugängen zur Wissenschaft in der Gesellschaft ergibt sich daraus, dass aus empirisch-historischer Sicht beide relevant sind, dass aber bei ihrer Kombination begriffstheoretische Konsistenzprobleme auftreten. Die wissenssoziologische Tradition konnte ihre stärkste Evidenz aus der Analyse von wissenschaftlichen Irrlehren und Ideologien ziehen, hatte aber Mühe, dieselbe Erklärungsstruktur auf offensichtlich korrekte Wissensbestände der Mathematik und Naturwissenschaften anzuwenden, da diese sich als äußerst robust gegenüber wechselnden sozio-kulturellen Umgebungen erwiesen oder glänzende Bestätigungen durch technologische Umsetzungen erfuhren, die ihrerseits einigermaßen immun gegenüber gesellschaftlichen Wertvorstellungen waren. Entsprechend war umgekehrt die funktionsrationalistische Modernisierungstheorie dort am stärksten, wo dauerhaft leistungsfähige Theorien nicht nur als disziplinäre Besitzstände, sondern auch als Ausstattungen professioneller Experten- und Dienstleistungskulturen (etwa in Medizin oder Ingenieurswesen) funktionierten, die zudem ihre eigenen kognitiven und sozialen Normen, Rollenmuster und Organisationsformen definieren konnten; sie gerät jedoch in schweres Fahrwasser, wenn in eben diesem System Fehlentwicklungen auftreten, die nicht als ephemer und kontingent abgetan, sondern nur aus ideologischen Abhängigkeiten erklärt werden konnten.

Im folgenden Abschnitt soll die frühe Wissenschaftsforschung als eine Abfolge von Versuchen rekonstruiert werden, jeweils die eine oder die andere Variante zu bestätigen. Das Finalisierungsmodell ist dann seinem Selbstverständnis nach von der Absicht getragen, eine begrifflich tragfähige, historisch abgestützte und pragmatisch orientierte Zusammenführung beider Modelle zu leisten.

Zu Beginn: Die funktionalistische Wissenschaftssoziologie der 1960er Jahre

Die ersten empirischen Untersuchungen der Wissenschaftsforschung in der Nachkriegszeit waren ausnahmslos dem modernisierungstheoretischen Programm gewidmet. In Reaktion auf die Schicksale der Wissenschaft im Nationalsozialismus und Stalinismus sowie auf die Probleme ihrer Einbindung in die amerikanische Militärforschung und den wissenschaftsbasierten Industriekapitalismus ging es darum, die normativen Bedingungen der Wissenschaft herauszuarbeiten, für die Robert Merton (1957) eine einflussreiche Vorlage geliefert hatte, die er bereits 1942 formuliert hatte. Er spezifizierte die vier Normen des *Communitarianism, Universalism, Disinterestedness* und *Organzied Scepticism*. Mehr oder weniger explizit schließen daran einige wichtige Untersuchungen, um das diesen Normen verpflichtete Funktionssystem und die Organisationsformen der Wissenschaft in der akademischen wie der neuen industriellen Umwelt konzeptionell und empirisch zu erfassen. Es sei beispielhaft hingewiesen auf die Untersuchungen von Hagstrom (1966) zu den Marktgesetzen der scientific community, die ersten Forschungen zum Rollenprofil des Wissenschaftlers in den Forschungsabteilungen von Wirtschaftsbetrieben (Kornhauser 1962), die historische Rekonstruktion des akademischen Institutionengefüges (Ben-David 1971) und die gruppendynamischen Bedingungen produktiver Forschungstätigkeit (Pelz/Andrews 1966). Kurz zusammengefasst umfasste das Forschungsprogramm die Erkundung der internen Kommunikationsregulative, die institutionelle Selbststeuerung, die Verzahnung von Ausbildung und Forschung und die Zuweisung von Reputation. Im Ergebnis sollte damit die Autonomie der Wissenschaft gegenüber Forschungsplanung und Wissenschaftspolitik gesichert werden. Alles in allem waren diese Studien eine glänzende Ausarbeitung des modernisierungstheoretischen Paradigmas, das wiederum gut eingepasst war in die dominante Systemtheorie Parsons.

Zum Kontrast: Das wissenssoziologische Paradigma der 1970er Jahre

In der nächsten Periode, die man mit Erscheinen von Thomas S. Kuhns „Struktur der wissenschaftlichen Revolution" 1962 oder mit dessen kontroverser Rezeption auf einem Kongress 1965 oder mit dem Erscheinen der Kongressbeiträge in dem weitläufig rezipierten Sammelband „Criticism and the Growth of Knowledge" (Lakatos, Musgrave 1970) beginnen lassen kann, entstand eine Gegenbewegung, die äußerst wirkungsvoll das wissenssoziologische Paradigma in Szene setzte und die empirischen Forschungen der ersten Phase als ‚ideologisch' imprägniert zu diskreditieren suchte. Sie formte sich im Kontext der 1968er Bewegung und kann als die wissenschaftliche Transformation des studentischen Protestes gegen die etablierte akademische Wissenschaft interpretiert werden, auch wenn Kuhn dem fern stand. Kuhn folgend ging es zunächst darum, der fortschrittsorientierten traditionellen Wissenschaftsgeschichtsschreibung ein Verständnis für die Berechtigung und Begründung alternativer Paradigmata entgegen zu setzen, deren Konsistenz sich aus der inneren Zuordnung von empirischen Befunden, Messverfahren, theoretischen Begriffen und metaphysischen Annahmen ergab und nicht aus einer an der Gegenwart gemessenen Nähe zur ‚Wahrheit'. Auf diesem Hintergrund entwickelte sich die Kontroverse zwischen ‚Realismus' und ‚Konstruktivismus' – eine erkenntnistheoretische Schachpartie, die seit dieser Zeit andauert, ohne dass den ständig angekündigten ‚Schachs' je ein ‚Matt' folgte. Folgenreicher waren die an Kuhn angelehnten, aber in einem entscheidenden Schritt über ihn hinausgehenden soziologischen Analysen, die den Begriff des Interesses in das Zentrum rückten: Jürgen Habermas mit „Erkenntnis und Interesse" (1968), später besonders Barry Barnes mit „Interest and the Growth of Knowledge" (1977). Die Zentralität des Interessenbegriffs – auch wenn er bei Habermas eher „erkenntnisleitende" transzendentale Orientierungen an Technizität,

Verständigung und Emanzipation bezeichnete als eine organisierte Einflussnahme – wurde der Desinteressiertheit als wissenschaftsimmanenter Norm entgegengesetzt. Mit Hilfe von Fallstudien wurde sowohl für scheinbar sehr allgemeine Theorien als auch für viele anwendungsnahe Modelle und Methoden gezeigt, wie stark deren Aufbau von dominanten Interessen und Statusfragen bestimmt war; in diesem Sinn wich der Universalismus der Parteilichkeit. Sofern dieser Einfluss strukturell auf die Klassenlage der Wissenschaftler bezogen wurde, meldete sich eine marxistisch angeleitete Wissensgeschichtsschreibung zurück, deren stärkste Vertreter bereits aus der Vorkriegszeit stammten und nun wiederentdeckt wurden: Boris Hessen (1931), Franz Borkenau (1934), Henryk Grossman (1935), in deren Arbeiten es um die Entstehung der neuzeitlichen Wissenschaft ging (Wittich 1990; Freudenthal 2005) und in dem speziellen Konflikt zwischen Borkenau und Grossmann um die angesprochene Frage, ob die Veränderung der Produktionsverhältnisse oder die der Produktivkräfte maßgeblich für die Basisideen der Wissenschaft seien. In beiden Versionen war es möglich, das Konzept des Erkenntnisinteresses mit, wenn auch umstrittenen, Erklärungsmustern aus der Klassentheorie zu unterfüttern und damit auch der durch den Interessenbegriff eröffneten Relativität eine Rahmen zu geben. Jedoch wurde in der allgemeinen Ausweitung des Relativismus durch das Edinburgher *Strong Programme* (Barnes 1974; Bloor 1976) und das konkurrierende *Empirical Programme of Relativism* – *EPOR* (Collins 1981) es immer unschärfer, wie der Interessenbegriff sozialstrukturell verankert werden könnte. Der methodologisch zunächst fruchtbare Ausgangspunkt des *Strong Programme* war das sogenannte Symmetrieprinzip, das forderte, für die soziologische Analyse von falschen und wahren Theorien dieselben Kategorien zu verwenden („the same types of cause would explain, say, true and false beliefs" – heißt es bei Bloor (1976, 5)). Das Prinzip war gegen die traditionelle Geschichtsschreibung und die normative Wissenschaftstheorie gerichtet, die beide bereit waren, mit einem dualen Erklärungsmuster zu arbeiten. Irrtümer des Wissens wurden über den Einfluss von sozialen Interessen, Werten und Bindungen, gefestigte Wahrheiten aber durch den Überzeugungsgehalt der Wahrheiten erklärt. Man sieht sofort die methodischen Vorteile des Symmetrieprinzips: es stellt kategorial alle Überzeugungssysteme gleich und legt fest, dass das Für-wahr-halten einer Überzeugung durch einen Wissenschaftler oder eine scientific community kein Explanans ist, sondern der Erklärung bedarf. Das EPOR-Projekt war um die Schlüsselfrage herum aufgebaut, nach welchen sozialen Mechanismen sich Theorien durchsetzen. Fallstudien zeigten, dass nicht die verallgemeinerungsfähige Wahrheit zur Schließung von Kontroversen führt, sondern die sozial erfolgreiche Schließung zur Durchsetzung einer Wahrheit. Obwohl hinsichtlich der Operationalisierung und Methodologie der beiden Ansätze erhebliche Unterschiede bestanden, gelang es, für das gemeinsame soziologische Ziel eine prägnante und provokante Etikettierung zu finden: „The Social

Construction of Scientific Knowledge" heißt der Beitrag des Wissenschaftshistorikers Everett Mendelsohn im ersten Band des Sociology of the Sciences Yearbook (1976), das den Titel „The Social Production of Scientific Knowledge" (Mendelsohn 1976) trägt. Das Projekt gewann über historische Fallstudien und dann insbesondere durch die mittels Begleitforschung gewonnenen mikrosoziologischen Laborstudien (Latour/Woolgar 1979; Knorr-Cetina 1981 (dt. 1984)) immer stärkere empirische Bestätigung, verlor aber zugleich seinen gesellschaftstheoretischen Bezug. „Wie das Unternehmen der Naturwissenschaft in der Praxis vor sich geht, ist die erste Frage, die eine Anthropologie des Wissens ... zu beantworten suchen muss." (Knorr-Cetina 1984, 49). Diese anthropologische Verallgemeinerung brachte ein ganzes Arsenal an Relativismus-Kategorien hervor, mit denen jedoch die Spezifik wissenschaftlicher Erkenntnismodalitäten verloren ging. Zur Beschreibung der Beobachtungen wurden Kategorien wie Indexikalität, Situiertheit, Kontextualität, interpretative Flexibilität, opportunistische Rationalität, lokale Idiosynkrasie erfunden, die über halsbrecherische Steigerungen wie „indexikalische", „opportunistische" oder „Situationslogik" (Knorr-Cetina 1984, 63, 174) noch gesteigert wurden. Der wissenssoziologische Anspruch des sogenannten „Sozialkonstruktivismus", auch die Entwicklung wissenschaftlicher Erkenntnis erklären zu können, hat sich im Verlauf dieser empirisch und institutionell sehr erfolgreichen Strategie als ein Pyrrhussieg herausgestellt. Vor lauter Belegen dafür, wie Ressourcen, Loyalitäten und Interessen über Erfolg und Misserfolg entscheiden, wurde die Arbeit an einer soziologischen Theorie des wissenschaftlichen Wissens scheinbar obsolet. Wissen zu wollen, was genau Evidenz, Prognose, Modellierung, Erklärung, Begründung – kurz Wahrheitsorientierung – soziologisch und wissenschaftstheoretisch bedeuten, wollte im wissenssoziologischen Paradigma am Ende keiner mehr wissen.

Für die Entgegensetzung beider Positionen – inzwischen konnte man mit Kuhn sagen: beider Paradigmata der Wissenschaftsforschung – entstanden nun auch die Kurzkennzeichnungen von „Internalismus" und „Externalismus", die durch komplementäre Forschungsstrategien unterschieden werden konnten. In internalistischer Betrachtungsweise ging es darum, möglichst viel an wissenschaftlicher Entwicklung durch Faktoren zu erklären, die innerhalb des Wissenschaftssystem definiert, kommuniziert und institutionalisiert wurden; in externalistischer Sicht wurde den Faktoren der gesellschaftlichen Klassenzugehörigkeit, ideologischen Nähe und materiellen Einflussnahme die größere Erklärungskapazität zugesprochen. Im Anschluss an Kuhn kann man eine metatheoretische Position beziehen, in der nicht nur die Inkommensurabilität beider Paradigmata dargestellt werden kann, sondern auch, warum sie sich wechselseitig als Bestätigungen der eigenen Position interpretieren können. Wissenssoziologisch gerät der Internalismus unter Ideologieverdacht, rationalitätstheoretisch ist der Externalismus selbstwidersprüchlich.

Carl Friedrich von Weizsäcker: Philosophie der Wissenschaft und das Starnberger Forschungsprogramm[1]

Ich verlasse an dieser Stelle die frühen Entwicklungslinien der Wissenschaftsforschung. Das Finalisierungsmodell, auf das ich nun zu sprechen kommen will, gehört zu den Ansätzen, die auf beide Ansprüche, der wissenssoziologischen Reduktion auf das gesellschaftliche Sein wie der Abhängigkeit der gesellschaftlichen Entwicklung von den Erkenntnisfortschritten der Wissenschaft, zu reagieren suchten. Bevor ich darauf ausführlich eingehe, müssen der gesellschaftspolitische Kontext und die institutionelle Einpassung in das *Max-Planck-Institut zur Erforschung der Lebensbedingungen der wissenschaftlich-technischen Welt* dargestellt werden. Carl Friedrich von Weizsäcker hatte dem Institut in Starnberg eben deswegen diesen langen Namen gegeben, weil für ihn die determinierende Kraft der Wissenschaft für den gesellschaftlichen Wandel außer Frage stand und ihm alles darauf ankam, den Spielraum, der für die Lebensgestaltung unter den dadurch gesetzten Bedingungen verblieb, auszuloten. In der Programmatik des Instituts war also zunächst der wissenschaftlich-technische Fortschritt als eine Invariante gesetzt und damit dem modernisierungstheoretischem Paradigma Tribut gezollt worden. Von Weizsäcker griff zu starken Metaphern, wenn er auseinander setzen wollte, warum an dieser Invariante der Moderne Korrekturen oder wünschenswerte Alternativen zerbrachen. Er sprach vom „harten Kern" oder nannte Wissenschaft ihr „ständig wachsendes Stahlskelett". (Weizsäcker 1977, S. 93) Die Metapher von der Naturwissenschaft als hartem Kern war regelmäßiger Bestandteil seiner Äußerungen zur historischen Gegenwart. „Die Naturwissenschaft ist der harte Kern der neuzeitlichen abendländischen Kultur. Der harte Kern, das heißt, nicht ihr höchstes Ziel, nicht ihr schönster Duft, nicht ihre süßeste Frucht, sondern ihr harter Kern, an dem man sich die Zähne ausbeißen kann."(Weizsäcker 1993, S.15) Darüber hinaus besitzt die Sprechweise einen vielleicht ungewollten metaphorischen Querbezug zur „Kernphysik". Denn die mit ihr möglich gewordene Bedrohung des Lebens durch atomare Vernichtung hatte bei von Weizsäcker den Impuls ausgelöst, als Wissenschaftler Verantwortung für die gesellschaftlichen Folgen der Wissenschaft zu übernehmen. Dieser Verantwortung konnte man nicht gerecht werden, indem man den harten Kern dieser Bedrohung durch wissenssoziologische Alchemie einzuschmelzen suchte. „Mit der Bombe leben" hieß jene einflussreiche Artikelserie, die von Weizsäcker 1958 in der Zeit veröffentlichte, ein Jahr nach seiner Initiative zur „Göttinger Erklärung" der Atomphysiker gegen die atomare Aufrüstung der Bundesrepublik. Die Bombe, sozusagen das atomare Zentrum des „harten Kerns", war also bestimmend für das anfängliche Programm des Max-Planck-Instituts, Verantwortung

---

[1] Die folgenden Ausführungen sind angelehnt an: Wolfgang Krohn: „Der harte Kern" (Krohn 2014).

für die Folgen des wissenschaftlich-technischen Erkenntnisfortschritts zu übernehmen. Ein dafür wegweisendes, noch heute bedenkenswertes Zitat stammt ebenfalls aus den 1950er Jahren: „Es kommt vielmehr für den Forscher darauf an, zu verstehen, dass er in jeder kleinsten seiner Handlungen so wie jeder Mensch teilhat an der Verantwortung für das Ganze, und welches die kleinen Ursachen der großen Wirkungen sind, unter denen wir alle leiden. Solange dem Forscher die Aufmerksamkeit auf das Menschliche bei jedem seiner Experimente nicht ebenso selbstverständlich geworden ist wie die Sauberkeit in der technischen Durchführung, kann von der Wissenschaft kein Heil kommen." (von Weizsäcker 1957/2002, S. 222)

Wenn die Formulierung von der „Aufmerksamkeit auf das Menschliche bei jedem Experiment" nicht nur schöne Ermahnung ist, dann impliziert sie einen sorgfältigen methodischen Aufwand, auf dessen Basis die Auswirkungen auf „das Ganze" erfasst und bewertet werden können; und dies nicht nur für das Segment der militärischen Bedrohung, sondern für alle Lebensbedingungen. Das Postulat kann sowohl an jeden Forscher gerichtet werden, wie auch an das Institutionensystem der Wissenschaft. An den Einzelnen gerichtet, durchbricht es die mit der neuzeitlichen Wissenschaft einhergehende moralische Entlastung des Forschers von den Handlungsfolgen der Erkenntnis, die Teil der sogenannten ‚Forschungsfreiheit' ist, nach der Forschung ist allein der Wahrheit verpflichtet ist und soziale Folgen der Erkenntnis außerhalb des Wissenschaftssystems bewältigt werden müssen. Oder mit Blick auf Technologien: Erfindungen als solche sind weder nützlich noch schädlich, also moralfrei. Nach von Weizsäcker wäre die moralische Konsequenz dieses Ansatzes, dass am Ende alle (Anwender) Verantwortung trügen und allein die Verursacher keine. Lehnt man diese Folgerung als absurd ab, dann ist im Gegenschluss gerechtfertigt, die Forderung nach Verantwortung als „Aufmerksamkeit auf das Menschliche" an alle Forscher zu richten. Andererseits fehlten dieser individuellen Reflexion die Methoden und Modelle dafür, die Folgen der Forschung empirisch zu erkunden und prognosefähig zu interpretieren. Dafür sollte das Starnberger Institut einen Rahmen zu schaffen. Die verschiedenen dort angesiedelten Projekte sollten paradigmatisch Modelle und Methoden bereit stellen, mit denen die Bedingungen, die der Fortschritt von Wissenschaft und Technik für die Lebensgestaltung setzen, ihrerseits Gegenstand wissenschaftlicher Erkundung werden können. Eine sorgfältige Analyse dieses Ansatzes im Kontext des Denkens von Weizsäckers hat Hubert Laitko (2011) geleistet. Laitko hat auch herausgearbeitet, warum dabei neben den Sachthemen wie Welternährung, Weltfrieden, Weltwirtschaft die Reflexion auf Wissenschaft – oder in wissenschaftlicher Einstellung: „Wissenschaftsforschung" – eine zentrale Rolle gespielt hat. Er rekonstruierte als „Basishypothese" des Instituts: „Die Erkenntnis des inneren Zusammenhangs der Wissenschaft ist der Schlüssel oder zumindest eine unverzichtbare Voraussetzung für die Diagnose des gegenwärtigen Weltzustandes und seiner Entwicklungstendenzen. Damit wird der

Wissenschaftsforschung bei der Analyse der globalen Problematik eine zentrale Position zugewiesen." (Laitko 2011, S. 220)

Ohne Frage schließt eine solche Positionierung an das Modernisierungsparadigma an. Jedoch ist die grundlegende Frage offen, ob die reflexive Thematisierung von Wissenschaft durch Wissenschaft auch Wege zu ihrer Veränderung eröffnet. Dies war die Ausgangsfrage der Projektgruppe „Wissenschaftsforschung".[2] In sehr allgemeiner Form bewegte sie auch das Denken von Weizsäckers. In einem Artikel der ZEIT aus dem Jahr 1980, also zur Zeit der Auflösung des Instituts, statuierte er in einem Kapiteleintrag: „Das Erwachsenwerden der Wissenschaft" vier Thesen:
– „A. Der Grundwert der Wissenschaft ist die reine Erkenntnis.
– B. Eben die Folgen der reinen Erkenntnis verändern unaufhaltsam die Welt.
– C. Es gehört zur Verantwortung der Wissenschaft, diesen Zusammenhang von Erkenntnis und Weltveränderung zu erkennen.
– D. Diese Erkenntnis würde den Begriff der Erkenntnis selbst verändern."
(von Weizsäcker 1983, S. 428)

Die Thesen sind große Worte, gelassen ausgesprochen. Geht man mit ihnen formal um, kann man durch Einsetzungen die Formel erhalten: *Die Erkenntnis des Zusammenhangs von Erkenntnis und Weltveränderung würde den Begriff der Erkenntnis verändern.* Mit Blick auf die Wissenschaftsforschung ließe sie sich variieren zu: *Die wissenschaftliche Erforschung des Zusammenhangs zwischen Wissenschaftsentwicklung und Modernisierung würde den Begriff der wissenschaftlichen Forschung verändern.* So führte, Laitko folgend, der Weg von Weizsäckers Philosophie zu Wissenschaftsforschung. Weizsäcker hatte freilich eine ganz andere Fortsetzung formuliert: „Man sieht den moralischen Charakter der Forderung. Aber die Thesen sagen nicht, was der Wissenschaftler tun soll. Sie sagen, wie sich sein Bewusstsein unweigerlich verwandeln wird, wenn er den Tatsachen ins Auge schaut. Wie wird er dann handeln? Ama, et fac quod vis!". (von Weizsäcker 1983, S. 428 f.)[3] Diese Fokussierung auf Bewusstseinswandel, die sein ganzes Spätwerk durchzieht, hat wohl mit jener „Ambivalenz" zu tun, die Laitko als den Schlüsselbegriff seines Schaffens herausgearbeitet hat. (Laitko 2013) Von Weizsäcker versprach sich keine Lösungen der zentralen Probleme aus der Immanenz der Funktionssysteme heraus. So wenig wie der Kapitalismus die von ihm verursachten Defekte reparieren kann, kann das Wissenschaftssystem seine Fehlentwicklung steuern; daher die übergeordnete Bedeutung des Bewusstseinswandels.

---

2 Dieser Arbeitsgruppe gehörten zunächst Gernot Böhme, Wolfgang van den Daele und Wolfgang Krohn an, später kamen Rainer Hohlfeld, Wolf Schäfer und Tilman Spengler hinzu.

3 Übersetzt: „Liebe und tue dann, was du willst". Er wird Augustin zugeschrieben, lautet dort aber „dilige (achte hoch) et quod vis fac". (Epistola ad Ioannis ad Parthos, tractatus VII, 8)

Dennoch kann argumentiert werden, dass im Hintergrund jener Ableitung A – D eine wissenssoziologische Überlegung eine Rolle gespielt hat. Die in dem Buch „Bewußtseinswandel" (1988) versammelten Vorträge und Aufsätze umkreisen das Problem, „dass die Effizienz der neuzeitlichen Theorie und Technik ... unsere Weltverantwortung in eine Dimension erweitert hat, auf welche die Menschheit nie vorbereitet war ...". (von Weizsäcker, 1988, 65) Dagegen setzt er das Postulat: „Die Wissenschaft muss erwachsen werden, d. h. sie muss einsehen lernen, dass sie, zwar nicht legal, aber moralisch die Verantwortung für ihre Folgen selbst trägt." (von Weizsäcker 1988, S. 65). Diese Position gibt das Modernisierungsmodell, in dem Wissenschaft und Technik Ressourcen für Ziele bereitstellen, die andere zu verantworten haben, nicht auf, aber verbindet es in einer zunächst naiv nach Bewusstseinswandel rufenden Denkfigur mit einem wissenssoziologischen Ansatz: Da Wissenschaft durch die enge Verkoppelung von Theorie und Technik zum gesellschaftlichen Bestand an Modernisierungs- oder Produktivkräften geworden ist, stellt sich die Frage, wie dieser Bestand nun seinerseits in Kategorien der Erkenntnis transformiert wird – wie Wissenschaft als Ressource oder Produktivkraft zur Wissenschaft als Reflexion oder gesellschaftliches Verhältnis wahrgenommen werden kann. Das gesellschaftliche Sein ist durch Wissenschaft und Technik zu einer wissenschaftlich-technischen Wirklichkeit geworden und drängt (wissenssoziologisch) auf einen Bewusstseinswandel, der im Wissenschaftssystem selbst sichtbar und wirksam werden muss und dessen gesellschaftlicher Vollzug – Wissenschaft eingeschlossen – die Basis für eine „Ethik der technischen Welt" (von Weizsäcker 1988, S. 452) ergäbe. Dies wäre die tieferliegende gesellschaftstheoretische Grundlage einer Wissenschaftsforschung, die diese Aufgabe thematisch bezeichnet und reflektiert. Das Finalisierungsmodell erscheint dann als ein im Starnberger Institut entwickelter Ansatz, der den Zusammenhang von einerseits Bewusstseinswandel und Verantwortung und andererseits Wissenschaft als Ressource und Potential modelliert. Von Weizsäcker war von Anfang an skeptisch; ihm war das Modell nicht radikal genug, zu sehr befangen in begrenzenden Einengungen. Aber zunächst soll es in seinen Grundzügen dargestellt werden. Die Darstellung gliedert sich in zwei Teile, der erste ist historisch orientiert, der zweite pragmatisch. Beide Teile sind Versuche, die komplementären Perspektiven der wissenssoziologischen Ableitung der Wissenschaft und ihrer modernisierungstheoretischen Eigenständigkeit zu verknüpfen.

Alternativen in der Wissenschaft

Die Überlegungen der ersten Veröffentlichung schlossen sich einer Kritik an der teleologischen Interpretation der Wissenschaftsentwicklung an, die als allgemeiner Einwand gegen die Wissenschaftsgeschichtsschreibung bereits 1931 von Herbert Butterfield formuliert worden war. Unter dem Titel der „Whig Interpetation of History" (was so viel heißt wie „aus der Perspektive der Sieger geschrieben") kritisierte er die im 19. Jahrhundert entstandene Neigung, historische Prozesse als eine ‚Entwicklung zu' oder ‚Entfaltung von' zu interpretieren. Butterfield rügte, dass es ein methodischer Kunstfehler sei, aus den Überzeugungen der Gegenwart die Maßstäbe für die Fortschritte der Vergangenheit zu gewinnen, und dass Begriffe wie ‚Entwicklung' und ‚Entfaltung' methodische Artefakte generieren. Für die Wissenschaftsgeschichtsschreibung liegen diese biologischen Metaphern besonders nahe, weil der gegenwärtige Besitz an wissenschaftlicher Erkenntnis erstens ganz offensichtlich das Resultat einer schrittweisen Vermehrung empirischer Befunde und Verbesserung theoretischer Begriffe ist, und zweitens die gegenwärtige Überzeugung ebenso offensichtlich der relevante Maßstab für die Bewertung früherer Bemühungen um richtig und falsch ist. Ex post können so Beiträge zum Ziel – die Wirklichkeitserkenntnis der Gegenwart – und abwegige Irrtümer ziemlich gut geschieden werden. Ich denke, dass es bis heute ein für die historische Epistemologie ungelöstes konzeptuelles und methodologisches Problem ist, ein Raster zu entwerfen, in dem einerseits die historische Akkumulation von Wissen und andererseits die offene Zukunft der Vergangenheit berücksichtigt sind. (Jardine 2003) Jedoch war der von Butterfield ins Spiel gebrachte Grundgedanke, historische Alternative in ihrem Potential zu erfassen und deren Entfaltung oder Elimination als einen sozialen Selektionsprozess zu rekonstruieren, fruchtbar. Vor allem erschien es aussichtsreich, ihn mit dem darwinistischen Modell von Variation (als Entstehung von Alternativen) und Selektion (als günstige oder ungünstige Entfaltungsbedingungen) in Verbindung zu bringen. Bereits Kuhn hatte darauf zurückgegriffen. Nach ihm ist Wissenschaft ein Prozess der Verzweigung von den Anfängen fort, aber kein Weg des Fortschritts auf ein Ziel hin: „Und der ganze Prozess kann so vor sich gegangen sein, wie wir es heute von der biologischen Evolution annehmen, ohne die Vorteile eines wohlbestimmten Ziels, einer überzeitlichen, feststehenden wissenschaftlichen Wahrheit, von der jedes neue Stadium der Entwicklung wissenschaftlicher Erkenntnis ein besseres Abbild ist." (Kuhn 1969, S.184) Wissenschaftstheoretisch ist dies eine Kampfansage an wissenschaftlichen Realismus auch in seiner falsifikationistischen Ausprägung von Popper. In jener berühmten Debatte über „Criticsm and the Growth of Knowledge" von 1970 hatte Lakatos den Vorwurf des „Irrationalismus" erhoben: „Kuhn produziert eine höchst originelle Version eines irrationalen Wechsels rationaler Autorität". (Lakatos 1970, S.102) Hinter diesem rhetorischen Scharmützel stand freilich die tiefere Frage nach der Relation von Realismus und Konstruktivismus. Es kam uns zunächst nicht auf diese Kontroverse an, sondern darauf, das darwinistische Entwicklungsmodell zu spezifizieren. Vor allem musste bestimmt werden, wodurch Varianten in der Wissenschaft über flüchtige Ideen hinaus kognitiven, interaktiven und institutionellen Bestand haben können, so dass man sinnvoll überhaupt von einer bestehenden Alternative reden kann.

Hierzu formulierten wir zunächst einen unabgeschlossenen Katalog von zehn „Wissenschaftsregulativen", die ausgehend von transzendentalen Bedingungen, über forschungslogische und methodologische Anforderungen bis hin zu kulturellen Werten und sozio-ökonomischen Anreizen reichten. (Böhme, van den Daele, Krohn, 1972, S. 305 f.) In diesen Rahmen, der den Alternativraum der ‚Wissenschaftlichkeit' umreißen sollte, spezifizierten wir dann eine Topik von Merkmalen, durch die Unterschiede zwischen alternativen Entwürfen des Wissens mit Blick auf dasselbe Wissensgebiet markiert werden können. (Böhme, van den Daele, Krohn, 1972, 310) Mit diesem Instrumentarium sollte die Rekonstruktion von Variation und Selektion in der Wissenschaft gelingen ohne dabei von einem teleologischen Konstrukt Gebrauch zu machen. Das hauptsächliche Anliegen war dabei, die nur suggestive Metaphorik der darwinistischen Kategorien zu überwinden und durch wissenschaftstheoretische und -soziologische zu ersetzen. Das darwinistische Konzept von Kuhn war von Weizsäcker mindestens seit 1976 in einem Aufsatz „Wissenschaftsgeschichte als Wissenschaftstheorie" vertraut und willkommen. Der Aufsatz trägt den beachtenswerten Untertitel „Zur Frage nach der Rolle der Gesellschaft in der Wissenschaft". (von Weizsäcker 1975, S. 101–121) Was von Weizsäcker zu dieser Frage zu sagen hatte, ist durchaus von Kuhn geprägt und nahe an unseren wissenschaftshistorischen Erwägungen. „Sie betrifft nicht nur eine Rückkopplung gesellschaftlicher Bedingungen auf die Wissenschaft, sondern die konstitutive Rolle der gesellschaftlichen Verfasstheit der Wissenschaft für die Art ihrer Wahrheitsfindung." (Weizsäcker 1975, S. 110) Kuhn hatte Popper vorgeworfen, statt einer erfahrungswissenschaftlich angemessenen induktiven Herangehensweise eine rationalistisch normative, eben „Logik" der Forschung formuliert zu haben; von Weizsäcker folgte Kuhn darin: „Diese Theorie [...] hat schlicht vorausgesetzt, was Erfahrung müsse leisten können, nämlich die Rechtfertigung wissenschaftlicher Sätze."(von Weizsäcker 1975, S. 110) Allerdings glaubt er nicht, dass der Kuhn häufig vorgehaltene und in soziologischen Theorien ausgebaute Relativismus, zu dem vor allem sein Axiom der Inkompatibilität konkurrierender Paradigmata herangezogen wurde, das letzte wissenschaftsphilosophische Wort sei. Seine Position ist vielmehr, dass der Kuhn'sche Verzicht auf einen „Gerichtshof einer überzeitlichen Einsicht" für die Wahrheitsbewertung historischen oder konkurrierenden wissenschaftlichen Wissens „zunächst ein Fortschritt" (von Weizsäcker 1977, S. 187) ist, dem eine wahrheitsorientierte Wissenschaftsphilosophie sich zu stellen habe, dass jedoch andererseits – darauf werde ich gleich zurückkommen – für ihn der Pluralismus der Paradigmata, bzw. die Relativität der Wahrheitsansprüche, nicht die Lösung des Problems, sondern die Aufgabenstellung einer empirisch gehaltvollen Wissenschaftstheorie sei. Denn da war ja immer noch der ‚harte Kern' – auch im Treibsand der Wissenschaftsgeschichte. Hinsichtlich der als Alternativen gedeuteten Konkurrenz zwischen den Paradigmen trug von Weizsäcker eine ganz eigene, originelle darwinistische Deutung bei: „Die Wahrheit eines Paradigmas, so könnte man sagen, ist seine ökologische Nische, d.h. diejenige Struktur der Wirklichkeit, die den zeitweiligen Erfolg dieses Paradigmas ermöglicht."(von Weizsäcker 1977, S. 97) Die Konkurrenz unterschiedlicher Theorien ist also dem Kampf unterschiedlicher Tierarten bei der Besetzung einer Nische vergleichbar. An jeder Tierart, die diesen Kampf besteht, können wohl – so hofft der Realist – Züge der Wirklichkeit erkannt werden, in die die Art ‚passt'. Aber dass in der Abfolge der Besetzungen sich die Anpassungsleistungen in Richtung einer Vollständigkeit akkumulieren, wäre eben nur aus der Verblendung einer *Whig History* des Siegers heraus zu erwarten. Für die Entscheidung zugunsten eines neuen Paradigmas gibt es nach unserem Modell ähnlich wie bei Kuhn keine übergeordnete Rationalität, sondern immer nur Bewertungen mit begrenzter Verbindlichkeit oder Kriterien, die nur innerhalb eines Paradigmas begründet werden können. Gegen den soziologischen Relativismus hat Kuhn zwar die Relevanz epistemischer Werte – wie Vorhersagbarkeit, Präzision, Erklärungskapazität – betont, aber zugleich eingeräumt, dass diese weder eine genaue Entscheidungsmatrix hergeben, noch hinreichende Bedingungen sind.

In der weiteren Ausformulierung unseres Modells kam es auf die Bestimmung der Selektionsmechanismen an. Jedoch ist diese Offenheit nicht mit Beliebigkeit gleichzusetzen: „Man hat davon auszugehen, dass Wissenschaft sich nicht derart nach gesellschaftlichen Zielsetzungen entwickeln lässt, wie z.B. das Straßennetz, sondern eine Eigenstruktur hat, die ihre Funktionalisierbarkeit begrenzt und ihre Entwicklung immanenten Kriterien unterwirft." (Böhme, van den Daele, Krohn 1972, S.304). Zur Markierung der Differenz zwischen Eigenstruktur und Selektion wurde zurückgegriffen auf das in der Literatur präsente Gegensatzpaar von Internalismus und Externalismus. Es wurde nun allerdings nicht verwendet als eine metatheoretische Markierung unterschiedlicher Interpretationsrahmen, sondern als empirisch-historische Markierung von Regulativen, die Wissenschaft sich zu eigen gemacht hat, und solchen, die Entwicklungsrichtungen nach nicht-wissenschaftlichen Maßgaben beeinflussen können. Auf zwei Dinge kam es dabei an: Erstens auf das differentielle Zusammenspiel zwischen internen und externen Faktoren; zweitens auf die Beobachtung, dass externe Faktoren internalisiert werden zu Merkmalen der Eigenstruktur, wie umgekehrt solche Merkmale auch externalisiert werden können zu wissenschaftsbasierten Regulativen der Gesellschaft (wie in Bereichen der gesellschaftlichen Modernisierung – Medizin, Agrikultur, Kommunikation – beobachtbar).

An die Stelle einer Entscheidung zwischen einer wissenssoziologischen Reduktion auf externe Faktoren und einer wissenschaftsimmanent determinierten Entwicklungslogik trat also die Behauptung einer differentiellen Offenheit für externe Impulse und differentiellen Geschlossenheit aufgrund theorieimmanenter Restriktionen. Diese dynamische Lesart des Wechselspiels wurde in historischen Analysen von Disziplinentwicklungen und einzelnen Fallstudien erprobt. (Siehe: Böhme, van den Daele, Krohn (1977), Böhme et. al. (1978)).

Finalisierung

Das Modell der Finalisierung ist die pragmatische Fortführung dieses Konzepts von Alternativen und Selektionsmechanismen für gegenwärtige Entwicklungspotentiale von Wissenschaft und Technik und deren möglicher Orientierung an gesellschaftlichen Zielvorstellungen und Steuerung durch forschungspolitische Maßnahmen. In der eingangs dargestellten Kontroverse zwischen wissenssoziologischer und modernisierungstheoretischer Interpretation wurde der Ansatz von Kuhn als starkes Argument für die Wissenssoziologie genommen, wenn auch nur „ex negativo" durch den Umkehrschluss, dass wenn die immanente wissenschaftliche Rationalität nicht hinreicht, ihren Entwicklungsgang zu erklären, dafür andere Ursachen herangezogen werden. In konstruktiver oder pragmatischer Lesart wurde die Frage eröffnet, unter welchen wissenschaftstheoretischen Bedingungen Wissenschaft für die Adaptation wissenschaftsexterner Ziele offen ist, so dass einerseits die Eigenregulative der wissenschaftlichen Rationalität nicht verletzt werden und andererseits solche Ziele erfolgreich in Forschungsstrategien transformiert werden können. Der Name „Finalisierung" (lat. finis = Ziel, Zweck) war gemünzt auf die Bezeichnung dieses Potentials der Wissenschaft zur Inkorporation externer Zwecke.

Dabei griff das Modell in einem Kernstück auf Überlegungen von Weizsäckers zurück, die er wiederum von Heisenberg bezogen hatte. Heisenberg hatte den Begriff der ‚abgeschlossenen Theorien' gebildet und mit einer ziemlich starken These verbunden. Mit Blick auf die Theorien der klassischen Physik schrieb er: „Die abgeschlossene Theorie gilt für alle Zeiten; wo immer Erfahrungen mit den Begriffen dieser Theorie beschrieben werden können ... werden die Gesetze dieser Theorie sich als richtig erweisen."(Heisenberg 1971, 93) Solche Theorien – zu denen Heisenberg neben der klassischen Mechanik auch Thermodynamik, Relativitätstheorie, Quantenphysik und moderne Chemie rechnete (vgl. Böhme et. al. 1976, S. 200/201) – können zwar durch wissenschaftlichen Fortschritt überholt, aber nicht abgeschafft werden.

Von Weizsäcker hat, dabei auf Bohr zurückgreifend, den Gedanken der „semantischen Konsistenz" hinzugefügt: Abgeschlossene Theorien besitzen eine bleibende Gültigkeit, weil sie das Vorverständnis der Gegenstände, die in einer Theorie konstituiert werden, ebenfalls erfassen. „Semantische Konsistenz einer physikalischen Theorie soll bedeuten, dass ihr Vorverständnis, mit dessen Hilfe wir ihre mathematische Struktur physikalisch deuten, selbst den Gesetzen der Theorie genügt." (von Weizsäcker 1985, S. 514). Dass nun ausgerechnet diese Idee zu einem Kernstück eines an der gesellschaftlichen Orientierung der Wissenschaft interessierten Modells werden sollte, bedarf der Erläuterung. Vor allem scheint es zunächst völlig unvereinbar zu sein mit der an Kuhn anschließenden Konzeption der nicht-linearen Entwicklung, zu deren Kernaussagen ja die semantische Nicht-Kompatibilität einander ablösender Paradigmata gehört; denn Inkompatibilität schließt ja wohl Inkonsistenz ein. Weizsäcker hatte Kuhn wissenschaftsgeschichtlich zugestimmt, schien ihm aber wissenschaftstheoretisch zu widersprechen. Und in der Tat zitiert er zustimmend Heisenbergs launischen Kommentar: „Ich habe jetzt Kuhns Buch gelesen. Aber ich bin enttäuscht. Historisch hat er schon Recht. Aber er verpatzt die Pointe." (nach von Weizsäcker 1985, S. 514) Die Pointe ist nach Heisenberg, dass durch Revolutionen entmachtete Paradigmata nicht enthauptet worden sind, sondern in Dienst genommen werden. Oder im Bild der ökologischen Nischen: die neue Spezies vertreibt die alte nicht, sondern benutzt sie. Die alte Spezies ist selbst Teil der Nische geworden und kann damit Überlebensbedingung der neuen werden. Das ist die Pointe. Inwieweit dieser an der Physik entwickelte Gedanke auch für andere Disziplinen fruchtbar gemacht werden kann, soll hier offen bleiben.

Für das Finalisierungsmodell wurde das Konzept der Abgeschlossenheit von Theorien pragmatisch modifiziert. Im Sinne von Kuhn unterstellten wir, dass paradigmatische Plateaus keine radikalen Veränderungen erfahren; im Sinne von Heisenberg/von Weizsäcker unterstellten wir, dass selbst revolutionäre Umbrüche ihren Kern unberührt lassen. Gegen Kuhn jedoch nahmen wir an, dass weitere Forschung nicht auf die Lösung kleiner Rätsel („puzzle solving") beschränkt sei, sondern zu einer Theoriendynamik anderer Art, der zweckorientierten Theoriebildung (oder: „Finalisierung") führt. Um es schneller als in Begriffen mit einem unserer Fallbeispiele zu erläutern: Die Strömungsphysik endete nicht mit den Grundgleichungen von Navier-Stokes, sondern diese sind das Plateau für das theoretische Verständnis des Verhaltens von Schiffen und Flugzeugen in ihren Medien, wie es schließlich in der Grenzschichttheorie von Ludwig Prantl formuliert wurde.[4] Wenn paradigmatische Wissenschaften „reif" werden für die Assimilation wissenschaftsexterner, vor allem

---

4 Vgl. ausführlich die Fallstudie von Böhme in Böhme et al. 1978, S. 69–130. Zur Strömungsphysik allgemein und unter Berücksichtigung des Finalisierungsmodells: Eckert 2006.

technischer Zwecke, die dann zu Entwicklungsleitfäden für Spezialtheorien werden – in dem genannten Beispiel die Grenzschichttheorie von Prantl – dann sprachen wir von Finalisierung. Dieses Modell hatte zwei Implikationen: Zum einen konnte es zeigen, warum die „progressive Problemfreisetzung" von Forschungsprogrammen im Sinne von Imre Lakatos nicht degenerativ wird, sondern im Gegenteil sich mit der Zunahme der Anwendungsmöglichkeiten erhöht. Das war die gute Nachricht für die Wissenschaft. Zum anderen wies es darauf, dass im Verlauf der Entwicklung einzelner Disziplinen wie auch in der gesamten Wissenschaftsentwicklung die Relevanz externer Zwecksetzungen ständig zunimmt und damit der Alternativ-Raum der möglichen Fortsetzungen im Sinne der progressiven Problemfreisetzungen. Wir hatten das damals so ausgedrückt, dass es ein Zeichen der Reife der Wissenschaft ist, dass sie zunehmend heteronom wird. Heteronomie eröffnet ein unbegrenzt wachsendes Feld von theoretischer Arbeit – aber, das war die schlechte Nachricht für die Wissenschaft, sie kann diese Ziele nicht aus eigener Kompetenz, Macht oder Interessenlage determinieren und verbindlich machen. Die Frage nach deren gesellschaftlicher Legitimation wurde unabweisbar.

Wenn man einen kurzen Blick zurückwirft auf jenen zentralen Einwand von Weizsäckers gegen die Auflösung der Wissenschaft in das Kräftefeld der Gesellschaft, wird man festhalten, dass das Modell dem „harten Kern" seine Referenz erwies, indem es die Existenz abgeschlossener Theorien – wenn auch in der abgeschwächten Form der theoretischen Reife – anerkannte, an denen sich die Wissenssoziologie „die Zähne ausgebissen hätte". Ihre Auflösung oder ihr Austausch erschien ausgeschlossen, außer man annullierte gleich das Erkenntnisprogramm neuzeitlicher Wissenschaft insgesamt. Radikal alternatives Wissen im Sinne irgendeiner völlig anderen Art von Wissenschaftlichkeit lag nicht in der Absicht oder Reichweite des Modells. Es ging um Alternativen in der Wissenschaft, nicht um solche zur Wissenschaft. Die wissenschaftstheoretische Aufgabe war, möglichst genau die Bedingungen zu identifizieren, unter denen gesellschaftlich definierte Erkenntnisziele Chancen auf erfolgreiche wissenschaftliche Erforschung haben. Das Finalisierungsmodell gründete seine Argumentation sowohl hinsichtlich seiner wissenschaftstheoretischen Erklärungskapazität als auch in seiner wissenschaftspolitisch-prognostischen Kapazität auf dem Heisenberg-Einwand gegen Kuhn, eröffnete aber damit dem Grundgedanken Kuhns gegen Popper, dass es nicht eine immanente Forschungslogik sei, die die Wissenschaft vorantreibe, eine sehr breite Basis. Je gefestigter und leistungsstärker die Wissenschaft wird, desto weniger verfügt sie über sich selbst. Denn sie bietet immer weiteren Alternativen von Forschungsprogrammen eine sichere Grundlage, ohne selbst die Selektionskriterien zu besitzen, zwischen ihnen zu unterscheiden. Dieses Modell implizierte nicht „eine Relativierung des Wahrheitsanspruchs, sondern eine des Autonomieanspruchs" (Böhme et. al. 1978, S. 241). Mit Blick auf die anfangs ausgebreitete Differenz zwischen wissenssoziologischer und modernisierungstheoretischer Interpretation der Wissenschaftsentwicklung lässt sich formulieren: Nach dem Finalisierungsmodell nimmt die gesellschaftliche „Seinsgründung" der Wissenschaft ständig zu, indem ihre Kapazität zur Assimilation gesellschaftlicher Probleme und Normen ansteigt (heteronome Wissenschaft). Jedoch beruht dieser Anstieg darauf, dass die Eigenregulative zur Erzeugung grundlagentheoretischen Wissens der gesellschaftlichen Seinsgründung entzogen sind (funktionale Autonomie).

Die politische Kontroverse

Dieses Modell der Finalisierung mag an den Defiziten leichtfertiger Vereinfachungen und Verallgemeinerungen leiden (das kann hier nicht diskutiert werden)[5] – aber warum löste es kurz nach seiner Veröffentlichung eine große Kontroverse in den Medien aus? Man erinnert sich, dass 1976 der „Bund Freiheit der Wissenschaften" (1970 gegründet) ein den Medien gegenüber als „Fachtagung" bezeichnetes Treffen abhielt, von dem aus dann gezielt eine öffentliche Kampagne inszeniert wurde. Der zentrale Vorwurf war, dass in Starnberg mit einer kryptomarxistischen Terminologie die Vergesellschaftung der Wissenschaft betrieben werden solle. Die Kampagne erreichte alle maßgeblichen Presseorgane und Radioprogramme. Einige Beispiele seien zitiert. In der *Frankfurter Allgemeinen Zeitung* hieß es in dem Bericht von Renate Schostack: „Die Gegenposition...war die ‚neue deutsche Ideologie'..., also der Neomarxismus verschiedener Ausprägungen. Dies war zum einen die Wissenschaftstheorie von I. Spiegel-Rösing, zum anderen die Erlanger Mathematikergruppe, die eine rein anwendungsbezogene Mathematik favorisierte. Als Hauptgegner aber betrachtete man die ‚Finalisten',...die darunter nichts anderes als die inhaltliche Steuerung der Wissenschaft auf soziale und politische Zwecke verstanden." (FAZ 25.3.1976, Feuilleton) Die gemeinsame Nennung dieser drei Arbeitsgruppen war nur insofern zutreffend, als ihnen, wenn auch auf sehr verschiedene Weise, Abweichungen aus dem wissenschaftstheoretischen und -philosophischen Mainstream nachgewiesen werden konnte, die mit Stichworten wie Planung und Steuerung zu tun haben. Mit der Etikette „Neomarxismus" wurde in diesem wie in vielen anderen Artikeln Habermas als Mentor angesprochen. Im *Spiegel* wurde in einem insgesamt neutralen, verschiedene Positionen überstreichenden Artikel erzählt, den jungen Starnberger Gelehrten sei der „Ruch und Ruf" zugefallen..., „finitistische (und marxistische) Wissenschafts-Knebeler zu sein". Weiter heißt es, „dass Jürgen Habermas derjenige sei, der die heutige Wissenschaft der ‚Interessen'-Bindung ver-

---

5   Ein (selbst-)kritischer Rückblick findet sich in Krohn 1989.

dächtige und deshalb ihre endgültige ‚Finalisierung' betreibe." (Spiegel, Nr. 15, 1976, S. 208). Stichwortgeber war hier vermutlich ein Artikel aus der *Welt* in dem unter der Überschrift „Droht der deutschen Wissenschaft ein 1984?" das Starnberger Institut als „zentrale ‚Verwirr-Instanz'" unter der Leitung von Habermas und von Weizsäcker benannt wurde. „Aus marxistischen Grundüberzeugungen, missverstandener amerikanischer Wissenschaftstheorie und außerwissenschaftlichen ‚emanzipatorischen' Antrieben hat man dort in den letzten Jahren die Theorie von der ‚Finalisierung der Wissenschaften' zusammengebraut und werbewirksam in die Öffentlichkeit gebracht ..." (Die Welt, 24.3.1976). Die werbewirksame Öffentlichkeitsarbeit war wohl eher von der anderen Seite betrieben worden. Anders wäre die umfassende und im Tenor immer gleiche Resonanz nicht zu erklären. Von Weizsäcker hätte den Konflikt wohl eher aussitzen können als Habermas. Denn die Etikettierungen „Neomarxismus" und „Emanzipation" hingen mit Habermas' Veröffentlichungen, besonders mit „Erkenntnis und Interesse" (1968) und „Technik und Wissenschaft als ‚Ideologie'" (1969) zusammen. Die Idee, dass angesichts der zunehmenden Finalisierungsoptionen demokratische Diskursformen entstehen könnten, war geradezu von ihm übernommen. Beide Direktoren verspürten, dass die Kontroverse zusätzlich zu dem ohnehin angeschlagenen politischen Image des Instituts als linkslastige Theorieschmiede nun auch die wissenschaftliche Reputation gefährdete und griffen mit eigenen Kommentaren ein. Herausgegriffen sei eine ausführliche Erwiderung von Weizsäckers auf einen Artikel „Politisierung der Wissenschaft" der *Neuen Zürcher Zeitung* (24.4.1976, S. 29 f.). Im Vorspann zu von Weizsäckers Beitrag sprach auch diese Redaktion von dem „Verdacht einer Politisierung nach neomarxistischen Richtlinien", der ja nur auf Habermas gemünzt sein konnte. In dem Artikel hieß es: „‚Finalisierung' ist das Zauberwort; es meint nichts anderes als die Steuerung des Forschungsbetriebs nach den Gedanken und Ideologien des Sozialismus ...".[6] Weizsäcker überschrieb seinen Beitrag: „Ueber Wissenschaftspolitik und die begreifliche Angst des Bürgertums". In seiner Erwiderung entlastete er Habermas von der ihm in den Medien zugetragenen Verantwortung und führte aus, dass am Ursprung der Projektarbeit seine eigene Tätigkeit in „Fragen der Wissenschaftspolitik" stand, an denen er „seit mehr als zwanzig Jahren in der Regierungsberatung" teilnehme. Da es hier immer wieder zum Streit zwischen nutzenorientierten Politikern und dem Glauben an die Selbststeuerung verpflichteten Wissenschaftlern komme, habe er die Absicht auf eine grundsätzliche wissenschaftstheoretische Klärung unterstützt. Damit rekur-

---

[6] Die Ironie will es, dass in dieser Zeitung kurz vor dem Konflikt Walther Ch. Zimmerli einen umfassenden Artikel „Wissenschaftstheorie in der Diskussion. Auseinandersetzungen mit Thomas S. Kuhn" veröffentlichte (19./20. Juli 1975), in dem er auch sachkundig und ohne polemische Untertöne auf die Starnberger Arbeiten zu sprechen kam. Die Redaktion hätte also informiert sein können.

rierte er auf den dargestellten Einfluss einiger Elemente seiner Wissenschaftsphilosophie auf das Finalisierungsmodell. Dies lässt sich sogar für den Grundgedanken des Modells konkretisieren, dass neue Theorieentwicklungen gerade aus der Anwendungsorientierung erfolgen können. Mit Blick auf die abgeschlossenen Theorien hatte er formuliert, dass „eben diese Grundgleichungen eine praktisch unbegrenzte Vielzahl von Lösungen zu(lassen)" (von Weizsäcker 1971, S. 24), an denen eben jene Grundlagenanwendungstheorien zu arbeiten hätten, die aus praktischen Zielen angestrebt werden. Erinnert sei auch noch einmal an die Aussage: „[...] Fortschritt, der in der systematischen Untersuchung einer Vielzahl vorher entworfener Fragestellungen besteht, ist allerdings planbar. Das planende Denken der Wissenschaft wendet sich auf die Wissenschaft selbst als eines ihrer Objekte." (von Weizsäcker 1971, S. 25) Auf diesem Hintergrund fällt es schwer, eine plausible Erklärung für die aggressive Kampfhaltung zu finden, mit der der Arbeitskreis des „Bundes Freiheit der Wissenschaft" zu Felde zog. Sie gehört wohl zu den ideologischen Auswüchsen des Ost-West-Konflikts. Es war einfacher, über Freund-Feind-Schematisierungen fragwürdig gewordene Positionen zu verteidigen, als sich offen den Sachproblemen zuzuwenden, die mit dem Institutstitel „Lebensbedingungen der wissenschaftlich-technischen Welt" zur Erforschung anstanden.

In unseren Augen war der Versuch, die Spannungen zwischen der Eigendynamik der wissenschaftlichen Erkenntnis und den zunehmenden Möglichkeiten der selektiven Orientierung ihrer Erkenntnisziele wissenschaftlich zu verstehen, ein Beitrag zum Verständnis der Wissensgesellschaft. Die Diskussion darüber hatte gerade begonnen – im Westen etwa mit Daniel Bells (1919–2011) *Post-industrieller Gesellschaft* (Bell 1973) im Osten mit dem *Richta-Report* (1972). Von Beginn war ein zentraler Punkt dieser Diskussion, wie die zur wichtigsten Ressource der Modernisierung gewordene Wissenschaft dieser Gesellschaft zur Verfügung steht. Wieweit muss die Erzeugung neuen Wissens den immanenten Regeln der Wissenschaft folgen, wieweit ist sie gestaltbar nach den Regeln der Gesellschaft? Damit kehren wir zurück zum Ausgangspunkt, bei der zuerst von Marx artikulierten Bedeutung von Wissenschaft und Technik zur gesellschaftlichen Entwicklung. Außerhalb jener exaltierten Kampagne in der Bundesrepublik ist das Starnberger Modell allenthalben als ein bedenkenswerter Beitrag zur Positionierung von Wissenschaftspolitik, Forschungsplanung und Theoriedynamik aufgenommen worden. Es musste dabei viel Kritik hinsichtlich seiner historischen Angemessenheit, seiner zu engen Fokussierung auf wenige naturwissenschaftliche Disziplinen und mangelnden Operationalisierbarkeit seiner Befunde hinnehmen. Heute gibt es eine ganze Gruppe von Stichworten, mit denen diese Reflexionsarbeit der Wissenschaftsforschung sowohl wissenschaftstheoretisch wie auch hinsichtlich der im Finalisierungskonzept angedachten Ansätze zu einer diskursiven Praxis der Entscheidungsfindung fortgeführt wird: Governance, Co-production, Innovationsregime, Social Epistemology, Wissenschaft und Werte, Reallabore. Das Finalisierungskonzept war ein früher, unzulänglicher Versuch, diese Entwicklung zur Wissensgesellschaft zu verstehen und pragmatische Vorschläge zu entwerfen, die sowohl der normativen Einbindung der Erkenntnisentwicklung im Sinne der Wissenssoziologie als auch der rationalen Unabhängigkeit der Forschungsdynamik im Sinne ihres Modernisierungspotentials gerecht werden.

Literatur:

Barnes, Barry: Scientific knowledge and sociological theory. Routledge, London 1974.
Barnes, Barry: Interest and the Growth of Knowledge. Routledge, London 1977.
Bayertz, Kurt und Wolfgang Krohn: Engels im Kontext. Natur- und Wissenschaftsphilosophie im Zeitalter des Szientismus. In: Dialektik 12, Beiträge zu Philosophie und Wissenschaften, Köln 1986, S. 66–97.
Ben-David, Joseph: The scientist's role in society: A comparative study. Prentice-Hall, Englewood Cliffs, N.J. and London 1971.
Bloor, David: Knowledge and social imagery. Routledge, London 1976.
Böhme, Gernot; Wolfgang van den Daele und Wolfgang Krohn: Alternativen in der Wissenschaft. In: Zeitschrift für Soziologie 1 (4), 1973, S. 302–316.
Böhme, Gernot; Wolfgang van den Daele und Wolfgang Krohn: Die Finalisierung der Wissenschaft. In: Zeitschrift für Soziologie, Jg. 2 (1973), H. 2, S. 128–144.
Böhme, Gernot; Wolfgang van den Daele und Wolfgang Krohn: Experimentelle Philosophie. Ursprünge autonomer Wissenschaftsentwicklung, Suhrkamp, Frankfurt am Main 1977.
Böhme, Gernot; Wolfgang van den Daele, Rainer Hohlfeld, Wolfgang Krohn und Tilman Spengler: Die gesellschaftliche Orientierung des wissenschaftlichen Fortschritts, Suhrkamp, Frankfurt am Main 1978.
Borkenau, Franz: Der Übergang vom feudalen zum bürgerlichen Weltbild. Arcan, Paris 1934.
Butterfield, Herbert: The Whig Interpetation of History. G. Bell, London 1931.
Collins, Harry M.: Stages in the empirical programme of relativism. In: Social Studies of Science, 11, 1981, Pages 3–10.
Daele, Wolfgang van den; Wolfgang Krohn und Peter Weingart (Hrsg.): Geplante Forschung. Suhrkamp, Frankfurt 1979.
Eckert, Michael: The Dawn of Fluid Mechanics. Wiley, Weinheim 2006.
Freudenthal, Gideon, „The Hessen-Grossman Thesis: An Attempt at Rehabilitation". In: Perspectives on Science, Summer 2005, Vol. 13, No. 2, Pages 166–193.
Habermas, Jürgen: Erkenntnis und Interesse. Suhrkamp, Frankfurt am Main 1968.
Habermas, Jürgen: Technik und Wissenschaft als ‚Ideologie'. Suhrkamp, Frankfurt am Main 1969.
Hagstrom, Warren O.: The scientific community. Basic Books, New York 1966.
Heisenberg, Werner: Der Begriff der ‚abgeschlossenen Theorie' der modernen Naturwissenschaft. in: Ders.: Schritte über Grenzen. Piper, München 1971, S. 87–94.
Grossman, Henryk: "The Social Foundations of Mechanistic Philosophy and Manufacture". 1935. Reprint 1987: Science in Context, Vol I, Issue 1; März 1987, Pages 129–180.

Hessen, Boris: "The Social and Economic Roots of Newton's *Principia*". In: Anon: Science at the Cross Roads. Kniga, London 1931, Pages 151–212.
Jardine, Nick: Whigs and Stories: Herbert Butterfield and the Historiography of Science. In: History of Science, 41, 2003, Pages 125–140.
Knorr-Cetina, Karin D.: The manufacture of knowledge: An essay on the constructivist and contextual nature of science. Oxford et. al. 1981 (dt.: Die Fabrikation von Erkenntnis. Zur Anthropologie der Naturwissenschaft. Frankfurt/M. 1984).
Kornhauser, William.: Scientists in industry: Conflict and accommodation. University of California Press, Berkeley 1962.
Krohn, Wolfgang: Finalisierung der Wissenschaft: Retrospektive und Prospektive. In: Theorien der Wissenschaftsentwicklung. In: Arbeitsblätter zur Wissenschaftsgeschichte, 22. Hrsg. vom Interdisziplinären Zentrum für Wissenschaftstheorie und Wissenschaftsgeschichte der Martin-Luther-Universität Halle-Wittenberg, Halle (Saale) 1989, S. 9–32.
Krohn, Wolfgang; Edwin Layton & Peter Weingart (Eds.): The Dynamics of Science and Technology. Social Values, Technical Norms and Scientific Criteria in the Development of Knowledge, Reidel, Dordrecht 1978.
Krohn, Wolfgang: „Der harte Kern". Wissenschaft zwischen Politik und Philosophie bei Carl Friedrich von Weizsäcker und in der Finalisierungstheorie. In: Klaus Hentschel und Dieter Hoffmann (Hrsg.): Carl Friedrich von Weizsäcker: Physik – Philosophie – Friedensforschung. Wissenschaftliche Verlagsgesellschaft, Stuttgart 2014, S. 283–294.
Kuhn, Thomas: Die Struktur der wissenschaftlichen Revolutionen. 2. rev. und um d. Postskriptum vermehrte Aufl., Suhrkamp, Frankfurt 1969.
Laitko, Hubert: Das Max-Planck-Institut zur Erforschung der Lebensbedingungen der wissenschaftlich-technischen Welt: Gründungsintention und Gründungsprozess. In: Klaus Fischer, Hubert Laitko und Heinrich Parthey (Hrsg.): Interdisziplinarität und Institutionalisierung der Wissenschaft – Wissenschaftsforschung Jahrbuch 2010, Berlin 2011.
Laitko, Hubert: Der Ambivalenzbegriff in Carl Friedrich von Weizsäckers Starnberger Institutskonzept (2013). Max-Planck-Institut für Wissenschaftsgeschichte. Berlin 2013, Preprint 449.
Lakatos, Imre & Alan Musgrave (Eds.): Criticism and the Growth of Knowledge. Proceedings of the International Colloquium in the Philosophy of Science. UP, London 1965, Cambridge 1970.
Latour, Bruno & Steve Woolgar: Laboratory life: the social construction of scientific facts. Calif. et. al., Beverly Hills 1979.
Mannheim, Karl: „Das Problem einer Soziologie des Wissens". In: Ders.: Wissenssoziologie, Luchterhand, München 1964, S. 372 ff.
Mendelsohn, Everett; Richard Whitley & Peter Weingart (Eds.): The Social Production of Scientific Knowledge. Sociology of the Sciences, vol. I, Reidel, Dordrecht 1977.
Merton, Robert K.: Science and technology in a democratic order. Journal of Legal and Political Sociology, 1, 1942, Pages 15–26.
Merton, Robert K.: Social Theory and Social Structure. Free Press, New York 1957.
Pelz, Donald C. & F. M. Andrews: Scientists in organizations: Productive climates for research and development. Wiley, New York 1966.
Weizsäcker, Carl Friedrich von: Die Einheit der Natur. Hanser, München 1971.
Weizsäcker, Carl Friedrich von: Fragen zur Weltpolitik. Hanser, München 1975.

Weizsäcker, Carl Friedrich von: Wissenschaftsgeschichte als Wissenschaftstheorie. Zur Frage nach der Rolle der Gesellschaft in der Wissenschaft. In: Fragen zur Weltpolitik. Hanser, München 1975, S. 101–121.
Weizsäcker, Carl Friedrich von: Der Garten des Menschlichen. Hanser, München 1977.
Weizsäcker, Carl Friedrich von: Wahrnehmung der Neuzeit. Hanser, München 1983.
Weizsäcker, Carl Friedrich von: Aufbau der Physik. Hanser, München 1985.
Weizsäcker, Carl Friedrich von: Zum Weltbild der Physik, Hirzel, Stuttgart 1957/2002.
Wittich, Dieter und Horst Poldrack: Der Londoner Kongress zur Wissenschaftsgeschichte 1931 und das Problem der Determination von Erkenntnisentwicklung, Akademie-Verlag, Berlin 1990.

Rainer Hohlfeld

Risikogesellschaft oder „Nachholende Modernisierung"?

Zwei Herausforderungen der Technologiepolitik nach der Wende

Als ich 1988 anlässlich des Wissenschaftsabkommens zwischen DDR und BRD zu Zeiten von Kohl in Ostberlin war, versuchte ich meinen Kollegen vom Institut für Theorie, Geschichte und Organisation der Wissenschaft (ITW; dort war ich zum Gastaufenthalt) den Begriff „Risikogesellschaft" nahe zu bringen, den ich im „Tornister" hatte. Ich musste auf sie einreden wie auf ein krankes Pferd, so unvertraut waren ihnen der Begriff und sein zeitgeschichtlicher Kontext. „Das sind doch Probleme einer kapitalistischen Wohlstandsgesellschaft, die es sich leisten kann, solche Luxusdebatten zu führen", schallte es mir immer wieder entgegen. Ich hatte dem nichts entgegenzusetzen, außer: „Die Probleme der DDR mit ihren maroden Betrieben und ihrer vergifteten Umwelt sind unsere Debatte nicht."

Dabei gab es auch in der DDR zu dieser Zeit Stimmen, die auf die Folgeprobleme einer ungebremsten Produktivkraftentwicklung hinwiesen: Christa Wolf hatte ihren „Störfall" gerade publiziert[1], der sich auf Tschernobyl bezog. In der Zeitschrift „Sinn und Form" gab es Debatten über die Fortschritte der Genetik, z. B. über Jurij Brězan und Krabat, den sorbischen Zauberer, der die Menschen verändern konnte. Und Mocek und Geissler publizierten in der „Einheit" 1987 „Gentechnik – Fluch oder Segen"[2], ganz im Sinne der Nutzung der Gentechnologie ohne Risiko. Da aber war am ITW zu dieser Zeit die Debatte über die Risiken der Gentechnologie noch nicht angekommen. Dabei hatte das Gesundheitsministerium der DDR 1984 sogar ein Gentechnologiegesetz in der Schublade, welches auf die BRD und die internationale Debatte reagierte, dann aber 1989 obsolet wurde. Diese Debatte um die Risiken der Gentechnologie hatte aber nicht den politischen Stellenwert wie in der BRD, wo die „Grünen" seit 1981 für Relevanz des Themas und die „ökologische Frage" sorgten.

---

1 Christa Wolf: Störfall, Berlin (Ost) 1987.
2 Reinhard Mocek und Erhard Geissler: Gentechnik – Fluch oder Segen. In: Einheit (1987) H. 2.

Ulrich Beck, der am 1. Januar 2015 verstarb, war der soziologische Wortführer dieser – wie er es auf den Begriff brachte „Risikogesellschaft".[3] Er entwarf – wie er es selbst nannte – eine „empirisch orientierte, projektive Gesellschaftstheorie", der er „Prozesscharakter" der Argumentation bescheinigte. Mit anderen Worten: Er versuchte den gegenwärtigen Wandel vorläufig auf den Begriff zu bringen, nicht ausgeschlossen, dass es auch ganz anders kommen könnte.

Kern seines Konzeptes ist die Aussage, die Modernisierungstheorie des Zeitalters der Industrialisierung mit ihrem harten Kern der „Produktivkraft Wissenschaft" hätten ihren Wert, die **„Produktivkräfte ihre Unschuld"**[4] verloren. Da war Tschernobyl gerade eben passiert. Bei globalen Risiken sei keiner mehr verantwortlich – so Beck.

Die Nebenfolgen industriegesellschaftlicher Modernisierung rückten ins Zentrum der Technologiepolitik. Dass die Nebenfolgen der Modernisierung quasi zurückschlagen, ihren Reflex zeigen, nennt er „Reflexive Modernisierung" als Kennzeichen der fortgeschrittenen Modernisierung.

Die kognitive Dimension dieses Prozesses stellten Bonss, Hohlfeld und Kollek im Hamburger Institut für Sozialforschung in einer „Kontexttheorie" 1993[5] in einen kausalen Zusammenhang mit dem methodischen Reduktionismus der Technik- und Naturwissenschaften. Er führte dazu, behaupteten die Autoren, dass die wissenschaftlichen Objekte durch das Experiment „dekontextualisiert" und damit die Informationen über Folgewirkungen, die in genau jenen Kontexten angesiedelt sind, ausgeblendet werden. Daher ist mit dieser kausalen Form der Erkenntnisgewinnung immer ein **konstitutives Nichtwissen** verbunden, welches nicht mit demselben Wissen kompensiert werden kann. **Die moderne Naturwissenschaft ist im Prinzip risikoblind.**

Ich habe mir das zum ersten Mal an einem bekannten Beispiel klar gemacht: Die Fernwirkungen des Insektizids DDT, wie Anreicherung in Nahrungsendketten von Fischen und Regenwürmern und nachfolgende Vergiftungen von Seeadlern und Amseln, die Schädigung von Embryonen von Amphibien, waren Chemikern, die dieses Insektizid erfanden, unbekannt. Der biologische Kontext war nicht Gegenstand ihrer chemischen Forschung, die Chemie war „kontextblind". Es gibt weitere instruktive Beispiele aus Biologie und Krebsforschung.[6]

Die Kontextabhängigkeit der Wissens- und Risikoproduktion erschüttert also die Grundfesten der Tradition der ersten Modernisierungstheorie, die ja von einer Erkenntnis der Natur ausging, die von allen „Spuren des Menschlichen" befreit ist, da

---

3   Ulrich Beck: Risikogesellschaft. Auf dem Weg in eine andere Moderne, Frankfurt 1986.
4   Rainer Hohlfeld: Das Dogma von der „Unschuld der Produktivkräfte". In: Reinhard Mocek (Hrsg.): Technologiepolitik und kritische Vernunft, Berlin 2008, S. 161–166.
5   Wolfgang Bonss, Rainer Hohlfeld und Regine Kollek: Wissenschaft als Kontext – Kontexte der Wissenschaft, Hamburg 1993.
6   Ebd., S. 64.

die interne Logik der Natur durch die Wissenschaft freigelegt ist und daher prinzipiell „im Griff" ist. Wie – das sehen wir zur Zeit in Fukushima und am Klimawandel.

Zwar sind größere Katastrophen bei der Freisetzung von gentechnisch veränderten Organismen ausgeblieben, aber die getroffenen Vorsichtsmaßnahmen wie Registrierung von Freisetzungen (Monitoring) oder die Sicherheitsforschung führten zu einer politischen Kultur der Risikovorsorge, so dass die Wahrscheinlichkeit von Schadensfällen auf ein Minimum reduziert werden konnte.[7]

Der politischen Logik der reflexiven Modernisierung folgte im Jahrzehnt nach dem Anschluss in Deutschland niemand, denn es gab wichtigere Probleme auf der politischen Agenda: die Schaffung gleicher Lebensverhältnisse in Ost und West, die Herstellung gleicher Leistungsfähigkeit der Sozialsysteme,[8] den Anschluss durch eine „nachholende Modernisierung" an die „politisch glücklichere (den demokratischen Rechtsstaat) und ökonomisch erfolgreichere Entwicklung (sozialstaatlich gebändigter Kapitalismus) des Westens".[9]

Doch sind damit die Probleme der Risikogesellschaft vom Tisch? Mitnichten! Vor vier Jahren machte die Kanzlerin die Energiewende nach Fukushima – das westliche Tschernobyl – zur CDU-Priorität und die Erderwärmung ist mitnichten ein gelöstes Problem. Und beim transatlantischen Freihandelsabkommen TTIP gibt es Streit um die Zulassung gentechnisch modifizierter Pflanzen. Ein Streit, der seit 2000 in Europa schwelt. Die Amerikaner haben die Grundlagen der europäischen „grünen" Risikopolitik, die reflexive Modernisierung, nie akzeptiert. Der Glaube an die Unschuld der Produktivkräfte und an die Segnungen der „positiven" Wissenschaft[10] ist dort kaum erschüttert.

So ergibt sich in der Bilanz für das neue Deutschland ein politischer Flickenteppich: Der Kampf der zwei Linien in der Modernisierung bei offenem Ausgang, aber um das Wissen der ungelösten Probleme und ihrer Ursachen. Hatte nicht Ulrich Beck – wohlahnend – vom „projektiven Charakter" seiner Theorie gesprochen?

---

7   Diesen Hinweis verdanke ich Wolfgang Krohn, auf dieser Konferenz.
8   Rainer Geissler: Nachholende Modernisierung mit Widersprüchen. Eine Vereinigungsbilanz aus modernisierungstheoretischer Perspektive. Aus: Politik und Zeitgeschichte., Bd. 40 (2000); http://www.bpb.de/apuz/25413/nachholende-modernisierung-mit-widerspruechen?p=all.
9   Jürgen Habermas: Die nachholende Revolution. Frankfurt 1990, S. 179–204.
10 Das hat wohl mit der Dominanz der positivistischen Philosophie in den angelsächsischen Ländern zu tun – wie ich vermute.

Gereon Wolters

Topik der Forschung zwischen Aufklärung und Romantik

1. Vorbemerkung

Hubert Laitko und Reinhard Mocek haben ein äußerst instruktives Konzept für diesen Workshop im Gedenken an Clemens Burrichter und Günter Kröber geschrieben. Trotz meines nicht unfortgeschrittenen Alters habe ich das Neben- und Miteinander „eigenständiger Institutionen der Wissenschaftsforschung in BRD und DDR"[1] erst gegen das Ende ihrer Parallelexistenz in der Mitte der 80er Jahre mitbekommen. Das hing zum einen mit meiner sehr behäbig voranschreitenden universitären Karriere zusammen und zum anderen damit, dass mich die politischen und soziologischen Aspekte der Wissenschaftsforschung wenig interessiert haben. Mein Arbeitsgebiet war und ist die Wissenschaftstheorie, oder wie man heute mehr und mehr sagt: die Wissenschaftsphilosophie – das klingt irgendwie zugänglicher! Hinzu kam, dass sich meine Inauguration im Kontext von Jürgen Mittelstraß' „Zentrum Philosophie und Wissenschaftstheorie" an der Universität Konstanz vollzog. Auch dort spielten politische und sozialwissenschaftliche Aspekte der Wissenschaftsforschung eine marginale Rolle. Das taten sie auch bei meinen Einladungen in die DDR, insbesondere zu Reinhard Mocek nach Halle oder Horst Wessel nach Berlin. Gerade diese beiden habe ich schon damals als wissenschaftsphilosophisch orientierte und profilierte Kollegen in Geschichte und Philosophie der Biologie bzw. in Logik und Argumentationstheorie, nicht aber als Wissenschaftsforscher geschätzt.

Ich selber wurde als Mach-Spezialist eingeladen. Da ich natürlich Lenins peinliche Polemik gegen Mach in *Materialismus und Empiriokritizismus* kannte, wo der Autor den Sack (Mach) schlug, aber den Esel (seine politischen Gegner in Russland) meinte, erwartete ich bei meinem ersten Besuch Mach- und Positivismuskritik im Stile von *Materialismus und Empiriokritizismus*. Nichts dergleichen! Ich traf auf fachlich wohlinformierte, teils brillante und kritische Kollegen. Vom Muff des an den DDR-Universitäten und in den Schulen für alle obligatorischen ML-Unterrichts keine Spur!

---

1   Vgl.: Beiträge von Laitko/Mocek (2015), S. 1

Auch mein heutiges Thema gehört in die Wissenschaftsphilosophie und ist eine Reminiszenz an dessen erste Behandlung in einem Sammelband über *Technische Rationalität und rationale Heuristik*, den Burrichter mit anderen 1986 herausgegeben hat.[2] Die dahinter stehende Fragestellung ist nach wie vor von großem Interesse. Es geht um die Generierung neuen wissenschaftlichen Wissens. Für diese Aufgabe werden gewaltige Summen vom nationalen Steuerzahler, von den europäischen Forschungsorganisationen und von der Industrie bereit gestellt. Wie schön wäre es, wenn man für den Fortschritt der Forschung nicht nur auf Geistesblitze zu warten hätte, wenn man nicht nur auf „Kreativität" und „Phantasie" setzen müsste, sondern wenn es gelänge, ein paar Faustregeln für erfolgreiches Forschen zu formulieren.

2. Aufklärung und Romantik – Positivismus und Phantasie

„Phantasie" und „Positivismus" – zwei Begriffe, die sich scheinbar beißen.[3] Sie scheinen uns zwei gegensätzliche Perspektiven von Wissenschaft zu präsentieren. In Anlehnung an eine glückliche Unterscheidung, die der amerikanische Wissenschaftsphilosoph André Carus kürzlich in einem ausgezeichneten Buch über Rudolf Carnap getroffen hat, möchte ich die *aufklärerische* Perspektive auf die Wissenschaft von der *romantischen* unterscheiden.[4] Der Positivismus ist auf irgendeine Weise mit der Aufklärung verknüpft, wogegen die Romantik sich eher an die Phantasie hält. Der aufklärerische Zugang sieht in der Wissenschaft ein regelgeleitetes und diskursives Unternehmen, das uns objektive Kenntnis der Welt vermittelt. Als regelgeleitet ist Wissenschaft für jedermann – und: auch wir sind ja inzwischen politisch korrekt, selbstverständlich auch und besonders für jede Frau zugänglich. Man kann Wissenschaft daher auch als ein *universalistisches* Unternehmen bezeichnen. Darüber hinaus verbessert Wissenschaft idealerweise unsere Lebensumstände, indem sie uns zutreffende Orientierung in der Welt und eine Fülle technischer Anwendungen liefert. Jürgen Habermas spricht in diesem Zusammenhang von einem „technischen Erkenntnisinteresse", das die Wissenschaft leite.[5] Nach Habermas ist das allerdings nur

---

2 Gereon Wolters: Topik der Forschung. Zur wissenschaftstheoretischen Funktion der Heuristik bei Ernst Mach. In: Clemens Burrichter, Rüdiger Inhetveen und Rudolf Kötter (Hrsg.): Technische Rationalität und rationale Heuristik, Schöningh Verlag, Paderborn 1986, S. 123–154.
3 Ich folge hier Gereon Wolters: Positivistic Imagination: Ernst Mach's Topics of Research. In: Pierre Buser, Claude Debru, Andreas Kleinert (Eds.): L'imagination et l'intuition dans les sciences, Hermann Edition Sciences Et Arts, Paris 2009, S. 42–56.
4 André Carus: Carnap and Twentieth-Century Thought. Explication as Enlightenment, Cambridge University Press, Cambridge 2007.
5 Jürgen Habermas: Erkenntnis und Interesse. Suhrkamp, Frankfurt 1968.

die eine Seite der wissenschaftlichen Rationalität: das technische Erkenntnisinteresse sei zu ergänzen durch ein „emanzipatorisches" Interesse.

Der romantische Ansatz basiert dagegen auf vor-rationaler Intuition. Intuition ist weder regelgeleitet noch diskursiv, noch kann man sie lernen. Intuition ist vielmehr ein Ausdruck individueller Dispositionen und Einfälle. Im Romantizismus steckt so eine antiwissenschaftliche Tendenz, selbst wenn er in einem wissenschaftlichen Kontext auftaucht. Der Romantizismus beschuldigt die Wissenschaft einer ganzen Reihe von Mängeln: Entzauberung der Welt oder Verfehlung „wirklichen" und „tiefen" Wissens über die Natur, da sie an deren messbarer Oberfläche verbleibe. Wir werden täglich mit Beispielen des Romantizismus konfrontiert, z. B. im grünen Fundamentalismus oder im medizinischen Obskurantismus, wie er letzthin in der Berliner Masernepidemie in die Presse gefunden hat.

Im politischen Kontext ist der Aufklärungsansatz unter dem Stichwort „Positivismuskritik" in der *Dialektik der Aufklärung* von Horkheimer und Adorno (1944) als Unterstützung des Konservativismus und als Wegbereiter für den Faschismus denunziert worden. Habermas' Postulat des emanzipatorischen Erkenntnisinteresses kann noch als ein spätes Echo auf die Dialektik der Aufklärung verstanden werden. Wer – wie ich – in den späten 60er und frühen 70er Jahren in der Bundesrepublik studiert hat, wird sich erinnern, dass „Positivist" – unter Professoren und Studenten, pardon: Studierenden, gleichermaßen – ein Schimpfwort für alle diejenigen war, die den damals „korrekten" linken und romantischen Auffassungen widersprachen. Mir gefällt immer noch Hans Alberts messerscharfe Habermaskritik im legendären Sammelband *Der Positivismusstreit in der deutschen Soziologie* von 1969.[6]

Wissenschaftliche Romantik finden wir aber nicht nur am linken, sondern auch am entgegengesetzten Ende des politischen Spektrums. Naziwissenschaft wie die „Deutsche Physik" war grundlegend romantisch. Aus der Biologie möchte ich ein besonders instruktives Beispiel zitieren; und zwar Wilhelm Troll aus seinem Lehrbuch *Vergleichende Morphologie der höheren Pflanzen* von 1937, das übrigens 1954 mit den zeitgemäß „notwendigen" Streichungen wieder aufgelegt wurde. Im Vorwort verkündet Troll, dass es ihm um nichts weniger gehe als die „Wiedergeburt der Morphologie aus dem Geiste deutscher Wissenschaft". Für Troll gibt es eine „unüberbrückbare Kluft [...], welche das innere Leben des deutschen Geistes von dem positivistischen Wissenschaftsideal der Westvölker trennt. [...] Was das deutsche Denken vor allem auszeichnet, ist nicht so sehr seine Gründlichkeit als seine Tiefe, die Tatsache, dass es, um im faustischen Bilde zu reden, zu den ‚Müttern' hinabsteigt. Nicht zufrieden mit positivistischer Äußerlichkeit und mechanistischer Flachheit [...]

---

6   Hans Albert: Der Mythos der totalen Vernunft. In: Theodor W. Adorno u. a.: Der Positivismusstreit in der deutschen Soziologie. Luchterhand, Neuwied 1969.

trachtet es danach, ‚die Lebendigkeit der Natur und ihre innere Einigkeit mit geistigem und göttlichem Wesen zu sehen'."[7]

In der Morphologie wird dieses Ziel nach Troll durch den Rückgang auf Goethe und die Konzentration auf den „Typus" der Pflanze erreicht. Das setze voraus, dass „die mechanistische Denkweise [...] völlig überwunden bzw. einer in platonisch-goethischer und deutscher Naturanschauung wurzelnden Grundauffassung unterstellt wird."[8]

Aufklärung und Romantik in der Wissenschaft gibt es immer noch. Der Aufklärungsansatz dominiert Wissenschaft und Technik und den gesamten damit verbundenen politischen und institutionellen Apparat. Es ist die Welt kühler Kalkulation, genauer empirischer Tests und von Doppelblindversuchen. Der romantische Ansatz hingegen scheint im Hintergrund postmoderner Tendenzen in den Geisteswissenschaften zu liegen, die universalisierende Projekte bekämpfen. Was hier zählt, ist „lokal", das „Besondere" und Partikuläre, das oder der „Andere" oder was auch immer. In den Geisteswissenschaften sehen wir Wahrheitssuche immer stärker zurückgedrängt durch das, was man den „kulturwissenschaftlichen" Ansatz nennt. Kulturwissenschaft ist nicht an der „Wahrheit" oder der Kritik der untersuchten Phänomene interessiert, sondern lediglich an deren Beschreibung und historischen Dynamik. Beides ist natürlich durchaus berechtigt und interessant, aber nicht in der kulturwissenschaftlich präsentierten Ausschließlichkeit. Ferner finden wir verbreitet das, was ich „grünen" Romantizismus nennen möchte: wissenschaftsbasierte Medizin wird unter Verweis auf unterschiedliche, angeblich „natürliche" Methoden bekämpft. Impfungen gelten vielen als des Teufels.

Auch in der Wissenschaftsphilosophie finden wir eine ähnliche Opposition wie die zwischen Aufklärung und Romantik. Lange hatte man geglaubt, die Wissenschaft würde bestimmten methodologischen Regeln folgen, und dass ihre historische Dynamik ein Resultat dieser Methodologie darstelle. Das war im vorigen Jahrhundert im Großen und Ganzen die Position des logischen Empirismus, aber auch von Leuten wie Karl Popper oder Imre Lakatos. Ich möchte das den *universalistischen* Ansatz nennen. Beginnend mit Thomas Kuhns *Struktur wissenschaftlicher Revolutionen* wird der universalistische Ansatz herausgefordert. Soweit ich sehe, war Paul Feyerabends Buch *Wider den Methodenzwang* der Wendepunkt in eine andere Richtung. Feyerabend bestreitet, dass es Methoden und methodologische Regeln gibt, denen Wissenschaftler gewohnheitsmäßig folgen. Nur eine – paradoxe – Regel gebe es: *anything goes!* – Tu, was Du willst! Wir finden gegenwärtig Realisierungsansätze des romantischen

---

7 Wilhelm Troll: Vergleichende Morphologie der höheren Pflanzen. Bd. I (Vegetationsorgane). Gebrüder Borntraeger, Berlin 1937 (repr. Otto Koeltz, Königstein 1967, 2 f.).
8 Ebd., S. 7.

approachs beispielsweise in sogenannter Hindu-Wissenschaft oder islamischen Wissenschaft, im radikalen Feminismus oder Ökologismus. Ich möchte solche Ansätze als *partikularistisch* bezeichnen.

Universalismus und Partikularismus sind konträr, d. h. nur einer kann wahr, beide aber können falsch sein. Ich meine, dass der partikularistische, romantische Ansatz in der Wissenschaftsphilosophie auf jeden Fall falsch ist, während der universalistische, aufklärerische nur einiger Modifikationen bedarf. Wir finden diese Modifikationen des logisch-empiristischen und ähnlicher Ansätze erstaunlicher- und anachronistischer Weise schon vorher, und zwar im Werk von Ernst Mach.

3. Ernst Machs Topik der Forschung

Der Topik-Begriff geht bekanntlich auf Aristoteles' gleichnamiges Werk zurück. Topisch sind dort – klar heuristisch – unter anderem Verfahren zum Auffinden von Prämissen. Ich meine, dass sich diese Idee auf die Methodologie der modernen Naturwissenschaft, vor allem der Physik, übertragen lässt. Physikalische *topoi* werden in einem dialektischen Prozess generiert, der die folgende Struktur besitzt. (1) In den Teilen der Wissenschaft, die sich als *erfolgreich* erweisen, soll man nach den methodologischen Bedingungen des Erfolgs suchen. Solche methodologischen Gesichtspunkte, ich nenne sie *topoi*, mögen nun (2) als *Normen* für neue Forschung dienen. Dabei sind sie (3) zugleich wieder Gegenstand neuer und beständiger Kontrolle ihrer produktiven Wirksamkeit u.s.w., u.s.w.

Ein *Caveat* ist jedoch angezeigt: „erfolgreiche Theorie" heißt hier nicht erfolgreich im Rechtfertigungszusammenhang, Reichenbachs *context of justification*, sondern bezieht sich auf wichtige Forschungsresultate, unabhängig von ihrer Einordnung in einen umfassenden theoretischen Kontext. Dies war auch schon Machs Sicht der Dinge:

„Aus der *Werkstätte* der antiken Forschung wissen wir ja sehr wenig. Es sind kaum die wichtigsten *Ergebnisse* der Forschung uns überliefert worden. Die Form der *Darstellung* [Hervorhebung G.W.] ist aber, wie das drastische Beispiel *Euklids* lehrt, oft ganz dazu angetan, die Forschungswege zu verdecken. Leider ist entgegen dem Interesse der Wissenschaft und im Interesse einer falsch bewerteten Strenge das antike Beispiel in unserer Zeit oft nachgeahmt worden. Am vollständigsten und strengsten ist jedoch ein Gedanke begründet, wenn alle Motive und Wege, welche zu demselben geleitet und ihn befestigt haben, klar dargelegt sind. Von dieser Begründung ist die *logische* Verknüpfung mit älteren, geläufigeren, *unangefochtenen* Gedanken doch eben nur ein *Teil*. Ein Gedanke, dessen Entstehungsmotive ganz klargelegt sind, ist für alle Zeiten *unverlierbar*, so lange letztere gelten, und kann andererseits sofort aufgegeben werden, sobald diese Motive als hinfällig erkannt werden."[9]

Immer wieder rühmt Mach die „Offenheit" der Großen der Physikgeschichte, die den Adepten generös einen Blick in ihre Werkstatt erlauben:

> „Was die Form der Darstellung betrifft, so ist zu bemerken, dass Huygens mit Galilei die erhabene und unübertreffliche vollkommene Aufrichtigkeit teilt. Er ist ganz offen in Darlegung der Wege, welche ihn zu seinen Entdeckungen geleitet haben und führt dadurch den Leser in das volle Verständnis seiner Leistungen ein."[10]

Oder ein ähnliches Zitat aus *Erkenntnis und Irrtum*:

> „Der Verkehr mit den Klassikern des Wiederauflebens der Naturforschung gewährt eben dadurch einen so unvergleichlichen Genuss und eine so ausgiebige, nachhaltige, unersetzliche Belehrung, dass diese großen, naiven Menschen ohne jede zunftmäßige gelehrte Geheimtuerei in der liebenswürdigen Freude des Suchens und Findens alles mitteilen und wie es ihnen klar geworden ist. So lernen wir [...] die *Leitmotive* der Forschung ohne allen Pomp an Beispielen der größten Forschungserfolge kennen. Die Methoden des physischen und des Gedankenexperiments, der Analogie, das Prinzip der Simplizität und Kontinuität usw. werden uns in der einfachsten Weise vertraut."[11]

Gute Beispiele regen zur Nachahmung an, sichern aber nicht automatisch auch eigenes Entdecken und Erfinden. Das heuristische Ziel guter Beispiele ist jedoch erreicht, wenn es dem Nachahmer gelingt, (1) die allgemeinen Aspekte zu erkennen, die in einem konkreten Beispiel enthalten sind, und sie (2) in einem verschiedenen, aber passenden Fall zur Anwendung zu bringen. Wörter wie „Beispiel", „üben", „beurteilen" oder „anwenden" gehören zum klassischen Vokabular der Topik seit Aristoteles. Ihre Verwendung in konkreten und exemplarischen Fällen des alltäglichen Lebens, in den Künsten, in nicht-exakten Disziplinen wie der Geschichte und Politik war eine Quelle methodologischer Gesichtspunkte und erfolgversprechender Ansätze. Mach

---

9   Ernst Mach: Erkenntnis und Irrtum. Skizzen zur Psychologie der Forschung, hrsg. von. Friedrich Stadler, Einl. Elisabeth Nemeth. Xenomoi, Berlin 2011, S. 234; siehe auch: Ernst-Mach-Studienausgabe, Bd. 2, 2. Aufl. 1906, S. 223.
10 Ernst Mach: Die Mechanik in ihrer Entwicklung. Historisch-kritisch dargestellt. Hrsg. und Anm. Gereon Wolters/Giora Hon, Xenomoi, Berlin 2012, S. 179; siehe auch: Ernst-Mach-Studienausgabe, Bd. 3, 7. Aufl. 1912, S. 149 f.
11 Ernst Mach: Erkenntnis und Irrtum. Skizzen zur Psychologie der Forschung, a. a. O., S. 234; siehe auch: Ernst-Mach-Studienausgabe, Bd. 2, a. a. O., S. 223.

überträgt nun die topische Methodologie ins Reich von Physik und exakter Wissenschaft. Ich beschränke mich hier darauf, eine Reihe solcher topischer Gesichtspunkte aufzuzählen, ohne die Machschen Texte zu analysieren oder die historischen Kontexte, aus denen sie entwickelt wurden:

1. die Analogie zwischen ontisch unterschiedlichen Bereichen, z. B. das Verständnis der Lichtwellen analog zu Schallwellen.
2. Das „Prinzip der Simplizität" wie eben aus *Erkenntnis und Irrtum* zitiert.
3. Das „Prinzip der Kontinuität" als den Versuch, einen an einem speziellen Fall gewonnenen Gedanken bei Variation der Umstände möglichst festzuhalten. Z. B. das Auffinden des Trägheitsgesetzes durch Galilei durch Variation der Bewegung mittels der schiefen Ebene durch Verkleinerung des Neigungswinkels mit dem Grenzfall der Ebene.[12]
4. die „Abstraktion", d.h. das Ausschalten von im betrachteten Fall irrelevanten Eigenschaften (wie etwa der Farbe bei der Gewichtsermittlung eines Körpers). Und schließlich
5. „Paradoxien" als „die *stärkste treibende Kraft*, welche zur Anpassung der Gedanken aneinander und hiermit zu neuen Aufklärungen und Entdeckungen drängt".[13]

Frage: Erfüllt die Topik der Forschung das aufklärerisch-positivistische Wissenschaftsideal? Um die Frage zu beantworten, haben wir uns an Machs biologischer Zweckbestimmung der Wissenschaft zu orientieren:

„Die biologische Aufgabe der Wissenschaft ist, dem vollsinnigen menschlichen Individuum eine möglichst *vollständige Orientierung* zu bieten. Ein anderes wissenschaftliches Ideal ist nicht realisierbar, und hat auch keinen Sinn."[14]

Diese biologische Orientierungsfunktion der Wissenschaft hat zwei wichtige Implikationen: (1) ein instrumentalistisches Verständnis von Wissenschaft. Wissenschaft besteht danach in der Fortsetzung praktischer Orientierungen mit theoretischen Mitteln. (2) Um ihr instrumentalistisches Ziel zu erreichen muss Wissenschaft verlässliche Orientierung liefern. Verlässlich ist eine Orientierung, die den Tatsachen

---

12 Ernst Mach: Die Mechanik in ihrer Entwicklung. Historisch-kritisch dargestellt, a.a.O., S.157ff; siehe auch: Ernst-Mach-Studienausgabe, Bd. 3, a.a.O., S.130ff.
13 Ernst Mach: Erkenntnis und Irrtum. Skizzen zur Psychologie der Forschung, a.a.O., S.185; siehe auch: Ernst-Mach-Studienausgabe, Bd. 2, a.a.O., S.176.
14 Ernst Mach: Die Analyse der Empfindungen und das Verhältnis des Physischen zum Psychischen. Hrsg. und Anm. Gereon Wolters, Xenomoi, Berlin 2008, S.40f; siehe auch: Ernst-Mach-Studienausgabe, Bd. 1, 6. Aufl. 1911, S.29f.

entspricht. Mach war sehr stolz darauf, der Wissenschaft die *Beschreibung* von Tatsachen als Primärziel zugewiesen zu haben und *nicht* ihre *Erklärung*:

> „Das Ideal aber, dem jede wissenschaftliche Darstellung, wenn auch sozusagen asymptotisch zustrebt, enthält in der vollständigen Beschreibung der Thatsachen mehr als alle Speculationen zu geben vermögen, und es fehlt demselben dafür das Fremde, Überflüssige, Irreführende, das jede Speculation einführt. Dieses Ideal ist ein *vollständiges übersichtliches Inventar der Thatsachen eines Gebietes*."[15]

Produktion von „Inventaren" als Ziel der Wissenschaft, das klingt so „positivistisch" wie es nur geht. Aber wir werden gleich sehen, dass die Inventar-Norm lediglich das, was ich den *empirischen* Charakter von Machs Wissenschaftsphilosophie nennen möchte, ausdrückt. Wie ist das zu verstehen? Machs Denken ist dem aufklärerischen Kampf gegen die Metaphysik verpflichtet. Im Reich der Wissenschaft heißt das: Wir haben uns von allen Vorstellungen zu befreien, die nicht als Beobachtungstatsachen beschrieben werden können. Dieser Machsche Imperativ aber trifft nicht nur die Metaphysik. Er scheint auch wissenschaftliche Theorien generell auszuschließen, da diese wegen ihrer universellen Form („für *alle* Gegenstände eines bestimmten Bereichs gilt...") nicht beobachtbar sind. – Wollte Mach etwa mit der Metaphysik auch die Wissenschaft ausrotten? – Ganz so schlimm sieht's nicht aus. Man beachte, dass Mach in dem obigen Zitat nicht schlicht eine Definition von „Theorie" liefert, sondern von deren „Ideal", dem man sich allenfalls asymptotisch annähert, ohne es jedoch je zu erreichen. Mach trägt diesem Unterschied durch seine Unterscheidung von „direkter" und „indirekter" Beschreibung Rechnung.[16] Theorien sind indirekte Beschreibungen, die sich *idealerweise* der direkten Beschreibung annähern. Als Bürger der nicht-idealen Welt der Wissenschaft weiß Mach, dass Theorien unverzichtbar sind.

Auch Phantasie spielt eine zentrale Rolle im Gerüst der topischen Regeln der Wissensgenerierung. Immer wieder hebt Mach die „Phantasieleistung" der Großen der Physik hervor.[17] Phantasie ist der mentale Motor zur Schaffung neuer Theorien. Sie erreicht dies durch die Orientierung an den topischen Regeln, die Mach aus der Geschichte der Physik destilliert hat: Analogie, Einfachheit, Kontinuität, Abstraktion

---

15 Ernst Mach: Die Principien der Wärmelehre. Historisch-kritisch entwickelt, 2. Aufl., J.A. Barth, Leipzig 1900, S. 461.
16 Vgl. ebd., S. 398.
17 Vgl. z. B. Ernst Mach: Erkenntnis und Irrtum. Skizzen zur Psychologie der Forschung, a.a.O., S. 174 f; siehe auch: Ernst-Mach-Studienausgabe, Bd. 2, a.a.O., S. 165 f.
Ernst Mach: Die Mechanik in ihrer Entwicklung. Historisch-kritisch dargestellt, a.a.O., S. 212; siehe auch: Ernst-Mach-Studienausgabe, Bd. 3, a.a.O., S. 181.

und Paradoxie bei ständiger Kontrolle durch die Beobachtung. So ist denn Phantasie – Machs Lieblingswort dafür ist „Erschauen" –

> „kein mystischer Vorgang. Irgend eine Thatsache, welche den Reiz der Neuheit für sich hat, an die sich ein intellektuelles oder praktisches *Interesse* knüpft, hebt sich von ihrer Umgebung ab, und tritt mit größerer *Helligkeit* ins Bewusstsein. [...] Stets sind es in objektiver Hinsicht die associativen Verbindungen mit dem Gedächtnisinhalt, welche dies bewirken, und in subjektiver Beziehung ist es die feine Empfindlichkeit für Spuren des Zusammenhanges, wodurch dieser Vorgang ermöglicht wird. Alle Naturwissenschaft beginnt mit solchen *intuitiven* Erkenntnissen."[18]

Ich fasse zusammen: Die wichtige Rolle, die Mach „Phantasie", „Erschauen" und „Intuition" im Prozess der Forschung zuweist, bedeutet nicht, dass er den Aufklärungsansatz in der Wissenschaftsphilosophie hinter sich gelassen hätte, sondern lediglich die richtige Einsicht, dass Wissensfortschritt nicht das Ergebnis von Erbsenzählerei ist. Benötigt wird vielmehr die gründliche Kenntnis der Tatsachen in Verbindung mit topischer Vorstellungskraft. Dies führt nach Mach zum „Erschauen" der grundlegendsten und wichtigsten Naturgesetze. – Mach ist es gelungen, „Positivismus" und „Phantasie" als zwei komplementäre und gleich notwendige Seiten erfolgreicher Forschung zu etablieren.

---

18 Ernst Mach: Die Principien der Wärmelehre. Historisch-kritisch entwickelt, a. a. O., S. 445.

Reinhard Mocek

Wissenschaftstheorie als Philosophie-Ersatz

Beginnen möchte ich mit einigen erinnernden Worten an einen Vortrag, den ich vor nunmehr schon fast zwanzig Jahren in Konstanz mir zu Gemüte führen durfte und den ein ganz Renommierter der südwestdeutschen Philosophie zu Ohren brachte – nämlich Hermann Lübbe. Warum ich damit beginne, wird sich gleich herausstellen – denn die Erinnerung an diesen Vortrag ruft mir meinen guten Freund Clemens Burrichter ins Gedächtnis zurück, aber in einer gänzlich diametralen Weise zu Lübbes Ausführungen. Es ging um den Geist der Wendezeit.

Es war ein für mich bemerkenswerter Vortrag. Nach langsamem, fast bedächtigem Beginn wurde Lübbes Redeweise zunehmend bestimmter, um nicht zu sagen schärfer; und ich glaubte wahrzunehmen, dass er sich zunehmend auf mich fixierte – unglücklicherweise saß ich in der Mitte der ersten Reihe. Ich weiß nicht, was ihn an mir so reizte oder fesselte oder störte, jedenfalls trat er nach einigen Wechselschritten von links nach rechts und umgekehrt schließlich hinter dem Podium hervor und schlenderte – den Fluss seiner Rede keinesfalls unterbrechend – langsam auf die erste Sitzreihe, in der ich also unvorsichtigerweise Platz genommen hatte, zu. Er sprach über Sozialprozesse und ihre geistigen Gehalte oder so ähnlich, verließ dann bald den seriösen Grundriss seiner Rede und wandte sich dem lebenspraktischen Teil seiner Ausführungen zu – ich zitiere aus dem Gedächtnis, „wie sich die Menschen in der Zone – äh der Deutschen äh äh Demokratischen Republik, wie man rückblickend ja nun wohl sagen darf – zu verhalten pflegen". Zwar hatte er mit denen noch nicht gesprochen, aber man hört ja so einiges. Und dann schritt er noch eins zwei drei Fußlängen auf mich zu, erhob jedoch den Blick, um den Gehalt seiner Worte nicht an mich zu verschwenden, dem Auditorium zu, durch Gang und Gestus diesem unmissverständlich zeigend, wer hier der Stein des Anstoßes war. Was sollte ich tun angesichts des feuerspeienden Vulkans direkt vor meinen Augen – ich erhob beide Arme so hoch ich konnte, als Zeichen armseliger Unterwerfung, als ein Nichtswürdiger, zugleich schier zu Tode Erschrockener, und verspürte die Versuchung, mit einer reuevollen Träne in jedem Auge ihm ein wenig entgegenzukommen. Es war alles in allem ein schmerzhafter Vortrag. Als er geendet hatte, fasste ich mir ein Herz und ging zu ihm nach vorn, stellte mich vor – er kannte mich nicht, antwortete aber so, dass er wohl noch wusste um seinen Marsch geradewegs auf mich zu, meinte auf meine Frage, er habe mich nur aus rhetorischen Erwägungen so scharf fixiert, was wiederum in keiner Weise bös gemeint war und, wie ich versöhnt zur Kenntnis nahm, keineswegs sachlich irgendwie begründet war, wie ich seinen freundlichen Worten entnahm. Oh, mein Gott, es war also alles nur meine Einbildung – wie ungerecht hatte ich ihn beurteilt!

Später habe ich mir oft den Kopf darüber zerbrochen, welcher Teufel mich während jenes Vortrags wohl geritten haben mag. Aber war das nicht irgendwie sinnbildlich für die Jahre der ersten Begegnungen zwischen manchen Kollegen aus Ost und West? Beispiel für so manches Vorurteil, wonach so vieles, was in der DDR gelehrt und gelernt wurde, schleunigst dem Vergessen anheimzufallen habe? Ein Pädagoge namens Niemann kam mir in den Sinn und auch der bis auf den heutigen Tag im gleichen Sinne beflissene Arnulf Baring – ich habe jedenfalls nirgendwo gelesen, dass er sein Urteil über das Bildungswesen in der DDR irgendwann später korrigiert hätte. Welches Urteil? Ich zitiere es ungern noch einmal: „Ob sich dort einer Jurist nennt, oder Ökonom, Pädagoge, Psychologe, Soziologe, selbst Arzt und Ingenieur, das ist völlig egal: Sein Wissen ist auf weite Strecken völlig unbrauchbar."[1] Aber wie anders, wie wunderbar anders war es mit den Begegnungen, die wir erlebten, die damals Günter Kröber, Hubert Laitko, die Hallenser und wer noch alles mit Clemens Burrichter und Jürgen Mittelstraß, Wolfgang Krohn und den anderen Westkollegen hatten, die wir damals zu uns einluden und bei denen wir zu Gast waren! Der Vortrag bei Lübbe war also nur ein böser Traum – oder eine unbestimmte Angst, was nun auf uns zukommen könne? Es waren spannungsvolle, ereignisreiche Wissenschaftszeiten damals.

Ich möchte meinen Vortrag auch im Folgenden an meine Begegnungen knüpfen, die ich mit der Wissenschaftsforschung im östlichen und im westlichen Gewande hatte. Hubert Laitko hat uns in seinem Positionspapier zu dieser Tagung ja nahegelegt, die persönliche Wissenschaftsgeschichte nicht außen vor zu lassen, sondern davon zu berichten. Ich will dieser Empfehlung gern folgen, zumal ein bilanzierender Blick auf Ergebnisse und Defizite in diesem Fall der DDR-Wissenschaftsforschung von mir bereits vor zwanzig Jahren vorgelegt wurde – in einem Artikel, in dem ich mein gutes, aber auch mein schlechtes Gewissen in Sachen Wissenschaftsforschung der DDR zur Ruhe gebracht habe.[2] Der Versuchung, das hier zu wiederholen, werde ich tapfer widerstehen, wenngleich dieses Publikationsorgan von Wissenschaftstheoretikern damals wie heute kaum zur Kenntnis genommen worden ist.

---

1 Arnulf Baring: Deutschland, was nun? Siedler Verlag, Berlin 1991, S. 59.
2 Reinhard Mocek: Versuch zur Bilanz der Wissenschaftstheorie in der DDR – Entstehung, Inhalte, Defizite, Ausblicke. In: Dresdener Beiträge zur Geschichte der Technikwissenschaften. Heft 22/1994.

Wer hätte damals gedacht, dass inzwischen diese Wissenschaftstheorie selbst nahe daran ist, ein historisches Ereignis zu sein, ein nunmehr schon recht weit zurückliegendes Exempel einer historisch zufälligen politischen und Erkenntnisgeschichte, das man in Konferenzen wie dieser nach den Gründen ihres Werdens und Vergehens befragt? Und das wäre sogar vergebliche Liebesmüh, wenn es sich dabei schon damals nur um ein kognitives Randereignis gehandelt hätte. Das war es aber ganz und gar nicht. Wissenschaftstheorie hatte viele Seiten – und dass sie auch ziemlich weit in die Politik hineinragte, wissen wir nicht nur aus der Arbeits- und Lebensgeschichte von Clemens Burrichter und Günter Kröber, sondern auch aus den Tagen jener Umwälzungen, die für Deutschland viel bedeuteten, dabei zugleich eine ganze Wissenschaftskultur nahezu zum Erliegen brachten. Und da muss ich einen nichtwissenschaftstheoretischen Erlebnisbereich einschieben, der jedoch an diesen Gedanken unmittelbar anschließt – Clemens Burrichter war für mich über mehrere Jahre auch so etwas wie ein politischer Wegbegleiter. Was ich damit meine, will ich in aller Kürze erwähnen, denn wir wollen heute ja nicht nur über Wissenschaftstheorie sprechen, sondern auch über die Persönlichkeiten Günter Kröber und Clemens Burrichter.

Clemens und ich begegneten uns in politischer Mission während zweier längerer Perioden in der Zeit der Gründung und des Zusammenwachsens der beiden deutschen Staaten. Er als Gutachter des Bundestagsausschusses „Wissenschaft und Technologie", dem damals für die SPD Wolf-Michael Catenhusen vorstand, übrigens jetzt der stellvertretende Vorsitzende des Deutschen Ethikrates. Clemens saß zwar nicht als Abgeordneter in diesem Ausschuss, hatte aber in seiner Gutachterrolle ein ziemlich einflussreiches politisches Mandat inne. Ich war durch des Geschickes Mächte zum stellvertretenden Vorsitzenden des Volkskammerausschusses Forschung und Technologie erkoren worden, denn die PDS war die drittstärkste Fraktion in der ersten frei gewählten Volkskammer – ihr fielen damit etliche Pöstchen zu – ohne Extra-Salär! In der Vorbereitung des Einigungsvertrages, der dann ein Anschlussvertrag wurde, war zu klären, was aus der DDR-Wissenschaft werden soll – eine Eingliederung ohne selbständigen Rechtsanspruch in das westdeutsche Wissenschaftssystem oder eine Fusion der beiden Wissenschaftssysteme bei weitgehender Einhaltung vorliegender Rechtsansprüche der beteiligten Wissenschaftler. Obwohl die Vertreter der Bundestagsparteien nahezu einhellig für den Anschluss votierten, hat Clemens in einem ausführlichen Vortrag anlässlich einer gemeinsamen Tagung der entsprechenden Ausschüsse von Bundestag und Volkskammer die Möglichkeit und die Vorteile einer Fusion entwickelt. Die zunächst noch einigermaßen konträren Positionen zur Gestaltung einer einheitlichen deutschen Wissenschaftslandschaft wurden kurz darauf in einem Villa-Hügel-Gespräch des Stifterverbandes für die Deutsche Wissenschaft im Oktober 1990 in Essen vorgetragen. Den dort vorgetragenen Standpunkten, die zumeist auf scharfe Schnitte im DDR-Wissenschaftssystem abzielten, stellte Clemens entgegen, dass der Fusionsprozess (er gebrauchte als einziger Redner diesen Begriff) der deutschen Wissenschaftssysteme nicht als „Einpassung" des einen in das andere erfolgen dürfe, sondern „behutsam" und nicht ohne Reformkonzept erfolgen müsse. Dem Vorschlag des Münchener Physikers Harald Fritzsch, sofort alle DDR-Professoren zu entlassen, stellte er (als einziger der Redner!) die Warnung entgegen, dass man eine Neugestaltung eines Wissenschaftssystems nicht im Crashkurs durchziehen könne.[3] Natürlich war die Fusionsidee in Burrichters Konzept nicht ausgereift – aber dass sie weder in der Ausschusstagung noch im Villa-Hügel-Gespräch überhaupt erst einmal aufgegriffen wurde, lässt doch vermuten, dass die wichtigen Entscheidungen über die Gestaltung der deutschen Wissenschaftslandschaft längst gefallen waren.

Unsere zweite politische Begegnung – es war fast eine Kooperation – ergab sich mit unserer Mitgliederrolle in der zweiten sogenannten Eppelmann-Kommission – ich brauche ihren langen Namen hier nicht zu buchstabieren, ihn kennt ja jeder hier. Inzwischen war die DDR in ihrem historischen Gewande längst als Unrechtsstaat disqualifiziert, was die Kommission der Problematik enthob, dazu neue fundamentale Beweise zu ermitteln. Was sie tat, war gründliche Recherchen anzustellen zu den tausendfältigen Aspekten des politischen, kulturellen, ökonomischen und sozialen Lebensprozesses der DDR, was außerordentlich lehrreich war, denn die Vorträge hielten in der Regel wissenschaftlich ausgewiesene Kenner der DDR. Das steht nun alles in 18 dicken Protokollbänden in den Bibliotheken – gewiss ein Fundus für später. Was den PDS-Mitgliedern dieser Kommission an deren Beschlussfassungen zuwider war, gelangte allerdings nicht ins Protokoll – die PDS hatte aufgrund der Tatsache, dass sie in dieser Wahlperiode im Bundestag nicht mit einer Fraktion vertreten war, kein Stimmrecht. Doch das wollte ich hier nicht darstellen, sondern das, was ich hier mit Clemens erlebt habe, der in dieser Kommission Sachverständiger für die SPD war – ich übrigens für die PDS. Dazu muss ich vorausschicken, dass die Sitzungen dieser Kommission während zweier Jahre in jeder Woche donnerstags und freitags in der parlamentarischen Sitzungsperiode in Bad Godesberg stattfanden. Es gab also viel Zeit für Gespräche. Aber anstatt dass Clemens an den jeweiligen Abenden mit seinen SPD-Genossen zusammensaß, ebenso wenig wie ich mit den meinen, saßen wir die ersten Abende stets für uns zu zweit beim abendlichen Bier und werteten das Gehörte aus. Es dauerte nicht lange und unsere Liaison wurde ruchbar. Die Schlussfolgerung jedoch war positiv – bald schon saßen wir nicht mehr nur zu zweit. Die Isolation war aufgebrochen. Clemens war ein Geschenk an meinem beschwerlichen politischen Himmel. Doch zurück zu unserer gemeinsamen Wissenschaftstheorie.

Ich sprach weiter oben vom schlechten Gewissen, das ich hatte und im gewissen Sinne noch habe, wenn ich Rückschau halte auf diese Zeit der ersten und auch der

---

3   Wege zu einer deutschen Wissenschaftslandschaft. Villa-Hügel Gespräch, Essen 1991, S. 110, 171.

nachfolgenden Begegnungen. Mit welchem Selbstbewusstsein fuhren wir zu den Diskussionen nach Erlangen oder Konstanz, Bremen oder Bielefeld? Wussten wir, bzw., besser gefragt, war uns eigentlich bewusst, dass sich in der ganzen bisherigen Denkgeschichte niemals der Anspruch durchgesetzt hat, es gebe zu einem Faktenbereich stets nur eine richtige Theorie? Wir waren ja alle ausgewiesen als Vertreter, in den ersten Jahren unserer Bekanntschaft gewiss auch als Verfechter, der marxistischen Wissenschaftstheorie. Als Jünger der marxistischen Wissenschaftstheorie waren wir doch wohl damals mehr oder weniger alle in dem Wahne befangen, nun, eigentlich haben *wir* Recht. Doch bald schon irritierte uns (oder sage ich besser mich) die – denke ich nur an Clemens' Burrichter „innere und äußere Bärenruhe", die er in seinen meist nur angerissenen Problemdarstellungen – überaus ausführlich war er ja nie – an den Tag legte. Und rechthaberisch war er ja, wie die meisten Theoretiker, nur selten! Bei ihm merkte man schon des Öfteren, dass auch seine Gewissheiten mit etlichen Fragezeichen versehen waren. Doch davor hatte er keine Scheu. Das war überaus sympathisch und steckte uns an. Und Günter Kröber ließ sehr wohl auch Gegenstandpunkte zu seinen Darlegungen zu – wie sich das äußerte, mag dabei oft daran gelegen haben, wer alles mit am Diskussionstisch saß. Das kam auch darauf an, ob es streng wissenschaftliche oder philosophische Streitpunkte waren. Die Philosophie hatte wohl einen anderen Wahrheitsanspruch als die Wissenschaften – es gab nur eine Physik, aber Dutzende Philosophien. Da musste man in den Diskussionen erst mal durch. Aber tatsächlich – wie ich mich erinnere, gab es kaum oder gar nicht agitatorische Anwandlungen. Und alle am Tisch wussten, dass in der Philosophie nicht nur logische Gesetzmäßigkeiten eine Rolle spielten, sondern zum großen Teil historische Interessen. Für Marx war der Übergang vom Kapitalismus nur denkbar, wenn dieser auf seiner höchsten technischen und ökonomischen Entwicklungsstufe angelangt ist. Das aber war 1917 im zaristischen Russland ja bekanntlich überhaupt nicht der Fall. Also musste eine neue Theorie her, um einem bestimmten historischen Interesse zu genügen – oder sollten die Bolschewiki nun sagen, leider, unsere Theorie lässt es nicht zu, dass wir jetzt das Winterpalais erstürmen? Undenkbar! So erfand Lenin die Lehre vom schwächsten Kettenglied im Ensemble der kapitalistischen Staaten. Was will ich damit sagen? Die marxistische Philosophie war vor allem als historischer Materialismus nicht selten – immer? – der Politik verpflichtet, nicht aber einer Wissenschaftstheorie. Setzen wir an die Stelle von Politik ein anderes Wort, das auch dem geistigen Geschehen zugehört, dann ist es die – Ideologie! Mit diesem Begriff und Sachverhalt ist nun wissenschaftstheoretisch recht wenig anzufangen. Aber ideologietheoretisch war klar: nicht die Logik entscheidet in der Weltgeschichte, sondern die Interessen entpuppen sich als die herausragende Wahrheitsmacht. Und der theoretische Ausdruck von Interessen sind Ideologien.

Hier nun bin ich – endlich – bei meinem persönlichen Weg in die Wissenschaftstheorie angelangt! Da ich diese Debatten um die Beziehung von Philosophie und Wissenschaftstheorie, die sich stark um den Ideologiebegriff rankten, nicht in Berlin erlebt habe, sondern in Leipzig und Halle, werde ich mich im Folgenden darauf konzentrieren.

Zunächst zu einigen historischen Feststellungen. Hubert Laitko hat mit Recht auf die Bedeutung der Gründung des Berliner Instituts für Theorie und Organisation der Wissenschaft hingewiesen, das mit Günter Kröber einen Philosophen-Mathematiker an oberster Stelle hatte – ein Fachmann, der jedoch bis dahin im wissenschaftstheoretischen Leben der DDR eigentlich nicht der bekannteste war. Hier will ich gleich noch ein Faktum einschieben, das so bekannt nicht ist. In seinem sehr lesenswerten autobiographischen Buch „Innenansichten als Zeitzeugnisse"[4] schreibt Alfred Kosing, er selbst habe – als es galt, den künftigen Direktor des neu zu gründenden späteren Kröber-Instituts zu finden – das Angebot zur Leitung dieses Instituts bekommen, und zweifellos war er der damals Bekannteste und in Leitungskreisen wissenschaftstheoretisch Ausgewiesenste unter den möglichen Kandidaten. Die Sache habe sich aber zerschlagen und sei wenig später zurückgenommen worden, da die Stelle des Leiters des Philosophie-Lehrstuhls an der Akademie für Gesellschaftswissenschaften beim ZK der SED zu besetzen war – und da haben die Kaderbosse der SED dann Kosing dorthin gesetzt – und das von Hermann Klare wenig später in die Tat umgesetzte Berliner Akademie-Institut sei für Kröber freigeworden.[5] Und Kröber konnte sich Mitarbeiter aus der ganzen DDR suchen, hatte wenig ideologische und parteiliche Hürden zu meistern – kurz, ein glückliches Direktorendasein. Ich stelle das hier fest im Wissen um seine gewaltigen Pflichten, aus dem Stand ein funktionierendes Forschungsinstitut aufzubauen – aber im Vergleich mit Leipzig und Halle war es ein beneidenswertes Wissenschaftlerleben. Sie werden gleich bemerken, worauf ich hinauswill.

Gänzlich anders nun war die Ausgangslage für die wissenschaftstheoretischen Arbeiten, die mit Beginn der sechziger Jahre am Institut für Philosophie der Karl-Marx-Universität Leipzig einsetzten; übrigens keineswegs eine Ausnahmeerscheinung im Hochschulwesen der DDR – ich kam bei der Bilanz auf 22 entsprechende Forschungsorte. In Leipzig waren die ersten wissenschaftstheoretischen Arbeiten stark an die Philosophie angelehnt. Als außerordentlich hilfreich erwies sich, dass es keine Forschungsordnung am Institut gab – jeder machte, was er für gut und richtig hielt. Die jungen Leute suchten dabei Anschluss an interessante neue Ideen – wie überall im normalen universitären Wissenschaftsleben. Der damalige Institutsdi-

---

4 Alfred Kosing: Innenansichten als Zeitzeugnisse. Verlag am Park, Berlin 2008.
5 Ebd., S. 288.

rektor Klaus Zweiling hatte aus Altersgründen keinen Kontakt mehr zur Forschung und auch keine eigenen Assistenten. Sein Vorgänger, der Nachfolger von Bloch und aus der BRD in die DDR gelangte KPD-Funktionär Prof. Josef Schleifstein, orientierte auf die sozialen Kämpfe in der jüngsten Geschichte Deutschlands. Die anderen Fachvertreter hatten mit der Wissenschaft als Forschungsgegenstand nichts im Sinn. Platz also für die Jüngeren. Der Primus in diesem Forschungswildwuchs war Frank Fiedler, damals mit seinem Buch „Von der Einheit der Wissenschaft" Berlin 1964, das locker und verständlich geschrieben war und zum Beginn der sechziger Jahre so etwas wie eine Sammelfunktion am Institut hatte. Fiedler war es auch, der mich in die Wissenschaftstheorie hineingeleitete. Für einen Artikel in der Deutschen Zeitschrift für Philosophie (DZfPh), Heft 5/1964, „Zur marxistischen Philosophie als ars inveniendi im System der Wissenschaft"[6] suchte er einen Mitautor. Dieser Artikel war eine Antwort auf einen Essay des in der DDR recht prominenten Physikers Max Steenbeck. Ich war damals Aspirant in dem von Steenbeck in den Mittelpunkt gestellten Fachgebiet „Philosophische Fragen der Naturwissenschaft" und so lag dieser Griff Fiedlers auf mich nahe. Der Titel des Aufsatzes von Fiedler, den ich nun in aller Unschuld (natürlich freudig) mittrug, erhob die Philosophie allerdings nicht mehr zum weltanschaulichen Wegweiser für die Einzelwissenschaften, wie es bis dato Usus war, sondern erklärte sie programmatisch zum erkenntnistheoretischen Leitfaden im System der Wissenschaft – als „Kunst des Findens, des Entdeckens". Noch stand brav obenauf „marxistische Philosophie" und auch so war einiger Unsinn unseren Federn entschlüpft, doch allein die Konzentration auf die Entdeckerkunst ließ auch andere philosophische erkenntnistragende Ansätze zu. So waren wir nach den Bloch-Ereignissen in der damals sehr dogmatischen Leipziger Atmosphäre gleich in eine andere tückische ideologische Falle geraten. – Denn nun stand nicht mehr der Blochsche Liberalismus im Zentrum der ideologischen Wachsamkeit, sondern der ungleich gefährlichere Fehler des Abirrens in ein weltanschauungsfreies Philosophieren, also in den Positivismus. Und hier trat nun Alfred Kosing in mein philosophisches Leben und Leiden ein. Für das zarte Pflänzchen Wissenschaftstheorie drohte mit unserem Artikel gleich zu Beginn eine ideologisch brisante Gefahr! Kosing hat das natürlich sofort erkannt – und im Rückblick kann ich seine Reaktion gut verstehen. Bereits zwei Heftnummern nach dem Erscheinen unseres Artikels in der durchaus meinungsbildenden Deutschen Zeitschrift für Philosophie verpasste er uns – nach einigen lobenden Sätzen die verdiente Ohrfeige. In einem für damalige Verhältnisse nicht ganz ungefährlichen Ton schrieb er in seinem Artikel kritisch an unsere Adresse, dass die „Reduktion der marxistischen Philosophie auf Methodologie und Erkenntnistheorie" und die Behaup-

---

[6] Frank Fiedler und Reinhard Mocek: Zur marxistischen Philosophie als "ars inveniendi" im System der Wissenschaft. In: Deutsche Zeitschrift für Philosophie (DZfPh), Heft 5/1964, S. 612–625.

tung, dass es die eigentliche Aufgabe der marxistischen Philosophie sei, eine solche Methodologie auszuarbeiten, aus den Augen verliere, dass die Weltanschauung des Marxismus „zugleich auch das philosophische Fundament der Politik der marxistisch-leninistischen Partei" ist. Wer das außer Acht lässt, verliert diesen wichtigen Aspekt der marxistischen Weltanschauung aus den Augen, wie „das in dem bereits erwähnten Artikel von F. Fiedler und R. Mocek doch in starkem Maße der Fall ist".[7] Das war mein Start – vielleicht besser „Fehlstart" – in die Wissenschaftstheorie.

Ich erwähne das hier, um deutlich zu machen, dass der Weg vom Philosophieseminar zur Wissenschaftstheorie in Leipzig – im diametralen Unterschied zu den Berliner Verhältnissen – doch einigermaßen holprig war. Wie kompliziert die Ideologismen damals griffen, geht nun auch daraus hervor, dass es Alfred Kosing war, der die vorliegenden Ansätze zur Ausarbeitung einer marxistischen ars inveniendi seinerseits (unter Betonung ihres Weltanschauungscharakters) engagiert aufnahm und bis zu einem griffigen Resultat geführt hat. Alfred Kosing, der 1964 als Nachfolger Zweilings für drei Jahre das Direktorat im ideologisch unzuverlässigen Leipziger Institut zugesprochen erhielt, nahm sogleich die brodelnden geistigen Orientierungsdebatten in die Hand. Er befasste sich zur gleichen Zeit mit zwei ideologisch sehr wagemutigen Projekten. Das eine war die Durchsetzung eines völlig neuen Konzeptes zur lehrbuchmäßigen Darstellung der marxistischen Philosophie, was er mit großer Unterstützung des Leipziger spiritus rector Helmut Seidel gegen alle möglichen Widerstände auch zum Abschluss brachte. Das andere war die Konzipierung eines wissenschaftstheoretischen Standardwerkes, was es für damalige Verhältnisse dann auch wurde. Umgeben von 18 Mitautoren (Fiedler und mich hatte er ohne irgendwelche Probleme mit aufgenommen) stampfte er das Buch „Die Wissenschaft von der Wissenschaft"[8] aus dem fruchtbaren Leipziger Boden – doch trotz einer sofort erfolgenden japanischen Übersetzung und mehreren westdeutschen Raubdrucken wurde es von den Berliner Kollegen zunächst weitgehend ignoriert und fand auch nicht so recht die Zustimmung der angezielten Parteiorgane. Aus heutiger Sicht geurteilt war es fraglos ein wichtiges, weil einen neuen philosophischen Anspruch durchsetzendes Buch. Aber es lag zu einer politisch angespannten Zeit auf dem Tisch der Partei. Kosing hat den aufkommenden Unmut über sein Geschenk an die Partei wohl verspürt. Deshalb schrieb er im Vorwort, dass das Anliegen des Buches darin bestünde, die Wissenschaft als Hauptinstrument in den Händen der Partei beim Aufbau der sozialistischen Gesellschaft und ihre Verwandlung in eine unmittelbare Produktiv-

---

7   Alfred Kosing: Gegenstand, Struktur und Darstellung der marxistischen Philosophie. In: DZfPh, Heft 7/64, S. 800, 801.
8   Autorenkollektiv (Alfred Kosing, Karel Berka u. a.): Die Wissenschaft von der Wissenschaft. Philosophische Probleme der Wissenschaftstheorie. Dietz Berlin, 1968.

kraft konzeptionell zu entwerfen und der SED als Geschenk zum 20. Jahrestag ihrer Gründung zu übergeben. Das Manuskript wurde denn auch verpflichtungsgemäß 1967 abgeschlossen und dem Parteiverlag (Dietz) übergeben. Es blieb den Mitautoren verborgen, weshalb der Parteiverlag trotz der pünktlichen Manuskriptübergabe noch zwei Jahre verstreichen ließ, bis das Buch dann schließlich 1969 erschienen ist. Der Kotau Kosings vor der SED-Führung dürfte das Buch gerettet haben.

Wie war diese – man kann sagen – parteitheoretische Versimpelung des ursprünglichen Anliegens der von Kosing verfochtenen marxistischen Wissenschaftstheorie zu erklären? Es hatte einen totalen Meinungsumschwung in der obersten Parteietage gegeben, der Kosing nicht verborgen blieb. Es gab mindestens zwei Gründe, die Kosing selbst namhaft macht. Einmal hatte sich das Politbüro – seine ökonomische Front – zu der Einsicht bekannt, dass Organisationswissen und strukturwissenschaftliche Einsichten die einzigen Mittel seien, um den drohenden Kollaps der DDR-Wirtschaft zu verhindern. Mit diesem Konzept hatte Günter Mittag vor allem offene Ohren – auch bei Walter Ulbricht – gefunden. Im Unterschied aber zu einem hilfreichen Studium der auf dem Sprung befindlichen DDR-Wissenschaftstheorie empfahl Günter Mittag als geeignetes theoretisches Hilfsmittel jetzt das einschlägige Schrifttum aus der US-amerikanischen Literatur, vor allem die Arbeiten aus der Schule von Peter F. Drucker, wie ich Kosings Buch entnommen habe.[9] Von Interesse für die damalige ideologische Situation sind u. a. die Kapitel bzw. Abschnitte „Mein Leipzig lob ich mir" und „Das Schicksal des Buches „Marxistische Philosophie" (erschienen 1967). Der zweite, eher außenpolitische Grund für den Umschwung in der Haltung des Politbüros, der letztlich zur faktischen Bedeutungslosigkeit des bis dahin vorherrschenden Chefideologen Kurt Hager führte, war die mit der Entmachtung Chruschtschows und Einsetzung Breshnews einhergehende Restalinisierung nicht nur der UdSSR, sondern des gesamten sozialistischen Weltsystems. Das nun führt weit über mein Anliegen hinaus.

Ich will an dieser Stelle ein sich aus dem bisher Dargelegten ergebendes Zwischenresümee zu meiner Thematik einfügen – Wissenschaftstheorie als Philosophieersatz. Tatsächlich war das eine ungenannte Konsequenz des Vorgehens von Kosing, dem sich viele der Mitautoren angeschlossen haben – manche eher der Logik der Kosingschen Gedankenentwicklung folgend, manche aus dem Gefühl heraus, das dies ein Weg sein könnte, um aus der sterilen Welt des wiederkäuenden Lehrbuch-Marxismus herauszukommen. Tatsächlich – in den wissenschaftstheoretischen Problemstellungen war etwas zu befragen, zu erkennen; da konnte man Dissertationen ins Auge fassen, gar Habilschriften – ich fasste da sofort zu, stellte eine solche 1969 fertig. Hermann Ley schrieb ein freundliches Gutachten. Mit anderen Worten –

---

9 Alfred Kosing: Innenansichten als Zeitzeugnisse, a. a. O., S. 273.

die Wissenschaftstheorie war für viele aus meiner Generation kein aufgezwungener Philosophieersatz, sondern ein Willkommen!

Natürlich war das kein zu verhüllendes Geheimnis – um alles in der Welt nicht! Es war auch kein Sakrileg – denn im Vordergrund stand ja die Verbesserung der philosophischen Forschung und Lehre. Aber Missverständnisse drohten immer. Alfred Kosing aber war ein gescheiter Dolmetscher unserer Absichten. So schrieb er in der „Wissenschaft von der Wissenschaft" den unanfechtbaren Satz, daß es die Zielstellung am Beginn der speziell wissenschaftstheoretischen Arbeiten sei, die Wissenschaftstheorie als eine „interdisziplinäre Disziplin der Philosophie" zu bestimmen und als solche auszuarbeiten.[10] Das hatte zur Folge, dass die Wissenschaftstheorie eindeutig als Philosophie bestimmt und damit zur Philosophie gerechnet wurde – was bis zur Gründung des Kröber-Instituts meines Wissens unwidersprochen geblieben ist.

Nun komme ich nach Halle. In Halle, wohin ich nach erfolgter Aspirantur 1965 vom Ministerium beordert worden war, kam ich in die gerade gegründete wissenschaftstheoretische Forschungsgruppe um den agilen Dozenten Georg Domin. Domin leitete zugleich den Bereich „Dialektischer Materialismus", was dazu führte, dass die Wissenschaftsforschung in Halle bis zuletzt zum dialektischen Materialismus gerechnet wurde, wie dann 1970 auch meine Professur lautete, nachdem Domin von Kröber nach Berlin geholt worden war. Eine Berufungsnomenklatur Wissenschaftstheorie gab es weder in Leipzig noch in Halle. Das war für das Hochschulwesen damals insofern ein Vorteil, weil es die Wissenschaftstheorie unter die Fittiche der unantastbaren marxistischen Philosophie stellte, aber es war fatal nach der Wende, denn es war ein Hauptargument zur Abwicklung der Philosophischen Institutionen und damit der Heimatorte der Wissenschaftstheorie in der DDR – abgesehen vom Kröber-Institut, wo die Situation bekanntlich eine andere war.

Über den Werdegang des Halleschen Instituts nur so viel, dass es bis 1964 gerade mal aus dem Direktor Dieter Bergner und dem Logiker Hans Kelm bestand. Die meisten im marxistischen Grundlagenstudium sämtlicher Fakultäten tätigen philosophischen Kader gehörten dem Institut für Marxismus-Leninismus an – ein Neuaufbau eines philosophischen Instituts wurde erst Mitte der sechziger Jahre ins Auge gefasst. 1964 wurde Domin aus Dresden berufen. 1965 konnte Bergner gleich acht Absolventen aus Leipzig und Jena einstellen, so dass man nun von zunächst zwei Wissenschaftsbereichen sprechen konnte – Philosophiegeschichte unter Bergner und Dialektischer Materialismus unter Domin. Hier war das zarte Pflänzchen der Wissenschaftstheorie zu Haus. Dazu gehörten neben mir der leider früh nervlich schwer erkrankte begabte Dieter Pälike aus der Leipziger Absolventenschar, der Biologe Kirschke, der Physiker Suisky und die Philosophin Günther. Domin nahm sich

---

10 Autorenkollektiv (Alfred Kosing, Karel Berka u. a.): Die Wissenschaft von der Wissenschaft, a. a. O., S. 47.

nun des von mir im Vorstehenden bereits angerissenen Ideologieproblems an. Obwohl in dem Leipziger Grundlagenbuch „Die Wissenschaft von der Wissenschaft" ein ganzes Kapitel geradezu programmatisch mit „Wissenschaft und Ideologie" überschrieben war, gab es in Leipzig keinen Bearbeiter zu dieser Thematik, so dass sich dieser Anspruch nicht erfüllen ließ. Das war nun die Chance für Domin – und sein gerade frisch gekürter Wissenschaftsbereich wagte sich an ein vom Umfang und Titel her gesehen anspruchsvolles Buch heran: „Ideologie und Naturwissenschaft. Politik und Vernunft im Zeitalter des Sozialismus und der wissenschaftlich-technischen Revolution".[11] 368 Seiten, erschienen 1969 im Deutschen Verlag der Wissenschaften in Berlin – man beachte, fast im gleichen Jahr wie „Die Wissenschaft von der Wissenschaft"! Aber oh je! Es war damals nicht gut, gleich so weit vorzupreschen! Und wir hatten keinen Kapitän an Bord, der wie der politikgeschulte frühere Kurt-Hager-Assistent Alfred Kosing in Leipzig eine Schar junger Wissenschaftler unter seine behütenden Fittiche genommen hätte – nein, wir waren ein unbekanntes Häuflein von Anfängern! Erst viel später erfuhren wir, dass sowohl der Untertitel als auch ein unbedacht übernommenes Zitat, das den marxistischen Standpunkt angeblich verwässere, in der Abteilung Wissenschaften beim ZK der SED Unmut und Verdruss erregt habe. Der Untertitel war gerade kurzfristig aus der ideologischen Mode gekommen – im Politbüro hatte ein wachsamer Kopf moniert, dass es wohl eine technische, aber keine wissenschaftliche Revolution gebe, denn der Marxismus sei ja auch Wissenschaft und der habe nichts mit einer gegenwärtigen Revolution im Sozialismus zu tun. Peng! Und das unmarxistische Zitat? Tatsächlich mussten wir zerknirscht zugeben, dass wir (ich) aus dem der CSU nahestehendem Nachrichtenmagazin „Europa" kritiklos und daher wohl zustimmend folgenden Satz übernommen hatten: „Politik beruht auf Macht, Macht beruht auf Technik und Technik beruht letzten Endes auf der Physik." Und das ging ja nun gar nicht – wo blieben denn hier die unverrückbaren Erkenntnisse des marxistischen Verständnisses von Politik, Macht und Herrschaft? So wurde von „oben" angeordnet, wie ich aus Verlagskreisen später erfahren habe, jedwede Werbung für das Buch zu unterlassen. Es senkte sich der Mantel des Schweigens darüber. Als der – unlängst verstorbene – Georg Domin nur wenige Zeit nach dem Erscheinen des Buches eine unbedachte Äußerung machte („Wir gehen zurück auf die Werke des jungen Marx"), waren unsere wissenschaftstheoretischen Ansätze in Halle aufs Höchste gefährdet und nur durch die Unterstützung von Hermann Ley, der Domins und meine Habilschrift betreute und uns sehr gewogen war, und Dieter

---

[11] Georg Domin und Reinhard Mocek (Hrsg.): Ideologie und Naturwissenschaft. Politik und Vernunft im Zeitalter des Sozialismus und der wissenschaftlich-technischen Revolution. Deutscher Verlag der Wissenschaften, Berlin 1969.

Bergner, der ein kollegiales Verhältnis zu dem Politbüromitglied Sindermann hatte, konnten wir der drohenden Malaise entkommen.

Dann hatten wir Ruhe zur Arbeit. Ruth Peukert kam nach ihrem Philosophiestudium in Moskau zu uns, dann der Fernstudent Hans-Hermann Lanfermann, der einige Arbeiten zur nichtmarxistischen Wissenschaftstheorie in der BRD verfasste, und Dieter Püschel, der sich mit der Philosophy of Science beschäftigte, und etliche Forschungsstudenten und Aspiranten. Ein großer Gewinn für uns war es, als es mir gelang, aus der Berliner Philosophie-Sektion aus dem Forschungsverbund von Hermann Ley und Karl-Friedrich Wessel Uwe Niedersen zu berufen, der aus dem Stand heraus eine Forschungsgruppe zum Problemfeld von Selbstorganisation und Komplexitätsforschung aufbaute. Die von ihm zusammen mit Ludwig Pohlmann und Lothar Kuhnert herausgegebene Schriftenreihe „Komplexität, Zeit, Methode" wurde nach der Wende 1991 vom Verlag Duncker & Humblot als „Jahrbuch für Komplexität in den Natur-, Sozial- und Geisteswissenschaften" im neuen Outfit weitergeführt, weiterhin herausgegeben von Uwe Niedersen und Ludwig Pohlmann. Zu erwähnen ist der hochrangige wissenschaftliche Beirat von 17 Wissenschaftsforschern, darunter zehn aus den alten Ländern (Wolfgang Krohn, Hermann Haken, Niklas Luhmann, Ilya Prigogine u. a.). Erwähnen darf man auch den stolzen Heftpreis von anfangs 105 DM – wohin der Preis inzwischen geklettert ist, entzieht sich meiner Kenntnis (wir in Halle haben die Bände damals gratis verschickt), auch, ob es noch erscheint. Leider hat sich Niedersen nach der Wende vom Wissenschaftsbetrieb zurückgezogen, nachdem er als Leiter einer Bürgerinitiative in Zinna-Welsau für die Erhebung der Elbbrücke bei Torgau, auf der die erste Begegnung der sowjetischen und der westalliierten Armeeverbänden 1945 stattgefunden hat, in den Status eines Denkmals gescheitert ist – die Brücke wurde trotz der von Niedersen geleiteten Bürgerproteste kurz darauf abgerissen.

Schließlich gelang es uns in Halle – um bei der Personalpolitik noch kurz zu verweilen, im letzten Jahr der Existenz der DDR aus Leipzig Siegfried Kätzel – den Seidel-Schüler – und den Wittich-Schüler Horst Poldrack zu berufen. Doch dann war uns – der Hahn zugedreht.

Bis hierher habe ich im Wesentlichen das politische und kadermäßige „Drum-Herum" der Leipzig-Halleschen Wissenschaftsforschung in den Vordergrund gerückt. Bleibt die Frage im Raum, habt ihr denn auch etwas Vernünftiges zustande gebracht? Hier will ich mit einem bescheidenen, zaghaften „Ja" antworten, dabei auch in Anbetracht meiner Redezeit mich auf Andeutungen beschränken. Unsere erste Tat war die Gründung eines universitären Arbeitskreises für Wissenschaftsgeschichte – tatsächlich gab es in fast jedem Fachgebiet der Universität einen Fachhistoriker, der weitgehend auf sich allein gestellt war. Nun ist Wissenschaftsgeschichte ja keine Wissenschaftstheorie, aber eine materiale Basis dafür. Ich gestehe, dass auch meine Haupttätigkeit auf wissenschaftshistorischem Felde lag, das bildete dann die Grundlage für die Herausgabe unserer Arbeitsblätter zur Wissenschaftsgeschichte und der Gründung eines interdisziplinären Zentrums für Wissenschaftstheorie und Wissenschaftsgeschichte im Jahre 1980 (IZW), von dem aus wir sehr engagiert einen Vortragskreis auf den Weg brachten, in welchem im Abstand von einem, höchstens zwei Monaten Wissenschaftsforscher aus der Bundesrepublik zu uns nach Halle kamen und sprachen, meist verbunden mit einer Exkursion nach Dresden oder Meißen – wenn man so will, ein kleines Pendant zu den von Clemens Burrichter organisierten Kolloquien mit DDR-Teilnehmern und Vortragenden. Die Liste der von uns eingeladenen westdeutschen Gäste ist irgendwie frappierend. Und das ging obrigkeitsseitig ganz problemlos – nach der mit der Helsinki-Akte eingeleiteten Entspannungspolitik wurden unsere Aktivitäten von der Obrigkeit voll und ganz gutgeheißen – bis auf die Einladung von Jürgen Habermas, zu der mir Jürgen Mittelstraß verholfen hat, indem er in seine Vermittlung ein paar gute Worte über uns eingeflochten hat. Über die Umstände dieses Vortrags zu sprechen verlangte aber noch eine extra Vortragsstunde, weshalb ich mir das für heute verkneifen muss.

Am Schluss des Halle-Exkurses bleibt noch eine Frage – was ist denn eigentlich im Topf des gemeinsamen wissenschaftstheoretischen Gedankenaustauschs geblieben? Hubert Laitko hat gemeinsam mit Günter Kröber, Peter Ruben, und auch wir waren daran beteiligt, in etlichen Grundsatzschriften die Marxsche Arbeitswerttheorie auf die Wissenschaft bezogen und den Terminus der allgemeinen Arbeit analysiert. Die klassische Marxsche Wissenschaftsauffassung dürfte auch neueren wissenschaftstheoretischen Analysen manche Nuss zu knacken geben – wenn sie überhaupt noch im erkenntnistheoretischen Sinne relevant ist. Der auf Marx zurückgehende Satz, dass bestimmte historische Produktionsweisen sich die ihnen entsprechenden Formen der geistigen Produktion schaffen, dürfte mittlerweile aus dem philosophischen Wissen unserer Tage wenn nicht getilgt, so doch für dieses irrelevant geworden sein – womit er nicht automatisch falsch geworden ist. Und das gleiche gilt von den anderen (vier) Bestimmungselementen des Marxschen Wissenschaftsbegriffs, auf die ich hier (der Sarkasmus sei gestattet) in Form einer letzten Erwähnung noch einmal Bezug nehmen will: Also, zweitens: Wissenschaft ersetzt zunehmend die lebendige menschliche Arbeit und wird in einer ihrer modernen Erscheinungsformen zu einer unmittelbaren Produktivkraft. Drittens: Wissenschaft erfasst die Kontinuität der erkennenden Naturaneignung und ist die allgemeine geistige Quintessenz der gesellschaftlichen Entwicklung. Insofern ist sie „allgemeine Arbeit" – sie stellt einer historisch konkreten Form des Gesamtarbeiters das kompakt formulierte Wissen zur Verfügung. Viertens: Wissenschaft bedarf solcher Produktionsverhältnisse, die ihr keine Schranken setzen. Ihre emanzipatorische Funktion zeigt sich darin, dass sie ihrem Wesen nach privat-egoistischen Interessen zuwider ist. Und schließlich der fünfte Punkt: Daraus ergibt sich die Warnung vor den möglichen Gefahren, wenn die Wissenschaft außerhalb der Verfügungsgewalt des Gesamtarbeiters gerät.

Wir wissen natürlich alle, dass die meisten Wissenschaftstheorien sich auf wenige ähnliche Bestimmungsformeln bringen lassen – Kuhns Paradigmenkonzept, Poppers Falsifikationismus oder der eingängige Satz von Nicholas Rescher: „Der Schwertransport der Wissenschaft fährt auf ökonomischen Gleisen". Es fragt sich, ob das nicht dasselbe besagt wie Marxens Bestimmung der Wissenschaft als „allgemeine Arbeit". Auf alle Fälle ist es eingängiger und bedarf keiner anzuhängenden erklärenden Theorie.

Und an ein Marxwort, das der Marxschen Wissenschaftstheorie gut zu Gesicht steht, möchte ich zum Abschluss noch erinnern. Aus einer Rede, die er 1856 in London gehalten hat, stammt folgender mahnender philosophischer Satz: „Die Siege der Wissenschaft scheinen erkauft durch Verlust an Charakter. In dem Maße, wie der Mensch die Natur bezwingt, scheint der Mensch durch andere Menschen oder durch seine eigene Niedertracht unterjocht zu werden. All unser Erfinden und unser ganzer Fortschritt scheinen darauf hinauszulaufen, dass sie materielle Kräfte mit geistigem Leben ausstatten und das menschliche Leben zu einer materiellen Kraft verdummen."[12]

Hoffen wir, dass Marx mit dieser Prophezeiung Unrecht hatte.

---

12 Karl Marx: Rede auf der Jahresfeier des "People's Paper" am 14. April 1856 in London. In: Marx/Engels Werke (MEW), Bd. 12, S. 4.

Karl-Heinz Strech

Günter Kröbers wissenschaftliches Werden – Mathematik, Philosophie, Wissenschaftsforschung – und zurück

Von Leibniz soll die Aussage stammen: Ohne Philosophie kommen wir nicht auf den Grund der Mathematik, ohne Mathematik nicht auf den Grund der Philosophie, und ohne beide auf den Grund von gar nichts.

Jeder Wissenschaftler erlebt in seiner Laufbahn Weichenstellungen, deren lebensprägende Wirkungen oft erst viel später bewusst werden. Bei Günter Kröber waren es wohl drei herausragende, die seine Persönlichkeit geformt haben. Die erste lag ganz am Anfang seines akademischen Weges, als sich der Jenenser Mathematikstudent für ein Philosophiestudium in Leningrad gewinnen ließ. Damals, nicht lange nach Kriegsende, war ein Auslandsstudium noch etwas Außergewöhnliches, der Student Kröber gehörte zu den ersten, für die so etwas überhaupt möglich war. Wir müssen heute in den Geschichtsbüchern nachschlagen, um uns noch eine blasse Vorstellung davon machen zu können, was ein Studium in Leningrad damals bedeutet haben mag. Die Leningrader Blockade – eines der barbarischsten Geschehnisse des an Barbarei wahrhaftig nicht armen Zweiten Weltkriegs – war noch in frischer Erinnerung. Es grenzt an ein Wunder, dass ein deutscher Student damals dort überhaupt geduldet wurde und sogar Gastfreundschaft erfuhr. Dieses Erleben muss Kröber tief geprägt haben – schien doch darin in der Wirklichkeit des Lebens, und nicht nur in wohlfeilen Propagandaparolen, der Horizont einer neuen Gesellschaft auf, für die sich mit aller Kraft und Leidenschaft einzusetzen ein großartiges Lebensziel wäre. Leningrad – das war für Günter Kröber die Studien- und Doktorandenzeit, das waren aber auch die weißen Nächte, und das war Ira, die Mutter seiner beiden Kinder Monika und Kai, die ihm in die DDR folgte.

Jeder, der später mit ihm in Berührung kam, bemerkte sofort, dass er in beiden Kulturen – der russischen wie der deutschen – gleichermaßen zu Hause war. Wenn wir übersetzen mussten und immer die Außenstehenden blieben, legte er nach der Landung in Moskau gleichsam einen inneren Schalter um und war sofort mit Haut und Haaren im anderen Milieu. Die sowjetischen Kollegen akzeptierten ihn umstandslos als einen der ihren; für sie war er „Наш Гюнтер", dem man nicht erst lange etwas erklären musste, weil er sich auch in den feinen, gewöhnlich unausgesprochen bleibenden Nuancen ihrer Welt von vornherein auskannte.

Trotzdem blieb die Entscheidung für Leningrad ein Gewinn, der nicht ohne schmerzhaften Verlust zu haben war. Auf der Strecke blieb die Mathematik, die er wohl immer als seine eigentliche wissenschaftliche Berufung angesehen hat und die ihm sein ganzes Berufsleben hindurch das in der Ferne lockende und doch unerreichbare glückliche Land war, an dessen Gestaden er erst in seinen späten Jahren noch einmal Anker werfen konnte. Niemand wird mit Sicherheit sagen können, ob er ein herausragender Mathematiker geworden wäre, wenn er in seinen jungen Jahren die Leningrader Option abgelehnt hätte. Aber dass er das Zeug zu einem guten Vertreter dieses Fachgebiets gehabt hätte, liegt wohl auf der Hand, und obendrein dürfen wir vermuten, dass ihm in diesem Fall die Erniedrigung, zusammen mit seinem institutionellen Lebenswerk abgewickelt zu werden, höchstwahrscheinlich erspart geblieben wäre.

Dieses Lebenswerk hätte es dann freilich auch nicht gegeben, und dass er auf dem von ihm mitgestalteten Feld der Wissenschaftsforschung ein exzellenter Forscher, Organisator und auch Fachpolitiker gewesen ist, steht außer Frage. Auf dieses Feld führte ihn eine zweite, unter Risiko und im Bewusstsein dieses Risikos getroffene Lebensentscheidung. In den späten 1960er Jahren machte sich in vielen Ländern das Bedürfnis geltend, dem sozialen Prozess der wissenschaftlichen Erkenntnisproduktion, die für moderne Gesellschaften zukunftsbestimmend geworden war, mit seinen internen Regulativen und seiner gesellschaftlichen Einbettung zu untersuchen und mit Hilfe der gewonnenen Einsichten möglichst zu optimieren. Eine so angelegte Forschung konnte nicht anders als komplex und interdisziplinär sein – eine verlockende, aber auch jederzeit mit der Gefahr des Scheiterns verbundene Aufgabe. Die Wissenschaftslandschaft ist voll von Ruinen unvollendeter interdisziplinärer Projekte. Die DDR wollte auf diesem Gebiet das Eisen schmieden, so lange es noch heiß und vielversprechend war. Als Mittdreißiger erhielt Günter Kröber das Angebot, an der Akademie der Wissenschaften ein solches Institut aufzubauen. In diesem Alter ist man häufig schon in der Mitte des Lebens angelangt und trifft seine Entscheidungen bedächtiger als ein Zwanzigjähriger, der gegebenenfalls alles auf eine Karte setzt. Da war auf der einen Seite der Abteilungsleiterposten am Akademieinstitut für Philosophie – nichts Spektakuläres, nicht besonders innovativ, aber eine sichere Bank. Und da war auf der anderen Seite der riskante Schritt ins Unbekannte. Was ihm durch den Kopf gegangen sein mag, als er diese Entscheidung erwog, können wir nicht wissen. Am Ende hat er jedenfalls den Neuaufbau eines Instituts für ein werdendes Fachgebiet auf gänzlich ungebahnten Wegen gewählt. Plötzlich hatte er es nicht mehr mit einer kleinen Mannschaft von Philosophen zu tun, sondern mit einem schnell wachsenden Institut, dessen Mitarbeiterbestand vom Mathematiker bis zum Ökonomen Dutzende von Fachgebieten umfasste. Vielleicht hat es ihm den Start ein wenig erleichtert, dass der ersten Gruppe von Wissenschaftlern, die mit ihm das Abenteuer in Angriff nahm, vorwiegend Altersgefährten angehörten, damals zwischen Dreißig und Vierzig – in der eigenen Generation fallen Abstimmung und Konsens nun einmal am leichtesten. Die Rechnung ging auf: Die DDR wurde eines jener Länder, in denen die komplexe Wissenschaftsforschung am frühesten eine Heimstatt erhielt. Das Institut entwickelte sich nicht ganz reibungslos, aber erfolgreich; es hatte in Ost und West einen Namen, und weil man die lange offizielle Bezeichnung nicht gern aussprechen mochte, nannte man es überall kurz und treffend das Kröber-Institut.

Zwei von vielen Einsichten, die das Institut seinem Gründer verdankt, seien hier stellvertretend für viele andere genannt. In der Gründungszeit glaubte die Leitung der Akademie, mit einem kleinen, handlichen Institut für Wissenschaftsorganisation einen Dienstleister zu bekommen, der sich willig darauf beschränken würde, Beschlüsse des Präsidiums vorzubereiten, zu unterfüttern und überzeugend zu kommunizieren, ohne eigenen wissenschaftlichen Ehrgeiz zu entwickeln. Diese Absicht scheiterte an Kröbers Weigerung, eine solche Einrichtung zu leiten. Er wollte ein vollgültiges Akademieinstitut, das unabhängig von irgendwelchen Dienstleistungsaufträgen über seinen Gegenstand, das gesellschaftliche Phänomen Wissenschaft, forscht und seine Vorschläge für die Praxis der Wissenschaftsorganisation nicht anders als auf einem solchen soliden Forschungsfundament erarbeitet. So entstand die Neugründung als ein Institut für Wissenschaftstheorie und -organisation. Einige Jahre später holte er auch noch die Wissenschaftsgeschichte mit ins Boot und gab damit seiner Wirkungsstätte ein unverwechselbares Profil als Institut für Theorie, Geschichte und Organisation der Wissenschaft (ITW).

Der andere profilbestimmende Gedanke, den Günter Kröber einführte und der hier erwähnt werden soll, entstammt der Reifezeit des ITW, von der niemand der Beteiligten ahnte, dass sie schon seine Götterdämmerung war. Mehr als ein Jahrzehnt hatte das Institut in der Überzeugung gearbeitet, dass es möglich sein würde, von den Prämissen des Marxismus her eine einheitliche, umfassende und hinreichend konkrete Theorie der Wissenschaft zu schaffen. Die Verfolgung dieser programmatischen Absicht brachte am Institut ein ganzes Bündel von Forschungsrichtungen mit je eigenen Methoden und empirischen Untersuchungsfeldern hervor. Der um die Mitte der 1980er Jahre unternommene Versuch einer Zusammenschau dieser inzwischen gewachsenen Vielfalt zeigte indes, dass die angestrebte theoretische Homogenisierung zumindest mittelfristig nicht möglich war und das Institut eine Reihe unterschiedlicher Theoriepfade gleichzeitig beschreiten musste. 1987 zog Kröber daraus den Schluss, dass das gedankliche Fundament des Instituts aus einer Mehrzahl von Theorien gebildet werden musste, die in einem komplementären Verhältnis zueinander standen und nicht aufeinander zurückgeführt werden konnten. Nicht aus einer von außen herangetragenen Pluralismusforderung, sondern aus der konsequenten Durchführung des eigenen Forschungsprogramms ergab sich so die anerkannte und offen ausgesprochene Notwendigkeit, den theoretischen Reichtum der Weltwissenschaft in die Arbeit des Instituts einzubeziehen.

Lohnte sich das alles für nur zwanzig Jahre? Zwei Jahrzehnte sind eine lange Zeit für ein Menschenleben, und selbst für die Geschichte eines Landes sind sie nicht wenig. Der rigorose Eingriff, der 1990/91 nach vier erfolgreichen Berufungsperioden als Direktor das Kröber-Institut zerstörte, konnte sich weder auf mangelnde wissenschaftliche Fruchtbarkeit noch auf theoretische Enge als Rechtfertigungsgründe berufen. Da waren ganz andere Motive am Werk, und die Geschichte hat über die Leistung dieses Instituts und seines Schöpfers noch längst kein gültiges Urteil gesprochen. Dennoch war der Preis, den Günter Kröber dafür entrichtet hat, das Institut auf seine Weise gestalten zu können, viel zu hoch. Es war ein Vollzeitjob, der jede wache Stunde in Anspruch nahm und selbst den Nachtschlaf unzulässig verkürzte – und das nicht ausnahmsweise, sondern Tag um Tag, Woche um Woche und Jahr um Jahr. Die Wochenenden wurden ihm ebenso zur Arbeitszeit wie der ihm per Gesetz zustehende Jahresurlaub. Es war ein Leben von der Substanz, das seine unvermeidlichen Spuren hinterlassen musste.

Hinter seinem Rücken entfalteten sich für seine Mitarbeiter ungewöhnliche Freiheitsräume. Er konnte durchaus auch ein gefürchteter Vorgesetzter sein, aber Menschen, denen er vertraute, fanden bei ihm ein mildes Regiment. Sein Vertrauen hing nicht vom Grad der politischen Übereinstimmung ab – da war er in den Grenzen des Möglichen tolerant –, doch es musste durch Leistung verdient und immer wieder neu gerechtfertigt werden. Wem das gelang, der musste seine Tage nicht im Institut absitzen, sondern durfte nach eigener Wahl einen guten Teil davon dort verbringen, wo ihm seine Forschungsarbeit am besten gedieh. Die chronische Raumknappheit am Institut war ein willkommener Vorwand, diese liberalen Arbeitsformen gegenüber den kontrollierenden Instanzen zu begründen.

Die Freiheiten, die seine Mitarbeiter bei ihm fanden, nahm sich Günter Kröber selbst freilich am wenigsten. Erst als das Ende der DDR besiegelt und die Abwicklung des Instituts absehbar war, zog er sich aus dem ununterbrochen laufenden Mühlrad der Verpflichtungen und auch aus der wirren Geschäftigkeit der „Wende" nahezu übergangslos zurück – wie ein Leistungssportler, dem am Ende seiner Karriere die Gelegenheit zum Abtrainieren versagt bleibt. Der Kalender, der zwanzig Jahre lang die Unzahl der Termine kaum zu fassen vermochte, leerte sich jäh. In dieser Lage vollzog Kröber die dritte große Weichenstellung seiner Laufbahn. Auf einer Institutsversammlung im Juni 1990 verabschiedete er sich von seinen Mitarbeitern und Mitarbeiterinnen: „Die Aufgaben, zu denen ich mich jetzt rufe, sind neue", bekannte er vor ihnen. „Sie bedeuten Abschied vom Alten und Hinwendung zu Neuem. Was mich in dieser Stunde bewegt, findet sich in den hinterlassenen Schriften des Magisters Ludi Joseph Knecht gesagt: ‚Des Lebens Ruf an uns wird niemals enden... Wohlan denn, Herz, nimm Abschied und gesunde!'".

Im Horizont der meisten, die ähnlich wie er von der Abwicklung betroffen waren, taten sich zwei polare Möglichkeiten auf: entweder die Fortsetzung der Arbeit, so gut es eben ging, auf eigene Rechnung in selbstorganisierten fachlichen und politischen Ersatznetzwerken der „zweiten Kultur" oder aber der vollkommene Rückzug in die wissenschaftsfremde Privatheit der Datschen und Mallorcareisen. Günter Kröber nahm sich die Freiheit, einen dritten Weg zu wählen: die späte Rückkehr in die Welt der Mathematik, mit der zu liebäugeln er auch in den Jahren seiner härtesten beruflichen Belastung nie ganz aufgehört hatte. In den unermesslichen Weiten dieser Welt hatte er schon seit langem ein Terrain erspäht, das erstaunlicherweise so gut wie unbebaut war. Entschlossen kappte er den größten Teil seiner bisherigen organisatorischen und politischen Bindungen, ging keine neuen mehr ein und begann einen für ihn ganz neuartigen Stil der wissenschaftlichen Arbeit. Fortan führte er das Leben eines eifrig, aber nun vollkommen selbstbestimmt tätigen intellektuellen Einzelbauern auf dem Feld der Palindromik, das so sehr zu seinem eigenen wurde, dass er ihm sogar den Namen geben konnte.

Immerhin hinterlässt Günter Kröber – neben manch anderem Schrifttum – ein umfangreiches Manuskript – überschrieben mit „Wie alles kam".[1] Darin beschreibt er sein Werden von der frühen Kindheit an, dem Schulbesuch, den ersten wissenschaftlichen Interessen, dem Studium an den Universitäten Jena und Leningrad bis hin zu den ersten wissenschaftlichen Erfolgen und privaten Bindungen. Arbeiten für die Philosophie-Szene an der Akademie der Wissenschaften fordern den Leningrader Absolventen. Besonders nachgefragt waren seine fundierten, ja brillanten Russischkenntnisse, seine Fertigkeiten in der Übertragung philosophischer und gesellschaftswissenschaftlicher Texte von einer Sprache in die andere. Er beschreibt dann zwei jeweils 20 Arbeitsjahre umfassende Perioden intensivster wissenschaftlicher Tätigkeit.

Spätestens zu Beginn der 1980er Jahre war das „Kröber-Institut" ein Markenzeichen der modernen Wissenschaftsforschung – vielleicht nicht immer an der Akademie, immer aber bei den internationalen Kooperationspartnern in der Sowjetunion, im RGW, zunehmend auch in westlichen Ländern einschließlich Frankreichs, den Niederlanden, Indiens, den USA, Kanadas, Mexikos... Selbst UNO und UNESCO griffen auf den Sachverstand der Mitarbeiter des Instituts zurück. Fragen wir heute nach dem besonderen persönlichen Beitrag Günter Kröbers in diesen Jahren, so hätte

---

[1] Günter Kröber: „Wie alles kam...", siehe im vorliegenden Buch S. 293–410.

er es gern gesehen, würden wir ihm bescheinigen, dass er neben zahlreichen gesellschaftspolitischen Diskussionspunkten und Materialien stets sein Hauptanliegen verfolgte: die Auffassung der Wissenschaft als nichtlineares, irreversibles, dynamisches System. Inhalt und Konsequenzen dieses Wissenschaftsverständnisses darzulegen blieb lange sein Ziel, der Lösung dieser Aufgabe und ihrer Probleme widmete er seine ganze Kraft. Ergebnisse sind u. a. nachzulesen in „Wissenschaftsforschung – Einblicke in ein Vierteljahrhundert 1967 bis 1992", Schkeuditz 2008.[2]

In den nun folgenden Jahren konnten wir den Eindruck einer gewissen Abkehr von seinen bislang erfolgreich bearbeiteten Themen gewinnen; tatsächlich aber kehrte Günter Kröber immer wieder mal zu Fragen der Wissenschaftsforschung zurück. Unübersehbar aber wurde er mit Ehrgeiz und Ambitionen zurückgeführt in die für ihn ewig junge Liebe – in die Mathematik. Wie lassen sich mit mathematischen Mitteln und Methoden Entwicklungsprozesse in der Natur, in der Gesellschaft, insbesondere auch in der Wissenschaft selbst abbilden und entwerfen? Für Eingeweihte nicht überraschend untersuchte er – inzwischen computergestützt – Mandelbrot- und Julia-Mengen und manches mehr. Die Mandelbrot-Menge ist eine mathematische Struktur in komplexen Zahlenebenen, in der grafischen Darstellung ähnlich dem Naturprodukt und deshalb auch „Apfelmännchen" genannt. Sie wurde sein Gegenstand subtiler mathematischer Analysen. Sein Interesse an diesen Strukturen bezieht sich auf den Zusammenhang von Evolution, Struktur und Iteration. Und tatsächlich fand er interessante Problemkreise, die er zu beleuchten wusste – zu den Fibonacci-Anwendungen, zu vielfältigen Wegen zum Verständnis von Unendlichkeit; zur Abhängigkeit der Lage einer wohldefinierten „Apfelmännchen"-Ordnung von der Reihenfolge der Primfaktoren. Diesbezügliche Ergebnisse sind u. a. dargelegt in „Das Märchen vom Apfelmännchen", zweibändig erschienen bei Rowohlt 2000.[3]

Die Palindromik als ein neues Wissensgebiet ist seine Erfindung. Ihr zentraler Gegenstand ist die Bildung von Strukturen durch Palindromisierung von Zahlensequenzen. Verblüffend sind die dabei sichtbar werdenden Analogien zwischen Typen von Strukturen (etwa Perioden, Similaritäten, Fraktale) einerseits und der DNS, Kristall- u. a. natürlichen Strukturen.

---

2   Günter Köber: Wissenschaftsforschung. Einblicke in ein Vierteljahrhundert 1967 bis 1992. Schkeuditzer Buchverlag, Schkeuditz 2008.
3   Karl Günter Kröber: Das Märchen vom Apfelmännchen 1: Wege in die Unendlichkeit. Rowohlt Taschenbuch Verlag, Reinbek 2000, 272 Seiten. Karl Günter Kröber: Das Märchen vom Apfelmännchen 2: Reise durch das malumitische Universum. Rowohlt Taschenbuch Verlag, Reinbek 2000, 320 Seiten.

In der „Einführung in die Palindromik"⁴, sind die Grundlagen dargelegt. Es lohnt sich unbedingt, in den dort angegebenen Richtungen weiter zu arbeiten, empfiehlt er. Dazu bedarf es neben mathematischen Kenntnissen auch spezifischen philosophischen Wissens. Und damit schließt sich der Gedanke zu dem des eingangs zitierten Leibniz vom Zusammenhang von Philosophie und Mathematik.

---

4   Günter Kröber: Einführung in die Palindromik. Abhandlungen der Leibniz-Sozietät der Wissenschaften, Bd. 30, trafo Wissenschaftsverlag, Berlin 2012, 175 Seiten.

Klaus Meier

Wissenschaftsforschung in Ostberlin – Reminiszenzen an eine vitale Experimentalwerkstatt empirischer Sozialforschung

Lieber Klaus,
würde die Geschichte nicht in den von Jürgen Kuczynski so treffend beschworenen Zick-Zack-Linien verlaufen, so könnte ich heute, an Deinem 60. Geburtstag, auf einer Festveranstaltung des Instituts für Theorie, Geschichte und Organisation der Wissenschaft Deine Verdienste um die Entwicklung der Wissenschaftsforschung in unserem Lande würdigen. Da wir uns aber gerade in einem großen Zack befinden, in dem es weder besagtes Institut noch die dazugehörige Akademie der Wissenschaften mehr gibt, greife ich zum altehrwürdigen und zick-zack-unabhängigen Pergament, um Dir meine Grüße und Glückwünsche zu übermitteln.

Günter Kröber und Klaus Meier 2002

Zwei Jahrzehnte hat uns die Geschichte zusammengeführt. Die Aufgabe, vor die wir uns gestellt sahen, war, ein Institut aufzubauen, das es so noch nicht gegeben hat. Das „so" meint seinen Gegenstand, denn bis dato war die Wissenschaft selbst noch nie Gegenstand systematischer wissenschaftlicher Erforschung gewesen. Das „so" meint auch die Art und Weise, die Interdisziplinarität im Herangehen an den Gegenstand, der wir uns verpflichtet fühlten und die wir eifrigst praktizierten.[1]
Günter Kröber, 17. Mai 2012

---

[1] Und weiter schrieb Kröber: *In beiderlei Hinsicht hast Du, lieber Klaus, sichtbare Spuren in der Wissenschaftslandschaft hinterlassen, die in umso kräftigeren Farben leuchten, als sie von reizenden Puppen und liebenswürdigen Teddys umrahmt werden.* (vgl. dazu Abschnitt 8., K.M.) *Da ist Dein Anteil an der Leitung des Instituts, eine Spur, die oft übersehen wird, die aber nicht minder tief als die anderer stellvertretender Direktoren in die Geschichte des Instituts eingegraben ist. Doch vor allem sind es Deine mehr als zwanzig Publikationen, von denen die meisten um die forschungstechnische Komponente des Wissenschaftspotenzials kreisen und die Einsicht*

1. Motive um das Vergessen(-Machen)

Seit Anfang der 90er Jahre erst das Institut für Theorie, Geschichte und Organisation der Wissenschaft (ITW) und dann das Institut für Gesellschaft und Wissenschaft (IGW) ihre Pforten schließen mussten, ist mehr Zeit ins Land gegangen als die Spanne ihrer gemeinsamen Existenz in den 70er und 80er Jahren. Haben wir es bei der Beschäftigung mit dem ITW der Akademie der Wissenschaften der DDR (AdW) und mit dem IGW an der Universität Erlangen-Nürnberg sowie der Geschichte ihrer wechselseitigen Wahrnehmung und punktuellen Zusammenarbeit also mit einem abgeschlossenen Sammelgebiet zu tun? In der historischen Forschung vermeidet man eine solche Begrifflichkeit geflissentlich, weiß man doch aus einschlägiger Erfahrung, welche Überraschungen und mögliche Neuinterpretationen eine weitere intensive Beschäftigung mit der Materie bringen kann.

Wenn sich die Rosa-Luxemburg-Stiftung (RLS) eines durchaus speziellen Themas wie des zeitlich und institutionell begrenzten Ausschnitts der deutsch-deutschen Geschichte zuwendet und dazu hochkarätige Wissenschaftler einlädt, dann sicher nicht nur zum nostalgischen Gedenken an eine historische Sondersituation im geteilten Deutschland. Allerdings bliebe selbst in dieser Richtung viel zu tun, hat sich doch die Geschichtsschreibung bislang nicht dem Versuch einer Gesamtübersicht zu „Werden und Wirken" der Arbeit dieser Institute gestellt. Was vorliegt, ist eine Reihe von Einzelpublikationen – und was bezeichnend ist, darunter nicht wenige, die auf Initiative oder durch Förderung der Rosa-Luxemburg-Stiftung veröffentlicht wurden. Allerdings tickt die Uhr unerbittlich und die RLS macht sich schon deshalb sehr verdient, als sie mit ihren Veranstaltungen und Publikationen eine Materialsicherung besonderer Art unterstützt, indem sie noch aussagefähigen und -bereiten Zeitzeugen die Möglichkeit zu Vortrag und Veröffentlichung gibt.

Allerdings haben wir es im Falle der Beschäftigung mit dem Wirken von ITW und IGW mit einer Lücke in mehrfacher Hinsicht zu tun. Das betrifft zunächst die Geschichtsschreibung überhaupt: Hier gilt für das Ost-Institut ITW, was auf viele

---

beförderten, das ein Zusammenhang von Forschungspotenzial und Leistungsvermögen der Forschung besteht, der unter Zick-Bedingungen jedoch fatale Auswirkungen hatte. Und da ist zum Dritten der Gipfelpunkt Deiner Studien und Publikationen: Die 1988 von Dir vorgelegte Studie „Zur Entstehung und Entwicklung forschungstechnischer Neuerungen am Beispiel der Ultrakurzzeitphysik", eine Arbeit, die weit über ihren eigentlichen Anlass hinausgeht. Indem sie zu einem tragenden Bestandteil des von der Rosa-Luxemburg-Stiftung geplanten und geförderten Forschungsprojekts zu den Forschungsakademien in der DDR geworden ist. Für all das gebührt Dir, lieber Klaus, der Dank der wissenschaftlichen Gemeinschaft, der Dir sicher, wenn auch im Zack-Streifen der Geschichte nicht selbstverständlich ist. Ich aber möchte Dir nicht nur für Deine wissenschaftlichen Verdienste danken, sondern auch dafür, mir in schwierigen Zeiten Dein Vertrauen und Deine Freundschaft geschenkt zu haben. Günter Kröber. Glückwunsch zum 60. Geburtstag seines ehemaligen Mitarbeiters und Stellvertreters Klaus Meier, Berlin 17. Mai 2012.

andere wissenschaftliche Einrichtungen der DDR zutrifft – der Schleier der Geschichte, des Vergessens legt sich langsam über die wissenschaftliche Leistung ostdeutscher Forschungseinrichtungen und über das Lebenswerk vieler engagierter Wissenschaftler und Wissenschaftlerinnen. Und das offizielle Bedauern darüber hält sich in Grenzen.

Zweitens betrifft das speziell die Auseinandersetzung mit einer Besonderheit der Geschichte des ITW und des IGW. Wurden im Normalfall deutscher Einigung die Ostinstitute (hier reden wir von der außeruniversitären akademischen Forschung) geschlossen und sogenannte „Filetstücke" daraus in bestehende Westinstitute oder neu gegründete Einrichtungen im Osten unter Westführung integriert, war mit dem „Aus" für das ITW auch das Ende für das IGW als „Ostforschungsinstitut" besiegelt. Und es trat auch nichts Vergleichbares an ihre Stelle. Das man damit das Kind (die systematische Wissenschaftsforschung) gleich mit dem Bade ausgeschüttet hatte, kam politisch offensichtlich nicht ganz ungelegen – gehörte doch das IGW seinerzeit zu den heftigsten Kritikern des Umgangs mit der DDR-Wissenschaft im Einigungsprozess. Aber selbst bei größerem politischen Wohlgefallen des IGW in der Wendezeit wäre es kaum anders gekommen. Die Gelegenheit war zu günstig, sich eines besonderen Institutionentyps gesellschaftswissenschaftlicher Forschung in ganz Deutschland zu entledigen.

Damit komme ich zu einem dritten Punkt – der Nichtbeachtung, dem Nichterinnernwollen einer innerwissenschaftlich wie gesellschaftlich bemerkenswerten Konstellation, in dem sich zwei Institute der besonderen Förderung ihres jeweiligen Staates erfreuten, solange sie für das Renommee der eigenen Seite und die Systemauseinandersetzung von Relevanz erschienen. Und es war und ist nicht etwa dem Bedeutungsverlust von Wissenschaft sowie der Gestaltung ihres Verhältnisses zur Gesellschaft geschuldet, dass Wissenschaftsforschung mit der Wende einen dramatischen gesellschaftlichen Bedeutungsverlust erfuhr. Stichworte wie Wissensgesellschaft und Industrie 4.0² wären eher Argumente, sich noch intensiver mit dem Entwicklungsmotor Wissenschaft zu beschäftigen. Stattdessen kann sich systematische Wissenschaftsforschung in Deutschland seit mittlerweile mehr als einem Vierteljahrhundert keiner besonderen Förderung mehr erfreuen. Ein Grund dieser gesellschaftlichen Verdrängung liegt sicher darin, dass Sieger allzu leicht der Überheblichkeit

---

2   *Industrie 4.0* ist ein Zukunftsprojekt im Bereich der Hightech-Strategie der deutschen Bundesregierung und der Industrie, mit dem in erster Linie die Informatisierung der Fertigungstechnik und der Logistik vorangetrieben werden soll. Das Ziel ist die „intelligente Fabrik" (*Smart Factory*), welche sich durch Wandlungsfähigkeit, Ressourceneffizienz, ergonomische Gestaltung sowie die Integration von Kunden und Geschäftspartnern in Geschäfts- und Wertschöpfungsprozesse auszeichnet. Technologische Grundlage sind cyber-physische Systeme und das „Internet der Dinge". Quelle: https://de.wikipedia.org/wiki/Industrie_4.0 [Zugriff: 19.03.2015].

verfallen: Warum sollte sich Deutschland einem öffentlichen Diskurs über Strukturen und Mechanismen von Wissenschaftssteuerung hier und heute stellen? Fühlt es sich im europäischen Verschmelzungsprozess ebenso als Sieger und Musterschüler, wie vor einem Vierteljahrhundert beim Untergang der DDR und bei der Inbesitznahme des östlichen Teils Deutschlands und der Abwicklung seiner wissenschaftlich-technischen Intelligenz? Wenn alles nach deutschem Vorbild so erfolgreich läuft, was braucht es da einer kritischen wissenschaftlichen Begleitung?

Und dann hat es auch mit dem Typ der Forschungen zu tun, die an diesen Instituten zumindest partiell aufgegriffen, weiterentwickelt und praktiziert wurden. Im eingangs gewählten Zitat von Günter Kröber geht er insbesondere auf den Aspekt der Interdisziplinarität ein. Was das ITW betrifft – und mit dieser Intention möchte ich auch meine eigenen Forschungen verorten –, war Interdisziplinarität nicht nur ein Nebeneinander relevanter Zugänge zum Untersuchungsgegenstand. Kröber hat dafür in der zweiten Hälfte der 80er Jahre den Begriff der Komplementarität geprägt. Dazu heißt es in seinem Memoiren[3]: „Bildeten diese Ansätze nun ein bloßes Konglomerat verschiedener Sichtweisen ohne einheitliche theoretische Grundlage? Eine theoretisch einheitliche Grundlage war in der Tat nicht vorhanden. Aber deshalb bildeten diese Ansätze auch kein bloßes Konglomerat. Ich habe noch in den letzten Jahren des ITW dafür plädiert, diese Ansätze miteinander zu vermitteln und habe das Vermittlungsproblem ein Komplementaritätsproblem genannt, ein Problem sich möglicherweise befehdender, zugleich aber einander ergänzender und sich bedingender Gegensätze. ‚Das komplexe gesellschaftliche Phänomen Wissenschaft' – um mich ausnahmsweise einmal selbst zu zitieren – ‚wird gleichsam unter verschiedenen Winkeln von Projektoren durchleuchtet, die unterschiedlichen Standort haben und auch unterschiedliche Strahlungsintensitäten. Jede Projektion liefert andere Einsichten; deren Kombination ist wünschenswert und notwendig, bleibt aber solange partiell, wie das ganze Phänomen nicht voll ausgeleuchtet ist.'"[4] Und Komplementarität gilt nicht nur für die Entwicklung theoretischer Zugänge sondern ebenso für die Nutzung unterschiedlichster empirischer Methoden, insofern sie jeweils originäre (Ein-)Sichten in das komplexe Phänomen Wissenschaft gestatten. So steht das ITW für den Versuch einer möglichst vielschichtigen Analyse des Gegenstandes Wissenschaft und Gesellschaft und die Profilierung einer – ein breites Spektrum von Methoden nutzenden – empirischen sozialwissenschaftlichen Begleitforschung.

Die Ostforschung des IGW war ihrerseits im wirklich „besten Sinne" des Wortes sozialwissenschaftliche *Begleitforschung aus der Ferne* mit einer sich daraus erklären-

---

3   Günter Kröber: „Wie alles kam…"; a.a.O., im vorliegenden Band, S. 396.
4   Vgl. Günter Kröber: Über Komplexität der Wissenschaft und Komplementarität ihrer Abbildungen. In Günter Kröber (Hrsg.): Wissenschaft – Das Problem ihrer Entwicklung. Bd. 2, Berlin 1988, S. 7–32.

den Beschränkung empirischer Zugänge; während sich das ITW ab Mitte der 70er Jahre zunehmend als sozialwissenschaftliche *Begleitforschung vor Ort* zu einer Experimentalwerkstatt empirischer Forschung mauserte. Hervorzuheben sind etwa die Fallstudien zum Innovationsgeschehen (Bereich um Harry Maier und Nachfolger) und die empirisch-statistischen Analysen zum Forschungspotenzial (Forschungen des Teams um Hansgünter Meyer).

Der Wissenschaftspolitik und ihren Wirkungen in der Wissenschaftspraxis möglichst nahe zu kommen, ihr auf die Finger zu schauen, das war wiederum ein zentraler verbindender Aspekt der Tätigkeiten beider Institute. Sich dabei theoretischer Ansätze und Erklärungsmuster zu bemächtigen, sie gezielt weiterzuentwickeln, das verschaffte beiden Instituten zugleich eine gewisse Souveränität und Autonomie gegenüber dem politischen Auftrag und Erwartungsdruck.

2. Die persönliche Dimension des Erinnerns – oder: „Wie alles kam…"

„Wie alles kam…" so überschrieb Günter Kröber seine fast 400 Manuskriptseiten umfassenden Erinnerungen, von denen etwa 70 Seiten seinem Wirken als Direktor des ITW gewidmet sind. Die tiefe Enttäuschung ob dem Scheitern des Sozialismus, ob dem Versagen der SED, seiner Partei, ist letztlich der Schlüssel zum Verständnis von Kröbers Haltung bis in die Tage der Wende hinein.[5]

Der vorliegende Beitrag nimmt sich die Freiheit, in einigen Passagen über den im März 2015 gehaltenen mündlichen Vortrag hinauszugehen. Bei der Durchsicht des ursprünglichen Manuskriptes ist dem Autor deutlich geworden, dass es dem Anliegen des im Ergebnis entstehenden Buches besser gerecht wird, die verschiedenen Perspektiven persönlicher, politischer und wissenschaftsspezifischer Natur, die im mündlichen Beitrag nur angedeutet werden konnten, in der schriftlichen Fassung deutlicher herauszuarbeiten. Vor allem ist es auch eine nicht unwillkommene Gelegenheit der Rückschau und Bestandssicherung eigener wissenschaftlicher Ergeb-

---

5 „Die Konsequenz, die ich aus dieser Kundgebung, meinem Auftritt dort und den Überlegungen danach zog, war mein Austritt aus der inzwischen zur SED-PDS gewandelten Partei. In der Erklärung, die ich dem Parteivorstand übersandte, hatte ich geschrieben: *„Ich gehöre der Partei seit 1952 als Mitglied an und habe 38 Jahre meines Lebens ihre Politik mitgetragen und -verfochten in der Überzeugung, in ihren Reihen meine, meiner Eltern und Geschwister sozialistische Ideale im Bunde mit Gleichgesinnten verwirklichen zu können. Parteidisziplin galt mir in all diesen Jahren als oberstes Gebot, selbst dann noch, als sich bereits Zweifel an der Führungsqualität der früheren Parteiführung und ihrer Einschätzung der Situation im Lande einstellten. Diese Disziplin hat bewirkt, dass ich lange die Augen verschlossen hielt vor den stalinistischen Methoden und Strukturen, mit denen die Partei ihren Führungsanspruch durchsetzte, die DDR letztlich in die politische und ökonomische Krise führte und die Idee des Sozialismus moralisch diskreditierte…"* In: Günter Kröber: „Wie alles kam…"; a. a. O., S. 378.

nisse. So traf den Autor die Wende in einer Phase äußerst ergiebiger theoretischer und empirischer Untersuchungen zum forschungstechnischen Neuerungsprozess.[6] Vieles wurde mit der Wende obsolet – zumal ein Hauptgegenstand und Adressat, die Akademieforschung und der forschungseigene wissenschaftliche Gerätebau, spätestens ab 1991 selbst Geschichte waren. Insofern ist der vorliegende Beitrag auch ein Wiedersehen mit eigenen Forschungsunternehmungen und Forschungsergebnissen.

Der vorliegende Sammelband ist vielleicht die letzte größere Publikation, in der Zeitzeugen die besondere Phase der Blütezeit der Wissenschaftsforschung im Osten wie im Westen Deutschlands noch einmal Revue passieren lassen. Die besondere Verwobenheit von individuellen Lebensläufen, von persönlichen Wissenschaftlerbiographien, von initiierten Forschungsvorhaben und erzielten Erkenntnisfortschritten in gesicherten institutionellen Heimstätten mit je systemspezifischen politischen, sozialen und persönlichen Kontexten – all dies wird sich so nur noch erzählen lassen, solange Weggefährten dazu in der Lage sind. Das gilt inzwischen auch für die Wissenschaftlergeneration, die den Gründervätern wie Günter Kröber und Clemens Burrichter unmittelbar folgte und sich inzwischen auch im Rentenalter befindet bzw. darauf zugeht. Der Autor – Jahrgang 1952 – zählt zu dieser Nachfolgergeneration, die sich nach der Wende zum größeren Teil auch in wissenschaftsfernen Tätigkeitsbereichen eine neue Existenz aufbauen musste. Ihre Perspektive kann die Retrospektive auf zwei Jahrzehnte Wissenschaftsforschung insofern bereichern, als sie diese Zeit in verschiedenen Rollen erfahren und mitgeprägt hat: als Schüler und Bewunderer der Gründerväter, als sich emanzipierende Nachwuchswissenschaftler und schließlich auch als Projektverantwortliche und in Leitungsfunktionen wie etwa der Autor in der Verantwortung als Stellvertretender Direktor des ITW in den Jahren 1988/89.[7]

Meine Erinnerungen in Sachen Wissenschaftsforschung reichen indes weiter zurück bis in die Studienzeit. Es gehört mit zu den prägnantesten Erinnerungen, als Günter Kröber und Hubert Laitko für einige wenige Gastvorträge zu uns in die „Kommode" am Bebelplatz an die dort beheimatete Sektion Wissenschaftstheorie

---

6 Klaus Meier: Der forschungstechnische Neuerungsprozess. Ein Beitrag zu Theorie und Analyse der Wissenschaftsentwicklung, Dissertation B, ITW der AdW der DDR, Berlin 1989.

7 Zur Person des Autors des vorliegenden Beitrags heißt es dazu im Vorwort zu: Guntolf Herzberg, Klaus Meier: Karrieremuster – Wissenschaftlerporträts; Berlin 1992, S.10f.: „Klaus Meier gehört einer anderen Wissenschaftlergeneration an; er hat im Zeichen gewisser Liberalisierungsansätze in der DDR Anfang der siebziger Jahre an der Humboldt-Universität Wissenschaftstheorie studiert und arbeitete bis zu dessen Auflösung Ende 1991 am Institut für Theorie, Geschichte und Organisation der Wissenschaft der AdW der DDR. Im Auftrage seines Institutes hatte er vor allem Mitte der achtziger Jahre wissenschaftssoziologische Studien durchgeführt sowie Beratertätigkeit für die Partei- und die staatliche Leitung der Akademie übernommen und konnte so Einblick gewinnen in Methoden und das Selbstverständnis parteigesteuerter zentralistischer Wissenschaftspolitik. In der Zeit der Wende war er stellvertretender Direktor."

und Organisation (WTO)[8] der Humboldt-Universität zu Berlin kamen. Wir waren von 1970 bis 1974 die ersten Direktstudenten an der Sektion WTO mit dem hohen Anspruch einmal dazu beizutragen, die Leistungsfähigkeit wissenschaftlicher Einrichtungen und die Überführung ihrer Ergebnisse in die gesellschaftliche Praxis mit wissenschaftlichen Methoden zu qualifizieren. Allerdings hatten wir relativ frühzeitig schon Zweifel, ob uns dieses neue Studium bereits die dafür notwendigen Voraussetzungen vermitteln konnte.[9] Eine Stärke des Studienprogramms war aber zweifellos

---

8 Vgl. dazu Klaus Fuchs-Kittowski, Edo Albrecht, Erich Langner und Dieter Schulze: Gründung, Entwicklung und Abwicklung der Sektion ökonomische Kybernetik und Operationsforschung/Wissenschaftstheorie und -organisation an der Humboldt-Universität zu Berlin; in: Wolfgang Girnus und Klaus Meier (Hrsg.): Die Humboldt-Universität Unter den Linden 1945 bis 1990, Zeitzeugen – Einblicke – Analysen; Leipzig 2010, S. 155–198. Dieser Beitrag beginnt wie folgt: „Die Gründung der Sektion ‚Ökonomische Kybernetik und Operationsforschung' an der Humboldt-Universität am 29. April 1968 und ihre spätere Profilierung auf ‚Wissenschaftstheorie und Wissenschaftsorganisation' hatte zum Ziel, entsprechend der Vision von J. D. Bernal von der Funktion der Wissenschaft als Produktivkraft, als Hauptkraft der Veränderung in der Gesellschaft, zur gesellschaftlichen Veränderung beizutragen. Bernal erkannte, dass die Gesellschaft ihre anspruchsvollen Ziele nur mit Hilfe der Wissenschaft verwirklichen kann, die gesellschaftliche Wirksamkeit aber in hohem Maß von der Einführung und Beherrschung moderner Methoden und Techniken der Organisation und Leitung wie ökonomische Kybernetik, Operationsforschung und Datenverarbeitung abhängig ist. Die Gründung einer Sektion, die diese Instrumente der Leitungstätigkeit (heute sagt man Management, Controlling, Budgetierung) entwickeln und ihre Anwendung im Bereich der Wissenschaft praktisch vorantreiben sollte, ist nur im Zusammenhang mit den Reformbestrebungen dieser Zeit zu verstehen. Besonders charakteristisch war das Bemühen, eine interdisziplinäre Sektion zu schaffen. Dies bedeutete, Professoren und Dozenten aus unterschiedlichen Fachrichtungen zu gewinnen."
In einem ähnlich gelagerten Artikel führt Klaus Fuchs-Kittowski weiter aus: „Eine interdisziplinäre Sektion an einer Universität konnte nur Bestand haben, wenn sie auch eine tragfähige Ausbildung interdisziplinärer Berufe ermöglicht. Dies sind insbesondere Ökonomen und Informationsverarbeiter (heute Informatiker, Wirtschaftsinformatiker). Diese Überlegung führte dazu, dass die Sektion von Beginn an zwei Spezialisierungsrichtungen nach einem Grundstudium konzipierte: ‚Leitung und Ökonomie der wissenschaftlichen Arbeit' und ‚Systemgestaltung und automatisierte Informationsverarbeitung'". In: „Information, Organisation und Informationstechnologie – Schritte zur Herausbildung einer am Menschen orientierten Methodologie der Informationssystem-, Arbeits- und Organisationsgestaltung; Quelle: http://edoc.hu-berlin.de/conferences/iddr2010/fuchs-kittowski-klaus-7/PDF/fuchs-kittowski.pdf [Zugriff: 19.03.2015].

9 Zum Lehrkörper der Sektion WTO gehörte auch die schillernde Persönlichkeit des Professors Franz Loeser. Loeser (Jahrgang 1924, Sohn eines jüdischen Rechtsanwalts), der dem Tod im deutschen Vernichtungslager 1939 durch Emigration nach England entgangen war, kämpfte als Soldat in den Reihen der britischen Alliierten und sah als junger Mann in der Besatzungsarmee in Japan die verheerenden Folgen des Atombombenabwurfs auf Hiroshima. Nach dem Krieg studierte er in den USA und schloss sich der Bürgerrechts- und Friedensbewegung an. Die antikommunistische Hetzjagd während der McCarthy-Ära ließ ihn schließlich 1957 in die DDR übersiedeln. Dort promovierte und lehrte er an der Humboldt-Universität als Professor für sozialistische Ethik am Institut für Philosophie. Gleichzeitig war er Vorsitzender des Paul-Robeson-Archivs der Akademie der Künste der DDR und Präsidiumsmitglied des Friedensrates der DDR.
An der Sektion WTO prägte Loeser bis zu seinem Weggang in die Bundesrepublik 1983 nicht unwesentlich das Forschungs- und Lehrdesign des Bereiches „Logische und heuristische Grundlagen der Leitungs- und Leistungsprozesse in der Wissenschaft." Den jungen Studierenden, insbesondere den jungen Studentinnen, imponierte Loeser mit seinem weltmännischen Auftreten und seiner Begabung

das Bemühen um Praxisbezug – sowohl durch ein dreimonatiges Praktikum, das mich nach Adlershof zum größten Standort naturwissenschaftlicher Institute der Akademie führte – als auch bei der Orientierung auf praxisnahe, d.h. auf konkrete Probleme und Fragestellungen wissenschaftlicher Einrichtungen orientierte Diplomarbeiten.

In diese um ihr Profil ringende junge Sektion kamen Kröber und Laitko und brachten einen deutlich akademischeren Hauch in unsere Studierwelt. Das fiel nicht unbedingt bei allen Studenten auf fruchtbaren Boden, insbesondere bei denen, die ohnehin mit der gewählten Studienrichtung fremdelten. Eher für eine Minderheit der Studierenden wurde indes deutlich, dass es – neben und weitgehend unbenommen von Parteisprache und parteiinternen Machtkämpfen z.B. um die Marxistisch-Leninistischen Organisationswissenschaften – erkenntnistheoretische Zugänge zum Phänomen Wissenschaft gibt, über die sich das Nachdenken wirklich lohnt. Mit dem Kröber-Institut gab es eine Einrichtung, wo man sich um solche wissenschaftsspezifischen Zugänge bemühte. Beleg dafür war eine frühe Gemeinschaftspublikation von Kröber/Laitko: „Sozialismus und Wissenschaft".[10] Der Bogen dieses gerade mal 110 Seiten starken Heftes der Taschenbuchreihe „Unser Weltbild" spannt sich von der Rolle der Wissenschaft in der Klassenauseinandersetzung mit dem Imperialismus (S.7) über die dafür entscheidende Produktivkraftfunktion von Wissenschaft (S.23 ff) bis zur Diskussion eines „adäquaten" Wissenschaftsbegriffs anknüpfend an die Bestimmung der Wissenschaft als allgemeine Arbeit bei Marx (S.52 ff), um schließlich bei den Aufgaben der sozialistischen Wissenschaftspolitik und -organisation zu landen – und nicht zu enden, ohne das obligate Bekenntnis für „eine einheitliche theoretische und methodologische Grundlage, (die) für uns nur der Marxismus-Leninismus in der Einheit aller seiner Bestandteile sein kann".[11] Ein solches Bekenntnis in der Art, wie es Kröber und Laitko formulierten, öffnete aber zugleich die Tür für ein breit angelegtes interdisziplinäres Forschungstableau, um „das vielschichtige und komplexe Objekt Wissenschaft zum Gegenstand einer allseitigen marxistisch-leninistischen Analyse zu machen, die – *und jetzt kommt der Türöffner (K.M.)* – der Komple-

---

für Geschichtenerzählen und zur Gitarrenbegleitung angestimmte Songs aus „Feindesland" – *We shall overcome*... Spätestens aber mit den zum Lehrprogramm zählenden Übungen zum Rationellen Lesen, einem Hauptwerk Loesers, stellte sich bei den meisten Studierenden eine „rationalere" Sicht ob der schillernden Aura des Professors ein. Vgl. Franz Loeser: Rationelles Lesen, Leipzig 1971.

1984 erschien in Köln seine Abrechnung mit der „Diktatur des Parteiapparates" als systemisch bedingte Ursache für die „Perversion" und letztlich den von ihm prognostizierten weiteren ökonomischen Niedergang des Realsozialismus, wo letztlich bei Verlust der Glaubwürdigkeit der Parteiführung „bereits ein gewöhnlicher Streik der Arbeiter, eine relativ kleine organisierte Protestbewegung oder Demonstration... die Diktatur ins Wanken bringen" (S.181) kann. In: Franz Loeser: Die unglaubwürdige Gesellschaft. Quo vadis, DDR?, Köln 1984.

10 Günter Kröber, Hubert Laitko: Sozialismus und Wissenschaft (Gedanken zu ihrer Einheit), Berlin 1972.
11 Ebd., S.108.

xität ihres Untersuchungsobjekts dadurch Rechnung trägt, daß sie die grundlegende dialektische und historisch-materialistische Methode mit Methoden ganz unterschiedlicher disziplinärer Herkunft verbindet und damit sich nur in interdisziplinärer Zusammenarbeit als möglich erweist".[12]

Der Literaturfundus der Wissenschaftsforschung war Anfang der 70er Jahre noch nicht so reich gefüllt. Im Studium waren es vor allem die Bezugnahmen auf Derek de Solla Price mit seinem Werk „Little science, big science"[13] und auf Gennadi Michailowitch Dobrov mit seinem 1969 im Akademieverlag Berlin auf Deutsch erschienenen Buch „Wissenschaftswissenschaft"[14] (Kiew 1966). Insofern waren Kröber und Laitko für uns – relativ unbenommen, wieweit der einzelne der zuhörenden Studenten ihnen intellektuell folgen konnte – Pioniere der Wissenschaftsforschung in der DDR. Und diese arbeiteten gar nicht weit – nur 200 Meter Luftlinie von der HUB entfernt – im Hauptgebäude der Akademie der Wissenschaften der DDR in der Otto-Nuschke-Str.22/23 (heute: Jägerstraße). Leider blieb trotz räumlicher Nähe die Präsenz von Wissenschaftlern aus dem ITW im Studienprogramm der Sektion WTO die Ausnahme. Für mich war allerdings fürderhin klar, im Bemühen um ein erkenntnistheoretisches Verständnis von Wissenschaft sollte man sich unbedingt mit den Arbeiten von Kröber und Laitko beschäftigen. So geschehen auch in der im Mai 1974 gemeinsam mit Manfred Datta vorgelegten Diplomarbeit „Grundlagen der Geräteplanung im Bereich der Forschung"[15], wo neben der Bezugnahme auf Kröber/Laitko „Sozialismus und Wissenschaft" auch der Beitrag von Laitko „Zyklische Prozesse in der Wissenschaft" in „Wissenschaft und Sozialismus" (Berlin 1973) herangezogen wurde. Allerdings war dies keine leichte Kost, um sich dem Verhältnis von Einmaligkeit und Unbestimmtheit von Erkenntnisprozessen und dem für die Forschung notwendigen immanenten reproduktiven Moment der Nutzung von Forschungsmethoden und Forschungsgeräten in sich entwickelnden Problemlösungsszenarien zu nähern. Letztlich zahlte sich ein solches auf Laitko stützendes theoretisches Verständnis bei der Ableitung von Schlussfolgerungen für die Geräteplanung in den untersuchten Einrichtungen klinischer Forschung der Charité durchaus auch praktisch aus. Etwa bei der Problematisierung der an der Charité praktizierten zweijährigen Planungszyklen angesichts der Tatsache, dass der moralische Verschleiß bei Forschungsgeräten nach Einschätzung der befragten Wissenschaftler im Durchschnitt bei 5 bis 7 Jah-

---

12 Ebd.
13 Derek J. de Solla Price: Little science, big science, New York 1963.
14 Gennadi Michailowitsch Dobrov: Wissenschaftswissenschaft, Berlin 1970, (russisch: Kiew 1966).
15 Manfred Datta, Klaus Meier: Grundlagen der Geräteplanung im Bereich der Forschung aus wissenschaftsökonomischer und wissenschaftstheoretischer Sicht und Ableitung von Aufgaben für die Leitung und Planung, Diplomarbeit an der Sektion Wissenschaftstheorie und Wissenschaftsorganisation der Humboldt-Universität zu Berlin, Berlin Mai 1974.

ren liegt. Wörtlich heißt es dann: „So muss man sich mit der Tatsache abfinden, daß das Gerät zu Beginn seiner Nutzung zu etwa einem Drittel moralisch verschlissen ist."[16]

Meine ersten Berührungspunkte mit Günter Kröber und seinem Institut waren also recht frühen Datums und reichten, was die persönlichen wie die wissenschaftlichen Kontakte betraf, weit über das Ende dieses Institutes hinaus über vier Jahrzehnte bis in die letzten Monate seines sich 2012 vollendenden Lebens. Es ist eine Geschichte des Bewunderers, des Lernenden und eigene Wege Gehenden auf der einen und des vielfältige wissenschaftliche Zugänge und Forschungen in seinem Institut ermöglichenden und sich selbst dabei auch theoretisch wie menschlich weiterentwickelnden Chefs und später sehr produktiven Einzelforschers auf der anderen Seite. Meine Arbeits- und persönlichen Kontakte zum Direktor Kröber waren in den 80er Jahren allerdings vor allem durch meine Funktion als Mitspieler im politisch-wissenschaftsorganisatorischen Leben des Institutes u. a. in der FDJ-Leitung, als Mitglied und als Vorsitzender der Betriebsgewerkschaftsleitung sowie als Mitglied der Parteileitung des ITW bestimmt. 1988 schließlich wurde ich mit 36 Jahren neben Karl-Heinz Strech als zweiter Stellvertretender Institutsdirektor einer Einrichtung berufen, in der zwischenzeitlich rd. 120 Mitarbeiter/innen tätig waren.[17]

---

16 Ebd., S. 51.
17 Hierzu ein Zitat aus der Notiz zum „Kadergespräch mit Genossen Dr. oec. Klaus Meier am 22. März 1988": Auf wissenschaftlichem Gebiet zählt er (Meier) inzwischen zum Kreis von Spezialisten, die sich im Rahmen der Potentialforschung insbesondere den Fragen der Entwicklung der Forschungstechnik widmen. Zu dieser Forschungsthematik verteidigte er 1981 erfolgreich die Dissertation A; gegenwärtig schließt er mit wissenschaftstheoretisch fundierten Analysen und Konzeptionen die Arbeiten an der Dissertation B ab. Besondere Interessen und Fähigkeiten zeigen sich bei Dr. Meier auf der Ebene der praktischen Umsetzung von Forschungsergebnissen zu wissenschaftstheoretischen, -politischen und -organisatorischen Fragen in unterschiedlichsten gesellschaftlichen Nutzungsbereichen. Dabei halfen ihm eine gut entwickelte Sensibilität für das wissenschaftlich und politisch verantwortbare sowie seine beachtlichen Erfahrungen in gesellschaftlichen Leitungsfunktionen. Als FDJ- und Betriebsgewerkschafts-Leitungsmitglied sammelte er das notwendige Erfahrungswissen, um als BGL-Vorsitzender und Parteileitungsmitglied nachhaltig wirksam werden zu können. Seine positive Gesamtentwicklung bestätigte sich insbesondere während seines Einsatzes in der SED-Kreisleitung der AdW als persönlicher Mitarbeiter des 1. Sekretärs (1984 bis 1987). ... Dr. Meier gehörte ferner der Nachwuchskaderreserve an und zählt inzwischen zur Kaderreserve des Direktors. Nunmehr ist es an der Zeit, ihn an Aufgaben höherer Verantwortung heranzuführen, zu deren Lösung er sein wissenschaftliches Profil, das politisch verantwortungsvolle Engagement und die gewachsene Leistungskraft einsetzen kann. Es besteht in Übereinstimmung mit dem Kaderprogramm des ITW 1986–1990 die Absicht, Dr. Meier zu Berufung als Stellvertreter des Direktors vorzuschlagen." An diesem Personalgespräch mit mir nahmen teil: Günter Kröber in seiner Funktion als Direktor, Karl-Heinz Strech (Stellv. Direktor) und Dirk Pilari (BGL-Vorsitzender).

3. Exkurs in die Wendemonate 1989/90

Vorwegnehmen – weil schon nicht mehr ganz im Fokus des Themas (ITW und IGW in den 70er und 80er Jahren) und von deutlich anderem Charakter – will ich schlaglichtartig Begebenheiten aus den Wendemonaten 1989/90, einer Lebensphase, die für die meisten Ostdeutschen mit einschneidenden Veränderungen verbunden war. Es war dies eine Phase großer politischer, aber eben auch existentieller persönlicher Verunsicherung im schnell zerfallenden System der DDR mit sich mitunter stündlich ablösenden Szenen und Rollenwechseln. Etwa der Art: die beiden Stellvertretenden Direktoren Strech und Meier bitten um ein Gespräch bei Günter Kröber. Da sitzen sie in der Woche nach dem 7. Oktober 1989 im Chefzimmer und versuchen ihm zu vermitteln, wie die politische Lage täglich, stündlich weiter eskaliert und mit den herkömmlichen Mitteln von staatlicher Autorität und Gewalt nicht mehr zu beherrschen ist. Und es kann auch die Kinder und Mitarbeiter unseres Instituts treffen, etwa wenn sie sich mit Kritikern in der Gethsemanekirche[18] treffen und solidarisieren. Für eine Wissenschaftlerpersönlichkeit wie Günter Kröber, dessen Biographie im besonderen Maße mit dem politischen System der DDR verbunden war, der gerade von einer erfolgreichen West-Auslands-Dienstreise zurückgekehrt war, schienen solche „Wasserstandsmeldungen" seiner Vertreter einfach unfassbar – und ob wir denn nicht gleich dem Neuen Forum beitreten wollen.[19]

Das war nicht nur so dahingesagt: Vorausgegangen war eine für Kröber bis dahin ungewohnte Situation im Umfeld der Feierstunde unseres Institutes zum Jahrestag der DDR. Da Kröber bis zu diesem Tag der Institutsversammlung am 5. Oktober 1989 noch auf Dienstreise in Griechenland weilte, übergab man in Absprache mit der Parteileitung die Aufgabe der Festrede zum 40. Jahrestag der DDR dem jungen stellvertretenden Direktor Klaus Meier. Kröber stieß gegen Ende der Feierstunde hinzu, als ich mit dem Vortrag bereits zum Schluss kam. Allein, was er da noch vernahm – befremdliche Sentenzen zum Institut und unserem Verhältnis zu den Vorgängen in der DDR – passte so gar nicht zu seiner Vorstellung einer Festrede.[20] Nur der erstaunlich

---

18 Die evangelische Gethsemanekirche ist eine Kirche im Berliner Bezirk Pankow und liegt im Helmholtzkiez des Ortsteils Prenzlauer Berg. Sie wurde 1891–1893 nach Plänen von August Orth erbaut und verdankt ihre Bedeutung nicht zuletzt ihrer Rolle während der friedlichen Revolution in der DDR im Herbst 1989; Quelle: https://de.wikipedia.org/wiki/Gethsemanekirche_(Berlin) – Die Kirche war ab 2. Oktober 1989 Tag und Nacht geöffnet und die Diskussionsveranstaltungen wurden von Tausenden besucht.
19 Günter Kröber: *„Ich habe geglaubt, ich lebte in einem Lande, welches das Ideal des Sozialismus verkörpert, wenngleich es offiziell als ein Land des realen Sozialismus deklariert wurde. Ich war bereit, ihm bis zur Selbstaufopferung zu dienen. Diese Haltung war so tief verinnerlicht, dass selbst der Blick über die Grenzen des eigenen Landes und in den blühenden Garten des kapitalistischen Nachbarn sie nicht zu erschüttern vermochte."* Vgl. „Wie alles kam...", im vorliegenden Band, S. 409.
20 Das Manuskript meiner Rede liest sich aus heutiger Perspektive eher als eine diplomatische Umschreibung der Situation kurz vor dem 7. Oktober 1989. Und dennoch war es seinerzeit durchaus heikel, wie

starke Beifall der anwesenden Mitarbeiter ließ ihn zögern, seinem Vertreter direkt ins Wort zu fallen. Stattdessen erzählte er von der überwältigenden Wertschätzung, die die DDR-Vertreter im westlichen Ausland, und eben jüngst in Griechenland, genießen. Das sonst große Interesse der Mitarbeiter an weiteren Eindrücken von Westreisen blieb diesmal allerdings aus. Die Feierstunde fand jedoch ein versöhnliches Ende, da Hubert Laitko am selben Tag mit dem Nationalpreis[21] ausgezeichnet worden war, was die ungeteilte Zustimmung aller Mitarbeiter unseres Institutes fand und hernach für bessere Feierlaune sorgte.

Diese gute Stimmung nahm allerdings in den nächsten Tagen dauerhaft Schaden, als am 7. Oktober die Staatsmacht gewaltsam gegen Demonstranten und „Andersdenkende" vorging.[22] Und am Montag danach insistiert der Stellvertretende Direktor des ITW bei seinem Chef auf Verständnis für DDR-Dissidenten. Das ging nun wirklich über das vertretbare Maß hinaus und rückte verdächtig in die Nähe des Neuen Forums. Dass musste dem jungen Stellvertreter schon mal deutlich gesagt werden.

Doch die historischen Uhren liefen in diesem Spätherbst in einem anderen Tempo, und das Verfallsdatum von Gewissheiten wurde immer kürzer. So zeigte sich Kröber schon deutlich reservierter, als der 1. Sekretär der SED-Kreisleitung der AdW und Mitglied des Zentralkomitees der SED, Genosse Horst Klemm, um Wochenfrist das Institut aufsuchte, um die gesellschaftswissenschaftlichen Institute der Akademie wieder auf Linie zu bringen. Kröber hörte entgegen seiner sonstigen Natur einfach

---

folgt in einer institutsöffentlichen Veranstaltung zu argumentieren: „Gerade in der heutigen Zeit, in einer Zeit des Umbruchs, oder mit anderen Worten, in einem Abschnitt tiefgreifender Wandlungen, wird dies (gemeint ist „Kreativität und Erneuerung"; KM) zu einer Kernfrage. In Anbetracht brennender aktueller Ereignisse wird das Problem einer von höchster Verantwortung getragenen Handlungsinitiative evident. Handlungsinitiative und ein breiter gesellschaftlicher Konsens müssen immer wieder neu errungen werden. Als Marxisten dürfte es uns nicht überraschen, wenn der Klassengegner unsere Schwächen ohne Skrupel und mit größtem Medienaufwand zu nutzen sucht und damit in breiten Kreisen der Öffentlichkeit nicht ohne Wirkung Humanismus für sich reklamieren kann. Wo Handlungsinitiative in Gefahr ist, zeigt sich dies zumindest im Phänomen der Sprachlosigkeit bezogen auf den eigenen inneren Status. Und Sprachlosigkeit stellt sich immer dort ein, wo eine gründliche schonungslose Analyse fehlt oder man ihr – aus welchen Gründen auch immer – nicht die erforderliche Beachtung schenkt." S. 2 des Manuskripts. Vorab gab ich den Text dem Parteisekretär und dem Personalchef des Instituts zum Lesen – sollte es doch bei aller Kritik nicht meine letzte Amtshandlung als Stellvertreter des Direktors sein. Ersterer machte einige Formulierungsvorschläge, der Kaderchef steckte mir einen Zettel zu: „Lieber Klaus, mit Dank zurück. Es entspricht der Zeit – Gruß Manfred".

21 Hubert Laitko erhielt den Nationalpreis im Besonderen für die wissenschaftliche Gesamtredaktion und Herausgabe des Werkes: „Wissenschaft in Berlin – von den Anfängen bis zum Neubeginn nach 1945"; Berlin 1987.
22 Am frühen Abend bewegt sich eine Protestdemonstration vom Alex zum Palast der Republik. Die Menge ruft „Gorbi, Gorbi!". Die Polizei greift ein und drängt die Demonstranten in Richtung Friedrichshain ab. Gegen Abend kommt es, obgleich die Demonstranten rufen: „Keine Gewalt!", zu massiven Gewaltanwendungen und Misshandlungen durch die Sicherheitskräfte im Berliner Bezirk Prenzlauer Berg. In dieser Nacht werden in Berlin 1047 Demonstranten verhaftet. Quelle: http://www.chronikderwende.de/tvchronik_jsp/key=tvc7.10.1989.html [Zugriff: 19.03.2015].

nur zu, auch seinem Stellvertreter, als der nassforsch in etwa formulierte: „Wenn wir uns nicht unverzüglich selbst mit unserer bisherigen Rolle kritisch auseinandersetzen, werden das andere für uns tun. Das ist jetzt wirklich Klassenkampf – aber anders als wir uns ihn vorgestellt haben: die vorderste Linie ist längst überrollt." Das war dem Genossen Klemm zu defätistisch – und solche Äußerungen von einem Mann, der ihm mal für gut zwei Jahre zugeordnet war und seine Reden und Stellungnahmen vorbereiten durfte.[23]

Günter Kröber indes schien im Stillen für sich Schlüsse zu ziehen. Mit diesem Verbündeten auf Parteiebene wird es in bisheriger Konstellation wohl keine Zukunft geben. Aber diese Ahnung musste erst noch politisch und menschlich – und dies hieß bei Kröber auch irgendwie gesellschaftstheoretisch – durch den Kopf und reifen.

Wenige Tage später – auf der Demonstration von Akademie-Mitarbeitern auf dem damaligen Platz der Akademie vor dem Hauptgebäude (dokumentiert in der „Aktuellen Kamera", der Nachrichtensendung des DDR-Fernsehens, vom 10. November 1989) fand sich Kröber neben – oder besser gesagt inhaltlich durchaus an der Seite der noch vor kurzem gescholtenen kritischen Mitarbeiter der AdW unter der Losung „Freie Wissenschaft in einer freien Gesellschaft". Als einer der Hauptredner formulierte Kröber die Forderung nach einem Verfassungsartikel, der die Freiheit von Lehre und Forschung garantiert. Die Wissenschaft solle sich künftig allein vor einem Wissenschaftsausschuss der Volkskammer verantworten. Dafür bekam unser Institutsdirektor ungeteilten Beifall – ganz im Gegensatz zu dem unter Pfiffen und Buhrufen gescheiterten Versuch des Akademiepräsidenten, sich zu Wort zu melden. Unter den versammelten Demonstranten aus der Akademie waren auch die beiden stellvertretenden Direktoren Strech und Meier sowie Parteileitungsmitglied Wolfgang Girnus mit einem selbst gebastelten Plakat.

---

23 Es war in der Akademie nicht unüblich, dass Mitarbeiter aus den Instituten zur Unterstützung der Arbeit der zentralen Partei-, Gewerkschafts- und FDJ-Leitungen der Akademie auf Zeit (zumeist für 2–3 Jahre) delegiert wurden. So war dem Genossen Klemm, 1. Sekretär der SED-Kreisleitung der AdW, der Stellvertretende Direktor des ITW Klaus Meier kein Unbekannter. Schließlich hatten das Kaderentwicklungsprogramm des Instituts auf der einen und die Anforderungen der Kreisleitung nach personeller Unterstützung auf der anderen Seite dazu geführt, dass Meier zwischen 1984 und 1987 dem Genossen Horst Klemm als persönlicher Mitarbeiter zugeordnet war. Dies war arbeitsrechtlich durch eine entsprechende Zusatzvereinbarung zum Arbeitsvertrag ordentlich geregelt – wie folgendes Zitat belegt: „ ... auf der Basis des Arbeitsgesetzbuches der DDR, insbesondere der §§ 50 und 84, zwischen den Unterzeichnern dieses Zusatzes zum Arbeitsvertrag wird vereinbart: 1. Genosse Dr. Klaus Meier, wissenschaftlicher Mitarbeiter im Institut für Theorie, Geschichte und Organisation der Wissenschaft der AdW der DDR, übernimmt mit Wirkung vom 1. Juni 1984 Aufgaben als ehrenamtlicher wissenschaftlicher Mitarbeiter der Kreisleitung des SED Akademie der Wissenschaft der DDR. 2. Der Hauptinhalt seiner Tätigkeit ist auf die Bearbeitung wissenschaftspolitischer Fragestellungen gerichtet, wobei die wissenschaftlichen Erkenntnisse des Instituts über Genossen Meier in die Erfüllung der Arbeitsaufgaben bei der Kreisleitung ebenso einfließen, wie in dieser Tätigkeit gesammelte Erfahrungen auf die Arbeit des Instituts zurückwirken sollen."

In dem Maße aber, wie sich bestehende Strukturen in der Akademie in den folgenden Monaten dem Gedanken der Freiheit der Wissenschaft öffneten bzw. sich öffnen mussten, hatten viele der Protagonisten der Freiheit der Wissenschaft dies in eine individuelle Überlebensstrategie übersetzt und sich auf die Suche nach neuen Autoritäten und Arbeitgebern gemacht. Spätestens seit den ersten freien, allerdings massiv westdeutsch beeinflussten Wahlen am 18. März 1990 in der DDR hieß es dann: „Rette sich, wer kann". Die Akademie und ihre Institute wurden letztlich so auch von vielen ihrer Mitarbeiter aufgegeben, bevor man jenen per Einigungsgesetz den Todesstoß gab.[24]

Ihrer wissenschaftspolitischen und moralischen Verantwortung in der kritischen Auseinandersetzung mit dem Einigungsprozesses auf dem Feld der Wissenschaft hat sich aber eine Reihe von Mitarbeitern des ITW durchaus gestellt.[25] Stellvertretend sind zu nennen Charles Melis, Hansgünter Meyer, Reinhard Bobach, Carla Schulz und der Autor des vorliegenden Beitrages. Sie nutzten die gewonnene Freiheit des Schreibens und Publizierens[26], solange es noch Interesse an solchen Texten gab – dies wohl wissend, dass es in allen Belangen ein ungleicher Kampf war. Denn das Ergebnis, die Zerschlagung und partielle Einvernahme und Übernahme aller ostdeutschen Forschungsstrukturen, stand bereits seit März 1990 außer Frage.

---

24 Einigungsvertrag, Vertrag zwischen der Bundesrepublik Deutschland und der Deutschen Demokratischen Republik über die Herstellung der Einheit Deutschlands (Einigungsvertrag) §28, Absatz 2 (2): „Mit dem Wirksamwerden des Beitritts wird die Akademie der Wissenschaften der Deutschen Demokratischen Republik als Gelehrtensozietät von den Forschungsinstituten und sonstigen Einrichtungen getrennt. Die Entscheidung, wie die Gelehrtensozietät der Akademie der Wissenschaften der Deutschen Demokratischen Republik fortgeführt werden soll, wird landesrechtlich getroffen. Die Forschungsinstitute und sonstigen Einrichtungen bestehen zunächst bis zum 31. Dezember 1991 als Einrichtungen der Länder in dem in Artikel 3 genannten Gebiet fort, soweit sie nicht vorher aufgelöst oder umgewandelt werden."

25 Im November 89 schloss ich mich der „Initiativgruppe Wissenschaft" an und leitete den Reformkreis „Wissenschaft und Gesellschaft" und habe in dieser Funktion zeitweilig auch am Runden Tisch der Akademie mitgearbeitet. Vgl. Guntolf Herzberg, Klaus Meier: Karrieremuster, a.a.O., S.11.

26 Hingewiesen sei hier u.a. auf folgende Texte: Reinhard Bobach, Klaus Meier: Industrieforschung ohne Industrie? WZB, Berlin 1990; Klaus Meier, Charles Melies: Kardinale Mißverständnisse beim Vergleich der Wissenschaftssysteme von DDR – BRD; in: Akademie-Nachrichten (ANA Heft 2/1990), Berlin 1990, S.6–8; Klaus Meier, Charles Melies: Falsch vermessen und zurechtgestutzt. In: Forum Wissenschaft, Heft 2/1990, S.23–34; Klaus Meier, Carla Schulz: Demokratie lernen und behaupten lernen. Demokratisierungsprozesse in der Wissenschaft der „Noch-DDR" seit November 1989; in: Forum Wissenschaft, Heft 2/1990, S.25–28. Klaus Meier, Charles Melies: Experiment „Schöpferischer Crash". Wieviel Wissenschaft darf in den Einheitszug?. In: wissenschaft und fortschritt, Heft 11, 1990, S.292–95; Klaus Meier: Der Stand der Forschung in der DDR im internationalen Vergleich: Naturwissenschaften. In: Materialien der Enquete-Kommission „Überwindung der Folgen der SED-Diktatur im Prozess der deutschen Einheit", Band IV/2, S.1305–1334.

Wissenschaftsforschung am ITW – unsere besten Jahre

4. 1974–1976 – ein Absolvent auf der Suche nach Thema und Methoden

Ich knüpfe hier an einen Beitrag an, den ich vor 20 Jahren anlässlich des 1995 – insbesondere vom Verein Wissenschaftssoziologie und -statistik e. V. (WiSoS) organisierten – Kolloquiums *25 Jahre Wissenschaftsforschung in Ost-Berlin* gehalten habe und den ich seinerzeit mit dem Titel „*Wissenschaftspark ITW – im Grenzland der Wissenschaftsforschung*" überschrieben habe.[27] Er widmet sich der Genese einer speziellen Forschungsrichtung am ITW, die sich mit der Rolle von Forschungstechnik im modernen Forschungsprozess beschäftigte und die sich über die Zeit zu einer respektablen empirisch gestützten sozialwissenschaftlichen Begleitforschung mit einiger wissenschaftspolitischer Sprengkraft entwickelte.

Beginnen möchte ich im Frühsommer 1974: Da traf ich auf Klaus-Dieter Wüstneck, der sich seinerzeit als Stellvertretender Direktor des ITW aufgrund meiner Initiativbewerbung am ITW (damals noch IWTO – Institut für Wissenschaftstheorie und Organisation) die Zeit für ein ausführliches Gespräch mit mir nahm. Der mir von der staatlich gelenkten Absolventenvermittlung der Humboldt-Universität zugedachte Berufseinstieg als EDV-Organisator im Waggonbau Dessau entsprach so gar nicht meinen Vorstellungen einer persönlichen Perspektive, so dass ich mich selbst auf die Suche nach Alternativen begab. Ein Bekannter aus meinen Stadtbezirk, der in der Akademie in der ABI-Kommission[28] tätig war, ließ seine Beziehungen spielen und stellte die Verbindung zum Kröber-Institut her. Dort traf ich auf Klaus-Dieter Wüstneck, der mir das Institut und seine Arbeitsfelder vorstellte. Schließlich reifte bei ihm der Vorschlag, die Forschungsgruppe Wissenschaftspotential mit Lothar Kannengießer und Werner Meske durch mich als ersten Absolventen der Sektion WTO zu verstärken.

Obgleich von der Zusammensetzung und zunehmend auch von der Forschungspraxis her ein interdisziplinäres Institut, fand ich mich im Herbst 1974 am ITW neben Philosophen, Historikern, Soziologen, Ökonomen – also unter gestandenen

---

27 Vgl.: Klaus Meier: Wissenschaftspark ITW im Grenzland der Wissenschaftsforschung – oder Impulse zur Analyse der Forschungstechnik" S. 114–122. In: 25 Jahre Wissenschaftsforschung in Ostberlin – „Wie zeitgemäß ist komplexe integrierte Wissenschaftsforschung?" – Reden eines Kolloquiums; Hansgünter Meyer (Hrsg.), Berlin 1996 [Heft 10 der Schriftenreihe des Wissenschaftssoziologie und -statistik e. V. (WiSoS)].

28 Bei der Arbeiter-und-Bauern-Inspektion (ABI) handelt es sich um eine Kontrollinstitution, die von 1963 bis 1989 in der DDR bestand, im Januar 1990 in ein Komitee für Volkskontrolle umgewandelt und von Juni bis Dezember 1990 abgewickelt wurde. ...die ABI sollte ehrenamtliche Mitarbeiter an ihren Kontrollen beteiligen, mittels umfangreicher Öffentlichkeitsarbeit Unzulänglichkeiten benennen und helfen, Schlussfolgerungen aus den Beschwerden (Eingaben) der Bürger zu ziehen. Quelle: https://www.bundesarchiv.de/fachinformationen/03494/index.html.de [Zugriff: 10.03.2015].

Spezialisten – als jemand, der seine spezifische Forschungsbefähigung erst durch einen eigenen originären Forschungsgegenstand und ihm adäquaten Forschungsmethoden suchen und etablieren musste. Da sich viele am Institut der Rolle der wissenschaftlichen Persönlichkeit, der Rolle der wissenschaftlichen Community, von wissenschaftlichen Schulen, der Planung und Organisation von Forschung sowie der Überführung wissenschaftlicher Ergebnisse, von wissenschaftlichen Methoden und der Vermessung von Forschung anhand von In- und Output-Größen verschrieben hatten – nicht zu vergessen die Wissenschaftsgeschichte –, wurde mir als Neueinsteiger eines klar: Es bedarf nicht so sehr einer weiteren personellen Verstärkung dieser Ansätze. Was fehlt, war ein ganz anderer Spezialist – ein Spezialist, der sich explizit mit der Rolle von Forschungstechnik im wissenschaftlichen Erkenntnisprozess – als Mittel, Gegenstand und Ergebnis wissenschaftlicher Forschung – beschäftigt.

Woher diese Einsicht? Bei Günter Kröber war es die frühe Liebe zur Mathematik[29] – die auch seine Memoiren wie ein roter Faden durchzieht. Um für sich die Sinnfrage am Ende eines bewegten Berufslebens positiv zu beantworten, rekonstruiert Kröber sein Leben als eine mathematische Symphonie, deren einzelne Sätze zwar deutlich vom Hauptthema abweichen, das aber immer latent erhalten bleibt um schließlich nach 1990 zu den bekannten Arbeiten um Apfelmännchen und Palindrome zu führen. Die fast kindliche Freude darüber, – dass die Entwicklung natürlicher wie gesellschaftlicher Phänomene als komplexe, nichtlineare und irreversible Prozesse zu verstehen sind – lässt verlorene Souveränität wiedergewinnen. Hier findet Günter Kröber auf der Ebene mathematischer Regeln und evolutionstheoretischer Modelle seinen Frieden und einen Erklärungszugang ob des unrühmlichen Untergangs des Staatssozialismus und der auch persönlich schmerzlich erfahrenen Praxis des gesellschaftlichen Umgangs[30] mit großen Teilen der wissenschaftlich-technischen Intelligenz im Osten Deutschlands.

---

29 Kröber erinnert sich in seinen Memoiren an die Prophezeiung seines Mathematiklehrers: *„Wann sind zwei Dreiecke kongruent?, war die Frage, die als Hausaufgabe die Stunde beschloss, nachdem er vier Kongruenzsätze erläutert hatte. Die waren bis zu der nächsten Stunde zu reproduzieren. Das Los traf mich, und ich betete sie alle vier herunter. Warum er mir auf die Schulter klopfte und begeistert ausrief: Kröber, du wirst einmal Mathematiker!, weiß ich bis heute nicht, denn ich hatte nur beschrieben, was ich vor Augen hatte. Seitdem aber war das Interesse für die Mathematik, um nicht zu sagen die Liebe zu ihr, in mir erwacht."* In: Günter Kröber: „Wie alles kam…", a.a.O., S.41.

30 Hierzu ein Zitat aus Günter Kröber: „Wie alles kam…": *„Am 25. Mai 1990 erschien im Institut an der Prenzlauer Promenade ein Reporter des Nachrichtenmagazins ‚Der Spiegel' und bat um ein Interview mit mir. Karl-Heinz Strech, der mit ihm bereits gesprochen hatte, informierte mich, dass der Herr etwas über Fibonacci erfahren möchte. Ich war erfreut ob solchen Interesses und empfing ihn. Doch sein Anliegen war ein ganz anderes. Er durchforstete die Akademie, um einen Artikel über diese marode Einrichtung zu schreiben, der die Öffentlichkeit darauf vorbereiten sollte, dass die Schließung dieser nichtsnutzigen Institution die beste Lösung sei, denn niemand im Westen könne daran interessiert sein, den DDR-Gelehrten finanziell aus der Klemme zu helfen."* a.a.O., S.281.

Meine biographische Prägung war weniger ein mathematisches denn ein physikalisch-technisches Verständnis von Interaktionen zwischen Mensch, Natur und Technik.

Und das hat vor allem mit meinem frühen Berufseinstieg noch während der Schulzeit zu tun. 1966, mit 14 Jahren, begann ich eine Lehre im VEB Funkwerk Köpenick als Elektromechaniker parallel zur 9. und 10. Klasse der Polytechnischen Oberschule. Und während ich nach der 10. Klasse die Facharbeiterausbildung nach weiteren anderthalb Jahren abgeschlossen hatte, konnte ich per Abendschule 1970 auch das Abitur bestehen. Ich hatte also mit 18 Jahren sowohl einen Facharbeiterabschluss als auch das schulische Reifezeugnis für ein Studium in der Tasche. Am Funkwerk Köpenick durfte ich mich schon während der Lehrzeit und in den folgenden sechs Monaten als Facharbeiter im zentralen Prüffeld des Werkes intensiv mit Messtechnik beschäftigen. Gegenstand meiner Arbeit war die Fehlersuche und Justierung der damals im Funkwerk gefertigten neuesten mobilen Sprechfunktechnik in der DDR, die insbesondere in Taxis, Kranken- und Polizeiautos zum Einsatz kam. Jahre später war mir nun am wissenschaftstheoretischen Institut rein vom technischen Verständnis her klar: hinsichtlich der Funktion von Forschungstechnik gibt es nicht nur Analogien, hier gibt es deutliche Überschneidungen und letztlich kann Technik nur deshalb als Erkenntnismittel fungieren, weil sie bestimmte Signale über das Untersuchungsobjekt erfasst, verstärkt und auswertet. Die Erkenntnis physikalischer, chemischer, biologischer Effekte und ihre technische Beherrschung können in Form von Experimentalaufbauten und wissenschaftlichen Geräten selbst zum Erkenntnisinstrument werden. Eigentlich ganz einfach!

Aber das schien bis auf Experten für Wissenschafts- und Technikgeschichte zunächst kaum jemanden zu interessieren. Im Mittelpunkt stand – und dies auch nicht zu Unrecht – das wissenschaftliche Schöpfertum.[31] Günter Kröber hatte bereits damals die Souveränität und vielleicht auch die Weitsicht, in seinem Hause auch theoretische Ansätze und empirische Forschungen sich entwickeln zu lassen, die nicht im Zentrum seiner persönlichen wissenschaftlichen Vorlieben standen. Das was ich machte und näher zu untersuchen gedachte, war nicht seine Sache, aber er begleitete es wohlwollend. Erst bei der Erarbeitung des Buches „TOHUWABOHU – Chaos und Schöpfung", das Karl-Heinz Strech und ich 1991 im Aufbau-Taschenbuch-Verlag[32]

---

31 Vgl. u.a.: Günter Kröber und Marianne Lorff (Hrsg.): Wissenschaftliches Schöpfertum, Berlin 1972 (eine Übersetzung aus dem Russischen, Moskau 1969); Alfred Erck, Lothar Läsker und Helmut Steiner (Hrsg.): Sozialismus und wissenschaftliches Schöpfertum; Berlin 1976.
32 Klaus Meier und Karl-Heinz Strech (Hrsg.): TOHUWABOHU – Chaos und Schöpfung, Aufbau Taschenbuch Verlag, Berlin 1991 (309 S.), darunter der Beitrag von Günter Kröber „Wissenschaft im Spiegel von Chaos", S. 179–213.

herausgegeben haben, kamen wir uns auch wissenschaftlich näher. Insofern konnte ich nie wirklich ein Ziehkind von Günter Kröber sein.

Ganz anders mein Bezug zu zwei Persönlichkeiten, ohne die die guten Zeiten und viele der bemerkenswerten Ergebnisse der ITW-Forschung nicht denkbar gewesen wären: Das ist zum einen Hansgünter Meyer, dem ich den Durchbruch in der empirischen Untersetzung meiner Forschungsarbeiten verdanke, und das ist zum anderen Hubert Laitko, der mir wie einst Sokrates seinen Schülern mit manch genialen Fragen und Formulierungen den Weg zum theoretischen Gehalt der eigenen Forschungsarbeiten finden half. Diesen beiden Wissenschaftlerpersönlichkeiten soll neben Günter Kröber dieser Beitrag gewidmet sein. Hubert Laitko steht für mich im Besonderen für die Fähigkeit, komplexe Problemlagen auf ihren theoretischen Kern zu bringen. So schildert Laitko die Forschungssituation Ende der 60er/Anfang der 70er Jahre wie folgt: „In den 60er Jahren, der Pionierzeit der modernen Wissenschaftsforschung, wurde schnell deutlich, daß zahlreiche Disziplinen mit ihren jeweils spezifischen Begriffs- und Methodenarsenal etwas zum Verständnis des komplexen Phänomens Wissenschaft beizutragen haben, daß es aber zugleich unmöglich ist, diese aus ganz unterschiedlichen Perspektiven geleisteten Beiträge ohne weiteres zu dem gesuchten ganzheitlichen Bild zusammenzufügen. Damals wurde der Ruf nach interdisziplinärer Synthese in der Wissenschaftsforschung laut. Die konsequente Befolgung dieses Appells hat sich als sehr viel schwieriger und langwieriger erwiesen, als zu jener Zeit angenommen werden konnte. Einer der gravierenden Brüche im Gebäude der Wissenschaftsforschung, zu dessen Überwindung es bislang nicht viele erstzunehmende Ansätze gibt, ist jener zwischen der Wahrnehmung der geistigen Produktion in ihrer unmittelbar sprachlichen Gestalt auf der einen und der Analyse der in sie eingeschlossenen gegenständlich-praktischen, technikvermittelten Auseinandersetzung mit dem Erkenntnisobjekt auf der anderen Seite. Ein zufriedenstellender theoretischer Zugang zum Problem der Wissenschaftsentwicklung ist nicht möglich, solange dieser Bruch erhalten bleibt."[33] Aber genau an dieser Grenze bewegte ich mich damals mit meinen Überlegungen zum Forschungsgegenstand. Was wir Mitte der 70er Jahre zum Thema Forschungstechnik innerhalb unserer Forschungspotentialuntersuchungen zu bieten hatten, waren primär ökonomische Kennzahlen zum Ausstattungsgrad der Forschung mit Forschungstechnik und anderen technischen Hilfsmitteln. Das war aber schlichtweg nicht der Zugang, um dem Phänomen der Technik in der Wissenschaft näher zu kommen. Außer vielleicht der Tatsache, dass Forschung auch von der technischen Ausstattung her immer teurer

---

[33] Hubert Laitko: Gutachten zur Dissertation B „Der forschungstechnische Neuerungsprozess. Ein Beitrag zu Theorie und Analyse der Wissenschaftsentwicklung" von Dr. Klaus Meier; unveröffentlichtes Manuskript, Berlin 1990, S. 1.

und die Mittel in der DDR auch dafür (insbesondere Devisen) immer knapper wurden.

Diesem Thema musste man sich – so war meine feste Überzeugung – von ganz anderen, von bislang nicht betrachteten Seiten nähern. Insofern musste ich das, was Werner Meske innerhalb der Wissenschaftspotentialforschung sehr professionell mit makroökonomischen Kennziffern zur Beschreibung der Potentialentwicklung praktizierte[34], verlassen. Das brachte mich inhaltlich dem Frühwerk des ewigen Enfant Terrible des ITW und der Wissenschaftsforschung näher: Gemeint ist Heinrich Parthey mit dem „zeitlosen Klassiker" von Parthey/Wahl *Die experimentelle Methode in Natur- und Gesellschaftswissenschaften*.[35] Dieses Buch, das 2016 den 50. Jahrestag seines Erscheinens feierte, war quasi die Mitgift der aus Rostock nach Berlin gerufenen Kollegen Parthey und Wahl bei der Institutsgründung im Jahre 1970. Parthey/Wahl bestimmen darin vier Teile bzw. Grundfunktionen in einer experimentellen Versuchsanordnung: „1. Vorbereitungs- und Isolierungsmittel, 2. Untersuchungsobjekt, 3. Einwirkungsmittel, 4. Beobachtungsmittel".[36]

Gut ein Jahr nach meinem Einstieg am ITW legte ich im Oktober 1975 eine erste Forschungskonzeption unter der Überschrift „Zur Entwicklung der Ausstattung der

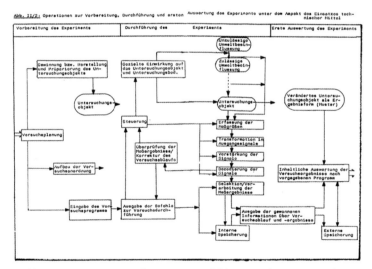

Abb. 1: Operationen zur Vorbereitung, Durchführung und Auswertung des Experiments unter dem Aspekte des Einsatzes technischer Mittel

---

34 Vgl. u. a. Werner Meske in: Autorenkollektiv: Das Forschungspotential im Sozialismus, Berlin 1977, insbesondere Kapitel V „Zur Problematik der Grundmittel als Bestandteil des Forschungspotentials, S. 201–226.
35 Heinrich Parthey, Dietrich Wahl: Die experimentelle Methode in Natur- und Gesellschaftswissenschaften, Berlin 1966.
36 Ebd., S. 160.

experimentellen Forschung mit Forschungsgeräten" vor. Der Untertitel: *Die Charakterisierung der Forschungsgeräte nach ihrer Funktion im Experiment – eine Möglichkeit der Schaffung von theoretischen Grundlagen zu Bestimmung der Entwicklung des Potentials an Forschungsgeräten* traf den Kern der Arbeit schon deutlicher. Das von mir in dieser Konzeption entwickelte Funktionsschema, das sich durch eine weitere Untersetzung der von Parthey/Wahl charakterisierten Funktionen (z. B. Erfassung, Verstärkung und Transformation von Signalen über das Untersuchungsobjekt) auszeichnete, bestand durchaus Partheys kritischen Blick. Allerdings zeigte er wenig Neigung, mit mir in tiefere Diskurse über die mehr technische Seite der experimentellen Methode einzusteigen. Veröffentlichen konnte ich dieses Funktionsschema erstmals 1976 auf einem internationalen Seminar in Warschau zu „Problemen der Organisation und des Managements der Entwicklung der Wissenschaft unter den Bedingungen der Wissenschaftlich-technischen Revolution" (15.–19. November 1976) – organisiert vom dortigen Institut für Wissenschafts- und Hochschulpolitik.[37] Ein ausgefeiltes Funktionsschema findet sich auch im Heft 20 der Studien und Forschungsberichte des ITW mit dem Titel „Technik für die Wissenschaft" – erschienen 1986 –, dort schon flankiert mit reichlich empirischem Forschungsmaterial.[38] Denn was nützen die schönsten Schemata, wenn man mit ihnen nichts weiter anfangen kann. Um mich am Institut mit meinem Forschungsansatz etablieren zu können, bestand erst einmal die Aufgabe, auch empirisch nachzuweisen, welche Rolle die Forschungstechnik tatsächlich in den unterschiedlichen wissenschaftlichen Disziplinen in der Grundlagenforschung, in der angewandten Forschung und bei Überführung von Forschungsergebnissen spielt und welchen Einfluss das Niveau der verfügbaren Technik auf das Niveau der Forschungen hat. Die Technik konnte man dazu repräsentativ schlecht befragen, also musste man diejenigen befragen, die damit täglich Umgang haben, also die Wissenschaftler, Ingenieure, Laboranten und Forschungsfacharbeiter.

---

37 Vgl. Klaus Meier: Über einige Fragen der Entwicklung der materiell-technischen Basis der Forschung im Sozialismus. In: Zagadnienenia naukoznawstwa, Kwartalnik, Warschau 1977, S. 397–404.
38 Klaus Meier: Forschungsgeräte im modernen Forschungsprozess. In: Technik für die Wissenschaft, ITW der AdW der DDR, Studien- und Forschungsberichte, Heft 20, Berlin 1986, S. 140.

5. Hansgünter Meyer und die große Zeit soziologischer Befragungen (1976–1986)

Und da ergab sich für mich um 1976 – wie für einige andere Kollegen auch[39] – eine einmalige Forschungssituation. Vom Zentralinstitut für Philosophie der AdW politisch angezählt und letztlich vertrieben[40], kam Hansgünter Meyer Mitte der 70er Jahre ans ITW und versuchte hier einen wissenschaftlichen Neustart.[41] Allein die Tatsache, dass Hansgünter Meyer nach den ideologischen Querelen am Zentralinstitut für Philosophie dann am ITW dieses Projekt auf die Beine gestellt und durchgezogen hat,

---

39 Dem Team der empirisch-statistischen Erhebungen um Hansgünter Meyer gehörten an: Gabriele Groß, Andreas Krause, Klaus Meier, Alexander Nadiraschwili, Christine Waltenberg. Die wissenschaftlich-technische Unterstützung und Bearbeitung insbesondere der Publikationen übernahmen: Angelika Meyer, Elisabeth Gabel und Ingrid Endesfelder.
Stellvertretend sei auf folgende Publikationen verwiesen:
Gabriele Groß: Ein methodischer Ansatz zur Bestimmung des Leistungsvermögens von Kaderpotentialen durch Untersuchungen zur Identifikation des Wissenschaftlers mit dem Forschungsproblem. In: Struktur und Dynamik des Kaderpotentials in der Wissenschaft, ITW der AdW der DDR, Studien und Forschungsberichte, Heft 13, Teil II, Berlin 1980; Gabriele Groß: Probleme der Motivation des Wissenschaftlers. In: Kaderpotential in der Wissenschaft, ITW der AdW der DDR, Studien und Forschungsberichte Heft 19, Berlin 1986, S. 337–392; Gabriele Groß: Zu einigen Problemen der Entwicklung qualifikationsrelevanter Verhaltensorientierungen insbesondere bei jungen Wissenschaftlern. In: Aktuelle theoretische und praktische Probleme der Nutzung und Entwicklung des Wissenschaftspotentials, ITW der AdW der DDR, Kolloquien, Heft 29, Berlin 1982, S. 76–85; Andreas Krause: Zu einigen ausgewählten Problemen der strukturellen Entwicklung des wissenschaftlichen Kaderpotentials aus der Sicht der sozialistischen Internationalisierung. In: Struktur und Dynamik des Kaderpotentials in der Wissenschaft; ITW der AdW der DDR, Studien und Forschungsberichte, Heft 13, Teil I; Berlin 1979, S. 164–195; Alexander Nadiraschwili: Die Internationalisierung der Wissenschaft und ihr Einfluß auf die Struktur und das Leistungsvermögen des Kaderpotentials der Wissenschaft in den Mitgliedsländern des RGW. In: Kaderpotential in der Wissenschaft, ITW der AdW der DDR, Studien und Forschungsberichte, Heft 19, Berlin 1986, S. 289–305; Christine Waltenberg: Forschungstypen und wissenschaftlicher Transfer als Bedingung der Entwicklung der Leistungsbefähigung der Kader. In: Struktur und Dynamik des Kaderpotentials in der Wissenschaft; ITW der AdW der DDR, Studien und Forschungsberichte, Heft 13, Teil III, Berlin 1981, S. 161–186; Christine Waltenberg: „Frauen in der Wissenschaft...", VII. Kolloquium des ITW, Bereich Wissenschaftspotential, Berlin 1987.

40 Noch in meinen Unterlagen findet sich dazu ein Artikel von Akademiemitglied Wolfgang Eichhorn aus Heft 5/1974 des Akademiejournals *Spektrum* zu einem Artikel von Hansgünter Meyer im Heft 9/1973 ebenfalls im *Spektrum*, das im folgenden Vorwurf an die Adresse von Meyer gipfelt: „Wenn man dabei stehen bleibt, bestimmte Tendenzen bloß als gegebene Tatsachen zu konstatieren, so läuft man stets Gefahr, zu einem Apologeten dieser Tatsachen zu werden; es ist nötig, die Produktionsverhältnisse, die gegebene ökonomische Formation, die Wirksamkeit der Klassen, die Auseinandersetzung zwischen den Formationen und Klassenkräften zu untersuchen, denn daraus gehen diese Tendenzen ja erst hervor. All das sind Fragen, die sich dem kritischen Leser bei dem Aufsatz von Meyer ergeben." (S. 3) Der so gescholtene Soziologe Meyer war mit dem Übergang ans ITW etwas aus der Schusslinie gezogen und konnte für seine empirischen Projekte in der Wissenschaftsforschung neue Partner finden sowie auf wissenschaftsleitender Ebene Befürworter solcher Befragungen gewinnen.

41 Vgl. Hansgünter Meyer: Wissenschaftstheoretische Innovationen in der Soziologie. Ein Aspekt disziplinär-integrativer Wissenschaftsforschung aus ITW-Erfahrungen 1974–1991. In: 25 Jahre Wissenschaftsforschung in Ost-Berlin..., a.a.O., S. 138–141.

verlangt äußersten Respekt: Repräsentative Befragungen – in einem sehr sensiblen Bereich wie der Wissenschaft – zu organisieren und politisch durchgesetzt zu bekommen. Hier hatte Hansgünter das Glück des Tüchtigen – und das, weil auch die politisch Verantwortlichen auf Instituts- und Akademie-Ebene die Hoffnung hatten, dass mit solchen Erhebungen Entwicklungsschwierigkeiten analytisch verifiziert und ihre schrittweise Lösung befördert werden kann. Den Forschungseinrichtungen tatsächlich zu helfen – das war gleichrangig mit dem wissenschaftstheoretischen Interesse der durchgängige Impetus unserer empirischen Untersuchungen. In dieser Frage gab es offensichtlich ein Grundvertrauen seitens der Akademieleitung und seitens unseres Institutsdirektors in die Loyalität unseres empirischen Unternehmens und in die persönliche Integrität seines Leiters Hansgünter Meyer.

Vor diesem Hintergrund durften bzw. sollten auch diffizile Fragen zu Motivation, Qualifikation und Arbeitszufriedenheit der Forschungskader und zu den Forschungsbedingungen gestellt werden. Eine seltene Situation weitgehender Forschungsfreiheit, zu der uns Hansgünter Meyer verhalf und einlud. Die Truppe um Hansgünter Meyer erfasste Ende der 70er Jahre eine wissenschaftliche Goldgräberstimmung, von der ich mich gerne begeistern und mitreißen ließ. Hansgünter verstand uns tatsächlich als Truppe von Mitstreitern auf Augenhöhe. Insofern wurde ich in diesen Jahren vom Schüler zum Akteur der Wissenschaftsforschung. Unter Leitung von Hansgünter Meyer wurde so in den Jahren 1977–80 die in ihrer Art größte empirische Befragung in Forschungseinrichtungen der DDR konzipiert und umgesetzt. Unter dem Titel *Arbeits- und Lebensbedingungen in der Wissenschaft – Empirisch-statistische Analyse 1978/79* (EAF 1) wurden seinerzeit 1941 Wissenschaftler und wissenschaftlich-technische Mitarbeiter aus insgesamt 215 Forschungs- und Entwicklungskollektiven befragt.[42] Als junger Wissenschaftler mit gerade zwei Jahren Forschungspraxis hatte ich die einmalige Chance, eigene Fragekomplexe zur Forschungstechnik zu entwickeln und einzubringen.

Theoretische wie methodische Anregungen dafür gingen insbesondere auf zwei Veröffentlichungen aus den frühen 60er und frühen 70er Jahren zurück. Erstere war der 1963 erschienene sogenannte „Vieweg-Report"[43] zur „Wertminderung wissenschaftlicher Ausrüstungen und die Notwendigkeit ihrer Erneuerung". Begriffe wie Lebensdauer der Forschungstechnik, Zeitwert der Geräteausstattung und jährlicher

---

42 Zum Sample zählten 791 Befragte aus Forschungseinrichtungen der AdW der DDR, 782 aus dem Hoch- und Fachschulbereich sowie 334 Probanden aus der Industrieforschung (34 Probanden ohne Zuordnung).

43 Gotthold Richard Vieweg: Depreciation and the need for replacement of scientific equipment. OECD, Paris 1963. In G. Lotz, E. Keusch: Volkswirtschaftliche und wissenschaftsökonomische Probleme des Einsatzes von Forschungsgeräten in der naturwissenschaftlichen Erkundungs- und Grundlagenforschung, ZIID der Akademie der Wissenschaften, Beihefte Zentrale Information 1969 (2).

durchschnittlicher Erneuerungsbedarf waren die wissenschaftstheoretischen Implikationen dieser OECD-Studie. Bei der zweiten Arbeit handelte es sich um die fast 600 Seiten umfassende Publikation von Engelhardt/Hoffmann aus dem Jahre 1974 „Wissenschaftlich-technische Intelligenz im Forschungsgroßbetrieb"[44], die mit ihren

---

44 Michael v. Engelhardt, Rainer-W. Hoffmann: Wissenschaftlich-technische Intelligenz im Forschungsgroßbetrieb, Frankfurt a. M. 1974.
Ich bekam diese Westpublikation vom Institutsdirektor Kröber Ende 1975 persönlich in die Hand. Er wollte mir und Gerd Gampe, der ein Jahr nach mir aus der Sektion WTO an das ITW gekommen war, die Gelegenheit geben, unsere marxistisch-leninistischen Grundpositionen an einer Publikation aus dem linken Wissenschafts-Spektrum der BRD unter Beweis zu stellen. Gedacht war an einen kleinen Sammelband in unserer Instituts-Reihe. So geschehen in: Aktuelle wissenschaftstheoretische Diskussionspunkte; Rezensionen, Kurzberichte und Übersetzungen – Heft 1, ITW der AdW der DDR, Berlin 1977, S. 36–55. Über weite Strecken gelang uns in dieser Rezension eine auch aus heutiger Sicht durchaus differenzierte kritische Würdigung dieser Arbeit. Allerdings ging es nicht ab, ohne letztendlich die Inkonsequenz dieses kapitalismuskritischen Buches am Ende unserer Rezension deutlich zu geißeln: „Soweit wird deutlich, daß Engelhardt und Hoffmann zwar Elemente der Marxschen Theorie aufgreifen, den ‚Marxismus in der Theorie' praktizieren, um nach ihrer Vorstellung objektive Forschung betreiben zu können, jedoch der Marxismus nicht als revolutionäre Weltanschauung des Proletariats, als revolutionäre Theorie des Befreiungskampfes der Arbeiterklasse verstanden und umgesetzt wird." (S. 55) Ich erwähne dies, um den zeitabhängigen Kontext deutlich zu machen. Auch wir jüngeren Wissenschaftler am ITW mussten erst über die Jahre zu einer Kultur des wissenschaftlichen Meinungsstreits finden, in der ideologische Totschlagargumente zum Unding wurden.
Das sah zu Beginn und noch im Verlauf der 70er Jahre etwas anders aus. Erinnert sei an das Anfang 1973 im ITW durchgeführte Kolloquium „Zur Methodologie der Wissenschaftsforschung". In der im Ergebnis erschienenen Publikation hatte Günter Kröber u. a. auch in Reaktion auf Jürgen Kuczynski „Studien zur Wissenschaft von den Gesellschaftswissenschaften" (Berlin 1972) „deutliche Worte" zum Thema Wissenschaftlichkeit und Parteilichkeit gefunden. So heißt es auf S. 5 unter dem Stichwort Parteilichkeit: „Damit ist die marxistisch-leninistische Wissenschaftstheorie eine Disziplin der marxistisch-leninistischen Gesellschaftswissenschaften und insofern nicht nur in ihren Anwendungen, sondern bereits in ihren begrifflichen Grundlagen und Problemstellungen parteilich." Und gegen Ende seines Beitrages: „Wenn Kuczynski deshalb fordert: ‚Der Wissenschaftler soll seinen Gegenstand…ohne Parteilichkeit auf der Grundlage des dialektischen und historischen Materialismus analytisch untersuchen', so verlangt er das Unmögliche, nämlich auf dem Standpunkt der dialektisch-materialistischen Weltanschauung zu stehen und zugleich unparteilich vorzugehen. Der dialektische und historische Materialismus ist die Weltanschauung der Arbeiterklasse und ihrer marxistisch-leninistischen Partei; mit ihm kommt unweigerlich der Interessenstandpunkt der Arbeiterklasse und damit die Parteilichkeit in die Analyse hinein – Parteilichkeit freilich nicht im Sinne bürgerlicher Voreingenommenheit, sondern des unbedingten Interesses der Arbeiterklasse, die Analyse so allseitig und detailliert wie nur möglich durchzuführen." (S. 63)
Wer aber befindet darüber, was Parteilichkeit jeweils bedeutet? Wie verhält sich z. B. das simple Beispiel der empirischen Fragestellung nach dem Niveau der verfügbaren Forschungstechnik mit dem Diktum der Parteilichkeit? Kröber selbst musste Ende der 70er Jahre an seinem Institut schmerzlich erfahren, welcher Gesinnungsdruck entfaltet werden kann, wenn einzelne Akteure für sich die Deutungshoheit über Parteilichkeit beanspruchen. In seinen Memoiren vermerkt Kröber dazu: *„Aus der gut gemeinten Absicht heraus, dass das Institut mit seinen Arbeiten den wissenschaftlich-technischen Fortschritt in der DDR entsprechend den Parteibeschlüssen befördern möge, forderte er (der damalige Parteisekretär – Hrsg.), dass für jedes Thema, das am Institut bearbeitet wird, angegeben werden muss, welchen wissenschaftspolitischen Problemstellungen es gewidmet sein soll. Arbeiten aber, denen keine aktuellen wissenschaftspolitischen Probleme zugrunde liegen, seien politik- und praxisfremd und dürften nicht geduldet werden. … Am Institut verbreitete sich eine Atmosphäre der Unsicherheit und regelrechter Angst, was aus denjenigen Themen und ihren Bearbeitern werden würde, die andere theoretische Ansätze als es das Reproduktionskonzept war, verfolgten und nicht die*

empirischen Erhebungen in Großforschungszentren der BRD u. a. auch die Technikabhängigkeit und arbeitsteilige Ausdifferenzierung wissenschaftlicher Arbeit belegen konnten.

Waren in diesen Arbeiten jeweils spezifische Aspekte von Forschungstechnik im wissenschaftlichen Arbeitsprozess erfasst, wollte ich bei unserer ersten großen soziologischen Erhebung „gleich in die Vollen gehen". Nach den Ergebnissen der EAF 1 waren Ende der 70er Jahre rund 83 % der befragten Forschungskader unmittelbar auf die Nutzung von Forschungstechnik angewiesen, davon arbeiteten fast 60 % kontinuierlich, ein weiteres Drittel in bestimmten Arbeitsphasen und nur 6 % gelegentlich mit Forschungsgeräten.[45] Bezogen auf die Arbeit der befragten Forschungsteams, spielte nur in sechs von 215 Forschungsgruppen Techniknutzung keine Rolle – das waren seinerzeit zwei von 16 der mathematischen und vier von 15 befragten Kollektiven der gesellschaftswissenschaftlichen Forschung.[46] Allein die Zahlen sprachen für sich. Nicht zuletzt waren wir mit unseren eigenen empirischen Forschungen der beste Beweis dafür, dass selbst unter den DDR-Gesellschaftswissenschaftlern moderne Rechentechnik zunehmend unverzichtbar wurde. Fachlich bestand eine ganz elementare Technikabhängigkeit, auch wenn wir selbst nur vermittelt über die Kollegen vom Rechenzentrum und dem Institut für Soziologie und Sozialpolitik (ISS) die Großrechentechnik der Akademie für unsere Auswertungen nutzen konnten. Allein die Tatsache, dass die Auswertung des erfassten riesigen Datenmassivs von der für uns bereitgestellten Programmier- und „Rechenzeit" abhing – war ein Paradebeispiel von Technikangewiesenheit. Es bedurfte also von der Seite der Technikangewiesenheit keiner weiteren Legitimationsbemühungen: meine Untersuchungen zum Zusammenhang von Forschungstechnik und Leistungsvermögen der Forschung hatten „grünes Licht" und ich konnte mich bei der Auswertung insbesondere auf die Frage des Zusammenhangs zwischen dem Niveau der verfügbaren Forschungstechnik und den Forschungsergebnissen konzentrieren.

Zuvor jedoch eine notwendige methodenkritische Bemerkung. Die Gesamtanlage der Erhebung der EAF 1 gliederte sich in zwei Teile: zunächst war das ein Fragebogen,

---

unmittelbare wissenschaftspolitische Relevanz ihrer Arbeiten, womöglich noch entsprechend den Beschlüssen des jeweilig letzten Parteiplenums, nachweisen konnten." In: Günter Kröber: „Wie alles kam...", im vorliegenden Band, S. 340.

45 Klaus Meier: Forschungsgeräte im Forschungsprozeß unter den Bedingungen der Intensivierung wissenschaftlicher Arbeitsprozesse. In: ITW der AdW der DDR, Studien und Forschungsberichte, Heft 13, Teil VI, Berlin 1982 (199 S.). [Dieses Heft fand wegen seiner Einstufung „Nur für den Dienstgebrauch" nur eine beschränkte „Öffentlichkeit"]

46 Ebd., S. 17 f; Sah man sich den Umfang der Techniknutzung in Forschungsteams näher an, waren in über der Hälfte (55 %) der natur- und technikwissenschaftlichen Teams *alle* Mitarbeiter in irgendeiner Form (zumeist kontinuierlich) in die Arbeit mit Forschungstechnik einbezogen. Und unter dem Aspekt arbeitsteiliger Forschungsprozesse waren bei annähernd 95 % aller erfassten Teams zumindest über die Hälfte der Mitarbeiter kontinuierlich in die Gerätenutzung einbezogen.

den alle Befragten auszufüllen hatten. Zusätzlich erarbeiteten wir einen sogenannten Kollektivpass, der nur vom Leiter des jeweiligen Forschungsteams zu beantworten war. Da der Fragebogen für alle bereits 93 Komplexe enthielt, deren Beantwortung überwiegend nichttrivialer Natur und damit recht zeitintensiv war, hatten wir uns entschieden, rund 30 weitere Aspekte insbesondere zum Typ der Forschung und den Arbeitsbedingungen in einen Kollektivpass aufzunehmen. So waren Fragen zu Art und Umfang der Arbeit mit Forschungstechnik Bestandteil des Erhebungsteils für alle. Im sogenannten Kollektivpass fanden sich dann Fragen zu Alter und Niveau der verfügbaren Forschungstechnik. Aus statistischen Signifikanzerwägungen war das natürlich ein Nachteil: So hatten wir streng genommen nur insgesamt etwas mehr als 200 Einzelbewertungen (bei 215 befragten Teams) gegenüber fast 2.000 Bewertungen zum ersten Teil. Damit hatten wir uns einige spezielle und sicherlich nicht uninteressante Auswertungsmöglichkeiten genommen – beispielsweise, ob dieselbe Technik durch Leiter und Mitarbeiter unterschiedlich bewertet wurde.

Aber dieser Aspekt trat insofern in den Hintergrund, als selbst die Leiter seinerzeit das Niveau ihrer forschungsbestimmenden Geräte wenig beschönigend, sondern äußerst kritisch bewertet haben. Nur knapp 10 % der Leiter schätzten für ihre Forschungsgruppe ein, dass die forschungsbestimmenden Geräte im internationalen Vergleich zu den Spitzengeräten zählten. Die parallel zur EAF 1 in der Volksrepublik Bulgarien durchgeführte Erhebung (mit 1.243 Befragten) kam zu einem ähnlichen Ergebnis. In beiden RGW-Ländern verfügten die Forschungseinrichtungen nur etwa zur Hälfte über eine Forschungstechnik, die dem internationalen Niveau zumindest in wesentlichen Leistungsparametern noch entsprach.[47]

Tab. 1: Niveau der für die Forschung bestimmenden Geräte und Anlagen – Vergleich Ergebnisse DDR und VR Bulgarien (EAF 1 – 1978/79)

Niveaustufen	DDR	VRB
Die Geräte sind international Spitzengeräte	9,7 %	14,5 %
Die Geräte entsprechen in ihren wesentlichen Leistungsparametern international vergleichbaren Geräten	42,2 %	32,6 %
Gegenüber international vergleichbaren Geräten geringere Leistungen	48,1 %	52,9 %

Es lag die Vermutung nahe, dass diese Situation vor allem der Altersstruktur der vorhandenen Gerätetechnik geschuldet war. Ist es doch in den 60er und 70er Jahren den Forschungseinrichtungen immer schwerer gefallen, bei wachsendem Personalbestand

---

47 Ebd., S. 66.

und erforderlicher Erweiterungsinvestitionen zugleich die Erneuerung der bereits vorhandenen Forschungstechnik zu gewährleisten. Insofern galt die nächste Frage in der Erhebung dem Alter der verfügbaren forschungsbestimmenden Geräte und Anlagen. Nimmt man den Vergleich DDR – VRB, fielen die Ergebnisse für die untersuchten Forschungseinrichtungen der DDR tendenziell etwas günstiger aus. So lag das Durchschnittsalter der Forschungstechnik bei 40 % der Kollektive noch unter 5 Jahren und immerhin bei 75 % noch unter 7 Jahren für die in der DDR erfassten Forschungsgruppen. In der VR Bulgarien verfügten dagegen 55 %, also mehr als die Hälfte, der befragten Forschungsgruppen über Geräte, die im Durchschnitt deutlich älter als 7 Jahre waren (vgl. Abb. 1). Hierzu im Vergleich die Ergebnisse des „Vieweg-Reports" zum Neuerungsgeschehen der Geräteausstattung in Forschungseinrichtungen der OECD-Länder von 1963: „Die Untersuchung hat ferner gezeigt, daß die durchschnittliche Rate für Neuanschaffungen ungefähr 15 Prozent des Zeitwertes beträgt, was etwa der durchschnittlichen Lebensdauer eines Gerätes von 5 bis 7 Jahren entspricht. ...Sogar Einrichtungen, die nur eine begrenzte Unterstützung durch öffentliche Mittel erhalten, und nicht annähernd so hohe Sätze für das Erneuern von Geräten aufwenden können, geben 15 Prozent als ihre erwünschte Erneuerungsrate an. Dieser Satz gründet sich bei ihnen auf die Untersuchung, was sie brauchen würden, um optimale Ergebnisse zu erzielen."[48]

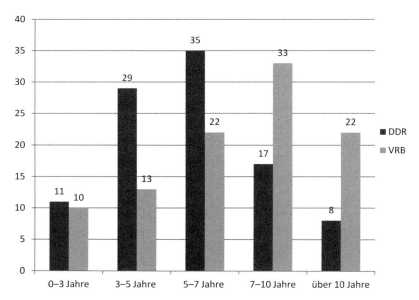

Abb. 1: Durchschnittsalter der forschungsbestimmen Geräteausstattung in % – Vergleich der Ergebnisse der EAF 1 (1978/79) für die DDR und die VR Bulgarien

---

48 Ebd., S. 51.

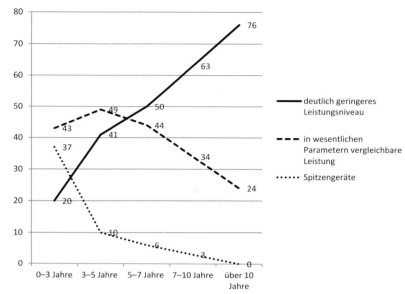

Abb. 2: Altersstruktur und Niveau der Forschungstechnik (Ergebnisse EAF 1, Angaben in % von 100)

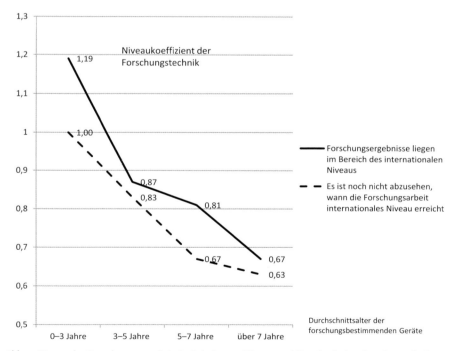

Abb. 3: Niveau der Forschungsresultate in Relation zu Niveau und Durchschnittsalter der verfügbaren Gerätetechnik (EAF 1 1978/79)
Legende: Bei der Berechnung des Niveaukoeffizienten wurden Spitzengeräte mit einem Faktor von 1,5, Geräte mit vergleichbarer Leistung mit einem Faktor von 1,0 und schließlich Geräte mit deutlich geringerer Leistung als der internationale Standard mit einem Faktor von 0,5 bewertet.

Vor diesem Hintergrund hatten die von uns vorgelegten Befunde zu Alter und Niveau der Forschungstechnik durchaus eine wissenschaftstheoretische und wissenschaftspolitische Sprengkraft. Insbesondere, wenn man wie im Folgenden zeigen konnte, dass durch die Situation der forschungstechnischen Ausstattung nicht unwesentlich das Niveau der Forschung selbst bestimmt wird. So ließen sich zwei wesentliche Untersuchungshypothesen statistisch untermauern: Zum einen der erwartete Zusammenhang von Alter und Niveau der Forschungstechnik (vgl. Abb. 2). Im Einzelnen bargen die Ergebnisse aber durchaus auch Überraschendes – so etwa, dass sich bereits bei einem Durchschnittsalter der forschungsbestimmenden Geräte über 3 Jahre der Anteil der Spitzengeräte von rd. 40% auf 10% verringert hatte. Das deutete auf einen relativ rasanten moralischen Verschleiß moderner Forschungstechnik bereits kurze Zeit nach ihrer Anschaffung hin. Zugleich mussten wir konstatieren, dass selbst unter der neu angeschafften Technik seinerzeit 20% ein deutlicher Abstand zum internationalen Niveau bescheinigt wurde, und weitere 43% entsprachen nur noch in wesentlichen Parametern internationaler Spitzentechnik. Mit anderen Worten: Selbst Neuanschaffungen repräsentierten nicht automatisch internationales Niveau oder auch nur internationalen Standard. Wie war ein solcher Zustand wissenschaftspolitisch zu bewerten?

Dazu wurden Alter und Niveau der verfügbaren Forschungstechnik in Relation zu den Einschätzungen zum Niveau der Forschung in den untersuchten Forscherteams gestellt (vgl. Abb. 3). Die Auswertung zeigte, dass leistungsfähige Forschungsgruppen tendenziell über eine vergleichsweise bessere Forschungstechnik verfügten als Kollektive, bei denen noch nicht absehbar war, wann sie mit ihren Ergebnissen internationales Niveau erreichen würden.

Interessanterweise war dieser forschungstechnische „Vorteil" über die gesamte „Lebenszeit" der jeweils forschungsbestimmenden Geräte festzumachen.[49] Dies allerdings mit bestimmten Abstufungen. So zeigte sich ein deutlicher Abstand in der ersten Lebensphase der Forschungstechnik mit einem Durchschnittsalter bis 3 Jahre, verringerte sich in der zweiten Lebensphase deutlich, um dann bei einem Durchschnittsalter der Forschungstechnik zwischen 5 und 7 Jahren noch einmal anzusteigen. In einer letzten Lebensphase über 7 Jahre – also bis zu ihrem Ersatz durch deutlich leistungsfähigere bzw. neuartige Geräte – war dann die erwartete Annäherung der Kurvenverläufe zu beobachten. Diese Ergebnisse waren Anlass, sich in den folgenden Untersuchungen den unterschiedlichen Lebensphasen von Forschungstechnik näher zuzuwenden.

---

49 Berechnet man einen Faktor für das Niveau der verfügbaren Technik über alle Altersgruppen, so lag er bei den international leistungsstarken Gruppen mit 0,833 deutlich über dem Wert für Forschungsgruppen, deren Anschluss an das internationale Forschungsniveau noch nicht absehbar war (0,749).

Zunächst aber konnte ich auf der Basis der empirischen Ergebnisse 1981 meine Dissertation A mit Titel „Forschungsgeräte im Forschungsprozess – Wissenschaftstheoretische Untersuchungen zum Zusammenhang von Forschungsgerätepotential und Leistungsvermögen der Forschung" mit „magna cum laude" erfolgreich verteidigen.[50] Es folgten 1982 ein Forschungsbericht als ein Beitrag der Akademie für die Zentrale „Messe der Meister von Morgen" in Leipzig[51] und darauf aufbauend meine erste größere Publikation als Heft 13, Band VI der Reihe „Studien und Forschungsberichte" des ITW[52] – sowie davon abgeleitet eine Leitungsinformation.[53] Alle drei Publikationen waren mit dem Stempel „Nur für den Dienstgebrauch" (NfD) versehen. Das engte natürlich den Verteiler und somit potenziellen Leserkreis deutlich ein. Andererseits waren wir der stillen Hoffnung, dass gerade dieses NfD das Interesse von wissenschaftspolitischen Entscheidungsträgern wecken könnte. Was die Akademieleitung betraf, so stärkten unsere Ergebnisse zumindest die Entscheidung, den akademieinternen wissenschaftlichen Gerätebau weiter auszubauen und an das internationale Niveau heranzuführen. Hierfür zeichnete insbesondere der Leitungsbereich des 1. Vizepräsidenten für Forschung, Ulrich Hofmann, im engen Zusammenspiel mit dem Zentrum für wissenschaftlichen Gerätebau der AdW (ZWG) verantwortlich. Zum ZWG pflegten wir seit Mitte der 70er Jahre intensive Arbeitskontakte – namentlich zu Uwe Heukeroth und zum langjährigen Direktor des ZWG, Nobert Langhoff. Das Feedback von höherer politischer Ebene war eher verhalten – so etwa aus der Abteilung Wissenschaft beim ZK der SED. Obgleich der Autor dort einmal auch als Teil einer kleineren Abordnung selbst zum Thema vorsprechen durfte, gab es außer einem verständnisvollen Nicken keine Reaktion.

---

50   Klaus Meier: Forschungsgeräte im Forschungsprozess – Wissenschaftstheoretische Untersuchungen zum Zusammenhang von Forschungsgerätepotential und Leistungsvermögen der Forschung, ITW der AdW der DDR, Berlin 1981.
51   Die „Messe der Meister von Morgen" (MMM) war ein Jugendwettbewerb in der DDR (1959–1990). Sie war, abgesehen von ihrer ideologischen Komponente, vergleichbar mit dem einige Jahre (1965) später in der BRD eingerichteten Wettbewerb „Jugend forscht".
52   Klaus Meier: Forschungsgeräte im Forschungsprozeß unter den Bedingungen der Intensivierung wissenschaftlicher Arbeitsprozesse, ITW der AdW der DDR, Studien und Forschungsberichte, Heft 13, Teil VI, Berlin 1982.
53   Klaus Meier: Informationsmaterial zum Forschungsbericht: Forschungsgeräte im Forschungsprozess unter den Bedingungen der Intensivierung wissenschaftlicher Arbeitsprozesse", ITW der AdW der DDR, Berlin 1981, 10 Seiten; Vgl. auch: Werner Meske, Klaus Meier, Wolfgang Schütze, Ingrid Endesfelder: Zur Modernisierung, Reproduktion und Nutzung des Forschungsgerätebestandes, insbesondere an der AdW der DDR, Leitungsinformation, ITW der AdW der DDR, Manuskript Vertrauliche Dienstsache, 60 Seiten.

6. Neuerungsabstand und Methodenalter – kognitive Potenz und Lebensphasen moderner Forschungstechnik

Die Zeit nach 1982 widmete ich insbesondere der weiteren theoretischen Auswertung der Ergebnisse der EAF 1 hinsichtlich von Merkmalen zu den Lebensphasen von Forschungstechnik im Verlauf ihrer Nutzungszeit. Sehr aufschlussreich waren dazu auch die differenzierten Antworten der untersuchten Teams zur Modernisierung der vorhandenen Gerätetechnik (vgl. Abb. 4). Das Neuerungsgeschehen umfasste danach weit mehr als nur die Ablösung veralteter Technik durch inzwischen deutlich leistungsfähigere Geräte. Vielmehr bedarf es offensichtlich zumeist eines erst herzustellenden spezifischen experimentellen Settings, zu dem die Anpassung der verfügbaren bzw. der eigens neu angeschafften Technik, zu dem spezifische technische Versuchsaufbauten sowie Zusatz- und Peripheriegeräte gehören. Und es geht im weiteren Verlauf der Nutzung um die beständige Modifikation und Weiterentwicklung der verfügbaren Gerätetechnik, um die kognitive Potenz von Forschungstechnik im wissenschaftlichen Problemlösungsprozess auch über einen längeren Zeitraum ausschöpfen zu können.[54]

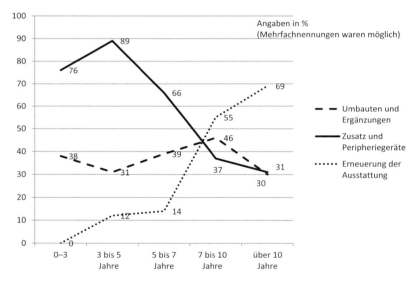

Abb. 4: Alter der forschungsbestimmenden Geräte und Maßnahmen ihrer Verbesserung/Weiterentwicklung (EAF 1: 1978/79)

---

54 Eine ausführliche Charakterisierung der unterschiedlichen Lebensphasen von Forschungstechnik findet sich in: Klaus Meier: Der forschungstechnische Neuerungsprozess ..., a. a. O., S.132–144.

Soweit der betreffende Forschungsstand in der ersten Hälfte der 80er Jahre. Inzwischen hatten wir auch die Zustimmung der Akademieleitung zu einer zweiten empirisch-statistischen Analyse, die ebenfalls unter Leitung von Hansgünter Meyer mit über 500 Probanden (diesmal 520 Wissenschaftler im Alter bis 35 Jahre in 37 Akademieinstituten) 1985/86 durchgeführt wurde.[55] Für diese Erhebung mit dem Arbeitstitel EAF 2 hatte ich meinen Frageteil in einigen wesentlichen Punkten weiterentwickelt. Insbesondere zum Niveau der Forschungstechnik wollten wir diesmal mehr darüber erfahren, wie sich Methodenalter, Neuerungsalter und physisches Alter der verfügbaren Geräte zueinander verhalten. Hierzu sollte eine bestechend einfache Fragestellung näheren Aufschluss geben. Zu den forschungsbestimmenden Geräten war anzugeben, seit wann Geräte dieser Art überhaupt existierten (als Indiz für das Methodenalter), seit wann es international Geräte der entsprechenden Leistungsklasse gibt (Indiz für das Neuerungsalter) und seit wann das Forschungsteam selbst über ein solches Gerät verfügt (physisches Alter bzw. Nutzungsalter).

Die Ergebnisse der EAF 1 hatten gezeigt, dass das physische Alter (Baujahr, aus Sicht der Nutzer besser: Anschaffungsjahr) der Geräte ein wichtiger Indikator für das Neuerungsgeschehen sein kann. Allerdings verschleiert der Indikator Baujahr bzw. Anschaffungsjahr vielfach die Tatsache, dass nicht selten das eigentliche Alter der Geräte, d.h. der Zeitpunkt, zu dem sie international erstmals Anwendung fanden, schon um Jahre zurückliegen kann. Von diesem Fakt nochmals zu unterscheiden ist, seit wann Geräte einer bestimmten Art international überhaupt existieren – wann also ein bestimmter physikalischer, chemischer, biologischer Effekt erstmals technisch beherrscht und für kognitive Zwecke genutzt wurde.

Die erzielten empirischen Ergebnisse der EAF 2 bestätigten diesen differenzierten Ansatz (vgl. Abb. 5). So ergab sich für die untersuchten Einrichtungen ein durchschnittliches Alter der angewandten experimentellen Methoden von rd. 13 Jahren. Dieses relativ hohe Methodenalter entspricht durchaus den Erfahrungen der Forschungspraxis, denn grundsätzlich neue experimentelle Methoden entstehen in einem Jahrzehnt nur wenige. Im Umkehrschluss bedeutete dies, dass im Verlauf der Nutzung und Vervollkommnung einer experimentellen Methode mehrere Gerätegenerationen mit jeweils deutlich verbesserten Leistungsparametern zum Einsatz kommen können. Ob man an der internationalen Forschungsfront mitspielen kann, hängt also nicht nur davon ab, ob man die dort relevanten Methoden überhaupt beherrscht, sondern auf welchem forschungstechnologischen Level.

---

55 Die EAF 2 hatte folgenden Registrierungsvermerk: Registriert als nicht bestätigungspflichtige einmalige Bevölkerungsbefragung unter der Reg.-Nr. 5410/Fo/008 am 1.10.1985. Befristet bis zum 31.12.1986. Präsident der AdW der DDR.

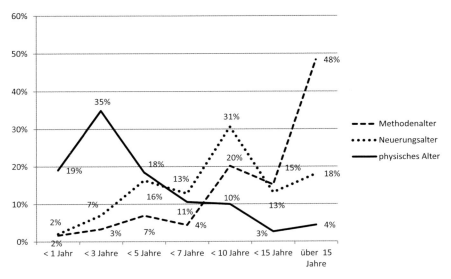

Abb. 5: Methoden-, Neuerungs- und physisches Alter der forschungsbestimmenden Geräte (Ergebnisse der EAF 2 – 1985/86)

Wissenschaftspolitisch war deshalb vor allem von Interesse, welcher Abstand zwischen Neuerungsalter, also seit wann international Geräte dieser Leistungsklasse existieren, und dem Zeitpunkt ihrer Anschaffung für die eigene Forschung besteht. So lag das in der EAF 2 festgestellte durchschnittliche Neuerungsalter bei 9,1 Jahren gegenüber dem durchschnittlichen physischen Alter der vorhandenen Forschungstechnik von 4,1 Jahren. Das ergab für die Stichprobe einen Neuerungsabstand von rd. 5 Jahren.[56] Für Forschungen, die den Anspruch haben, an der internationalen Spitze ein Wort mitzureden, sollte der Neuerungsabstand aber deutlich unter 3 Jahren liegen. Dieser Wert ergab sich auch aus einem anderen Vergleich: so kann man aus der Differenz zwischen dem erfassten Wert für das angenommene Methodenalter (12,9 Jahre) und dem Wert für das Neuerungsalter (9,1 Jahre) in etwa auf die Spanne für einen technischen Generationswechsel (3,8 Jahre) schließen. Bei einem Neuerungsabstand von rd. 5 Jahren bei neu angeschafften Geräten muss also damit gerechnet werden, dass die internationale Konkurrenz inzwischen bereits eifrig Geräte der nächst höheren Leistungsklasse nutzt.

Angesichts solcher alarmierenden Befunde zum Niveau der Forschungstechnik in Akademieinstituten Mitte der 80er Jahre war es für uns selbstverständlich und nicht zuletzt auch eine Verpflichtung gegenüber den befragten Wissenschaftlern,

---

56 Vgl. Abschnitt 3.2.1. Ein schärferes Bild der Entwicklungsprobleme im praktischen Neuerungsgeschehen. In: Klaus Meier: Der forschungstechnische Neuerungsprozeß ..., a. a. O., S. 145–151.

über Leitungsinformationen[57] die wissenschaftspolitische Ebene – also vor allem die Akademieleitung und die Abteilung Wissenschaft beim Zentralkomitee der SED – für diese Zustände zu sensibilisieren. Da ich von 1984 bis 1987 zur Unterstützung der wissenschaftspolitischen Arbeit in die SED-Kreisleitung der Akademie delegiert wurde, wähnte ich mich anfangs dafür in einer besseren Ausgangsposition – zumal als persönlicher Referent des 1. Sekretärs der Kreisleitung, ZK-Mitglied Horst Klemm. Letztlich konnte ich mich aber nur für jene Vorschläge nachhaltig verwenden, die weitgehend in der Hand der Akademie selbst lagen. So geschehen etwa in der Zulieferung von Formulierungen für akademieinterne Leitungs- und Parteibeschlüsse – z. B. zum „weiteren Ausbau der Kapazitäten und die Erhöhung der Leistungsfähigkeit des wissenschaftlichen Gerätebaus ... Entwicklung und Herstellung von Geräten, die methodische Fortschritte für den Erkenntnisgewinn erschließen und internationales Spitzenniveau erreichen ...".[58] Letztlich waren der forschungseigene wissenschaftliche Gerätebau und seine Zusammenarbeit mit den naturwissenschaftlichen Instituten tatsächlich eine der Erfolgsgeschichten der Akademieforschung – nachlesbar in den Beiträgen von Norbert Langhoff, Ulrich Hofmann sowie in meinem Beitrag in dem 2014 erschienenen Sammelband „Forschungsakademien in der DDR ..."[59].

Für die SED-Spitze gab es andere Sorgen als die Ausstattung der Grundlagenforschung mit moderner Forschungstechnik. Der sich in den 80er Jahren eher noch vergrößernde Abstand der DDR bei den Schlüsseltechnologien, insbesondere im Bereich der Mikroelektronik, verlangte nach Entscheidungen. Und es fiel der Blick auf die Akademie und ihren Beitrag für die Lösung dieser volkswirtschaftlich so brennenden Fragen. Das Ergebnis war ein mit der 10. Tagung des ZK der SED 1985 eingeleiteter Großangriff auf die noch verbliebene Souveränität der Grundlagenforschung. Wenige Tage vor der ZK-Tagung gab mir Horst Klemm vertraulich ein Manuskript in

---

57 Klaus Meier: Nutzung, Niveau und Neuerungsabstand forschungsbestimmender Geräte in Akademieinstituten – Kurzinformation zu ersten ausgewählten Ergebnissen der „Erhebung zu Arbeits- und Lebensbedingungen junger Forschungskader" an der Akademie der Wissenschaften der DDR, ITW der AdW der DDR, 26.01.1987 (14 S.); im Vorwort heißt es: „Die vorliegende Kurzinformation entstand auf Anfrage des Leiters der Zentralen Arbeitsgruppe Forschungstechnologie, Bereich 1. Vizepräsident der Akademie der Wissenschaften der DDR ..." (S. 1). Und zu den Ergebnissen selbst: „Das bedeutet, die Akademie als bedeutendstes Forschungszentrum in unserem Lande verfügt im Durchschnitt erst fünf Jahre später als die führenden westlichen Forschungszentren über die für die Erringung von Spitzenleistungen in der Forschung vielfach unerläßlichen gerätetechnischen Voraussetzungen. Erforderlich ist deshalb u. E. die Entwicklung einer nationalen Strategie zur forcierten Entwicklung des wissenschaftlichen Gerätebaus ..." (S. 10 f).
58 Maßnahmen zur Verwirklichung der Beschlüsse der 9. Tagung des ZK in Vorbereitung auf den XI. Parteitag der SED, Kreisparteiorganisation der SED Akademie der Wissenschaften der DDR, parteiinternes Material, Berlin 12. Dezember 1984.
59 Vgl. Wolfgang Girnus und Klaus Meier (Hrsg.): Forschungsakademien in der DDR – Modelle und Wirklichkeit, Leipzig 2014, darunter insbesondere die Beiträge von Ulrich Hofmann (S. 65–102), Klaus Meier (S. 103–166) und Norbert Langhoff (S. 167–182).

die Hand, das ich gründlich studieren sollte. Die wissenschaftspolitische Crux dabei war die Forderung an die Akademie, ihre Forschungskapazitäten schwerpunktmäßig auf die Schlüsseltechnologien und im Besonderen auf die von den Kombinaten geforderten Ergebnisse zu konzentrieren und vertraglich zu binden. Mit gebotener Vorsicht, aber dennoch unmissverständlich versuchte ich meine Besorgnis zum Ausdruck zu bringen: „Dieser Appell in der Hand von Eiferern und als undifferenzierte Forderung an alle Akademieinstitute gestellt, bedeutet über kurz oder lang das ‚Aus' für die Grundlagenforschung. Daran könnte doch bei verständlichem wirtschaftspolitischen Druck hinsichtlich der Beherrschung der Schlüsseltechnologien keiner ein wirkliches Interesse haben." „Wir werden uns darauf einstellen müssen" – so sinngemäß die Antwort von Klemm. „Es handelt sich um die Rede des Generalsekretärs."[60] Was folgte, war eine Kampagne von angeforderten Selbstverpflichtungen der Akademieinstitute in Vorbereitung bzw. in Verwirklichung der Beschlüsse des XI. Parteitages der SED, ihre Forschungskapazitäten zu 50 % und mehr vertraglich mit den Kombinaten zu binden.[61] Und es kam, wie es kommen musste: „Neben wissenschaftlich höchst anspruchsvollen Aufgaben (bei der vertraglichen Kooperation mit den Kombinaten, sind) auch eine ganze Reihe von Arbeiten enthalten, die zwar ökonomische Bedeutung besitzen, aber weitgehend betriebsspezifischer Natur sind", so der Akademiepräsident Werner Scheler zwei Jahre später auf der 6. Tagung des ZK der SED im Juni 1988. Und Scheler findet dann erstaunlich kritische Worte: „In der Regel ist in diesen Fällen das Forschungs- und Entwicklungspotential des Betriebes unzureichend entwickelt; eine Tatsache, die nicht zum ersten Mal seitens unserer Partei- und Staatsführung moniert wurde."[62] Kritische Worte, die seitens der Repräsentanten der Forschung viel zu oft „runtergeschluckt" wurden.

So erinnere ich mich noch des sehr angespannten Klimas in den Leitungsetagen der Akademie in der Otto-Nuschke-Straße unmittelbar nach dem Reaktorunfall in Tschernobyl. Angesichts beunruhigender Meldungen in den West-Medien wurden die ZK-Mitglieder Klemm und Scheler beauftragt, führende Naturwissenschaftler aus den Akademie-Instituten zu Gegendarstellungen im DDR-Fernsehen zu bewegen, die

---

60 Vgl. Erich Honecker: Zur Vorbereitung des XI. Parteitages der SED. Rede auf der 10. Tagung des Zentralkomitees der SED, Berlin 1985, S. 30–34.
61 „1987 ist der Anteil des mit den Kombinaten der Industrie gebundenen Forschungs- und Entwicklungspotentials von gegenwärtig 45 Prozent auf mindestens 50 Prozent zu erhöhen. Rund 30 % des Forschungs- und Entwicklungspotentials der Akademie sind für die erkundende Grundlagenforschung einzusetzen, um unsere Erkenntnisse über die Gesetzmäßigkeiten in Natur, Technik und Gesellschaft zu vertiefen, …". In: Aufgaben der Parteiorganisation Akademie der Wissenschaften der DDR zur Durchführung der Beschlüsse des XI. Parteitags der SED (Beschluß der 3. Tagung der Kreisleitung der SED AdW der DDR vom 6. Mai 1986), parteiinternes Material, Berlin 1986.
62 Werner Scheler: „Forschungskooperation zahlt sich immer deutlicher aus", Aus der Diskussionsrede von Prof. Werner Scheler, Mitglied des ZK, Präsident der Akademie der Wissenschaften der DDR, in: Neues Deutschland v. 11./12. Juni 1988, S. 9.

die DDR-Bevölkerung beruhigen sollten. Der Auftrag wurde zähneknirschend mehr schlecht als recht umgesetzt – letztlich wohl mehr zum Schaden der Glaubwürdigkeit der DDR-Führung.

Wir hofften auf gesamtpolitisch bessere Zeiten und konzentrierten unsere wissenschaftspolitischen Bemühungen vor allem auf die Akademie, wo durchaus Fortschritte zu verzeichnen waren. So konnte die Zusammenarbeit mit Verantwortlichen in der Akademieleitung, insbesondere im Bereich des 1. Vizepräsidenten für Forschungsplanung, Prof. Ulrich Hofmann, in der zweiten Hälfte der 80er Jahre auf eine qualitativ neue Stufe gestellt werden. Dazu ein etwas längeres Zitat – als Zeitzeugenbeleg – aus meiner Dissertation B:

> Stellvertretend sind die engen Arbeitskontakte zur Abteilung Forschungstechnologie im Bereich der Akademieleitung zu nennen. So hatten von Seiten des ITW H. Parthey und der Autor Gelegenheit, an der Vorbereitung und Auswertung einer von der Abteilung Forschungstechnologie Ende 1986 veranlassten speziellen Erhebung im Auftrage des 1. Vizepräsidenten zur Erarbeitung der Vorlage „Niveau, Umfang und Nutzung der Forschungstechnik an der AdW: Schlußfolgerungen für deren Modernisierung und ihren Einsatz insbesondere auf den Gebieten der Schlüsseltechnologien" mitzuwirken.[63] Die im Rahmen dieser Erhebung an den 40 naturwissenschaftlichen Instituten der AdW erfassten Einschätzungen zum Zustand und den Erneuerungsanforderungen der Forschungstechnik bis 1995 wurden im ITW zur wissenschaftsmetrischen und inhaltlichen Auswertung zur Verfügung gestellt. Vor allem in Hinblick auf den Zusammenhang zwischen Eignung (kognitive Potenz) und Altersstruktur (Lebensphasen) sowie das Verhältnis von Modernisierungserfordernissen und Erneuerungsrückstand bildet diese Erhebung eine wertvolle empirische Basis. ...
>
> In einem Pilotprojekt wurden 1986/87 von H. Parthey und dem Autor dank der Unterstützung der Abteilung Forschungstechnologie neben den Ergebnissen der bereits angesprochenen speziellen Analyse weitere Datenmassive zur forschungstechnischen Situation in Akademieinstituten auf der Grundlage der offiziellen Wissenschaftsstatistik für die Wissenschaftsforschung zugänglich gemacht. Damit konnte der Übergang zu rechnergestützten wissenschaftsmetrischen Untersuchungen zur Dynamik des forschungstechnischen Neuerungsgeschehens vollzogen werden. Die Auswertung der in diesem Pilotprojekt erfaßten Daten führte zu ersten wissenschaftstheoretisch und wis-

---

63 Dieses Material basiert auf einer Analyse (Stichtag 31.12.1986) in allen naturwissenschaftlichen Instituten der AdW der DDR (ZEFT 86) Abteilung Forschungstechnologie beim 1. Vizepräsidenten der AdW der DDR, unveröffentlicht.

senschaftspolitisch aufschlußreichen Ergebnissen, die, was die wissenschaftspraktischen Folgerungen betrifft, bereits 1987 Eingang in Leitungsinformationen fanden[64]...
Diesem Pilotprojekt folgte Ende 1987 eine Grundsatzentscheidung über die Bereitstellung ausgewählter Datenmassive aus allen LIS-Projekten[65] der AdW für wissenschaftsmetrische Untersuchungen am ITW. Damit eröffnet sich eine qualitativ neue Stufe wissenschaftsmetrischer Forschung. ...
Für die Untersuchungen zum forschungstechnischen Neuerungsprozeß läßt sich damit ab 1989 (1988 Beginn des Datentransfers) eine empirische Basis aufbauen, die es gestattet, das forschungstechnische Neuerungsgeschehen in seinem Zusammenhang mit wichtigen Kennziffern der Potential- und Leistungsentwicklung von Akademieinstituten zu analysieren. Auf diesem Wege sind die Voraussetzungen zu schaffen, um den forschungstechnischen Neuerungsprozeß auch von der empirischen Seite tatsächlich als einen Grundprozeß der Wissenschaftsentwicklung zu untersuchen."[66]

So es die bis Ende 1988 verfügbaren Daten betraf, ist dies im Rahmen der Arbeit zur Dissertation B geschehen.[67] In den Wendemonaten selbst war ab Oktober 1989 der permanente Ausnahmezustand angesagt – sowohl in den Akademieinstituten als in der Akademieleitung. Damit war auch das Ende der auf diese Datenmassive aufbauenden wissenschaftsmetrischen Arbeit am ITW besiegelt. Glücklicherweise hatte der Autor im Sommer 1989 seine Arbeiten zur Dissertation B abgeschlossen und sah ihrer erfolgreichen Verteidigung im März 1990 entgegen.

7. Vom Handwerkzeug zur Hochtechnologie – zur historischen Entwicklung des forschungstechnischen Neuerungsprozesses

„Im Technikwerden der Natur und in der Realisierung technischer Existenzformen der Natur liegt das Gemeinsame technischer Neuerungsprozesse, während in der Untersuchung der Vorgänge der Identifikation, Konstituierung und Realisierung der kognitiven Potenz künstlich erzeugter Naturprozesse (durch technische Erkenntnismittel) ein entscheidender theoretischer Zugang zur Erfassung der Spezifik des for-

---

64 Vgl. Klaus Meier, Heinrich Parthey: Analyse der Forschungstechnik in den naturwissenschaftlichen Instituten der AdW der DDR und Anforderungen an ihre Entwicklung aus der Forschungskooperation. In: Autorenkollektiv: Ziele, Analysen und Schlußfolgerungen für die weitere Intensivierung der Wechselbeziehungen zwischen Wissenschaft und Produktion, ITW der AdW der DDR, Studien 1987/06. S. 51–60.
65 LIS – Leitungs-Informations-System.
66 Klaus Meier: Der forschungstechnische Neuerungsprozeß, a. a. O., S. 112–114.
67 Ebd., Abschnitt 3.2.

schungstechnischen Neuerungsprozesses besteht."⁶⁸ So die erste Untersuchungshypothese in der Dissertation B und letztlich auch ein Fazit meiner theoretischen Überlegungen zum Begriff der Forschungstechnik. Die Fülle des mit den empirischen Erhebungen EAF 1 und EAF 2 zu Tage geförderten Materials und die seit Mitte der 80er Jahre auch zugänglichen Daten zur Geräteausstattung in den Akademieinstituten bedurften einer weiteren theoretischen Verdichtung. Auf diesem steilen Pfad wurde mir Hubert Laitko zum Bergführer und Motivator. In meinen Unterlagen befinden sich 65 Seiten der von Hubert stammenden handschriftlichen Kommentare zu den Entwurfsstadien meiner Dissertation B. Hubert entfaltete eine detaillierte Exegese meiner Texte – psychologisch gut verpackt, in dem er potenzielle Stärken meiner Argumentation herausarbeitete und zum Weitermachen ermunterte, es aber auch an Deutlichkeit der Kritik nicht fehlen ließ, wenn es beispielsweise um die Kernthesen der Arbeit ging. „Die Darstellung ist nicht ausreichend klar auf das hingeordnet, das Du die drei zentralen Hypothesen der Arbeit nennst; sie müßte es aber sein, wenn es sich tatsächlich um die zentralen Annahmen handelt. Dass die Explikation der Hypothesen selbst an Schärfe zu wünschen übrig läßt, hatte ich schon in den Anmerkungen notiert. Wir mir scheint, stehst Du jetzt vor der Wahl, entweder den mit diesen drei Überlegungen verbundenen konzeptionellen Anspruch zu reduzieren (die leichtere Möglichkeit) oder die Hinordnung deutlich herauszustellen (die schwerere Möglichkeit)."⁶⁹ Die Dissertationsschrift versuchte den schwierigen Pfad zu beschreiten.

Bezüglich der zweiten zentralen Hypothese in der Arbeit zur Diss. B vom *tendenziellen Fall der kognitiven Potenz von Forschungstechnik im Verlauf ihrer Nutzungszeit* sind hier im vorangegangenen Abschnitt einige empirische Befunde zu Methoden-, Neuerungs- und physischem Alter sowie Neuerungsabstand vorgestellt worden.⁷⁰ „So weisen konkrete forschungstechnische Lösungen ... relativ kurze Lebenszeiten auf. Vielfach schneller noch, als sich ihre kognitive Potenz im Erkenntnisprozeß erschöpft, werden leistungsfähigere Forschungsgeräte hervorgebracht; erfolgt vielfach schon nach 3 bis 5 Jahren ein Generationswechsel. In dieser Konkurrenzsituation wird das relative Leistungsvermögen der bislang genutzten Forschungstechnik deutlich entwertet. Andererseits geht aus den Untersuchungsergebnissen zum Methodenalter hervor, daß die kognitive Potenz grundlegender methodischer Wirkprinzipien über lange Zeit erhalten bleibt ...".⁷¹ Zum Zeitpunkt der Verteidigung der Dissertation B im März 1990 hatte sich die politische Großwetterlage in der DDR bereits entscheidend gedreht, so dass die erzielten theoretischen Erkenntnisse zum Lebenszyklus von

---

68 Ebd., S. 49.
69 Hubert Laitko: Kommentare zu Entwurfsstadien der Dissertation B (Klaus Meier: Der forschungstechnische Neuerungsprozeß ...), unveröffentl. Manuskript.
70 Vgl. Klaus Meier: Der forschungstechnische Neuerungsprozeß ..., a. a. O., S. 145–158.
71 Ebd., S. 152.

Methoden und gerätetechnischen Neuerungen jetzt eine ganz existentielle praktische Relevanz gewonnen. So etwa für die Ableitung von Überlebensstrategien für die Forschungs-, Entwicklungs- und Fertigungspotentiale des wissenschaftlichen Gerätebaus der Akademie, wie es Norbert Langhoff in seinem Gutachten lapidar auf den Punkt bringt: „Aus der Sicht des forschungseigenen wissenschaftlichen Gerätebaus war diese Aussage (zum Neuerungsabstand der produzierten und zum Einsatz kommenden Geräte) nahezu unerheblich, solange sich ihm ein fast reiner DDR-Binnenmarkt öffnete, auf dem sich auf Grund des vom Kandidaten untersuchten desolaten Zustands auf dem Gebiet der Forschungstechnik so ziemlich alles absetzen ließ. Bei der weltweiten Öffnung, der wir jetzt gegenüberstehen, steigen Aussagen zu den Eignungsbedingungen erheblich im Wert, um überhaupt marktfähige Erzeugnisse zu entwickeln und zu fertigen. Ganz besonders deutlich wird die Notwendigkeit, alle vorbereitenden Phasen sehr schnell zu durchlaufen, um dann auf dem Markt zu erscheinen, wenn die zu Geräten umgesetzte Methode noch sehr jung ist."[72]

Für die Analyse des forschungstechnischen Neuerungsprozesses als ein Grundprozess der Wissenschaftsentwicklung war schließlich entscheidend, dass sich der Autor in der Dissertation B dann auch den Produktionsformen des für die Konzipierung, Konstruktion und Fertigung technischer Erkenntnismittel jeweils erforderlichen natur- und technikwissenschaftlichen Wissens, der Mechanismen ihrer Synthese sowie der Vergegenständlichung dieses Wissens in neuer Forschungstechnik in ihrem historischen Verlauf zugewandt hat (dritte Untersuchungshypothese). Ergebnis war ein Exkurs zu Merkmalen und qualitativen Veränderungen in der Geschichte des wissenschaftlichen Gerätebaus vom Handwerkzeug zur Hightech und die Herausarbeitung von drei großen Entwicklungsstufen[73]: einer Frühphase (etwa bis Mitte des 19. Jahrhunderts), einer klassischen Phase (Mitte des 19. Jhs. bis Mitte des 20 Jhs.) und einer integrativen Phase ab Mitte des 20 Jhs., wobei sich letztere durch die zunehmende Verbindung der für die Hervorbringung neuer Forschungstechnik erforderlichen natur- und technikbezogenen Wissensproduktion auszeichnet.[74] Hubert Laitko attestierte diesem Ansatz eine über die Genese von Forschungstechnik hinausgehende heuristische Funktion: „Das im Rahmen der theoretischen Vorgaben konstruierte Dreiphasenmodell zur Periodisierung des historischen Ablaufes ist zumindest insoweit stimmig, als sich ihm das herangezogene historische Material ohne Schwierigkeiten einfügt. Es ist deshalb brauchbar als Wegleitung für weitergehende historische Forschungen in dieser Richtung, die dringend zu wünschen sind. Die

---

72 Norbert Langhoff: Gutachten zur Dissertation (B) „Der forschungstechnische Neuerungsprozeß – ein Beitrag zu Theorie und Analyse der Wissenschaftsentwicklung", vorgelegt von Dr. oec. Klaus Meier, S. 3.
73 Klaus Meier: Der forschungstechnische Neuerungsprozeß ..., a. a. O., S. 159.
74 Ebd., S. 163.

Behandlung der modernen ‚integrativen' Phase, in der ‚nicht nur der Anteil künstlich generierter Interaktionsmedien zunimmt, sondern auch die Objekte der Untersuchung selbst mehr und mehr künstlich generiert werden müssen', ist dazu geeignet, der jahrelang stagnierenden theoretischen Diskussion um das als ‚wissenschaftlich-technische Revolution' bezeichnete und in der Regel inkonsistent beschriebene Phänomen einen grundlegend neuen Impuls zu verleihen. Mit der Unterscheidung der (gegenwärtigen) wissenschaftlich-technischen Revolution, die erstmalig die wechselseitige Bedingtheit von wissenschaftlicher und technischer Revolution herstellt und beide zu zwei Seiten eines Ablaufes macht und weiteren wissenschaftlich-technischen Revolutionen, die von vornherein in dieser Weise integriert sind, wird ein beachtenswerter Baustein zur Epochenanalyse gelegt."[75]

Eine Fortsetzung dieser theoretischen und wissenschaftshistorischen Arbeiten durch den Autor war nach 1990 so nicht mehr gegeben. Allerdings nutzte ich meine bis Ende 1993 erfolgte Finanzierung im Rahmen des Wissenschaftler-Integrations-Programms (WIP) dazu, mit Projekten theoretischer und analytischer Natur mein Forschungsprogramm in modifizierter Form weiterzuführen. Dazu zählte die Herausgabe eines interdisziplinären Sammelbandes zu Chaosforschung. Mein eigener Beitrag in diesem Buch widmete sich der Aufarbeitung einschlägiger wissenschaftstheoretischer und wissenschaftshistorischer Arbeiten zum Wandel im wissenschaftlichen Erkenntnismuster. Das klassische Vorgehen experimenteller Forschung

---

75 H Hubert Laitko: Gutachten zur Dissertation B „Der forschungstechnische Neuerungsprozess…, a. a. O., S. 8 f.
Laitko verweist dabei insbesondere auf zwei Textstellen: „Bezogen auf die historische Entwicklung der Beziehung zwischen naturerschließender und technikkreierender Wissensproduktion war die Herausbildung jeweils spezifischer Tätigkeitsbereiche eine notwendige Voraussetzung, damit sich beide Formen der Wissensproduktion von der phänomenologischen bzw. praktisch-technischen zu einer von ihren Grundlagen und Methoden her wissenschaftlichen Unternehmung entwickeln konnten. Mit der wissenschaftlich-technischen Revolution verschmelzen beide Formen nun zu einem wechselseitig konstitutiven Prozess. Naturerschließung integriert technikkreierende Wissensproduktion, insbesondere über die Schaffung neuer Interaktions-, Objektgenerierungs-, sowie Modellierungs- und Simulationstechniken – weshalb hier von der ‚integrativen Phase' gesprochen wird. Zum anderen sind in der WTR qualitative Wandlungen auf allen Gebieten der Technik nunmehr mit weiteren fundamentalen wissenschaftlichen Erkenntnisfortschritten verbunden bzw. werden von diesen ausgelöst." In: Klaus Meier: Der forschungstechnische Neuerungsprozeß…, a. a. O., S. 223 f; „Forschungstechnik bedeutet ‚Hightech' in konzentrierter Form. Mit der WTR werden wissenschaftliche Revolutionen nicht nur zur unmittelbaren Voraussetzung technischer Revolutionen, diese Beziehung gilt auch in umgekehrter Richtung. Wie die Mikroelektronik, optische Sensortechnik, Mikromechanik u. a. zeigen, müssen solche Hochtechnologien erst industriell beherrscht und zur Verfügung gestellt werden, ehe sie überhaupt im breiten Umfang in die Entwicklung neuer Forschungstechnik eingehen können. Die Forschungstechnik wird zur Vorfront der Hochtechnologie von morgen, wie die industrielle Beherrschung fortgeschrittener Technologien die Hightech-Basis bildet, von der ausgehend neue forschungstechnische Kontakt- und Generierungsmöglichkeiten entwickelt werden können." In: Ebd., S. 230.

basiert – in der Literatur hinreichend beschrieben[76] – bekanntlich auf der Isolierung, Erfassung und gezielten Veränderung und letztlich technischen Reproduktion von Natureffekten. Die so erfolgreiche Methode der Generierung und Funktionalisierung der „zweiten Natur" geht aber einher mit einer jeweils weitgehenden Ausschaltung aller Umwelteinflüsse als Störfaktoren. Die auf dieser Basis erzeugten technischen Artefakte tragen mithin prinzipiell das Risiko nicht vorhergesehener „Sekundäreffekte". Wirklich gefährlich wird diese Strategie, wenn die Wissenschaft Artefakte hervorbringt, die in der Natur so nicht vorkommen und/oder aus ihrer natürlichen Einbettung herausgerissen sind. Kernforschung und Gentechnik sind dafür Paradebeispiele. In der 1991 erschienenen Publikation „TOHUWABOHU – Chaos und Schöpfung" habe ich dieser wissenschaftspolitischen Grundfrage (weil gesellschaftlichen Existenzfrage) ein umfangreiches Essay gewidmet und folgende Forderung formuliert: „... sowohl bei der *sanften*, sich in natürliche Regelkreisläufe einpassenden Technik, als auch bei der *naturumformenden und neukreierenden* Technik geht es um den Übergang von der Lösungs- zur Anwendungskomplexität. Nicht die funktionierende technische Konstruktion, das chemische Verfahren bzw. die gentechnische Operation ist das letztliche Ziel der Forschung, es ist allenfalls ein Zwischenschritt von Forschungsaktivitäten, die auf die Erkenntnis komplexer natürlicher Wirkungszusammenhänge sowie die Einordnung menschlichen Tuns und technischer Artefakte in die Wirkungs- bzw. Anwendungskomplexität ausgerichtet sind."[77]

---

[76] Vgl. Klaus Meier: Hoffnung Wissenschaft – Wandel im Erkenntnismuster. In: Klaus Meier und Karl-Heinz Strech (Hrsg.): TOHUWABOHU, a.a.O., S. 214–267;
Im vorliegenden Band nimmt Rainer Hohlfeld das Thema zum Gegenstand seines Diskussionsbeitrages „Risikogesellschaft oder ‚Nachholende' Modernisierung?" „Die moderne Naturwissenschaft ist im Prinzip risikoblind", so Hohlfeld und kritisiert, dass die Debatte um die Risiken der Gentechnologie Ende der 80er Jahre zwar schon in der DDR, wohl aber nicht im ITW angekommen war. Dieses Urteil mag vielleicht auch den Diskussionspartnern von Hohlfeld im ITW während seines damaligen Aufenthalts in der DDR geschuldet sein.

[77] Klaus Meier: Hoffnung Wissenschaft – Wandel im Erkenntnismuster, a.a.O., S. 258 f; Und weiter heißt es: „Soll der Übergang zur Anwendungskomplexität nicht nur bloßes Statement oder Abwehrmanöver zur Bewahrung des alten reduktionistischen Ansatzes bleiben, sind die differenzierten Interessen der verschiedenen gesellschaftlichen Subjekte mit zum Ausgangspunkt der Forschungsorientierung zu machen. Mehr noch: Forschungsorientierung bedarf der Einbeziehung auch der Interessen zukünftiger Generationen und vor allem einer Lobby für die Natur. Expertenurteil allein ist nicht mehr hinreichend." Ebd., S. 259.

8. Sozialwissenschaftliche Begleitforschung – Fallstudie Ultrakurzzeitphysik 1987/88 und ein versöhnliches Wiedersehen nach 25 Jahren

Nur kurz möchte ich auf eine Fallstudie sozialwissenschaftlicher Begleitforschung eingehen, die ich 1987/88 mit Unterstützung der Forschungsassistentin Ingrid Elisabeth Endesfelder zur Entwicklung der Forschungsrichtung Ultrakurzzeitphysik in drei Forschungseinrichtungen der DDR durchführen konnte. Ausführlich ist dazu in meinem Beitrag zum Sammelband „Forschungsakademien in der DDR – Modelle und Wirklichkeit" berichtet worden.[78] Für den vorliegenden Beitrag will ich mich auf einige Bemerkungen zur Methode der sozialwissenschaftlichen Begleitforschung konzentrieren. Mit meiner Beteiligung an den zwei großen empirischen Erhebungen (EAF 1 und 2) war etwas gelungen, was man in Analogie zu Medizin und Biologie als *in vitro Forschung* bezeichnen könnte – also Nachweis von Tendenzen und Zusammenhängen auf der Basis extrahierter Wertungen unter Nutzung elektronischer Rechentechnik quasi als „Versuch im Reagenzglas", ohne sich dabei aber selbst tiefer in die untersuchten gesellschaftlichen Praxen begeben zu müssen. Mein Forschungsinteresse ging aber deutlich darüber hinaus: und zwar zu analysieren, wie das in der Dissertation B von mir beschriebene Wechselspiel von natur- und technikbezogener Wissensproduktion in praxi tatsächlich vonstattengeht. Sozialwissenschaftliche Forschung *in vivo* – sich in einen aktuellen Forschungsprozess einzuklinken – beispielsweise in der physikalischen Grundlagenforschung, der explizit zum Ziel hat, neue Methoden und wissenschaftliche Geräte von internationalem Niveau hervorzubringen – ein solches Projekt wollte ich begleiten.

Wesentliche Impulse für einen entsprechenden Forschungsansatz brachte Anfang der 80er Jahre Harry Maier mit der Innovationsforschung ans ITW.[79] Maier war ein charismatischer Verfechter dieses Zugangs und hatte seinen großen Institutsbereich am ITW „Bewertung wissenschaftlich-technischer Neuerungsprozesse"[80] zielgerichtet auf Innovationsforschung ausgerichtet. Es folgte am ITW ein regelrechter Boom mit Fallstudien insbesondere zur Entwicklung der sogenannten Schlüsseltechnologien.[81]

---

78 Klaus Meier: Das Beispiel Ultrakurzzeitphysik – Bedingungen für Spitzenforschung an der Akademie der Wissenschaften der DDR. In: Wolfgang Girnus und Klaus Meier (Hrsg.): Forschungsakademien in der DDR – Modelle und Wirklichkeit, a. a. O., S. 103–166.
79 Vgl. Günter Kröber und Harry Maier (Hrsg.): Innovation und Wissenschaft, Berlin 1985, 328 Seiten.
80 Nach dem Weggang von Harry Maier in die BRD von Manfred Wölfling geleitet.
81 Vgl. u. a. Systemanalyse von wissenschaftlich-technischen Neuerungsprozessen. Wissenschaftliches Symposium vom 21.–23. Oktober 1986 in Berlin, ITW der AdW der DDR, Kolloquien, Heft 63, Berlin 1987; Forschungs- und Innovationsdynamik der Biotechnologie in sozialökonomischer Sicht, ITW der AdW der DDR, Kolloquien, Heft 67, Berlin 1989.

Ausgehend vom Verständnis, dass es sich beim forschungstechnischen Neuerungsprozess um einen Spezialfall technischer Neuerungsprozesse handelt, wäre für mein Anliegen in erster Näherung eine Konzentration auf Innovationsprozesse im wissenschaftlichen Gerätebau angezeigt. Das wäre aber am Ziel der Analyse insofern vorbeigegangen, da qualitativ neue technische Erkenntnismöglichkeiten oftmals in der Grundlagenforschung selbst, also im Prozess der Erforschung und technischen Beherrschung naturwissenschaftlicher Effekte ihren Ausgangspunkt haben. Dort musste man analytisch ansetzen, also bereits in einem relativ frühen Stadium der experimentellen naturwissenschaftlichen Grundlagenforschung die Entstehung einer solchen „Basisinnovation" für den wissenschaftlichen Gerätebau identifizieren. Mit der damals jungen Forschungsrichtung der Ultrakurzzeitspektroskopie/Ultrakurzzeitphysik (UKS/UKP) bin ich Mitte der 80er Jahre auf ein solches Innovationsfeld gestoßen. Und zu meiner großen Freude hatten die auf diesem Gebiet in der DDR arbeitenden Forschungsgruppen tatsächlich auch Anschluss an die internationale Spitze gefunden.[82]

Nachdem ich bereits 1985 mit Edgar Klose, dem Verantwortlichen für die UKP im Zentralinstitut für Optik und Spektroskopie (ZOS), einen engagierten Bündnispartner gewinnen und begleitend schon an Planungsrunden und Absprachen unter den wissenschaftlichen Kooperationspartnern teilnehmen konnte, fand die Hauptuntersuchung in den wissenschaftlichen Einrichtungen in der Zeit vom 1. März 1987 bis zum 31. Januar 1988 statt. Mit zur Fallstudie gehörten neben dem ZOS das Zentrum für wissenschaftlichen Gerätebau der AdW (ZWG) und die damalige Sektion Physik der Friedrich-Schiller-Universität Jena unter der fachlichen Leitung des Dekans Prof. Bernd Wilhelmi.

Was Charakter und Stil der angestrebten Untersuchung betraf, ging mir seit meinem Studium ein besonderes Buch nicht mehr aus dem Sinn. Wir hatten das große Glück, bereits im ersten Studienjahr im Fach Wissenschaftsgeschichte eine Vorlesungsreihe von Friedrich Herneck (16.02.1909–18.09.1993) erleben zu dürfen. Herneck, der mit Einstein und anderen Nobelpreisträgern noch persönlich korrespondiert hatte und Autor einer Reihe von Wissenschaftlerbiographien war, bemühte sich, uns die Geistes- und die Lebenswelt der großen Naturforscher – der „Bahnbrecher des Atomzeitalters"[83] – näher zu bringen. Manch einem war dabei zu viel Selbstdarstellung seitens des Professors, mir aber lag Wissenschaftsgeschichte als leben-

---

82 Unter Ultrakurzzeitphysik versteht man die Untersuchung und gezielte Beeinflussung natürlicher und technischer Prozesse im Piko-, Nano- und schließlich Femto-Sekundenbereich mit ultrakurzen Laserlichtimpulsen – also letztlich bis auf Molekular- und Atomebene. Heute bewegt sich die Grundlagenforschung im Atto-Sekunden-Bereich.
83 Vgl. u. a.: Friedrich Herneck: Bahnbrecher des Atomzeitalters. Große Naturforscher von Maxwell bis Heisenberg, Berlin 1970, 426 Seiten.

diger Zeitzeugenbericht und insofern war ich sensibilisiert, als ich die Geschichte von der Entdeckung der Doppel-Helix in die Hände bekam. James D. Watson, 1928 in Chicago geboren, hatte mit 22 Jahren als Hochbegabter bereits promoviert und kam 1951 nach England, um sich der Erforschung des DNA-Moleküls zu widmen. Am Cavendish-Laboratorium der Universität Cambridge entwickelte er 1953, also mit 25 Jahren, das Doppelhelix-Modell der DNA, wofür er gemeinsam mit Francis Crick 1962 den Nobelpreis für Medizin erhielt. So erfrischend lebensnah wie James D. Watson in seinem Buch[84] über die Rolle von Kognitivem und Persönlichem plauderte, was ihm im Übrigen auch reichlich Kritik einbrachte, so sollte man über Forschungsprozesse berichten können. So etwas schwebte mir auch für die UKP vor – als Einheit von Kognitivem, Technischem und Psychosozialem.

Entsprechend „lebens- und forschungsnah" war auch das empirische Setting aufgebaut – bestehend aus einer Vielzahl von Interviews, Laborbesichtigungen, der Auswertung aktueller Veröffentlichungen, von Planungsunterlagen und Prospektmaterial, der Teilnahme an wissenschaftlichen Beratungen und Konferenzen. Dies machte eine Innovationslandschaft transparent und erlebbar, wo selbst unter komplizierten Bedingungen der DDR (z. B. bei der Bereitstellung moderner Rechentechnik und spezieller Bauelemente) in der Akademie in Kooperation mit leistungsfähigen Forschungsteams aus Jena und dem forschungseigenen und industriellen wissenschaftlichen Gerätebau Spitzenforschung möglich wurde. Ich konnte dabei exemplarisch den Werdegang experimenteller Versuchsanlagen zu unikalen Geräten und letztlich bis zur Kleinserien-Fertigung verfolgen und die dafür entscheidenden kognitiven, personellen und organisatorischen Konstellationen studieren. Eine Fallstudie ist wie eine Expedition in ein unbekanntes Land und in der Wissenschaft ein besonderes Erlebnis, wenn man als Beobachter Einblick in das Geschehen an einer Forschungsfront nehmen durfte – festgemacht beispielsweise am zeitweiligen Weltrekord in der Erzeugung ultrakurzer Laserimpulse bis hin zu Geräteentwicklungen, die führende Westfirmen auch zur Abwerbung von Spezialisten aus der DDR veranlasste.

Zur unmittelbaren forschungspolitischen und praxisdienlichen Umsetzung der Ergebnisse der Fallstudie kam es nicht mehr in gewünschter Weise. Mit der Wende standen quasi über Nacht andere Anpassungs- und Integrationsprozesse auf der Tagesordnung. Allerdings lieferte die Fallstudie über die konkrete DDR-geschichtliche Dimension hinaus auch Erkenntnisse zu globalen Tendenzen der Wissenschafts-

---

84 James D. Watson: Die Doppel-Helix. Ein persönlicher Bericht über die Entdeckung der DNS-Struktur, Hamburg 1973. Während des Studium hatte man uns die Lektüre dieses 1969 erstmals bei Rowohlt in deutscher Sprache erschienenen Buches ans Herz gelegt. Und es gab wohl auch zwei/drei Exemplare dieser „West-Publikation" zur Ausleihe. Ich war begeistert von der Lektüre und rekonstruierte die persönlichen Arbeitsbeziehungen der Hauptakteure in einer fakultativen Belegarbeit.

und Technikentwicklung, wie es Hubert Laitko der Arbeit attestierte.[85] Späte Genugtuung für die zweijährige Arbeit an der Fallstudie auch durch folgende Tatsache: die seinerzeit (1987/88) interviewten Akteure der UKP haben nach der Wende – trotz oft existentieller Brüche in ihrer Wissenschaftlerbiographie – entscheidend den Aufbau von Hightech-Zentren in Jena und Berlin-Adlershof geprägt. „Professor in den USA, Firmengründer in Berlin, Vorstandsvorsitzender von Carl Zeiss – und es werden noch weitere beachtliche Karrierewege von Wissenschaftlern aus dem ZOS, dem ZWG und der FSU Jena anzuführen sein. Ausgangspunkt aller Nachwendekarrieren war allerdings die politisch in Kauf genommene Zerstörung international anerkannter leistungsfähiger Forschungspotenziale."[86]

Die Gründung des Wissenschaftssoziologie und -statistik e. V. Berlin und die befristete Förderung im Rahmen des Wissenschaftler-Integrations-Programms (WIP) gaben mir bis 1995 die Gelegenheit, meine empirischen Forschungen zur Technikgenese fortzusetzen. Von der Ultrakurzzeitphysik und der Beschäftigung mit Lasertechnik führte der Weg zur Laser-Medizin-Technik als potenzielles Beispiel für die Genese natur-, human- und sozialverträglicher Techniken. Die Frage nach einer möglichen neuen Rolle von Forschungstechnik in der medizinischen Forschung als Prototyp späterer Diagnose- und Therapieverfahren wurde evident mit den sich seit Anfang der 90er Jahre stürmisch entwickelnden Methoden und Techniken der Minimal Invasiven Medizin.[87]

Über drei Jahre (1992–94) wurden in führenden Kliniken und Forschungszentren der Bundesrepublik Interviews durchgeführt und das Konzept sozialwissenschaftlicher Begleitforschung weiterentwickelt. Dabei ging es um die Frage des anstehenden

---

85 „Der Ansatz der von K. Meier unternommenen Untersuchung war so gewählt, dass die analysierten Vorgänge als Realisierung eines wesentlichen Trends der internationalen Wissenschaftsentwicklung unter DDR-Bedingungen gesehen wurden. Das Untersuchungsmaterial entstammte zwar der Forschungswirklichkeit der DDR, aber der Rahmen seiner Interpretation und Bewertung war nicht einfach dieses Land, sondern die globale Entwicklung der Wissenschaft auf dem betrachteten Gebiet. Damit konnten die Resultate Aufschlüsse in zwei Richtungen erbringen. Auf der einen Seite konnte – sachlich belegt und begründet – darüber geurteilt werden, welche realen Möglichkeiten die DDR als Kleinstaat hatte, zur internationalen Forschungsfront aufzuschließen und diese an einigen Stellen mitzubestimmen; unter diesem Aspekt kommen die von den Forschungsakademien repräsentierten Potentiale ins Spiel. Auf der anderen Seite ergaben sich Einsichten in die generellen Bedingungen forschungstechnischer Neuerungsprozesse, die von der Evolution der naturwissenschaftlichen Grundlagenforschung sowohl ermöglicht als auch erfordert werden; diese Einsichten lassen sich in Abstraktion von den spezifischen Bedingungen und Schranken der DDR-Verhältnisse formulieren." In Hubert Laitko: Exposé: Grundsätze zur wissenschaftshistorischen und wissenschaftspolitischen Auswertung der Fallstudie „Ultrakurzzeitphysik" für das Projekt „Forschungsakademien". Unveröffentlichtes Manuskript, Berlin 2010, S.1.
86 Klaus Meier: Das Beispiel Ultrakurzzeitphysik – Bedingungen für Spitzenforschung an der Akademie der Wissenschaften der DDR. In: Wolfgang Girnus und Klaus Meier (Hrsg.): Forschungsakademien in der DDR – Modelle und Wirklichkeit, a.a.O., S.143.
87 Vgl. Klaus Meier: Wissenschaftspark ITW..., a.a.O., S.120.

medizin-technologischen Wandels und die Veränderung sozialer Praxen – angefangen bei der Qualitätssicherung über die Neuorganisation des Klinischen Alltags bis zum Arzt-Patient-Verhältnis. Das Projekt „Minimal Invasive Medizin (MIM) – Technologischer Wandel und die Veränderung sozialer Praxen: von der Verordnungsmedizin zu einer patientenmitbestimmten Medizin der Wahl" hatte die ersten Hürden der Bestätigung als mehrjähriges DFG-Projekt schon überstanden, als uns 1995 dennoch ein „in letzter Instanz nicht bestätigt" von der DFG signalisiert wurde. Man will nicht unterstellen, dass gerade das im Projektdesign entfaltete und bereits mit Beispielen untersetzte Konzept einer integrierten sozialwissenschaftlichen Mitwirkungsforschung das Missfallen der vom DFG bestellten Juroren fand. Aufgeschlossen und entgegenkommend zeigten sich dagegen die damals kontaktierten, überwiegend jungen Ärzte und Pioniere der MIM. Davon zeugen drei zwischen 1993 und 1995 erschienene Publikationen der WiSoS-Schriftenreihe[88] sowie eine 1994 als populärwissenschaftliches medizinisches Handbuch zur MIM erschienene Gemeinschaftspublikation. Mit von der Partie waren Ärzte unterschiedlicher Fachrichtungen, Spezialisten für Medizintechnik, Vertreter der Ärztekammer, der Medizingeschichte sowie Natur- und Sozialwissenschaftler bis hin zu „Patientenstimmen" unter dem Titel „Sanfte Chirurgie – Ein Ratgeber für mündige Patienten"[89].

Ohne feste Anstellung und Projektmittel folgte ab 1996 eine Phase in meiner sich zum Patchwork-Muster entwickelnden Berufsbiographie, die ich als spannenden Ausflug sozialwissenschaftlicher Methoden in eine wissenschaftsfernere Region bezeichnen möchte. Und zwar betraf dies ein Feld, das in den 90er Jahren ebenfalls einen drastischen Wandel erfuhr – die Spielzeugbranche. Erst gingen die großen und kleineren ostdeutschen Spielzeughersteller „den Bach runter", zeitversetzt folgten die westdeutschen Produzenten. Der große Zug der arbeitsintensiven Produktion gen Asien hinterließ in Thüringen ebenso wie in Franken – den zwei traditionellen Hochburgen der Spielzeugherstellung – Hunderte verwaiste Arbeitsplätze. Allenfalls Design- und Produktentwicklung, der Firmenname und Vertrieb blieben noch in Deutschland. Kompensiert oder zumindest überspielt wurde diese bis heute andauernde Krise der Branche durch einen gegenläufigen Hype für den Teilsektor „das be-

---

[88] Vgl. Klaus Meier (Hrsg.): Minimal Invasive Medizin. Reportagen und Beiträge: High-Tech und Wege zur sanften Medizin. In: Heft 3 der Schriftenreihe des Wissenschaftssoziologie und -statistik e. V., Berlin 1993, 148 Seiten; Klaus Meier: Endoskopisches Operieren. Qualitätssicherung und der Wandel medizinischer Praxen bei der Breiteneinführung der Minimal Invasiven Chirurgie. In: Heft 5 der Schriftenreihe des Wissenschaftssoziologie und -statistik e. V., Berlin 1994, 112 Seiten; Klaus Meier: Patientenorientierte Medizintechnik – Patientenmitbestimmte Medizin. Die Minimal Invasive Chirurgie im klinischen Alltag: Innovationen – neue Konzepte – sozialwissenschaftliche Assistenz. In: Heft 7 der Schriftenreihe des Wissenschaftssoziologie und -statistik e. V., Berlin 1995, 100 Seiten.
[89] Klaus Meier (Hrsg.): Sanfte Chirurgie. Ein Ratgeber für mündige Patienten zum Thema Minimal Invasiv Medizin, Berlin 1994.

sondere Spielzeug für Erwachsene". Hier fanden in den 90er Jahren viele Designer und zunächst als Hobbykünstler gestartete Bastler ein neues Betätigungsfeld bei der Kreation und Fertigung limitierter Auflagen von Künstlerpuppen und Designerplüschtieren, von teuren Modelleisenbahnen und anderen Sammlerstücken. Im Kontext der Wiederentdeckung des Spieltriebs und der Sammlerleidenschaft insbesondere der Kriegs- und Nachkriegsgeneration, die in ihrer Kindheit auf vieles verzichten mussten, war auch Platz für Hobbyzeitschriften und Sachliteratur über die Szene. In diese Lücke hinein wurden vom Autor gemeinsam mit Ingrid E. Endesfelder fünf reich illustrierte Bücher über Leben und Werk dieser besonderen Künstler- und Firmengeschichten veröffentlicht.[90] Empirische Basis: unzählige autorisierte Interviews, Besuche und Fotosessions in den Werkstätten und Firmen sowie auf Events der Szene selbst – sie ergaben ein reiches Material für eine „erzählende sozialwissenschaftliche Begleitforschung". Allerdings war der ohnehin begrenzte Markt schon nach wenigen Jahren weitgehend gesättigt und es tat der übliche Marktbereinigungsprozess seine Wirkung. Und wer kann vom Bücherschreiben allein heute noch existieren!

9. Wissenschaftssoziologie und -statistik e. V. (WiSoS) [91] – eine gute Adresse für zwei Jahrzehnte sozialwissenschaftliche Forschung

Ende 2014 hat der im März 1991 gegründete Verein Wissenschaftssoziologie und -statistik e. V. Berlin (WiSoS) sein Wirken eingestellt. Im April 2015 verstarb sein langjähriger Vorsitzender Hansgünter Meyer. Von den fast 25 Jahren seines Bestehens waren es vor allem die 90er Jahre, wo der WiSoS e. V. als eine gute Adresse für sozialwissenschaftliche Forschung galt. Gründungsväter des WiSoS e. V. waren Werner Meske als sein erster Vorsitzender (1991–1993) und Hansgünter Meyer, der den Vorsitz bis zur

---

90 Ingrid E. Endesfelder, Klaus H. Meier: Puppen, Plüsch und Teddybären, Berlin 1995; Ingrid E. Endesfelder, Klaus H. Meier: Lieblinge fürs Leben, Berlin 1996, Ingrid E. Endesfelder, Klaus H. Meier: Puppen – Teddys – Fantasy. Berlin 1998; Ingrid E., Endesfelder, Klaus H. Meier: Phantastische Welt der Modelle, Berlin 1999; Ingrid E., Endesfelder, Klaus H. Meier: Knallbonbons. Spielart und Ausgeflipptes, Berlin 1999.
91 „Im März 1991 gründeten Mitarbeiter des Instituts für Theorie, Geschichte und Organisation der Wissenschaft der ehemaligen Akademie der Wissenschaften sowie weiterer, früher im Bereich Wissenschaftsforschung/Soziologie wirksamer und inzwischen aufgelöster Forschungs- und Hochschuleinrichtungen den gemeinnützigen Verein „Wissenschaftssoziologie und -statistik e. V. Berlin" (WiSoS)....Für die Realisierung des dringenden Forschungsbedarfs bei der Analyse der Umbruchprozesse der Wissenschaftslandschaft in den neuen Bundesländern und Berlin stehen damit weitere sozialwissenschaftliche Forschungskapazitäten...zur Verfügung....Dazu arbeiten in der Trägerschaft des Vereins gegenwärtig folgende Projekte:
Lasermedizintechnik – zur Genese einer human-, natur- und technikverträglichen Technologie
Transformationsbeispiel Fachhochschulen
Technologiezentrum Berlin-Adlershof
Wissenschaftlicher Nachwuchs

Auflösung von WiSoS im Jahre 2014 innehatte; des Weiteren Klaus Meier (in der Funktion des wissenschaftlichen Geschäftsführers), Rudolf Welskopf als Schatzmeister und weitere engagierte, z. T. bis 2014 dabei gebliebene Mitglieder. In der ersten Hälfte der 90er Jahre beschäftigte WiSoS zeitgleich bis zu 21 Mitarbeiter/innen auf ABM-Basis (insgesamt waren über diese Förderungsmaßnahme 42 Mitarbeiter/innen in ein- und mehrjährige WiSoS-Projekte einbezogen). In der Schriftenreihe des WiSoS e. V. erschienen bis 2014 dreizehn größere Publikationen, der überwiegende Teil davon in den 90er Jahren.[92]

In seiner letzten großen Publikation als Herausgeber und einer der Hauptautoren des Sammelbandes „Der Dezennien-Dissens. Die deutsche Hochschul-Reform-Kontroverse als Verlaufsform" (Berlin 2006) wirft Hansgünter Meyer in seinem Beitrag „Was heißt und zu welchem Zweck betreibt man die Zweite Wissenschaftskultur?" den Blick auf die Zeit nach 1990. Hansgünter Meyer stellt die Sinnfrage bezüglich des großen Spektrums sich im Osten Deutschlands nach der Wende selbstorganisierender Wissenschaft jenseits des offiziellen Wissenschaftsbetriebes, in dem er stellvertretend auf Programme und freie Gründungen dieser „Zweiten Wissenschaftskultur" näher eingeht. An prominenter Stelle die Rosa-Luxemburg-Stiftung zu der es bei

---

    Sozial- und personalstrukturelle Veränderungen im Wissenschaftspotential der Region Berlin-Brandenburg

    Situationsanalyse Hochschulforschung

    Berufliche Mobilität von Natur- und Technikwissenschaftlern.

    Auf der diesjährigen Mitgliederversammlung des WiSoS e. V. am 2. April 1992 wurde ... der Vorschlag angenommen, eine eigene Publikationsreihe mit dem Titel ‚Transformationsprozesse in der Wissenschaft' herauszugeben." Zitiert aus dem Vorwort zum Heft 1: Klaus Meier, Werner Meske: Zu dieser Schriftenreihe. In: Wissenschaftstransfer, Schriftenreihe des WiSoS e. V. Heft 1: Wissenschaftstransfer, S. 5 f.

92 Schriftenreihe des WiSoS e. V. Berlin: Heft 1 Wissenschaftstransfer, Berlin 1992; Heft 2 Wissenschaftstransfer. Innovationsförderung und Technologietransfer in kleineren und mittleren Unternehmen, Berlin 1992; Heft 3 Minimal Invasive Medizin. Reportagen und Beiträge: High-Tech und Wege zur sanften Medizin, Berlin 1992; Heft 4 Wirtschafts- und Wissenschaftspark Berlin-Adlershof/Johannisthal; Vergangenheit – Gegenwart – Zukunft, Berlin 1993; Heft 5 Endoskopisches Operieren – Qualitätssicherung und der Wandel medizinischer Praxen bei der Breiteneinführung der Minimal Invasiven Chirurgie. Sozialwissenschaftliche und medizinische Sichten, Berlin 1994; Heft 6 Kommentare zum Bundesbericht Forschung 1993 Berlin 1994; Heft 7 Patientenorientierte Medizintechnik – patientenmitbestimmte Medizin. Die Minimal Invasive Chirurgie im klinischen Alltag. Innovationen – neue Konzepte – sozialwissenschaftliche Assistenz, Berlin 1995; Heft 8 Wissenschaft und Wirtschaft in Berlin-Adlershof – Standortanalyse '95, Berlin 1995; Heft 9 Der universitäre Akademische Mittelbau – Zur Situation an Berliner Universitäten, Berlin 1996; Heft 10 25 Jahre Wissenschaftsforschung in Ostberlin. Reden eines Kolloquiums, Berlin 1996; Heft 11 Sozialstruktur als Gegenstand der Soziologie und der empirischen soziologischen Forschung. Beiträge zu einem Kolloquium in memoriam Manfred Lötsch. Berlin 1998; Heft 12 Wissenschaft und Politik – Diskurs: Kolloquien-Beiträge zu aktuellen Problemen der F & T-Politik, Berlin 1998; Heft 13 Hansgünter Meyer (Hrsg.): Der Dezennien-Dissens. Die deutsche Hochschul-Reform-Kontroverse als Verlaufsform, Berlin 2006.

Meyer heißt: „Die RLS ... ist wohl das mannigfaltigste und umfangreichste Unternehmen der Zweiten Wissenschaftskultur – und sicher auch das bestausgestattete."[93]

Seit 2000 ist der Autor des vorliegenden Beitrags Mitarbeiter der Rosa-Luxemburg-Stiftung. Die RLS, die seit Mitte 1999 in die Finanzierung der Politischen Stiftungen durch verschiedene Bundesministerien aufgenommen wurde, suchte im Frühsommer 2000 dringend jemand, dem die finanztechnischen Fragen ebenso lagen wie die politisch-fachliche Darstellung der Verwendung der erhaltenen staatlichen Zuwendungen. So kam ich durch Vermittlung des Dietz-Verlages in den Bereich Finanzen/Verwaltung, war seit 2003 Leiter des Bereiches Finanzen/Controlling und von 2010–2014 Bereichsleiter Finanzen – IT – Zentrale Aufgaben (FIZ). Seit dem Antritt der sogenannten Ruhephase der Altersteilzeit im Juni 2015 ist nunmehr wieder auch mehr Zeit und Muße für das, was Hansgünter Meyer die Zweite Wissenschaftskultur nennt. Dazu gehört essentiell die wichtige Funktion des *Ermöglichen* – und was die Rosa-Luxemburg-Stiftung betrifft, das Zusammenspiel innerhalb eines Netzwerks von Ehrenamtlichen und sich für konkrete Vorhaben einsetzende Projektkoordinatoren sowie einer Verankerung in der Stiftung selbst durch das Engagement von Festangestellten. Was hier in den letzten 25 Jahren seitens der bundesweiten RLS, aber auch der RLS Brandenburg, der RLS Mecklenburg-Vorpommern und RLS Sachsen geleistet wurde, bedarf einer gesonderten Behandlung.

Gruppenbild aus dem Jahre 2002: von links nach rechts: Klaus Meier, Wolfgang Girnus, Günter Kröber, Clemens Burrichter, Hubert Laitko, Karl-Friedrich Wessel und Hansgünter Meyer.

---

93 Hansgünter Meyer: Was heißt und zu welchem Ende betreibt man die Zweite Wissenschaftskultur? In: Hansgünter Meyer (Hrsg.) Der Dezennien-Dissens. Die deutsche Hochschul-Reform-Kontroverse als Verlaufsform, Berlin 2006, S. 476.

Abschließend möchte ich auf Hansgünter Meyer zurückkommen. Nach dem Gang durch diese Zweite Wissenschaftslandschaft zieht Meyer folgendes Resümee – was als sein Vermächtnis stehen kann:

> Immer ist wissenschaftliches Erbe die Voraussetzung für neues Denken. Keine Generation kann ganz von vorn anfangen – und tut es auch nicht. Es gibt aktuelles Wissen, das eine mehr als tausendjährige Geschichte hat – und es wäre nicht das, was es ist, wenn es diese Geschichte nicht hätte. Wissenschaftliches Erkennen, neues Denken, ist immer Rezeption von Vorhandenem und Rückbesinnung, ehe es mit neuen Einsichten und neu gewonnenen Tatsachen zum erfolgreichen Vorwärtsschreiten kommt. Und so wird unverlierbares Erbe werden, was heute als Beitrag zur Erhellung der Zeitverhältnisse vorgelegt und beigetragen wird.[94]

Das gilt nicht nur im Rückblick auf Jahrhunderte. Das begleitet auch die Geschichte der Ostdeutschen in ihrer halbhundertjährigen Existenz „an den Peripherien". Von dieser Wahrnehmung aus kann in die Zukunft projiziert werden. Jede Publikation, jedes Projekt, das die Zweite Wissenschaftskultur bereichert, vermehrt dieses Erbe und vermehrt notwendiges alternatives Wissen. Es hat sich gelohnt, das bisher unter Mühen zu tun und es wird sich weiterhin lohnen.

Nachtrag:
Am 20. Mai 2016 fand – anlässlich des einjährigen Todestages von Hansgünter Meyer – in der Rosa-Luxemburg-Stiftung Brandenburg in Potsdam ein Gedenk-Kolloquium „Aufklärende Sozialforschung – Hansgünter Meyer – eine Wissenschaftlerpersönlichkeit in deutsch-deutschen Zeiten" statt.

---

94 Hansgünter Meyer: Was heißt und zu welchem Ende betreibt man die Zweite Wissenschaftskultur?, a. a. O., S. 512 f.

KARL-FRIEDRICH WESSEL

Anstelle eines Schlusswortes: Bilanz und Ausblick

Es hat sich erwiesen, dass das Thema dieses Workshops ungemein reich ist. „Wissenschaft und Gesellschaft. Wissenschaftsforschung in Deutschland – die 1970er und 1980er Jahre" als Gegenstand, so wie er in dem Positionspapier von Hubert Laitko und Reinhard Mocek entworfen ist, stellt eine große Herausforderung dar. Die Fokussierung auf die zwei Persönlichkeiten Clemens Burrichter und Günter Kröber schränkt das Thema einerseits ein, lässt andererseits aber auch zeitliche Ausdehnungen zu. Es geht auch um die Wissenschaftsorganisatoren Burrichter und Kröber unter Bedingungen, die in der Wissenschaftsgeschichte einmalig sein dürften.

Jedenfalls kann die Frage, die Laitko und Mocek am Ende ihres Papiers stellen, „ob eine systematische Bearbeitung des skizzierten Untersuchungsfeldes aussichtsreich wäre", eindeutig positiv beantwortet werden. Es liegt nahe, den Workshop jährlich fortzusetzen, andere Kollegen hinzuzuziehen und so Erfahrungen zu generieren, die ansonsten in nicht allzu langer Zeit verloren sein dürften. Die Erfahrungen noch lebender, aber hier nicht anwesender Kolleginnen und Kollegen könnten den Forschungsgegenstand erweitern.

Selbstverständlich verdienten viele Aktivitäten der in Frage stehenden Jahre in ihrem Werden und Vergehen untersucht zu werden, aber die Wissenschaftsforschung in Deutschland weist hinsichtlich ihrer Existenz und Entwicklung eine Besonderheit auf. Im Umfeld der Geisteswissenschaften und der Philosophie gab es wohl keinen zweiten Bereich, in dem der Austausch von Konzepten und Positionen so intensiv und produktiv war wie in diesem. Das zeigte sich auch auf diesem Workshop. Es war nicht zu verkennen, dass sich viele Teilnehmer seit vielen Jahren kennen und Freundschaften naturgemäß Gemeinsamkeiten betonen, die zudem Voraussetzungen für die Kennzeichnung von Unterschieden sind. Ein tieferes Eindringen in die Materie wird, da bin ich mir sicher, sowohl noch mehr Gemeinsamkeiten produzieren als in der Folge auch sehr deutlich Unterschiede hervorbringen, die die reale Geschichte abbilden helfen. Eine theoretische Grundlage dafür hat übrigens Mittelstraß gelegt, indem er in seinem Beitrag zwischen Konzepten und Positionen unterschied. Eine gute, hilfreiche methodische Unterscheidung, die die Dialektik nicht aufhebt, dass sich auch in Konzepten Positionen widerspiegeln, die nicht sofort kenntlich sind. Aber darüber werden wir möglicherweise auf den nächsten Zusammenkünften noch hinreichend diskutieren können. Mir kommt es nur darauf an, dass unterschiedliche Positionen nicht nur kenntlich bleiben, sondern möglichst klar herausgearbeitet werden. Es sollte nicht vergessen werden, dass die Existenz der beiden deutschen Staaten auch für die Wissenschaft eine historisch einmalige Situation war, in der unterschiedliche Standpunkte sehr wohl vernünftig ausgetauscht wurden, jedenfalls in dem Forschungsbereich, um den es uns hier geht.

Eine besondere Bedingung für die Wissenschaftsforschung ergab sich durch die Tatsache, dass es eine große Kontinuität im Austausch von Ideen und Konzepten gab, für den Clemens Burrichter und Günter Kröber verantwortlich waren. Es kann aber auch nicht verschwiegen werden, und damit will ich einen Diskussionspunkt aufnehmen, der angemahnt wurde, nämlich, dass nicht alle Kollegen aus der DDR in den Genuss des Gedankenaustausches über die Grenzen hinweg kamen. Mich interessiert hier nicht die Frage, wer dies konnte und wer nicht, sondern nur die Tatsache, dass natürlich die unmittelbare Diskussion mit Kollegen, die andere oder vermutlich andere Standpunkte vertreten, sehr förderlich für den eigenen Diskussionsstil sein kann. Ich will hier nur eine kleine eigene Erfahrung einbringen.

In Vorbereitung einer Reise nach Bonn las ich noch einmal einen Artikel, in dem ich einen Kollegen kritisiert hatte, den ich besuchen wollte. Ich sah mich genötigt, mich für den Stil der Auseinandersetzung zu entschuldigen und lernte, mir eine Haltung zu erarbeiten, die zwar meinen Standpunkt nicht aufweiche, aber meine Argumente von Oberflächlichkeit und ungerechtfertigter Besserwisserei zu entlasten. Abgesehen davon, dass sich dies nur auf unterschiedliche weltanschauliche Positionen bezog – in anderer Hinsicht gab es keinen Unterschied meiner Diskussion mit Kollegen – wurde ich souveräner. Sagen will ich damit, dass Kollegen, die diese Möglichkeit nicht hatten, diese Erfahrung nicht machen konnten, und das sollte man zugeben können. Ich verstehe daher eine gewisse Gereiztheit von Kollegen, die nicht reisen konnten und sich daher noch heute benachteiligt fühlen. Jetzt kommt es aber darauf an, die Nähe der einen und die Distanz der anderen, ich meine im persönlichen Umgang, produktiv zu nutzen, um Gemeinsames und Verschiedenes zu erhalten. Andernfalls würden wir Geschichte verfälschen. Die Geschichte, die hinter uns liegt, ist insofern verloren, als dass Anfänge – wie sinnvoll oder sinnlos sie auch immer waren – kein natürliches Ende mehr finden; Wissenschaftsforschung unter sozialistischen Bedingungen ist unmöglich geworden. Fortgeführt werden kann jetzt nur ein ideengeschichtlicher Ansatz, und dies auch nur solange Akteure noch bereit sind, sich auszutauschen; alles andere ist historische Arbeit, für die wenig Interesse besteht, aber auch dieses Interesse gilt es zu erhalten. Auch misslungene Unternehmungen können klüger machen.

Diese, unsere Veranstaltung, hat im Vergleich zu vielen anderen einen angenehmen Charakter. Sie wurde getragen von der gemeinsamen Absicht, sich der historischen Wahrheit zu nähern. Natürlich spielen Burrichter und Kröber eine große Rolle, aber die Reflexionen gingen weit über ihren Einfluss hinaus, ohne diesen zu relativieren. Es ist schon beachtlich, was an den zwei Tagen an Streben nach Humanismus und Wirkungen, die Wissenschaftsforschung hervorbrachte, oder eben auch nicht, sichtbar wurde. Schließlich ist die Geschichte der Wissenschaftsforschung nicht nur konfliktreich, sondern auch eine Geschichte der Erfolglosigkeit.

Die Erfolglosigkeit wird ja selten als ein bedeutender Teil der Wissenschaft beschrieben. Wissenschaft ist schließlich das Bleibende, das, was in den Wissenschaftsfundus Eingang findet. Ein nicht unwesentlicher Teil unseres Workshops hat zum Glück die Erfolglosigkeit nicht ausgeklammert. Die Erfolglosigkeit hat in diesem Fall mehrere Dimensionen. Nicht nur die, die den Wissenschaftsprozess naturgemäß immer begleitet, sie ist ja ein Gegenstand der Wissenschaftsforschung selbst, sondern eine, die der besonderen Situation in Deutschland geschuldet ist. Ich meine damit unter anderem auch die vorhanden gewesene gegenseitige Ignoranz, die in unserem Workshop insofern keine große Rolle spielte, weil sich Kollegen zusammenfanden, die weitgehend von dieser Ignoranz frei waren und sind. Ich meine aber auch den Ausschluss von Kollegen in der Vergangenheit, die gern an solchen gemeinsamen Diskussionen teilgenommen hätten. Hans-Christoph Rauh hat dies, neben anderen Schwachpunkten in der Geschichte, in die Diskussion eingebracht. (Die heutige Situation, in der wiederum viele Kollegen aus dem wissenschaftlichen Leben ausgeschlossen sind, steht hier nicht zur Diskussion.) Auch wenn es das Wohlgefühl einschränkt, die weniger angenehmen Seiten der Vergangenheit sollten nicht ausgespart bleiben. Sie bilden ja auch einen Teil der Beziehungen zwischen Wissenschaft und Gesellschaft ab, der in der Wissenschaftsforschung Gegenstand sein sollte. Es geht mir nicht um die Frage, wie weit sich Politik aus der Wissenschaft heraushalten sollte und umgekehrt die Wissenschaft aus der Politik, sondern um die wirklich stattgefundenen Beeinflussungen.

Vergessen werden sollte nicht, dass wir immer nur eine begrenzte Menge an Problemen diskutieren können und in diesem Prozess stets neue Voraussetzungen allgemeiner Art auftreten, einige möchte ich nennen.

Zunächst komme ich noch einmal auf Mittelstraß zurück. Die schon erwähnte Unterscheidung zwischen *Konzeption* und *Position* hat er in dem Artikel „Gründegeschichten und Wirkungsgeschichten" (1995) mit ähnlicher Absicht, allerdings in anderem Zusammenhang, der aber für uns relevant ist, dargestellt. Er fasst seine Vorstellungen von einer philosophischen Hermeneutik wie folgt zusammen:

> „Sie lehrt, (1) daß systematische Philosophie möglich ist, (2) daß eine Reduktion der Philosophiegeschichte auf eine Vorgeschichte des eigenen Denkens dogmatisch ist und

(3) daß sich die Philosophie sich selbst gegenüber nicht bloß historisch verhalten kann. Als historische Bildung im üblichen, die Philosophiegeschichtsschreibung weitgehend bestimmenden Sinne vermag sie zwar Entwicklungen darzustellen – auch, sich in Entwicklungen zu stellen –, jedoch nicht, sich selbst als vernunftorientiertes Denken zu begreifen. Eben darum aber geht es in der Philosophie, und zwar nicht nur in Form einer normativen Wissenschaftstheorie, sondern auch in Form einer normativen Philosophietheorie, d. h. gegenüber sich selbst."[1]

Dieses Zitat enthält vielerlei Anregungen, die hier nicht aufgenommen werden können, aber in der weiteren Diskussion beachtet werden sollten. Hier will ich nur den Gedanken unterstreichen, „daß eine Reduktion der Philosophiegeschichte auf eine Vorgeschichte des eigenen Denkens dogmatisch" sei, also in die Irre führt. Das gilt für alle historischen Betrachtungen. Die Schwierigkeit besteht natürlich darin, dass man ohne die eigene Geschichte ernst zu nehmen, gar keine Geschichte ernst nimmt. Man kann sich nur befreien, indem man beide in ein Verhältnis bringt. Die eigene Geschichte ist löchrig und uneben, man sollte sie nicht einfach glätten zum Zwecke der Verteidigung. Man verteidigt sie am erfolgreichsten, wenn man sie offen hält. Das wiederum ist mit vielerlei Schwierigkeiten verbunden, auf die ja unsere Zusammenkunft und wohl auch die noch folgenden aufmerksam machen wollen.

Es ist leicht, davon zu sprechen, dass Entwicklung fehlerfreundlich ist, aber schwer, dann auch die Fehler zuzugeben bzw. sie aufzudecken und zu benennen. Man kann sich selbst und anderen gegenüber freundlich souverän bleiben oder unter Aufgabe der Souveränität sich selbst und andere mit Füßen treten. Es ist menschlich, dass Auseinandersetzungen entarten und zu unversöhnlichen Standpunkten führen, damit muss man leben können. Auch sind Vorurteile unvermeidlich und nicht jeder muss mit jedem diskutieren wollen oder können. Auch ist die Absicht, verschiedene Standpunkte oder Sichten in der Philosophie existieren zu lassen, nicht sonderlich ausgeprägt und man sollte nicht so tun, als wäre es anders. Aber die Wissenschaftstheorie scheint ein Terrain zu sein, auf dem viel Sachlichkeit möglich ist. Ich meine damit die Möglichkeit, Verschiedenheiten wirklich hervorzubringen, was natürlich auch bedeutet, Material ans Licht zu bringen, welches im Verborgenen liegt, aber einbezogen werden sollte. Ich möchte den Versuch unternehmen, das Feld, welches zu untersuchen sein wird, durch ein paar Anmerkungen zu erweitern, ohne abzulenken von den Schwerpunkten, die Laitko und Mocek vorgegeben haben.

---

1   Jürgen Mittelstraß: Gründegeschichten und Wirkungsgeschichten. Bausteine zu einer konstruktiven Theorie der Wissenschafts- und Philosophiegeschichte. In: Ch. Demmerling, G. Gabriel und T. Rentsch (Hrsg.): Vernunft und Lebenspraxis. Philosophische Studien zu den Bedingungen einer rationalen Kultur. Suhrkamp Verlag, Frankfurt a. M. 1995, S. 31.

Es ist eine große Herausforderung, sich der Geschichte in der Weise zu stellen, wie die Organisatoren und die „Einführer" es sich vorgenommen haben. Schließlich geht es, wie schon angedeutet, nicht primär um die Geschichte, sondern um die Wissenschaft in ihrem aktuellen Zustand. Und darum möchte ich noch einen anderen Aspekt hervorheben. Ich zitiere zu diesem Zwecke gern Foucault aus einem Interview, in dem er sagte:

> „Kennen sie den Unterschied zwischen wahrer Wissenschaft und Pseudowissenschaft? Wahre Wissenschaft nimmt ihre eigene Geschichte zur Kenntnis."[2]

Wir wissen, wie kompliziert das ist, denn Geschichte, obwohl stattgefunden, muss auch erst erarbeitet, angeeignet werden, um Maßstab sein zu können. Ich weiß sehr wohl, dass Betrachtungen der selbst erlebten Zeit die Gefahr der Nostalgie hervorbringen, besonders dann, wenn Akteure sich an gemeinsame Taten erinnern, und darauf wollte ich hinaus. Auch in diesem Zusammenhang zitiere ich gern Foucault mit den folgenden Worten:

> „Es ist gut, nostalgische Gefühle für bestimmte Zeiten zu hegen, sofern diese Nostalgie sich in einer nachdenklichen und positiven Einstellung zur Gegenwart äußert."[3]

Diesem Hinweis folgte unsere Diskussion. Es macht ja auch Spaß, an gemeinsame Unternehmungen zu erinnern, wenn man nicht vergisst, die nötige Distanz herzustellen, die eine „positive Einstellung zur Gegenwart" hervorbringt. Ich würde dies eine *positive Nostalgie* nennen, im Gegensatz zur gegenwartslosen, verschleiernden, also negativen Nostalgie. Als Anmerkung füge ich noch hinzu, dass auch die positive Nostalgie mit Bedacht eingesetzt werden sollte, denn sie schließt auch im Nachhinein die nicht Beteiligten an den gemeinten Prozessen aus, so sie hätten Teilnehmer sein können oder vielleicht sogar hätten sein müssen.

Natürlich bedarf der historische Blick immer auch des Strebens nach Ganzheit, welches übrigens ein weiterer Grund für die Fortsetzung unserer Diskussion ist. Einer Diskussion, die alle hier gehaltenen Vorträge berücksichtigen muss, denn es wäre eine Anmaßung, würde ich hier eine Einschätzung versuchen wollen. Viele der Beiträge sind wohl auch gedacht als Entwürfe für eine Bewertung der Geschichte, mithin einer umfassenden Diskussion würdig, die Nachlesen und Nachdenken voraussetzt.

---

2   Michel Foucault: Wahrheit, Macht, Selbst. Ein Gespräch zwischen Rux Martin und Michel Foucault (25. Oktober 1982). In: L. H. Martin, H. Gutman und P. H. Hutton (Hrsg.): Technologien des Selbst. S. Fischer Verlag, Frankfurt a. M. 1993, S. 18.
3   Ebd., S. 19.

Nun aber zu einigen Hinzufügungen. Wie bereits gesagt, sollen sie das Umfeld des hier Diskutierten ein wenig anreichern. Ich möchte das Folgende *Ökologie der Wissenschaftsforschung* nennen.

Die Wissenschaftsforschung in der DDR hat eine reiche Geschichte. An ganz verschiedenen Einrichtungen haben sich zahlreiche Kollegen an der Forschung beteiligt und umfangreiche Lehre absolviert. Vergessen werden sollte auch nicht, dass in vielen lehrerbildenden Einrichtungen Wissenschaftstheorie und Wissenschaftsgeschichte gelehrt wurde. Nicht wenige Lehrer der naturwissenschaftlichen Fächer profitierten in ihrem Unterricht von den Lehrveranstaltungen zur Wissenschaftsgeschichte und Wissenschaftstheorie in ihrer Ausbildung.

Natürlich, und das wird niemand übersehen wollen, bildete nach dessen Gründung das „Kröber-Institut" das Zentrum der Wissenschaftsforschung und organisierte auch fortan die wichtigsten internationalen Beziehungen mit den sozialistischen Ländern und dem kapitalistischen Ausland, hier vorwiegend mit der BRD, und in diesem Zusammenhang sind die zwei Persönlichkeiten Clemens Burrichter und Günter Kröber hervorzuheben. Es wäre aber einseitig und würde ihre Würdigung abwerten, nicht doch ein paar Momente ihrer Umgebung hervorzuheben. Ich spreche hier natürlich nur für die Kollegen aus der DDR.

Niemand wird bestreiten wollen, dass in Halle, Leipzig, Dresden, Rostock, Freiberg und anderen Städten neben den Berliner Einrichtungen Wissenschaftsforschung betrieben worden ist. Für Halle hat Reinhard Mocek selbst gesprochen, für Leipzig stehen solche Namen wie Dieter Wittich, Kurt Wagner, Siegfried Bönisch, Rudolf Rochhausen u. a., für Dresden Reinart Bellmann, Erwin Herlitzius, Siegfried Wollgast, für Freiberg Frank Richter, für Magdeburg Helge Wendt; auf Rostock gehe ich noch ein. Die Liste der Namen ist keineswegs vollständig. Zwei frühe Aktivitäten möchte ich hier hervorheben.

Erstens, die Freiberger Kollegen organisierten am 16. und 17. November 1965 ein Kolloquium mit dem Thema: „Klassifizierung und Gegenstandsbestimmung der Natur- und technischen Wissenschaften" und formulierten Thesen zu diesem Gegenstand (Bergakademie Freiberg 1965). Diese Tagung hat zwar die intensive Diskussion über die Klassifizierung der Wissenschaften, die später vor allem von Laitko und Martin Guntau geführt wurde, nicht unmittelbar eingeleitet, aber doch vorbereitend gewirkt.

Im gleichen Jahr organisierten die Rostocker Kollegen Heinrich Parthey, Heinrich Vogel, Wolfgang Wächter und Dietrich Wahl die Tagung „Struktur und Funktion der experimentellen Methode"[4]. Bemerkenswert ist, dass in dem Beitrag von Parthey und

---

4   Heinrich Parthey, Heinrich Vogel, Wolfgang Wächter und Dietrich Wahl (Hrsg.): Struktur und Funktion der experimentellen Methode. Beiträge von einer Tagung des Arbeitskreises „Philosophische Probleme der Naturwissenschaften und technischen Wissenschaften" der Fachrichtung Philosophie des Instituts

Wächter eine umfangreiche Übersicht über die internationale Literatur enthalten ist.[5] Übrigens erschien bereits ein Jahr später die Schrift von Heinrich Parthey und Dietrich Wahl „Die experimentelle Methode in Natur- und Gesellschaftswissenschaften"[6].

Der Rostocker Arbeitskreis setzte die Diskussionen zu methodologischen Fragen und zu wissenschaftstheoretischen Problemen erfolgreich fort. So z. B. im Jahre 1966 mit der Tagung „Problemstruktur und Problemverhalten in der wissenschaftlichen Forschung"[7]. Eine weitere Tagung sei abschließend noch erwähnt. Das Thema der Rostocker Tagung im Jahre 1969 lautete: „Problemtypen bei der Hypothesen- und Prognosenbildung – II. Tagung zur Problemtheorie". An dieser wie auch an all den anderen Tagungen beteiligten sich zahlreiche Einzelwissenschaftler und Wissenschaftsphilosophen, die sich in den folgenden Jahren immer wieder mit wissenschaftstheoretischen Problemen beschäftigten.[8]

Wenn es um das Umfeld der Wissenschaftsforschung geht, also auch um den Reichtum von Problemdiskussionen außerhalb des Zentrums, welches das „Kröber-Institut" darstellte, dann muss natürlich der Ley-Lehrstuhl an der Humboldt-Universität genannt werden. Von Beginn seiner Existenz (1959) bis zum Ende wurden immer wieder Probleme der Wissenschaftsforschung in den Mittelpunkt gerückt. Von den über 300 Dissertations- und Habilitationsschriften beschäftigt sich ein beträchtlicher Teil direkt mit der Wissenschaftsforschung. Nicht wenige der späteren Wissenschaftsforscher begannen hier ihre erfolgreiche Laufbahn.[9] Leider haben wir in dem Band

---

    für Marxismus-Leninismus an der Universität Rostock am 3. und 4. März 1965. Rostocker Philosophische Manuskripte, Heft 2. Universität Rostock 1965, 215 S.

5 Heinrich Parthey und Wolfgang Wächter: Bemerkungen zur Theorie der experimentellen Methode. In: Heinrich Parthey, Heinrich Vogel, Wolfgang Wächter und Dietrich Wahl (Hrsg.): Struktur und Funktion der experimentellen Methode, a. a. O., S. 23–46.

6 Heinrich Parthey und Dietrich Wahl: Die experimentelle Methode in Natur- und Gesellschaftswissenschaften. VEB Deutscher Verlag der Wissenschaften, Berlin 1966, 261 S.

7 Heinrich Parthey, Heinrich, Vogel und Wolfgang Wächter (Hrsg.): Problemstruktur und Problemverhalten in der wissenschaftlichen Forschung. Beiträge von einer Tagung der Abteilung „Philosophische Probleme der Naturwissenschaften und der technischen Wissenschaften" des Instituts für Marxismus-Leninismus der Universität Rostock am 6. und 7. September 1966. Rostocker Philosophische Manuskripte, Heft 3. Universität Rostock 1966, 190 S.

8 Siehe: Heinrich Parthey (Hrsg.): Problemtypen bei der Hypothesen- und Prognosenbildung – II. Tagung zur Problemtheorie. Beiträge von einer Tagung der Forschungsgruppe „Methodentheorie" der Sektion Marxismus-Leninismus an der Universität Rostock am 6. und 7. November 1969. Rostocker Philosophische Manuskripte, Heft 7. Universität Rostock 1970, 320 S.

9 Hans-Christoph Rauh: Weit mehr als nur ein Institut im Institute. Promotions- und Habilitationsgeschehen des Ley-Wessel-Lehrstuhls für philosophische Probleme der Naturwissenschaften am Institut für Philosophie der HU Berlin 1960–2000. In: K.-F. Wessel, H. Laitko und T. Diesner (Hrsg.): Hermann Ley – Denker einer offenen Welt. (Berliner Studien zur Wissenschaftsphilosophie und Humanontogenetik, Band 29) USP Publishing/Kleine Verlag, Grünwald b. München 2012, S. 167–212.
Hans-Christoph Rauh: Gesamtverzeichnis der Absolventen. Jahres- und Personenverzeichnis aller zurzeit nachweisbaren promovierten und habilitierten Absolventen des Bereichs Philosophische Probleme der Naturwissenschaften am Institut für Philosophie der Humboldt-Universität zu Berlin und der Folge-

„Hermann Ley – Denker einer offenen Welt"[10] keinen Beitrag aufnehmen können, der sich direkt mit Hermann Ley als Anreger für die Wissenschaftsforschung beschäftigt. Das lässt sich hier nicht auf wenigen Seiten nachholen. Allerdings geht die Wirkung des Bereiches unter der Leitung von Hermann Ley auf die Wissenschaftsforschung aus verschiedenen Beiträgen des genannten Bandes hervor.[11] Beachtet werden muss zudem, dass Prozesse der Selbstorganisation in dem Bereich – von Ley nicht unmittelbar angeregt, aber zugelassen – sehr schwer oder gar nicht nachzuvollziehen sind. Niemand wird die Wirkungen der Mittwochs-Kolloquien, die über Jahrzehnte stattfanden, auf die einzelnen Teilnehmer nachvollziehen können. Einen kleinen Eindruck in den Reichtum der Diskussionen bieten die Kühlungsborner Tagungen, auf denen die Doktoranden immer auch auf zahlreiche Kollegen aus den verschiedenen Instituten und später auch des Auslandes trafen.[12] Hermann Ley hat sich nie als Wissenschaftsforscher gesehen, und doch ist sein Einfluss nicht zu leugnen. Sein Wirken ist ein überzeugender Beweis dafür, wie verzweigt und vielfältig die Wurzeln der Wissenschaftsforschung sind. Sie reichen naturgemäß in alle Verzweigungen der Wissenschaft und insbesondere in die Philosophie, was keineswegs bewiesen werden muss, aber es bleibt interessant und aufschlussreich, diese Spuren zu verfolgen.

Es ist unerlässlich, an dieser Stelle den von Herbert Hörz geleiteten Bereich am Zentral-Institut für Philosophie an der Akademie der Wissenschaften zu nennen. Dieser außerordentlich produktive Bereich hat sich von Anfang an (1972) auch mit der Wissenschaftsforschung beschäftigt. Es seien hier neben Herbert Hörz nur einige Namen genannt: Rolf Löther, John Erpenbeck, Ulrich Röseberg. In dem Band „Dialektik der Natur und der Naturerkenntnis"[13] ist die Vielfalt der Beziehungen zur Wissen-

---

einrichtungen 1958–2005. In: K.-F. Wessel, H. Laitko und T. Diesner (Hrsg.): Hermann Ley – Denker einer offenen Welt, a.a.O., S 479–520.

10 Karl-Friedrich Wessel, Hubert Laitko und Thomas Diesner (Hrsg.): Hermann Ley – Denker einer offenen Welt, a.a.O.

11 Vgl.: Hubert Laitko: Denk- und Lebenswege – von Leipzig über Dresden nach Berlin. In: In: K.-F. Wessel, H. Laitko und T. Diesner (Hrsg.): Hermann Ley – Denker einer offenen Welt, a.a.O., S. 41–108.
Klaus Fuchs-Kittowski und Marlene Fuchs-Kittowski: Philosophie der Naturwissenschaften – Tätigkeit, Modell und Erkenntnis. Zum Gedenken an Hermann Ley und zur Erinnerung an die Kühlungsborner Kolloquien zu philosophischen Problemen der modernen Biowissenschaften. In: K.-F. Wessel, H. Laitko und T. Diesner (Hrsg.): Hermann Ley – Denker einer offenen Welt, a.a.O., S. 213–254. Heinrich Parthey: Lasst alle Blumen blühen. In: K.-F. Wessel, H. Laitko und T. Diesner (Hrsg.): Hermann Ley – Denker einer offenen Welt, a.a.O., S. 289–294. Wolf Kummer: Die OF-Story. In: K.-F. Wessel, H. Laitko und T. Diesner (Hrsg.): Hermann Ley – Denker einer offenen Welt, a.a.O., S. 395–405. Johannes Dittrich: Hermann Ley und die Interdisziplinarität in den Wissenschaften. In: K.-F. Wessel und T. Diesner (Hrsg.): Hermann Ley – Denker einer offenen Welt, a.a.O., S. 417–419.

12 Karl-Friedrich Wessel: Die Kühlungsborner Arbeitstagungen – Eine Dokumentation. In: K.-F. Wessel, H. Laitko und T. Diesner (Hrsg.): Hermann Ley – Denker einer offenen Welt, a.a.O., S. 457–478.

13 Herbert Hörz und Ulrich Röseberg (Hrsg. u. Leiter d. Autorenkollektivs): Dialektik der Natur und der Naturerkenntnis. Mit einem aktuellen Vorwort von John Erpenbeck (2013) [digitale Neuherausgabe 2013]. Verlag Max Stirner Archiv/edition unica, Leipzig 1990, 414 S.

schaftstheorie dargestellt. Es steht mir nicht zu und es ist auch nicht meine Absicht, Wertungen über den „Hörz-Bereich" abzugeben. Es genügt an dieser Stelle festzustellen, dass dieser Bereich aus der Geschichte der Wissenschaftsforschung in der DDR nicht wegzudenken ist.

Auch der Partner des „Kröber-Instituts" an der Humboldt-Universität, die Sektion Wissenschaftstheorie und -organisation, hat einen nicht unerheblichen Beitrag zur Wissenschaftsforschung geleistet. Namen wie Dieter Schulze, Klaus Fuchs-Kittowski und andere sind hier zu nennen.

Neben allen Widersprüchen zwischen den Bereichen und auch zwischen Personen, die sich mit Wissenschaftsforschung beschäftigten, die durchaus auch aufgearbeitet werden sollten, muss darauf verwiesen werden, dass es nicht wenige Veranstaltungen gab, die *gemeinsam* durchgeführt wurden. So die großen Berliner Tagungen, die von den Akademiebereichen (Hörz und Kröber) und von den universitären Bereichen (Schulze und Ley/Wessel) gemeinsam veranstaltet wurden. Als Beispiele nenne ich die Tagung „Soziale Wirksamkeit der Naturwissenschaften, Mathematik und Technikwissenschaften im 19. und 20. Jahrhundert" im Januar 1980[14] sowie die Tagung zur „Disziplinarität und Interdisziplinarität" im Januar 1983[15].

Eine Begrenzung der Aufarbeitung ergibt sich natürlich auch dadurch, dass viele Akteure nicht mehr unter uns sind, und selbstverständlich auch aus der Tatsache, dass heute nicht alle Absichten aus früheren Zeiten plausibel dargestellt werden können. Wie weit eine kritische Aneignung der Geschichte zu einem Erkenntnisgewinn beitragen kann, bleibt ohnehin eine schwer zu beantwortende Frage.

Nach diesen Hinweisen, die mehr oder weniger auf eine Fortführung der auf dieser Zusammenkunft begonnenen Diskussion zielen, möchte ich noch eine Aktivität

---

14 Karl-Friedrich Wessel und Hans-Dieter Urbig (Hrsg.): Protokoll der Tagung. „Soziale Wirksamkeit der Naturwissenschaften, Mathematik und Technikwissenschaften im 19. und 20. Jahrhundert". In: Philosophie und Naturwissenschaften in Vergangenheit und Gegenwart (Publikationsreihe des Bereiches Philosophische Probleme der Naturwissenschaften, Technikwissenschaften und mathematischen Wissenschaften an der Sektion Marxistisch-leninistische Philosophie der Humboldt-Universität zu Berlin), Heft 16 (Plenarbeiträge, 110 S.), Heft 17 (Beiträge der Arbeitsgruppe „Methodologie und Geschichte", 77 S.), Heft 18 (Beiträge der Arbeitsgruppe „Wechselwirkung von Naturwissenschaft, Mathematik, Technikwissenschaften und Produktion in Geschichte und Gegenwart", 83 S.), Heft 19 (Beiträge der Arbeitsgruppe „Naturwissenschaften, Mathematik, Technikwissenschaften und Bildung in Geschichte und Gegenwart", 90 S.), Heft 20 (Beiträge der Arbeitsgruppe „Naturwissenschaft, Gesundheitswesen und Ökologie in Geschichte und Gegenwart", 92 S.), Heft 21 (Beiträge der Arbeitsgruppe „Wissenschaft im Klassenkampf in Geschichte und Gegenwart – Zur Wirkungsgeschichte der ‚Dialektik der Natur'", 104 S.). Berlin 1980 (als Manuskript gedruckt), 556 S.
15 Siehe: Redaktion der Deutschen Zeitschrift für Philosophie: Umfrage: Disziplinarität und Interdisziplinarität in der wissenschaftlichen Forschung (Autoren des einleitenden Textes und der Fragen: Karl-Friedrich Wessel und Heinrich Parthey). In: Deutsche Zeitschrift für Philosophie (DZfPh), 31. Jg., H. 1, 1983, S. 44–71. Karl-Friedrich Wessel und Gerald Wicklein: Philosophie und Wissenschaft – Disziplinarität und Interdisziplinarität (Bericht). In: Deutsche Zeitschrift für Philosophie (DZfPh), 31. Jg., H. 5, 1983, S. 621–627.

hervorheben, die unmittelbar mit Clemens Burrichter zusammenhängt und vielerlei Aspekte der Wissenschaftsforschung berührt. Es handelt sich um die „Deutschlandsberger Tagungen". Sie bildeten in gewisser Weise ein Pendant zu den Aktivitäten, die Günter Kröber und Clemens Burrichter hinsichtlich der Wissenschaftsforschung durchführten. Die „Deutschlandsberger Tagungen" bezogen aber stets auch Probleme der Wissenschaftsforschung mit ein. Das lässt sich am besten an den Inhalten der Tagungen ablesen, die ich aus diesem Grunde aufführe:

1. Symposion: Planungskonferenz für das Zentralthema „Wissenschaft und Humanismus" (Sept. 1979)
2. Symposion: „Schwerpunkte der Wissenschaftsforschung" (Sept. 1980)
3. Symposion: „Der Einfluß von Wertpräferenzen auf Forschungsmotivationen" (Sept. 1981)
4. Symposion: „Faktoren und Auswahlkriterien für Forschungsprogramme" (Sept. 1982)
5. Symposion: „Strukturen, Regularitäten und Gesetzmäßigkeiten der Wissenschaftsentwicklung" (Sept. 1983)
6. Symposion: „Die Bedeutung von Naturkonzepten in und für die Kulturwissenschaften" (Sept. 1984)
7. Symposion: „Die Stellung des Subjektes in den philosophischen Naturkonzepten des 20. Jahrhunderts" (Sept. 1985)
8. Symposion: „Wissenschaft und Humanität. Struktur und Dynamik antizipatorischer Entscheidungen" (Sept. 1986)
9. Symposion: „Humangehalt der Wissenschaften im Wandel grundlegender Werte" (Sept. 1987)
10. Symposion: „Wissenschaftlicher Fortschritt und die Bedingungen für Humanitätsgewinn" (Sept. 1988)
11. Symposion: „Die Einheit der Wissenschaftsentwicklung und die Vielfalt soziokultureller Identitäten" (Sept. 1989)
12. Symposion: „Wahrheit und Konsens – Wissenschafts- und Gesellschaftsdynamik" (Sept. 1990)
13. Symposion: „Transformation der wissenschaftlich-technischen Gesellschaften" (Sept. 1991)

Alle Symposien wurden von Clemens Burrichter, Hans Götschl und Herbert Hörz organisiert und geplant. Die Teilnehmer kamen aus sozialistischen Ländern, aus der BRD, der DDR und Österreich, die aus den drei letztgenannten Ländern waren am zahlreichsten vertreten. Der Teilnehmerkreis war insgesamt sehr klein. Aus der DDR beispielsweise drei bis vier Teilnehmer aus dem Zentralinstitut für Philosophie der

Akademie, aus dem Hochschulbereich ein oder zwei, ab dem 5. Symposion war ich der regelmäßige Teilnehmer. Veröffentlicht wurden viele Beiträge in der „Zeitschrift für Wissenschaftsforschung", herausgegeben vom Ludwig Boltzmann-Institut für Wissenschaftsforschung an der Universität Graz.

Für Clemens Burrichter waren diese Tagungen mit Gewissheit sehr wichtig, fand er doch so eine gute Ergänzung zu den anderen Aktivitäten im Verhältnis der BRD zur DDR. Er war wohl derjenige, der die Aktivitäten zwischen der BRD und der DDR auf dem Gebiet der Wissenschaftsforschung am besten überschaute, zumal noch andere Veranstaltungen hinzu kamen, beispielsweise die erst in der zweiten Hälfte der 1980er Jahre begonnenen Techniktagungen. Gemeint sind hier die Tagungen zur „Technikphilosophie", welche aufs Engste mit wissenschaftstheoretischen Fragen verbunden waren. Ausgangspunkt war die Tagung vom 4. bis 8. Juni 1986 in Veszprem (Ungarn). Die Vorgeschichte soll nicht unerwähnt bleiben: In den Jahren 1984/85 entstand die Idee, eine systemvergleichende Tagung zur Technikphilosophie wechselseitig in der BRD und der DDR durchzuführen. Es wurden Gespräche zur Umsetzung der Idee geführt, unter anderem mit Clemens Burrichter und Wolfgang König, letzterer damals noch beim Verband Deutscher Ingenieure beschäftigt, und natürlich mit Kollegen aus der DDR auf universitärer Ebene. Trotz großer Sympathien für diese Idee war an die Realisierung auf dem Boden des einen oder anderen Staates nicht zu denken. Als Ausweg bot sich das Ausland an, und so wurde mit Hilfe der Kollegen Imre Hronsky (von der Technischen Universität Budapest) und Clemens Burrichter Veszprem in Ungarn als Tagungsort gefunden.

Der Titel der ersten Tagung lautete: „Technikphilosophie im Systemvergleich". Das war ein Titel, der sich noch ein Jahr zuvor nicht hätte denken lassen. Ich erinnere nur an das Jahr 1985 und die damit verbundenen Hoffnungen bzw. Irritationen. Wie auch immer, aus der DDR beteiligten sich Gerhard Banse, Nina Hager, Eberhard Jobst, Bernd Thiele, Karl-Friedrich Wessel und Ernst Woit und aus der BRD Gotthard Bechmann, Clemens Burrichter, Rüdiger Inhetveen, Hans-Joachim Müller und Walter Zimmerli; hinzu kamen Vitali Corokhow (Moskau), Maria Görög (Budapest), Imre Hronsky (Budapest), Ladislav Tondl (Prag) und weitere Kolleginnen und Kollegen aus Ungarn. Die Vortragsthemen lauteten unter anderem: „Technikphilosophie in Ost und West – Problematik wechselseitiger Rezeption und Chancen künftiger Kooperation", „Philosophie und Technik in der DDR – Gelöstes und Ungelöstes" und „Technikphilosophie – wissenschaftstheoretisch betrachtet". Weiterhin wurde über das Verhältnis von Technikentwicklung und Wissenschaftspolitik, über den Wertewandel und andere Fragen diskutiert. In einem Rundtischgespräch wurden zahlreiche kritische Fragen aufgeworfen. So stellte z. B. Clemens Burrichter fest, dass es in der DDR keine Öffentlichkeit für die Diskussion zu Problemen des wissenschaftlich-technischen Fortschritts gäbe. Interessant war, dass es keine Versuche gab, diese Frage einfach vom Tisch zu wischen. Selbst unter den Teilnehmern der DDR gab es auf die von Burrichter aufgeworfene Frage sehr differenzierte Antworten. Die Diskussion blieb immer spannend und erzeugte den Wunsch nach Fortsetzung, die dann auch stattfand.

Bereits die zweite Tagung konnte in der DDR stattfinden, vom 10. bis 13. Oktober 1988 im Ostseebad Prerow. Sie hatte das Thema „Wissenschafts- und Technikentwicklung – Fragen unserer Zeit" und ist als 1. Internationales Philosophisches Seminar benannt worden, verstand sich aber auch als Fortsetzung der in Veszprem begonnenen Diskussion. Zu den bereits für die erste Tagung genannten Personen kamen hinzu: Herr Avalinie (Tbilisi), Frank Richter (Freiberg), Günter Ropohl (Frankfurt a. M.), H. Schatz (Duisburg), Alois Huning (Düsseldorf), Wolfgang König (Berlin/West), Hans-Dieter Urbig, Rainer Hohlfeld und Karl-Heinz Tauer sowie S. Wolf. Die drei großen Themengruppen lauteten: Ambivalenzen der Anwendung technischer Mittel in der Gegenwart und die Verantwortung der Philosophie und Sozialwissenschaften; Zusammenhang zwischen wissenschaftlich-technischem und gesellschaftlichem Fortschritt; Technik und Persönlichkeitsentwicklung.

Die dritte Tagung, vom 9. bis 12. Oktober 1989, fand dann in Knappenrode statt, Gastgeber war das Gaskombinat „Schwarze Pumpe". Sie verlief unter dramatischen Verhältnissen und war gleichzeitig sehr kreativ und lösungsintensiv. Das Thema war von uns, der ständigen Programmkommission (Banse, Bellmann, Jobst, Richter, Strech, Thiele und Urbig als Sekretäre sowie mir als Leiter) mit Bedacht gewählt worden. Es ist kurz mit dem Begriff „Risiko" umschrieben. Hier war nicht nur das Risiko im Forschungsprozess gemeint, sondern auch das Risiko, welches einzugehen eine offene Diskussion verlangt. Zum Zeitpunkt der Wahl des Themas konnten wir nicht wissen, wie dramatisch sich die Situation in der DDR bereits im Oktober 1989 gestaltete. Burrichter und Kollegen waren über Leipzig gekommen und brachten neben wohlschmeckendem Wein schlechte Nachrichten aus Leipzig mit, die zu bewerten keineswegs leicht war. Dennoch wurde in großer Offenheit diskutiert. Es gab eigentlich keinen Bruch in der Kontinuität der Diskussion. Sie war keineswegs widerspruchsfrei, immerhin stand viel auf dem Spiel, mehr als wir uns vorstellen konnten, aber die Auseinandersetzungen blieben sachlich und stilvoll. Leider sind die Diskussionen nicht festgehalten worden. Auch ein sehr kritisches Rundfunkgespräch wurde nicht gesendet und ist wahrscheinlich auch nicht erhalten geblieben. Es war bezeichnend, dass die geplanten Themen „Risiko in Wissenschafts- und Technikentwicklung und die Verantwortung des Ingenieurs und Wissenschaftlers", „Risiko – ein weltanschauliches Problem" und „Risiko und Verantwortung der Philosophen und Wissenschaftler in der Gegenwart" sehr kontrovers und offen diskutiert wurden. Neben den bereits Genannten waren aus Berlin auch Herbert Hörz und Hans Poser (Berlin West) dabei sowie Friedrich Rapp aus Dortmund. Die Diskussion lief auf den Wunsch hinaus, sie fortzusetzen und niemand ahnte, was sich einen Monat später ereignete. Umso überraschender war es, dass es gelang, im folgenden Jahr die Veranstaltungsreihe fortzusetzen.

Die vierte Tagung fand dann in Reinsberg (bei Freiberg) vom 9. bis 13. Dezember 1990 statt. Zu dieser Tagung muss ich nicht viel sagen, denn es gelang uns, sie zu publizieren, und zwar in der neu eröffneten Reihe „Berliner Studien zur Wissenschaftsphilosophie und Humanontogenetik".[16] Auch die Diskussion ist in wesentlichen Teilen wiedergegeben.[17] Leider endete mit dieser Tagung die gemeinsame Diskussion in dieser Form.

Nur eine Aktivität, in die sich Clemens Burrichter erst nach 1989 einbrachte, lief noch einige Jahre weiter, es waren die Kühlungsborner Tagungen, die ebenfalls zahlreiche wissenschaftstheoretische Fragen berührten. Das muss ich hier nicht weiter begründen, denn die Themen sind im bereits genannten „Ley-Band" aufgeführt.

Zum Schluss möchte ich noch eine Aktivität aufführen, die unser Bemühen zeigt, wissenschaftstheoretische Fragen „weltoffen" zu diskutieren. Hier ist Clemens Burrichter nicht involviert, dafür aber Günter Kröber und viele Mitarbeiter seines Instituts. Es handelt sich um die *I. Internationale Sommerschule in der DDR* mit dem Thema „Philosophie und Geschichte der Wissenschaften", die vom 17. Juni bis zum 5. Juli 1988 mit Kollegen und Studenten aus den USA in der DDR stattfand. Es ging um eine eigenständige Veranstaltung mit amerikanischen Wissenschaftsphilosophen und Historikern der Naturwissenschaften und Wissenschaftlern aus der DDR, die auf entsprechenden Gebieten arbeiteten. Es war der Versuch, eine neue Qualität der internationalen Beziehungen seitens der Wissenschaftsphilosophen und Historiker der Naturwissenschaften der DDR einzuleiten.

Die Idee dazu wurde während meines USA-Aufenthaltes im Frühjahr 1985 gemeinsam mit Robert S. Cohen und William R. Woodward in Boston geboren. Unsere Vorstellung ging davon aus, dass in überschaubaren Abständen mehrwöchige wechselseitige Sommerschulen in der DDR und den USA stattfinden sollten. Eigentlich eine für damalige Verhältnisse unmögliche Vorstellung. Vergessen sollte man allerdings nicht, dass zu diesem Zeitpunkt Gorbatschow eine neue Situation eingeleitet hatte, die solche Vorstellungen ermöglichte, ja geradezu provozierte. Selbstverständlich gingen wir von der Idee aus, dass eine erste Sommerschule in der DDR stattfinden sollte, da es leichter sein würde, junge Leute aus den USA nach Berlin zu holen als umgekehrt.

---

16 Karl-Friedrich Wessel (Hrsg.): Technik und Menschenbild im Spiegel der Zukunft: Wissenschafts- und Technikentwicklung – Fragen unserer Zeit. (Berliner Studien zur Wissenschaftsphilosophie und Humanontogenetik, Band 2) Kleine Verlag, Bielefeld 1992, 141 S.
17 Siehe: Bernd Thiele und Hans-Dieter Urbig: Kontroverses zum Thema. In: Technik und Menschenbild im Spiegel der Zukunft: Wissenschafts- und Technikentwicklung – Fragen unserer Zeit, a.a.O., S.125–139.

Es dauerte dann drei Jahre bis zur Realisierung dieser Idee. Ich will nicht verschweigen, dass wahrscheinlich auch die Bezahlung in Dollar (800 pro Person) für den gesamten Aufenthalt eine Rolle spielte. Aber immerhin erhielten wir aus dem Ministerium für Hoch- und Fachschulwesen jede Unterstützung. Letztendlich reisten 31 Kollegen und Studenten aus den USA an und verbrachten drei Wochen in der DDR. Das Programm war sehr umfangreich und der Ortswechsel sehr intensiv (Berlin – Schönwalde – Potsdam – Erfurt – Gotha – Eisenach – Buchenwald – Weimar – Jena – Naumburg – Leipzig – Großbothen – Lützen – Berlin).

In der Programmkommission befanden sich viele der führenden Fachvertreter der Wissenschaftsforschung, neben Günter Kröber und Hubert Laitko aus dem „Kröber-Institut" auch Herbert Hörz, Martin Guntau, Werner Ebeling, Reinhardt Pester, Lothar Sprung, Hans-Dieter Pöltz, Rolf Sonnemann und Hans Wußing aus der DDR und aus den USA William R. Woodward (New Hampshire), Robert S. Cohen (Boston) und E. Hiebert (Harvard).

Das thematische Spektrum war sehr breit. Ich nenne nur einige Vorträge, die für die Thematik unserer Tagung unmittelbar relevant sind: Wissenschaftsentwicklung als Wandel von Wissenschaftstypen (H. Hörz); On Helmholtz and Epistemology (R. S. Cohen); Roots and Development of the Experimental Psychology in Germany in the 19th Century – a Methodological Approach (M. Müller); Communication-oriented Research on Science: Introduction to the Basic Concepts (H.-P. Krüger); Die Topographie einer Wissenschaft: Physiologische Optik, 1840–1894 (S. Turner); Entwicklung der wissenschaftshistorischen und wissenschaftstheoretischen Forschung in der DDR (G. Kröber); Evolution – Matter of Fact or Metaphysical Idea? (R. Löther); Theorie und Methode der globalen Modellierung (K.-H. Strech); A Subtle Relationship: Justus von Liebig and the Experiment Stations (M. Finlay); Der Mythos der „vorstellungslosen Gedanken" – Kontroverse (A. Brock); Ludwig Fleck und Thomas S. Kuhn (D. Wittich).[18]

Erwähnenswert ist auch, dass ein damals sehr aktuelles interdisziplinäres Unternehmen zur Diskussion gestellt wurde. Im Mittelpunkt stand die Frage, wie interdisziplinäre Problemstellungen – es ging in diesem Fall um das Projekt „Biopsychosoziale Einheit Mensch" – zu neuen wissenschaftlichen Disziplinen mutieren können und welche Anregungen und Herausforderungen sich für die beteiligten Disziplinen ergeben. Natürlich wurden auch in fast allen historischen Beiträgen wissenschaftstheoretische Fragen diskutiert. Leider sind die Diskussionen nicht dokumentiert. Umso verdienstvoller ist es, dass Cohen und Woodward alle Vorträge veröffentlichen konnten

---

18 Siehe Programm der Sommerschule in: William R. Woodward & Robert S. Cohen (Eds.): World Views and Scientific Discipline Formation. Science Studies in the German Democratic Republic Papers from a German-American Summer Institute, 1988. Boston Studies in the Philosophy of Science, Vol. 134. Kluwer Academic Publishers, Dordrecht, Boston, London 1991, 462 S., hier S. 431–437.

(Woodward, Cohen 1991). Mit diesem Band ist dokumentiert, dass die DDR-Kollegen versuchten, sich über die Internationalen Kongresse hinaus nicht nur mit den Kollegen aus der BRD über ihren wissenschaftlichen Gegenstand auszutauschen, sondern auf einem guten Weg waren, ihre Ergebnisse direkt mit Kollegen anderer (nichtsozialistischer) Länder zu diskutieren. Günter Kröber war daran beteiligt. Es ist müßig, sich darüber Gedanken zu machen, was geworden wäre, hätte die DDR länger bestanden. Alle Mitarbeiter und Doktoranden des Bereiches Philosophische Probleme der Naturwissenschaften der Humboldt-Universität nahmen an der gesamten Veranstaltung teil, sie waren drei Wochen mit den Kollegen aus den USA zusammen, darunter auch viele Nachwuchswissenschaftler, Studenten und Doktoranden; Freundschaften wurden geschlossen und der Austausch wissenschaftlicher Ergebnisse vereinbart. Niemand kann sagen, was für Folgen diese Veranstaltung hätte haben können. Alle Bemühungen um Fortsetzung der Veranstaltung blieben durch die Ereignisse des Jahres 1989 in den Anfängen stecken und hatten alsbald keine Chance mehr auf Realisierung.

Wichtig ist, dass im Kontext unserer Veranstaltung hier in Potsdam zur Kenntnis genommen wird, was wirklich geschehen ist. Leider verschwinden solche Veranstaltungen leicht aus dem wissenschaftlichen Gedächtnis, sie gehören aber zur Geschichte.

Die hier von mir aufgeführten Beispiele gehören zu dem Umfeld, welches ich einleitend *Ökologie der Wissenschaftsforschung* genannt habe. Vielleicht könnte die Idee der Ökologie auf den nächsten Tagungen systematisch entfaltet werden. Mindestens drei Aspekte könnten berücksichtigt werden:
– Erstens die Struktur des Systems der Umgebung, unter Berücksichtigung einer hierarchischen Ordnung der Elemente des Systems,
– zweitens die Begründung der Wahl der Möglichkeiten, die sich aus diesem System ergaben und
– drittens – wenn es um den Vergleich BRD und DDR geht – die vollzogene oder auch missachtete Koevolution von Möglichkeiten, die sich in der Realität ergaben.

Damit will ich keineswegs den Kern der Wissenschaftsforschung untergraben, den Hubert Laitko und Reinhard Mocek als den Rahmen für unsere Tagung abzustecken versuchten.

Abschließend sei noch darauf verwiesen, dass bereits 1995 der Versuch unternommen wurde, einen Überblick der Arbeiten des „Kröber-Instituts" zu geben: „25 Jahre Wissenschaftsforschung in Ostberlin" (Meyer 1996).[19] Der Untertitel der Schrift lautet: „Wie zeitgemäß ist komplexe integrierte Wissenschaftsforschung?" und

---

19 Hansgünter Meyer (Hrsg.): 25 Jahre Wissenschaftsforschung in Ostberlin. „Wie zeitgemäß ist komplexe integrierte Wissenschaftsforschung?", Heft 10 der Schriftenreihe des Wissenschaftssoziologie und -statistik e. V. Berlin, Berlin 1996, 239 S.

verweist darauf, dass man keineswegs nur auf die Geschichte fixiert war, sondern sich einzumischen beabsichtigte in den aktuellen Wissenschaftsprozess. Dabei zeigt die angeführte Zahl der im ITW erschienenen Arbeiten von 1900 durchaus eine sehr erfolgreiche Geschichte.

Ich bin mir bewusst, dass meine Anmerkungen sehr unvollständig sind, zumal ich den Reichtum der Arbeiten aus dem Hause Burrichter nicht erwähnen konnte und schon gar nicht die vielen Publikationen und Unternehmungen in der damaligen BRD. Deshalb plädiere ich ja auch für die unbedingte Fortsetzung der Diskussionen, die hier begonnen worden sind. Den Dank, der den Organisatoren dieser Zusammenkunft, Wolfgang Girnus, Klaus Meier und Detlef Nakath gebührt, verbinde ich mit der Bitte, die Fortsetzung relativ zeitnah zu planen.

Günter Kröber

Wie alles kam …

Aus den nachgelassenen Lebenserinnerungen von Günter Kröber werden hier nur diejenigen Abschnitte publiziert, die die Geschichte der Wissenschaftsforschung betreffen oder unmittelbar dafür relevant sind. Die nachfolgende Kapitelzählung orientiert sich am Gesamttext. Die redaktionellen Eingriffe beschränken sich auf die Korrektur offensichtlicher Schreibfehler.

Die Herausgeber

Inhalt
1. Die Zauber der Geburt
2. Kindheit und erste Jugend
3. Neubeginn und zweite Jugend
4. Studium
5. Die Akademie
5.1. Philosophie
5.2. Wissenschaftsforschung
6. Im Morgnerland
7. Gurnemanz
7a. Im malumitischen Universum
7b. In den palindromischen Gefilden
8. Im postwendischen Kaiserreich
9. Quo vadimus?

5. Die Akademie

Auf dem Dom wuchs eine Birke.

Den großen Platz vor der Akademie umsäumten drei Ruinen. Rechts die des Französischen Doms mit der baumbewachsenen Plattform in luftiger Höhe. Links das dunkle Skelett des Deutschen Doms. Und dazwischen das wuchtige Gebäude des Schauspielhauses mit grasbewachsener Freitreppe und zugemauerten Fenstern.

Dagegen war das Anfang des 20. Jahrhunderts für die Preußische Seehandlung errichtete Eckgebäude, dessen eine Front sich von der Jägerstraße bis zur Taubenstraße hinzog, relativ gut erhalten. 1949 war es von der Sowjetischen Militäradministration der Akademie als Hauptsitz übergeben worden.

5.1. Philosophie

Der 1. August 1961 war ein Dienstag. In der Personalabteilung unterschrieb ich den Arbeitsvertrag als wissenschaftlicher Mitarbeiter des inzwischen aus der Arbeitsgruppe „Philosophiehistorische Texte" hervorgegangenen Instituts für Philosophie und erhielt eine Aufenthaltsgenehmigung für Berlin. Das Institut für Philosophie selbst war auf der vierten Etage beheimatet. Erwartungsvoll und auch etwas beklommen stieg ich die marmornen Treppen in dieser hehren Einrichtung bis zum vierten Stock hinauf, vorbei an den Räumlichkeiten des Präsidenten, des Generalsekretärs und anderer Größen der Akademie in der ersten Etage und diverser Arbeitsgruppen und Institute auf der zweiten und dritten Etage.

Georg Klaus

Die Tür zur vierten Etage war geöffnet. Im Korridor herrschte ein lautes Treiben. Drei Herren waren damit beschäftigt, eine leere Flasche gleich einem Fußball von einem Ende des Korridors zum anderen und wieder zurück zu befördern. Ich verhielt mich still, um das Spiel nicht zu stören. Da öffnete sich am anderen Ende des Korridors eine Tür und heraus trat... Georg Klaus. „Herkommen! Anhauchen!" Die zwei Worte genügten, um dem fröhlichen Treiben ein sofortiges Ende zu bereiten. Dann sah er mich, lud mich in sein Zimmer, und wir führten das erste Gespräch wieder nach vielen Jahren.

Am Institut war gerade ein hoch ambitioniertes Projekt angelaufen: Ein Philosophisches Wörterbuch sollte erarbeitet werden. Die Leitung lag zwar formell in den Händen von Georg Klaus und Manfred Buhr, doch faktisch war es Buhr, der ab 1962 als stellvertretender Direktor die Fäden in der Hand hielt und die Arbeiten koordinierte. In dem anschließenden Gespräch mit ihm erhielt ich als erste Aufgabe eine

Reihe von Artikeln, die bereits von anderen Mitarbeitern geschrieben worden waren, um sie zu begutachten und gegebenenfalls redaktionell zu bearbeiten. Damit war ich für diesen Tag entlassen und trat die Heimreise nach Erfurt an. Wir hatten vereinbart, dass ich, da ich ja noch keine Wohnung und nicht einmal ein Zimmer in Berlin hatte, in 14 Tagen mit den durchgesehenen und bearbeiteten Manuskripten wieder anreisen sollte.

Ich hatte mir solche Stichworte ausgesucht, die meiner Neigung zu den Naturwissenschaften, zur Mathematik und Logik entsprachen. Nach erster Durchsicht legte ich die empfangenen Manuskripte beiseite und schrieb die Artikel neu.

Am Sonntag, dem 13. August, wollte ich die Arbeiten abschließen und mich auf die zweite Reise nach Berlin vorbereiten. Am frühen Morgen weckte mich meine über alle Maßen aufgeregte Mutter und teilte mir die soeben in den Nachrichten verbreitete Meldung mit, in Berlin sei die Grenze zu Westberlin geschlossen worden. Vater, der die politische Tragweite dieser Nachricht natürlich sofort erfasst hatte, verlangte, ich solle mich unverzüglich an meine Arbeitsstelle in Berlin begeben. Doch ich blieb dabei, dass mein nächster Termin der Dienstag sei. Ich sah nicht ein, warum ich wegen einer politischen Maßnahme, die im fernen Berlin vollzogen wurde, meine soeben begonnene wissenschaftliche Arbeit unterbrechen sollte.

Am Dienstag fand ich das Institut fast leer vor. Von den männlichen Kollegen waren außer Manfred Buhr und einem oder zwei anderen niemand zu sehen. Auch Frauen, wissenschaftliche Mitarbeiterinnen und Sekretärinnen, schienen bei weitem nicht vollzählig anwesend zu sein. Die Mehrheit des Personalbestandes befand sich in der Leipziger Straße, erfuhr ich schließlich. „Die stehen dort an der neuen Grenze; einige helfen, eine Mauer zu bauen." – „Auch die Frauen…?" – „Die bringen ihnen Tee und Zigaretten…"

Eine Mauer? Gewiss, ich hatte gehört, dass viele Westberliner das für sie günstige Preisniveau in Ostberlin nutzten, um billig Lebensmittel einzukaufen oder für wenig Geld Kinos und Theater zu besuchen. Wären, um dem zu begegnen, andere Maßnahmen nicht angemessener gewesen? Gewiss, es sollte gelegentlich auch politische Provokationen rechtsradikaler Extremisten gegeben haben, die von Westberlin aus vorgetragen wurden. Doch lassen sich politische Probleme statt mit politischen Mitteln mit einer Mauer aus Beton lösen? Hatte Walter Ulbricht nicht wenige Tage zuvor noch erklärt: „Niemand hat die Absicht, eine Mauer zu errichten"?

Nun wurde also doch eine gebaut. Stein auf Stein, Meter um Meter. Westberlin wurde mithin eingemauert. Ich zeigte keinerlei Bedürfnis, das im Entstehen begriffene absurde Bauwerk zu besichtigen. Vielmehr lieferte ich meine Manuskripte ab, nahm die neuen Stichworte entgegen und kehrte Berlin – West wie Ost – mitsamt der Mauer zwischen ihnen – den Rücken. Natürlich wechselte sich während der Bahnfahrt in den Gedanken ein „Ja" mit vielen Fragezeichen ab. Doch wieder in Erfurt angekommen, war das neue Bauwerk ein schon weit entlegenes Problem, das nur noch über Radio und Fernsehen zu mir drang.

Wo war die Dialektik bei dieser ersten schwerwiegenden Konfrontation des jungen Philosophen mit der Wirklichkeit geblieben? Hätte ich nach den Enthüllungen der Verbrechen Stalins und seiner Helfershelfer nicht wissen müssen, dass die, die ihn heute verdammten, gestern noch seine engsten Gefolgsleute waren, dass Politiker also gestern so und heute ganz anders reden und agieren können? War Ulbrichts Erklärung, niemand habe die Absicht..., im Grunde nicht die Ankündigung dessen gewesen, was er verneinte? Und wo blieb der Dialektiker, der sich doch sagen musste, dass eine Mauer um Westberlin zugleich eine um Ostberlin ist, dessen Bewohner nunmehr genauso eingesperrt sein würden wie die jenseits der Mauer? Nichts von alledem geschah. Die nächsten vierzehn Tage waren ausgefüllt mit Arbeiten an dem zweiten Stapel der Wörterbuchartikel.

Mit jeder weiteren Anreise nach Berlin hatte ich immer weniger das Gefühl, in eine widernatürlich geteilte Stadt zu kommen. Ich kam in die Stadt meiner Arbeitsstelle, in der ich hoffentlich auch bald zu Hause sein werde, und die an der Friedrichstraße, am Brandenburger Tor und an der Leipziger Straße endete. Hinter ihr in Richtung Westen lag eine andere Stadt, eine mir fremde, die ich nie gesehen und betreten hatte, genau so wie Paris, London oder New York.

Doch inzwischen hatte ich in Pankow ein Zimmer gefunden, so dass ich auch einmal zwei oder mehrere Tage in Berlin verbringen konnte. Es war kein Luxusappartement, sondern bestand aus Bett, Kommode mit Waschschüssel und Wasserkrug und einem Stuhl. Doch es war günstig gelegen, in der Breiten Straße, direkt am Markt und mit bequemer Straßenbahn- und U-Bahnverbindung zur Akademie. Die Vermieterin, eine vornehme alte Dame, betonte gleich bei meiner ersten Vorstellung, dass Damenbesuche aber nicht erlaubt seien. Dieses Verdikt konnte ich ohne weiteres akzeptieren.

An eine eigene Wohnung war jedoch nicht zu denken. In der Akademie hatte man mir empfohlen, mich direkt an die für das Wohnungswesen zuständige Abteilung des Berliner Magistrats zu wenden. Ich trug also dort meine Bitte vor, doch der Herr mit der schwarz umrandeten Brille, der hinter dem gigantischen Schreibtisch saß, setzte nur ein müdes Lächeln auf und fragte überaus freundlich: „Sie sind gewiss Nationalpreisträger, nicht wahr?" Ich musste leider verneinen, und selbst die Versicherung, was nicht ist, könne ja vielleicht noch werden, half nichts: Ich war entlassen.

Auch an der Akademie bewegte sich in dieser Frage zunächst nichts. Es gab zwar einen akademieeigenen Wohnungsbau, aber der war für die naturwissenschaftlichen Institute in Adlershof bestimmt. Doch wo die Not am größten, ist die Hilfe oft am nächsten. Sie kam in Gestalt des Maschinengewehrs Gottes. So nannte man an der

Akademie Bernd Gieltowski, einen jungen sympathischen Mann aus einer – wenn ich mich recht entsinne – Arbeitsgruppe für Akademiegeschichte, ein Energiebündel, der den Kampf für Recht und Gerechtigkeit auf seine Fahne geschrieben hatte und überall präsent war und sich einmischte, wenn er glaubte, dass irgendwo irgendjemand Beistand und Hilfe braucht. Hatte er erst einmal etwas in Angriff genommen, so erreichte er in den meisten Fällen durch einen nicht enden wollenden Redeschwall, dass sein Gegenüber ihm letztlich zustimmte und ihn dadurch zum Schweigen brachte. Er sprach mich eines Tages an, weil er gehört hatte, dass ich ohne Wohnung sei und Frau und Tochter in Erfurt campierten. Ich schilderte ihm meine Lage, und schon setzte er sich in Bewegung. Sein erster Gang war zum Generalsekretär der Akademie, Prof. Günther Rienäcker. Er berief sich auf das Adlershofer Wohnungsbauprojekt und drängte den Herrn Generalsekretär, mir aus diesem Bestand eine Wohnung zu genehmigen. Rienäcker musste ihn jedoch korrigieren, weil er für die Wohnungsvergabe in Adlershof doch nicht verantwortlich war und eine solche Frage von der Verwaltung in Adlershof entschieden werden müsse. Bernd setzte erneut an und versicherte, die Adlershofer wären ja bereit, eine Wohnung abzugeben, möchten aber sicher gehen, dass der Generalsekretär kein Veto einlege. Der war zufrieden, dass das peinliche Gespräch dergestalt ein Ende finden könnte, und meinte, wenn nur die Adlershofer einverstanden sind, so hätte er nichts dagegen. Bernds nächster Weg ging in die Verwaltung nach Adlershof. Der Generalsekretär wünsche, dass mir aus dem Kontingent der Akademie eine Wohnung in Adlershof zur Verfügung gestellt werde, überraschte er den dortigen Leiter. Der verwies darauf, dass die noch im Bau befindlichen Wohnungen für Mitarbeiter der naturwissenschaftlichen Institute in Adlershof vorgesehen seien, aber wenn der Herr Generalsekretär das so ausdrücklich wünsche, wie Bernd ihm das wortreich vorgetragen hatte, so hätte er natürlich nichts dagegen. Ein Telefonat zum Sekretariat des Generalsekretärs brachte die Bestätigung, dass dieser nicht dagegen sei. Auf diese (unredliche?) Weise wurde mir eine kleine Drei-Zimmer-Wohnung in einem der beiden Akademiehäuser in der Silberbergerstraße in Adlershof zugesprochen.

Im Januar 1962 zogen wir in unser neues Quartier ein: meine Frau, Tochter Monika, drei Kisten mit Büchern und der inzwischen eingetroffene Kühlschrank. Ira hatte an der Humboldt-Universität im Bereich pädagogische Psychologie eine Anstellung als wissenschaftliche Mitarbeiterin bei Prof. Rosenfeld gefunden. Blieb das Problem, für Monika einen Kindergartenplatz zu organisieren. Es schien leicht lösbar, denn gegenüber unserem Haus gab es einen Kindergarten. Ich ging also hinüber, um unsere Tochter anzumelden. Die Leiterin sah mich an, als käme ich vom Mond, denn natürlich waren alle Plätze vergeben, wie sie mir bewies, indem sie mich in den voll ausgelasteten Schlafsaal führte. Unter einem Fenster entdeckte ich aber noch ein wenig Platz, auf dem man noch ein einziges Bett hätte aufstellen können. Die freundliche Kindergärtnerin war von dieser Entdeckung so überrascht, dass Monikas Platz von nun an gesichert war.

Über finanzielle Rücklagen verfügten wir bei unserer Ankunft nicht. Freunde und Kollegen gewährten uns Kredite, um die nötigsten Möbel zu kaufen: Schlafzimmer, Schrankwand, Tische und Stühle, einen klapprigen Schreibtisch und Bücherregale; später kam noch eine Waschmaschine hinzu. Vom Gehalt, das ich als Anfänger von der Akademie bekam, konnte das alles zuzüglich der festen monatlichen Ausgaben – einzig die Miete schlug nicht sonderlich zu Buche – nicht finanziert werden. Die beiden Quellen, die zum Fließen gebracht werden mussten, waren zum einen meine Briefmarkensammlung und zum anderen Übersetzungen.

Auf eine Annonce in einem Schreibwarenladen hin meldete sich eines Tages ein Sammler. Er betrachtete alle Marken sehr aufmerksam, besonders jene aus den ersten Nachkriegsjahren mit diversen Fehldrucken. Was mir die Sammlung wert sei, wollte er wissen. Ich, total unerfahren auf diesem Gebiet, murmelte etwas von vielleicht tausend Mark und befürchtete schon, dass er sich daraufhin verabschieden würde. Das tat er denn auch, aber erst, nachdem er wortlos seine Brieftasche gezückt, zehn Hundert-Mark-Scheine auf den Tisch geblättert und meine Sammlung in seiner großen Aktentasche verstaut hatte. Ich fürchte noch heute, dass ich an jenem Abend ein Vermögen verschenkt habe. Damals aber war ich froh, den Ertrag in einen Teppich für das Wohnzimmer und einiges Küchengeschirr verwandelt zu haben.

Die andere Quelle waren, wie gesagt, Übersetzungen. Philosophische Literatur aus der Sowjetunion war sehr gefragt. Zeitschriften und Verlage hatten einen ständigen Bedarf an guten Übersetzungen und zahlten gut dafür. Vom Akademie-Verlag erhielt ich ein größeres Buchmanuskript, übersetzt aus dem Russischen ins Deutsche, mit der Bitte, die Qualität der Übersetzung zu beurteilen. Es war ungelenk geschrieben und las sich ausgesprochen schlecht, obwohl der Autor ein bekannter sowjetischer Philosoph war. Ich fertigte eine neue Übersetzung an. Und dabei verstand ich, warum viele Übersetzungen aus dem Russischen ins Deutsche damals als recht primitive Texte daherkamen. Das Geheimnis einer guten Übersetzung ist, die grammatikalischen und lexikalischen Besonderheiten beider Sprachen zu kennen und zu beachten. Die russische Sprache z. B. lebt von Substantiven und Genitiven, die deutsche aber von Verben. Übersetzt man einen russischen Text so, wie er da steht, mit allen Substantiven und Genitiven, so liest er sich im Deutschen fürchterlich; er leidet an Substantivitis und Genitivitis, ist keine Übersetzung, sondern eine bloße Übertragung der Substantive und Genitive ins Deutsche. In besagtem Manuskript fand sich z. B. der Satz:

„Die formale Logik kann den mit der Bildung neuer wissenschaftlicher Abstraktionen, mit der Hervorhebung eines neuen Gedankeninhaltes verbundenen Prozess der wissenschaftlichen Entdeckung nicht analysieren."

Man muss diesen Satz wohl dreimal lesen, bevor einem sein Sinn aufgeht. Besser verständlich hingegen ist folgende deutsche Übersetzung:

„Die formale Logik kann den Prozess der wissenschaftlichen Entdeckung nicht analysieren, weil sich in ihm neue Abstraktionen bilden und in ihm neue Gedankeninhalte hervortreten."

Viele Wochenenden und manche Nächte habe ich damit zugebracht, um auf diese Weise nach und nach die Kredite an die Freunde zurückzahlen zu können und mit meiner Familie auf die Beine zu kommen. Monika hat an manchen Abenden nicht schlafen können, weil ich unentwegt auf der alten Schreibmaschine klapperte, die noch aus der Weimarer Schulzeit stammte. Immerhin reichten die Nebenverdienste bald für ein kleines Holzboot, das mehr an eine schwimmende Hundehütte erinnerte als an ein Boot, das den Schönheiten der Berliner Seen um Schmöckwitz herum würdig gewesen wäre.

Die jetzt ständige Anwesenheit in Berlin erlaubte es nun auch, in Bibliotheken zu arbeiten, vornehmlich in der Akademiebibliothek Unter den Linden und in der Bibliothek der Humboldt-Universität. Zeit für solche Bibliotheksstudien war reichlich vorhanden. Das Projekt „Philosophisches Wörterbuch" ging dem Abschluss entgegen, und jeder am Institut arbeitete an dem Thema, das ihn am meisten interessierte. Einen Forschungsplan gab es zu dieser Zeit noch nicht. Jeder drehte seine Kür und erledigte die Pflicht mit links. Camilla Warnke etwa hatte sich in die Geschichte der Medizin und Psychologie im Altertum vertieft. Helmut Mielkes Steckenpferd waren die Relativitätstheorie und das Problem von Raum und Zeit. Werner Schuffenhauer besorgte eine Feuerbach-Ausgabe. Wolfgang Segeth träumte von Logik-Kalkülen. Klaus-Dieter Wüstneck, den ich aus der Technischen Hochschule Ilmenau abgeworben hatte, wo er als Prorektor für Gesellschaftswissenschaften in hohem Ansehen gestanden hatte, schrieb Aufsätze über Kybernetik und erreichte durch seine Beiträge, dass auf dem VI. Parteitag der SED 1963 der Satz „Die Kybernetik ist besonders zu fördern" in das Parteiprogramm aufgenommen wurde. Gerhard Bartsch hatte sich in „Die drei Betrüger" verliebt, jenes anonyme Traktat aus dem 17. Jahrhundert, das die Gottesvorstellungen von Moses, Jesus und Mohammed kritisiert. Hubert Horstmann gar schrieb einen utopischen Roman, „Die Stimme der Unendlichkeit", bei dessen Erscheinen eine Ostberliner Zeitung allerdings eine empörte Rezension veröffentlichte, weil in ihm Striptease-Szenen, wenn auch auf fremden Planeten, detailgetreu beschrieben waren. Heinz Kosin vertrat den historischen Materialismus. Die Institutsleitung unterschied sich in dieser Hinsicht nicht von den Mitarbeitern. Manfred Buhr arbeitete an seiner Habilschrift über die klassische deutsche Philosophie, und Georg Klaus hatte 1961 gerade sein erstes Buch über die Kybernetik, „Kybernetik in philosophischer Sicht", veröffentlicht und ließ eines nach dem anderen folgen: „Kybernetik und Gesellschaft" (1964), „Kybernetik und Erkenntnistheorie" (1966), bevor er sich der Spieltheorie und der Sprache der Politik zuwandte.

In den ersten Monaten, die ich am Institut verbrachte, boten sich so viele Gelegenheiten, die Breite philosophischer Forschung kennenzulernen und zu würdigen, wie sie sich an diesem jungen Institut in den Anfängen darbot. So tolerant und freimütig es in der wissenschaftlichen Arbeit auch zuging, so wenig vermochte das wissenschaftliche und wissenschaftlich-technische Personal den rigorosen Ansprüchen einer sich parteilich verstehenden Atmosphäre im täglichen Leben zu entgehen. Aus heutiger Sicht mögen manche Episoden, die sich damals in dem institutionellen Umfeld ereigneten, anekdotenhaft erscheinen, doch waren sie seinerzeit keineswegs dazu angetan, das Leben inner- und außerhalb des Instituts in jugendlicher Frische und Leichtigkeit zu genießen. So hatte z. B. eine am Institut allseits geschätzte Mitarbeiterin von Georg Klaus während eines Kartoffeleinsatzes auf freiem Feld gemeinsam mit anderen und nichts Böses ahnend, das fröhliche Lied „Schwarzbraun ist die Haselnuss..." geträllert. Das wurde ihr zum Verhängnis, denn man warf ihr vor, sie habe ein Nazi-Lied gesungen. Mir fiel, als ich das hörte, unsere Affäre mit ganz Paris ein, das von der Liebe träumt. Im Falle von Paris drohte ein Parteiverfahren, das aber schließlich im Sande verlief. Im Falle der Haselnuss aber war der Traum vom Lehrerstudium, den die Kollegin hegte, zu Ende geträumt. Nur der entschiedenen Intervention von Georg Klaus war es zu danken, dass sie letztendlich am Institut weiter arbeiten durfte.

Andererseits ging es auf den so genannten Bambulen, für die das Philosophie-Institut an der Akademie berühmt war, durchaus freimütig zu, was die Musik betraf. Warum diese Veranstaltungen Bambulen hießen, wusste niemand recht zu sagen. Laut einem Wörterbuch für fremdsprachliche Begriffe leitet sich das Wort von dem französischen „bamboula" („Trommel") her und bedeutet eine Rebellion, besonders in Gefängnissen, oder auch einen politischen Protest mit verschiedenen Aktionen. Und ein Fünkchen von politischer Rebellion war es ja zweifellos, wenn auf diesen feucht-fröhlichen Fêten das Verhältnis von Ost- zu Westschlagern nicht 60 zu 40 war, wie die allgemeine Vorschrift lautete, sondern 0 zu 100. Ein besonders eifriger Parteifunktionär hatte diesen Missstand öffentlich kritisiert und dabei besonders angemerkt, dass es sich bei dem Schlager „Morgen", gesungen von Ivo Robič, um einen ausgesprochenen „Revanchistensong" handelt, denn wie sollte man Zeilen wie

„Morgen, morgen sind wir wieder dabei...
Morgen, morgen wird das alles vergehen,
Morgen, morgen wird das Leben endlich wieder schön..."
anders als von revanchistischen Gelüsten durchdrungen verstehen?

Durch eine dieser Bambulen habe ich mir die uneingeschränkten Sympathien vieler Kolleginnen erworben, weil ich von dem niedrigen runden Tisch in Klaus' Arbeitszimmer herab den „Prolog im Himmel" zum Besten gab:
„Da du, o Herr, dich wieder einmal nahst.
Zu sehn, wie alles sich bei uns befinde...".

Politische Probleme konnte es auch geben, wenn eine Sekretärin sich eines Tippfehlers schuldig gemacht hatte, hinter dem eine politische Absicht vermutet werden konnte. Einmal war einer Sekretärin beim Abschreiben eines Textes, in dem ein Literaturverweis auf Walter Ulbricht vorkam, in der Eile hinter dem „W" ein Punkt unterlaufen, so dass geschrieben stand: „Vgl.: W. alter Ulbricht:...". Dem zuständigen Arbeitsgruppenleiter trug das eine Rüge seitens der Kreisleitung der SED ein.

Oder: In dem Buch „Marxistische Philosophie. Lehrbuch" hatten wir aus einem der letzten Artikel Lenins zitiert, der den Titel „Lieber weniger, aber besser" trug. In den Fahnenkorrekturen, die aus der Druckerei kamen, war jedoch zu lesen: „Vgl.: Lenin, W. I.: Liebe weniger, aber besser." Bei uns herrschte große Freude wegen dieses Streiches, den sich der Druckfehlerteufel geleistet hatte, und wir beschlossen, die Fußnote nicht zu korrigieren. Die humorlosen Lektoren des Dietz-Verlages waren jedoch anderer Meinung und fügten der „Liebe" das fehlende „r" wieder an.

Politisch harmlos und zum Gaudi der Philosophen kam es auch zu Verwechslungen von französischen Materialisten und französischen Materialkisten. Selbständiges Denken von Sekretärinnen kann mitunter auch zu neuen philosophischen Erkenntnissen führen. In einem Text ging es z. B. um eine Stelle aus Hegels „Wissenschaft der Logik", in der dieser schreibt: „Der Pflug ist ehrenvoller, als unmittelbar die Genüsse sind, welche durch ihn bereitet werden." Die Kollegin, die den Text geschrieben hatte, konnte sich auf die Genüsse im Zusammenhang mit einem Pflug keinen Reim machen, beschloss, dass es sich wohl um einen Druckfehler handeln müsse, und schrieb kurzerhand das Hegel-Zitat so: „Der Pflug ist ehrenvoller, als unmittelbar die Gemüse sind, welche durch ihn bereitet werden."

Und wenn ich schon beim Erzählen von Anekdoten bin, dann sollte folgende nicht fehlen. Manfred Buhr hatte das Manuskript der neuesten, überarbeiteten Ausgabe des „Philosophischen Wörterbuchs" auf seinem Tisch. Er bat um einen Kaffee. Das Wasser für den Kaffee wurde verbotenerweise immer mit einem Tauchsieder gekocht. Dieser war sorgfältig in Buhrs Zimmer hinter einer Gardine verborgen. Er war jedoch nicht einer der modernsten und sichersten und erzeugte einen Kurzschluss. Im Nu hatte die Gardine Feuer gefangen. Buhr fegte geistesgegenwärtig das Manuskript vom Tisch, zwei Kolleginnen rissen die Gardine herab, und zu dritt versuchten sie, die Flammen zu ersticken. Irgendjemand hatte in der Verwaltung schon Alarm gegeben, dass es bei den Philosophen brennt, und der Leiter der Verwaltung war im Anrücken. Die beiden Frauen beseitigten rasch das corpus delicti und versteckten es in der Damentoilette. Dem Verwaltungsleiter stieg zwar der Brandgeruch in die Nase, auch dünkten ihm die vielen auf dem Fußboden verstreuten Manuskriptseiten merkwürdig, aber er hatte keine Beweise für ein unerlaubtes Hantieren mit einem defekten Tauchsieder. Das Versteck auf der Damentoilette konnte natürlich nur provisorisch sein. Deshalb brachten die beiden Kolleginnen im Bunde mit einer dritten den Rest der weißen Gardine am Abend heimlich aus dem Haus und versteckten ihn nunmehr in einem Gebüsch am Französischen Dom. Auf dem Wege zur Friedrichstraße kam ihnen indes die Erleuchtung, dass auch dieses Versteck nicht sicher sei. Sie eilten zurück und mit der Gardine in Richtung Berliner Dom, woselbst sie das Paket in die Spree versenkten. Womit sie aber nicht gerechnet hatten war, dass die Gardine sich auf der Wasseroberfläche ausbreitete und als weißes Gebilde, das auch das Kleid einer Wasserleiche hätte sein können, von der Spree in Richtung Grenze zu Westberlin getragen wurde. Spätestens dort hat man sie bestimmt aus dem Wasser geholt.

1962 wurde die Abteilung „Dialektischer Materialismus" am Institut gegründet, und Georg Klaus übertrug mir ihre Leitung. Am gewohnten Arbeitsstil änderte sich dadurch aber nichts. Nicht einmal die im September 1962 beginnenden politischen Turbulenzen um Robert Havemann wirkten sich in irgendeiner Weise auf das Klima in der Abteilung aus.

Havemann hatte auf einer Tagung über „Die fortschrittlichen Traditionen in der deutschen Naturwissenschaft des 19. und 20. Jahrhunderts" in Leipzig eine Rede gehalten, in der er polemisch die Frage stellte: „Hat Philosophie den modernen Wissenschaften bei der Lösung ihrer Probleme geholfen?" Die Frage war an jede Art von Philosophie gerichtet. Er verneinte sie für den mechanischen Materialismus und sparte auch nicht mit Kritik an dem, was als dialektischer Materialismus sowohl in der Sowjetunion als auch in der DDR bis dato geboten worden war. Er konstatierte einen zunehmenden Verfall der Lehre des dialektischen Materialismus, ja einen Rückfall in den Vulgär-Materialismus und den mechanischen Materialismus, in metaphysisches und undialektisches Denken. Vielen Schriften, die bis dahin in der DDR zu philosophischen Problemen der Naturwissenschaft veröffentlicht worden waren, bescheinigte er sachliche Unkenntnis und philosophische Unzulänglichkeit. Der dialektische Materialismus in und außerhalb der Sowjetunion habe den Naturwissenschaftlern nicht nur nicht geholfen, ihre Probleme zu lösen, sondern vielmehr dazu beigetragen, ihre Entwicklung zu behindern, indem seine offiziellen Vertreter pseudowissenschaftliche Konzeptionen, wie den Lyssenkoismus, mit dem Argument stützten, er entspräche dem dialektischen Materialismus, und andererseits wissenschaftliche Richtungen und Ergebnisse, wie die Genetik und Kybernetik, verwarfen und sie als Ausgeburt bürgerlicher Ideologie denunzierten. Der dialektische Materialismus dürfe aber nicht als philosophischer Katechismus praktiziert werden; er sei keine Instanz, die über naturwissenschaftliche Fragen eine Entscheidung fällt, bevor sie wissenschaftlich entschieden sind. Auf die Frage, wie die Philosophie des dialektischen Materialismus der Naturwissenschaft wirklich helfen kann, forderte er, die Natur selbst zu studieren, ihre Dialektik konkret in ihrer Besonderheit zu entdecken, denn nur von der empirischen Wissenschaft her könne man zur Dialektik kommen, die in den Dingen selbst steckt und die in der Theorie widergespiegelt werden kann.

Diese Position war klar und entsprach dem, wie in unserer Abteilung gearbeitet wurde. Niemand von uns sah die Aufgabe der Philosophie darin, den Naturwissenschaftlern bei der Lösung ihrer Probleme zu helfen oder ihnen gar vorzuschreiben, welche naturwissenschaftliche Theorien aus philosophischer Sicht akzeptabel und welche zu verwerfen sind. Insofern berührte uns die ganze Aufregung, die durch die Schar der Philosophen an den Universitäten und Hochschulen der DDR ging, herzlich wenig.

Doch Havemann hatte ja nicht nur den fortschreitenden Verfall der in kanonisierten Grundsätzen entarteten Philosophie des dialektischen Materialismus angeprangert, sondern zugleich deren Vertreter, welche glaubten, die Verwalter ewiger Wahrheiten zu sein, und damit auch die Politbürokratie, der die Philosophie des dialektischen Materialismus als Parteiphilosophie galt. Die Dozenten des marxistisch-leninistischen Grundlagenstudiums und des dialektischen Materialismus an den Universitäten und Hochschulen – ich hatte solche ja auch schon an der Bezirksparteischule in Erfurt kennengelernt – fühlten sich ebenso angegriffen wie die Parteiobrigkeit. Der Widerstand gegen Havemanns Thesen war somit vorprogrammiert und unvermeidlich.

Er begann damit, dass Gerhard Harig, der damalige Direktor des Leipziger Karl-Sudhoff-Instituts für die Geschichte der Medizin und der Naturwissenschaften, das die Tagung veranstaltet hatte, es ablehnte, den Vortrag Havemanns in den Protokollband der Tagung aufzunehmen. Die Situation eskalierte, als Havemann daraufhin über hundert Exemplare seiner Rede an Kollegen – Naturwissenschaftler und Philosophen – in aller Welt verschickte, von denen er erwartete, dass sie seine Einschätzung teilten. Hinzu kommt, dass westliche Medien seine Kritik am Verfall des dialektischen Materialismus als gegen den dialektischen Materialismus selbst gerichtet ausgaben und damit auch gegen die Partei, die ihn zur Staatsphilosophie erhoben hatte. Da keine der beiden Seiten – Havemann auf der einen, die Partei und ihre Philosophen auf der anderen – von ihren Positionen abrückten, eskalierte die Situation in der Folgezeit immer weiter. Havemann vertiefte seine Kritik in den Vorlesungen und Seminaren im

Wintersemester 1963/1964 an der Humboldt-Universität, die Partei reagierte mit Parteiausschluss und in dessen Gefolge mit der fristlosen Entlassung als Universitätsprofessor und dem Ausschluss aus der Akademie, deren korrespondierendes Mitglied er war. Was die Reaktion der Partei betrifft, so war nichts anderes zu erwarten, denn unter Berufung auf ihre führende Rolle in der DDR-Gesellschaft betrachtete sie sich als unfehlbar und duldete keinen Widerspruch. Havemann hingegen war – wie ja viele andere Wissenschaftler auch – nicht frei von Eitelkeit und nicht wählerisch in den Methoden, seine Positionen international zu verbreiten.

Ich habe hier nicht die Absicht, eine umfassende Einschätzung des Falls Havemann zu geben. Nach seiner posthumen Rehabilitierung durch die zentrale Parteikontrollkommission der SED im November 1989 haben das andere bereits zur Genüge getan. Ich möchte lediglich einige persönliche Anmerkungen in dieser Angelegenheit machen.

Ich habe mich in der Auseinandersetzung mit Robert Havemann zweimal öffentlich zu Wort gemeldet. Der Band „Wissenschaft contra Spekulation", Akademie-Verlag 1964, beinhaltet eine von mir erstellte Dokumentation über den seinerzeitigen Stand des Bündnisses zwischen Naturwissenschaften und marxistisch-leninistischer Philosophie in der Sowjetunion. Anhand vieler Fakten über den wirklichen Stand dieser Beziehungen war ich bemüht zu zeigen, dass Havemann irrt, wenn er meint, dass es um diese Zusammenarbeit generell schlecht bestellt sei. Seine Behauptung, führende Wissenschaftler in der Sowjetunion würden von den „Herren auf philosophischen Lehrstühlen...verleitet" – um deren „Theorie von der absoluten Determiniertheit aller Erscheinungen zu retten" – sich „Geschichten auszudenken" und diese sogar in ihre Lehrbücher hinein zu schreiben, bezog sich auf einen einzigen Fall (Blochinzew und seine Theorie der Teilchenensembles), wurde aber in unzulässiger Weise von ihm verallgemeinert. Havemanns Behauptung erwies sich also als von keiner großen Sachkenntnis getragen.

Der zweite Beitrag, in der Studentenzeitung „Forum", Nr. 8/1964, beschäftigte sich mit der Art und Weise, wie Havemann die Endlichkeit des Weltalls aus den simpelsten Erfahrungen des gesunden Menschenverstands zu beweisen suchte, und welche wissenschaftshistorischen Sachverhalte er dabei seinen Hörern vorenthielt. Dem 5. Plenum des ZK der SED folgend schloss ich mich der Einschätzung an, dass Havemann „unter der Flagge des Kampfes gegen den Dogmatismus...eine Revision der Grundlagen der marxistisch-leninistischen Philosophie" vorzunehmen beabsichtigt. Das war natürlich töricht. Vielmehr hätte ich darauf verweisen müssen, dass weder der dialektische Materialismus noch irgendeine andere Art von Philosophie mit Sicherheit weiß, ob das Weltall endlich oder unendlich ist. Philosophen mögen darüber spekulieren soviel sie wollen, den Beweis des einen oder des anderen müssen sie schuldig bleiben, wie übrigens auch die Naturwissenschaftler auf dem heutigen Stand unserer Kenntnis von der Welt.

Mir scheint, das greifendste Argument, dem sich Havemann nicht hätte verschließen dürfen, war, dass seine Thesen vor allem von denen begrüßt wurden, die sie in rein politischer Absicht beklatschten. Dieses Argument ist ihm mehrfach vorgetragen worden. Freunde Havemanns haben ihm wiederholt bedeutet, er bekäme Beifall von den falschen Leuten, und nicht für seinen Marxismus, sondern für die eingestreuten politischen Anspielungen. Auch Georg Klaus hatte in einem Brief an Havemann vom 5.3.1963 ähnliche Bedenken geäußert, und wollte die wissenschaftlichen Verdienste Havemanns abgehoben wissen von seinen politischen Einschätzungen und Wirkungen.

Am 5.10.1963 hatte ich selbst die Möglichkeit, mit Prof. Kedrow bei Havemann zu Gast zu sein. Bonifatij Michailowitsch Kedrow, der Direktor des Instituts für die Geschichte der Naturwissenschaft und Technik der Akademie der Wissenschaften der UdSSR, weilte hin und wieder in Berlin. Es war mir jedesmal ein Vergnügen, mit ihm durch die DDR zu reisen und seine Vorträge zu hören und zu übersetzen. Ende September 1963 führte uns eine seiner Vortragsreisen nach Greifswald, Leipzig und Halle. Havemann folgte uns gewissermaßen auf dem Fuße. Mir ist nie klar geworden, warum er solchen übersteigerten Wert darauf legte, am jeweils nächsten Tag nach Kedrows Vortrag seine Position darlegen zu müssen. Gegen Ende seines Aufenthaltes hatte Kedrow um eine persönliche Aussprache mit Havemann gebeten. Sie fand am 5.10.1963 von 16 Uhr bis gegen Mitternacht in Havemanns Haus in Grünheide statt.

Kedrow solidarisierte sich mit vielen Aussagen Havemanns, insbesondere mit denen, die das niedrige Niveau der philosophischen Lehre an den Universitäten und Hochschulen betrafen. Doch wie schon Georg Klaus beschwor auch er den Gastgeber, er möge doch bedenken, dass manche Leute, die ihm Beifall zollen, sich nur deshalb hinter ihn stellen und ihn auf ihre Fahne heben, weil sie ganz andere, und zwar politische, Absichten haben, die doch auch er nicht billige. Es bedarf keines großen Mutes, sagte Kedrow, den Philosophen in der Sowjetunion und in der DDR ein dogmatisches Herangehen an die Philosophie vorzuwerfen, aber es bräuchte eine gute Portion Mutes, um vor seine Studenten hinzutreten und sich mit aller Deutlichkeit von Versuchen abzugrenzen, seine Kritik am derzeitigen Zustand der marxistischen Philosophie für von ihm nicht zu billigende politische Absichten zu missbrauchen. Havemann schien das eingesehen zu haben; jedenfalls versicherte er am Ende des Gesprächs, er werde genau in dem Sinne, wie Kedrow gesprochen hatte, in seiner nächsten Vorlesung auftreten. Auf das Gespräch mit Kedrow ging Havemann allerdings erst am 22.11.1963 in seiner 6. Vorlesung ein. Dort heißt es jedoch lediglich, wie man in „Dialektik ohne Dogma" (Rowohlt 1964) nachlesen kann, dass mit Kedrow „eine interessante Diskussion" stattgefunden habe, doch was

Havemann seinem Gesprächspartner zugesichert hatte, blieb unerwähnt. Ich fand das zumindest unredlich.

Bonifatij Michailowitsch Kedrow zu Besuch bei Robert Havemann

Ein ähnliches Erlebnis hatte ich mit Ernst Kolman anlässlich eines Besuches im Moskauer Akademieinstitut für Philosophie. Wir trafen im Fahrstuhl des Institutsgebäudes aufeinander. Kolman begrüßte mich und fragte, wie es Georg Klaus gehe und was Robert Havemann mache. Was Havemann betrifft, so sagte ich ihm, dass es gegenwärtig Probleme mit ihm gibt, und schilderte ihm die Situation. Ich erwähnte auch, dass Havemann sich zur Stützung seiner Position in dieser aufgeregten Diskussion unter anderen auch auf ihn, Kolman, berufe. Er war bestürzt:

„Aber ich habe ihm im November 1962, noch aus Prag, einen ausführlichen Brief geschrieben, nachdem er mir seine Leipziger Rede geschickt hat. In diesem Brief habe ich Punkt für Punkt angemerkt, worin er Unrecht hat. Wie kann er sich auf mich berufen? Wenn Sie wollen, kann ich Ihnen diesen Brief zeigen, und Sie können ihn nach Belieben verwenden."

Am nächsten Tag übergab er mir den Brief, und nun konnte ich lesen, was Kolman wirklich geschrieben hatte. Ich will nicht Punkt für Punkt durchgehen, wie Kolman mit aller Deutlichkeit seine kritischen Bemerkungen darlegte und Havemann den Vorwurf machte, dass er oft übereilte Schlüsse fasse, die sich nicht auf genügende Kenntnis der Tatsachen stützen: „Sicher verfahren Sie in ihrem eigenen Fache anders." Dieser Brief ist damals nicht an die Öffentlichkeit gelangt. Dieter Hoffmann ist es zu danken, dass er erstmalig in seiner Dokumentation „Robert Havemann. Dialektik ohne Dogma?" veröffentlicht worden ist.

Wie bietet sich das Bild der Persönlichkeit Havemanns heute dar? In neueren Publikationen nach der politischen Wende in der DDR heißt es z. B., dass Havemann „nur Standpunkte vertrat, von deren Richtigkeit er überzeugt war, dass er aufkommende Zweifel nicht beiseite schob, sondern gewissenhaft prüfte und, wenn das Resultat einer solchen Prüfung dies nahe legte, seine Ansicht revidierte, und dass er schließlich solche Wandlungen offen und öffentlich bekannte, wie es dem traditionellen Ethos der Wissenschaft entspricht." Er sei bereit gewesen, „Irrtümer schlicht zu bekennen und sich dafür verantwortlich zu fühlen"; er habe sich das Gebot auferlegt, „die eigenen Überzeugungen niemals für endgültig zu halten" (Robert Havemann. Texte. Warum ich Stalinist war und Antistalinist wurde. 1990. Vorwort). Dies ist zweifellos zutreffend, wenn von dem Naturwissenschaftler Havemann die Rede ist, auch für seine Wandlung vom Stalinisten zum Antistalinisten, doch lässt sich das kaum generell sagen; für sein Auftreten und Verhalten in den Diskussionen der 60er Jahre in der DDR gilt das jedenfalls nicht, wie ich mich dank Kedrow und Kolman persönlich überzeugen konnte. Mir scheint, die wissenschaftliche Redlichkeit gebietet zu sagen, dass weder die Art der Diskriminierung und Verurteilung, die Robert Havemann in der DDR erfahren hat, noch die Verklärung seiner Persönlichkeit, die er in der heutigen Bundesrepublik erfährt, ihm und seinem Anliegen gerecht werden.

Doch zurück zum Institut.

1964 erschien die erste Auflage des „Philosophischen Wörterbuchs", womit für alle Beteiligten der Weg frei war, wieder ihren individuellen Interessen nachzugehen.

Ich war bei meinen Bibliotheksrecherchen auf Leonhard Eulers „Briefe an eine deutsche Prinzessin über verschiedene Gegenstände aus der Physik und Philosophie" aus der Zeit von 1760 bis 1762 gestoßen. Euler hatte dieses dreiteilige Werk in Fortführung des Unterrichts geschrieben, den er 1759 der ältesten Tochter des Markgrafen Friedrich Heinrich von Brandenburg-Schwedt, einer entfernten Cousine Friedrichs II., Prinzessin Sophie Friederike Charlotte Leopoldine Louise erteilt hatte. Die „Briefe" enthalten eine populäre Darlegung der Grundfragen der Physik um die Mitte des 18. Jahrhunderts und lassen zugleich Eulers Ansichten zu den wichtigsten Problemen der Philosophie der Naturwissenschaft, der Erkenntnistheorie und Logik erkennen. Eben diese philosophischen Bemühungen des großen Mathematikers hielt ich für wichtig, um sie den heutigen Philosophen und Naturwissenschaftlern nahe zu bringen. Ich war von diesem Werk so fasziniert, dass ich mir eine Neuausgabe wünschte. Und schon reifte im Kopf das Vorhaben, eine solche Ausgabe tatsächlich zu besorgen. So schlug ich dem Reclam-Verlag eine philosophische Auswahl dieser Briefe vor, der sie 1965 auch tatsächlich herausbrachte. Am Institut aber ging in dieser Zeit das Gerücht um, ich schriebe während der Arbeitszeit Briefe an eine deutsche Prinzessin.

Eine diesbezügliche Frage von Georg Klaus konnte ich jedoch klärend und zu seiner Zufriedenheit beantworten.

In der Abteilung „Dialektischer Materialismus" wurde am wenigsten von dialektischem Materialismus gesprochen. Das erste Gemeinschaftsprojekt, das wir in Angriff nahmen, war der antiken griechischen Philosophie gewidmet. Georg Klaus hatte bereits in Jena einige Beiträge zur Mathematik in der Antike veröffentlicht, die er mir für dieses Projekt zur Verfügung stellte, allerdings mit der Maßgabe, dass ich sie neu bearbeiten müsse. Helmut Mielke legte einen soliden Beitrag zu Erkenntnissen und Irrtümern der griechischen Naturphilosophie vor, und Camilla Warnke untersuchte die Geburt der wissenschaftlichen Medizin aus der Weltanschauung der Antike sowie das Problem der Seele und die Anfänge der Psychologie. Bei einem seiner Besuche in Berlin hatte ich Prof. Athanase Joja, von 1959 bis 1963 Präsident der Rumänischen Akademie der Wissenschaften, kennengelernt und seine Zusage erhalten, für unseren Band „Wissenschaft und Weltanschauung in der Antike" (1966) einen Beitrag über die Anfänge der Logik und Dialektik in Griechenland beizusteuern. Einen rumänischen Philosophen als Mitautor in einer DDR-Publikation zu haben, war damals durchaus nicht die Regel. Ich hielt jedoch daran fest, dass es in der Philosophie international zugehen müsse, und blieb diesem Prinzip auch in der nächsten Publikation treu, die dem Gesetzesbegriff in der Philosophie und den Einzelwissenschaften gewidmet war (1968).

Für ihn hatte ich Autoren aus der Sowjetunion, Polen, Bulgarien, Österreich und Kanada zur Mitarbeit gewonnen. Autor des kanadischen Beitrages war Mario Bunge, ein gebürtiger Argentinier, der von 1956 bis 1966 Theoretische Physik in La Plata lehrte und seit 1966 eine Professur für Philosophie an der McGill University in Montreal innehatte. Ich hatte ihn auf einem Philosophiekongress kennengelernt und fand seine Bemühungen um die Philosophie der Naturwissenschaft sehr sympathisch. Um ein Haar wäre er zu einem der Wendepunkte in meinem Leben geworden, denn er machte mir den Vorschlag, eine Assis-

Mario Bunge, Günter Kröber, NN

tentenstelle bei ihm in Montreal zu übernehmen. Ich lehnte das Angebot jedoch mit Blick auf meine Eltern, meine Familie und auch mit Blick auf Georg Klaus und das Institut, an dem ich tätig war, dankend ab.

In unserer Abteilung herrschte eine aufgeschlossene und tolerante Atmosphäre. Sie wurde nur einmal etwas getrübt, als ich den Mitarbeitern zumutete, an einem Mathematikkurs im Institut teilzunehmen. Mein Interesse begann sich nämlich zur Systemtheorie hin zu verschieben, auch war die lineare und die dynamische Programmierung im Kommen. Für diesen Kurs hatte ich Prof. Gerhard Schulz gewonnen, einen äußerst liebenswürdigen Mathematiker von der Humboldt-Universität, der mathematische Probleme so darzulegen verstand, dass selbst ein philosophischer Geist mit ihnen etwas anfangen konnte. Doch meine Philosophen wussten zwar klug über Notwendigkeit und Zufall zu reden, aber vor Markowschen Ketten gingen sie in die Knie. Nach einem Jahr verweigerte die Institutsleitung weitere Honorarzahlungen an Prof. Schulz.

Der Vorfall zeigt, dass Georg Klaus durchaus seine leitende Hand über das Institut hielt, und manchmal mit aller Strenge. So freundlich und liebenswürdig er meistens auch war, so konnte er im Umgang mit seinem wissenschaftlichen und wissenschaftlich-technischem Personal auch bissig und in seltenen Fällen sogar ungerecht sein. So musste Irene Kaiser, die in Friedrichshagen wohnte und hochschwanger war, ihm, dessen Haus sich in Wilhelmshagen befand, mehrmals in der Woche Taschen voller schwerer Bücher nach Hause bringen, was in der winterlichen Kälte, oder wenn gelegentlich ein Theaterbesuch angesagt war, zusätzlich unangenehm war. Geradezu entsetzt waren zwei wissenschaftlich-technische Mitarbeiterinnen, die jeden Tag im Institut präsent sein mussten und die ihn in dem kalten Winter 1962 gebeten hatten, doch etwas zu unternehmen, um die ausgefallene Heizung wieder in Gang zu bringen, als er ihnen antwortete: „Im KZ mussten wir im Winter barfuß durch den Schnee laufen."

Der damalige Präsident der Akademie, Walter Friedrich, hatte zur selben Zeit in ähnlicher Situation ganz anders reagiert. Als die Gebäude des Garagenhofs der Akademie an die Heizung des Hauptgebäudes angeschlossen werden sollten, kommentierte er dieses Vorhaben so: „Wir frieren doch jetzt schon alle in diesem Hause, warum sollen denn noch andere Gebäude angeschlossen werden?"

Harmlos hingegen war eine Reaktion von Klaus, die ich selbst erlebt habe, als er mit einigen Mitarbeitern zu einer Klausurtagung in Altenhof am Werbellinsee weilte. An anderer Stelle habe ich diesen Vorfall so beschrieben: „Am Wochenende verblieben nur Georg Klaus, Alfred Kosing und Günter Kröber am Ort. Am Abend sollte Skat gespielt werden, doch es stellte sich heraus, dass der scharfsinnige Logiker und hervorragende Schachspieler Klaus nicht Skat spielen konnte. Kosing und Kröber erklärten ihm daraufhin die Regeln, wie man reizt und worauf es überhaupt ankommt.

Klaus hatte schnell begriffen. Zunächst wurden einige Runden zur Probe gespielt. Nachdem die gut über die Bühne gegangen waren, wurde es Ernst. Doch wie es im Spiel manchmal geschieht: Klaus – der keine Fehler machte – hatte einfach eine Pechsträhne und verlor ein Spiel nach dem anderen. Nach einer Viertelstunde schmiss er wutentbrannt die Karten auf den Tisch und schnauzte in seinem unverkennbaren Nürnberger Dialekt: „Idiotisches Spiel, bei dem der Intelligenteste immer verliert."

Der Aufenthalt in Altenhof diente dem Zweck, ein Lehrbuch der marxistischen Philosophie zu schreiben. An dem Vorhaben wirkten außer dem Akademieinstitut für Philosophie das Institut für Philosophie der Leipziger Universität und der Lehrstuhl für Philosophie des Instituts für Gesellschaftswissenschaften beim ZK der SED mit. Die Leitung der Arbeiten lag in den Händen von Alfred Kosing vom ZK-Institut.

Im Autorenkollektiv herrschte Einigkeit, dass es u. a. darauf ankomme, den Schematismus der Stalinschen „Grundzüge" zu durchbrechen. Unser erklärtes Ziel war es, das Ansehen der Philosophie in vielen Fachwissenschaften wieder zu erhöhen und dazu beizutragen, verkrustete Strukturen aufzubrechen und engstirnige Auffassungen überwinden zu helfen. Alfred Kosing sah den Weg dahin in der einheitlichen, nicht in verschiedene Kapitel getrennten Darlegung des dialektischen und historischen Materialismus. Georg Klaus schwebte vor, in Fortführung seiner „Kybernetik in philosophischer Sicht" so etwas wie eine „Philosophie in kybernetischer Sicht" zu schreiben, in welcher der Systembegriff eine zentrale Rolle spielen und dialektische Widersprüche als dynamische, kybernetische Systeme dargestellt werden sollten. Mir war ein solches Vorgehen nur recht, erlaubte es mir doch, die dialektische Negation als einen systemerhaltenden Qualitätsumschlag zu verstehen, der von den inneren Systembedingungen eines Objekts, von seiner Struktur und dem Grad seiner Organisation ebenso abhängt wie von äußeren Störungen. Dieses – anfänglich lobend aufgenommene und 1967 erschienene – Buch wurde von der Parteizentrale bald als „zu kybernetisch" kritisiert und musste sich den Vorwurf gefallen lassen, die marxistische Philosophie durch Kybernetik und Systemtheorie ersetzen zu wollen. Das Buch kam auf den Index; es wurde ein Opfer borniert politischer Bevormundung und wurde aus dem Verkehr gezogen. Doch nicht alle Exemplare scheinen vernichtet worden zu sein. Im Jahre 2005 begegnete mir eines während einer Aufführung von Puccinis „La Bohéme". Ein Ensemble junger Leute aus der Musikschule Prenzlauer Berg hatte daraus „Die Bohéme der Republik" gemacht und agierte in einem Raum, der eine Diskothek hätte sein können oder auch einfach der Gastraum eines Restaurants, jedenfalls war da eine Theke und dahinter Regale mit Flaschen und Gläsern und mittendrin das Buch mit dem gelben Einband und der Aufschrift „Marxistische Philosophie. Lehrbuch".

Eine allseits beliebte Einrichtung waren die Internationalen Sommerschulen für Philosophie, die das Institut für Philosophie der Bulgarischen Akademie der Wissenschaften anfänglich alljährlich, später alle zwei Jahre veranstaltete. Das „Haus der Wissenschaftler ‚Joliot Curie'" am Strand des Schwarzen Meeres war der Treffpunkt von Philosophen aus Bulgarien, Ungarn, Rumänien, der ČSSR, Polen, der UdSSR, der Mongolei, der DDR, Kuba und Vietnam. Jede Tagung stand unter einem anderen Thema, zu dem die Teilnehmer ihre Beiträge lieferten. Die Atmosphäre der Diskussionen war freundschaftlich, aber durchaus auch kritisch, wenn Kritik angebracht war. Fast auf jeder Tagung lud ein Mitglied des Politbüros der Bulgarischen Kommunistischen Partei zu einem Vortrag über die politische Lage im Lande ein. Die Zusammensetzung der jeweiligen DDR-Delegation bestimmte in der Regel Manfred Buhr. Er legte Wert darauf, dass vor allem junge Philosophen zu den Tagungen delegiert wurden, denn die Sommerschulen in Varna waren eine der wenigen Möglichkeiten, sich auf internationalem Parkett bewegen zu lernen, wenn auch nur diesseits des Eisernen Vorhangs.

Ich habe an fast allen Sommerschulen teilgenommen, auch noch in den 70er und 80er Jahren, als ich schon nicht mehr dem Institut für Philosophie angehörte. Manfred Buhr legte auf meine Mitwirkung wohl auch deshalb Wert, weil er selbst kein Russisch sprach, Russisch aber diejenige Sprache war, in der sich alle anderen verständigen konnten. Das Sprachproblem brachte mich aber auch gelegentlich in fatale Situationen. Todor Pawlow, von 1947 bis 1962 Präsident der Bulgarischen Akademie der Wissenschaften, Nestor der Philosophie in Bulgarien und Mitglied des Politbüros der Bulgarischen Kommunistischen Partei, der sich während der Sommerschulen meistens in der Residenz des Politbüros im benachbarten Euxinograd aufhielt, pflegte nämlich Manfred Buhr und mich zu sich einzubestellen, um über die politische Situation in der DDR unterrichtet zu werden und zugleich seine Haltung zu dem, was in der Welt passiert, kund zu tun. Noch in Leningrad war ich das erste Mal auf Pawlow aufmerksam geworden. Er hatte eine kleine Schrift verfasst, die im Herbst 1957 in russischer Sprache erschienen und dem Verhältnis zwischen Philosophie und Einzelwissenschaften gewidmet war. Es handelte sich um das Stenogramm dreier Vorlesungen, die er 1956 vor Aspiranten und wissenschaftlichen Mitarbeitern der Bulgarischen Akademie gehalten hatte. Die Grundthesen dieser Schrift waren bereits in der ersten russischen Ausgabe des voluminösen Werkes „Die Widerspiegelungstheorie", 1936 in der ersten russischen Ausgabe erschienen, enthalten, wie ich später feststellen konnte. Der Stil ähnelte dem, wie ihn Stalin in seiner Schrift „Über den dialektischen und historischen Materialismus" praktizierte. Ich war mit einer Reihe von Passagen in Pawlows Arbeit gar nicht einverstanden und schrieb eine Rezension für die Deutsche Zeitschrift für Philosophie (H. 1/1958), in der ich mich kritisch dazu äußerte, wie der Autor Philosophie, wissenschaftliche Philosophie und dialektischen Materialismus voneinander unterscheidet, und wie er die Gegenstände des historischen und des dialektischen Materialismus bestimmt. Die Rezension wurde in der bulgarischen philosophischen Zeitschrift „Filosofska mysl" (H.1, 1960) nachgedruckt und hatte seinerzeit einigen Wirbel in Bulgarien ausgelöst.

Als ich das erste Mal mit Manfred Buhr zur Audienz gerufen wurde, war mir doch etwas beklommen zumute. Doch Todor Pawlow schien in mir nicht den Leningrader Philosophiestudenten wiederzuerkennen, der es 1958 gewagt hatte, einigen seiner Thesen zu widersprechen. Manfred Buhr nahm an solchen Audienzen meistens schweigend teil und ließ sich hinterher von mir sagen, worum es jeweils gegangen war. Einmal, es war Ende der 60er Jahre, fragte Pawlow ziemlich unvermittelt: „Was haltet ihr von Ulbricht?"

Ich schaute fragend nach Manfred. Der aber hatte mit den Erdbeeren zu tun, die vor ihm auf dem niedrigen Tisch standen und darauf warteten, gezuckert zu werden und ihr Sahnehäubchen zu erhalten. Was sollte ich antworten? Ich erinnerte mich an meines Vaters und an Rosa Thälmanns Meinung über Ulbricht, aber durfte ich hier so auftreten? „Nun ja, der Genosse Ulbricht ist der Erste Sekretär unserer Partei, und wir achten ihn..."

„Das weiß ich selbst", polterte der Alte los. „Was hältst Du, Kröber, persönlich von ihm?"

Als ich immer noch zögerte und Manfred in aller Ruhe seine Erdbeeren aß, legte er selbst los: „Euer Ulbricht ist kein Kommunist; er ist auch kein Internationalist. Er ist, wie unser Shiwkow auch, ein Gefolgsmann Moskaus, und er ist ein kleiner Nationalist in dem Sinne, dass er engstirnig nur die DDR sieht und nicht das ganze Deutschland."

Da es weder von mir noch von Manfred Buhr eine Reaktion auf diese Einschätzung gab, waren wir für diesmal entlassen, obwohl die Erdbeeren noch nicht ganz aufgegessen waren. „Worum ging es denn heute?", wollte Manfred wissen, als wir die Residenz verließen.

Todor Pawlow

1976 gab es eine ähnliche Szene. Es war das Jahr, in dem die staatliche Wiedervereinigung von Nord- und Südvietnam zur Gründung der Sozialistischen Republik Vietnam geführt hatte, und erstmalig auch vietnamesische Philosophen an der Sommerschule teilnahmen. Während der Audienz für Manfred und mich teilte uns Todor Pawlow mit, dass er angesichts der Ereignisse in Vietnam sich dem Problem der nationalen Frage zugewandt habe und dabei sei, eine Broschüre über die nationale Frage zu schreiben. Unberührt von dieser Mitteilung sprach Manfred genüsslich den Erdbeeren zu. Pawlow aber fuhr fort, er sei der Ansicht, dass Vietnam das große Beispiel sei, wie unter den heutigen Bedingungen die nationale Frage überall in der Welt gelöst werden müsse: „Das gilt für Euch genau so wie für Korea oder China."

Ich erlaubte mir den Einwand, dass es doch wohl Unterschiede zwischen Vietnam und Korea und vor allem zwischen Vietnam und der Lage in Deutschland, im Herzen Europas gäbe:

„Wenn wir die nationale Frage in Deutschland so lösen wollten wie in Vietnam, d. h. die Bundesrepublik ‚militärisch zu befreien', um auf diesem Wege zur Wiedervereinigung zu kommen, würde das den dritten Weltkrieg bedeuten, nach dem es vielleicht Deutschland, Bulgarien, auch Vietnam und Korea möglicherweise gar nicht mehr gäbe." Doch seine Augen leuchteten, wenn er über Vietnam sprach, und der Tonfall seiner Stimme ließ erkennen, dass es für ihn keinen Zweifel gab, dass Vietnam das große Paradigma für die Lösung der nationalen Frage in der heutigen Zeit ist. In meiner Not und während Manfred gerade die bereit stehende Sahne auf seine Erdbeeren legte, berief ich mich auf Lenin. Dieser habe doch immer darauf hingewiesen, dass die nationale Frage zugleich und in erster Linie eine historische und auch eine soziale Frage sei. Er habe Wert darauf gelegt, dass die nationale Frage stets unter den konkreten historischen Bedingungen eines jeden Landes gesehen werden sollte und es kein allgemeines Schema für ihre Lösung gibt. Nach vielem Hin und Her, in dem die Argumente dahin und dorthin gewendet wurden, zog Pawlow schließlich das Fazit des Gesprächs: „Weißt Du, Kröber, die nationale Frage muss immer unter den jeweils konkreten historischen Bedingungen gesehen werden. Sie steht in Europa anders als in Asien, und in Asien anders als in Afrika. Wer etwas anderes behauptet, ist ein Scharlatan. Wie die konkreten historischen Bedingungen aber jeweils beschaffen sind, was sie gestatten oder nicht gestatten, das muss jeweils genau analysiert werden. Nur so ist Leninsche Politik möglich. Mir steht noch viel Arbeit bevor, um die Broschüre zu beenden." Manfred hatte derweil seine Erdbeeren aufgegessen und fragte nach unserer Entlassung, worum es denn diesmal gegangen sei, der Alte sei ja ganz erregt gewesen und habe nicht einmal ein Gläschen des berühmten Euxinograder Kognaks angeboten, was er doch sonst immer getan hatte. „Ach, es ging um die nationale Frage. Er schreibt gerade eine Broschüre darüber, an der er aber noch viel zu arbeiten gedenkt." Eine Broschüre von Todor Pawlow über die nationale Frage hat es indes nie gegeben.

Manfred Buhr war es auch, der eine zentrale Rolle in der Internationalen Hegel-Gesellschaft spielte und es verstand, zu jedem Hegel-Kongress, ob in Salzburg, Rotterdam, Lissabon oder wo immer, mit einer starken DDR-Delegation anzureisen. Durch ihn habe ich viele Philosophen und andere Wissenschaftler aus vielen Ländern und in vielen Ländern kennengelernt und liebe Freunde gewonnen. Auch auf den Weltkongressen für Philosophie waren Philosophen aus der DDR stets präsent.

Unvergessen bleibt der 14. Weltkongress für Philosophie 1968 in Wien. Er fand eine Woche nach der Niederschlagung des Prager Frühlings durch sowjetische Panzer und dem Einmarsch von Truppen des Warschauer Pakts statt. Unsere tschechoslowakischen Freunde sprachen kein Wort mit uns, obwohl die Nationale Volksarmee der DDR an dem Einmarsch nicht beteiligt war. Erst an einem Abend in Grinzing sprachen wir uns endlich aus. Wir resümierten, dass es sowohl in Berlin 1953 als auch 1956 in Budapest und nun wieder 1968 in Prag sowjetische Panzer waren, die das Aufbegehren gegen eine falsche Politik niedergeschlagen haben. Zugleich sahen wir sehr wohl, dass unsere Länder keine unabhängigen, souveränen Staaten sind, sondern wir auf allen Gebieten, ob Politik, Wirtschaft, Armee, Kunst und Kultur, von Moskau abhängig sind. „Wenn im Kreml jemand niest, spannen unsere Politiker sogleich den Regenschirm auf"; diese Anekdote kannte man sowohl in der DDR als auch in der ČSSR. Das Bewusstsein der Ohnmacht gegenüber einer Großmacht hatten wir mit unseren tschechoslowakischen Freunden und Genossen gemeinsam. Zum Ausklang dieses Abends sangen wir im Verein die Internationale, begleitet von der Schrammelmusik im Hintergrund.

Vom 16. Weltkongress für Philosophie 1978 in Düsseldorf haben sich vorwiegend kulinarische Erinnerungen erhalten. Sie entstammen dem Kanzlerfest am 2.9.1978, das auf dem Gelände des Bundeskanzleramtes in Bonn stattfand. Zu dem Kongress war eine Delegation von 22 Philosophen aus der DDR angereist. Gemessen an dem damaligen Stand der Beziehungen zwischen der Bundesrepublik und der DDR kam das einer Sensation nahe. Als das Fernsehen am Abend über das Kanzlerfest berichtete, war es denn auch eine Gruppe von DDR-Philosophen, die, voran mit Herbert Hörz, munter durch das Tor des Bundeskanzleramtes schritt.

Prof. Dr. Dr. Alwin Diemer, unter dessen Regie der Kongress verlief, wurde zum Präsidenten der Internationalen Föderation Philosophischer Gesellschaften (FISP) gewählt. Das Ereignis wurde stürmisch gefeiert. Ich sehe ihn noch heute, wie er auf einem Stuhl thronte, der seinerseits auf einem Tisch vor einer Pyramide aus Sektgläsern stand, und eine Flasche nach der anderen wahllos über die Pyramide ausgoss, von der sich jeder ein Glas nehmen durfte. Wir kannten uns seit 1971 durch die Arbeit in dem International Council for Science Policy Studies (ICSPS), von dem noch die Rede sein wird. Während einer Tagung dieses Gremiums 1973 in New Delhi hatten wir eine ganze Nacht damit verbracht, uns unsere Lebensgeschichten zu erzählen und dabei eine ganze Flasche Whiskey zu leeren. Alwin war 1963 als Ordinarius für Philosophie an die Medizinische Akademie Düsseldorf berufen worden, die 1965 in „Universität Düsseldorf" umgewandelt wurde. Von 1968 bis 1970 war er deren Rektor. Es ging damals die Sage, er habe verhindert, dass die Universität nach Heinrich Heine benannt wird, doch er wies das als unwahr weit von sich. Im Dezember 1988 wurde die Universität schließlich doch in „Heinrich-Heine-Universität

Düsseldorf" umbenannt. Zu dieser Zeit war Alwin Diemer bereits seit zwei Jahren verstorben.

Die relative Reisefreiheit mag einer der Gründe dafür gewesen sein, warum die Philosophen der DDR so lange keine politische Opposition zustande gebracht haben und sich als akademisches Schweigekartell gefielen. Es gab für sie zwar keine absolute Reisefreiheit, aber doch Freiheiten, die den einfachen Menschen im Lande nicht gegeben waren. Das gilt übrigens nicht nur für die Philosophen, sondern für Wissenschaftler überhaupt. Die Akademie verfügte über ein relativ großzügiges Reisekontingent für westliche Länder. Natürlich erwartete die Akademieleitung, dass sie in den jeweiligen Reiseberichten auch Informationen erhielt, die den Stand der Arbeiten auf dem jeweiligen Gebiet einschätzten, um sie für die eigene Forschungsarbeit auszuwerten.

Aber schon wissenschaftlich-technische Kräfte verfügten nicht mehr über diese Privilegien. Sie unterlagen den gleichen restriktiven Bedingungen wie alle anderen im Lande. Eine Kollegin aus dem Institut hatte z. B. einen Antrag gestellt, anlässlich des Todes ihrer Mutter einen Tag nach Westberlin gehen zu dürfen. Klaus befürwortete das Begehren, und sie nahm Abschied von ihrer verstorbenen Mutter. Sie war allerdings entsetzt, dass Klaus, als sie sich bei ihm zurück meldete, sie fragte, ob sie sich einen schönen Tag in Westberlin gemacht habe.

Doch so weltfremd war er nicht immer. Ich habe ihn auf Dienstreisen nach Moskau erlebt, wo er einmal kurz im Institut für Philosophie der Akademie vorbeigeschaut und sich ansonsten bei Kybernetikern und solchen, die mit kybernetischen Maschinen arbeiteten, aufgehalten hat. Sein Problem bei solchen SU-Aufenthalten war freilich, dass er selbst weder Russisch sprach noch verstand. Manchmal diente ich ihm als Dolmetscher, manchmal auch Wolfgang Mutz, der wie ich in der Sowjetunion Philosophie studiert hatte, aber von Kybernetik wenig Ahnung hatte. Einmal besuchten wir – Klaus, Buhr, Mutz und ich – das Institut von Akademiemitglied Wischnewski, einem international bekannten und berühmten Chirurgen. Wischnewski verspätete sich zu diesem Treff, weil ihn eine Operation am offenen Herzen aufgehalten hatte. Nach einer Stärkung, bestehend aus Wodka und Kaviarbrötchen, führte er seine neueste Errungenschaft, einen Lochkartenautomaten, vor und hielt einen Vortrag über kybernetische Mechanismen. Wolfgang Mutz sollte übersetzen, schwieg aber lange. Georg Klaus ungeduldig: „Nun sag schon, worum geht es?" – „Ach, nichts Wichtiges." Wischnewski erklärt weiter. Wolfgang schweigt immer noch. „Warum übersetzt Du nicht?" – „Weißt Du, Schorsch, das ist alles uninteressant. Er redet die ganze Zeit von einer großen schwarzen Kiste, in der nichts drin ist."

Klaus verstand natürlich sofort, dass von einer Black Box die Rede war. Nach der Vorführung schloss sich noch ein Gespräch – abermals bei Wodka und Kaviar – an, in dessen Verlauf der Gastgeber die Frage nach dem Verhältnis von Mensch und

Maschine stellte: „Was unterscheidet die Maschine vom Menschen? Was kann sie nicht, das der Mensch kann?" Klaus schwieg. „Du!", deutet Wischneski auf Buhr. Der säuselt: „Die Liebe." – „Unsinn! Das einzige, das sie vom Menschen unterscheidet, ist: Sie fühlt keinen Schmerz." So das Urteil des Chirurgen über das Verhältnis Mensch – Maschine.

Zu Beginn des Jahres 1967 startete die Zeitung „Neues Deutschland", das Zentralorgan der SED, eine Umfrage unter prominenten Wissenschaftlern, wie und woran sie im Jahr des VII. Parteitages arbeiten. „Wissenschaft kennt keinen Feierabend" hieß die Devise. In der Ausgabe vom 1. Januar eröffnete Georg Klaus diese Diskussion mit einem Beitrag, in dem er – vielleicht etwas pathetisch – mehr „Heroismus der Arbeit, des Denkens und der Anstrengungen" forderte. So mancher im Bereich der Wissenschaft sei „etwas bequem geworden". Von den Leistungen des eigenen Instituts hob er das „Philosophische Wörterbuch" hervor, das 1967 in einer aktuell verbesserten Form vorgelegt werden sollte, und das „Wörterbuch der Kybernetik", das ebenfalls in diesem Jahr erscheinen sollte. Beide Werke, so betonte er, sind Ergebnisse von Gemeinschaftsarbeit; jedesmal war „ein Kollektiv von Vertretern verschiedenster Bereiche der Wissenschaft beteiligt (Mathematiker, Physiker, Techniker, Ökonomen, Psychologen, Mediziner usw.)." Ausgehend von dieser Umfrage, an der sich auch der Historiker Horst Bartel, der Psychologe Friedhart Klix, der Pädagoge Klaus Korn, der Soziologe Erich Hahn, der Spezialist für Asien-, Afrika- und Lateinamerikawissenschaften Manfred Kossok, der Philosoph Herbert Hörz und der Geophysiker Robert Lauterbach zu Wort gemeldet hatten, rief die Zeitung zu einer öffentlichen Aussprache der Gesellschaftswissenschaftler auf, in der es um die Fragen gehen sollte: „Warum schreiben die einen Gelehrten wertvolle Bücher, andere aber überhaupt nichts? Warum konzentrieren sich die einen auf wichtige Schwerpunkte, andere aber auf Randprobleme? Warum forschen die einen gemeinsam, andere aber nach wie vor einsam? Kann die Wissenschaft ohne klare politische Konzeption und ohne kritischen Geist vorankommen?"

Der Historiker Ernst Laboor und ich leiteten am 7. Januar diese Aussprache mit der Frage „Scheu vor steilen Pfaden?" ein. Wir bezogen uns dabei auf das Wort von Karl Marx: *„Es gibt keine Landstraße für die Wissenschaft, und nur diejenigen haben Aussicht, ihre hellen Gipfel zu erreichen, die der Ermüdung beim Erklettern ihrer steilen Pfade nicht scheuen."*

Dieser Beitrag löste eine ungewöhnlich breite Diskussion aus. Bis Anfang April erhielt „Neues Deutschland" 125 Zuschriften von Natur- und Gesellschaftswissenschaftlern, aber auch von Arbeitern, Lehrern, Studenten und Parteifunktionären. Auch in den Universitätszeitungen und anderen Publikationsorganen fand die Diskussion ein nachhaltiges Echo. In dem Resümee, das wir am 8. April zogen, wurden im Hinblick auf Gemeinschaftsarbeit in der Wissenschaft u. a. vier Grundsätze genannt:

„1. Für ein Gemeinschaftsprojekt sollte zunächst eine gemeinsame Zielvorstellung des Kollektivs und eine klare politische Konzeption bestehen.
2. Alle Mitglieder des Arbeitskollektivs müssen die Möglichkeit haben, gleichberechtigt zu arbeiten, und müssen wissen, dass ihr Anteil an dem Gemeinschaftswerk gewürdigt wird.
3. Jeder muss schließlich für das ganze Projekt verantwortlich sein. Während der ganzen Arbeit sind gemeinsame Diskussionen und kritischer Meinungsstreit notwendig.
4. Zwischen Gemeinschaftsarbeit und Einzelarbeit besteht eine dialektische Wechselbeziehung."

Die „klare politische Konzeption" im ersten Punkt war für alle Teilnehmer an der Diskussion – ich inbegriffen – selbstverständlich. Niemand von uns kam auf den Gedanken, dass politische Konzeptionen in der Wissenschaft nichts zu suchen haben. Zehn Jahre später sollte ich allerdings selbst erfahren, wie die Forderung, die Wissenschaft habe sich an politischen Konzeptionen zu orientieren, ein ganzes Institut fast in den Ruin getrieben hätte.

Hingegen hielt ich den letzten und kürzesten Punkt für den wichtigsten. Wie wichtig und richtig Gemeinschaftsarbeit in der Wissenschaft auch ist, so baut sie doch immer auf Einzelergebnissen auf, die von Einzelnen erarbeitet worden sind. In der Wissenschaft zählt letztlich nur die eigene wissenschaftliche Leistung.

Dessen eingedenk betrieb ich in der zweiten Hälfte der 60er Jahre intensive Studien zur Systemtheorie. Sie waren zugleich Vorarbeiten zu einer geplanten Habilitationsschrift, die das Verhältnis von Systemtheorie und Dialektik zum Gegenstand haben sollte. Ihr Grundgedanke war, Gesichtspunkte und Methoden der Systemtheorie für die Darstellung der Dialektik nutzbar zu machen. Ich konnte mich dabei darauf berufen, dass im „Lehrbuch" bereits ein erster Ansatz gemacht worden war, den Systembegriff bei der Behandlung philosophischer Probleme zur Anwendung zu bringen. Für den ersten Teil hatte ich mich – nach einer einleitenden Pflichtübung zur Grundfrage der Philosophie – in der Geschichte der Philosophie umgeschaut, wie das Verhältnis von Philosophie und Mathematik bei den Pythagoräern und Platon, bei Leibniz, Jungius, Descartes, Pascal, Spinoza, Kant und Hegel gesehen wurde. Ich versuchte zu begründen, warum eine mathematische Behandlung philosophischer Probleme notwendig und zweckmäßig ist. Im Rahmen der undifferenziert so benannten Systemwissenschaft ließen sich m. E. Ende der 60er Jahre fünf Entwicklungsrichtungen unterscheiden:
– Die Allgemeine Systemtheorie Ludwig von Bertalanffys, die sich als Verallgemeinerung der „Theorie der offenen Systeme" mit dem Zentralbegriff „Fließgleichgewicht" verstand.

- Die kybernetische Systemtheorie (Ashby, Oskar Lange), welche die Kybernetik als Theorie der dynamischen selbstregulierenden und selbstorganisierenden Systeme begriff.
- Die mengentheoretische Richtung (Mesarovič), welche die Allgemeine Systemtheorie als die Theorie mathematischer Modelle von realen oder begrifflichen Systemen verstanden wissen wollte.
- Die System*forschung* (Ackoff), die keine Systemtheorie im eigentlichen Sinne sein wollte, sondern an der Erarbeitung von methodologischen Prinzipien der Erforschung von Systemen interessiert war. Sie schließt die Operationsforschung und die Systemtechnik (systems engineering) in sich ein.
- Die Methodologie der Systemanalyse (Lektorskij, Sadowskij u. a.). Deren Grundthese war, dass von Systemforschung erst dann die Rede sein kann, wenn ein Arsenal spezifischer Methoden zur Erforschung von Systemobjekten verfügbar ist.

Der Systembegriff, den ich allen meinen Überlegungen zugrunde legte, ging über den bisher üblichen – ein System ist eine Menge von Objekten, zwischen denen Relationen bestimmter Art bestehen – hinaus. Ich legte Wert darauf, Relationen von Zusammenhängen zu unterscheiden und die Ganzheitlichkeit eines Systems zu betonen. So ergab sich: „Ein System ist eine Menge von Objekten, zwischen denen Zusammenhänge solcher Art bestehen, dass sie der Menge der Objekte ganzheitlichen Charakter verleihen."

Im zweiten Teil der Arbeit sollte die Dialektik mit ihren Grundkategorien aus der Sicht der Systemtheorie dargestellt werden. Ich versuchte einerseits, den dialektisch-widersprüchlichen Charakter dynamischer Systeme aufzuzeigen, und andererseits, dialektische Widersprüche selbst als dynamische Systeme nachzuweisen. Dabei ließ sich zeigen, dass es Typen dialektischer Widersprüche gibt, die über die damals gängige Unterscheidung zwischen antagonistischen und nichtantagonistischen weit hinausgehen, und dass das Stabilitätsverhalten dynamischer Systeme als Modell für die Entwicklung des jeweils vorliegenden Typs betrachtet werden kann.

In diesem Teil hatte ich noch vor, die Negation der Negation unter dem von mir eingeführten Begriff des Negationsparameters zu betrachten. Und der dritte Teil sollte dann die Problematik bei den nichtlinearen Systemen behandeln.

Das Problem der Dialektik beschäftigte mich zu dieser Zeit auch im Zusammenhang mit dem Philosophie-Kongress, der 1968 anlässlich des 150. Geburtstages von Karl Marx in Berlin stattfand. In meinem Beitrag setzte ich mich mit der westlichen Marxismus-Kritik und insbesondere mit Argumenten gegen die marxistische Dialektik auseinander. Ich unterschied fünf solcher Argumente:
- Das ausschließliche Prinzip der Dialektik sei das der Negativität.
- Sie sei wesentlich Theorie der dialektischen Triade.

– Die dialektischen Gesetze seien bloße Tautologien und logische Leerformeln.
– Sie sei eine rein deskriptive Theorie und erlaube keine wissenschaftlich begründeten Prognosen.
– Sie sei reines Wunschdenken, bloße Prophetie und laufe auf Orakelsprüche hinaus.

Die Punkte 1 und 2 gehen offensichtlich an Wesen und Anliegen der Dialektik vorbei. Von bloßen Tautologien und logischen Leerformeln kann man auch nicht sprechen. Aus heutiger Sicht halte ich es jedoch für problematisch, von Gesetzen der Dialektik zu sprechen. Ob sie eine rein deskriptive Theorie ist, mag dahingestellt bleiben, aber wissenschaftlich begründete Prognosen erlaubt sie tatsächlich nicht, denn solche allgemeine Aussagen wie „Quantität geht in Qualität über" sagen weder etwas über den Zeitpunkt noch über Art und Bedingungen des Übergangs aus. Und doch sind sie keine bloßen Prophetien oder Orakelsprüche, sondern allgemeine Aussagen über Charakter, Verlauf und Ergebnis von Prozessen.

Oder ist Dialektik vielleicht doch eine Methode, einen Dialog so zu führen, dass der Dialogpartner zu einem ganz bestimmten Schluss gedrängt wird? Von Bonifatij Michailowitsch Kedrow, einem Spötter vor dem Herrn, stammt dazu die folgende selbstbezügliche Anekdote: Eine Oma in einem fernen Dorf im Kaukasus hat eine Broschüre über Dialektik gelesen, weiß aber immer noch nicht, was Dialektik ist. Sie beschließt, den intelligentesten Mann im ganzen Dorf, also den Pfarrer, um Rat und Hilfe zu bitten.

„Lieber Herr Pfarrer, weil doch heutzutage alle Welt von Dialektik redet, habe ich eine Broschüre gelesen, um mich schlau zu machen, konnte aber beim besten Willen nicht verstehen, was Dialektik ist. Kannst Du mir das erklären?"

„Oma", sprach der Pfarrer, „natürlich kann ich das. Wir Theologen haben ja eine solide Ausbildung in Marxismus genossen. Aber ich warne Dich, das ist eine schwierige Frage, ihre Beantwortung setzt intensives Mitdenken und eine große Portion Geduld voraus."

„Du kannst auf mich bauen. Also fang bitte an!"

„Um Dir das Verständnis zu erleichtern, möchte ich ein Beispiel aus unserem Dorf bemühen."

„Meinetwegen. Also was ist das: Dialektik?"

„Stelle Dir vor", beginnt der Pfarrer, „aus unserem Dorf kommen zwei in die Stadt, der eine ist schmutzig, der andere ist sauber. Welcher von beiden geht als erster sich säubern und baden?"

„Der Schmutzige natürlich", antwortet die Oma wie aus der Pistole geschossen. „Der hat es ja wohl am nötigsten."

„Glaubst Du wirklich? Überlege doch einmal: Der Schmutzige ist schmutzig, weil er sich nie badet, wo er auch sei und wohin er auch komme. Er geht auch jetzt nicht als erster, sondern als erster geht der Saubere, denn der ist deshalb sauber, weil seine erste Handlung, wo er auch sei und wohin er auch komme, ist, sich zu säubern und zu baden. Verstehst Du?"

Oma runzelt die Stirn.

„Na gut, also der Saubere geht sich zuerst baden. Aber Du wolltest mir doch eigentlich erklären, was Dialektik ist."

„Geduld, Geduld", mahnt der Pfarrer. „Um zu verstehen, was Dialektik ist, stelle Dir bitte jetzt folgenden Fall vor: Aus unserem Dorf kommen zwei in die Stadt, der eine ist schmutzig, der andere ist sauber. Welcher von beiden geht sich zuerst baden?"

„Soeben hast Du mir erklärt, dass der Saubere als erster geht. Also was soll die Frage?"

„Oma, bitte mitdenken! Warum soll der Saubere als erster sich baden gehen, er ist doch schon sauber. Der Schmutzige aber, der in unserem Dorf keine Gelegenheit zum Baden hat, strebt sofort und als erster ins Bad. Verstehst Du?"

„Ja, das habe ich am Anfang doch gleich gedacht, aber dann hast Du mich überzeugt, dass es der Saubere ist, der als erster geht. Also gut: Der Schmutzige geht als erster sich baden. Aber Du wolltest mir doch erklären, ...".

„Habe ich nicht gesagt, dass es eine schwierige Sache wird? Du sagst jetzt, der Schmutzige gehe sich als erster baden. Aber habe ich Dir nicht schon erklärt, dass der Schmutzige deshalb schmutzig ist, weil er sich nie badet, wo er auch sei und wohin er auch komme? Und dass der Saubere es gar nicht nötig hat, ins Bad zu gehen? Also was folgt daraus? Keiner von beiden geht sich baden. Hast Du verstanden?"

„Ja, ja", gesteht die Oma, schon etwas unruhig. „Ich verstehe Dich jedesmal, wenn Du mir erklärst, wer von den beiden zuerst baden geht. Aber nun sage mir doch endlich, was hat das alles mit Dialektik zu tun?"

Der Pfarrer setzt erneut an: „Um wirklich zu verstehen, was Dialektik ist, stelle Dir jetzt bitte folgenden Fall vor: Aus unserem Dorf..."

„...kommen zwei in die Stadt. Ich weiß schon: Welcher geht sich zuerst baden? Keiner, wie Du mir soeben erklärt hast."

„Oma", sagt der Pfarrer, „ich muss doch sehr bitten. Du sagst: Keiner. Aber habe ich Dir nicht erklärt, dass der Saubere deshalb sauber ist, weil, wo er auch sei und wohin er auch komme, er sich sofort badet? Und dass der Schmutzige froh darüber ist, sich in der Stadt endlich einmal gründlich säubern und baden zu können?".

„Ja, hast Du. Na und?"

„Also gehen sie beide gemeinsam baden. Verstehst Du das?"

„Nein!", ruft die Oma aus. „Jetzt verstehe ich gar nichts mehr!"

„Siehst Du, meine Liebe", strahlt der Pfarrer, „jetzt hast Du wirklich begriffen, was Dialektik ist."

Kedrow war mir auch in einer anderen Beziehung ein guter Ratgeber. Er läutete das Ende meiner aktiven Philosophieperiode ein. Das kam so.

Eines Tages drückte mir Manfred Buhr ein Schreiben der Abteilung Wissenschaften in die Hand, in dem diese darum bat, einen Mitarbeiter des Instituts zu einer Beratung zu entsenden, in der über Wissenschaftsorganisation diskutiert werden sollte. Mein Einwand, dass ich von Wissenschaftsorganisation doch nichts verstünde, war in den Wind geredet. In dieser Beratung ging es aber in Wirklichkeit um die Frage, ob an der Akademie ein Institut für Wissenschaftsorganisation gegründet werden solle. Diese Überlegung war aus zwei Gründen erwachsen.

Zum einen ging in dieser Zeit das Fieber der Wissenschaftsorganisation um. Viele Betriebe waren angehalten, Konzeptionen der sozialistischen Wissenschaftsorganisation für ihren Bereich zu erarbeiten. Niemand wusste, was das eigentlich ist, aber alle glaubten zu wissen, dass die sozialistische Wissenschaftsorganisation der Zauberschlüssel für die Lösung der anstehenden ökonomischen Probleme und für die Erhöhung der Arbeitsproduktivität sei. Überdies war in der Berliner Wuhlheide eine „Akademie der marxistisch-leninistischen Organisationswissenschaft" (AMLO) aus dem Boden gestampft worden, auf deren Lehrgängen die Teilnehmer als besondere Errungenschaft einen Computer bestaunen konnten, der die ganze Wand eines großen Vortragsraumes einnahm, und auf denen sie auch lernten, mit Blockschemata zu arbeiten und sogar mit modernen Telefonen umzugehen. Ulbricht hatte dazu das kryptische Stichwort ausgegeben: *„Die sozialistische Wissenschaftsorganisation ist die Anwendung der marxistisch-leninistischen Organisationswissenschaft auf die Wissenschaft selbst."*

Und dafür ein Institut an der Akademie? Auf keinen Fall!

Doch zum anderen war unter den Philosophen in den 60er Jahren der Bedarf nach Wissenschafts*theorie* laut geworden. In gewohnter Dogmatik wurde z. B. darum gestritten, ob die Wissenschaftstheorie eine philosophische Disziplin oder eine eigenständige Wissenschaft sei. Ernstere Fragestellungen aber waren die nach der veränderten Stellung und Funktion der Wissenschaft in der Gesellschaft der zweiten Hälfte des XX. Jahrhunderts, nach der wissenschaftlich-technischen Revolution und der Wissenschaft als Produktivkraft. 1961 war Bernals Werk „Die Wissenschaft in der Geschichte" im Deutschen Verlag der Wissenschaften erschienen. In ihm wurden die tiefgreifenden Veränderungen in den Beziehungen zwischen Wissenschaft und Gesellschaft in der ersten Hälfte des XX. Jahrhunderts analysiert. Bernal hielt es für notwendig, „eine völlig neue Einschätzung der Bedeutung und des Wachstums der Wissenschaft zu erarbeiten". Philosophen, Soziologen und Ökonomen erkannten hier ein neues und weites Feld interessanter Forschungsprobleme. Sie konnten außerdem auf die Sowjetunion verweisen, in der die Wissenschaftsforschung als науковедение bereits akademischen Fuß gefasst hatte.

Im Herbst 1968 äußerte sich dann auch die Führung der Partei. Dies erfolgte im gewohnten Imperativ. In einem Beschluss des Politbüros vom 22. Oktober 1968 hieß es:

„Der Untersuchung der Beziehungen von Sozialismus und wissenschaftlich-technischer Revolution und der damit zusammenhängenden Probleme des Menschen ist größere Aufmerksamkeit zu widmen. ... Angesichts der wachsenden Bedeutung der Wissenschaften als unmittelbare Produktivkraft muss das System der Wissenschaften selbst zum Gegenstand wissenschaftlicher Forschungsarbeit werden, um Grundlagen für die Prognose, Planung und Leitung der Wissenschaftsentwicklung zu erhalten. Das erfordert die Entwicklung einer Wissenschaftstheorie (Wissenschaftskunde). Insbesondere gilt es, die Stellung der Wissenschaft in der Gesellschaft zu bestimmen, die sozialen Voraussetzungen und Auswirkungen wissenschaftlicher Erkenntnisse zu erforschen, die inneren Entwicklungsgesetze und -tendenzen des Systems der Wissenschaften, besonders die Wachstumsprobleme aufzudecken, den Prozess der schöpferischen wissenschaftlichen Arbeit zu analysieren und den Einfluss von Wissenschaft und Technik auf die Herausbildung und Entwicklung der sozialistischen Persönlichkeit zu erforschen."

Damit war im Prinzip grünes Licht gegeben für alle, die ihre wissenschaftlichen Interessen auf dieses neue Gebiet lenkten. Doch bedeutete das noch längst nicht ein neues Institut an der Akademie. Institutsgründungen an der Akademie, insbesondere auf gesellschaftswissenschaftlichem Gebiet, bedurften der Absegnung durch die Partei. So war es eben 1969 zu der erwähnten Beratung in der Abteilung Wissenschaft gekommen.

Im Ergebnis der Beratung wurde frei nach dem Motto „Wenn du nicht mehr weiter weißt, bilde einen Arbeitskreis" eine Arbeitsgruppe benannt, die eine Konzeption für ein an der Akademie zu gründendes Institut ausarbeiten sollte. Ich verstand es so einzurichten, dass der Kelch, Leiter dieser Gruppe zu sein, an mir vorüber ging und diese Aufgabe Dietrich Wahl, einem Rostocker Philosophen, übertragen wurde. Es bedurfte keiner großen Anstrengungen, Dietrich davon zu überzeugen, dass ein Institut an der Akademie der Wissenschaften kein Anhängsel der Abteilung Wissenschaften sein darf, und dass es mit Wissenschaftsorganisation nur insofern etwas zu tun haben dürfe, als diese selbst theoretisch – und zwar wissenschaftstheoretisch – zu begründen sei. Also wenn es schon ein Institut an der Akademie sein sollte, dann eines für Wissenschafts**theorie**, aus dem unter Umständen auch Empfehlungen für die Leitung, Planung und Organisation der Wissenschaft hervorgehen könnten.

Auf der nächsten Beratung wurde diese Konzeption erneut diskutiert und in dem genannten Sinne verabschiedet. Ich atmete auf und kehrte in der Hoffnung zur Habilarbeit zurück, dass das Problem damit für mich erledigt sei. Doch weit gefehlt. Es vergingen kaum zwei Wochen, als mich Präsident Klare einbestellte und mich damit beauftragte, die Gründung eines Instituts für Wissenschaftstheorie und -organisation an der Akademie gemäß der Konzeption, die ich selbst mit ausgearbeitet hatte, vorzubereiten. Zeitgleich wurde an der Akademie eine Professur für Wissenschaftstheorie ausgeschrieben, die vom Plenum der Akademie auf Vorschlag von Georg Klaus ab 1.9.1969 mir angetragen wurde.

Ich hatte immer noch nicht begriffen, dass ich zum wiederholten Male auf einen Wendepunkt in meinem Leben zulaufe. Warum nicht auch einmal eine Institutsgründung vorbereiten? Nach der philosophischen Begriffsschaukelei konnte es nicht schaden, einmal etwas in Gang zu bringen, das Hand und Fuß haben würde.

Dennoch blieben erhebliche Zweifel, ob dieser Schritt, wenn ich ihn denn ginge, das Richtige für mich wäre. Ich trug sie Bonifatij Michailowitsch Kedrow vor, der Ende 1969 wieder einmal in Berlin weilte. Er zögerte nicht mit der Antwort, meinte, ich solle den Schritt unbedingt tun, und nannte dafür drei gewichtige Gründe:

„Erstens. Ein ordentlicher Philosoph sollte alles können, warum nicht auch ein Institut für Wissenschaftstheorie leiten?

Zweitens wären wir dann Partner und würden gut miteinander kooperieren.

Und, drittens, bedenke bitte, die besten Jahre im Leben eines Instituts sind die ersten fünfundzwanzig, dann wird es sowieso wieder geschlossen."

Ich wusste: Kedrow war ein Spötter. Seinen ersten Punkt hörte ich im Klartext so: „Ein Philosoph kann über alles reden, über Gott und die Welt, über sich und über andere, warum soll er dann nicht auch alles tun

Bonifatij M. Kedrow 1969 in Berlin

können?" Der zweite Punkt stellte ein verlockendes Angebot in Aussicht. Der wirklich überzeugende Punkt aber war der dritte. Fünfundzwanzig Jahre schienen ein Zeitraum zu sein, den man schon einmal bewältigen kann.

Ich sagte also zu, die Institutsgründung vorzubereiten.

Die Anfangsbedingungen waren mehr als günstig. Vom ersten Tag an standen mir drei Mitarbeiter zur Verfügung: Irene Bieder, später Kamutzki, von der Pressestelle der Akademie, Gerhard Kühne, der in dem Ministerium, in dem er vorher gearbeitet hatte, nicht mehr benötigt wurde und der, als ich das erste Mal sein Zimmer betrat, mit Eifer ein Dutzend Bleistifte spitzte, und Hans Bembenek, abgetakelter

Personalchef der Akademie. An Planstellen war kein Mangel, wohl aber an fähigen Wissenschaftlern. Ich traf Absprachen mit Klaus-Dieter Wüstneck und Peter Altner vom Institut für Philosophie, Hubert Laitko von der Humboldt-Universität, Dietrich Wahl und Heinrich Parthey aus Rostock, Georg Domin aus Halle, Heinz Seickert von den Wirtschaftswissenschaftlern an der Akademie, und fand bei allen Gehör und Bereitschaft, sich dem Wagnis Wissenschaftstheorie zu stellen.

Auf dem Wege zum Institut lagen jedoch noch gewichtige Stolpersteine. Der erste war von alleroberster Stelle losgestoßen worden, von Ulbricht persönlich, und zwar während einer Sitzung des Staatsrates der DDR am 12. März 1970, auf deren Tagesordnung ein „Bericht über die Durchführung der Akademiereform unter besonderer Berücksichtigung der sozialistischen Wissenschaftsorganisation" stand. Mit dieser Tagung nahm die Akademiereform ihren forcierten Lauf. Große Zentralinstitute und Großforschungszentren sollten gebildet werden; zentralistische Strukturen waren gefragt, durch die eine straffe zentrale Leitung und Planung auch in der Wissenschaft eingeführt werden konnte. Gesamtdeutsche Unternehmen, deren es 1969 immer noch einige gab, wurden nun endgültig eingestellt, und ganz nebenbei hörte die Deutsche Akademie der Wissenschaften zu Berlin auf zu existieren und wurde zur Akademie der Wissenschaften der DDR. Auf diesem Wege sollte die Akademie in der Einheit von Gelehrtengesellschaft und Forschungseinrichtung zur Forschungsakademie der sozialistischen Gesellschaft werden.

In Vorbereitung auf diese Tagung hatte die Akademie diverse Hintergrundmaterialien zu liefern. Präsident Klare hatte zu diesem Zweck eine kleine Arbeitsgruppe gebildet, der auch ich angehören durfte. Am Vorabend der Staatsratstagung, schon spät am Abend, nachdem eine Mitarbeiterin des Büros des Staatsrats die letzten Materialien abgeholt hatte und die Gruppe auf Präsident Klare, den Justitiar der Akademie, Herrn Klar, und mich zusammengeschrumpft war, sagte Klare zu Klar: „Herr Klar, bringen Sie doch bitte eine Flasche Kognak her. Wenn jetzt noch jemand etwas von mir will, der soll mich am Arsch lecken." – „Aber Herr Präsident...", rief ich erschrocken aus. „Jawohl, Kröber, der soll mich am Arsch lecken." Nach dem Genuss eines guten Kognaks trat jeder seinen Heimweg an, der eine per Dienstwagen, der andere im eigenen Auto, und der dritte per U- und S-Bahn.

Ich kann von mir nicht sagen, dass ich mich den Plänen zur Akademiereform bewusst und öffentlich entgegengestellt hätte; ich kann aber auch nicht sagen, dass ich zu allem geschwiegen hätte. Das „Gegensteuern" musste jedoch, wenn es Erfolg haben sollte, nach den geltenden Spielregeln erfolgen. Wie kompliziert das mitunter war, zeigen die folgenden Ereignisse.

Schon am nächsten Tag, auf der Sitzung des Staatsrats, ereignete sich der folgende Vorfall. Der damalige Leiter des Forschungsbereichs Gesellschaftswissenschaften an der Akademie, Wolfgang Eichhorn, legte in seinem Diskussionsbeitrag dar, wie auch die Akademie sich der Aufgabe stellt, theoretische Grundlagen für die sozialistische Wissenschaftsorganisation zu schaffen, indem sie die Gründung eines einschlägigen Instituts vorbereite. Da unterbrach ihn Ulbricht und fragte, wozu die Akademie ein solches Institut eigentlich brauche, in der Wuhlheide hätten wir doch alles, was wir für die Durchsetzung der sozialistischen Wissenschaftsorganisation brauchen, und zwar auf höchstem und modernstem Niveau, wie es die Akademie keineswegs garantieren könne. Dieser Einwurf, der Eichhorns Auftritt schlagartig beendete, war mir, der ich neben anderen Mitarbeitern der Akademie als Gast zu dieser Tagung geladen war, absolut unverständlich. Fürchtete er Konkurrenz zur AMLO? Wusste er eigentlich, was dort wirklich „gelehrt" wurde? Hatte das Politbüro nicht selbst die Entwicklung der Wissenschafts**theorie** angemahnt? Sollte jetzt alles wieder zurück gefahren werden? Dass dieser allerhöchste Einspruch die Gründung des Instituts aber nicht verhindert hat, ist allein der Besonnenheit einiger junger und qualifizierter Mitarbeiter der Abteilung Wissenschaften zu danken, die im März 1970 die Ära Ulbricht schon zu Ende gehen sahen und uns an der Akademie weiterhin Mut zusprachen, unsere Konzeption für die Institutsgründung weiter zu verfolgen und zu präzisieren.

Der zweite Einwand kam aus dem Ministerrat der DDR, vom Minister für Wissenschaft und Technik, Herbert Weiz, der jede Institutsgründung an der Akademie zu bestätigen hatte. Ihm unterstand die AMLO; nach Ulbrichts Einwurf auf der Staatsratstagung stand er der Institutsgründung an der Akademie mehr als skeptisch gegenüber. Ich wurde aufgefordert, ihm die Institutskonzeption in einer persönlichen Audienz vorzustellen. Natürlich lehnte er sie ab: Sie sei zu abstrakt und akademisch, theorielastig, kaum praktikabel usw. Wenn schon ein Institut an der Akademie, dann nur eines für Wissenschafts**organisation** als eine Art Dienstleistungseinrichtung für die Leitung der Akademie und den Ministerrat, nicht aber eines für Wissenschafts**theorie**, an dem eh nur realitätsfern theoretisiert würde. Es muss mir wohl gelungen sein, ihn zu überzeugen, dass ein Akademieinstitut der Theorie ebenso verpflichtet sein sollte wie der praktischen Umsetzung seiner Ergebnisse. Jedenfalls blieb es dabei, dass das Institut schließlich als „Institut für Wissenschaftstheorie und -organisation" (IWTO) im Sommer 1970 ins Leben gerufen wurde.

Damit glaubte ich, meine Aufgabe, die Institutsgründung vorzubereiten, sei damit getan, als Präsident Klare mich erneut einbestellte und mir mitteilte, dass er die Absicht habe, mich mit der Leitung des Instituts zu beauftragen. „Aber Herr Präsident, ich arbeite an meiner Habilschrift zu einem philosophischen Thema. Ich möchte sie nicht aufgeben." – „Mein lieber Kröber, eine Habilarbeit können Sie immer noch schreiben, das hat keine Eile. Jetzt brauche ich Sie als Direktor des neuen Instituts."

Doch selbst er konnte nicht ahnen, dass sich schon neue Gewitterwolken über uns zusammenbrauten. Harald Wessel, der in der Redaktion des ND das Ressort Wissenschaft vertrat, hatte mich gebeten, nach der Staatsratstagung einen Artikel zu dieser Problematik zu schreiben. Ich nutzte diese Gelegenheit, um den für die Akademiereform Verantwortlichen ins Gedächtnis zu rufen, wie Lenin sich seinerzeit dem Gedanken einer Reform der Russischen Akademie der Wissenschaften gegenüber verhalten hatte. In einem Gespräch mit Lunatscharskij im Jahre 1919 hatte er eine Reform der Akademie „eine wichtige Frage von gesamtstaatlicher Bedeutung" genannt. Er warnte davor, die Reform der Akademie als ein nur organisatorisches Problem zu betrachten. Ich zitierte, wovor Lenin mit Blick auf leichtfertige linksradikale Pläne einer Reform der Akademie gewarnt hatte: *„Man darf einigen kommunistischen Fanatikern nicht gestatten, die Akademie zu schlucken."* Die Akademie zu reformieren, erfordere den nötigen Takt und große Sachkenntnis.

Als ich am 19. März früh mit diesem Artikel in der Tasche in das Institut fuhr, war mir doch etwas flau zu Mute. War ich zu weit gegangen? Meine Befürchtung bestätigte sich, denn schon nach wenigen Minuten, nachdem ich im Institut angekommen war, wurde ich in die Kreisleitung der Partei zitiert. Der Kreissekretär fragte, was ich mir dabei gedacht hätte. „Wobei?" – „Bei den kommunistischen Fanatikern, die die Akademie kaputt machen wollen." – „Aber das ist doch von Lenin und war in einem ganz bestimmten Zusammenhang gesagt." – „Jeder muss das heute, wo bei uns die Akademiereform läuft, als einen Angriff auf unsere Politik verstehen."

Die Sache spitzte sich zu. Auch die Berliner Bezirksleitung der Partei schaltete sich ein. Ein Parteiverfahren schien unabwendbar. Ich konnte es schließlich nur dadurch umgehen, dass ich erklärte, es sei das erste Mal, dass ich in Schwierigkeiten mit der Partei gerate, weil ich es mit Lenin halte.

Präsident Klare hingegen bekam den Zorn des stellvertretenden Ministerpräsidenten und Ministers für Wissenschaft und Technik, Herbert Weiz, zu spüren. Er hatte am Morgen sein Arbeitszimmer kaum betreten, als sich der Minister am Telefon meldete und fragte: „Herr Präsident, ich lese gerade in der Zeitung, Sie haben an der Akademie ein neues Institut? Davon weiß ich ja gar nichts." Präsident Klare wusste es auch nicht. Die Sache war die, dass in der Zeitung der Autor angegeben war als „Direktor des Instituts für Wissenschaftstheorie und -organisation der Deutschen Akademie der Wissenschaften zu Berlin."

Mein nächster Gang nach dem zur Kreisleitung der Partei führte mich also ins Zimmer des Präsidenten. Klare gab seiner Verwunderung und auch seinem Ärger über einen solchen Fauxpas Ausdruck. Ich versicherte, dass ich selbst überrascht von dieser Titelei sei, aber dafür, also für Überschrift und Angabe des Autors, zeichnet die Redaktion der Zeitung verantwortlich.

In diesen Tagen höchster nervlicher Anspannung liefen zugleich die Vorbereitungen auf den Philosophie-Kongress, der anläßlich des 100. Geburtstages von W. I. Lenin am 2./3. April 1970 stattfinden sollte, in die ich noch seitens des Instituts für Philosophie involviert war. Das Wissenschaftsorganisations-Fieber schlug auch dabei

Anweisung über die Gründung des Instituts für Wissenschaftstheorie und -organisation vom 21. Oktober 1970

hohe Wogen. Buchstäblich am Vorabend des Kongresses hatte die Abteilung Wissenschaften beschlossen, dass ein spezieller Arbeitskreis „Wissenschaft und Sozialismus" eingerichtet werden solle, in dem die aktuellen politischen, philosophischen und theoretischen Probleme diskutiert werden sollten, die die Durchsetzung der sozialistischen Wissenschaftsorganisation in der DDR aufwirft. Ich hatte den Arbeitskreis zu leiten. Kurzfristig gelang es mir, Klaus-Dieter Wüstneck, Hubert Laitko, Heinrich Parthey, Georg Domin, Heinz Seickert, Helmut Steiner und Dietrich Wahl – alle künftige Mitarbeiter des neuen Instituts – zu Diskussionsbeiträgen zu bewegen. Klaus-Dieter Wüstneck entwarf die Konturen dessen, was er eine Theorie der Wissenschaftsorganisation nannte, Hubert Laitko und Heinrich Parthey versuchten sich an der

Bestimmung des Wissenschaftsbegriffs im Sozialismus, Heinz Seickert sprach über die Produktivkraft-Funktion der Wissenschaft und Dietrich Wahl zu philosophischen Problemen des wissenschaftlichen Schöpfertums. In meinen einleitenden Bemerkungen legte ich den Akzent auf die Forderung der jüngst stattgefundenen Staatsratstagung, an der Akademie der Wissenschaften die problemorientierte Forschung zu entwickeln. Karl Lanius, der Direktor des Instituts für Hochenergiephysik der Akademie, griff diesen Faden auf und sprach aus der Sicht des Naturwissenschaftlers zum Systemcharakter der naturwissenschaftlichen Forschung. Damit der Arbeitskreis nicht in rein philosophischen und wissenschaftstheoretischen Erörterungen versinke, hatten Hannes Hörnig, Leiter der Abteilung Wissenschaften beim ZK der SED, und Werner Kalweit, damals noch am Institut für Gesellschaftswissenschaften beim ZK der SED, bald aber Leiter des Forschungsbereichs Gesellschaftswissenschaften an der Akademie der Wissenschaften, ihre Teilnahme angesagt. Hörnig hob die Funktion der Wissenschaft im Klassenkampf hervor, und Kalweit versuchte, der von Walter Ulbricht kreierten Strategie des „Überholens ohne Einzuholen" einen politischen und wirtschaftlichen Sinn abzugewinnen. Im Ganzen war dies eine Veranstaltung, die m. E. in keiner Weise dem eigentlichen Anlass, dem sie gewidmet war, gerecht geworden ist.

Als der Kongress vorüber war, nahm die normale Arbeit wieder ihren Lauf. Die dunklen Wolken, die sich über die Vorbereitung der Institutsgründung gelegt hatten, verzogen sich allmählich wieder. Im Sommer 1970, am 1. Juni, erfolgte die offizielle Gründung des Instituts, nun schon als „Institut für Wissenschaftstheorie und -organisation der Akademie der Wissenschaften der DDR" (IWTO), und meine Berufung zu dessen Direktor durch Präsident Klare.

Das Jahrzehnt am Institut für Philosophie hat mir zwei Freundschaften fürs Leben beschert. Die eine war die zwischen Klaus-Dieter Wüstneck und mir, die andere zwischen Irene Kaiser und mir. Die Freundschaft zu Klaus-Dieter hatte ihre Wurzeln ja schon in der Schiller-Oberschule in Weimar. Es war eine Verwandtschaft im Geiste, die uns auch dann zusammen hielt, als er in Ilmenau und ich in Leningrad war. Ich war oft bei ihm und seiner Frau Inge zu Gast in ihrem Haus im Wendenschloss. Klaus-Dieter, der einst selbst das Mathematik-Studium begonnen hatte, zeigte stets großes Verständnis für meine Liebe zur Mathematik. Irene war in meinen Augen die schönste Frau im Institut. Ich stand oft vor ihrem Zimmer, dessen Tür an warmen Sommertagen offen stand, und erfreute mich an ihrer Haltung und Figur, an Kleidung und Frisur. Ich wusste es so einzurichten, dass ich sie wie zufällig am S-Bahnhof Friedrichstraße traf und wir einige Stationen bis zum Ostkreuz gemeinsam fuhren. Doch sie war verheiratet. Ihr Mann, Werner Kaiser, ein Ökonom, arbeitete in der Plankommission. Unsere beiden Familien verband bald eine herzliche Freundschaft. Wir verbrachten viele Abende miteinander, feierten gemeinsam Silvester und verlebten sogar einen gemeinsamen Urlaub in Ungarn. 1966, zu ihrem 28. Geburtstag haben ihr Bruder und ich, während meine Frau Ira auf dem großen runden Tisch im Wohnzimmer tanzte, auf jeweils zwei Jahre ihres Lebens einen Kognak getrunken; als wir bei der 28 angekommen waren, zählten wir wieder zurück, kamen aber nur bis 18, dann taten uns die armen Fische im Aquarium leid, und wir ließen sie mit 100 Gramm Wodka an der Feier teilhaben. Es ist eine böse Verleumdung, dass wir alle getötet hätten. Die stärksten lebten am nächsten Morgen durchaus noch und schienen nach mehr zu verlangen. 1967 wurde ihr Sohn Frank geboren. 1970 verließ ich das Institut, aber die Freundschaft blieb.

Nun war der nächste Wendepunkt wirklich erreicht. Und auf dem Dom wuchs immer noch die Birke.

5.2. Wissenschaftsforschung

> „Die Wissenschaft von der Wissenschaft ... ist der wahrhaft sensationelle Fortschritt der zweiten Hälfte unseres Jahrhunderts."

Unter dieser kühnen Prognose, die John Desmond Bernal 1964 anlässlich des 25. Jahrestages des Erscheinens seines Buches „The Social Function of Science" traf, startete das IWTO als erstes Forschungsinstitut auf diesem Gebiet in die 70er Jahre.

Mahnungen, die Wissenschaft müsse im 20. Jahrhundert selbst zum Gegenstand wissenschaftlicher Forschung werden, hatte es schon seit Beginn des Jahrhunderts, ja in Ansätzen bereits im 19. Jahrhundert gegeben. Betrachtet man als ein wesentliches Merkmal einer Wissenschaft, dass sie ihren Gegenstand nicht nur qualitativ zu bestimmen, sondern auch quantitativ zu analysieren vermag, so gehört der Schweizer Botaniker Alphons de Candolle zu den ersten Pionieren der Wissenschaftsforschung. 1873 hatte er sein fundamentales Werk „Zur Geschichte der Wissenschaften und der Gelehrten seit zwei Jahrhunderten" veröffentlicht, in dem er untersuchte, wie sich im Verlauf zweier Jahrhunderte die innere Struktur der Wissenschaft verändert hat und wie sich dabei der Prozess der Differenzierung der Wissenschaften und der Spezialisierung der Wissenschaftler vollzog. Erstmals setzte er für seine Analysen statistische Methoden ein, indem er untersuchte, welchen Fachrichtungen die ausländischen und korrespondierenden Mitglieder der Pariser und der Berliner Akademie sowie der Londoner Royal Society angehörten. Seine Analyse förderte z. B. zutage, dass mit Beginn der industriellen Revolution im 18. Jahrhundert England die größten Fortschritte in den Naturwissenschaften im Vergleich zu anderen europäischen Ländern zu verzeichnen hatte. Neuartig war auch, die soziale Herkunft der Wissenschaftler zu untersuchen, sowie das Verhältnis der Anzahl bedeutender Wissenschaftler zur Gesamtbevölkerung als Indikator der wissenschaftlichen Produktivität eines Landes zu betrachten. Wilhelm Ostwald, der in Sachen Organisation der Wissenschaft ja selbst überaus engagiert war, nannte de Candolles Untersuchung „das Fundamentalwerk einer neuen Wissenschaft" und brachte 1911 eine deutsche Ausgabe als Band 2 seiner Reihe „Große Männer. Studien zur Biologie des Genies" heraus.

Ostwald selbst hielt die Organisation der Wissenschaft, von Forschung und Bildung für eine überaus zeitgemäße Forderung. Damit die Organisation aber nicht auf Inspiration und Instinkt angewiesen sei und demzufolge nur als eine Kunst ausgeübt werde, muss sie selbst wissenschaftlich fundiert sein, so dass es einer Wissenschaft von der Organisation der Wissenschaft bedarf. Nach Ostwald ist diese Wissenschaft der Soziologie zuzuordnen, weil Wissenschaft ein eminent soziales Gebilde ist.

Doch es soll hier nicht en passant eine Geschichte der Wissenschaftsforschung dargeboten werden. Von T. I. Rajnows Arbeiten der 20er Jahre über wellenartige Fluktuationen der Produktivität auf bestimmten Wissensgebieten wird später noch die Rede sein. Den stärksten und nachhaltigsten Impuls in Richtung einer wissenschaftlichen Betrachtung der Wissenschaft selbst übten aber wohl die Arbeiten von Derek J. de Solla Price „Science since Babylon" und „Little Science, Big Science" aus, in denen er das von ihm gefundene exponentielle Wachstumsgesetz der Wissenschaft vorstellte und begründete. Dies alles, wie auch das von Alfred J. Lotka in den 20er Jahren formulierte Verteilungsgesetz wissenschaftlicher Publikationen oder Robert Mertons Beitrag zur Herausbildung der Wissenschaftssoziologie in den 30er Jahren, waren Vorstöße einzelner Persönlichkeiten. Eine institutionalisierte Wissenschaftsforschung hat es bis Anfang der 70er Jahre aber nicht gegeben. Zwar fehlte es nicht an Versuchen, den Gegenstand, die Aufgaben und Funktionen einer Wissenschaft von der Wissenschaft zu bestimmen – etwa von I. A. Boričewski in der Sowjetunion, oder von F. Znaniecki und dem Ehepaar Ossowski in Polen in den 20er Jahren –, doch war es in keinem Land zur Gründung eines eigenständigen Forschungsinstituts gekommen, das ausschließlich die Entwicklungswege und die strukturellen Eigenheiten der Wissenschaft selbst untersucht hätte. Am ehesten erfolgte dies noch in dem 1934 in Moskau gegründeten „Institut für die Geschichte der Wissenschaft und der Technik", dessen erster Direktor N. I. Bucharin war, der 1938 den Stalinschen Repressalien zum Opfer fiel, und das seit den 60er Jahren unter der Leitung von B. M. Kedrow als „Institut für die Geschichte der Naturwissenschaft und Technik" sich auch Problemen der Wissenschaftsforschung zugewandt hatte.

Es war also schon ein leichter Hauch von Geschichte, der unsere kleine Truppe, die wir 1970 ein Institut für Wissenschaftstheorie und -organisation an der Akademie der Wissenschaften der DDR aufbauen wollten, umwehte. In der täglichen Arbeit war das indes nicht zu spüren; da ging es ganz profan zu. Als erstes bezogen wir eine hölzerne Baracke auf dem Akademiegelände in Adlershof. Mir war dieser

Arbeitsort ganz recht, denn wir erwarteten ein zweites Kind, und da war es durchaus hilfreich, dass der Weg von der Silberbergerstraße in Adlershof bis zum Institut nicht sehr weit war.

Bis zum Einzug unserer Truppe hatte die Baracke einer kleinen, aus sechs Personen bestehenden Arbeitsgruppe als Domizil gedient, die dem Akademiepräsidenten die für die Leitung und Organisation der Forschung nötigen Daten aus der Akademie zuarbeitete. Geleitet wurde diese Gruppe von Dr. Müller, der an der Akademie nur als Torpedo-Müller bekannt war, weil er während des zweiten Weltkriegs an der Erprobung von Torpedos im Plauer See mitgewirkt hatte. Es wurde mir freigestellt, welche Mitarbeiter/innen aus dieser Arbeitsgruppe in das Institut übernommen werden sollten. Dr. Müller selbst zog den Übergang in den Ruhestand vor. Bei den übrigen wissenschaftlichen und wissenschaftlich-technischen Mitarbeiter/innen handelte es sich, bis auf eine Ausnahme, um junge, hoch motivierte und fähige Mitarbeiter/innen, die in den Folgejahren zum unverzichtbaren personellen Bestand des Instituts gehörten. Die Ausnahme bildete eine Dame, die auf Grund günstiger verwandtschaftlicher Beziehungen zu führenden politischen Kreisen der DDR ein ruhiges und einträgliches Plätzchen an der Akademie gefunden zu haben glaubte.

Nach dem geglückten, wenn auch minimalen personellen Start fand der Vorschlag Irene Bieders, eine Gründungsfeier zu veranstalten, allgemeinen Anklang. Irene bereitete sie mit großer Sorgfalt vor und hatte sich dazu von jedem einen entsprechenden Obolus erbeten. Die Feier fand in dem ehemaligen Arbeitszimmer von Dr. Müller statt. Es war dies ein recht großer Raum, dessen hervorstechendstes Mobiliar ein Schreibtisch von gewaltigen Ausmaßen war, vergleichbar mit dem, hinter dem seinerzeit der Wohnungsbeauftragte des Magistrats gethront hatte, als er mich fragte, ob ich Nationalpreisträger sei. In der Mitte des Raumes stand ein länglicher Tisch mit Stühlen, der gewöhnlich für Arbeitsbesprechungen diente, heute aber mit vielen kulinarischen Köstlichkeiten gedeckt war. Ich kannte ein solches Bild bis dahin nur von russischen Hochzeiten im Studentenwohnheim. Und natürlich gab es viele Anlässe, auf die ein Toast nach dem anderen ausgebracht werden musste. Personalchef Hans Bembenek hatte sich selbst zur Seele dieses Unternehmens ernannt und war darauf bedacht, dass keiner einen Trinkspruch zu wenig ausbrachte.

Als ich das Fest schließlich verließ, war es wohl noch nicht zu seinem Höhepunkt gekommen. Ich verabschiedete mich von allen, die noch anwesend waren, darunter fehlte aber mein Personalchef. Man sagte mir, er fühle sich nicht besonders wohl und sei wahrscheinlich an die frische Luft gegangen. Indes fand ihn am nächsten Morgen die Reinigungsbrigade unter dem Tisch von Torpedo-Müller, wo er die Nacht zugebracht hatte. Seine Leidenschaft für den Alkohol war denn auch der Grund, weshalb er bald von seiner Funktion als Personalchef abgelöst und in ein entsprechendes Heim eingeliefert wurde. Seine Nachfolgerin war Beatrice Jadamowitz, eine kleinwüchsige Person mit hoch gesteckten politischen und personellen Anforderungen an jeden, der im Institut tätig zu sein wünschte; sie war die ältere Schwester von Hildegard Jadamowitz, einer kommunistischen Widerstandskämpferin gegen das NS-Regime, die im August 1942 hingerichtet worden war.

Noch vor Jahresende erfolgte der Umzug des Instituts in das mir noch von den Philosophen her vertraute Hauptgebäude der Akademie. Am 12. November 1970 wurde unser Sohn Kai geboren.

Bis Ende 1970 verfügte das Institut bereits über einen festen Stamm von Wissenschaftler/innen verschiedener Herkunftsdisziplinen. Sie hatten sich teils selbst um Mitarbeit beworben, teils hatte ich sie gezielt zur Mitarbeit eingeladen. Das Prinzip des personellen Aufbaus war, ein interdisziplinäres Kollektiv zu schaffen, in dem möglichst viele der Disziplinen vertreten sein sollten, die benötigt wurden, um die vielfältigen Aspekte von Wissenschaft untersuchen zu können. Hubert Laitko, Georg Domin, Lothar Läsker, Dietrich Wahl, Heinrich Parthey und Wolfgang Wächter vertraten die Philosophie und waren z. T. bereits mit viel beachteten Publikationen in Erscheinung getreten; Heinz Seickert brachte sein Buch „Produktivkraft Wissenschaft im Sozialismus" ein; Wolfram Heitsch sah auf logische Strenge im neuen Arbeitsgebiet; Helmut Steiner hatte kurz zuvor eine Aspirantur in Moskau abgeschlossen und war sowohl in Ökonomie als auch in Soziologie versiert; Werner Meske und Peter Hanke brachten aus der Plankommission der DDR reiche Erfahrungen bei der statistischen Erfassung wissenschaftlichen Personals und bei der Planungs- und Prognosetätigkeit mit; Marianne Lorf und Barbara Haenschke von der Humboldt-Universität arbeiteten als Psychologinnen an Problemen des kollektiven wissenschaftlichen Schöpfertums, an denen auch Ursula Geißler und Annedore Schulze aus der Sicht der Sozialpsychologie mitwirkten; Gabriele Nacke, die vordem in der Frauenforschung tätig gewesen war, untersuchte die Auswirkungen kollektiver Forschungstätigkeit auf die Leistungsmotivation; Jochen Richters erste Arbeiten am Institut betrafen die Anforderungsprofile von Forschungs- und Entwicklungskollektiven.

Das breite Spektrum an Themen- und Fragestellungen drängte nach einem einheitlichen Verständnis von Wissenschaft und nach Verständigung über Gegenstand und Aufgaben der Wissenschaftstheorie. Angestrebt wurde, von einem Konglomerat monodisziplinärer Untersuchungen zur Wissenschaft zu einer komplexen, interdisziplinär arbeitenden Wissenschaft von der Wissenschaft zu kommen. Dabei gingen wir von der Marxschen Kennzeichnung der Wissenschaft als „allgemeine Arbeit" aus und schlugen vor, Wissenschaft als ein System spezifischer gesellschaftlicher Tätigkeiten zu verstehen, die im Rahmen einer gegebenen Gesellschaftsformation auf die Gewinnung, Reproduktion, Vermittlung und Anwendung systematischen und methodischen Wissens gerichtet sind. Dieser Verständigung diente das erste wissenschaftstheoretische Kolloquium im Dezember 1970.

Im Dezember 1974 fand ein weiterer Philosophie-Kongress statt. Ich nutzte diese Gelegenheit, um unser Wissenschaftsverständnis, das wir uns am Institut erarbeitet hatten, mit meinem traditionellen Thema „Gesetz" zu verbinden und fragte nach der Spezifik von Gesetzmäßigkeiten der Wissenschaftsentwicklung. Aus unserem Wissenschaftsverständnis folgte, dass drei Komponenten gegeben sind, aus denen sich die Wissenschaftsentwicklung konstituiert und über die sie mit der gesellschaftlichen Entwicklung verknüpft ist: Die Entwicklung der wissenschaftlichen Tätigkeit selbst, die Entwicklung der personellen, materiell-technischen, finanziellen und ideellen Voraussetzungen für den Vollzug wissenschaftlicher Tätigkeiten in Gestalt jeweiliger Wissenschaftspotentiale und die Entwicklung der Produkte wissenschaftlicher Tätigkeiten, also die kognitive Komponente, die Ebene der wissenschaftlichen Erkenntnisse, der Begriffe, Aussagen, Theorien, Probleme, Hypothesen usw. Ich versuchte zu zeigen, dass spezifische Gesetzmäßigkeiten der Entwicklung der Wissenschaft in allen drei Komponenten bzw. auf allen drei Ebenen gesucht und gefunden werden können.

Mit der Berufung auf Marx und einige Passagen aus Lenins philosophischem Nachlass war das Attribut „marxistisch-leninistisch" für das neue Forschungsgebiet legitimiert. Freilich bedeutete das, dass die zu entwickelnde Wissenschaftsforschung von Anfang an als eine Disziplin der marxistisch-leninistischen Gesellschaftswissenschaften begriffen wurde, was zur Folge hatte, dass sie in das System der Leitung, Planung und Organisation der Gesellschaftswissenschaften an der Akademie eingeordnet wurde.

Damit war ich an einem erneuten Wendepunkt angelangt. War es noch ein gutes Gefühl gewesen, aus der dünnen Luft der Philosophie in eine Atmosphäre gekommen zu sein, in der ich es mit einem realen Gegenstand und realen Sachverhalten zu tun hatte, so zeichnete sich jetzt immer dringlicher ab, dass die eigene Forschungsarbeit gegenüber den Leitungsverpflichtungen zurückgestellt werden musste und ich Gefahr lief, vom Wissenschaftler zum Organisator zu werden. Wilhelm Ostwald, der auf beiden Arbeitsfeldern zu Hause gewesen war, hatte von der eigentlichen wissenschaftlichen Arbeit gesagt, sie habe ihm stets restlose Freude bereitet, während die organisatorische in ihm Gefühle gemischter Art ausgelöst habe. Es ist ein großer Unterschied, ob man als Organisator an der Straße baut und deshalb viele Meister hat, die einen be- und verurteilen, oder ob man sich in den stillen Garten der reinen Forschung zurückziehen kann, um seinen Lieblingsthemen nachzugehen. Ich musste lernen, dass in einer geplanten und planenden Gesellschaft Direktor eines wissenschaftlichen Instituts zu sein nicht bedeutete, im Garten des Instituts alle Blumen blühen zu lassen und selbst Rosen zu züchten. Es war Klaus-Dieter Wüstneck, der mich das lehrte.

Klaus-Dieter hatte, bevor er nach Berlin kam, als Prorektor für Gesellschaftswissenschaften an der Technischen Hochschule Ilmenau gearbeitet, wusste also aus eigener

Erfahrung, was zur Leitung einer wissenschaftlichen Einrichtung alles dazugehört: Das Institut musste strukturiert werden, Arbeitsgruppen oder Bereiche mussten gebildet und deren Leiter benannt werden; Leitungssitzungen mussten regelmäßig einberufen werden, auf denen über den Stand laufender Arbeiten berichtet und neue Aufgaben diskutiert und in Angriff genommen werden mussten; eine Instituts- und eine Postordnung mussten entsprechend den für die Gesamtakademie gültigen Ordnungen erarbeitet werden; ein Stellen- und ein Finanzplan mussten aufgestellt werden; ein wissenschaftliches Sekretariat musste eingerichtet werden; eine Bibliothek musste aufgebaut und eine Bibliotheksordnung erlassen werden usw. So hatte ich mir das nicht vorgestellt. Die Direktoratsehren erwiesen sich eher als Direktoratsketten. Ich kann von Glück sagen, dass Klaus-Dieter Wüstneck, Peter Altner, Irene Bieder, Gerhard Kühne, die zwei Mitarbeiter der Abteilung Ökonomie und Finanzen, Ursula Krüger aus der Bibliothek der Müller-Arbeitsgruppe, Beatrice Jadamowitz und meine Sekretärin, Armgard Stemmler, mich einigermaßen sicher durch das organisatorische Dickicht der ersten Monate der Existenz des Instituts geleitet haben.

Regelmäßig wurden nun Institutskolloquien veranstaltet, auf denen die Gesamtproblematik der Wissenschaftsforschung Schritt für Schritt abgearbeitet wurde. Bis 1990 fanden über hundert solcher Kolloquien statt.

Zu den Mühen des Anfangs gehörte aber auch die Abwehr von Bestrebungen, das Institut zweckentfremdet mit staatlichen Aufträgen zu belasten, die nicht zu seinem Gegenstandsbereich gehörten. Solche Aufträge ergingen seitens des Ministeriums für Wissenschaft und Technik und betrafen die Konzeptionen der sozialistischen Wissenschaftsorganisation für diverse Industriekombinate, die das Institut begutachten sollte. Ich lehnte dieses Ansinnen ab, doch hat es viel Kraft und Zeit gekostet, überzeugend zu erklären, dass diese Konzeptionen mit Wissenschaftsorganisation, also mit Organisation wissenschaftlicher Arbeit, nichts zu tun hatten, sondern Überlegungen zur wissenschaftlichen Organisation der Arbeit in den betreffenden Industriebereichen beinhalteten, deren Wert oder Unwert von uns nicht beurteilt werden konnte. Auch die Leitung der Akademie hegte anfangs wohl die Vorstellung, das Institut sei eine Art Dienstleistungseinrichtung, wie sie einst die Adlershofer Arbeitsgruppe Wissenschaftsorganisation beim Präsidenten gewesen war. Nichtsdestotrotz sind in den Folgejahren viele Untersuchungen in Instituten und Forschungskollektiven der Akademie durchgeführt und Empfehlungen gegeben worden, wie die Leitung und Planung der Forschung vervollkommnet, das Wissenschaftspotential der Akademie optimal gestaltet und die Bedingungen für schöpferisches Arbeiten in der Forschung verbessert werden können. Die meisten dieser Studien sind allerdings in den unergründlichen Tiefen dicker Panzerschränke verschwunden und wurden der nagenden Kritik der Mäuse ausgesetzt.

Die erste Hälfte der 70er Jahre war die effektivste Periode im Leben des Instituts. In den ersten fünf machten wir ausgiebig von dem Angebot B. M. Kedrows Gebrauch, eng mit seinem Moskauer Institut zu kooperieren. Aus dieser Gemeinschaftsarbeit entstanden Werke wie „Wissenschaftliches Schöpfertum" (1972), „Wissenschaft: Studien zu ihrer Geschichte, Theorie und Organisation" (1972), „Wissenschaftliche Entdeckungen: Probleme ihrer Aufnahme und Wertung" (1974), und später „Wissenschaftliche Schulen", Bd. 1 (1977), Bd. 2 (1979).

Seit 1973 gab der Akademie-Verlag die vom Institut getragene Reihe „Wissenschaft und Gesellschaft" heraus, in deren Rahmen bis 1988 26 Bände erschienen, darunter neben den soeben genannten Arbeiten solche wie der Dokumentenband „Sowjetmacht und Wissenschaft" (Hrsg. von G. Kröber und B. Lange, 1975), „Das Forschungspotential im Sozialismus: Ausgewählte Probleme unter besonderer Berücksichtigung der Grundlagenforschung" (H. Seickert, W. Meske, Hg. Meyer u. a., 1977), „Problem und Methode in der Forschung" (W. Heitsch, H. Parthey, W. Wächter, P. Stoeber, 1978), „Ethische Probleme der Wissenschaft" (D. Wahl, E. Dahm, 1978), „Wissenschaft als allgemeine Arbeit: Zur begrifflichen Grundlegung der Wissenschaftswissenschaft" (H. Laitko, 1979), „Intensivierung der Forschung: Bedingungen – Faktoren – Probleme" (Hrsg. von G. Kröber, L. Läsker, H. Laitko, 1984), „Interdisziplinarität in der Forschung: Analysen und Fallstudien" (P. Hanke, H. Parthey, J. Wolf, 1983), „Innovation und Wissenschaft: Ein Beitrag zur Theorie und Praxis der intensiv erweiterten Reproduktion." (Hrsg. von G. Kröber, H. Maier, 1985), „Wissenschaft – Das Problem ihrer Entwicklung", Bd. 1 (Hrsg. von G. Kröber, H.-P. Krüger, 1987), Bd. 2 (Hrsg. von G. Kröber, 1988).

Ein an beruflichen und privaten Ereignissen reiches Jahr war 1976. Im Januar ließen meine Frau Ira und ich uns im gegenseitigen Einvernehmen scheiden. Der Ehe waren bereits seit einigen Jahren die Grundlagen entzogen gewesen. Ich hatte mich voll in die wissenschaftliche Arbeit gestürzt und kaum noch Zeit für die Familie

gefunden. Selbst das in Schmöckwitz lagernde Boot vermochte uns nicht zusammen zu führen; entweder ein Wochenende war frei von Verpflichtungen, dann spielte das Wetter nicht mit, oder die Sonne lud zum Baden ein, dann fand garantiert irgendeine Konferenz statt, auf der meine Anwesenheit gefragt war. Allmählich hatten wir uns auseinander gelebt, jeder ging seine eigenen persönlichen und beruflichen Wege, ohne dass es zwischen ihnen noch nennenswerte Gemeinsamkeiten gegeben hätte. 1970, als unser Sohn Kai geboren worden war, schien sich noch einmal ein Neubeginn abzuzeichnen, doch auch er war nicht von Dauer. Monika, die den Niedergang der Beziehungen zwischen ihren Eltern bereits bewusst miterlebt und verfolgt hatte, kommentierte unseren Entschluss, uns scheiden zu lassen, kurz und bündig: „Das ist das Beste, das Ihr tun könnt."

Monika war überhaupt von Kindheit an vorwiegend selbständig denkend und handelnd. Wenn sie etwas durchsetzen wollte, versuchte sie es meistens erst einmal alleine, aus eigenen Kräften, ohne die Eltern. Ich zittere noch heute, wenn ich an folgenden Vorfall denke. Sie mag 12 oder 13 Jahre alt gewesen sein, als mich der Reporter einer Zeitung anrief und meine Einwilligung erbat, über Monika eine Reportage schreiben zu dürfen. – „Was denn für eine Reportage?" – „Na, über das Fallschirmspringen; sie ist in der Truppe doch die Beste." – „Worüber? Was hat meine Tochter mit Fallschirmspringen zu tun? Das muss wohl ein Irrtum sein." Ich legte den Hörer auf, und die Sache war für mich erledigt. Als meine Tochter aus der Schule kam, erzählte ich belustigt: „Da hat einer angerufen, der Dich beim Fallschirmspringen bewundert haben will und von mir die Einwilligung haben wollte, in der Zeitung darüber zu schreiben. So ein Quatsch, was?" Da sagt das gute Kind: „Ach ja, das habe ich ganz vergessen. Ich bin doch schon ein halbes Jahr bei den Fallschirmspringern, bin schon viele Male gesprungen, einmal in einem Baum hängen geblieben, einmal an einer Hauswand herunter geschürft, na ja. Ich wollte Dir schon immer mal den Zettel vorlegen, auf dem Du unterschreiben musst, dass Du es mir gestattest. Entschuldige, dass ich es vergessen habe. Hier ist der Zettel."

Ich weiß nicht mehr, ob ich unterschrieben habe oder nicht. Jedenfalls hörten die Nachrichten über Fallschirmspringen irgendwann auf.

Kai dagegen war von anderer Art. Er lebte mehr in sich und für sich. Auseinandersetzungen mit der Außenwelt waren nicht seine Stärke. So hat er auch die Trennung seiner Eltern anders erlebt als Monika. Für ihn war ich auf Arbeit. An den Wochenenden kam er mich besuchen; die Akademie hatte mir eine ihrer Gästewohnungen auf der Fischerinsel zur zeitweiligen Nutzung zur Verfügung gestellt. Im Sommer sind wir noch gelegentlich mit dem kleinen Boot über den Seddinsee gefahren, bis auch das aufhörte und ich das Boot an den Kraftfahrer des Instituts abgab. Ira hat bald darauf wieder geheiratet und ihren Wohnsitz nach Dresden verlegt. Kai erhielt den Namen

Rohse. Er offenbarte mir diese Änderung, als wir einmal ein Wochenende in dem Freizeitzentrum an der Wuhlheide verbrachten.

Im August 1975 fuhren wir beide an die Ostsee, zunächst nach Heringsdorf. Dort wohnten Gudrun und Ernst Berger. Gudrun war eine Kollegin von Ira, Ernst war Chef der Feuerwehr. Sie besaßen ein schön gelegenes Gartengrundstück mit einem Häuschen, in dem Kai und ich einige Tage wohnen konnten. Dann hatte Ernst organisiert, dass wir in Ahlbeck in einem Objekt der NVA ein Zimmer bekommen konnten, allerdings sollte ich eine Gegenleistung erbringen, nämlich in einem Vortrag vor der dortigen Mannschaft über Ergebnisse und Folgen der Helsinki-Konferenz für Sicherheit und Zusammenarbeit in Europa, deren Schlussakte gerade am 1.8.1975 beschlossen worden war, zu berichten. Ich stellte mich der Aufgabe gerne und erläuterte am Abend des 14. August, nachdem ich Kai schlafen gelegt hatte, die drei sogenannten „Körbe" der Akte: 1. Prinzipienkatalog, 2. Zusammenarbeit in Wirtschaft, Wissenschaft, Technik und Umwelt, 3. Humanitärer Bereich, menschliche Kontakte. Dem Vortrag schloss sich eine lebhafte Diskussion an, die gegen 22 Uhr nach dem dortigen Reglement jedoch abgebrochen werden musste. Für Kai und mich war damit eine weitere Woche Urlaub an der Ostsee gesichert.

Sohn Kai, geb. am 12. November 1970

Anfang 1976 holte ich die B-Promotion nach. Entsprechend meiner neuen Tätigkeit ging es in ihr um Grundprobleme der Wissenschaftsforschung, wie ich sie seit Beginn der 70er Jahre in diversen Beiträgen behandelt hatte. Die Verteidigung fand am 13. Januar 1976 an der Universität Greifswald statt. Aus Berlin waren als Gutachter Manfred Buhr und Alfred Kosing angereist.

Das dritte Ereignis des Jahres 1976 war meine Zuwahl als Korrespondierendes Mitglied der Akademie. Sie veränderte meine Tätigkeit in keiner Weise. Finanziell brachte sie keine Vorteile, denn die Korrespondierenden Mitglieder erhielten zu dieser Zeit keine Dotation. Sie bedeutete jedoch einen erhöhten Aufwand an Sitzungen und diversen anderen Verpflichtungen. Ich war der Klasse Gesellschaftswissenschaften zugeteilt, in der auch Jürgen Kuczynski und Manfred Buhr präsent waren. Die meisten der dort gehaltenen Vorträge interessierten mich nur wenig; ich selbst habe dreimal in der Klasse vorgetragen: 1979 über „Wissenschaft und friedliche Koexistenz", 1981 über „Wachstumstendenzen und Entwicklungserfordernisse des Forschungspotentials der DDR" und 1985 „Zur gegenwärtigen Situation bürgerlicher Wissenschaftsforschung". Anlässlich des Festkolloquiums zu Jürgen Kuczynskis

70. Geburtstag hatte ich Gelegenheit, seinen Beitrag für die Entwicklung der Wissenschaft von der Wissenschaft zu würdigen. Zehn Jahre später, 1984, legte ich der Klasse eine vornehmlich quantitative Analyse der Publikationen Jürgen Kuczynskis vor, die ich 1994, jetzt schon in dem Band „ZeitGenosse Jürgen Kuczynski", durch einen zweiten Nachtrag auf den aktuellen Stand brachte.

1976 war auch das Jahr, in dem der XI. Internationale Hegel-Kongress in Lissabon stattfand. Ich hatte dort über Hegels Idee der Wissenschaft gesprochen. Der Beitrag ist in tschechischer Sprache in der Zeitschrift „Filozofický Časopis", H. 1/1977 erschienen. Am Rande des Kongresses erlebte ich erstmals in meinem Leben in der Arena von Lissabon einen Stierkampf; schon damals war ich überzeugt, dass es auch das einzige Mal bleiben würde, denn selbst wenn in Portugal der Stier nicht getötet wird, ist es ein Höchstmaß an Grausamkeit, mit dem Menschen anderen Lebewesen gegenübertreten. Gern erinnere ich mich dagegen einer Fahrt, die ich mit Erich Hahn zu dem westlichsten Punkt des europäischen Kontinents unternommen habe. Länger noch als die Fahrt mit dem Bus dauerte allerdings der Fußmarsch in glühender Hitze und auf von mannshohen Disteln gesäumten steinigen Wegen, bis wir den viel gerühmten Ort erreicht hatten. Er bestand aus einem Häuschen, eher einer Hütte, in der ein Kommandante gegen ein Entgelt Urkunden ausstellte, welche bezeugten, dass man diesen ausgezeichneten Ort tatsächlich besucht hat.

Die B-Promotion und die Zuwahl als Korrespondierendes Mitglied waren Ereignisse, die für meine berufliche Entwicklung natürlich nicht ohne Bedeutung waren. Sie bedeuteten jedoch keine entscheidenden Wendepunkte in meinem Leben. Erst im Dezember 1976 traf mich ein Ereignis, das einen echten Wendepunkt darstellte. Es war meine Bekanntschaft mit der Schriftstellerin Irmtraud Morgner, über die später berichtet werden wird.

Mitte der 70er Jahre begannen dunkle Wolken über dem Institut aufzuziehen. Ihr Regisseur war der damalige Parteisekretär, der hier nicht namentlich benannt werden soll. Er war ein ehemaliger Studienfreund von Klaus-Dieter Wüstneck aus Jena, der nach dem Philosophiestudium seit 1956 als Parteiarbeiter im Braunkohlenkombinat Schwarze Pumpe tätig gewesen war. Mit seinem Eintritt ins Institut 1972 widmete er sich Problemen der Planung der Forschung, der flexiblen Automatisierung und Innovationsstrategien. Zu diesen Themen veröffentlichte er einige Beiträge in Kollektivwerken und trat auf Konferenzen auf. Eine eigenständige Arbeit war ein Bericht über sowjetische Literatur zum Erkenntnisstand von Gesetzmäßigkeiten der Wissenschaftsentwicklung im Sozialismus, den er nach einem Arbeitsaufenthalt in der Sowjetunion 1975 in der Reihe „Studien und Forschungsberichte" des Instituts vorlegte. Besagter Parteisekretär war von zwei Ideen besessen. Aus der gut gemeinten Absicht heraus, dass das Institut mit seinen Arbeiten den wissenschaftlich-technischen Fortschritt in der DDR entsprechend den Parteibeschlüssen befördern möge, forderte er,

dass für jedes Thema, das am Institut bearbeitet wird, angegeben werden muss, welchen wissenschaftspolitischen Problemstellungen es gewidmet sein soll. Arbeiten aber, denen keine aktuellen wissenschaftspolitischen Probleme zugrunde liegen, seien politik- und praxisfremd und dürften nicht geduldet werden. Gemessen an diesem Kriterium schätzte er 40 % der Mitarbeiter/innen des Instituts nicht nur als unproduktiv, sondern als unfähig ein. Unfähig aber war seiner Meinung nach auch jeder, der nicht voll auf dem Boden einer von ihm favorisierten Konzeption stand. Diese Konzeption ging davon aus, dass die Wissenschaft Bestandteil des gesellschaftlichen Reproduktionsprozesses ist. Ein am Institut tätiger Philosoph hatte diesen Gedanken zu seinem Habilthema gewählt und hatte dazu theoretisch interessante und wissenschaftspolitisch beachtenswerte Schlussfolgerungen gezogen. Der mit ihm befreundete Parteisekretär forderte nun, dass das gesamte Institut sich diese Konzeption zu eigen machen müsse, und sie auf diese Weise als einheitliche konzeptionelle Grundlage für alle Arbeiten am Institut zu akzeptieren sei. Von daher war es nur folgerichtig, wen er als den künftigen Direktor des Instituts und wen als dessen Stellvertreter ansah, die das Institut baldmöglichst zu übernehmen hätten.

Am Institut verbreitete sich eine Atmosphäre der Unsicherheit und regelrechter Angst, was aus denjenigen Themen und ihren Bearbeitern werden würde, die andere theoretische Ansätze, als es das Reproduktionskonzept war, verfolgten und nicht die unmittelbare wissenschaftspolitische Relevanz ihrer Arbeiten, womöglich noch entsprechend den Beschlüssen des jeweilig letzten Parteiplenums, nachweisen konnten.

Der Höhepunkt dieser Kampagne war erreicht, als ich am 25. September 1979 nach einer Institutsversammlung vom Parteisekretär, seinem Auserkorenen und noch einem dritten Mitarbeiter in das Zimmer des Parteisekretärs zitiert wurde, und ich rechtfertigen sollte, warum am Institut eine Vielfalt theoretischer und methodischer Ansätze gefragt sei, während das Reproduktionskonzept das einzige sei, das wissenschaftspolitisch relevant sei und es deshalb verdiene, als einziges am Institut bearbeitet zu werden. Zu Beginn dieser Aussprache wurde ein Tonband eingeschaltet, denn alles, was in diesem Verhör gesprochen wurde, sollte sorgfältig dokumentiert werden. Doch dazu kam es nicht mehr, weil ich diese Methode der „wissenschaftlichen" Auseinandersetzung ablehnte, die „Aussprache" abbrach und den Raum verließ.

Es hat viel Zeit und Kraft und bei vielen Mitarbeitern des Instituts viele Nerven gekostet, diese für alle schwierige und von allen als krisenhaft empfundene Phase in der Entwicklung des Instituts zu überstehen. Und es zeugt von dem gesunden Geist und der Reife des Institutskollektivs, dass es diese Phase – wenn auch unter eingetretenen Verlusten an Arbeitsergebnissen – überstanden hat, und besagter Parteisekretär bei den nächsten Wahlen einstimmig nicht wieder gewählt wurde.

Trotz dieser politischen Wirren, die sich von Mitte der 70er bis Anfang der 80er Jahre hinzogen, kam die Forschungsarbeit am Institut nicht gänzlich zum Erliegen. Davon zeugen u. a. die vorstehend genannten Publikationen aus der Reihe „Wissenschaft und Gesellschaft". Doch gab es auch Ergebnisse, die am Institut positiv begutachtet worden sind, jedoch nicht veröffentlicht wurden, nicht weil sie vielleicht als VDS (Vertrauliche Dienstsache) oder gar als GVS (Geheime Verschlusssache) eingestuft waren, sondern aus verschiedenen anderen Gründen. Zwei Beispiele aus meiner eigenen Arbeit mögen das verdeutlichen.

Der amerikanische Wissenschaftshistoriker Derek J. de Solla Price hatte Mitte der 60er Jahre in seiner Arbeit „Little Science, Big Science" das von ihm gefundene exponentielle Wachstumsgesetz der Wissenschaft vorgestellt. Meiner mathematischen Neigung nachgehend, hatte ich meinerseits entsprechende Untersuchungen des Wachstums der Literatur auf verschiedenen Wissensgebieten, der Ausgaben für Wissenschaft und Forschung sowie der Anzahl der in Wissenschaft und Forschung beschäftigten Personen für die DDR und die UdSSR angestellt. Dahinter stand die

Absicht, der Priceschen Unterscheidung von Little Science und Big Science eine andere, nämlich die von extensiver und intensiver Wissenschaft gegenüber zu stellen bzw. die eine durch die andere zu ergänzen. Bei diesen Arbeiten stieß ich auf die von dem sowjetischen Physikhistoriker T. I. Rajnow in den 20er Jahren durchgeführten Untersuchungen zu wellenartigen Fluktuationen der Produktivität in der Entwicklung verschiedener physikalischer Arbeitsgebiete, die in der Zeitschrift Isis, 1929/XII(2), No. 38 veröffentlicht waren, jedoch weder von sowjetischen noch von deutschen Wissenschaftshistorikern bis dato zur Kenntnis genommen worden waren. Rajnow hatte mit Parabeln als Modellfunktionen für seine Modelle gearbeitet. Nach der Lektüre von Price hielt ich es für angebracht, Rajnows Material exponentiell zu modellieren. Dies erfolgte im Rahmen einer Studie zum Thema „Extensive – Intensive Wissenschaft", die ich in der zweiten Hälfte der 70er Jahre angefertigt habe. Sie blieb unveröffentlicht, denn der erwähnte Parteisekretär befand, dass solcher Art „Fliegenbeinzählerei" unsere Wissenschaft und erst recht die Volkswirtschaft der DDR um keinen Schritt voran brächten. Den Abschnitt über das Rajnow-Modell habe ich 2008 in das Bändchen „Wissenschaftsforschung. Einblicke in ein Vierteljahrhundert" aufgenommen.

Das zweite Beispiel ist von anderer Art. Ebenfalls in der zweiten Hälfte der 70er Jahre hatte ich mich den internationalen Wissenschaftsbeziehungen und insbesondere denen zwischen der UdSSR und den USA zugewandt. Grundlage dafür waren zwei Studien, die 1977 in den USA erschienen waren: „Review of U.S. – U.S.S.R Interacademic Exchanges and Relations. National Research Council, Washington 1977", und „Science, Technology, and American Diplomacy. An extended study of the interactions of science and technology with United States foreign policy. Vol. I – II. Washington 1977." Die Analyse beider Dokumente zeigte, dass die Wissenschaftsbeziehungen der USA zur UdSSR amerikanischerseits als ein Mittel betrachtet wurden, die politische und strategische Konzeption der USA in der Welt durchsetzen zu helfen. Demgegenüber betrachtete ich die friedliche Koexistenz zwischen Staaten gegensätzlicher Gesellschaftsordnung als Bedingung und Voraussetzung für eine beiderseits nutzbringende internationale wissenschaftliche Zusammenarbeit und hielt es für erforderlich, die Kooperation so zu entwickeln, dass die Wahrscheinlichkeit einer Rückkehr zum kalten Krieg – oder sogar zum heißen – sukzessive vermindert wird.

Einige meiner Thesen waren am Institut gelegentlich öffentlich diskutiert worden, als eines Tages ein mir unbekannter Herr bei mir im Institut erschien, sich als Mitarbeiter des Ministeriums für Staatssicherheit vorstellte und mir sagte, er habe davon gehört, dass ich an einer Studie über „Wissenschaft und friedliche Koexistenz" arbeite. Das Thema interessiere ihn persönlich sehr, und er fragte, ob ich ihm nicht Einblick in das Manuskript gewähren könne. Da es sich nicht um ein geheimes Dokument handelte, übergab ich ihm ein Exemplar der Studie. Nach ca. zwei Wochen erschien er erneut und sagte, das Ganze habe ihm gut gefallen, und er hätte manche neuen Erkenntnisse gewonnen. Dessen ungeachtet empfahl er jedoch, die Studie nicht zur Veröffentlichung frei zu geben, ohne dafür gewichtige Gründe zu benennen. Immerhin war mir klar, dass er nicht nur für sich sprach, und sie verblieb in meinem Schreibtisch.

War mein Verhalten in beiden Fällen Ausdruck von Feigheit? War es Kapitulation vor politischen Mächten, die versuchten, in der Wissenschaft nach Gutdünken schalten und walten zu wollen? Oder war es der Wille, das Institut und alle seine Mitarbeiter in ihrer wissenschaftlichen Präsenz nicht zu gefährden? Wie auch immer, jedenfalls habe ich im April 1979 die Hauptgedanken der Studie „Wissenschaft und friedliche Koexistenz" in der Klasse Gesellschaftswissenschaften der Akademie vorgetragen.

Bereits in der ersten Hälfte der 70er Jahre war deutlich geworden, dass wissenschaftstheoretische Forschung, gleich ob sie vorwiegend philosophisch, soziologisch, ökonomisch oder psychologisch ausgerichtet ist, ohne Bezüge auf die Geschichte der Wissenschaft auf die Dauer nicht erfolgreich sein kann. Am Institut bestand zwar von Anfang an eine kleine Gruppe von Wissenschaftshistorikern, deren Arbeiten jedoch in keiner Weise die Bedeutung zugesprochen wurde, die sie verdienten. Meine Überlegungen zum Platz der Wissenschaftsgeschichte im Institut trafen sich mit dem Entschluss, das Institut klarer zu strukturieren und die Forschungen nicht wie bisher in acht kleinen Gruppen (Wissenschaftsgeschichte, wissenschaftlicher Arbeitsprozess, wissenschaftliches Schöpfertum, Methodentheorie, Planung und Prognose der Wissenschaft, Wissenschaft und Produktion, Potential der Wissenschaft, Bürgerliche Wissenschaftstheorien) aufzusplittern, sondern sie in kompakteren Einheiten zu konzentrieren. Die am Institut hierzu durchgeführten Beratungen und Diskussionen ermöglichten es, dem Präsidium der Akademie vorzuschlagen, das Institut für Wissenschaftstheorie und -organisation (IWTO) in ein Institut für Theorie, Geschichte und Organisation der Wissenschaft (ITW) umzugestalten. Der Vorschlag wurde am 6.3.1975 im Präsidium beraten und fand dort einhellige Unterstützung, insbesondere von Präsident Klare, von den Physikern Jürgen Treder und Robert Rompe, von Jürgen Kuczynski und Manfred Buhr. Am 28.5.1975 nahm das Präsidium der Akademie vorsorglich noch eine „Information über Aufgaben und ausgewählte Ergebnisse der Arbeit des Instituts für Wissenschaftstheorie und -organisation" zur Kenntnis. In der Stellungnahme des Präsidiums dazu heißt es:

„Das Präsidium schätzt ein, dass sich das IWTO seit seiner Gründung 1970 im Ganzen erfolgreich entwickelt hat. Davon zeugen insbesondere das Bemühen um die Analyse realer Prozesse der wissenschaftlichen Tätigkeit, der Potentialgestaltung und von Überführungsprozessen an der Akademie der Wissenschaften sowie eine Reihe beachtenswerter Publikationen des Instituts. Hervorzuheben ist die enge Zusammenarbeit des IWTO mit sowjetischen Partnerinstituten sowie die Vermittlung sowjetischer Erfahrungen und Erkenntnisse auf dem Gebiet der Wissenschaftsgeschichte, -theorie und -organisation."

Es dauerte freilich immer noch ein knappes halbes Jahr, bis alle Formalitäten soweit gediehen waren, dass im Oktober 1975 die Umbenennung des IWTO in ITW und die Neustrukturierung des Instituts vollzogen werden konnten. Die Arbeiten zur Wissenschaftsgeschichte standen unter der Leitung von Hubert Laitko. Sie konzentrierten sich auf die Entwicklung der Berliner Wissenschaftslandschaft bis 1945. Seit 1977 veranstaltete das ITW hierzu die „Berliner Wissenschaftshistorischen Kolloquien", zu deren aktivem Publikum Wissenschaftshistoriker aus Universitäten und Hochschulen der gesamten DDR gehörten. Von 1977 bis 1991 fanden jährlich vier bis fünf solcher Kolloquien statt. Die Forschungen des Bereichs Wissenschaftsgeschichte, der zu Beginn der 80er Jahre 16 wissenschaftliche Mitarbeiter/innen zählte, gipfelten 1987 in dem anlässlich der 750-Jahr-Feier der Gründung Berlins erschienen repräsentativen Band „Wissenschaft in Berlin. Von den Anfängen bis zum Neubeginn nach 1945".

Jürgen Kuczynski

Im Bereich I des Instituts wurde zu ökonomischen Problemen der Entwicklung von Wissenschaft und Technik gearbeitet. Dieser Bereich erfuhr zu Beginn der 80er Jahre eine wesentliche Verstärkung durch Wirtschaftswissenschaftler aus der Akademie. Dies hing damit zusammen, dass Probleme der Überführung von wissenschaftlich-technischen Neuerungen in die Produktion im Zuge der wissenschaftlich-technischen Revolution immer dringlicher wurden und die SED es zur Hauptaufgabe erklärt hatte, „die Errungenschaften der wissenschaftlich-technischen Revolution immer wirksamer mit den Vorzügen des sozialistischen Gesellschaftssystems zu verbinden." Als Harry Maier, einst stellvertretender Direktor des Zentralinstituts für Wirtschaftswissenschaft, Anfang der 80er Jahre von einem mehrjährigen Arbeitsaufenthalt am Internationalen Institut für angewandte Systemanalyse (IIASA) in Laxenburg bei Wien nach Berlin zurück kehrte und die Leitung der Akademie ihm verwehrte, ein eigenes Institut für Innovationsforschung zu gründen, fand er am ITW Aufnahme und orientierte den Bereich als dessen Leiter auf die Innovationsproblematik. Seine Mitarbeiter – vor allem Hans-Georg Lauenroth, Manfred Wölfling und Heinz Seickert – waren erfahrene Wirtschaftswissenschaftler, und in Heinz-Joachim Krüger stand ihm ein versierter Jurist zur Seite, der früher Generaldirektor eines großen Industriekombinats und unter Präsident Klare Leiter von dessen Büro gewesen war und somit zu allen Fragen des Verhältnisses von Wissenschaft und Produktion fundiert Stellung nehmen konnte. Zu den herausragendsten Ergebnissen der Arbeit des Bereichs gehören das im April 1983 durchgeführte Gemeinsame Seminar der Akademie der Wissenschaften der DDR (ITW, Zentralinstitut für Kernforschung Rossendorf, Zentralinstitut für Elektronenphysik) und des IIASA zu Fragen der globalen und nationalen Modellierung der langfristigen Entwicklung des Energiesystems, der 1985 in der Reihe „Wissenschaft und Gesellschaft" erschienene Band 23 „Innovation und Wissenschaft" sowie eine Konferenz im Juni des gleichen Jahres mit dem IIASA zur Innovationsproblematik in Weimar. Auf der Weimarer Konferenz wurde ich mit Walter Goldberg bekannt, damals Wirtschaftswissenschaftler an der Universität Göteborg und Mitglied des Nobel-Komitees. Unsere Gespräche drehten sich viel um Jürgen Kuczynski; wir stimmten in der Einschätzung seiner unikalen wissenschaftlichen Leistung völlig überein. Goldberg hat in der zweiten Hälfte der 80er Jahre Jürgen Kuczynski dreimal für den Nobelpreis ins Gespräch gebracht, ist aber jedesmal am Widerstand der Amerikaner gescheitert.

Der Bereich II des Instituts widmete sich theoretischen und empirischen Untersuchungen des Wissenschaftspotentials. Gennadij Dobrow folgend wurde unter dem Wissenschaftspotential eines Landes oder einer Einrichtung die Gesamtheit der für Wissenschaft und Forschung zur Verfügung stehenden Personen, Finanzen und technische Ausrüstung verstanden. Die Arbeiten wurden von Werner Meske und Hansgünter Meyer geleitet, der am ITW Aufnahme gefunden hatte, nachdem auch ihm ein eigenes Institut für Soziologie verwehrt geblieben war. Überaus umfangreiche Untersuchungen zu Arbeits- und Lebensbedingungen in der Wissenschaft der DDR, insbesondere des wissenschaftlichen Nachwuchses, zur Früherkennung von Forschungsbegabungen, aber auch vergleichende Untersuchungen zur Entwicklung und Struktur der Potentiale der Akademien der Wissenschaften der DDR und anderer RGW-Länder, zur Struktur und Reproduktion von Spitzengruppen des wissenschaftlichen Kaderpotentials, zur Motivation des Leistungsverhaltens im Forschungsprozess, zur Technik für die Wissenschaft u. a. lieferten aufschlussreiche Daten über Struktur und Dynamik des Wissenschaftspotentials Ende der 80er Jahre in der DDR. Hatte ich im September 1981 in einem Vortrag in der Klasse Gesellschaftswissenschaften der Akademie aufgrund eigener Erhebungen noch die Schlussfolgerung gezogen, dass das Forschungspotential der DDR stärker die Eigenschaft der Flexibilität ausbilden muss, um der beschleunigten Entwicklung von Wissenschaft und Technik in der Welt folgen zu können, dass die Herausbildung und gezielte Förderung von Spitzenkräften in der Forschung auch die Vergabe von bevorzugten Arbeitsbedingungen erfordert und dass der künftige Zuwachs an Forschungs- und Entwicklungsaufwendungen bevorzugt der qualitativen Entwicklung der materiell-technischen Basis der Forschung zugute kommen muss, so musste ich in einem Vortrag im September 1989 vor dem Plenum der Akademie, gestützt auf Ergebnisse des Bereichs II, nachlassende Wachstumsraten der Wissenschaftsaufwendungen konstatieren sowie, dass konzipierte Investitionen in erheblichem Umfang nicht realisiert worden sind, im internationalen Maßstab seit Beginn der 70er Jahre die ohnehin geringe Patenttätigkeit der DDR kontinuierlich zurückgegangen ist und das realisierte Investvolumen in der DDR zu gering ist, um vorliegende Neuerungen in der benötigten Menge national wie international anzubieten. Nach dem Vortrag sagte ein Chemiker zu mir: „Wenn das alles so ist, wie Sie gesagt haben, dann sind wir wohl am Ende?" Ich nickte und sagte: „Ja". Nur einen Monat später sahen es alle.

Im Bereich III galt zwar formal das Gebot des Reproduktionskonzepts, doch wurden zumeist empirische Untersuchungen in Forschungseinheiten naturwissenschaftlicher Akademieinstitute durchgeführt. Diese waren nach methodischen Gesichtspunkten angelegt, die aus den Herkunftsdisziplinen der Mitarbeiter/innen stammten: der Soziologie (Helmut Steiner, Joachim Tripoczky), der Sozialpsychologie (Ursula Geißler, Annedore Schulze), der Psychologie (Hildrun Kretschmer, Vita und Karlheinz Lüdtke). Die Philosophen im Bereich, vor allem Lothar Läsker und Heinrich Parthey, waren um die theoretische und methodologische Fundierung der Arbeiten bemüht. In der Reihe „Wissenschaft und Gesellschaft" trug der Bereich mit zwei Bänden „Wissenschaftliche Schulen" (Bd. 11/1, 1977; Bd. 11/2, 1979) bei, die unter der Leitung von Helmut Steiner und in Zusammenarbeit mit dem Moskauer Partnerinstitut erarbeitet wurden. Wesentliche Beiträge lieferten Mitarbeiter/innen des Bereichs zu dem Band 20 der Reihe „Wissenschaft und Gesellschaft" „Intensivierung der Forschung: Bedingungen – Faktoren – Probleme" (1984); sie basierten zumeist auf Untersuchungen und Fallstudien in Forschungsgruppen der Akademie. Das von Ursula Geißler und Annedore Schulze in naturwissenschaftlichen Instituten der Akademie durchgeführte psychologische Leitertraining hat bei den Teilnehmern allgemeine Anerkennung gefunden. Hildrun Kretschmer, aus der Psychologenschule von Friedhart Klix stammend, wandte sich in ihrer Arbeit quantitativen Methoden zu und nahm deshalb eine gewisse Sonderstellung im Bereich ein. Sie war eine angesehene Autorin der internationalen Zeitschrift „Scientometrics", war maßgeblich beteiligt an der Gründung der „International Association for Bibliometrics, Informatics and Scientometrics", deren 4. Konferenz 1993 in Berlin stattfand, auf der sie zur Präsidentin dieser Vereinigung gewählt wurde.

Vom Bereich IV „Wissenschaftsgeschichte" war bereits die Rede. Neben diesen Struktureinheiten existierten noch zwei kleinere Gruppen, von denen die eine sich der Analyse „bürgerlicher" wissenschaftstheoretischer Konzepte widmete, und die andere, erst in den 80er Jahren entstandene, die wissenschaftlich-technischen Entwicklungen in der dritten Welt verfolgte.

Das Haupt der ersten Gruppe war Hans-Peter Krüger. Ich hatte ihn als 26-Jährigen 1980 während der Philosophischen Sommerschule in Varna kennen gelernt und an seinem scharfen analytischen Geist Gefallen gefunden. Zu dieser Zeit war er als Assistent am Lehrstuhl Philosophie der Hochschule für Planökonomie in Karlshorst tätig, nachdem er an der Humboldt-Universität Berlin studiert und promoviert hatte. Ich lud ihn zur Mitarbeit am Institut ein und hatte den Eindruck, er sei darüber sehr froh. Nachdem die Formalitäten mit seiner Arbeitsstelle geklärt waren, hatte das Institut einen seiner fähigsten Mitstreiter gewonnen. Was ich zum Zeitpunkt seiner Einstellung am Institut nicht wusste, war, dass er in der Zeit davor irgendwelche Probleme mit der Staatssicherheit gehabt hatte; es interessierte mich auch nicht, worum es dabei gegangen war. Ich hielt die Hand schützend über ihn und förderte ihn, so gut es ging. Nach seiner B-Promotion schlug ich ihn an der Akademie zur Professur vor und hatte mit dem Vorschlag Erfolg. Hans-Peter wandte sich in der Folgezeit der Kommunikationstheorie von Jürgen Habermas zu und gründete einen DDR-weiten Arbeitskreis „Kommunikationsforschung." Ich beobachtete dies mit Sorge, weil sein wissenschaftliches Interesse sich von der Wissenschaftstheorie auf die Kommunikationstheorie zu verlagern schien. Nichtsdestotrotz setzte ich mich dafür ein, ihm einen Studienaufenthalt bei Habermas und 1989 im Rahmen des IREX-Abkommens einen Arbeitsaufenthalt an den Universitäten Boston, Pittsburgh und Berkeley in den USA zu ermöglichen. Enttäuscht habe ich ihn wohl, als ich einen Artikel, den er über Brecht geschrieben hatte, zur Begutachtung an ein Mitglied des Redaktionskollegiums der vorgesehenen Zeitschrift gegeben hatte, weil ich mich für diese Problematik nicht zuständig fühlte, und der Beitrag abgelehnt wurde. Der Vorfall muss in ihm wohl schlimme Erinnerungen an seine Studienzeit hervorgerufen haben, was ich gut verstehe und aufrichtig bedauere. Noch 1990 konnte ich mich bei Wolf Lepenies, dem damaligen Rektor des Wissenschaftskollegs zu Berlin (Institute for Advanced Study), für einen Aufenthalt von ihm als Fellow an dieser renommierten Einrichtung verwenden. Hans-Peter leitet heute das Institut für Philosophie an der Universität Potsdam; seine derzeitigen Arbeitsgebiete sind ausgewiesen als Philosophische Anthropologie, Politische Philosophie des Öffentlichen und Sozialphilosophie der Kommunikation.

Dietrich Wahl und Dirk Pilari bildeten den Kern einer kleinen Gruppe, die sich mit Problemen der Entwicklungsländer beschäftigte. Als das „Center for Science and Technology for Development" der UNO an die Akademie die Anfrage richtete, ob sie die Arbeit dieser Einrichtung durch Entsendung eines versierten Mitarbeiters unterstützen könne, wurde die Bitte an uns weiter geleitet und von uns freudig aufgegriffen. Die Wahl fiel auf Dirk Pilari, der promoviert war und auch vom Alter und seinen Englisch-Kenntnissen her für diese Aufgabe gut geeignet schien. Seiner Delegierung stand jedoch im Wege, dass zwar seine Frau die Ausreise erhielt, nicht aber sein damals noch minderjähriger Sohn. Diese Entscheidung entsprang dem Misstrauen, das die politische Obrigkeit ihren Landsleuten und ihren eigenen Genossen gegenüber hegte, und entsprach der üblichen Praxis, nicht ganzen Familien die Ausreise aus der DDR zu gewähren. Dirk und seine Frau fanden einen Weg, wie ihr Sohn in Leipzig von Bekannten betreut werden konnte. Das nächste Problem war ein ganz und gar unerwartetes; es kam in Gestalt einer Katze daher. Dirk bestand nämlich darauf, dass, wenn er schon nicht seinen Sohn nach New York mitnehmen durfte, so doch seine Katze. Nach vielen Hin und Her setzte er sein Vorhaben durch, und so wurde seine Katze zur ersten und einzigen DDR-Katze, die in New York lebte.

In der zweiten Hälfte der 80er Jahre hat es eine enge und fruchtbare Kooperation zwischen dem ITW und dem UNO-Center gegeben. Auf Einladung des Zentrums nahm ich an der 9. Tagung des Zwischenstaatlichen Komitees für Wissenschaft und Technik für die Entwicklung im August 1987 in New York sowie an einigen ATAS-Konferenzen teil, auf denen es um ein System zur Bewertung von umweltfreundlichen Technologien ging. Die Ergebnisse dieser Konferenzen sind in den sog. ATAS-Bulletins veröffentlicht. Die 7. Ausgabe des Bulletins war den umweltfreundlichen Technologien für nachhaltige Entwicklung gewidmet. Ich war sehr froh, für diesen Band einen Beitrag „Technologiebewertung im Kontext nachhaltiger Entwicklung" liefern zu dürfen. Seine deutsche Fassung ist abgedruckt in „Wissenschaftsforschung. Einblicke in ein Vierteljahrhundert" (2008). Das „Center for Science and Technology for Development" ist Anfang der 90er Jahre leider dem Bestreben nach „Verschlankung" des UNO-Apparates zum Opfer gefallen. Dirk aber lebt mit seiner Frau immer noch in New York. Die Katze allerdings ist gestorben.

Die personelle Zusammensetzung des Instituts ermöglichte interdisziplinäres Arbeiten nicht nur innerhalb des Instituts, sondern auch über das Institut hinaus. Wir waren in der Lage, über Interdisziplinarität nicht nur – wie anderswo – zu reden, sondern sie wirksam und erfolgreich zu praktizieren. Auf unseren Vorschlag hin wurde in den 80er Jahren an der Akademie ein Interdisziplinäres Forschungsprogramm „Wissenschaftlich-technische Revolution, sozialer Fortschritt und geistige Auseinandersetzung" eingerichtet, an dem unter Federführung des ITW Philosophen, Wirtschaftswissenschaftler, Soziologen, Staats- und Rechtswissenschaftler sowie Wissenschaftler des naturwissenschaftlichen Forschungsbereichs in Adlershof beteiligt waren. Es wurden Studien z. B. über die Forschungssituation in bestimmten naturwissenschaftlichen Instituten, darüber, wie neue Forschungsresultate schnell und umfassend in die Produktion überführt werden können, welche weltanschaulichen und ethischen Fragen die wissenschaftlich-technische Revolution im molekular-biologischen und ökologischen Bereich aufwirft u. a., erarbeitet. Die Ergebnisse wurden zumeist in den Einrichtungen verteidigt und ausgewertet, in denen die

Untersuchungen durchgeführt worden waren. Während die Diskussionen in den Forschungsgruppen und Instituten meist sehr lebhaft und wohl auch zur Zufriedenheit der Adressaten verliefen, waren die Sitzungen des Präsidiums der Akademie, in denen Ergebnisse des Interdisziplinären Forschungsprogramms vorzulegen waren, eher durch die Interessenkonflikte der dort anwesenden Forschungsbereichsleiter bestimmt. Doch auch hier zeigte sich, dass die Leiter naturwissenschaftlicher Forschungsbereiche mit den Schlussfolgerungen und Empfehlungen des Forschungsprogramms noch eher etwas anzufangen wussten als der Forschungsbereichsleiter und Vizepräsident für Gesellschaftswissenschaften.

So stand am 16.12.1987 eine im Rahmen des Interdisziplinären Forschungsprogramms erarbeitete Studie „Ziele, Analysen und Schlussfolgerungen für die weitere Intensivierung der Wechselbeziehungen zwischen Wissenschaft und Produktion" zur Diskussion. Gemäß der Gepflogenheit im Präsidium erhielt nicht etwa der Leiter des Forschungsprogramms, sondern der Forschungsbereichsleiter für Gesellschaftswissenschaften als erster das Wort, um die Studie einzuführen und ihre Ergebnisse zu begründen. Es war eine der großen Enttäuschungen während meiner Arbeit an der Akademie, dass dieser nicht ein einziges Wort der inhaltlichen Wertung zu diesem Ergebnis von fünf seiner Institute zu sagen hatte. Zwei Sätze vor Beginn der Diskussion – „Die Studie ist ein Ergebnis unterwegs" und „Sie lässt noch viele Fragen offen" – waren denn wohl eher als Versuch der Absicherung zu verstehen, falls die Diskussion der Naturwissenschaftler sich gegen die Studie richten sollte, was indes nicht geschah. Ich empfand diese Atmosphäre wenig kreativitätsfördernd, eher lähmend und bedrückend.

Zu diesem Unbehagen trug Ende 1987 noch ein anderes Ereignis bei. In den philosophisch-methodologischen Seminaren, die der Forschungsbereich Gesellschaftswissenschaften an der Akademie durchführte, sollte im Jahr 1988 die Entwicklungsproblematik behandelt werden. Auf Anfrage hatte ich mich bereit erklärt, ein solches Seminar zu übernehmen, und dafür, meinen Interessen entsprechend, das Thema „Wissenschaft als irreversibler gesellschaftlicher Prozess" vorgeschlagen. Auf einer Dienstbesprechung am 17.12.1987, an der ich krankheitshalber nicht teilnehmen konnte, hatte der Vizepräsident dieses Thema allerdings abgelehnt, weil ihm „die Stoßrichtung nicht klar" war, und hatte kurzerhand unter meinem Namen für 1989 das Thema „Wissenschaft als ständig fortschreitender gesellschaftlicher Prozess" in den Plan geschrieben. Ich war regelrecht wütend über so viel Unverstand, mit dem das von mir vorgeschlagene Thema verfälscht und verballhornt worden war. Jeder Naturwissenschaftler weiß mit dem Begriff „Irreversibilität" etwas anzufangen und hätte sich auf eine systemtheoretische Sicht der Dinge eingestellt. Für den Gesellschaftswissenschaftler und politischen Leiter, dem bei „Irreversibilität" die „Stoßrichtung" nicht klar war, musste hingegen alles in der Gesellschaft „ständig fortschreitend" vor sich gehen.

Den Silvesterabend 1987 verbrachte ich damit, mir meinen Frust und meine Enttäuschung über so viel Mit-dem-Rücken-zur-Wand-Taktik und Misstrauen gegenüber den eigenen Mitarbeitern von der Seele zu schreiben. In dem Brief an den Forschungsbereichsleiter bezog ich mich auch auf ein Gespräch, dass wir Anfang 1987 gehabt hatten, in dem er eingeschätzt hatte, ich gehöre ohnehin nicht zu den „Erfahrungsträgern" an der Akademie. „26 Jahre Arbeit an der Akademie und davon 17 Jahre des Aufbaus und der Leitung eines Akademieinstituts, verbunden mit allen anderen interdisziplinären und internationalen wissenschaftlichen und politischen Verpflichtungen, die diese Tätigkeit mit sich bringt", gab ich zu bedenken, „machen offensichtlich noch keinen ‚Erfahrungsträger', was immer das heißen mag." Ich legte ihm schließlich nahe, mich unter diesen Umständen von meiner Funktion als Institutsdirektor abzulösen. Der Brief bewirkte jedoch nur eine folgenlose Aussprache.

Unversehens bin ich in das Jahr 1987 geraten. Der Ausgangspunkt war jedoch das Interdisziplinäre Forschungsprogramm „Wissenschaftlich-technische Revolution, sozialer Fortschritt und geistige Auseinandersetzung" und die Zusammenarbeit mit anderen Instituten natur- und gesellschaftswissenschaftlichen Profils.

Vom Beginn der 70er Jahre an entwickelte sich auch die Zusammenarbeit der einschlägigen Einrichtungen der Akademien der Wissenschaften der im Rat für gegenseitige Wirtschaftshilfe (RGW) vereinigten Länder. Auf einer Beratung im Oktober 1971 in Prag hatten deren Vertreter einmütig ihren Willen bekundet, an der Realisierung eines gemeinsam erarbeiteten Forschungsprogramms zu theoretischen Problemen der Entwicklung von Wissenschaft und Technik im Sozialismus aktiv mitzuwirken. Unser Institut wurde gebeten, zu zwei der in diesem Forschungsprogramm enthaltenen Themen – „Systemanalyse der Wissenschaft" und „Wissenschaftlerpersönlichkeit und Kollektiv in der Forschung" – ein Symposium auszurichten. Knapp ein Jahr nach der Prager Beratung, im September 1972, fand dieses Symposium in Berlin Unter den Linden, im Prinzessinnenpalais, statt und zog die erste Bilanz der gemeinsamen Arbeit, wie in dem voluminösen Band 3 der Reihe „Wissenschaft und Gesellschaft" (1974) nachgelesen werden kann. Im Rahmen des RGW-Forschungsprogramms sind noch viele andere Arbeiten erschienen und Konferenzen veranstaltet worden. Einen Höhepunkt dieser Zusammenarbeit bildete das 1985 in russischer und 1988 in deutscher Sprache erschienene Buch „Grundlagen der Wissenschaftsforschung", dessen Zustandekommen wesentlich der Initiative und dem Engagement von Semjon Romanovič Mikulinskij zu danken ist.

Erfreulich entwickelten sich auch die Beziehungen zu Kollegen und Einrichtungen aus westlichen Ländern sowie internationaler Organisationen. Im November 1978 führten wir in Neubrandenburg eine UNESCO-Expertentagung zum Thema

Hermann Klare, Günter Kröber und Semjon Romanovič Mikulinskij

„Human Implications of Scientific Advance" im Rahmen des von der UNESCO auf der 18. Tagung ihrer Generalversammlung 1974 angenommenen Programms „Science in the Contemporary World" durch. Ihr waren gleichartige Veranstaltungen in Paris (1975), München (1976) und Madrid (1977) vorausgegangen. Das Sekretariat der UNESCO hatte bei der Akademie der Wissenschaften der DDR angefragt, ob sie die nächste Tagung 1978 ausrichten könne. Die Akademie sagte zu und beauftragte das ITW, die entsprechenden inhaltlichen und organisatorischen Vorbereitungen zu treffen. Dem Vorschlag der UNESCO folgend sollten ca. 20 Vertreter aus europäischen Ländern und den USA an der Tagung teilnehmen. Doch die Vorbereitungen gestalteten sich unerwartet schwierig. Die Probleme begannen damit, dass die von der UNESCO als Vorsitzender und stellvertretender Vorsitzender benannten Professoren Fourastie (Frankreich) und King (Großbritannien) ihre Teilnahme absagten. Absagen gingen ebenfalls von den eingeladenen Professoren Mendelsohn (USA), Ravetz (Großbritannien), Salomon (Frankreich), Weingart (BRD), Heden (Schweden), Kornhauser (Jugoslawien), Frolow (UdSSR), Malecki (Polen) und Richta (ČSSR) ein. Im Ergebnis weiterer Bemühungen seitens der UNESCO und des ITW nahmen an der Tagung schließlich neben neun Vertretern aus der DDR die Professoren Kholodilin (UNESCO), Gusseinow (UdSSR), Marquit (USA), Jensen (Vorsitzender, Dänemark), Burrichter (BRD), Loeppoenen (Finnland), Šulc (ČSSR), Kowalewska (Polen) und

Zacher (Polen) teil. Waren in Paris, München und Madrid in erster Linie technologische Aspekte bzw. andere spezielle Probleme des wissenschaftlich-technischen Fortschritts beraten worden, so standen auf dem Neubrandenburger Symposium Fragen nach den bestimmenden politischen und gesellschaftlichen Bedingungen dieses Prozesses im Mittelpunkt. Insbesondere wurden Ansatzmöglichkeiten diskutiert, die es gestatten, den wissenschaftlich-technischen Fortschritt im Hinblick auf seine für das Wohl des Menschen erwünschten Folgen vorausschauend zu gestalten. Die auf der Tagung vorgelegten Vorträge sowie der Abschlussbericht sind in dem ITW-Heft „Auswirkungen des wissenschaftlich-technischen Fortschritts auf den Menschen (1979) veröffentlicht.

Von dieser Konferenz ausgehend war die UNESCO in den Folgejahren noch mehrmals auf die Mitarbeit des ITW bei verschiedenen ihrer Aktivitäten zurückgekommen. 1988 war der Internationale Wissenschaftliche Rat für die Entwicklung der Wissenschafts- und Technologiepolitik der UNESCO ins Leben gerufen worden. Seine Aufgabe bestand darin, den Generalsekretär der UNESCO bei der Erarbeitung und Durchführung des Programms der Organisation für Ausbildung, Forschung und Informationsaustausch auf dem Gebiet der Wissenschafts- und Technologiepolitik sowie der Leitung von Forschung und Entwicklung zu beraten. Auf der ersten Tagung dieses Gremiums wurde Mr. Shibab-Eldin (Kuweit) zu dessen Vorsitzenden gewählt, während ich und die Vertreter Brasiliens und Chinas zu den drei stellvertretenden Vorsitzenden berufen wurden. Die politischen Ereignisse im Zuge der deutschen Wiedervereinigung haben freilich eine aktive Mitwirkung meinerseits in diesem Rat in den Folgejahren nicht möglich werden lassen.

In bester Erinnerung habe ich eine Konferenz, welche die UNESCO im Juli 1989 in Venedig zum Thema „Man, Science and Society on the Threshold of the Year 2000" durchgeführt hat. Sie fand in dem ehrwürdigen Gebäudekomplex der Cini-Stiftung auf der Insel San Giorgio Maggiore statt. Anlass war die offizielle Eröffnung des Regionalbüros der UNESCO für Wissenschaft und Technik in Europa, das in Venedig seinen Sitz haben sollte. An ihr nahmen über 50 Wissenschaftler aus 20 europäischen Ländern sowie Kanada und den USA teil, unter ihnen der Generaldirektor der UNESCO, die Nobelpreisträger I. Prigogine (Chemie), C. Rubbia (Physik) und A. Salam (Physik), die Präsidenten der Bulgarischen und der Ungarischen Akademien der Wissenschaften, die Vizepräsidenten der Akademien der Wissenschaften der UdSSR und der Ukrainischen SSR sowie Vertreter großer internationaler Forschungszentren und der italienischen Regierung.

Den Hauptvortrag hielt Ilja Prigogine. Ich war zutiefst beeindruckt von seiner treffenden Einschätzung des Zustandes, in dem sich unsere Welt gegenwärtig befindet, und von der Exaktheit, mit der er als Naturwissenschaftler die möglichen Perspektiven der weiteren gesellschaftlichen Entwicklung zeichnete. Ihm zufolge befindet sich die Wissenschaft in einer Periode des Übergangs zu einer neuen Art, die Welt zu denken und zu sehen. Während die klassische Wissenschaft nach absoluter Gewissheit strebte und nach Gesetzen von ewiger Dauer suchte, auf deren Grundlage exakte Prognosen und zuverlässig beherrschbare technische Errungenschaften möglich werden sollten, sei das Kennzeichen des neuen Weltverständnisses der dynamische und nichtlineare Charakter der natürlichen und gesellschaftlichen Prozesse. Dieser ließe deterministische Prognosen im Sinne der klassischen Wissenschaft fragwürdig werden und erfordere eine neue Art wissenschaftlicher Rationalität, die sich dessen bewusst ist, dass wir die Natur nicht lediglich aus einer Beobachterperspektive beschreiben und erkennen, sondern als Teilnehmer und Mitgestalter der sich in ihr vollziehenden Prozesse, deren weiteren Verlauf und deren längerfristige Wirkungen wir nur in bestimmten Grenzen überblicken. Insbesondere können kleine Ursachen große Wirkungen haben und Bifurkationen im Evolutionsprozess auslösen, die das Gesamtsystem in grundsätzlich verschiedene Richtungen führen können, bis hin zur Alternative „Zerfall oder Stabilisierung." Gegenwärtig befinde sich die Menschheit an einem solchen Bifurkationspunkt. Es bedürfe daher einer neuen Art des Denkens und des Umgangs miteinander, die herauszubilden und durchzusetzen insbesondere den Wissenschaftlern eine große Verantwortung auferlege.

Abdus Salam knüpfte an die Ausführungen Prigogines an und hob insbesondere die kulturelle Bedeutung der Wissenschaft hervor, die sich nicht in ihrem Beitrag für ökonomisches Wachstum und in neuen technischen Errungenschaften erschöpfen dürfe. Er unterbreitete den Vorschlag, ein Internationales Wissenschaftszentrum zu gründen, das von der Weltbank unterstützt werden sollte und an dem insbesondere die „Überlebenswissenschaften" gepflegt werden sollten.

Auch Carlo Rubbia sprach – ausgehend vom internationalen Charakter der Wissenschaft und der Begrenztheit jeweiliger nationaler Ressourcen – über die Bedeutung internationaler Wissenschaftszentren. Am Beispiel von CERN diskutierte er Möglichkeiten, Struktur und Entwicklung der internationalen Wissenschaftskooperation und insbesondere der Zusammenarbeit von Wissenschaftlern aus Ost und West.

An der Konferenz nahm auch mein Freund Karel Müller von der Tschechoslowakischen Akademie der Wissenschaften teil. Sein und mein Vortrag über „Komplexität und Globalität im Verhältnis von Wissenschaft und Technik" waren in den Problemkreis „Wissenschaft, Forschung und Gesellschaft" eingeordnet.

Insgesamt war diese Konferenz ein gutes Beispiel dafür, wie Wissenschaftler verschiedener Disziplinen und Länder eine gemeinsame Sprache sprechen, wenn es um die heute vor der Menschheit stehenden globalen Probleme geht. Ich habe das umso deutlicher empfunden, als ich in den Jahren zuvor auch anderes erlebt hatte.

So bemühte sich die 1975 in Helsinki angesichts der in den 70er Jahren wachsenden Spannungen zwischen Ost und West begründete Konferenz über Sicherheit und Zusammenarbeit in Europa (KSZE), die Zusammenarbeit zwischen westlichen und RGW-Ländern auch auf dem Gebiet von Wissenschaft und Technik voranzubringen.

Zu diesem Zweck fand 1980 ein Wissenschaftsforum in Hamburg statt. Vom 18. Februar bis 3. März 1980 berieten Teilnehmer aus 35 europäischen Staaten, der USA, Kanada und der Sowjetunion über Möglichkeiten der gemeinsamen Bearbeitung bestimmter Forschungsprojekte und des Wissenschaftleraustausches zwischen ihren Ländern. Unter den Teilnehmern waren sowohl Wissenschaftler verschiedenster Disziplinen als auch wissenschaftspolitisch versierte Ministeriumsbeamte. Namens der Akademie der Wissenschaften der DDR nahm ich gemeinsam mit dem Generalsekretär der Akademie, Prof. Claus Grote, an dieser Veranstaltung teil. Die Konferenz unterbreitete diverse unverbindliche Vorschläge für Forschungen auf den Gebieten Energie, Lebensmittel, Medizin sowie Geistes- und Sozialwissenschaften. Praktische Beschlüsse über wissenschaftliche Zusammenarbeit an bestimmten Forschungsprojekten oder über den bi- und multilateralen Wissenschaftleraustausch kamen auf diesem Forum jedoch nicht zustande. Ich musste bei dieser Gelegenheit lernen, dass derartige Großveranstaltungen, wenn sie von Politikern dominiert werden, zu keinen greifbaren Ergebnissen führen. Wissenschaft und Politik gehen nicht die gleichen Wege. Die Wissenschaft strebt nach Erkenntnis und nach Wahrheit, die Politik nach Konsens, und der ist angesichts politischer Gegensätze in den wenigsten Fällen zu erwarten. Waren z. B. Wissenschaftler in einer Arbeitsgruppe bis spät in die Nacht hinein endlich im Konsens zu bestimmten Vorschlägen gekommen, so erschien garantiert am nächsten Morgen der Vertreter eines Landes und verkündete, er habe in der Nacht eine neue Direktive seiner Regierung erhalten und müsse heute den Konsens leider kündigen. Es ist frustrierend, als Wissenschaftler einem solchen üblen Spiel der Politiker hilflos ausgesetzt zu sein. Ich fürchte heute, dass dies das generelle Schicksal aller internationalen Mammutkonferenzen ist, auf denen Politiker das Sagen haben und Wissenschaftler im Grunde nur eine Statistenrolle spielen. Die bisher von der internationalen Gemeinschaft durchgeführten Klimakonferenzen scheinen das zu bestätigen.

Die Beziehungen zu Kollegen und Einrichtungen westlicher Länder wurden des Weiteren durch die Mitwirkung in dem Wissenschaftspolitischen Ausschuss der Weltföderation der Wissenschaftler gefördert, der seine Tagungen 1985 in der Nähe von Paris und 1986 in Budapest durchführte.

Vor allem aber lebte die Kommunikation zwischen Wissenschaftlern aus verschiedenen Teilen dieser Welt von Internationalen Kongressen. Ich hatte das Glück, an mehreren Weltkongressen für Philosophie und an den von Manfred Buhr und Wilhelm R. Beyer organisierten Internationalen Hegel-Kongressen teilzunehmen. Für die Belange der Wissenschaftsforschung spielten jedoch die Internationalen Kongresse für Wissenschaftsgeschichte und für Logik, Methodologie und Philosophie der Wissenschaft, die von der Internationalen Union für Geschichte und Philosophie der Wissenschaft (IUHPS) im Rahmen der UNESCO ausgerichtet wurden, eine besondere Rolle. Schon der II. Internationale Kongress für Wissenschaftsgeschichte, der 1931 in London stattgefunden hatte, bedeutete einen Markstein für die Entwicklung der Wissenschaftshistoriographie in der ersten Hälfte des 20. Jahrhunderts. An ihm hatte erstmals eine Delegation sowjetischer Wissenschaftshistoriker unter der Leitung von N. I. Bucharin teilgenommen. Boris Hessens Vortrag über „Die sozialökonomischen Wurzeln von Newtons ‚Principia'" wurde von den britischen Wissenschaftshistorikern infolge seiner historisch-materialistischen Betrachtungsweise der Entstehungsgeschichte der Newtonschen Mechanik als eine wahre Sensation empfunden und blieb nicht ohne Wirkung auf die späteren Arbeiten von Joseph Needham, J. B. S. Haldane, Lancelot Hogben, J. G. Crowther u. a.

Erstmalig nahm ich mit einer DDR-Delegation – noch als Mitarbeiter des Akademieinstituts für Philosophie – an dem XI. Kongress für Wissenschaftsgeschichte, der 1965 in Warschau und Krakau tagte, teil. Die Delegation stand unter der Leitung von Gerhard Harig, Direktor des Leipziger Karl-Sudhoff-Instituts für Geschichte der Naturwissenschaften, Technik und Medizin und Vorsitzender des vor dem Kongress gegründeten Nationalkomitees der DDR für Geschichte und Philosophie der Wissenschaft. Das Nationalkomitee der DDR hatte den Antrag eingebracht, in die Internationale Union aufgenommen zu werden. Mir ist nicht bekannt, auf wessen Widerstand dieses Ersuchen gestoßen war, jedenfalls wurde es abgelehnt. Doch wurde unser Nationalkomitee schließlich doch noch Mitglied der Union, was unseren sowjetischen Freunden zu danken war. Der Nestor der sowjetischen Wissenschaftshistoriker, A. P. Juschkewitsch, hatte nämlich gegen den ablehnenden Beschluss Einspruch wegen eines formalen Verfahrensfehlers erhoben, so dass die Abstimmung wiederholt werden musste und diesmal die Befürworter des Antrags die Mehrheit stellten. Aus heutiger Sicht glaube ich sagen zu können, dass Wissenschaftshistoriker der DDR auch auf allen späteren Kongressen mit ihren Beiträgen zum Erfolg dieser Veranstaltungen und zur weltweiten Zusammenarbeit auf dem Gebiet der Wissenschaftsgeschichte beigetragen haben.

1971 bekam die Sowjetunion den XIII. Internationalen Kongress für Wissenschaftsgeschichte zugesprochen. Er fand vom 18. bis 24. August in Moskau statt. Erstmalig begegnete ich dort drei Wissenschaftlern, mit denen mich in den folgenden Jahren glücklicherweise enge freundschaftliche Beziehungen verbinden sollten: Semjon Romanovič Mikulinskij, Gennadij Dobrow und Derek J. de Solla Price. Mikulinskij, ein profunder Biologiehistoriker, hatte B. M. Kedrow inzwischen als Direktor des Moskauer Akademieinstituts für die Geschichte der Naturwissenschaft und Technik abgelöst. Dobrow leitete die Abteilung „Komplexe Probleme der Wissenschaftswissenschaft" des Kiewer Akademieinstituts für Kybernetik; er war einer der ersten, der die Wissenschaftsforschung in der UdSSR mit aus der Taufe gehoben hatte, und hat später einige Jahre am Internationalen Institut für Angewandte Systemanalyse (IIASA) in Laxenburg bei Wien verbracht. Price aber, der an der Yale University Wissenschaftsgeschichte lehrte, war durch seine Arbeit „Little Science – Big Science" und die Entdeckung des exponentiellen Wachstums wissenschaftlicher Literatur gerade zur Weltberühmtheit aufgestiegen und war auf dem Moskauer Kongress zum ersten Präsidenten des International Council for Science Policy Studies (ICSPS) gewählt worden, in dem seit seiner Gründung auch Mikulinskij und ich mitarbeiteten.

Dobrow und Price verstanden sich ausgezeichnet miteinander; beide bevorzugten quantitative Methoden in der Wissenschaftsforschung. Zwischen Price und Mikulinskij indes entbrannte während des Kongresses eine Polemik. Price hatte auf Grund seiner Wachstumskonzeption der Wissenschaft für die USA den Übergang aus der exponentiellen Entwicklungsphase in den Sättigungsbereich der logistischen Kurve konstatiert und sagte nun der UdSSR voraus, dass sie in den nächsten Jahren eine ähnliche politische und intellektuelle Reaktion gegen Wissenschaft und Technik erfahren werde, wie sie in den USA bereits zu verzeichnen sei. Zu erwartende Verringerungen der Ausgaben für Wissenschaft und Forschung, der Verzicht auf sogenannte „unproduktive" Entwicklungslinien der Wissenschaft, eine zunehmende Skepsis gegenüber solchen gigantischen Forschungsprogrammen wie Kosmos und Hochenergiephysik, aber auch Kürzungen der Ausgaben im Bildungswesen seien Ausdruck dieser Reaktion. Mikulinskij hatte dem gegenüber darauf verwiesen, dass die von Price angesprochenen Erscheinungen in den USA nicht Folge einer unumstößlichen Gesetzmäßigkeit in der Entwicklung der Wissenschaft seien, sondern wohl vor allem aus den politischen und wirtschaftlichen Besonderheiten der USA resultierten. Ferner, so argumentierte er, bedeuteten Sättigungsphänomene in dieser oder jener Wissenschaftsdisziplin nicht einen allgemeinen Verfall der Wissenschaft und eine generelle Verlangsamung ihrer Entwicklung, sondern würden durch neu entstehende Problemfelder abgelöst, die ihrerseits wieder ein logistisches Wachstum der Publikationen, Ausgaben und der Anzahl der in sie involvierten Wissenschaftler erleben werden. Die nur quantitative Betrachtungsweise der Wissenschaft müsse demzufolge wesentlich durch eine historische ergänzt werden.

Price und Mikulinskij hatten im Grunde genommen beide recht und irrten sich beide. Mikulinskij stellte nicht die logistische Wachstumskonzeption als solche in Frage, wollte sie aber nicht als einzige Betrachtungsweise der Wissenschaft gelten lassen. Und Price war Wissenschaftshistoriker genug, um die historische Methode bei der Erforschung der Wissenschaftsentwicklung nicht in Abrede zu stellen. Was beide jedoch nicht voraussehen konnten, war, dass es nach zwei Jahrzehnten die UdSSR gar nicht mehr geben und damit der Streitpunkt zwischen beiden, ob die Wissenschaftsentwicklung in der UdSSR sich verlangsamen oder weiter prosperieren werde, gegenstandslos werden würde.

Mit Dobrow, Mikulinskij und Price waren mir bis zu ihrem jeweiligen Ableben noch viele erlebnisreiche Begegnungen und gemeinsame Unternehmungen vergönnt; mit Price vor allem die gemeinsame Arbeit im ICSPS, mit Mikulinskij die im Rahmen des gemeinsamen Forschungsprogramms der RGW-Länder.

Was aber Dobrow betrifft, so denke ich noch heute gern an jene abendlichen Stunden des 17. Februar 1982 zurück, die Gennadij, der sich in Berlin-Buch zu einer Fastenkur aufhielt, bei mir zu Hause verbrachte und während deren er mir sein neuestes Werk vorstellte. Es sollte „Homo Errarens", oder „Systemanalyse der Fehler", oder „Angewandte Systemanalyse von Mißerfolgen" oder kurz „Kaputtologie" heißen und die Pathologie komplexer Systeme untersuchen. Gegenstand der Kaputtologie sollte sein, wie Misserfolge in der Leitung großer Systeme in Erfolge umgemünzt werden können, also ein Unterfangen, das der sozialistischen Leitung und Planung der gesellschaftlichen Entwicklung keineswegs sympathisch sein konnte. Einer der kaputtologischen Grundsätze war: „Fehler und Misserfolge macht selbst ein Laie, aber nur der Kundige weiß aus ihnen künftige Erfolge zu machen". Um das zu gewährleisten, stellte Dobrow u. a. folgende Regeln, Postulate und Theoreme auf:

Gennadij Dobrow und Derek J. de Solla Price

– *Regel der Dimensionslosigkeit von Fehlern*: „Fehler pflegen nie so groß zu sein, dass es sich lohnen würde, sie auf mehrere Leute zu verteilen, und sie pflegen nie so klein zu sein, dass es sich lohnen würde, sie auf sich zu nehmen. Der Erfolg kann beliebig viele Väter haben. Dem Misserfolg genügt ein einziger. Und dieser einzige bist nicht DU".

- *Nützlichkeitspostulat*: „Es gibt keine Misserfolge, aus denen sich kein Nutzen ziehen ließe. Es gibt keine hoffnungslosen Situationen, sondern nur schlecht auf sie eingestelltes Verhalten".
- Die *AKUT-Regel*, welche die beste Art empfiehlt, wie man Reformen vorschlägt oder seine Leitung kritisiert: „Beeile Dich nicht damit, solange die Sache nicht wirklich akut ist. Dann aber handele nach dem Algorithmus, der im Worte AKUT kodiert ist:
  - A – Aufregen hilft nicht: Lächle!
  - K – Kurz nachdenken und sich Rat holen!
  - U – Unbedingt absagen oder vertagen!
  - T – Thema wechseln und an die laufende Arbeit denken!"

Man sieht, wie aktuell diese Regel auch für heutige Reformbewegungen, z. B. im Gesundheitswesen oder im Klimaschutz ist.
- *Regel des effektiven Verhaltens*: „Strebe nie nach nichtkorrigierbaren Erfolgen!"
- *Zuverlässigkeitstheorem*: „Wenn ein garantiert zuverlässiges System versagt, dann tut es das auf besonders zuverlässige Weise".
- *Postulat vom Privileg des Feuerwehrmannes*: „Je mehr der Leiter geneigt ist, Brände zu löschen, umso mehr gibt das System ihm die Möglichkeit, dies zu tun".

Noch nie hatten wir beide so viel und so herzlich gelacht wie in dieser halben Nacht. Es hat mir ein großes Vergnügen bereitet, das Dobrowsche Manuskript ins Deutsche zu übersetzen und es am Institut zur Kenntnis zu bringen. Doch ist es in der UdSSR natürlich nie erschienen, so dass es auch in der DDR nicht zu einer deutschen Ausgabe von Dobrows „Kaputtologie" gekommen ist.

In dem auf dem XIII. Kongress gegründeten International Council for Science Policy Studies lernte ich auch Ina Spiegel-Rösing aus der Bundesrepublik, Abdul Rahman aus Indien, Jean-Jacques Salomon aus Frankreich und Everett Mendelsohn aus den USA kennen. Ina war in der Bundesrepublik der führende Kopf jener kleinen Gruppe an der Universität Ulm gewesen, die ein Memorandum zur Wissenschaftsforschung in der BRD ausgearbeitet hatte und unter Berufung auf die DDR die Institutionalisierung dieses Wissenschaftsgebietes auch in der Bundesrepublik empfohlen hatte. Im April 1975 führten wir eine Tagung des ICSPS in Berlin durch.

Um ein Haar hätte sich Derek Price bei dieser Gelegenheit nicht einer Überschwemmung erwehren können. Ich hatte die Teilnehmer eines Abends zu mir in die Silberbergerstraße eingeladen. Meine Frau hatte ihr Bestes getan, um den Abend so angenehm wie möglich zu gestalten; sie hatte gefüllten Hecht zubereitet, der als jüdische Spezialität zumindest für Price und Salomon eine besondere Delikatesse darstellte. Noch viele andere Köstlichkeiten und Getränke füllten den Tisch; bei Nachbarn im Haus hatten wir Stühle geborgt, weil die vier, über die wir selbst verfügten, für eine so große Gesellschaft nicht ausreichten. Derek war über den Korridor zur Toilette gegangen, als plötzlich ein lauter Schlag ertönte, Wasser rauschte und er mit einem Schrei des Entsetzens „Günter! Help!" aus dem Bad gestürzt kam. Er hatte nicht wissen können, dass die Toilettenspülung in der dritten Etage, welche die oberste war, ihre Besonderheiten hatte und man den Knopf nicht zu stark drücken durfte.

Die breite internationale Zusammensetzung des Council, die später durch weitere Mitglieder aus Japan, Australien und anderen Ländern ergänzt wurde, hatte zur Folge, dass die Schicksale von Wissenschaft und Technik in den Ländern, in denen die Meetings des Council stattfanden, besser verstanden wurden. 1976 wählten mich die Mitglieder des Council zu dessen Vizepräsidenten. Wenn ich heute den Zeitraum überblicke, in dem ich an der Arbeit dieses Gremiums teilnehmen durfte, muss ich bekennen, dass außer der Mitarbeit an dem 1986 von der UNESCO herausgegebenen Werk „New technologies and development" sowie an dem 1992 erschienenen Band „Science and technology in developing countries" vom ICSPS kaum nennenswerte und vor allem die Entwicklung von Wissenschaft und Technik in den betreffenden Ländern befördernde Impulse ausgegangen sind. Von unschätzbarem Wert hingegen sind die persönlichen Kontakte und sogar Freundschaften, die durch die Arbeit in diesem Gremium entstanden sind.

Die weiteren Internationalen Kongresse für Wissenschaftsgeschichte, an denen teilzunehmen und vorzutragen mir vergönnt war, fanden 1974 in Tokyo und Kyoto, 1977 in Edinburgh, 1981 in Bukarest, 1985 in Berkeley (Cal.) und 1989 in Hamburg und München statt.

Im Vorfeld des Kongresses in Tokyo und Kyoto, auf dem auch eine Sektion „Wissenschaft und Gesellschaft" tagen sollte, hatte das ITW eine kleine Schrift mit demselben Titel und mit Beiträgen von G. Domin, H. Laitko, H. Steiner, Hans-Hermann Lanfermann und mir herausgebracht. Auch der International Council for Science Policy Studies (ICSPS), der sich inzwischen in eine „International Commission for Science Policy Studies" umgewandelt hatte, steuerte zum Kongress eine spezielle Publikation „Science Policy Studies" bei. In beiden war mein Beitrag über objektive Gesetzmäßigkeiten und Stimuli in der Entwicklung der Wissenschaft aufgenommen worden. Der wissenschaftliche Ertrag des Kongresses insgesamt war jedoch bescheiden. Dafür war der kulturelle Wert, die japanische Metropole Tokyo und die alte Kaiserstadt Kyoto mit ihren zahlreichen Tempeln und Shinto-Schreinen zu erleben, umso größer.

In Tokyo ereigneten sich außerhalb des Kongresses zwei Vorfälle. Der erste betraf den Kimono, den ich im Hotelzimmer auf dem Bett vorfand. Er trug ein Muster aus vielen kleinen schwarzen Hakenkreuzen auf weißem Grund. Ich war zunächst erschrocken, erinnerte mich aber dann, dass die Swastika ein altes, seit mindestens 5000 Jahren gebräuchliches buddhistisches Symbol ist, welches für das Heilbrin-

Thomas S. Kuhn (vorn, links)

v.l.n.r: Hubert Laitko, Hans Wußing, Günter Kröber. 2. Reihe: Tsuruko Tanaka, Herbert Hörz, Eberhard Wächtler, Minoru Tanaka

gende steht. Für eine Aufregung anderer Art sorgte Hubert Laitko. Er hatte sich vor der Reise nach Tokyo neue Schuhe gekauft. Leider waren sie etwas klein geraten, wodurch der Ärmste in dem heißen japanischen Sommer Blasen über Blasen an den Füßen bekam und in Pantoffeln zum Kongress erschien. Peinlich wurde dieser Umstand, als unsere kleine Delegation, zu der noch Hans Wußing aus Leipzig und Eberhard Wächtler von der Bergakademie Freiberg gehörten, zu einem Empfang in der Botschaft der DDR eingeladen wurden. Botschafter Brie zeigte sich indes großzügig und gestattete Hubert, sich in Strümpfen unter die Partygäste zu mischen.

Der Kongress in Tokyo brachte mir die erste Bekanntschaft mit Thomas S. Kuhn, die sich allerdings auf einen small talk am Rande eines Empfanges beschränkte.

Von der sprichwörtlichen japanischen Gastfreundschaft konnte sich unsere Delegation anlässlich eines Besuches bei der Familie des Wissenschaftshistorikers Tanaka überzeugen.

Das Thema des Edinburgher Kongresses 1977 waren die „Human Implications of Scientific Advance". Die Einleitungs- und Hauptreferate von Joseph Needham, Jean-Jacques Salomon und J. R. Ravetz (Großbritannien) zeichneten ein düsteres, von kulturellem Pessimismus getragenes Bild der Wissenschaft in Gegenwart und Zukunft. Needham konstatierte einen weltweiten Verfall der ethischen Bindungen und empfahl als Gegenmittel den konfuzianischen Glauben an das innere Licht sowie die möglichst baldige Installierung einer Weltregierung. Salomon akzentuierte eine tiefe Desillusionierung, die auf die Wissenschaftseuphorie nach dem zweiten Weltkrieg gefolgt sei, hielt sie für eine globale Erscheinung und forderte ein neues Paradigma, das es ermögliche, das kreative System Wissenschaft, das absehbare Bedrohungen der menschlichen Zukunft in sich berge, nichtsdestotrotz wirksam zu kontrollieren. Ravetz hingegen legte Wert auf das Verständnis von Wissenschaft als ein kulturelles Symbol und vermutete kulturhistorische Gründe für die Anti-Science-Bewegung. Dem gegenüber fragte Radovan Richta (Prag) nach den gesellschaftlichen Ursachen der krisenhaften Erscheinungen wissenschaftlicher Entwicklungen und der Welle des Anti-Scientismus. Er entwickelte die Vorstellung eines neuen Wissenschaftstyps, dessen Grundanliegen und Funktionen sich mit sozialen Strebungen im Einklang befinden und der es der Wissenschaft ermöglicht, ihrer gesellschaftlich-humanistischen Verantwortung voll gerecht zu werden.

Der Rückflug von Edinburgh nach Berlin war voller Probleme. Piloten und Fluglotsen streikten; es gab keine Flüge von Edinburgh nach London. Erst nach zwei Tagen in der Warteliste gelang es, nach London zu kommen. Doch auch dort regte sich nichts. Nach einer schlaflosen Nacht auf dem Flugplatz in Heathrow ermöglichte es eine Maschine der tschechoslowakischen Luftfahrtgesellschaft ČSA, erst einmal bis Prag zu kommen. Von dort ging es dann problemlos nach Berlin weiter. Ich kam in der Nacht vom 20./21. August in Berlin und zu Hause an. Am 21. August würde mein Vater in Erfurt seinen 75. Geburtstag begehen, bei dem ich zur Gästebetreuung vorgesehen war. Nach drei Stunden zu Hause machte ich mich mit einer Thermosflasche voll frischen und starken Kaffees per Auto auf den Weg nach Erfurt. Pünktlich sieben Uhr morgens konnte ich Vater gratulieren.

Der XVI. Kongress in Bukarest verlief ohne nennenswerte Höhepunkte. Ein kleiner Zwischenfall ereignete sich lediglich in einer Sektion, die von Hermann Ley geleitet wurde und in der französisch gesprochen wurde. Ein Mitarbeiter des Erlanger Instituts für Gesellschaft und Wissenschaft zeichnete in deutscher Sprache ein vernichtendes

Bild der Logik-Diskussion in den 50er Jahren in der DDR. Hermann Ley, der diese Zeit selbst aktiv mit durchlebt hatte, führte in einer längeren Replik in sauberstem Französisch aus, wie diese Diskussion tatsächlich verlaufen war. Der Gast aus Erlangen hatte nichts verstanden und bat, das Ganze noch einmal in Deutsch hören zu dürfen. Darauf Hermann Ley in Deutsch: „Junger Mann, kommen Sie in der Pause zu mir, dann kann ich Ihnen erzählen, was damals in der DDR wirklich los war."

Zwischen dem XVI. und dem XVII. Kongress für Wissenschaftsgeschichte lag das Jahr 1983. In ihm verlor die internationale Gemeinschaft der Wissenschaftsforscher zwei ihrer bedeutendsten Repräsentanten. Am 21.7. verstarb Radovan Richta, der Direktor des Instituts für Philosophie der Tschechoslowakischen Akademie der Wissenschaften, und am 3.9. Derek J. de Solla Price, der erste Präsident der International Commission for Science Policy Studies der IUHPS. Das Werk beider ist mehr als nur der reiche Ertrag des Schaffens zweier produktiver Wissenschaftlerpersönlichkeiten. Sie stehen für zwei Tendenzen der Wissenschaftsforschung im 20. Jahrhundert, die für deren Entwicklung seit den 30er Jahren kennzeichnend geworden sind und heute mehr und mehr der Vereinigung bedürfen. Die eine ist die Tendenz, Wissenschaft als eine soziale Erscheinung zu verstehen und sie im Wesentlichen mit dem begrifflichen und methodischen Arsenal der Sozialwissenschaften zu untersuchen. Die andere ist bemüht, zur Erforschung der Wissenschaft methodische Instrumentarien einzusetzen, die vorwiegend aus dem Bereich der Naturwissenschaften stammen und quantitativ zu messen und zu zählen, was im Bereich der Wissenschaft nur immer messbar und abzählbar ist.

Price hat die Wissenschaftsmetrie in das Bewusstsein der Öffentlichkeit gehoben, als er in den 60er Jahren das exponentielle Wachstumsgesetz wissenschaftlicher Literatur entdeckte. Seine Darstellung der neueren Wissenschaftsgeschichte als Übergang von der „Little Science" zur „Big Science" beansprucht nicht nur wissenschaftshistorisches und -theoretisches Interesse, sondern impliziert auch wissenschaftspolitische und -organisatorische Konsequenzen, die den praktischen Betrieb wissenschaftlicher Arbeit und die Interdependenzen zwischen Wissenschaft und Gesellschaft unmittelbar berühren. Insbesondere war Price in den 70er Jahren zu der Einsicht gelangt, dass in dem Maße, wie das exponentielle Wachstum der Wissenschaft in die Sättigungsphase übergeht, eine „New Science" unabdingbar sei, für die sich die Wechselwirkung von Wissenschaft und Technik mit der Gesellschaft grundlegend anders gestalten müsse als in den vergangenen Jahrhunderten. Hier ist der Schnittpunkt zwischen Price und Richta. Letzterer akzentuiert in dem von ihm anvisierten neuen Wissenschaftstyp insbesondere die aktive Wahrnehmung sozialer und humanistischer Verantwortung für die Nutzung des wissenschaftlich-technischen Fortschritts im Interesse des sozialen Fortschritts. Beide waren sich im Klaren, dass der neue Typ der Wissenschaft nur das Produkt eines längeren historischen

Prozesses sein kann. Es bleibt zu prüfen, ob und wieweit wir diesem Ziele heute näher gekommen sind.

Der XVII. Kongress in Berkeley 1985 brachte mir ein erneutes Treffen mit Thomas S. Kuhn und die Bekanntschaft mit Fritjof Capra.

Kuhn war 1962 mit seinem Essay „Die Struktur wissenschaftlicher Revolutionen" hervorgetreten. Der Erkenntnisfortschritt in der Wissenschaft ist ihm zufolge kein kumulativer Prozess, sondern erfolgt durch Ablösung eines Paradigmas durch ein anderes. Unter einem Paradigma wird dabei eine allgemein anerkannte wissenschaftliche Leistung verstanden, die für eine gewisse Zeit einer Gemeinschaft von Fachleuten Modelle und Lösungen liefert. Die Arbeit im Rahmen eines für eine wissenschaftliche Gemeinschaft geltenden Paradigmas ist „normale Wissenschaft". Mit dem Auftreten von Anomalien in Gestalt neuer Messwerte, Beobachtungen usw., die durch das herrschende Paradigma nicht erklärt werden können, wird seine die Gemeinschaft prägende Rolle erschüttert, und schließlich wird es durch ein neues Paradigma abgelöst: Es findet eine wissenschaftliche Revolution statt.

Die Debatte um das Kuhnsche Konzept der Wissenschaftsgeschichtsschreibung dauerte gute zwei Jahrzehnte. In ihrem Verlauf gab es viele kritische Äußerungen, z. B. zur Unbestimmtheit des Paradigmabegriffs, zur undialektischen Gegenüberstellung von Fortschritt und Tradition, Kontinuität und Diskontinuität, normaler Wissenschaft und wissenschaftlicher Revolution, kumulativem Wachstum und qualitativem Wandel u.a. Das ITW hatte in Vorbereitung auf den XVII. Kongress bereits 1983 ein Heft seiner Reihe „Studien und Forschungsberichte" herausgebracht, in dem „Alternatives zu Th. S. Kuhn" geboten wurde. Eginhard Fabian, ein Schüler Gerhard Harigs, schilderte, wie Harig bereits zu Beginn der 60er Jahre mit seiner Forderung, die fortschrittlichen Traditionen in der Geschichte der Wissenschaft historisch aufzuarbeiten, zur Auseinandersetzung mit Kuhns Konzept beigetragen hat. Ursula Geißler, Vita und Karlheinz Lüdtke und Joachim Tripoczky stellten eine Fallstudie zu den Ursprüngen der Molekularbiologie vor, in der sie u. a. zeigten, dass ein neues Paradigma nicht unbedingt Voraussetzung für die Kommunikation und Kooperation in einer wissenschaftlichen Gemeinschaft sein muss, sondern umgekehrt auch als Resultat der Entfaltung interdisziplinärer Kommunikation und Kooperation erklärt werden kann.

Auf dem Kongress war Kuhn mit einem Hauptvortrag angekündigt. Als er geendet hatte, herrschte unter den Teilnehmern allgemeine Enttäuschung darüber, dass er über das 1962er Buch und das nachfolgende „Die Entstehung des Neuen. Studien zur Struktur der Wissenschaftsgeschichte" hinaus selbst nichts Neues zu sagen hatte. Eine fundierte inhaltliche Auseinandersetzung mit seinen Kritikern fehlte völlig, stattdessen bot er eine quantitative Analyse der kritischen Stellungnahmen zu seinem Konzept. Allerdings vermerkte er, dass im Laufe der letzten Jahrzehnte das Interesse der Wissenschaftshistoriker sich verstärkt den Problemen der sozialen Einbettung der Wissenschaft zugewandt hat. Am Tage nach seinem Vortrag traf ich Kuhn auf der Terrasse eines Cafés in der Nähe der Universität. Er las Zeitung. Ich wartete einen günstigen Augenblick ab, um ihn anzusprechen, mich vorzustellen und ihm ein Exemplar besagten Heftes unserer Reihe „Studien und Forschungsberichte" zu überreichen. Er bedankte sich freundlich, wir unterhielten uns noch ein wenig, dann las er weiter in seiner Zeitung. Ich bin überzeugt, dass er nie einen Blick in unser Heft hinein getan hat.

Ganz anders verlief mein Treffen mit Fritjof Capra. Capra, 1939 in Wien geboren, als Atomphysiker ein Schüler Heisenbergs, beschäftigte sich mit dem Verhältnis zwischen moderner Physik und östlicher Philosophie sowie mit den philosophischen und gesellschaftlichen Konsequenzen der modernen Naturwissenschaft überhaupt. 1975 war sein Buch „Das Tao der Physik", in Deutsch auch als „Der kosmische Reigen" bekannt, erschienen. Die Grundthese des Buches war, dass die Wissenschaft die Mystik nicht braucht und die Mystik nicht die Wissenschaft, aber der Mensch braucht beides; es bedarf eines dynamischen Zusammenspiels der mystischen Intuition und der wissenschaftlichen Analyse. 1982 war er mit seinem Buch „Wendezeit. Bausteine für ein neues Weltbild" hervorgetreten. Er diagnostizierte der heutigen Gesellschaft eine ähnliche Krise, wie sie die klassische Physik durchlebt hat, bevor die Erforschung der atomaren und subatomaren Welt zu einer neuen Sicht der Wirklichkeit geführt hat, die unser Weltbild im 20. Jahrhundert tiefgreifend verändert hat. Als Kennzeichen dieser Krise benennt er den kollektiven nuklearen Irrsinn, die Gefahr eines Kernwaffenkrieges, wirtschaftliche Anomalien wie hohe Inflations- und Arbeitslosenraten, die Erschöpfung der Energiereserven, die Krise des Gesundheitswesens, die Umweltverschmutzung und sonstige ökologische Katastrophen sowie die steigende Flut von Gewalt und Verbrechen. Eine Lösung dieser Probleme sei nur dann möglich, wenn tiefgreifende Umwandlungen unserer gesellschaftlichen Institutionen, Werte und Ideen erfolgen. Besonders drei Übergangsperioden, die gegenwärtig zusammenzufallen scheinen, werden die Grundlagen unseres Lebens erschüttern und unser gesellschaftliches, wirtschaftliches und politisches System radikal verändern: der unvermeidliche Verfall des Patriarchats, das nahe Ende der Auffassung des Universums als eines mechanischen Systems, des Bildes des Lebens in einer Gemeinschaft als Konkurrenzkampf um die nackte Existenz und des Glaubens an den unbegrenzten materiellen Fortschritt, der durch wirtschaftliches und technologisches Wachstum erreicht werden kann.

Beide Bücher hatten mich stark beeindruckt. 1984 hatte Capra dann mit einigen Getreuen das Elmwood Institute in Berkeley gegründet, eine Art ökologischer „think tank", das internationale Meetings organisierte und grüne Literatur verbreitete. Von Manon Maren-Grisebach, einer Grünen-Aktivistin der Bundesrepublik, die im Zusammenhang mit den Hegel-Kongressen ab und zu im Institut von Manfred Buhr zu tun hatte, erfuhr ich, dass sie Capra persönlich kannte. Wir versicherten uns unserer beiderseitigen Sympathie für Capra, und Manon erwirkte, dass ich eine Einladung des Elmwood Institutes zu einer internationalen und interdisziplinären Tagung „Ethische Kriterien für die heutige Wissenschaft" vom 23.–24.2.1985 in Bad Liebenzell im Schwarzwald erhielt, an der neben Capra und Manon u. a. auch Erika Hickel aus der Bundesrepublik, der österreichische Zukunftsforscher Robert Jungk und der chilenische Philosoph Francisco Varela teilnahmen.

Mein zweites Treffen mit Capra fand sodann anlässlich des XVII. Kongresses in Berkeley statt. Anders als in Bad Liebenzell vertieften wir uns jedoch nicht in philosophische Diskussionen, sondern unternahmen eine Fahrt in seinem Auto mit dem Kennzeichen TAO 75 entlang der kalifornischen Atlantikküste und mit einem einzigartigen Blick auf San Francisco. Bei dieser Gelegenheit erfuhr ich von seinem Plan, das Kapitel „Das Systembild des Lebens" aus „Wendezeit" zu einer Theorie lebender Systeme zu erweitern und zu vertiefen, die ein einheitliches Bild von Materie, Geist und Leben vermitteln soll. Doch zehn Jahre harter Arbeit sollten noch vergehen, bevor 1995 sein neues Buch „Lebensnetz. Ein neues Verständnis der lebendigen Welt" erschien.

Der Kongress in Berkeley hat mir noch eine weitere Erfahrung beschert, nämlich die, dass nicht nur die Staatssicherheit der DDR auf gut funktionierende Informationskanäle Wert legte.

Fritjof Capra vor seinem Auto mit dem Kennzeichen TAO 75   Fritjof Capra (im Hintergrund San Francisco)

Unsere kubanischen Freunde hatten beschlossen, unmittelbar vor dem Berkeley-Kongress selbst einen „Ersten Lateinamerikanischen Kongress für Wissenschaftsgeschichte" einzuberufen. Potentielle Teilnehmer am Berkeley-Kongress sollten Gelegenheit haben, zunächst in Havanna am Kongress teilzunehmen, um sodann mit einem Charterflugzeug nach San Francisco gebracht zu werden. Der lateinamerikanische Kongress war gut besucht; vom ITW nahm außer mir Karl-Heinz Strech teil. Allerdings stellte sich nach Abschluss des Kongresses heraus, dass es keine Charterflüge von Kuba in die USA gibt, und die einzige Möglichkeit, nach San Francisco zu gelangen, über Mexico führte, mit dem Kuba ein Luftfahrtabkommen hatte. Doch die Flüge von Havanna nach Mexico City waren in der Regel aus- und überbucht. Nach zwei Tagen in der Warteliste erhielt ich schließlich einen Platz für den 27.7. Die Verspätung bereitete keine Probleme, weil der Kongress in Berkeley erst am 31.7. beginnen sollte. Vom Flughafen in Mexico gab es jedoch keinen direkten Weiterflug nach San Francisco; auch hier wieder: Warteliste mit der Gewissheit, dass am Sonntag, den 28.7., kein Flug nach San Francisco abgehen wird. Auf dem Flug von Havanna nach Mexico hatte ich Alejandro Encina kennen gelernt, einen mexikanischen Wissenschaftshistoriker, der mit einer russischen Frau verheiratet war und selbst fließend Russisch sprach. Um mir die Wartezeit im Flughafenhotel zu verkürzen, lud er mich für den nächsten Tag zu einer Fahrt zu den Pyramiden von Teotihuacan ca. 50 km nordöstlich von Mexico-City ein. Es war ein unvergessliches Erlebnis, die Sonnenpyramide bestiegen zu haben und von ihrer Plattform aus hinüber zur Mondpyramide zu schauen; den Abstieg über die vielen Stufen vollzog ich jedoch vorsichtshalber im Rückwärtsgang und auf allen Vieren. Am frühen Morgen des 29.7. erfuhr ich, dass in Kürze eine Maschine nach San Francisco starten wird. Ich fand mich auf dem Flughafen ein und erhielt tatsächlich einen Platz in dem Flugzeug. Gegen 13.30 Uhr kam ich auf dem Flughafen von San Francisco an. Schon während des Fluges hatte ich mich gefragt, wohin ich mich wohl wenden muss, um eine Unterkunft zu bekommen, denn der Kongress sollte erst am 31.7. beginnen; das Organisationsbüro des Kongresses war also noch geschlossen. Doch kaum hatte ich mich in der Ankunftshalle nach einem Informationsstand umgeschaut, als ich eine Stimme rufen hörte: „Herr Kröber!" Ich hielt den Ruf für eine Halluzination. Doch beim zweiten „Herr Kröber!" sah ich einen jungen Mann auf mich zueilen, der mich freudig begrüßte. „David", rief ich nun meinerseits. „Wie gut, dass ich Dich hier treffe. Kannst Du mir weiterhelfen?"

David K. Robinson war ein Mitarbeiter des Departments für Wissenschaftsgeschichte der Universität Berkeley. Er hatte Anfang 1985 Deutschland und auch beide Teile Berlins besucht, um das Kongressprogramm abzustimmen. „Ja natürlich", erwiderte er. „Ich bin doch gekommen, um Sie abzuholen." – „Aber woher wusstest Du denn, dass ich gerade jetzt in San Francisco ankomme?" – „Wir haben heute gegen

Mittag eine Mitteilung von der Akademie der Wissenschaften in Washington des Inhalts ‚Ankunft Kröber in San Francisco am 29.7.85 um 13.35 Uhr mit Mexicana 976' erhalten. Und nun bin ich hier, um Sie zu empfangen und zu begrüßen". Diesmal war ich ehrlich erfreut über das Leistungsniveau der amerikanischen Informationsdienste.

Nach Berkeley und einem mehrtägigen Aufenthalt in Washington, wo ich intensiv die Museen der Smithsonian Institution studierte, kehrte ich gerade noch rechtzeitig zur Hochzeit meiner Tochter Monika am 15.8.85 nach Hause zurück. Niemand – weder von meinen amerikanischen Gastgebern noch von meinen deutschen Kollegen – konnte damals verstehen, warum ich nicht die Chance wahrgenommen habe, die im Aufenthaltsprogramm vorgesehenen Wissenschaftseinrichtungen in Los Angeles und Chicago zu besuchen. Doch ich sagte mir: „Meine Tochter heiratet nur einmal, und da will ich dabei sein." Wie Recht ich mit dem ersten Teil des Satzes hatte, erwies sich bereits am Ende dieses Hochzeitsjahres, nachdem sie erkannt hatte, dass ihre Wahl ein totaler Fehlgriff gewesen war.

Ein Erlebnis besonderer Art hingegen war der Urlaub mit Kai im Jahre 1987. Wir hatten uns die Hohe Tatra ausgeguckt und im Grand Hotel in Starý Smokovec eine Bleibe gefunden. Nach der Ankunft am 15. August beschlossen wir am zweiten Tag unseres Aufenthaltes kühn eine Bergwanderung. Eine Karte von der Umgebung verzeichnete verschiedene Wanderwege. Wir wählten die Tatranská magistrala, die von einer Station unweit von Starý Smokovec etwa 46 Kilometer durch die Berge führt und dann wieder in der Nähe unseres Standortes endet. Hätte ich gewusst, was uns an diesem 17. August 1987 bevorsteht, ich hätte mich nie auf dieses Abenteuer eingelassen.

Zunächst führte ein normaler Weg moderat bergauf, fiel dann wieder etwas ab und lief in einem engen Tal aus, in dem ein kleiner Gasthof zum Rasten einlud. Hinter dem Gasthof aber erhob sich eine dunkle Wand, fast senkrecht und fast bis an die Wolken. Auf ihr sah man seltsame feine Striche, die sich im Zick-Zack von unten nach oben zogen, Ameisenstraßen ähnlich. Bei genauerem Hinsehen erkannte ich, dass es sich um einen schmalen Pfad handelt, auf dem Menschen sich bewegten, die einen von unten nach oben, andere von oben nach unten. „Schau Dir dieses Ameisengewimmel an", sagte ich zu Kai. „Da hinauf könnte mich keiner kriegen. Wir gehen hier unten im Tal weiter, egal wo wir landen." Mein Sohn senkte betreten die Augen. „Ich fürchte", antwortete er, „wir haben keine andere Wahl, wenn wir den Weg, den wir soeben gekommen sind, nicht einfach zurück gehen wollen. Die Tatranská magistrala führt nach der Karte hier hinauf; es gibt keinen anderen Weg im Tal." Schweren Schrittes begannen wir den Aufstieg auf dem schmalen Zick-Zack-Ameisenpfad. Mit mehreren Ruhepausen näherten wir uns nach zwei Stunden dem Gipfel. Von oben kamen uns mit festen Schuhen und Stöcken ausgerüstete Wanderer entgegen. „Wo

Günter Kröber mit Sohn Kai in der Hohen Tatra

wollt Ihr denn hin?", fragten sie. „Nach Starý Smokovec." „Heute noch?", lachten sie uns aus. „Von da sind wir heute Morgen um 6 Uhr aufgebrochen."

Schließlich erreichten wir das obere Plateau. Das heißt, ich glaubte, wir seien oben und hätten das Gröbste geschafft. Doch vor uns türmte sich eine neue Felswand, nur Felsbrocken und Steine ringsum. Wir hatten in Wirklichkeit nur den Anfang hinter uns gebracht. Der eigentliche Aufstieg begann jetzt erst. Ein Weg war nicht mehr in Sicht. Nur Felsen und Steinplatten. Ab und zu bestätigte eine Markierung, dass wir uns noch auf der Tatranská magistrala befanden. Die Füße in den Halbschuhchen begannen zu schmerzen. Neidisch blickte ich einigen Bergziegen hinterher, die leichtfüßig über die Felsen sprangen. Weit und breit war kein Mensch mehr zu sehen. Nur ab und zu tauchte eine kleine Gruppe auf und verschwand nach einer müden Begrüßung hinter dem nächsten Felsvorsprung. Stunden vergingen. Laufen konnte man unsere Art der Fortbewegung schon nicht mehr nennen. Es war ein ständiges Klettern, Steigen, Umgehen von Felsbrocken, ab und zu mit einem vorsichtigen Blick den rechterhand steil abfallenden Hang hinunter. Es wurde Nachmittag, und es begann schon zu dunkeln, als Kai anhand der Wanderkarte feststellte, dass wir etwa die Hälfte des Weges bis nach Starý Smokovec zurückgelegt haben müssten. Mir graute bei der Vorstellung, die Nacht in irgendeiner Felsenhöhle bei grimmiger Kälte und vielleicht in der Gesellschaft einiger Bergziegen verbringen zu müssen. Kai war jedoch vorausgegangen und kam mit der Nachricht zurück, dass eine geringe Wegstrecke vor uns eine Schlucht nach unten führe, durch die wir vielleicht den Abstieg wagen könnten. Das Vorhaben war nicht ungefährlich, doch wir nahmen eher dieses Risiko in Kauf als dasjenige, in der Felsenwüste übernachten zu müssen. Der Abstieg durch die wilde Schlucht erwies sich fast mindestens so schwierig wie der Aufstieg auf dem Ameisenpfad. Als endlich ein erster Vogelruf ertönte und ein erstes Grün zwischen den Steinen emporspross, war uns, als seien wir in eine andere Welt zurückgekehrt, aus der grauen, steinernen und stummen Welt in die grünende und zwitschernde, in die lebende Welt. Am Fuße der Schlucht stießen wir glücklicherweise auf eine der kleinen Stationen der Bergbahn, mit der wir wieder nach Starý Smokovec und mit wunden Füßen in unser Hotel gelangten.

Kai und ich schworen uns, die Hohe Tatra und überhaupt steile und hohe Berge nie wieder besteigen zu wollen. Nach einem Tag der Ruhe wählten wir deshalb als Ausflugsziel eine nicht allzu entfernte Tropfsteinhöhle. Doch auch diese Entscheidung hatte ihre Tücken und erwies sich als ein erneuter Fehlschlag. Denn in der Höhle führte der Weg über glitschige Treppen und Pfade nur immer nach oben, bis zur Spitze des Berges. Hatten wir auf der Tatranská magistrala die Hohe Tatra von außen bestiegen, so leisteten wir das Ganze noch einmal, doch diesmal von innen.

Den Rest unseres Urlaubs verbrachten wir damit, Hubert Laitko zu besuchen, der mit seiner Frau Sigrid und Tochter Ulrike in der Nähe eine Ferienwohnung gemietet hatte und sich bestens in der Umgebung auskannte. Familie Laitko bevorzugt meistens bergige Gegenden als Urlaubsziele, selbst im Winter. Ich habe diese Gewohnheit stets mit Skepsis betrachtet, weil ich jedesmal fürchten musste, Hubert könnte einmal körperlichen Schaden nehmen, aber Sigrid, die eine gute Ärztin ist, wusste ihn immer gut zu behüten. Die restlichen uns verbliebenen Tage bewegten Kai und ich uns jedoch nur noch in den niederen Gefilden der „Vereinigten Staaten von Smokovec", zu denen außer Starý Smokovec noch Nový, Dolní, Nizní und Horní Smokovec gehören.

Nach diesem Abstecher in die Hohe Tatra nun zurück zu den Internationalen Kongressen. Der XVIII. Internationale Kongress für Wissenschaftsgeschichte war vom 1.8.–9.8.1989 an die Bundesrepublik Deutschland vergeben worden. Die räumliche Nähe der Tagungsorte Hamburg und München ließ die Wissenschaftshistoriker der DDR hoffen, mit einer zahlenmäßig größeren Delegation auf dem Kongress präsent sein zu können, umso mehr, als die Regierung der DDR unter dem Druck einer zunehmenden Zahl von Ausreiseanträgen ihrer Bürger die Reisebestimmungen schon nicht mehr so restriktiv handhabe wie noch zur Zeit des XVII. Kongresses. In Abstimmung mit der Akademie der Wissenschaften und dem Ministerium für Hoch- und Fachschulwesen konnte das Nationalkomitee der DDR eine 30-köpfige Delegation entsenden, so viel wie noch zu keinem anderen der Internationalen Kongresse für Wissenschaftsgeschichte. Die Teilnehmer aus dem ITW waren Hubert Laitko und ich, Jochen Richter, Dieter Hoffmann und Wolfgang Girnus; das Zentralinstitut für Geschichte der Akademie hatte Conrad Grau und Helmut Steiner entsandt; die übrigen Teilnehmer kamen aus den Universitäten von Berlin, Leipzig, Dresden, Halle, Rostock, Jena und der Bergakademie Freiberg. Aus der UdSSR reiste gar eine 60-köpfige Delegation an. Insgesamt nahmen am Kongress ca. 1000 Wissenschaftshistoriker aus ca. 50 Ländern teil.

In etwa 100 verschiedenen Veranstaltungen bot sich reichhaltige Gelegenheit, das Generalthema „Wissenschaft und Staat" unter vielfältigen Aspekten zu beleuchten. Ein durchgängiger Wesenszug aller Debatten war der sachliche, argumentative Dialog und Meinungsstreit um die Rolle der Wissenschaft in der gesellschaftlichen Entwicklung und die Beziehungen zwischen Wissenschaft und Staat in den verschiedenen historischen Epochen und in unterschiedlichen Gesellschaftssystemen. Das Thema verlieh den Debatten natürlich deutliche politische Akzente. Ein besonderer Schwerpunkt war dabei die Wissenschaftsentwicklung im 20. Jahrhundert und insbesondere die Analyse der faschistischen Wissenschaftspolitik. Wissenschaftshistoriker der Bundesrepublik und der DDR legten dazu Forschungsresultate vor, die von einer eingehenden Beschäftigung mit der Faschismusproblematik in der Wissenschaft zeugten. Dem gegenüber ließ das wissenschaftliche Niveau des von den Veranstaltern in Hamburg organisierten Kolloquiums zum Thema „Wissenschaft und Stalinismus" deutlich zu wünschen übrig. Zwei sowjetische Wissenschaftler und ich waren kurzfristig gebeten worden, die Leitung dieser Veranstaltung zu übernehmen. Die Beiträge der Teilnehmer beschränkten sich zumeist auf die Darlegung historischer Fakten – Lyssenkoismus, Resonanztheorie, Planungskonferenz 1931 –, ohne das Verhältnis von Politik und Wissenschaft grundsätzlicher auszuloten.

Bemerkenswert war auch auf diesem Kongress wie schon auf früheren die breite Behandlung der Sozialgeschichte der Wissenschaft, der die Auffassung von der Wissenschaft als ein sozialer Prozess zugrunde liegt, ein vom Marxismus inspiriertes methodologisches Konzept, das noch vor zwei Jahrzehnten sehr umstritten war.

In München hatte ich zum 50. Jahrestag des Erscheinens von Bernals Buch „Die soziale Funktion der Wissenschaft" ein Symposium des ICSPS organisiert. Es war von ca. 100 Teilnehmern besucht. In zehn halbstündigen Vorträgen, unter deren Autoren sich der Präsident des ICSPS Everett Mendelsohn (USA), der Präsident der Weltföderation der Wissenschaftler Jean-Marie Legay (Frankreich), Bernals damaliger Mitarbeiter Alan L. MacKay (Großbritannien) sowie Wissenschaftler aus Polen, der ČSSR und der DDR befanden, wurde die Aktualität der Bernalschen Konzeption von der sozialen Funktion der Wissenschaft allseitig gewürdigt.

In München fand auch eine Geschäftssitzung des ICSPS statt, auf der aber lediglich Anträge auf neue Mitgliedschaften geprüft und ein für Juni 1990 in Prag vorgesehenes Meeting vorbesprochen wurde.

In das neue Leitungsgremium der IUHPS wurde Hans Wußing als 2. Vizepräsident gewählt. Vier andere Wissenschaftler der DDR – Martin Guntau (Rostock), Eberhard Wächtler (Freiberg), Horst Remane (Halle) und Walter Purkert (Leipzig) – wurden in Leitungsgremien von Kommissionen der IUHPS gewählt.

Der XIX. Kongress 1993 wurde nach Spanien vergeben. Ein schlagender Beweis dafür, dass Wissenschaftshistoriker nicht auch gleichzeitig gute Prognostiker sein müssen, war das wiederholte Angebot des Nationalkomitees der DDR, den XX. Kongress 1997 in der DDR durchzuführen.

Die Geschichte des ITW und mein Anteil daran wären nur unvollständig wiedergegeben, wenn nicht unserer Kontakte zu dem Institut für Gesellschaft und Wissenschaft an der Universität Erlangen – Nürnberg (IGW) gedacht würde.

Als dieses Institut 1963 gegründet wurde, hatte wohl noch niemand gedacht, dass es einmal einer der beiden Brennpunkte der Wissenschaftsforschung in Deutschland werden würde. Geboren wurde es zunächst als ein Kolleg für zeitgeschichtliche Studien, an dem vorwiegend deutschlandpolitische Probleme im Mittelpunkt der Forschungen standen. Im Verlaufe der 60er Jahre, als man in der DDR glaubte, die wissenschaftlich-technische Revolution meistern zu können, und die Beschleunigung des wissenschaftlich-technischen Fortschritts als die wichtigste Bedingung für die Entwicklung der Volkswirtschaft angesehen wurde, konzentrierte sich das Interesse des Studienkollegs mehr und mehr auf die Analyse der Wissenschaftspolitik und die Entwicklung des Wissenschaftssystems der DDR. Dies wiederum ließ es zweckmäßig erscheinen, nach theoretischen Grundlagen für die Beurteilung des Verhältnisses von Politik, Gesellschaft und Wissenschaft zu fragen, und zwar mit dem Blick auf beide damals existierende deutsche Staaten. Seit Ende der 60er Jahre kann man also davon sprechen, dass sich die Wissenschaftsforschung in beiden deutschen Staaten zu etablieren begann und von Anfang an eine Doppelfunktion zu erfüllen hatte: Theoretische Forschungen zur Struktur, Funktion und Entwicklung der Wissenschaft in der Gesellschaft und wissenschaftspolitische Analysen zur aktuellen Situation der Wissenschaft in der Gesellschaft der Bundesrepublik und der DDR.

Von der Existenz des IGW erfuhr ich im Oktober 1972. Am Institut besuchte mich Heinz Kosin, der wie ich in den 60er Jahren am Institut für Philosophie gearbeitet hatte, dann aber zu dem 1971 gegründeten Institut für Internationale Politik und Wirtschaft (IPW) gewechselt war. Aus dem Gespräch war zu entnehmen, dass am IPW vorwiegend Analysen zur politischen und wirtschaftlichen Situation in westlichen Ländern erarbeitet werden, die unmittelbar dem Staatsrat bzw. dem Ministerrat der DDR zugeleitet würden. Bei seinen Aufenthalten in der Bundesrepublik hatte er von der Existenz des IGW erfahren und war mit dessen stellvertretenden Direktor Clemens Burrichter bekannt geworden. Mein Interesse vorausgesetzt, bot er mir an, mich mit Herrn Burrichter bekannt zu machen. Auch gäbe es die Möglichkeit, an Werkstattgesprächen zu Problemen der Wissenschaftsforschung und der aktuellen Wissenschaftspolitik, die das Institut plant, teilzunehmen. Mein Interesse war fraglos gegeben, und so lernte ich Clemens Burrichter noch im Oktober kennen, als er zu einem Arbeitsaufenthalt am IPW weilte.

Zum zweiten Mal trafen wir uns in Bonn, als Heinz Kosin mit hochrangigen Militärs Gespräche führte und ich von Clemens Burrichter und seinem Mitarbeiter Eckart Förtsch über die Arbeit des IGW informiert wurde. Dabei wurde u. a. vereinbart, dass an den vom IGW alljährlich geplanten Werkstattgesprächen nach Möglichkeit auch Mitarbeiter des ITW als Referenten, Gesprächs- und Diskussionspartner teilnehmen sollten.

In den Folgejahren haben bis 1991 tatsächlich 20 solcher Werkstattgespräche stattgefunden. Ihre Themen und ihre Teilnehmer habe ich im Heft 89/1998 der Zeitschrift „Utopie kreativ" dokumentiert. Sie dienten einerseits dem Vergleich der Wissenschaftssysteme in der Bundesrepublik und in der DDR, der Diskussion von Strategien für die 80er Jahre und insbesondere für die Wissenschaftskooperation zwischen Ost und West, der Einschätzung des Standes der wissenschaftlich-technischen Revolution und insbesondere der modernen Informationstechnologien in Ost- und Westeuropa, als auch andererseits der Diskussion von Fragen der historischen Wissenschaftsforschung sowie der Theorie und Praxis der Wissenschaftsforschung im internationalen Vergleich. Ihren wichtigsten Ertrag sehe ich jedoch darin, dass sie ein Forum abgaben, auf dem Wissenschaftler aus Ost und West sich treffen und in kollegialen Diskussionen ihre Standpunkte austauschen konnten.

Seitens der DDR haben im Laufe der Jahre neben mir Hubert Laitko, Reinhard Bobach, Frank Hartmann, Hans-Peter Krüger, Karl-Heinz Strech und Rainer Voß vom ITW an derartigen Veranstaltungen teilgenommen, sowie John Erpenbeck und Karl-Friedrich Wessel aus Berlin, Reinhard Mocek aus Halle, Horst Klinkmann aus Rostock, Wolfgang Pompe aus Dresden und Rüdiger Stolz aus Jena.

In den 80er Jahren konnte man auch eine zunehmende Anzahl von Wissenschaftlern aus den osteuropäischen Ländern auf den Erlanger Werkstattgesprächen antreffen, so Władysław Markiewicz und Ignacy Malecki von der Polnischen Akademie der Wissenschaften, Karel Müller aus Prag, János Farkas von der Ungarischen Akademie der Wissenschaften und Màté Szabo von der Universität Budapest, Kostadinka Simeonova von der Bulgarischen Akademie der Wissenschaften, Galja Belkina und Vitalij Gorochov aus Moskau und Gennadij Dobrow aus Kiew; lediglich die Spitze der sowjetischen Wissenschaftsforschung, Semjon Romanovič Mikulinskij, hat das IGW nie besucht.

Die Werkstattgespräche waren infolge der Möglichkeit, auf ihnen Kollegen aus der DDR und osteuropäischen Ländern anzutreffen, auch ein begehrtes Reiseziel für Wissenschaftler der Bundesrepublik, Schweiz und Österreich. Es war für mich jedesmal ein Erlebnis besonderer Art, ins Gespräch zu kommen etwa mit Rudolf Fisch von der Universität Konstanz, später Hochschule für Verwaltungswissenschaften Speyer, Johann Götschl von der Universität Graz, Helmut Klages von der Hochschule für Verwaltungswissenschaften Speyer, Wolf Lepenies von der Freien Universität Berlin, dem späteren Rektor des Wissenschaftskollegs zu Berlin (Institute for Advanced Study), Hermann Lübbe von der Universität Zürich, Jürgen Mittelstraß von der Universität Konstanz, den Starnbergern Gernot Böhme, Wolfgang van den Daele, Wolfgang Krohn und Rainer Hohlfeld vom Max-Planck-Institut zur Erforschung der Lebensbedingungen der wissenschaftlich-technischen Welt, Peter Weingart, damals noch Universität Heidelberg, oder mit Wissenschaftspolitikern wie Rolf Berger, damals vom Bundesministerium für Forschung und Technik, Wolf Catenhusen, Mitglied des Bundestages, Klaus Gottstein, Physiker, doch stark in der Wissenschaftspolitik engagiert, z. B. als Exekutivsekretär des „Wissenschaftlichen Forums" der Konferenz für Sicherheit und Zusammenarbeit in Hamburg im Februar 1980.

Durch die Erlanger Werkstattgespräche erschlossen sich den Teilnehmern aus der DDR und den osteuropäischen Ländern zugleich die natürlichen Schönheiten des Frankenlandes von Erlangen bis hin zu Fürth und Nürnberg. Mehrmals war das Sporthotel „Adidas" in Herzogenaurach und einige Male auch der Luftkurort Muggendorf Ort der Gespräche.

Ich musste jedoch bald erfahren, dass die Reisen von Heinz Kosin und mir nach Erlangen und die Gespräche mit Clemens Burrichter nicht nur dem Anliegen der Wissenschaftsforschung geschuldet waren. Das IGW avancierte zu einem Ressortinstitut des Wissenschaftsministeriums, und das IPW bediente die Regierungsstellen der DDR mit Informationen. Die Verbindung zwischen IGW und IPW diente deshalb zugleich als Informations- und Sondierungskanal, über den ausgelotet werden konnte, wie die jeweils andere Seite wohl auf diese oder jene politischen Schritte reagieren würde. In solchen Gesprächen, an denen ich hin und wieder als stiller Zuhörer teilnahm, wurde im Vorfeld beabsichtigter Aktionen erkundet, was real sei und was nicht. Auf diesem Wege wurden z. B. die ersten Gespräche über mögliche Städtepartnerschaften BRD – DDR geführt; eine der ersten wurde im April 1987 zwischen Erlangen und Jena besiegelt. Auch bei beabsichtigten Reisen führender Politiker in den jeweils anderen Landesteil, z. B. von Erich Honecker oder Herbert Weiz, dem Minister für Wissenschaft und Technik der DDR, in die Bundesrepublik, wurden auf dem Wege der Vorfeld-Diplomatie mögliche Programmpunkte vorher erörtert.

Bewährt hat sich diese Praxis insbesondere auch im Vorfeld der Gründung einer Akademie der Wissenschaften im damaligen Westberlin. Schlüsselperson in diesem Falle war Senatsrat Prof. Dr. Helmut Meier. Er war einer der Mitinitiatoren der Erlanger Werkstattgespräche und nahm auf den meisten von ihnen tätigen Anteil. Er zeichnete sich in allen Fragen der Wissenschaftspolitik durch hohe Kompetenz aus und war mir zudem durch seine überaus sympathische Persönlichkeit bald zu einem guten Freund geworden. Unsere Gespräche über seine Idee, in Westberlin eine Akademie der Wissenschaften zu gründen, begannen 1984 in einer absolut informellen Atmosphäre. Wir begleiteten sodann den ganzen Prozess, beginnend mit einer

Gedankenskizze über eine Denkschrift bis zur Gründung der Akademie und dann auch wieder bis zu ihrer bevorstehenden Auflösung mit unseren Überlegungen, Vorschlägen und Empfehlungen an unsere jeweiligen Vorgesetzten – er an Wissenschaftssenator Wilhelm A. Kewenig bzw. später George Turner, ich an den Präsidenten der Akademie der Wissenschaften der DDR. Dabei ging es hauptsächlich um die Bedenken der DDR-Seite, eine Westberliner Akademie der Wissenschaften könne Anspruch auf die Rechtsnachfolge der Preußischen Akademie der Wissenschaften erheben, und andererseits um die Westberliner Sorge, die DDR-Akademie könne sich einer Zusammenarbeit mit der Westberliner Akademie grundsätzlich und aus politischen Gründen verschließen. Es ist Helmut Meier und mir gelungen, beide Seiten davon zu überzeugen, dass ihre Bedenken und Sorgen unbegründet sind: Die Westberliner Akademie stellte nicht die Statusfrage, und die DDR-Akademie schloss eine wissenschaftliche Kooperation zu bestimmten Projekten und sogar mögliche Mitgliedschaften von DDR-Wissenschaftlern in der Westberliner Akademie nicht aus.

Auf der Gründungsveranstaltung am 8.10.1987 gab es allerdings einen Eklat, als der Präsident, Prof. Dr. H. Albach, in seiner Ansprache ein Zitat aus unserem gerade erschienenen Buch „Wissenschaften in Berlin" gebrauchte und damit das Missfallen einiger Gründungsmitglieder erregte. Das Zitat war von Helmut Meier in die Ansprache aufgenommen worden.

Auch noch nach der Gründung der Akademie in Westberlin hielten wir weiter engen Kontakt, teils via Erlanger Werkstattgespräche, teils bereits in den Räumlichkeiten der Westberliner Akademie. So galt es im Oktober/November 1987, ein Treffen der beiden Präsidenten – Horst Albach und Werner Scheler – vorzubereiten, das ohne einen Politiker stattfinden sollte. Helmut und ich erörterten im Vorfeld dieses Treffens diejenigen Punkte, die Gegenstand des Gesprächs sein könnten und Aussicht hätten, beiderseits als Erfolg verbucht werden zu können. Helmut Meier verstarb am 9.1.1990. Es blieb ihm erspart, das Ende sowohl der Westberliner Akademie zu erleben, die auf Beschluss des seit 1989 regierenden rot-grünen Senats Mitte 1990 aufgelöst wurde, als auch das Ende der DDR-Akademie, die dem Vereinigungsprozess zum Opfer fiel.

Auch das ITW selbst profitierte von solchen politischen Vorgesprächen, als es um die Vorbereitung eines Abkommens über Zusammenarbeit in Wissenschaft und Technik zwischen der DDR und der Bundesrepublik ging. Als dieses Abkommen 1987 unterzeichnet wurde, waren das IGW und das ITW die einzigen sozialwissenschaftlichen Institute, die in dieses Abkommen aufgenommen worden waren. Die Zusammenarbeit zwischen ITW und IGW erstreckte sich somit real über einen Zeitraum von fast 20 Jahren, doch davon war sie nur zwei Jahre politisch legitimiert; danach wurden beide Institute Geschichte.

Nicht zu verachten waren auch die fränkischen Brotzeiten zum Abschluss eines jeden Werkstattgesprächs. Sie waren zugleich die Zeiten für den Solo-Auftritt von

Günter Kröber und Clemens Burrichter bei der Unterzeichnung des Abkommens zur Zusammenarbeit zwischen ITW und IGW; im Hintergrund Karl-Heinz Strech

Hans Lades. Prof. Lades hatte seinerzeit das Kolleg für zeitgeschichtliche Studien gegründet und das aus ihm hervorgegangene Institut bis 1975 geleitet, bis Clemens Burrichter es als Direktor weiterführte. Seine wissenschaftlichen Interessen gingen mehr in die Richtung Zeitgeschichte als in Richtung Wissenschaftsforschung. Seine Präsenz auf den Werkstattgesprächen war zumeist eine stumme; Augen und Mund waren in der Regel geschlossen. Erst während der Brotzeit erwies sich, dass er mit überaus wachem Geist alle Vorträge und Debatten des Workshops verfolgt und auf ihren Gehalt geprüft hatte. In einer längeren Rede pflegte er am Abschlussabend die gesamte Veranstaltung und die Auftritte ihrer einzelnen Akteure so treffsicher zu charakterisieren, dass es niemand von denen, die selbst an eine Berichterstattung dachten, hätte besser machen können. Zuweilen bediente er sich dabei sogar der Versform. Sein künstlerisches Interesse galt aber vor allem der Malerei. Seine jeweils neuesten Werke waren gewöhnlich im Korridor der Institutsräumlichkeiten ausgestellt. Anfänglich dominierten Landschaften und Stillleben, später, nach dem Tod seiner Frau, überwog das Abstrakte. Als er mir erlaubte, von seiner letzten Ausstellung zu nehmen, was ich wünsche, wählte ich die „Blumenwiese" und „Chaos in Gelb", zwei abstrakte Gemälde. Hans Lades starb auf einer Bank im Herzen von Erlangen.

Clemens Burrichter und seine Frau Barbara bewohnten in Kirchehrenbach in der Nähe von Erlangen ein in schönster landschaftlicher Umgebung gelegenes Zweifamilienhaus. Mit ihnen wohnten dort seine zwei jüngeren Söhne aus früherer Ehe. Als ich das erste Mal dort zu Gast war, begrüßte mich freudig bis stürmisch auch ein hochgewachsener Hund unbestimmter Rasse mit struppigem Fell und neugierigen

Augen. Es war Baucis, der Philosoph. Den Beinamen hatte er von mir bekommen, weil jedesmal, wenn Gäste um den niedrigen Tisch im Wohnzimmer herum saßen, er stumm zuhörte und nur hin und wieder durch eine leichte Kopfbewegung zu erkennen gab, was er von der Unterhaltung hielt. Ungemütlich wurde seine Anwesenheit nur dann, wenn er jemand freudig begrüßte; dann wedelte er heftig mit seinem langen dünnen Schwanz, was den Burrichters einen hohen Verschleiß an kostbaren Gläsern bescherte, die auf dem niedrigen Tisch standen.

Auf dem 6. Erlanger Werkstattgespräch, das im November 1976 im Adidas-Sporthotel in Herzogenaurach stattfand, hatte ich Wolf Lepenies kennen gelernt, der zu dieser Zeit als Professor für Soziologie an der Freien Universität Berlin lehrte. Zehn Jahre später teilte er mir in einem Brief mit, dass er das Amt des Rektors des Wissenschaftskollegs zu Berlin (Institute for Advanced Study) übernommen habe. Er sandte eine Broschüre, die über Funktion und Arbeitsweise des Kollegs informierte, und äußerte seine Bereitschaft, gelegentlich an einer interessierten Einrichtung der DDR über die Arbeit des Kollegs zu berichten. Daraufhin entspann sich ein reger Briefwechsel zwischen uns. In Abstimmung mit dem für die auswärtigen Angelegenheiten der Akademie verantwortlichen Generalsekretär, Prof. Dr. Claus Grote, lud ich Herrn Lepenies zu einem Vortrag ans ITW ein. Wir vereinbarten den 7. April 1987. Der Vortrag fand im Hauptgebäude der Akademie am Gendarmenmarkt statt. An ihm nahmen ca. 20 Mitarbeiter des ITW und der Akademiezentrale teil. In den Monaten danach setzten wir unseren Briefwechsel fort, und ich machte anlässlich von Bibliotheksaufenthalten in Westberlin gelegentlich auch von der Möglichkeit Gebrauch, das Wissenschaftskolleg persönlich kennen zu lernen. Später folgten auch Einladungen zu Vorträgen, die ich, so gut es ging, wahrnahm. Dabei erörterten wir zugleich die Möglichkeit, DDR-Wissenschaftler als Fellows an das Wissenschaftskolleg einzuladen und Studenten aus der DDR zu der vom Wissenschaftskolleg vom 6.8. bis 3.9.1988 geplanten „Europäischen Sommeruniversität Berlin", die im Rahmen des Programms „Berlin als Europäische Kulturstadt" stattfinden sollte, zu delegieren.

Die so von der Akademie und dem ITW geknüpften Kontakte zu dieser Westberliner Einrichtung sprachen sich bald herum und riefen das Misstrauen des Ministeriums für Auswärtige Angelegenheiten hervor. Mit einem Schreiben des stellvertretenden Ministers vom 7.7.1988 an den Generalsekretär der Akademie wurde dieser aufgefordert, dafür Sorge zu tragen, dass es keine weiteren Beteiligungen von DDR-Wissenschaftlern oder Studenten an den Aktivitäten des Wissenschaftskollegs gibt. Dem Schreiben war ein „Material über die Zusammensetzung des Wissenschaftskollegs" beigefügt, aus dem hervorgehen sollte, „dass die BRD im Rahmen des Wissenschaftskollegs im Widerspruch zum Vierseitigen Abkommen Hoheitsgewalt in Westberlin ausübt. Entsprechend der abgestimmten Linie der sozialistischen Staaten werden deshalb zu dieser Institution keine Kontakte unterhalten und erfolgt keine

Teilnahme an den von ihr durchgeführten Veranstaltungen." Das gleiche gelte für die Sommeruniversität. Das Schreiben wurde zudem der Abteilung Wissenschaften des ZK der SED, dem Präsidenten der Akademie für Gesellschaftswissenschaften beim ZK der SED, dem Direktor des Instituts für Internationale Politik und Wirtschaft, dem Minister für Hoch- und Fachschulwesen und dem Minister für Kultur zur Kenntnis gegeben.

Prof. Grote erwartete natürlich eine Stellungnahme von mir. Sie fiel mir nicht schwer, denn das beigefügte „Material" betraf die Zusammensetzung nicht der Leitung und der Fellows des Kollegs, sondern des Stiftungsrates der Wissenschaftsstiftung Ernst Reuter und war total veraltet; es entsprach zum Teil dem Stand von vor 1983. Des Weiteren konnte ich zeigen, dass keine der Argumentationen des Ministeriums stichhaltig war. Weder ließ sich aus der Tatsache, dass das Wissenschaftskolleg im Wesentlichen von der Ernst-Reuter-Stiftung finanziert wurde, noch dass im Vorstand und der Mitgliederversammlung Wissenschaftler aus der Bundesrepublik vertreten waren, schließen, dass die Bundesrepublik in Westberlin Hoheitsgewalt ausübe. Zudem übermittelte ich eine Liste von vierzehn Wissenschaftlern aus Polen und Ungarn, die in den Jahren von 1981 bis 1988 als Fellows am Wissenschaftskolleg geweilt hatten, und wies darauf hin, dass zu der „Sommeruniversität" zehn sowjetische Studenten erwartet werden. Erklärend schloss ich meine Stellungnahme, dass das Wissenschaftskolleg, was die Zusammensetzung seiner Fellows betrifft, um Internationalität und Interdisziplinarität bemüht ist, ausgezeichnete Arbeitsbedingungen bietet, und dass das wissenschaftspolitische Interesse an Aufenthalten von DDR-Wissenschaftlern sich auf die günstigen Möglichkeiten gründet, die hier für die internationale Kommunikation gegeben sind.

Prof. Grote stimmte der Stellungnahme zu. Die Akademie und das ITW setzten die Kontakte fort. Im September 1988 erhielt der Psychologe Friedhart Klix, Ordentliches Mitglied der Akademie der Wissenschaften der DDR, als erster DDR-Wissenschaftler ein Fellowship am Wissenschaftskolleg. Prof. Lepenies folgte seinerseits im Juni 1989 einer Einladung zu einem Kolloquium „Geisteswissenschaften Heute" im Ostteil Berlins.

Die politischen Turbulenzen am Ausgang des Jahres 1989 stellten auch die Wissenschaftsforschung vor neue Probleme.

Im August 1989 hatte ich noch einmal Gelegenheit, an einer Tagung des Zwischenstaatlichen Komitees der UNO für Wissenschaft und Technik für die Entwicklung teilzunehmen. Die Arbeit war, wie bei den vorangegangenen Tagungen auch, von dem erklärten Bestreben aller Delegierten getragen, zu Beschlüssen und Empfehlungen zu kommen, die vor allem den Entwicklungs- und Schwellenländern beim Auf- und Ausbau ihrer inneren wissenschaftlich-technischen Kapazitäten zugutekommen.

Dirk Pilari und Günter Kröber

Am Rande der Tagung erreichte mich eine Anfrage von Dr. Hans Otto Bräutigam, dem langjährigen Leiter der Ständigen Vertretung der Bundesrepublik in der DDR, der zu dieser Zeit ebenfalls in New York weilte, ob ich zu einem Gespräch mit ihm bereit sei. Ich war Dr. Bräutigam schon gelegentlich bei Vorträgen oder Empfängen in der Ständigen Vertretung in Berlin begegnet, zu denen ich als Institutsdirektor der Akademie eingeladen war. Nachdem ich meine Zusage gegeben hatte, trafen wir uns am 30.8. um 12 Uhr, eine Stunde vor seinem Rückflug nach Bonn, in der Delegates Lounge der UNO. Dr. Bräutigam war interessiert zu erfahren, wie ich als DDR-Bürger die Lage in meinem Lande einschätze und insbesondere, ob Möglichkeiten zur Lösung der offenbar unbefriedigenden Situation, derer eine überalterte Politbürokratie offenbar nicht mehr Herr wird, in Sicht seien, und wenn ja, welche. Ich gestand, dass es mir nicht möglich sei, das weitere politische Schicksal der DDR vorauszusagen, was jedoch die Politbürokratie betreffe, so glaube ich nur an eine biologische Lösung. Wir haben uns später gelegentlich im Wissenschaftskolleg getroffen, sind aber nie auf dieses Gespräch im August 1989 zurückgekommen, in dem ich mich ein weiteres Mal in meinem Leben geirrt habe.

Am ITW indes wuchs die Sorge um die Stellung der Wissenschaft und insbesondere auch der Akademie der Wissenschaften in der Gesellschaft der DDR. Diese Sorge war ja schon in meinem Vortrag im Plenum der Akademie im September 1989 angeklungen. Am Institut wurde offen über das Verhältnis von Partei und Wissenschaft sowie von Staat und Wissenschaft diskutiert. Am 10.11.1989 fand auf dem Gendarmenmarkt, dem Platz vor der Akademie, eine Demonstration von ca. 2000 Mitarbeitern der Akademie statt. Sie war als Protestkundgebung deklariert und stand unter dem

Motto „Freie Gesellschaft – freie Wissenschaft". Unter den Rednern befanden sich sowohl solche, die sich für die Beibehaltung der überkommenen Strukturen des Wissenschaftssystems der DDR aussprachen, als auch solche, die deren radikale Veränderung forderten. In meinem Beitrag auf dieser Kundgebung plädierte ich dafür, den Grundsatz der Freiheit der Forschung, wie er in der ersten Verfassung der DDR verankert war, wieder als Verfassungsgrundsatz aufzunehmen, und die Leitungsstrukturen in der Wissenschaft so zu demokratisieren, dass dirigistische Eingriffe von Partei und Staat in Wissenschaft und Forschung ausgeschlossen werden können. Zu diesem Zwecke sollte insbesondere die Akademie der Wissenschaften nicht länger dem Ministerrat als staatlichem Organ unterstellt bleiben, sondern einem zu bildendem Volkskammerausschuss rechenschaftspflichtig sein.

Diese Kundgebung auf dem Gendarmenmarkt demonstrierte einen Wendepunkt im Selbstverständnis der Akademie. Nicht des Präsidiums der Akademie, das zu dieser Zeit immer noch an einer Erklärung arbeitete, sondern der Tausenden von Mitarbeiterinnen und Mitarbeitern in der Forschung, im technischen Bereich und in der Verwaltung. Dabei war es gewiss das Grundanliegen der meisten, die Akademie zu einem Ort freien kreativen wissenschaftlichen Schaffens zu machen. Kaum einer der Demonstranten ahnte an diesem Tage, dass es schon ein Jahr später weder die DDR noch ihre Akademie der Wissenschaften mehr geben würde.

Die Konsequenz, die ich aus dieser Kundgebung, meinem Auftritt dort und den Überlegungen danach zog, war mein Austritt aus der inzwischen zur SED-PDS gewandelten Partei. In der Erklärung, die ich dem Parteivorstand übersandte, hatte ich geschrieben:

> „Ich gehöre der Partei seit 1952 als Mitglied an und habe 38 Jahre meines Lebens ihre Politik mitgetragen und -verfochten in der Überzeugung, in ihren Reihen meine, meiner Eltern und Geschwister sozialistische Ideale im Bunde mit Gleichgesinnten verwirklichen zu können. Parteidisziplin galt mir in all diesen Jahren als oberstes Gebot, selbst dann noch, als sich bereits Zweifel an der Führungsqualität der früheren Parteiführung und ihrer Einschätzung der Situation im Lande einstellten. Diese Disziplin hat bewirkt, dass ich lange die Augen verschlossen hielt vor den stalinistischen Methoden und Strukturen, mit denen die Partei ihren Führungsanspruch durchsetzte, die DDR letztlich in die politische und ökonomische Krise führte und die Idee des Sozialismus moralisch diskreditierte....
> Die Partei hat in den Augen des Volkes nicht nur an Vertrauen verloren, sondern ist unglaubwürdig geworden. Ihre weitere Existenz ist zur Quelle politischer Instabilität und gefährlicher Polarisierung der gesellschaftlichen Kräfte im Lande geworden. Eine Selbstauflösung der Partei als Voraussetzung für die Neuformierung einer sozialistischen Partei, deren programmatisches Ziel ein demokratischer Sozialismus ist, wäre

der einzig ehrliche Schritt, der meiner Überzeugung nach jetzt gegangen werden muss.... Der Parteivorstand hingegen verschließt sich ... allen rationalen Argumenten. Ich sehe daher keine andere Alternative, als durch meinen Austritt aus der Partei mit dazu beizutragen, dass die SED-PDS der Auflösung näher gebracht wird und dadurch Bedingungen geschaffen werden, unter denen sich die politischen Kräfte ..., denen Demokratie und Sozialismus am Herzen liegen und denen es – wie mir – nach wie vor angelegen ist, mit aller Kraft für diese Ziele einzustehen, neu formieren können."

Nach dem Beitritt der DDR zur Bundesrepublik fand im November 1990 noch einmal ein Erlanger Werkstattgespräch, allerdings in Bonn, statt. Sein Thema war die „Fusion der Wissenschaftssysteme. Erfahrungen, Ergebnisse, Perspektiven." Ihm lag noch die Vorstellung zugrunde, es könne im Zuge der deutschen Wiedervereinigung zu einer Art Wissenschaftsunion kommen, zu einer Fusion der beiden Wissenschaftssysteme, bei der sich, wie Clemens Burrichter es ausdrückte, „jedes der fusionierenden Elemente (Systeme) verändern (müsse), sonst ist keine ‚Verschmelzung' möglich." Durch die Empfehlungen des Wissenschaftsrates zu den „Perspektiven für Wissenschaft und Forschung auf dem Wege zur deutschen Einheit" vom Juli 1990 schien diese Vorstellung ihre Berechtigung zu erhalten.

Um mögliche Perspektiven der Wissenschaftsforschung im vereinten Deutschland zu erörtern, hatte Clemens Burrichter Ende Dezember 1990 Reinhard Bobach, Reinhard Mocek, Rüdiger Stolz aus Jena, Karl-Friedrich Wessel und mich zu einem informellen Treffen nach Erlangen eingeladen. Rüdiger Stolz berichtete über die Abwicklung der Gesellschaftswissenschaften an der Friedrich-Schiller-Universität Jena, von der das Institut für Geschichte der Naturwissenschaft (Haeckel-Haus) aber verschont bleibe, so dass es zu einem Kern der Wissenschaftsforschung werden könne. Clemens Burrichter erachtete es für nötig, Wissenschaftstheorie als das kritische Korrektiv für das Wirken der drei primären Medien Macht, Geld und Wissen zu erhalten. Reinhard Mocek hingegen diagnostizierte eine wachsende Entfremdung der scientific communities in Ost und West und beklagte, dass die Wissenschaftsforscher des Ostens von denen im Westen nicht anerkannt würden und dass mit ihnen politische Abrechnung gehalten wird. Den anschließenden Silvesterabend verbrachten Bobach, Mocek, Wessel, deren Frauen und ich im Hause Burrichter.

Die Vorstellung einer Fusion beider Wissenschaftssysteme erwies sich bald als eine Illusion, denn die folgenden Jahre zeigten, wie das Wissenschafts- und Forschungssystem der alten Bundesrepublik sukzessive und Schritt für Schritt dem der ehemaligen DDR übergestülpt wurde. Die Akademie der Wissenschaften mit allen ihren Instituten und Forschungsstätten wurde kurzerhand aufgelöst; die Mehrzahl ihrer Mitglieder, Professoren, wissenschaftlichen und wissenschaftlich-technischen Mitarbeiter fanden sich in der Arbeitslosigkeit wieder. Die neue Bundesrepublik zögerte nicht, ein bedeutendes wissenschaftliches und intellektuelles Potential auf der Straße verkommen zu lassen.

Ein solcher Vorgang ist in der gesamten Wendegeschichte beispiellos geblieben. Keines der osteuropäischen Länder, die den Zerfall des Ostblocks erlebten, hat an seine nationale Akademie der Wissenschaften Hand angelegt. Die DDR-Akademie ist die einzige, die mit allen ihren Instituten und Forschungsstätten ersatzlos aufgelöst wurde. Gewiss, sie konnte nicht beanspruchen und hat dies auch nie getan, eine nationale Akademie für die gesamte Bundesrepublik zu sein. Doch konnten die DDR-Wissenschaftler ihren Kollegen aus der alten Bundesrepublik durchaus das Wasser reichen, und das nicht nur in den naturwissenschaftlichen Fächern. In der nach der Wende neu gegründeten Berlin-Brandenburgischen Akademie der Wissenschaften fanden sich jedoch nur ein Sprachwissenschaftler, ein Literaturwissenschaftler und ein Chemiker aus der DDR.

Doch zurück zum ITW. Ich hatte seit Mitte der 80er Jahre wiederholt geäußert, die Direktorenketten nur bis höchstens 1990, bis zum 20. Jahrestag des Instituts, tragen zu wollen. An diesem Entschluss änderte auch meine Wahl als Ordentliches Mitglied der Akademie im Jahre 1988 nichts. Es zog mich zusehends von der administrativen Leitungstätigkeit zur ausschließlichen eigenen wissenschaftlichen Arbeit hin. Auf meinen Wunsch wurde ich endlich im Juni 1990 durch den damaligen Präsidenten der Akademie, Werner Scheler, von der Funktion des Direktors des ITW entbunden. Die Frage nach einer Nachfolge stellte sich nicht. Es wurde ein Direktorium gebildet, bestehend aus drei Professoren, dem auch Hans-Peter Krüger angehörte, dessen einzige Aufgabe darin bestand, das Institut Schritt für Schritt abzuwickeln.

Nun reisten ehemalige Kolleginnen und Kollegen aus der Bundesrepublik, auch solche, die nie etwas mit Wissenschaftsforschung zu tun gehabt hatten, an, um das Institut zu evaluieren. Sie kamen zu dem Schluss, dass die am Institut bearbeiteten Projekte wissenschaftstheoretisch und wissenschaftspolitisch relevant seien und das Institut als Ganzes beachtenswerte Arbeit geleistet habe. In dem Evaluationsbericht des Wissenschaftsrates hieß es u. a.:

„Aufgabenstellung und Größe machen das ITW in Deutschland und in den europäischen Ländern zu einer Sondererscheinung... Im ITW sind zwei unterschiedliche disziplinäre Richtungen zur Untersuchung der Wissenschaft zusammengebunden: Auf der einen Seite primär geisteswissenschaftlich arbeitende Gruppen in den Arbeitsrichtungen 1 (früher: Wissenschaftstheorie) und 4 (Wissenschaftsgeschichte), auf der anderen Seite wirtschafts- und sozial-wissenschaftlich orientierte Gruppen in den Arbeitsrichtungen 2 (früher: Wissenschaftsforschung) und 3 (Innovationsforschung). Die Einbeziehung der Innovationsforschung in eine gemeinsame Einrichtung der Wissenschaftsforschung hat in dieser Konstellation keine Parallele."

Trotz dieses unikalen Charakters des ITW empfahlen die angereisten Kolleginnen und Kollegen, *„das ITW aufzulösen"*, allerdings nicht ohne in einigen Fällen entschuldigend hinzuzufügen, dass diese Entscheidung politisch bereits vorgegeben sei. Von den zu dieser Zeit 75 wissenschaftlichen Mitarbeitern wurden lediglich vier aus dem Bereich Wissenschaftsgeschichte in das später gegründete „Max-Planck-Institut für Wissenschaftsgeschichte" und vier aus dem Bereich Wissenschaftspotential von dem „Wissenschaftlichen Zentrum für Sozialforschung Berlin (WZB)" übernommen. Vollständig übernommen wurde vom Max-Planck-Institut für Wissenschaftsgeschichte lediglich die wertvolle Bibliothek des Instituts.

Auf einer Institutsversammlung am 26.6.1990 verabschiedete ich mich von meinen Mitarbeitern/innen. „Die Aufgaben, zu denen ich mich jetzt rufe, sind neue", bekannte ich vor dem Kollektiv. „Sie bedeuten Abschied vom Alten und Hinwendung zu Neuem. Was mich in dieser Stunde bewegt, findet sich in den Hinterlassenen Schriften des Magisters Ludi Joseph Knecht mit den Worten gesagt: ‚Des Lebens Ruf an uns wird niemals enden... Wohlan denn, Herz, nimm Abschied und gesunde!'„

Denn von nun an kehrte ich endgültig zu meiner Jugendliebe, zur Mathematik, zurück. Der Prinz, der diese Wende bewirkte, hieß Apfelmännchen. Davon wird im folgenden Kapitel die Rede sein.

Bonifatij Michailowitsch Kedrow hatte also mit seiner Weissagung, dass die besten Jahre im Leben eines Instituts die ersten 25 sind und es danach ohnehin geschlossen wird, nur im Prinzip recht behalten, denn das ITW wurde bereits nach 21 Jahren geschlossen.

Um die durch die Auflösung der Akademie entstandene Situation wenigstens notdürftig zu überbrücken, wurde 1991 ein „Wissenschaftlerintegrationsprogramm" (WIP) geschaffen, eine Art Auffangstation für Wissenschaftler der Akademie, die an bestimmten, positiv evaluierten Projekten arbeiteten, welche sie zur Aufnahme in dieses Programm vorschlagen konnten. Ich hatte die Vorstellung, an meinen Studien zur Wissenschaft als dynamisches nichtlineares System weiter zu arbeiten. Am 25.9.1991 war ich aus diesem Anlass mit einem Mitarbeiter der Akademieverwaltung verabredet, um einige Einzelheiten des Vorgehens zu besprechen. Die Unterredung verlief nicht sonderlich freundlich und befriedigend. Am Abend verspürte ich zu Hause heftige Schmerzen in der Brust, hielt aber bis zum nächsten Morgen aus, an dem ich mit Dirk Pilari verabredet war, der einige Tage Urlaub in Berlin verbringen wollte. Zu diesem Treffen ist es jedoch nicht gekommen, weil Karl-Heinz Strech es für erforderlich fand, mich in seinem Auto nach Berlin-Buch, in die Herz- und Kreislaufzentrale der Akademie zu bringen. Dort diagnostizierte man einen Herzinfarkt. Der Rest des Jahres war damit gelaufen.

Anfang 1992 reichte ich mein Projekt „Wissenschaft als Chaos (Studien zur Wissenschaft als dynamisches nichtlineares System)" beim WIP ein und hatte Glück: Es wurde angenommen, und ich erhielt einige Forschungsmittel, für die ich einen Computer erwarb. Das Glück währte jedoch nicht lange. Mitte Mai erhielt ich die Aufforderung, mich bei einer sog. „Integritätskommission" einzufinden, die „nähere Auskünfte" über meine „politische Vergangenheit" erbat und mir „Gelegenheit zur Stellungnahme" zusagte. Die Kommission bestand aus zwei Personen: Einem Herrn Schaible, dem einstigen Personalchef des Kernforschungszentrums in Jülich, der für den Einsatz im Osten noch einmal reaktiviert worden war, und einem jungen Mitarbeiter der Senatsverwaltung von Berlin, Herrn Dr. Küppers. Einleitend gaben mir die Herren zu verstehen, dass die Anhörung lediglich auf der Grundlage meiner sehr wahrscheinlich frisierten Personalakte erfolge und noch keine Nachforschungen über eine eventuelle Stasi-Akte angestellt seien, was aber zu jeder Zeit nachgeholt werden könne.

Ich hatte meinen Werdegang zu schildern. Bei der Erwähnung meines Vaters und seiner zwölfjährigen Inhaftierung in faschistischen Zuchthäusern und Konzentrationslagern glaubte ich eine leise Bestürzung bei dem Herrn aus Jülich zu bemerken, die aber sofort wieder verflog, als ich zur Schilderung der Institutsgründung und meiner Ernennung zum Professor an der Akademie kam. „1969 sind Sie Professor geworden? Damals waren Sie ja noch ganz jung. Da müssen Sie wohl noch andere Verdienste als nur wissenschaftliche gehabt haben?" Leider war ich mir keiner anderen Verdienste bewusst, außer denen vielleicht, einem guten Hundert junger DDR-Wissenschaftler/innen interessante Arbeitsplätze und ein gesichertes Einkommen geboten zu haben. Im Resultat der Anhörung erhielt ich am 25.6.1992 von einem Herrn Grübel, der sich um die Abwicklung der Akademie verdient gemacht hatte, die Mitteilung, dass ich „wegen mangelnder persönlicher Eignung für eine künftige Hochschuleingliederung auf Grund zu enger Verstrickung in das politische Unrechtssystem der früheren DDR" zum 31.7.1992 aus dem WIP gekündigt bin. Mit Schreiben vom 6.7.1992 erhob ich bei Herrn Grübel Einspruch gegen die Kündigung und ihre Begründung, die einem Berufsverbot und einer pauschalen beruflichen und politischen Diskriminierung bis ans Lebensende gleichkam. In ihm hieß es:

> „Ein Institut für ein neues Wissenschaftsgebiet – die Wissenschaftsforschung – an der Akademie der Wissenschaften aufgebaut zu haben, es zwei Jahrzehnte geleitet und dabei die dienstlichen Obliegenheiten wahrgenommen zu haben, die diese Funktion mit sich brachte, vermag ich nicht als eine Verfehlung anzusehen, welche die von Ihnen beabsichtigte Ausgrenzung rechtfertigt. Schon gar nicht bin ich mir auch nur einer einzigen Verletzung der Menschenrechte bewusst, die ich begangen hätte. Eines der Grundprinzipien meiner Tätigkeit als Direktor des ITW war Toleranz – in wissenschaftlichen ebenso wie in menschlichen und politischen Dingen. Das Institut war bekannt für seine Nischenfunktion: Es ist für eine ganze Reihe von Persönlichkeiten, vor allem jüngere, die an anderen Einrichtungen aus politischen oder auch religiösen Gründen

gemaßregelt worden waren, zur wissenschaftlichen Heimat geworden, indem es den Betroffenen die Möglichkeit ihrer wissenschaftlichen und persönlichen Entwicklung geboten hat. Eine Praxis, wie ich sie gegenwärtig mit Ihrem Kündigungsschreiben erlebe, war mir im Verhältnis zu Andersdenkenden stets zuwider; ich kann sie deshalb aus Gründen der Selbstachtung nicht unwidersprochen lassen."

Natürlich erhielt ich auf diesen Einspruch nie eine Antwort. Mit einem inhaltlich ähnlichen Schreiben wandte ich mich an den seinerzeitigen Bundesminister für Forschung und Technologie, Dr. Riesenhuber; auch dieses Schreiben blieb unbeantwortet. Des Weiteren unterrichtete ich am 7.7.1992 die Mitglieder des Exekutivkomitees des ICSPS, dass ich meinen Aufgaben als Vizepräsident der Commission auf Grund der neuen Lage nicht mehr länger nachkommen kann. In diesem Schreiben hieß es u. a.:

„Die Art von Wissenschaftspolitik, die ich früher glaubte vertreten zu müssen, hat sich alles andere als der Wissenschaft dienlich erwiesen. Die Wissenschaftspolitik aber, die ich hier in Deutschland gegenwärtig erlebe, ist ebenfalls nicht dazu angetan, meine Sympathie und mein Vertrauen zu erwecken. Die Atmosphäre im Osten Deutschlands wird immer bedrückender. Wer in der früheren DDR gelebt, gearbeitet, etwas geleistet und auch nur die kleinste Funktion im öffentlichen Dienst ausgeübt hat, muss damit rechnen, wegen ‚Staatsnähe' seinen Arbeitsplatz zu verlieren und politisch und gesellschaftlich ausgegrenzt zu werden. Und die Deutschen sind ja bekannt dafür, dass sie alles mit großer Gründlichkeit tun."

Sodann folgte der Text, wie er auch in dem Schreiben an Herrn Grübel und Minister Riesenhuber enthalten war.
   Roy M. MacLeod von der Australian National University antwortete am 6. September 1992:

„I was distressed to receive your letter of 7 July... Be assured you have the good wishes of your colleagues in science policy studies, who send their greetings from Sweden... Good minds must not be wasted. Let us hope the passage of time will permit a satisfactory opening to emerge."

Abdur Rahman vom Indian Council of Scientific and Industrial Research schrieb am 16.9.1992 von einer Konferenz in Schweden:

„Your letter made me feel very sad and of course I was upset, but this was expected from what has been in former GDR as a result of the merger....I do not know if you have received any response from Peter Weingart or Jean-Jacques Salomon. I do not expect that they would response ....Friends have been strangers, and each one seems to be preoccupied with looking after one self.... The best thing is to keep one's spirit and continue to do something after all this a phase and it would go."

Von Jean-Jacques Salomon aus Paris kam in der Tat keine Reaktion. Peter Weingart aus Bielefeld aber schrieb am 17. Juli 1992

„am Morgen meines letzten Tages vor dem Urlaubsantritt und reagiere deswegen nicht im einzelnen. Dazu äußere ich mich später im Detail und mit mehr Muße. Ich will Dir hiermit nur das Signal geben, dass ich Deine Verbitterung gut verstehen kann. Wie Du weißt ... finde ich einige der Dinge, die Du beschreibst, auch nicht akzeptabel. In jedem Fall mehr im Herbst ... gez. Peter Weingart – nach Diktat verreist –".

Der Herbst verging, ohne dass ein weiterer Brief folgte.
Robert S. Cohen von der Boston University fragte am 1.8.1992 an:

„As to your situation would it be helpful if you had a letter from me (as an American scholar who can give an 'expert' evaluation of your work) which I can send to you or to some official Commission? Let me know. I dislike seeing the combination of academic unemployment in the West, colonial attitude toward the East, intolerance toward honest socialists, who worked within the communist regimes ... all of this bringing the dangers of unjust repression into reality."

Ich habe von Cohens Angebot allerdings keinen Gebrauch gemacht.
Die Kündigung hatte auch zur Folge, dass der Computer, den ich aus den Forschungsmitteln erworben hatte, nebst allem Zubehör, aus meiner Wohnung abgeholt wurde. Diesem Ereignis war ein Schreiben der Herren Dr. Lauterbach und Dr. Schmickl vorausgegangen, die als ehemalige Mitarbeiter des IGW Erlangen jetzt die Abwicklung der Akademie der Wissenschaften der DDR mitbetrieben und mich zur „Übergabe der aus den Sachmitteln des WIP erworbenen Geräte, Literatur u. a." aufgefordert hatten.
Abgewickelt wurde übrigens auch das Erlanger IGW, wenn auch unter gänzlich anderen Bedingungen. Der Grund für seine Abwicklung war, dass sein Forschungsobjekt – Wissenschaft und Technik in der DDR – abhanden gekommen war. Für ein Ressortinstitut des Wissenschaftsministeriums wäre allerdings möglicherweise die Wissenschaftsforschung als solche ein hinreichender und tragfähiger Forschungsgegenstand gewesen. Auch hätte man die besten Köpfe von IGW und ITW zu einem vereinigten Institut für Wissenschaftsforschung zusammenführen können. Doch die Politik entschied auch in dieser Frage anders. Im Unterschied zu den Mitarbeitern des ITW, die von einem Tag auf den anderen ohne jegliche Abfindung, also mittellos auf

die Straße gesetzt wurden, erhielten die Mitarbeiter des IGW natürlich passable Abfindungen und zum Teil lukrative Stellen in den neuen Bundesländern. Die Wissenschaftsforschung als solche hörte damit in der Bundesrepublik Deutschland auf zu existieren.

Die Geschichte beider Institute kennt noch ein anderes Kapitel, das ein bezeichnendes Licht auf die Tätigkeit des Staatssicherheitsdienstes der DDR wirft. Dass ab und zu ein Stasi-Mitarbeiter im Institut auftauchte, um Informationen über diese oder jene Person zu erhalten, daran hatte ich mich gewöhnt, umso mehr als solche Auskünfte, soweit ich sie zu geben hatte, stets so gehalten waren, dass sie dem Betreffenden nicht zum Schaden gereichten. Auch hatte ich mich damit abgefunden, dass ich selbst ein Objekt der Beobachtung und der Bespitzelung war, etwa wenn ich von einer Tagung der europäischen Akademien der Wissenschaften in Wien kommend nach der Landung auf dem Flughafen Schönefeld von einem Team beobachtet und bis zu meiner Wohnung in Pankow heimlich verfolgt worden bin. Oder wenn ein Mitarbeiter der Stasi eines Tages mit einem Brief von Ina Rösing, mit der ich kürzlich an einem Meeting des ICSPS in Bielefeld teilgenommen hatte, bei mir erscheint und Aufklärung verlangt, was die Abkürzungen „B." und andere zu bedeuten haben, und wie die Absenderin überhaupt zu solch überschwänglichen Anreden wie „Sehr lieber Günter" komme. Ein Postgeheimnis gab es de facto also nicht, doch da ich nichts zu verbergen hatte, berührten mich solche Vorfälle nicht sonderlich.

Es war schon nach der Wende, als die folgende Geschichte bekannt wurde. Am IGW wurde ein Stasi-Informant aufgedeckt. Er hatte einem Mitarbeiter des DDR-Staatssicherheitsdienstes auf konspirativen Treffen, die zumeist nahe der Grenze zwischen BRD und DDR stattfanden, regelmäßig Materialien über Vorhaben des Wissenschaftsministeriums und des IGW übergeben, und wohl auch über das Auftreten von DDR-Wissenschaftlern, einschließlich des ITW, bei Aufenthalten am IGW, insbesondere auch während der Werkstattgespräche, informiert. Während wir offiziell zu den Werkstattgesprächen reisten und dort unsere Positionen darlegten, was die Wissenschafts- und Forschungspolitik der DDR betraf, wurde unser Auftreten von dem Stasi-Informanten des IGW aufmerksam beobachtet, registriert und wohl auch an den DDR-Mitarbeiter der Staatssicherheit zur Auswertung übergeben. Der Clou dieser irrsinnigen Bespitzelungsaktion der eigenen Genossen bestand aber darin, dass der Verbindungsmann des IGW-Mitarbeiters ein Wissenschaftler aus dem ITW war! Unter dem Vorwand, er sei zur Betreuung ausländischer Delegationen abkommandiert, war er mit Wissen des Leiters des Forschungsbereiches Gesellschaftswissenschaften der Akademie hin und wieder von der Arbeit im Institut freigestellt. Weder Clemens Burrichter wusste von dem Stasi-Informanten in seinem Institut, noch ich von der Rolle, die der Mitarbeiter meines Instituts bei diesem Spiel übernommen hatte. In beiden Fällen kam es zu Gerichtsverfahren, die jedoch wegen Nichtigkeit des Gegenstandes bald wieder geschlossen wurden. Clemens Burrichter kommentierte die Angelegenheit mit Kopfschütteln. Alle Informationen, die auf diesem Wege aus der BRD in die DDR geflossen sind, hätten die DDR-Stellen auf Anfrage ganz offiziell bekommen können. Meine Betroffenheit war größer, denn mein Mitarbeiter gehörte zu den besten Köpfen im Institut und war mir stets in seiner ganzen Art des Umgangs mit mir und den Mitarbeiter/innen seines Bereichs äußerst sympathisch.

Nach meiner Kündigung aus dem WIP unterstand ich als Arbeitsloser dem Arbeitsamt und erhielt zunächst ein sogenanntes Altersübergangsgeld (ALÜG). Ich gewöhnte mich bald daran, dass ich die Stadt nicht ohne Genehmigung des Arbeitsamtes verlassen durfte, wenn ich nicht Gefahr laufen wollte, das ALÜG gekürzt oder gar gestrichen zu bekommen. Eine nicht angemeldete Fahrt nach Erfurt zu meiner Schwester brachte allerdings nur eine entsprechende Verwarnung ein.

1998 hätte ich das Rentenalter erreicht. Mit Datum vom 27.6.1994 erhielt ich vom Arbeitsamt VII Berlin ein Schreiben mit der Aufforderung, einen Antrag auf Altersrente ab dem 1. Januar 1995 zu stellen mit der Diktion: „Wenn Sie den Antrag ... nicht stellen, wird von da an kein Altersübergangsgeld gezahlt, bis Sie Rente wegen Alters beantragt haben (§ 249e. Abs. 4 Satz 2 AFG)."

Im normalen bürgerlichen Leben nennt man so etwas wohl eine Erpressung. Wenn der Staat jedoch vorher entsprechende Gesetze und Verordnungen erlässt, hört die Erpressung auf, eine zu sein und wird „rechtens".

Das Kapitel „Wissenschaftsforschung" war damit aber noch nicht endgültig zu Ende. Es gab noch einige Nachwehen. Einige ehemalige Mitarbeiter des Instituts und Clemens Burrichter, der seinen Wohnsitz inzwischen nach Berlin verlegt hatte, trafen sich im Februar 1995, erinnerten daran, dass in dieses Jahr der 25. Jahrestag der Gründung des ITW fällt, und beschlossen, in Würdigung dieses Datums ein Gedenkkolloquium durchzuführen. Der 1991 von Hansgünter Meyer und Klaus Meier gegründete Verein „Wissenschaftssoziologie und -statistik e. V." (WISOS) unterstützte das Vorhaben konzeptionell und logistisch. Das Kolloquium „25 Jahre Wissenschaftsforschung in Ostberlin – 25 Jahre ITW – Wie zeitgemäß ist komplexe integrierte Wissenschaftsforschung?" fand am 23.9.1995 in dem früheren Plenarsaal der Akademie in der Jägerstraße statt. WISOS gab die dort gehaltenen Beiträge im Heft 10 seiner Schriftenreihe 1996 heraus. Die Schrift wird eingeleitet mit einem umfassenden Rückblick von Hansgünter Meyer auf die am ITW erarbeiteten Publikationen, Dissertationen, Studien und Forschungsberichte sowie auf diverse Institutionen und Einzelpersonen in der DDR, die das wissenschaftliche Anliegen des ITW auch zu ihrem eigenen gemacht hatten und mit dem Institut eng kooperierten. Doch das Kolloquium wollte keine Rechenschaftslegung sein, auch keine Nostalgieveranstaltung, sondern eine kritische Bestandsaufnahme, wie der Anspruch des ITW, eine marxistische Wissenschaftsforschung zu betreiben, verwirklicht worden ist.

In meinem Beitrag kam ich zu dem Schluss, dass die auf dem ersten Institutskolloquium im Sommer 1970 angekündigte und geforderte komplexe Wissenschaft von der Wissenschaft mit einer marxistisch-leninistischen Wissenschaftstheorie als einheitlicher theoretischer Grundlage und mit einem spezifischen Begriffs- und Methodenapparat nicht zustande gekommen ist, und nannte dafür zwei Gründe.

Zum einen lehrt das 20. Jahrhundert, dass jedwede Verknüpfung von Wissenschaft und Ideologie in dem Sinne, dass Wissenschaft auf Ideologie gegründet werden soll, auf die Dauer nicht lebensfähig ist. Man muss den Marxismus gar nicht im Ganzen und in Bausch und Bogen verwerfen, um zu der Einsicht zu gelangen, dass die Marxsche ökonomische Theorie und die Leninschen philosophisch-erkenntnistheoretischen Überlegungen sich nicht zu einer einheitlichen Wissenschaftstheorie mit einem spezifischen Begriffs- und Methodenapparat wenden lassen. Das hebt den Wert und die Gültigkeit solcher Marxschen Kennzeichnungen der Wissenschaft als „allgemeine Arbeit", als das „Produkt der allgemeinen geschichtlichen Entwicklung in ihrer abstrakten Quintessenz" und andere nicht auf, die auch außerhalb der marxistischen Ideologie und unabhängig von ihr Bestand haben.

Allerdings – so füge ich aus heutiger Sicht an – ist die Kennzeichnung, Wissenschaft sei „allgemeine Arbeit", im Kontext der Marxschen ökonomischen Theorie getroffen worden. Marx hatte wohl kaum im Auge, mit dieser Formulierung ein theoretisches Fundament der Wissenschaftstheorie zu legen. Am ITW haben wir diese Formulierung jedoch dahingehend spezifiziert, dass Wissenschaft als eine sozialökonomisch bedingte gesellschaftliche Tätigkeit zu fassen sei, deren Spezifik in der Produktion, Reproduktion und Anwendung von Wissen besteht. Es ist durchaus legitim, von diesem Tätigkeitskonzept der Wissenschaft her ein wissenschaftstheoretisches Forschungsprogramm zu entwerfen. Und es ist durchaus natürlich, dass in einem solchen Programm ökonomische, soziologische, handlungstheoretische, sozialpsychologische und psychologische Fragestellungen eine hervorragende Rolle spielen. Was jedoch bei einem solchen Herangehen weitgehend, wenn auch nicht vollständig, außer Betracht bleibt, ist die kognitive Natur des Wissens und der Wissenschaft. Die Wissenschaft ist aber vorrangig ein System kognitiver Strukturen, von Begriffen, Aussagen, Theorien, Hypothesen usw. Der springende Punkt dieser Betrachtungsweise ist die Betonung des Systemcharakters der Wissenschaft und ihrer Spezifik als ein nichtlineares System. Von hier aus geraten sowohl die ökonomischen, sozialen und psychischen Aspekte wissenschaftlicher Tätigkeit in den Blick, denn Wissenschaft erhält sich nur durch die Reproduktion kognitiver Strukturen, wie sie sich in jedem Denkakt des forschenden Wissenschaftlers und in jedem Akt wissenschaftlicher Kommunikation vollzieht. Eine identische Reproduktion kognitiver Strukturen ist notwendig für wechselseitiges Verstehen in der wissenschaftlichen Arbeit; sie ist vor allem in der Lehre angebracht. Im Grunde ist sie jedoch eine Illusion, weil jede Reproduktion kognitiver

Strukturen eine erweiterte Reproduktion ist, die immer auch eine gewisse Abweichung beinhaltet, so geringfügig diese auch sein mag. Grad und Tiefe dieser Abweichung sind multidimensional bedingt; sie können selbst kognitive Ursachen haben, aber auch soziale, emotionale, individuelle u. a. Grad und Art der Abweichung bestimmen so das Maß an Kreativität. Hier ist der Anschluss an Kuhns Überlegungen zur Struktur wissenschaftlicher Revolutionen.

Aus der grundsätzlichen Nichtlinearität des kognitiven Systems der Wissenschaft ergibt sich zwangsläufig die Unvorhersagbarkeit ihrer Ergebnisse. Wer wissen will, über welche wissenschaftlich-technischen Errungenschaften die Menschen des zehnten Jahrtausends verfügen werden, hat keine andere Wahl als zu dem gefragten Zeitpunkt in Augenschein zu nehmen, wie die Welt dann aussieht, es sei denn, er begnügt sich mit solchen allgemeinen Aussagen wie H. G. Wells, der die Menschen des Jahres 1 000 000 aus evolutionstheoretischer Sicht beschreibt als Wesen, die ein größeres Gehirn, große feinnervige Hände und einen schmächtigeren Körper als die heutigen besitzen werden und der abnehmenden Wärme der von Schnee und Eis ganz bedeckten Erde folgend in deren Tiefen in ungeheuren Metallschächten und von Ventilatoren versorgt werden.

Ich hoffe, deutlich gemacht zu haben, dass die Kennzeichnung der Wissenschaft als „allgemeine Arbeit" nicht als eine dem Marxismus anzulastende ideologische Verzerrung denunziert werden kann, sondern ihren legitimen Platz in einer komplexen Wissenschaftsforschung findet. Ideologische Verzerrungen resultierten am ITW nicht daraus, dass wir Komplexität des Herangehens und Praktikabilität der Ergebnisse angestrebt haben; das sind zwei Forderungen, denen sich keine wie immer geartete Wissenschaftsforschung entziehen kann. Ideologisch deformiert wird wissenschaftliche Anstrengung aber dann, wenn sie sich als erstem und oberstem Gebot dem nach Parteilichkeit unterordnen soll, und wenn Parteilichkeit noch dazu als strikte Akzeptanz der Beschlüsse einer sich unfehlbar dünkenden Parteibürokratie verstanden wird. Unter solchen Bedingungen muss die Wissenschaft Gefahr laufen, zur bloßen Waffe im Klassenkampf zu verkommen. Da, wo die Wissenschaftsforschung in der DDR sich vor den Karren einer Partei spannen ließ, sind ihr keine Ergebnisse von bleibendem wissenschaftlichem Wert gelungen. Da aber, wo sie in theoretischen Überlegungen zu Ergebnissen gelangte, die das wünschenswerte Verhältnis von Wissenschaft, Politik und Gesellschaft nicht unbedingt deckungsgleich sahen mit dem, wie es sich in der DDR-Realität zeigte, und wo sie in empirischen Untersuchungen den realen Zustand von Wissenschaft und Forschung in der DDR und insbesondere an der Akademie der Wissenschaften ungeschminkt diagnostizierte, ist sie praktisch wirkungslos geblieben.

Den anderen Grund, warum es nicht zu einer marxistisch-leninistischen Wissenschaftstheorie kommen konnte, sehe ich darin, dass Wissenschaftstheorie als einheitliche, monolithe Theorie über den komplexen Gegenstand „Wissenschaft", ausgerüstet mit einem eigenständigen Begriffs- und Methodenapparat, wahrscheinlich überhaupt ein illusionäres Vorhaben ist. So wie die Natur nicht Gegenstand einer einzigen und einheitlichen Naturtheorie und auch nicht einer einzigen Physik, einer einzigen Chemie oder einer einzigen Biologie ist, sondern in ihren unendlich vielen Facetten von einer Vielzahl physikalischer, chemischer, biologischer und anderer Theorien betrachtet, beschrieben, interpretiert und erklärt wird, so dürfte auch das komplexe gesellschaftliche und kognitive Phänomen „Wissenschaft" nicht im Rahmen einer einzigen und einheitlichen Theorie der Wissenschaft darstellbar sein.

Ein so ungeheuer facettenreiches Phänomen, wie es die Wissenschaft ist, verlangt und verdient es, von den unterschiedlichsten Standpunkten aus und mit den verschiedenartigsten Methoden erforscht zu werden. Jede solche Studie wäre ein legitimer und begrüßenswerter Bestandteil von Wissenschaftsforschung. Und jeder Vertreter einer speziellen Disziplin wäre in dem Moment, in dem er sich dem Studium eines bestimmten Aspekts von Wissenschaft widmet, Wissenschaftsforscher, ohne deshalb aufzuhören, Soziologe, Ökonom, Psychologe oder Mathematiker, Historiker oder Statistiker zu sein. Wissenschaftsforschung wird damit keineswegs auf ein loses Konglomerat disziplinärer Einzeluntersuchungen reduziert. Sie wird vielmehr gedacht als multidisziplinär strukturiertes Ensemble komplementärer Studien, die durch ihren Gegenstand aufeinander bezogen sind, sich explizit und konstruktiv aufeinander beziehen und so in ihrer wechselseitigen Ergänzung das unerschöpfliche Bild von Wissenschaft zu komplettieren trachten.

Die Frage „Wie ist komplexe Wissenschaftsforschung möglich?" habe ich sodann 2007 noch einmal aufgegriffen, als die Rosa-Luxemburg-Stiftung am 5.11.2007 aus Anlass des 75. Geburtstages von Clemens Burrichter ein Kolloquium zu dem vom Jubilar formulierten Thema „Macht die Technologiegesellschaft einen wissenschaftstheoretischen Paradigmawechsel notwendig? Auf dem Weg zu einem neuen ‚social contract' im Verhältnis von Wissenschaft und Gesellschaft" in Potsdam durchführte. Leider sind die Materialien dieser Veranstaltung nicht dokumentiert. Ich nutze deshalb die Gelegenheit, um in einer leicht gekürzten Fassung meines Beitrags meine Sicht auf die Möglichkeit von Wissenschaftsforschung noch einmal zu bekräftigen. Der Mathematiker in mir fühlte sich bei der Nennung von Erlangen an Felix Klein erinnert. So kam der folgende Text zustande.

Vergleichende Betrachtungen über neuere Richtungen der Wissenschaftsforschung

Das „Erlanger Programm"

In der Geschichte der 1743 gegründeten Friedrich- und seit 1769 Friedrich-Alexander-Universität Erlangen-Nürnberg gibt es im zeitlichen Abstand von genau 100 Jahren zwei herausragende Ereignisse. Das eine ist bereits zu einem festen Meilenstein in der Wissenschaftsgeschichte geworden; das andere ist noch Gegenstand der Zeitgeschichte. Das eine gehört in die Geschichte der Mathematik, das andere in die Geschichte der Wissenschaftsforschung.

Im Jahre 1872 hielt der soeben zum ordentlichen Professor für Mathematik berufene Felix Klein anläßlich seines Eintritts in die philosophische Fakultät der Universität einen programmatisch angelegten Vortrag mit dem Titel „Vergleichende Betrachtungen über neuere geometrische Forschungen". Klein entwickelte in diesem Vortrag eine gruppentheoretische Sicht auf die Einheit der Geometrie, die als das berühmte „Erlanger Programm" in die Geschichte der Mathematik eingegangen ist. Kleins Interesse war darauf gerichtet, „im Widerstreite der sich befehdenden mathematischen Schulen das gegenseitige Verhältnis der nebeneinander herlaufenden, äußerlich einander unähnlicher und doch in ihrem Wesen nach verwandten Arbeitsrichtungen zu verstehen und ihre Gegensätze durch eine einheitliche Gesamtauffassung zu umspannen"(Felix Klein: Gesammelte mathematische Abhandlungen. Erster Band. Berlin 1921. S. 52). Dieses Anliegen, die verschiedenen, im 19. Jahrhundert scheinbar auseinander strebenden geometrischen Theorien – z. B. die der klassischen euklidischen Geometrien wie äquiforme, affine und projektive Geometrie – durch eine einheitliche Gesamtauffassung zusammenzuführen, gelang mittels des Gruppenbegriffs, genauer: des Begriffs der Transformationsgruppe.

Es ist hier nicht der Ort, das Erlanger Programm im Einzelnen darzulegen. Nach Einschätzung der Mathematikhistoriker erwies sich der Gruppenbegriff „als eine Art Zauberstab, um Ordnung in der Geometrie zu schaffen."(Hans Wußing: Vorlesungen zur Geschichte der Mathematik. Berlin 1979. S. 273). Jeder Geometrie wird eine Transformationsgruppe zugeordnet, „adjungiert", wie Klein sich ausdrückt. Die einer räumlichen Mannigfaltigkeit zugehörigen Gebilde werden hinsichtlich solcher Eigenschaften untersucht, die durch die Transformationen der Gruppe nicht geändert werden (Felix Klein: A. a. O. S. 463).

Als Beispiel für eine Transformationsgruppe kann die Gesamtheit der Bewegungen dienen: Die geometrischen Eigenschaften eines räumlichen Gebildes ändern sich nicht bei Bewegung im Raum. Eine in ihr enthaltene Gruppe sind etwa die Rotationen um einen Punkt. Die Grundidee des Erlanger Programms beschreibt Klein mithin so: „Es ist eine Mannigfaltigkeit und in derselben eine Transformationsgruppe gegeben. Man entwickle die auf die Gruppe bezügliche Invariantentheorie" (Ebenda. S. 464). Dabei entspricht der Übergang zu einer umfassenderen Gruppe dem Übergang zu einer gewissermaßen „ärmeren" Geometrie.

Für die klassischen euklidischen Geometrien lassen sich diese Zusammenhänge in Form eines Schemas verdeutlichen (Hans Wußing: A. a. O. S. 274):

Eigenschaft räumlicher Gebilde	äquiforme Gruppe	affine Gruppe	projektive Gruppe
Lage	zerstört	zerstört	Zerstört
Größe	zerstört	zerstört	Zerstört
Orthogonalität	erhalten	zerstört	Zerstört
Parallelität	erhalten	erhalten	Zerstört
Inzidenz	erhalten	erhalten	Erhalten
	äquiforme Geometrie	affine Geometrie	projektive Geometrie

Die Erlanger Werkstattgespräche

100 Jahre später, 1972, begann an der Universität Erlangen-Nürnberg auf Initiative von Clemens Burrichter, unter seiner Leitung und Moderation, eine Veranstaltungsreihe, die über 20 Jahre hinweg alljährlich Wissenschaftstheoretiker, Philosophen, Soziologen, Ökonomen, Psychologen, Naturwissenschaftler und Wissenschaftspolitiker – und zwar aus Ost und West – zusammenführte. Ihr Anliegen war die Bestimmung des Gegenstandes, der Methoden und der Funktion der Wissenschaftsforschung sowie ihres Verhältnisses zur Wissenschaftspolitik. Clemens Burrichter leitete dieses Anliegen später aus der Zweideutigkeit des Begriffs „Probleme der Wissenschaftsforschung" ab: „Es können damit die wissenschaftlichen Probleme und Fragestellungen gemeint sein, mit denen sich die Wissenschaftsforschung beschäftigt – also ihr Arbeitsgebiet im weitesten Sinne. Gemeint sein könnten aber auch die Probleme, mit denen es die Wissenschaftsforschung als junge Forschungsrichtung im Prozeß ihrer Institutionalisierung gegenwärtig zu tun hat." (Clemens Burrichter: Zu „Problemen der Wissenschaftsforschung". In: Probleme der Wissenschaftsforschung. Erlangen 1978. S. 5).

Die Erlanger Werkstattgespräche widerspiegelten wie keine andere Veranstaltungsreihe, dass die so skizzierte Problemlage der Wissenschaftsforschung in Ost und West, in der DDR und in der damaligen Bundesrepublik, ziemlich gleich war.

Die zwei Institute, an denen die Wissenschaftsforschung in Deutschland heimisch war – das IGW in Erlangen und das ITW in Berlin –, haben, soweit ich das beurteilen kann, in der zeitlichen Abfolge der Gegenstände und Projekte, auf die ihr kognitives Interesse jeweils fokussiert war, eine ziemlich ähnliche Entwicklung genommen. Man kann das sehr gut an Hand der Themen der Erlanger Werkstattgespräche und der Titel der Reihe „Wissenschaft und Gesellschaft" sowie der Themen der Kolloquienreihen des ITW verfolgen. Dabei zeigt sich zugleich, dass bei aller Ähnlichkeit der Fragestellungen das erkenntnisleitende Interesse des IGW mehr auf Wissenschafts- und Forschungspolitik zielte, und das des ITW mehr auf die Wissenschaftsforschung selbst, allerdings mit stark ideologischem und politischem Einschlag.

Zu Beginn der 70er Jahre waren beide Institute zunächst damit befasst, sich über ihren Gegenstand und die Methodologie des Herangehens an ihn klar zu werden. Im Dezember 1970 bemüht sich das erste Kolloquium des ITW um Grundlegung und Gegenstand der Wissenschaftsforschung, die unter dem Namen „marxistisch-leninistische Wissenschaftstheorie" lief (Marxistisch-leninistische Wissenschaftstheorie: Grundlegung und Gegenstand. ITW-Kolloquien H. 1/1971). Die ersten größeren Arbeiten in den Jahren 1971 und 1972 sind geprägt von dem Bedürfnis, das Verhältnis von Wissenschaft und Gesellschaft unter sozialistischen Bedingungen zu analysieren, sowie den Platz und die Funktion der Wissenschaftsforschung in der Gesellschaft zu umreißen (Günter Kröber, Hubert Laitko: Sozialismus und Wissenschaft. Berlin 1972). Am IGW entsprachen dem die Themen der ersten beiden Werkstattgespräche 1972/73 „Wissenschaft und Gesellschaft unter den Bedingungen der wissenschaftlich-technischen Revolution" und „Vergleich der Wissenschaftssysteme in BRD und DDR" (Leider nicht dokumentiert).

1973 stehen an beiden Instituten methodologische Probleme im Vordergrund: Im Februar am ITW das Kolloquium „Zur Methodologie der Wissenschaftsforschung"(ITW-Kolloquien, H. 8/1973), im November am IGW das Werkstattgespräch „Zur Methodologie des Vergleichs unterschiedlicher Gesellschaftsordnungen."(Nicht dokumentiert).

1974/75 widmen sich beide Institute Problemen der Forschungsplanung. Das Werkstattgespräch des IGW 1974 ist dem Thema „Forschungspolitik und Forschungsplanung" gewidmet (IGW, ABG, H. 8/1974); ebenfalls 1974 findet am ITW das Kolloquium „Planungsprobleme in der Grundlagenforschung" statt (ITW-Kolloquien, H. 11/1975).

1974 wird am ITW mein Manuskript „Wissenschaft und friedliche Koexistenz" diskutiert; 1975 steht das Erlanger Werkstattgespräch unter dem Thema „Probleme internationaler Wissenschaftskooperation. Fragen zur inter- und intrasystemaren Zusammenarbeit der Wissenschaften"(IGW, ABG, H. 9/1976), gefolgt noch einmal 1982 von dem Werkstattgespräch „Wissenschaft und Entspannung" (IGW, ABG, H. 2/1984).

Mitte der 70er Jahre reift an beiden Instituten die Einsicht, dass die aktuelle Wissenschaftsforschung ganz wesentlich auf eine intime Kenntnis der Geschichte der Wissenschaften angewiesen ist. Am ITW wird 1976 der Bereich „Wissenschaftsgeschichte" gegründet; am IGW werden auf dem Werkstattgespräch im November 1976 „Aufgaben und Funktionen einer historischen Wissenschaftsforschung" diskutiert (Clemens Burrichter (Hrsg.): Grundlegung der historischen Wissenschaftsforschung. Basel/Stuttgart 1979). 1989 folgt dann noch einmal ein Werkstattgespräch zur „Methodologie einer historischen Wissenschaftsforschung"(IGW ABG, H. 4/1991).

In den Jahren 1976/77 erscheinen in der Reihe „Wissenschaft und Gesellschaft" am ITW die Titel „Leitung der Forschung" (Gennadij Dobrow, Dietrich Wahl. Berlin 1976),

"Sozialismus und wissenschaftliches Schöpfertum"(Alfred Erck, Lothar Läsker, Helmut Steiner (Hrsg.). Berlin 1976), „Wissenschaftliche Schulen"(Semjon R. Mikulinski, Michail G. Jarošewskij, Günter Kröber, Helmut Steiner (Hrsg.)., Bd. 1. Berlin 1977) und „Dynamik und Struktur des Wissenschaftlerpotentials" (Lothar Kannengießer, Hansgünter Meyer (Hrsg.). Berlin 1977). Das Erlanger Werkstattgespräch von 1977 ist dem allgemein gefassten Thema „Forschungspolitik im Wandel" gewidmet (Nicht dokumentiert.)

1978 erscheint in der Reihe des ITW der Band „Ethische Probleme der Wissenschaft" (Dietrich Wahl (Hrsg.). Berlin 1978). Das Werkstattgespräch im gleichen Jahr kreist um das Thema „Wissenschaft und Wertewandel" (Nicht dokumentiert).

Zu Beginn der 80er Jahre treten an beiden Instituten Probleme der Strategiebildung in Wissenschaft und Technik in den Vordergrund. Im April 1983 führt das ITW gemeinsam mit dem Internationalen Institut für Angewandte Systemanalyse (IIASA, Laxenburg) ein Seminar zum Thema „Globale und nationale Probleme der wissenschaftlich technischen Strategienbildung für das Energiesystem" durch (ITW-Kolloquien, H. 44/1984). Das Erlanger Werkstattgespräch von 1983 steht unter dem Thema „Forschungspolitische Probleme und Strategien für die achtziger Jahre"(IGW, ABG, H. 4/1984).

1984 ist es an beiden Instituten die Problematik der Spitzenleistungen in Wissenschaft und Forschung, welche die Gemüter bewegt, abzulesen am ITW – Band „Intensivierung der Forschung: Bedingungen – Faktoren – Probleme" (Günter Kröber, Lothar Läsker, Hubert Laitko (Hrsg.). Berlin 1984), an der ITW – Tagung „Faktoren der Intensivierung der Forschungsarbeit in Gruppen" im November 1984 (Ursula Geißler, Hildrun Kretschmer, Joachim Tripoczky, Angelika Irmscher (Hrsg.), ITW-Kolloquien, H. 50/1985)., und am Werkstattgespräch des IGW zu „Spitzenleistungen in den Wissenschaften" im November 1984 (IGW, ABG. H. 4/1985).

Ab Mitte der 80er Jahre treten die Innovationsproblematik und die neuen Technologien in den Vordergrund. 1984 erscheint der ITW-Band „Flexible Automatisierung: Entwicklungstendenzen, Probleme, Perspektiven"(ITW-Kolloquien. H. 45/1984), 1985 „Innovation und Wissenschaft"(Günter Kröber, Harry Maier (Hrsg.). Berlin 1985), ebenfalls 1985 „Theorie und Praxis wissenschaftlich – technischer Neuerungsprozesse" (ITW-Kolloquien. H. 49/1985) und 1986 „Innovationsstrategien der flexiblen Automatisierung" (ITW-Kolloquien. H. 55/1986). 1987 folgt das Werkstattgespräch des IGW zu „Moderne Informationstechnologien und die Gesellschaften in Ost und Westeuropa." (IGW, ABG. H. 2/1988).

1990 und 1991 hat dann nur noch das IGW das Wort mit den Werkstattgesprächen „Fusion der Wissenschaftssysteme"(IGW, ABG. H. 2/1991) und „Transformation und Modernisierung"(IGW, ABG. H. 2/1992).

Das ITW hat mit den von ihm vorgelegten Arbeiten, einschließlich der spurlos in den Panzerschränken verschwundenen akademie- und parteiinternen Studien, die helfen sollten, die Effektivität von Wissenschaft und Technik zu befördern, den Zusammenbruch der

DDR nicht abwenden können. Das IGW, andererseits, musste mit seinem Konzept einer angestrebten Fusion der beiden Wissenschaftssysteme, das darauf abzielte, dass sich beide fusionierenden Systeme verändern müssten, um eine wirkliche und gut funktionierende Einheit zu ergeben, erkennen, dass die Politik durchaus andere Wege geht, als ihr von der Wissenschaft geraten wird. Die Fallbeispiele beider Institute belegen die Ohnmacht der Wissenschaftsforschung gegenüber der Wissenschaftspolitik und der Politik überhaupt.

In dieser Hinsicht unterscheidet sich die Wissenschaftsforschung nur wenig von anderen natur-, sozial- und geisteswissenschaftlichen Disziplinen. Die Beziehungen zwischen Wissenschaft und Politik sind wohl doch keine gleichberechtigt wechselseitigen. Die Wissenschaft befindet sich immer in der Abhängigkeit von der Politik, schon bei der Zuweisung der Mittel, welche die Politik bereit oder nicht bereit ist, für Wissenschaft und Forschung zur Verfügung zu stellen, aber auch in manch anderer Hinsicht, wofür gerade die Bundesrepublik Deutschland viele Beispiele bietet. Die Politik behält sich vor, eigenständig darüber zu entscheiden, ob und welche Anregungen aus der Wissenschaft von ihr aufgegriffen werden. Eine sogenannte linke Wissenschaftspolitik unterscheidet sich in dieser Hinsicht kaum von einer sogenannten rechten, nur sind bei beiden die politikleitenden Interessen verschieden.

Als Fazit könnte man bis hierher sagen:

Wissenschaftsforschung ist – *ihrem kognitivem Gehalt, ihrem Gegenstand, ihrer Methodologie und ihrer Funktion gegenüber anderen Wissenschaften nach* – **invariant gegenüber politischen Transformationen.**

Das bedeutet nun freilich nicht, dass sie nicht selbst in sich differenziert ist. Damit komme ich zu einer anderen Ebene vergleichender Betrachtungen neuerer Richtungen der Wissenschaftsforschung.

Das Komplementaritätsproblem in der Wissenschaftsforschung
Als komplexes gesellschaftliches System kann Wissenschaft auf drei Seinsebenen gesehen und untersucht werden:
– *Als* **kognitives System** *ist sie die Gesamtheit theoretischer und systematisch geordneter Erkenntnisse über die Natur, die Gesellschaft und den Menschen selbst.*
– *Als* **Handlungssystem** *ist sie eine Gesamtheit spezifischer gesellschaftlicher Tätigkeiten, die auf die Produktion, Reproduktion und Anwendung wissenschaftlicher Erkenntnisse in der gesellschaftlichen Praxis gerichtet sind.*
– *Als* **institutionelles System** *ist sie eine Gesamtheit von Institutionen, in denen wissenschaftliche Tätigkeiten (Forschung, Lehre) ausgeübt werden, und deren Mitarbeiter finanzielle Mittel und materiell-technische Ausrüstungen von der Gesellschaft erhalten.*

Wissenschaftsforschung bewegt sich auf allen drei Ebenen und zudem noch in der Geschichte der Wissenschaft, allerdings nicht – wie wir an den Anfängen des ITW glaubten – „geleitet durch integrierende theoretische Prinzipien" und mit einem „entwickelten Begriffs- und Methodenapparat" (ITW-Kolloquien. H. 1/1971. S. 9). Sie ist in dieser Hinsicht durchaus vergleichbar mit der Geometrie. Es gibt ja nicht die Geometrie an sich, mit ihrem eigenen und nur für sie spezifischen Begriffs- und Methodenapparat. Jede der Teilgeometrien – euklidische oder nichteuklidische, äquiforme, affine oder projektive Geometrie – hat ihren eigenen Begriffs- und Methodenapparat. Wir hatten zum Beginn unserer Arbeit am ITW die jugendlich-blauäugige Illusion, „von einem Konglomerat monodisziplinärer Wissenschaftsforschungen zu einer komplexen, interdisziplinär arbeitenden Wissenschaft von der Wissenschaft" kommen zu können (Ebenda).

Was die Interdisziplinarität betrifft, so haben wir sie allerdings nicht nur gefordert, sondern auch praktiziert. Das gleiche breite Spektrum an Disziplinen, deren Vertreter an den Erlanger Werkstattgesprächen zusammenkamen, war auch am ITW vorhanden, nur dass sie hier nicht Gäste, sondern im Rahmen der zu bearbeitenden Forschungsprojekte verantwortliche Mitarbeiter waren. Solche Projekte bezogen sich sowohl auf philosophisch-erkenntnistheoretische Fragen, wie z. B. das Verhältnis von Problem und Methode in der Forschung, als auch auf wissenschaftsökonomische, wissenschaftssoziologische und sozialpsychologische, wissenschaftsmetrische und wissenschaftshistorische Probleme, wie aus den schon genannten Bänden und Kolloquien ersichtlich ist. Dementsprechend gab es konzeptionelle Ansätze der verschiedenen Art. Gert-Rüdiger Wegmarshaus sprach anläßlich des 25. Jahrestages des ITW von vier solchen Ansätzen, dem „arbeitstheoretischen, reproduktionstheoretischen, innovationstheoretischen und kommunikationsorientierten", die – wie er berichtete – „in einem klaren ... Wettbewerb" miteinander standen.(Gert-Rüdiger Wegmarshaus: Marxistische Wissenschaftsforschung – Ein Blick zurück. In: 25 Jahre Wissenschaftsforschung in Ostberlin (Hrsg. von Hansgünter Meyer) Berlin 1996. S. 66).

Der arbeitstheoretische ging bekanntlich von der Marxschen Kennzeichnung der Wissenschaft als allgemeine Arbeit aus (Hubert Laitko: Wissenschaft als allgemeine Arbeit. Berlin 1979). Der reproduktionstheoretische baute dagegen auf der Marxschen Bestimmung auf, dass Wissenschaft das Produkt der allgemeinen geschichtlichen Entwicklung in ihrer abstrakten Quintessenz ist (Lothar Läsker: Die Vermittlung der Wissenschaftsentwicklung im gesellschaftlichen Reproduktionsprozess. In: Wissenschaft – Das Problem ihrer Entwicklung. Bd. 2 Berlin 1988). Der innovationstheoretische Zugang zur Wissenschaftsforschung ging vom Begriff der wissenschaftlich-technischen Innovation aus, die als Ergebnis einer Fusion zwischen einer wissenschaftlich-technischen Problemlösung und einem existierenden bzw. latent vorhandenem gesellschaftlichen, insbesondere volkswirtschaftlichen Bedarf aufgefaßt wird (Harry Maier: Wissenschaftlich-technische Innovationen – der Schlüssel zur intensiv erweiterten Reproduktion. In: Innovation und Wissenschaft. Berlin 1985). Der kommunikationsorientierte Ansatz schließlich rekurrierte auf die doppelte Funktion der

Sprache – Kommunikation und Kognition – und verstand wissenschaftliche Erkenntnis als durch hochentwickelte sprachliche Organisation für bestimmte generalisierte Kontexte vermittelt (Hans-Peter Krüger: Kommunikationstheoretische Fragen der Wissenschaftsentwicklung. In: Wissenschaft – Das Problem ihrer Entwicklung. Bd. 2). Zu diesen vier kam Ende der 80er Jahre noch der weitere Ansatz hinzu, der sich der Theorie komplexer Systeme verpflichtet fühlte, und der Wissenschaft als ein komplexes, nichtlineares, dynamisches gesellschaftliches System zu betrachten vorschlug (Günter Kröber: Wissenschaft im Spiegel von Chaos. In: Tohuwabohu. Chaos und Schöpfung. Hrsg. von Klaus Meier und Karl-Heinz Strech. Berlin 1991). Auch ein problemtheoretischer Zugang hatte noch in den 70er Jahren von sich reden gemacht (Problem und Methode in der Forschung (Hrsg. von Heinrich Parthey). Berlin 1978).

Bildeten diese Ansätze nun ein bloßes Konglomerat verschiedener Sichtweisen ohne einheitliche theoretische Grundlage? Eine theoretisch einheitliche Grundlage war in der Tat nicht vorhanden. Aber deshalb bildeten diese Ansätze auch kein bloßes Konglomerat. Ich habe noch in den letzten Jahren des ITW dafür plädiert, diese Ansätze miteinander zu vermitteln und habe das Vermittlungsproblem ein Komplementaritätsproblem genannt, ein Problem sich möglicherweise befehdender, zugleich aber einander ergänzender und sich bedingender Gegensätze. „Das komplexe gesellschaftliche Phänomen Wissenschaft" – um mich ausnahmsweise einmal selbst zu zitieren – „wird gleichsam unter verschiedenen Winkeln von Projektoren durchleuchtet, die unterschiedlichen Standort haben und auch unterschiedliche Strahlungsintensitäten. Jede Projektion liefert andere Einsichten; deren Kombination ist wünschenswert und notwendig, bleibt aber solange partiell, wie das ganze Phänomen nicht voll ausgeleuchtet ist"(Günter Kröber: Über Komplexität der Wissenschaft und Komplementarität ihrer Abbildungen. In: Wissenschaft – Das Problem ihrer Entwicklung. Bd. 2).

Das war die Situation am ITW. Nimmt man die Situation der Wissenschaftsforschung nun weltweit, so ist das Bild im Grunde das gleiche. Der sowjetische Autor M. M. Karpow hat vor mehr als dreißig Jahren einmal die Vielfalt von Definitionen der Wissenschaft und der Herangehensweisen an sie zusammengestellt und ist dabei auf die stattliche Anzahl von ca. 150 gekommen (M. M. Karpow: Osnownyje zakonomernosti jestjestvoznanija. Rostow 1963; ders.: Nauka i naučnoje tvorčestvo. Rostow 1963).

Wir sehen heute eine Vielfalt ganz unterschiedlicher Herangehensweisen: Von der erkenntnistheoretisch-methodologischen, der sprachphilosophischen, der soziologischen und ökonomischen bis zur psychologischen. Eine Vielfalt von „Ismen" beherrscht die Szene: Vom Positivismus und kritischen Rationalismus, Konstruktivismus über Empirismus, Wissenschaftsdarwinismus bis zum Wissenschaftsanarchismus. Theoriendynamik und Wissenschaftsmetrik, Finalisierungskonzept und Konzept der Selbstorganisation der Wissenschaft sind im Gespräch. Wir sind weiter als je von einer einheitlichen theoretischen Grundlage der Wissenschaftsforschung entfernt.

Doch brauchen wir sie eigentlich? Die Frage mag verwundern, denn entlarvt sie mich nicht als den Fuchs aus der Fabel, der die Trauben für zu sauer erklärt, die ihm zu hoch hängen? Ich denke, nicht. So wie es verschiedene Richtungen geometrischer Forschungen gibt, von denen jede nach einem anderen Ansatz vorgetragen wird, gibt es auch ganz unterschiedliche Richtungen der Wissenschaftsforschung. Und so wie es keine einheitliche Geometrie gibt, so wird es wahrscheinlich auch keine einheitliche Wissenschaftsforschung geben können. Das Erlanger Programm der Geometrie lehrt uns jedoch, dass die Einheit der Geometrie anders zu verstehen ist als eine einzige und einheitliche theoretische Grundlage aller Richtungen. Die Einheit der Geometrie ergibt sich daraus, dass für jede Richtung die Invarianten angegeben werden können, die sich bei den verschiedenen Betrachtungsweisen nicht verändern. Analog dazu könnte die Einheit der Wissenschaftsforschung darin gesehen werden, dass für jede Richtung diejenigen komplementären, sich gegenseitig ergänzenden Eigenschaften des komplexen Objekts Wissenschaft angegeben werden, auf die sich das forschende Interesse ihrer jeweiligen Vertreter richtet.

In nur geringfügiger, durch unseren Gegenstand bedingten Abänderung des Kleinschen Textes aus seinem Vortrag könnte man sagen, dass die Aufgabe darin besteht,

> „im Widerstreite der sich befehdenden Richtungen der Wissenschaftsforschung das gegenseitige Verhältnis der nebeneinander herlaufenden, äußerlich einander unähnlichen und doch in ihrem Wesen nach verwandten Arbeitsrichtungen zu verstehen und ihre Gegensätze durch eine einheitliche Gesamtauffassung zu umspannen."

Allerdings lässt sich für die verschiedenen Richtungen der Wissenschaftsforschung wohl solch ein klares Schema, wie es das Erlanger Programm für die Geometrie ermöglicht, nicht aufstellen. Dazu sind die Gegenstände und die Beziehungen, mit denen wir es in der Begegnung mit Wissenschaft zu tun haben, zu komplex. Das Verständnis von Wissenschaft als einem hochkomplexen gesellschaftlichen System bietet m. E. jedoch hinreichenden Raum für die Einordnung aller heutigen komplementären Richtungen der Wissenschaftsforschung. Im Falle der Wissenschaftsforschung kann die einheitliche Gesamtanschauung indes wohl nicht durch eine Theorie geleistet werden, sondern nur durch einen hinreichend umfassenden Begriff von Wissenschaft. In erster Näherung könnte der vielleicht lauten:

> Wissenschaft als ein komplexes gesellschaftliches System ist eine disziplinär gegliederte und systematisch geordnete Gesamtheit kognitiver Strukturen (Begriffe, Aussagen, Theorien, Probleme, Methoden usw.) zur Erkenntnis der Natur, der Gesellschaft und des Menschen, die historisch in einem nichtlinearen kommunikativen Prozeß zwischen speziell dafür ausgebildeten Personen und auf der Grundlage materiell-technischer und finanzieller Voraussetzungen erzeugt, vermittelt und in der gesellschaftlichen Praxis angewendet werden, um die intensiv erweiterte Reproduktion der Gesellschaft zu gewährleisten.

Je nachdem, welches Merkmal von Wissenschaft in den Mittelpunkt der Betrachtung gestellt, invariant gehalten wird, ergeben sich die einzelnen Richtungen der Wissenschaftsforschung.

Ausgehend von diesem komplexen Wissenschaftsbegriff komme ich abschließend noch einmal auf das Verhältnis von Wissenschaft und Politik zurück.

Wissenschaft und Politik
Ich habe die Ohnmacht der Wissenschaftsforschung gegenüber der Wissenschaftspolitik und der Politik überhaupt diagnostiziert. Wenn dieser Zustand im Verhältnis der Wissenschaft zur Politik insgesamt auch differenziert gesehen werden muss, so ist doch wohl unübersehbar, dass beide nicht auf gleicher Augenhöhe miteinander kommunizieren. Welcher Typ von Politik dabei im Spiele ist – ob rechte oder linke, konservative oder liberale –, ist unerheblich. Diese Einsicht, gewonnen zu Beginn der 90er Jahre, wurde mir durch ein Schlüsselerlebnis erhärtet, das ich im März 2003 auf einer Veranstaltung des Berliner Wissenschaftszentrums für Sozialforschung (WZB) zum Thema „Die Wissenschaften und die Zukunft Berlins" hatte.

In dem Konferenzsaal waren u. a. anwesend: Der seinerzeitige Präsident der Berlin-Brandenburgischen Akademie der Wissenschaften, der ausführte, es sei ihm weder um die Wissenschaften noch um die Stadt Bange, weil doch vor allem die Sozial- und Geisteswissenschaften die Stadt in ein Paradies verwandeln und dem Land eine würdige Regierung sichern werden. Der damals zugereiste Rektor der Humboldt-Universität fand, Berlin sei einfach „eine tolle Stadt". Das Publikum indes war gespalten. Da waren die Politiker und Wissenschaftspolitiker auf der einen Seite und die angesichts einer schon in die Jahre gehenden Diskussion über Forschungsmittel, Studiengebühren, Autonomie der Hochschulen usw. nur müde abwinkenden Wissenschaftler.

Im Saal waren auch einige ehemalige Mitarbeiter der Akademie der Wissenschaften der DDR anwesend. Sie kamen sich vor wie in alten Zeiten, als sie an ihrer Akademie die Forderung durchsetzen sollten, „Wissenschaft und Produktion organisch miteinander zu verbinden", die Zielstellungen für die Forschung aus den aktuellen wirtschaftspolitischen Problemen abzuleiten, und die Forschungsprozesse selbst „zu intensivieren", d. h. ohne zusätzliche finanzielle Mittel mehr und bessere Ergebnisse von volkswirtschaftlicher Bedeutung zu erbringen.

Die Thesen, die in besagter Podiumsdiskussion von den heutigen Politikern vertreten wurden, liefen auf drei Aussagen hinaus:
– Die Vorsitzende des Wissenschaftsausschusses des Abgeordnetenhauses, assistiert von dem Vertreter der Wirtschaft (Schering AG): Die Wissenschaft muss der Wirtschaft dienen. Wissenschaft und Wirtschaft gehören in ein und dasselbe Ressort im Senat. Übrigens findet man in der „Berliner Zeitung" diesen Standpunkt z. B. darin realisiert, dass die tägliche Wissenschaftsseite einen festen Platz im Wirtschaftsteil zwischen den Börsen- und Sportberichten zugewiesen bekommen hat.

- *Der Finanzsenator: Es wird in Zukunft weniger Wissenschaft in Berlin geben. Die Stadt braucht keine drei Universitäten.*
- *Die Vorsitzende des Wissenschaftsausschusses und der Finanzsenator unisono: Wir, die Politik, sind die Geldgeber, und wir formulieren letztlich die Ziele für die Wissenschaft. „Was geforscht wird, bestimmen* **wir**.*"*

Fehlte eigentlich nur das „Basta!" Doch das stand unausgesprochen und fatal im Raum.

Wie sich die Bilder gleichen? Es sind doch wohl eher die Politiker, die sich in ihrem Verhältnis zur Wissenschaft gleichen. Damals wie heute. An diesem beklagenswerten Verhältnis hat sich – zumindest in Deutschland in den letzten dreißig Jahren – offenbar nichts geändert.

Auch die Idee eines „Gesellschaftsvertrages" wird an diesem Zustand nichts ändern. Sie war seit ihren ersten Anfängen bei Epikur über Thomas Hobbes, John Locke, Immanuel Kant bis heute ein Gedankenexperiment. Wer sie in der heutigen Technologiegesellschaft als die Idee eines Vertrages zwischen Wissenschaft und Gesellschaft wieder aufleben lassen möchte, muss zumindest in Rechnung stellen, dass bereits vertraglich geregelt ist, dass die Gesellschaft durch die Politik und die von ihr repräsentierten politischen Parteien vertreten wird, so dass sich das Problem auf das Verhältnis zwischen Wissenschaft und Politik reduziert. Die Beziehungen zwischen Wissenschaft und Politik aber sind Abhängigkeitsbeziehungen, in denen die Abhängigkeiten der Wissenschaft von der Politik immer stärker sein werden als die der Politik von der Wissenschaft. Selbstredend fördern Politik und Wirtschaft auch die Wissenschaft. Hin und wieder kann dabei sogar ein Nobelpreis herausspringen, besonders für Entdeckungen, die von der Wirtschaft kurz- oder langfristig profitabel umgesetzt werden können. Da, wo die Wissenschaft unbequem wird, und das kommt in den Sozial- und Geisteswissenschaften wahrscheinlich häufiger vor als in den Natur- und technischen Wissenschaften, muss sie damit rechnen, dass ihre Mahnungen oder sogar Forderungen ungehört verhallen oder sogar Gegenreaktionen seitens der Politik hervorrufen.

Der Ruf nach einem Gesellschaftsvertrag zwischen Wissenschaft und Gesellschaft, also zwischen Wissenschaft und Politik, ist in der heutigen Technologiegesellschaft mehr als verständlich. Er rührt aus dem Unbehagen mit dem derzeitigen Stand des Verhältnisses von Wissenschaft und Politik. Es liegt jedoch in der Natur der Sache, dass er, der in der bisherigen Geschichte immer den Charakter eines Gedankenexperimentes hatte, in einer in politische Parteien aufgespaltenen Gesellschaft auch in Zukunft wohl eine Illusion bleiben wird.

Und ein weiteres Mal wandte ich mich der Wissenschaftsforschung aus Anlass meines eigenen 75. Geburtstages zu, indem ich mit Unterstützung der Rosa-Luxemburg-Stiftung eine kleine Schrift „Wissenschaftsforschung – Einblicke in ein Vierteljahrhundert" veröffentlichte, in der einige meiner Arbeiten aus den Jahren 1967 bis 1992 zusammengefasst sind, vorwiegend solche, die bisher unveröffentlicht sind oder zumindest nicht in deutscher Sprache vorliegen. Mit diesem Büchlein ist das Kapitel „Wissenschaftsforschung" für mich nun tatsächlich abgeschlossen. Sein Fazit lautet:

Der „wahrhaft sensationelle Fortschritt der zweiten Hälfte unseres Jahrhunderts", von dem Bernal 1964 geträumt hatte, ist ausgeblieben; er ist – zumindest in Deutschland – den vermeintlichen politischen Fortschritten zum Opfer gefallen.

8. Im postwendischen Kaiserreich

20 Jahre nach der deutschen Wiedervereinigung haben Politiker und politiknahe Wissenschaftler das Bedürfnis, auf ihre Art Bilanz zu ziehen, wie die Landschaften im Osten denn aufgeblüht sind und die Wissenschaften nicht minder. Die Berlin-Brandenburgische Akademie der Wissenschaften hielt zu diesem Zweck am 24.–25. November 2009 ein Symposium zur Problematik „Wissenschaft und Wiedervereinigung" ab. Es sollte Bilanz gezogen und offene Fragen markiert werden. Ort der Veranstaltung war das Akademiegebäude am Gendarmenmarkt, in dem heute die Berlin-Brandenburgische Akademie zu Hause ist und das von 1961 bis 1980, als auf dem Dom noch die Birke wuchs, meine Arbeitsstelle war, während Irene in ihm gute vierzig Jahre gearbeitet hat. Damalige Akteure und Betroffene, heutige Praktiker und Beobachter, Befürworter und Kritiker des Geschehens waren aufgerufen, über genutzte und verpasste Chancen im Wissenschaftssystem des vereinten Deutschland zu befinden. Die Fragen, um die es im Einzelnen gehen sollte, waren in der Einladung klar benannt:

> Machte man damals das Beste aus einer schwierigen Situation und brachte eine Entwicklung auf den Weg, die sich als erfolgreich erwiesen hat? Oder fehlte die Vision oder der Mut, die Evaluierung des Wissenschaftssystems der DDR auch für Reformen im Westen zu nutzen und so einen Beitrag zur Zukunft und zur inneren Einheit des Landes zu leisten?

Im Osten sprach man bald von ‚Abwicklung'. Viele Mitarbeiter der DDR-Akademien verloren ihren Arbeitsplatz, Institute wurden geschlossen, Lehrstühle an den Hochschulen neu strukturiert und häufig von Wissenschaftlern aus dem Westen übernommen. Die grundlegende Umstrukturierung des DDR-Wissenschaftssystems wurde von den betroffenen Wissenschaftlern unterschiedlich beurteilt. Die einen sahen darin einen großen Fortschritt für die Wissenschaftslandschaft im Osten, andere kritisierten, dass das Wissenschaftssystem des Westens den neuen Bundesländern einfach ‚übergestülpt' wurde.

Das Symposium ... will dazu beitragen, den historisch einmaligen Prozess verstehen und beurteilen zu können ....

Wie sahen die Bedingungen und Leistungen in Forschung und Lehre auf beiden Seiten der Mauer tatsächlich aus? Wie stand es um das Verhältnis von Wissenschaft und Politik in den beiden deutschen Staaten? Wie kamen – welche – Entscheidungen nach 1989 zustande? Und wie wurden sie umgesetzt? Hat uns die Eingliederung der DDR-Wissenschaften in das westdeutsch geprägte Wissenschaftssystem bereichert oder zurückgeworfen? Wie ist der Neuaufbau der Forschung im Osten zu bewerten? Ist nach anfänglichen Krisen ein gesamtdeutsches Wissenschaftssystem entstanden? Der Blick zurück soll nach vorn weisen und die Frage nach der Zukunft der deutschen Wissenschaft im globalen Wettbewerb stellen."

Fragen, so trefflich wie klar. Klar ist aber auch, dass die Antworten ganz verschieden ausfallen müssen, je nach dem, von wem sie gegeben werden.

Die Ministerin für Bildung und Forschung, die nie eine Hochschule oder die Akademie der Wissenschaften der DDR aus eigenem Erleben kennengelernt hat und seit jungen Jahren in der Bundesrepublik in politischen Funktionen tätig ist, gibt zunächst die politische Sprachregelung vor: Das System der Unfreiheit ist erfolgreich zu Fall gebracht worden; danach galt es, „die Weichen richtig zu stellen".

Soweit jedoch Wissenschaftler sich des Themas annahmen – Historiker, Philosophen, Sprachwissenschaftler, Wirtschaftswissenschaftler, Mediziner, Physiker, Chemiker –, wurde sichtbar, dass es sich um einen hochkomplexen Prozess gehandelt hat, dessen Ergebnisse durchaus differenziert zu sehen sind. Am treffendsten brachte diesen Sachverhalt meines Erachtens der amerikanische Wissenschaftshistoriker Mitchell G. Ash auf den Punkt. Ausgehend von der Wahrheit, dass Geschichte nicht von einem einzigen Standpunkt allein zu haben ist, unterschied er drei Argumentationslinien, die den Vereinigungsprozess im Bereich von Bildung, Wissenschaft und Forschung unter ganz verschiedenem Blickwinkel sehen:

1. Die „Kolonisierungsthese". Das ist die Ansicht, dass das westdeutsche System dem ostdeutschen übergestülpt worden sei. Nach Ash ist sie die These der Verlierer. Auf dem Symposium sprachen sich indes auch Wolfgang Thierse, ehemals wissenschaftlicher Mitarbeiter am Zentralinstitut für Literaturgeschichte der Akademie der Wissenschaften der DDR und seit 2005 Vizepräsident des Deutschen Bundestages, und auch der Mediziner Detlev Ganten, Gründungsdirektor des Max-Delbrück-Centrums für Molekulare Medizin in Berlin-Buch, für diese These aus.

2. Die „Erneuerungsthese". Die Einführung westdeutscher Institutionen und Strukturen sei eine Notwendigkeit ohne Alternative gewesen, und wo gehobelt wird, da fallen eben auch Späne. Ash hält diese These für nicht haltbar. Am deutlichsten wird das bei Günter Stock, dem derzeitigen Präsidenten der Berlin-Brandenburgischen Akademie der Wissenschaften; er spricht von „Rekonstruktion" und „Neuorientierung", übersieht aber dabei, dass die im Einigungsvertrag gewählte

Vokabel „Einpassung" im Grunde nichts anderes bedeutet als eben Rekonstruktion und Neuorientierung im Sinne von Überstülpen.
3. Die These von der „Erneuerung mit Bedauern". Dies sei die Perspektive der damaligen Akteure. Sie besagt, dass die Einpassung des ostdeutschen Systems in das westdeutsche zwar eine Notwendigkeit gewesen sei, dass dabei jedoch auch Fehler gemacht worden und ungewollte Konsequenzen eingetreten seien. Sie wurde denn auch von den meisten der westdeutschen Teilnehmer des Symposiums vertreten, die diesen Prozess selbst aktiv mitgestaltet haben.

Inhaltlich mag diese Analyse die Kernpunkte des Meinungsspektrums richtig benennen. Doch kann auch sie nicht gänzlich unwidersprochen bleiben.

Die These vom Überstülpen des einen Systems über das andere ist nicht nur die der Verlierer. Sie ist eine Forderung des Einigungsvertrages, denn „Einpassung" von A in B bedeutet nun einmal, dass B dem A übergestülpt wird.

Zudem ist eine solche Einpassung oder Überstülpung durchaus kein „historisch einzigartiger Vorgang" (Jürgen Kocka), kein „wissenschaftsgeschichtlich unvergleichbarer Vorgang" (Wolfgang Thierse), kein „in der deutschen Geschichte beispielloser Vorgang" (Mitchell G. Ash), sondern ein Grundmuster bei der Ablösung eines politischen Systems durch ein anderes. Das überlegene System prägt dem unterlegenen immer seine Institutionen und Strukturen auf, nicht nur im politischen und im ökonomischen Bereich, sondern auch in der Wissenschaft. Nach 1945 wurde das Schul- und Bildungssystem in Ostdeutschland, in der sowjetischen Besatzungszone und später in der DDR nach sowjetischem Vorbild ausgerichtet, in den westlichen Besatzungszonen und der späteren Bundesrepublik nach amerikanischem Vorbild. In Ostdeutschland wurden nicht nur die Ländergrenzen zwischen Mecklenburg, Brandenburg, Sachsen-Anhalt, Sachsen und Thüringen aufgelöst und durch neue Bezirksgrenzen abgelöst, Betriebe zu Kombinaten und kleinbäuerliche Wirtschaften zu großen Produktionsgenossenschaften zusammengeschlossen, sondern auch die Akademie der Wissenschaften nach dem sowjetischen Vorbild zu einer Einheit von Gelehrtengesellschaft und Forschungseinrichtung mit großen Zentralinstituten und zentralistischer Leitung und Planung reformiert. An den Hochschulen promovierte und habilitierte man nicht mehr, sondern machte die Promotion A oder B.

Es ist deshalb keine Besonderheit des deutschen Vereinigungsprozesses, dass in ihm der überlegene Westen dem untergegangenen System im Osten seine Institutionen und Strukturen überstülpt. Ein solcher Vorgang muss für das unterlegene System nicht unbedingt rundum von Schaden sein, wenngleich er natürlich immer auf Kosten der Verlierer geht. Insofern ist denjenigen Teilnehmern des Symposiums zuzustimmen, die im Prozess der „Rekonstruktion" und „Erneuerung" der Wissenschaftslandschaft im Osten einen durchaus positiven Vorgang, ja eine Erfolgsgeschichte sehen. Das Einmalige in der jüngsten Variante dieses Grundmusters ist mithin nicht, dass es stattgefunden hat, sondern in welchen Dimensionen es sich abgespielt hat. Mitchell G. Ash spricht von den verheerenden Folgen „der systemischen Verwestdeutschung an den Hochschulen" im Osten. In diesem Punkt zeigt sich die eigentliche Einzigartigkeit der Einpassung des Ostens in das westliche System: Der Stellenabbau in den neuen Bundesländern war von 1989 bis 1994 in absoluten Zahlen und der Relation nach allein im Hochschulbereich mehr als zweimal größer als die beiden Entlassungswellen von 1933 und 1945 zusammen genommen (Ash). Allein an der Humboldt-Universität wurden in 5 Jahren 500 Professoren ausgetauscht und in Ostdeutschland 22000 Wissenschaftler abgewickelt (Thierse).

Die Veranstalter des Akademie-Symposiums zogen folgendes Fazit:

> „Die Gestaltung des gesamtdeutschen Wissenschaftssystems (die unter enormem Zeitdruck ablaufen musste und im mehrfachen Sinne beispiellos ist) ist eine Erfolgsgeschichte, ... die allerdings (auf institutioneller und individueller Ebene) viele Verlierer produzierte."

Dieses Fazit führt hin zu Mitchell G. Ashs Vorschlag, die deutsche Vereinigung als einen Prozess zu sehen, dessen Ergebnisse von keinem der Akteure vorherzusehen waren. Warum auch sollte sich die Entwicklung der Wissenschaft außerhalb der gesellschaftlichen Entwicklung vollziehen? Die Entwicklung der Wissenschaft ist integrierter Bestandteil der gesellschaftlichen Entwicklung, ein sozialökonomisch bedingter Prozess mit nichtlinearem Charakter, ein Prozess, in dessen einzelnen Phasen und Bereichen Ursachen und Wirkungen klar unterschieden, der Gesamtprozess und das Gesamtergebnis jedoch nicht vorausgesagt werden können. Fehler und folgenschwere Konsequenzen politischen und gesellschaftlichen Handelns überhaupt resultieren nicht aus dem vermeintlich bösen Willen finsterer Akteure, sondern aus dem komplexen nichtlinearen Charakter des Prozesses selbst.

Diese Einsicht macht die Tiefe und die Schwere eigener Betroffenheit allerdings nicht leichter.

9. Quo vadimus?

Ich habe zu erzählen versucht, wie alles so kam in meinem Leben. Vieles davon ist allzu subjektiv, doch auch im Subjektiven kann manches sichtbar werden, das von allgemeinem Interesse ist. Jetzt stehe ich vor der Frage: Wie wird es weitergehen, in der Gesellschaft, in der Politik, in der Wissenschaft und mit mir selbst?

Der letzte Teil der Frage ist am schnellsten und absolut schlüssig zu beantworten: Es verbleiben günstigsten Falles noch einige Jahre, dann wird aus dem Sein wieder ein Nichtsein, dann kommt die Zeit, in der es keine Zeit mehr gibt, die zeitlose Zeit. Die Zeit vergeht im Raume, der Raum vergeht im Nichts. Der Tod ist raum- und zeitlos. Was nach ihm bleibt, ist die Erinnerung, in Wort und Bild verkleidet; sie lebt und schwebt im Raum und in der Zeit, bis eines Tages auch sie verweht.

Gerne würde ich wissen, wie die künftige Gesellschaft zu ihrer Wissenschaft stehen wird. Ich fürchte, dass alles, was ich zu meiner Zeit darüber selbst kennengelernt habe und zu wissen glaubte, wenig geeignet ist, die Frage zufriedenstellend zu beantworten. Ich sage das mit Blick sowohl auf die Zeit, in der ich an der Akademie selbst Gelegenheit hatte, die Dinge aktiv mitzugestalten, als auch auf die Jahre politischer und akademischer Ungebundenheit, die ich vorwiegend im malumitischen Universum und in den palindromischen Gefilden zugebracht habe.

Wenn ich die Zeit des Studiums nicht rechne, war die Philosophie die erste Wegstrecke, die ich in der Wissenschaft gegangen bin. Die Leitungsaufgaben, die ich am Institut für Philosophie der Akademie wahrzunehmen hatte, bezogen sich in der Hauptsache auf den wissenschaftlichen Schaffensprozess meiner Mitarbeiter und meinen eigenen. Staatliche Leitung war mir in dieser Zeit ein Fremdwort. Dann kam die Partei; sie wollte ein neues Institut, ich sollte es konzipieren und dann auch leiten. War die Ausarbeitung der Konzeption noch eine wissenschaftlich interessante Herausforderung, so hielt ich von dem Auftrag, das Institut auch zu leiten, zunächst nichts, stellte mich ihm aber schließlich doch. Zur gleichen Zeit wurde die Akademie zu einer zentralistisch geleiteten staatlichen Forschungseinrichtung umgewandelt. Ich fand mich als staatlicher Leiter wieder mit allen Pflichten, die diese Funktion mit sich brachte, insbesondere dem Prinzip der Einzelleitung verpflichtet, disziplinarisch über den Vizepräsidenten für Gesellschaftswissenschaften dem Präsidenten der Akademie unterstellt, der wiederum als staatlicher Leiter seinerseits dem Ministerrat der DDR unterstellt war. Über allen aber thronte das Politbüro der SED. Eine solche hierarchische, zentralistische und staatlich geprägte Leitungsstruktur ist, nach meiner Erfahrung, der Wissenschaft und insbesondere der Grundlagenforschung nicht förderlich. Diese späte Einsicht hat mich im November 1989 auch bewogen, auf der Kundgebung vor dem Französischen Dom, in dessen luftiger Höhe einst die Birke wuchs, das Wort zu ergreifen. Ich hatte für Freiheit der Forschung, für Trennung von Staat und Wissenschaft, Partei und Wissenschaft sowie für demokratische Leitungsstrukturen in der Wissenschaft plädiert.

Bereichert durch zwanzigjährige Erfahrung als außenstehender Beobachter des Wissenschaftsbetriebs in der Bundesrepublik halte ich meine damaligen Thesen heute allerdings nicht für unproblematisch. Das geht bereits aus dem hervor, was ich im Abschnitt „Wissenschaft und Politik" meines Beitrages zu dem Festkolloquium anläßlich des 75. Geburtstages von Clemens Burrichter gesagt habe.

Ich erinnere an das Wort eines Berliner Politikers, gerichtet an die Wissenschaftler: „Was geforscht wird, bestimmen wir, die Geldgeber." Wissenschaft wird immer von der Politik, ob in Form von Parteien oder Staat, abhängig bleiben. Freiheit der Forschung wird heute nicht durch Verdikte oder staatlichen Dirigismus eingeschränkt, sondern sie bleibt dort auf der Strecke, wo ihr öffentliche Mittel von der Politik versagt bleiben. Der Staat delegiert seine Aufgaben auch in dieser Beziehung mit Vorliebe an die Wirtschaft, und die fördert vorrangig diejenigen Forschungsprojekte, von denen sie sich hinreichenden Profit verspricht.

Ich erinnere auch an die Westberliner Akademie der Wissenschaften, die von einem unionsgeführten Senat gegründet und vom nachfolgenden rot-grünen Senat wieder aufgelöst wurde.

Was aber demokratische Leitungsstrukturen in der Wissenschaft betrifft, so handelt es sich wohl um einen schwarzen Schimmel. „Demokratie" ist ein Begriff aus der Politik. Ihn in die Wissenschaft einzuführen bedeutet, von vornherein Wissenschaftsstrukturen durch politische Begriffe kennzeichnen zu wollen. Und von der Sache her sind demokratische Leitungsstrukturen in der Forschung, noch zugespitzter in der Grundlagenforschung, ohnehin undenkbar, weil Forschung, und Grundlagenforschung erst recht, nicht durch Mehrheitsbeschlüsse in Gang gesetzt wird, sondern ideengeleitet ist. Die Max-Planck-Gesellschaft geht mit ihrem Prinzip, nicht einen Direktor für ein – bestehendes oder zu gründendes – Institut zu suchen, sondern ein Institut um einen ideenreichen und auf einem bestimmten Gebiet führenden Wissenschaftler herum zu bauen, genau diesen Weg.

Eine „demokratische Wissenschaft" ist überdies schon deshalb illusionär, weil es eine wahre Demokratie, streng genommen, nie gegeben hat und auch nie geben wird. Das hat uns schon Rousseau ins Stammbuch geschrieben. Und es gibt sie deshalb nicht, weil Politik immer der Organisation von Parteien bedarf, diese aber per definitionem immer Partei nur für die partikularen Interessen und Ziele bestimmter Gruppen der Gesellschaft ergreifen. Nichts aber ist gefährlicher als der Einfluss von Sonderinteressen auf die öffentlichen Angelegenheiten. Politik spielt sich stets als Streit der Parteien ab, und in diesem ist an unlauteren Mitteln so ziemlich alles zugelassen, was der eigenen Partei dient und dem politischen Gegner schadet. Friedrich von Logau, der sich am Hofe des Herzogs Ludwig IV von Schlesien in der Mitte des 17. Jahrhunderts als Regierungsrat und Hofmarschall in der Politik bestens auskannte, charakterisierte sie mit Worten, die man heute nicht treffender wählen könnte:

"Anders sein und anders scheinen,
anders reden, anders meinen,
alles loben, alles tragen,
allen heucheln, stets behagen,
allem Winde Segel geben,

Bös- und Guten dienstbar leben;
Alles Tun und alles Dichten
Bloß auf eignen Nutzen richten:
Wer sich dessen will befleißen,
Kann politisch heuer heißen."

Die Abhängigkeitsbeziehung zwischen Wissenschaft und Politik wird solange bestehen, wie es Wissenschaft und Politik geben wird. Dass es Streben nach Erkenntnis, Forschung und Wissenschaft geben wird, solange Menschen auf diesem Planeten existieren, ist unzweifelbar. Für Politik im heutigen Sinne muss das jedoch nicht gelten. Politik als Kampf der Parteien für die Verwirklichung partieller Interessen und Ziele hat historischen Charakter und kann damit durchaus – historisch gesehen – ein Ende haben. Das Ende von Politik und von Parteien setzt allerdings eine gesellschaftliche Ordnung voraus, die aus heutiger Sicht noch eine Vision ist.

Einer ihrer Grundzüge dürfte allerdings das Gemeineigentum aller an Grund und Boden und an den grundlegenden Produktionsmitteln sein. In seinem Roman „Die Insel der Pinguine" bezeichnet Anatole France die Gewalt als den alleinigen Ursprung des Eigentums: „Es entsteht und erhält sich durch die Gewalt. Damit ist es souverän und weicht nur einer Gewalt, die größer ist." Bei Rousseau klingt die Vision der künftigen Gesellschaft so:

„Eine Form der Gemeinschaft ist zu finden, in der die gemeinsame Kraft Person und Eigentum jedes Teilhabers schützt und verteidigt und in der jeder, der sich mit der Gesamtheit verbindet, nur sich selbst gehorcht und seine frühere Freiheit weiter bewahrt."

Und Marx nannte sie „eine Assoziation, worin die freie Entwicklung eines jeden die Bedingung für die freie Entwicklung aller ist."

Das notwendige Ende der Politik als Wille von Parteien zur Macht stellt sich als Konsequenz aus der bisherigen Geschichte dar. Parteipolitik als Wille zur Macht und zur Machterhaltung ist die Wurzel des Übels, das wir im 20. Jahrhundert als faschistische Weltherrschaftspolitik auf der einen Seite und als stalinistische Weltrevolutionspolitik auf der anderen Seite erleben mussten und das wir in der freiheitlich demokratischen Ordnung von heute als Sumpf aus Heuchelei, Korruption, Lug und Betrug, Gewalt und Verbrechen erleben.

Wie konnte es geschehen, dass der Sozialismus, der mit dem Anspruch, die menschlichste und gerechteste aller bisherigen Gesellschaften zu sein, angetreten war, seinen Bürgern elementare Menschenrechte verweigert und blutige Verbrechen begangen hat? Geht man in der Geschichte zurück und fragt nach den Ursprüngen des Marxismus, so zeigt sich m. E. folgendes Bild:

Die Marxsche Analyse der kapitalistischen Gesellschaft war wissenschaftlich fundiert und ohne Fehl und Tadel. Marx hat die Art und Weise, wie diese Gesellschaft funktioniert, mit fast mathematischer Präzision aufgedeckt: den Doppelcharakter der Ware, die Besonderheiten der Ware Arbeitskraft, die Erzeugung von Mehrwert, die Bildung von Profit, die Konsequenz eines Arbeitslosenheeres u. a. So wie Marx ihn analysiert hat, funktionierte der Kapitalismus tatsächlich in der Mitte des 19. Jahrhunderts. Dass er im Prinzip auch heute noch so funktioniert, daran ändert auch die Tatsache nicht das Geringste, dass wir heute keine Industriegesellschaft mehr sind, sondern eine Technologiegesellschaft. Problematisch wird die Marxsche Analyse erst dort, wo auf Grund der richtigen Einsicht, wie diese Gesellschaft funktioniert, er glaubt extrapolieren zu dürfen, wie sie sich weiter entwickeln wird.

Seine Analyse und die dialektische Methode, deren er sich bediente, legten es nahe, im Industrieproletariats den zwangsläufigen Totengräber der kapitalistischen Ordnung zu sehen und hiervon ausgehend die These von der historischen Mission des Proletariat zu formulieren, die auf die Expropriation der Exproprateure hinausläuft, auf die Überführung kapitalistischen Privateigentums in gesellschaftliches Eigentum, auf die Errichtung einer sozialistischen Gesellschaft.

An diesem Punkt lässt sich eine zweifache Wurzel späteren Übels erkennen.

Die erste ist methodologischer Art. Sie besteht darin, dass Kenntnis dessen, wie sich ein System bewegt, wie es sich verhält und wie es funktioniert, nicht in jedem Falle zu Aussagen darüber berechtigt, wie es sich in der Zeit weiter entwickeln wird, wie es sich in Zukunft verhalten wird. Handelt es sich um ein nichtlineares System, also um ein solches, in dem die Beziehungen zwischen seinen Elementen oder die Beziehungen zwischen ihm und seiner Umgebung nicht linear sind, Ursache und Wirkung also nicht eindeutig und direkt proportional zueinander sind, so kann aus dem derzeitigen Verhalten des Systems grundsätzlich nicht auf sein zukünftiges Verhalten geschlossen werden. Und das selbst dann nicht, wenn es innerhalb des Systems durchaus deterministisch zugeht. Das ist der springende Punkt: Die prinzipielle Nichtvorhersagbarkeit des Verhaltens eines nichtlinearen Systems ist nicht etwa eine Folge dessen, dass es in ihm indeterministisch oder akausal zuginge. Mitnichten. Das System ist durchaus deterministisch, aber eben nichtlinear: Geringfügige Veränderungen in seinen Anfangs- oder Randbedingungen können sich in nichtlinearer Weise zu unvorhersehbaren und nichtkalkulierbaren Folgen aufschaukeln und das System im Extremfall sogar instabil werden lassen. Solche Systeme, denen „deterministisches Chaos" eignet, sind noch nicht lange bekannt; ihre Erforschung hat erst in dem letzten halben Jahrhundert begonnen. Marx hat von ihnen noch nichts wissen können. Der philosophische Determinismus seiner Zeit bestärkte ihn vielmehr darin, die kapitalistische Gesellschaft sich gesetzmäßig und dialektisch in der sozialistischen aufheben zu lassen.

Die menschliche Gesellschaft in jeder ihrer historischen Erscheinungsformen ist ein nichtlineares System par excellence. Es ist deshalb grundsätzlich nicht möglich, aus dem gegenwärtigen Zustand einer Gesellschaft ihre weitere Zukunft vorhersagen zu wollen, es sei denn, es handelt sich um so heruntergekommene Zustände, dass der baldige Untergang einer solchen Gesellschaft für jeden unmittelbar spürbar ist. Selbst wenn die Art und Weise, wie der Kapitalismus funktioniert, mit höchster Präzision analysiert und im Detail bekannt ist, versetzt uns das noch nicht in die Lage, das künftige Schicksal dieser Gesellschaft exakt voraussagen zu können und gar Handlungsmaxime aufzustellen, wie diese Gesellschaft zu beseitigen sei.

Das führt zur zweiten Wurzel des späteren Übels, die politischer Art ist.

Marxens These von der historischen Mission des Proletariats schließt die Notwendigkeit einer Partei ein, die über das Wissen um diese Mission verfügt und dieses in die Massen hineinzutragen berufen ist. Bei Lenin wurde diese These folgerichtig zur Theorie (und Praxis!) einer Partei neuen Typus, die sich als Vorhut und Avantgarde der Arbeiterklasse begriff. Von hier aus wurde der Kreis derer, die mit dem „Wissen um die historische Gesetzmäßigkeit" ausgestattet waren und deren Wort demzufolge unfehlbar war, immer kleiner: Innerhalb der Partei war es zunächst das Zentralkomitee, innerhalb des Zentralkomitees dann das Politbüro, und schließlich war es ein einzelner Mensch – der jeweilige Generalsekretär der Partei –, der das alleinige und absolute Sagen hatte. Der Weg zur politischen Diktatur war dergestalt vorprogrammiert, und man könnte vermuten, dass dieses Muster mutatis mutandis und mit mehr oder weniger krassen Konsequenzen in der Entwicklung einer jeden Partei wiederkehrt. Die politische Praxis, wie sie unter Stalin in der UdSSR herrschte und nach ihm in den meisten sogenannten sozialistischen Ländern, auch in der DDR, hatte mit der sozialistischen Idee von Menschenwürde, von Freiheit, Gleichheit, Solidarität und Gerechtigkeit nichts mehr gemein. Es ist bitter, das post festum erkennen zu müssen, aber solange man in einem System selbst drinsteckt, ist der klare Blick zumeist getrübt.

Ich habe geglaubt, ich lebte in einem Lande, welches das Ideal des Sozialismus verkörpert, wenngleich es offiziell als ein Land des realen Sozialismus deklariert wurde. Ich war bereit, ihm bis zur Selbstaufopferung zu dienen. Diese Haltung war so tief verinnerlicht, dass selbst der Blick über die Grenzen des eigenen Landes und in den blühenden Garten des kapitalistischen Nachbarn sie nicht zu erschüttern vermochte. Dabei zeigte dieser Blick aber doch im Grunde genommen auch, wie recht Marx hatte, als er meinte, dass diese Gesellschaftsordnung nicht früher von der historischen Bühne abtreten wird, bis sie alle ihre Produktivitätsreserven ausgeschöpft haben wird. Der Kapitalismus aber hatte 1917 beileibe noch nicht die Grenzen seiner Produktivität erreicht. Der Versuch, den Sozialismus in einem industriell rückständigen Land und auf einem äußerst niedrigen Stand der Produktivkräfte zu errichten, führte zu einer historischen Frühgeburt. In der Auseinandersetzung um die Meisterung der wissenschaftlich-technischen Revolution musste der Kapitalismus auf Grund seiner besseren Ausgangsbedingungen Sieger bleiben, so sehr in der marxistischen Theorie auch das Gegenteil behauptet wurde.

Aus all dem folgt jedoch keineswegs, dass der Kapitalismus heutzutage die einzig rechtmäßige Gesellschaftsordnung sei. Vielmehr bezeugen die schreienden sozialen Widersprüche, die er seinen Bürgern zumutet und die heute noch durch die Widersprüche zwischen den industriell entwickelten und den Entwicklungsländern, zwischen Nord und Süd sowie durch gravierende ökologische Probleme verschärft werden, mehr als genug, dass dieser kapitalistische Weg die Menschheit in die Katastrophe führt. Dieser Gesellschaftsordnung gehört nicht die Zukunft, das scheint mir unzweifelhaft zu sein. Wie sie sich jedoch transformieren müsste, um mit den Problemen der Zukunft fertig zu werden, darüber können heute nur allgemeine Mutmaßungen angestellt werden. Sie knüpfen daran an, dass die sich derzeit vollziehende Globalisierung in vielen Lebensbereichen zur Folge hat, dass die akuten Probleme, vor denen die Menschheit heute steht und mit denen sie in naher Zukunft in zunehmendem Maße konfrontiert sein wird, weder von einer einzelnen Partei noch von einer Parteienkoalition, weder von einer einzelnen Nation noch von einer einzelnen Kultur gelöst werden können. Wie vielfältig die Formen des gesellschaftlichen und politischen Zusammenlebens der Menschen in den verschiedenen soziokulturellen Bereichen und staatlichen Gemeinschaften jedoch auch sein mögen, steht doch zu erwarten, dass überstaatliche Institutionen, dem Sicherheitsrat der Vereinten Nationen oder dem Internationalen Gerichtshof in Den Haag vergleichbar, wohl mehr und mehr an Bedeutung und Gewicht gewinnen werden. Nicht nur Umweltprobleme (Erderwärmung, Schmelzen der Polkappen u. a.) erfordern neben globalem Denken auch globales Handeln; auch die politischen Umwälzungen in den nordafrikanischen und in anderen Ländern, in denen die politischen Herrschaftsformen fern von demokratischen Strukturen im westlichen Sinne sind, eröffnen neue Problemfelder wie etwa den Umgang mit dem Asylantenproblem. Es ist keineswegs erwiesen, dass ein Demokratieverständnis, wie es in den westlichen Staaten gegeben ist, geeignet ist, mit den Problemen der Zukunft fertig zu werden. Vielmehr steht zu erwarten, dass die Welt in den nächsten Jahrzehnten und Jahrhunderten eine andere sein wird, als wir uns sie heute vorzustellen vermögen. Doch wie auch immer künftige Gesellschaften organisiert sein mögen, so werden sie sich durch ein neues Verständnis von Politik auszeichnen müssen, deren oberstes Gebot die Verantwortung aller für das Überleben aller auf diesem Planeten sein muss. Das Subjekt dieser neuen Art von Politik kann nur die Menschheit als solche sein, eine geistige Gesamtperson. Ein solches neues Verständnis von Politik leitet aber nur das Ende von Politik überhaupt ein, denn diese verliert damit ihren Charakter als Mittel zur Gewalt und Machterhaltung und wird zur angewandten Wissenschaft.

Doch das sind – wie gesagt – nur allgemeine Mutmaßungen. Was wirklich geschehen wird, das müssen die gesellschaftlichen Kräfte an Ort und Stelle und zu gegebener historischer Zeit entscheiden, denen es gegeben sein wird, verantwortungsbewusst zu handeln.

Wohin wir also gehen? Niemand weiß es mit Bestimmtheit. Und das ist vielleicht gut so.

Autorenverzeichnis

Wolfgang Girnus
Dr. phil., geb. 1949. 1967–1972 Studium der Chemie und der Mathematik an der TU Dresden. 1982 Promotion. 1972–1991 Wissenschaftshistoriker (Chemie) an der AdW der DDR. 1987–1988 Gastaufenthalt an der Eidgenössischen Technischen Hochschule Zürich. 1990 Mitglied der Stadtverordnetenversammlung von Berlin, 1991–2001 Mitglied des Abgeordnetenhauses von Berlin (Wissenschafts- und Kulturpolitik). Seit 2001 freiberuflich tätiger Wissenschaftshistoriker. Seit 2003 Koordinator des Kollegiums Wissenschaft der Rosa-Luxemburg-Stiftung. Zahlreiche wisenschaftshistorische und wissenschaftspolitische Publikationen.

Rainer Hohlfeld
Doktor der Biologie, geb. 1942. Genetiker und Wissenschaftssoziologe. Promotion 1973 im Fach Genetik, danach Wechsel zur Wissenschaftssoziologie. Bis 1980 Mitarbeiter am MPI zur Erforschung der Lebensbedingungen der wissenschaftlich-technischen Welt in Starnberg. Von 1980 bis 1993 Mitarbeiter am IGW in Erlangen mit Arbeitsschwerpunkt DDR-Forschung, Kritik der Gentechnologie. 1985 / 1986 wissenschaftlicher Mitarbeiter im Sekretariat der Enquetekommission „Chancen und Risiken der Gentechnologie" des Deutschen Bundestages. Von 1995 bis 2003 wissenschaftlicher Mitarbeiter an der BBAdW mit den Arbeitsschwerpunkten Wissenschaft und Wiedervereinigung sowie Akademiegeschichte. Seit 2005 wissenschaftlicher Berater des Instituts für Mensch, Ethik und Wissenschaft in Berlin. Arbeitsschwerpunkt: Kritik des Determinimus in den Neurowissenschaften, Plädoyer für ein soziales Modell in der Medizin.

Günter Kröber
Prof. Dr. sc. phil., (1933–2012). 1952–1961 Studium der Mathematik und der Philosophie in Jena und Leningrad. Ab 1961 wissenschaftliche Tätigkeit am Institut für Philosophie der AdW in Berlin, 1970 (Gründungs-)Direktor des Instituts für Theorie, Geschichte und Organisation der Wissenschaft an der AdW der DDR. Zahlreiche Veröffentlichungen zu erkenntnistheoretischen und methodologischen Problemen der Wissenschaft und ihrer Geschichte. 1992 Übergang in den Ruhestand. Danach maßgebliche Veröffentlichungen zur fraktalen Geometrie, insbesondere zur Binnenstruktur der Mandelbrot-Menge und zu Grundlegung in der Palindromik.

Wolfgang Krohn
Prof. Dr. em., geb. 1941. Philosoph und Sozialwissenschaftler mit den Forschungsgebieten Entstehung der neuzeitlichen Wissenschaft mit Schwerpunkten Francis Bacon, Methodologie und Theorie der transdisziplinären Forschung und der Realexperimente sowie Ästhetik in den Wissenschaften, 1970–1980 Mitarbeiter am MPI zur Erforschung der Lebensbedingungen der wissenschaftlich-technischen Welt in Starnberg, Mitglied des Institute for Interdisciplinary Study of Science.

Hubert Laitko
Prof. Dr. sc. phil., geb. 1935. Studium der Journalistik und Philosophie in Leipzig. 1964 Promotion auf dem Gebiet der Philosophie der Naturwissenschaften, 1964–1969 Assistent und Oberassistent am Institut für Philosophie der HUB. 1969–1991 wissenschaftlicher Mitarbeiter, Gruppen- und Bereichsleiter am Institut für Theorie, Geschichte und Organisation der Wissenschaft der AdW der DDR. 1978 Promotion B. Wissenschaftshistoriker auf dem Gebiet Institutionalgeschichte der Wissenschaft im 19. und 20. Jahrhundert. Lehrbeauftragter für Geschichte der Naturwissenschaft an der Brandenburgischen TU Cottbus. Seit 1994 Mitglied der Leibniz-Sozietät der Wissenschaften zu Berlin.

Klaus Meier
Dr. sc. oec., geb. 1952. Studium an der HUB, Sektion Wissenschaftstheorie und -organisation, 1974–1991 Mitarbeiter, Projektleiter, zuletzt stellvertretender Direktor am Institut für Theorie, Geschichte und Organisation der Wissenschaft der AdW der DDR. Forschungsschwerpunkt: theoretische und empirische Untersuchungen zum Wissenschaftspotential, insbesondere zur Rolle von Forschungstechnik und wissenschaftlichem Gerätebau. 1990–2014 wissenschaftlicher Geschäftsführer des Wissenschaftssoziologie und -statistik e. V. (WiSoS) Berlin, 1991–1994 Projekte sozialwissenschaftlicher Begleitforschung im Wissenschaftler-Integrations-Programm, 1994–200 freiberuflicher Autor. Ab 2000 Mitarbeiter und von 2003–2014 Bereichsleiter in der Rosa-Luxemburg-Stiftung in Berlin. Zahlreiche Veröffentlichungen zu Wissenschafts- und Zeitgeschichte.

Jürgen Mittelstraß
Prof. Dr. Dr. h.c. mult. Dr.-Ing. E.h., geb. 1936. Nach Studium in Bonn, Erlangen, Hamburg und Oxford Promotion 1961 in Erlangen, 1968 Habilitation. 1970–2005 Ordinarius für Philosophie und Wissenschaftstheorie an der Universität Konstanz. 1997–1999 Präsident der Allgemeinen Gesellschaft für Philosophie in Deutschland. 1990–2005 Direktor des Zentrums Philosophie und Wissenschaftstheorie, 2002–2008 Präsident der Academia Europaea (London). Seit 2005 Vorsitzender des Öster-

reichischen Wissenschaftsrates. Seit 2006 Direktor des Konstanzer Wissenschaftsforums. Zahlreiche Veröffentlichungen zur Philosophie und zur Wissenschaftsgeschichte. Mitglied namhafter Akademien und Gelehrtengesellschaften, viele Ehrungen im In- und Ausland.

Reinhard Mocek
Prof. Dr. sc. phil, geb. 1936. Philosoph und Wissenschaftstheoretiker, ehemaliger Vorsitzender der Rosa-Luxemburg-Stiftung und Mitglied der Leibniz-Sozietät. 1954–1959 Studium der Philosophie in Leipzig, danach Asssistent und Aspirant am dortigen Institut für Philosophie. 1965 Promotion, 1970 Promotion B an der MLU Halle / Wittenberg. 1970–1991 Professor und Leiter des Zentrums für Wissenschaftsgeschichte und -theorie an der MLU. Ab 1983 Vorsitzender der Fachkommission Wissenschafts- und Technikgeschichte der Historiker-Gesellschaft der DDR. 1990–1993 Gastprofessuren in Konstanz und Bremen. 1993 Forschungsmitarbeiter an der Universität Bielefeld, 1998 / 1999 Mitarbeiter am Max-Planck-Institut für Wissenschaftgeschichte Berlin. 2011 Wahl zum ordentlichen Mitglied der Academia Europaea (London).

Karl-Heinz Strech
Prof. Dr. sc. phil., geb. 1942. Nach Studium der Berufspädagogik an der TU Dresden wissenschaftliche Beschäftigung mit philosophischen Problemen der Naturwissenschaften. Zunächst Mitarbeiter, später stellvertretender Direktor des Instituts für Theorie, Geschichte und Organisation der Wissenschaft an der AdW der DDR. 2000 Mitbegründer der Theaterakademie Vorpommern, dort Lehrtätigkeit auf den Gebieten Sozialkunde und Kulturwirtschaft.

Karl-Friedrich Wessel
Prof. Dr. sc. phil., geb. 1935. 1957–1962 Studium der Philosophie mit Nebenfach Theoretische Physik an der HUB. 1977 Berufung auf den Lehrstuhl für Philosophische Probleme der Natur-, technischen und mathematischen Wissenschaften und Leiter des gleichnamigen Instituts. 1990–2000 Leiter des Interdisziplinären Instituts für Wissenschaftsphilosophie und Humanontogenetik. Emeritierung 2000. Seither Leiter des Projekts Humanontogenetik an der HUB.

Gereon Wolters
Dr. phil. habil., geb. 1944. 1965–1967 Studium der katholischen Theologie, 1967–1972 Studium der Philosophie und der Mathematik. Staatsexamen 1972. Promotion im Fach Philosophie 1977 in Konstanz, 1985 Habilitation. Anschließend Lehrtätigkeiten in Zürich und Pittsburgh, von 2001 bis 2004 zeitweise am MPI für Wissenschaftsgeschichte in Berlin tätig. Gutachtertätigkeit unter anderem für die Akademie für

Technikfolgenabschätzung in Baden-Württemberg. Zahlreiche Veröffentlichungen, Schwerpunkte dabei u.a.: Ernst Mach, Philosophie des Wiener Kreises, Philosophie der Biologie und Philosophie des Nationalsozialismus.

AUS UNSEREM VERLAGSPROGRAMM

Wolfgang Girnus, Klaus Meier (Hg.)

Forschungsakademien in der DDR – Modelle und Wirklichkeit

2014, 468 Seiten, Hardcover, 49,00 Euro
ISBN 978-3-86583-838-4

Bestellungen in jeder Buchhandlung oder beim Verlag direkt über
info@univerlag-leipzig.de